U0221231

《化工过程强化关键技术丛书》编委会

"十三五"国家重点出版物
出版规划项目

化工过程强化关键技术丛书

中国化工学会 组织编写

微界面传质强化技术

Microinterfacial Mass Transfer Intensification

张志炳 等著

余国琮 杨元一 马友光 主审

化学工业出版社
·北京·

《微界面传质强化技术》是《化工过程强化关键技术丛书》的一个分册。

强化传质是强化化学反应的主要技术手段之一。本书从传质基本理论出发，系统论述了气 - 液、气 - 液 - 液、气 - 液 - 固、液 - 液、液 - 液 - 固、气 - 液 - 液 - 固等多相体系在微米尺度上的相际传质现象与行为特征，阐述微界面传质对多相反应过程强化的科学机理、调控手段、设备结构和影响规律。主要内容既涉及微界面内涵和微气泡、微液滴的制备技术，又包括对数以亿计的微颗粒（气泡或液滴）及其形成的微界面体系的测试和表征技术，以及微界面传质强化与反应强化的构效调控原理，同时以若干典型实例介绍微界面传质强化技术在不同工业领域的应用。本书还介绍了相关技术在实际工程应用过程中所延伸的各种工艺、材料、装备及技术对策。

《微界面传质强化技术》既有新概念、新理论，又有新方法、新技术，还有开发的数学模型和应用实例，全书内容丰富、层次清晰、图文并茂、文字流畅。可供化工、能源、材料、环境、食品等过程工程领域科技人员阅读，也可供高等学校相关专业师生参考。

图书在版编目（CIP）数据

微界面传质强化技术/中国化工学会组织编写；张志炳等著. —北京：化学工业出版社，2020.7（2024.7重印）

（化工过程强化关键技术丛书）

“十三五”国家重点出版物出版规划项目　国家出版基金项目

ISBN 978-7-122-36286-5

Ⅰ. ①微…　Ⅱ. ①中… ②张…　Ⅲ. ①化工过程-传质学　Ⅳ. ①TQ021.4

中国版本图书馆CIP数据核字（2020）第031547号

责任编辑：杜进祥　徐雅妮　丁建华　　　　装帧设计：关　飞

责任校对：宋　玮

出版发行：化学工业出版社（北京市东城区青年湖南街13号　邮政编码100011）

印　　装：北京建宏印刷有限公司

710mm×1000mm　1/16　印张29¾　字数603千字　2024年7月北京第1版第3次印刷

购书咨询：010-64518888　　　　售后服务：010-64518899

网　　址：http://www.cip.com.cn

凡购买本书，如有缺损质量问题，本社销售中心负责调换。

定　　价：298.00元

作者简介

张志炳，南京大学二级教授，享受国务院政府特殊津贴。1978 年考入天津大学化工系，1982 年和 1985 年分获学士和硕士学位并留校任教。1988 年在职师从余国琮院士攻读博士学位，1992 年获英国政府奖学金赴英进修，1994 年应邀进入南京大学化学化工学院工作，创建化工学科，重点开展传质与分离技术研究。1996 年晋升为教授，1998 年被批准为博士生导师，1999 年开始享受“985”大学教授二档津贴。自 2001 年至 2019 年，长期担任南京大学化工系主任和南京大学分离工程研究中心主任。兼任中国石油和化工行业“高端专用化学品绿色制造工程研究中心（南京大学）”主任、国家有机毒物污染控制与资源化工程技术研究中心副主任、中国化工学会化工过程强化专业委员会副主任委员。担任《化工学报》《煤化工》《化学工程》等多种刊物编委和副主任委员。

长期从事化学工程的教学科研与人才培养工作，已培养博士、硕士 100 余名。特别注重理论研究和应用开发协同，擅长链条式创新，注重颠覆性科学思维。在传质与分离工程、传质与反应强化、绿色化工等领域具有独到专长。已主持承担了二十余项国家、省部科学基金项目，完成了 150 余项包括中国石油、中国石化、神华集团、延长石油等在内大型企业集团的应用研究项目。共申请中国、欧美发明专利 300 余件（已授权 115 件，其中欧美已授权 12 件）。在 Angew Chem Int Ed，AIChE J，Chem Eng Sci，Ind Eng Chem Res，Green Chems，Chem Comm 等刊物上发表论文 200 余篇。作为第一完成人获国家科技进步二等奖 1 次、中国发明创业特等奖 1 次、省部级科技进步和技术发明一等奖 3 次。获江苏省“十大”专利发明人、全国“十大”杰出专利发明人。在南京大学建校 110 周年庆典上，获南京大学授予的“卓越贡献奖”。2018 年被中国化工学会授予会士荣誉称号；2019 年获中国化工学会“侯德榜化工科学技术成就奖”，同年获江苏省化学化工学会“时钧化工成就奖”。

丛书序言

化学工业是国民经济的支柱产业，与我们的生产和生活密切相关。改革开放 40 年来，我国化学工业得到了长足的发展，但质量和效益有待提高，资源和环境备受关注。为了实现从化学工业大国向化学工业强国转变的目标，创新驱动推进产业转型升级至关重要。

“工程科学是推动人类进步的发动机，是产业革命、经济发展、社会进步的有力杠杆”。化学工程是一门重要的工程科学，化工过程强化又是其中的一个优先发展的领域，它灵活应用化学工程的理论和技术，创新工艺、设备，提高效率，节能减排、提质增效，推进化工的绿色、低碳、可持续发展。近年来，我国已在此领域取得一系列理论和工程化成果，对节能减排、降低能耗、提升本质安全等产生了巨大的影响，社会效益和经济效益显著，为践行“绿水青山就是金山银山”的理念和推进化工高质量发展做出了重要的贡献。

为推动化学工业和化学工程学科的发展，中国化工学会组织编写了这套《化工过程强化关键技术丛书》。各分册的主编来自清华大学、北京化工大学、中北大学等高校和中国科学院、中国石油化工集团公司等科研院所、企业，都是化工过程强化各领域的领军人才。丛书的编写以党的十九大精神为指引，以创新驱动推进我国化学工业可持续发展为目标，紧密围绕过程安全和环境友好等迫切需求，对化工过程强化的前沿技术以及关键技术进行了阐述，符合“中国制造 2025”方针，符合“创新、协调、绿色、开放、共享”五大发展理念。丛书系统阐述了超重力反应、超重力分离、精馏强化、微化工、传热强化、萃取过程强化、膜过程强化、催化过程强化、聚合过程强化、反应器（装备）强化以及等离子体化工、微波化工、超声化工等一系列创新性强、关注度高、应用广泛的科技成果，多项关键技术已达到国际领先水平。丛书各分册从化工过程强化思路出发介绍原理、方法，突出应用，强调工程化，展现过程强化前后的对比效果，系统性强，资料新颖，图文并茂，反映了当前过程强化的最新科研成果和生产技术水平，有助于读者了解最新的过程强化理论和技术，对学术研究和工程化实施均有指导意义。

本套丛书的出版将为化工界提供一套综合性很强的参考书，希望能推进化工过程强化技术的推广和应用，为建设我国高效、绿色和安全的化学工业体系增砖添瓦。

中国科学院院士：费维扬

中国工程院院士：舒兴田

序言一

化工过程强化技术是我从事石油化工 50 年的职业生涯中特别感兴趣的技术之一，这是因为化工过程强化技术支持工厂提高设备效率、简化工艺流程、降低物耗能耗，实现安全清洁生产。我实践过用超声波强化技术减少换热器结垢，延长运转周期；我享受过用精馏强化技术改造精馏塔、提高处理能力并多次获得成功的喜悦；我考察过增设超重力反应器大幅度提高原反应器处理能力的工业装置和用膜过程强化技术简化化工污水处理流程并显著提高污水处理能力的污水处理厂；我了解到有用换热强化技术制造的缠绕管换热器使冷热物流的温差达到 3~4℃和用微波强化技术提高湿物料干燥能力并显著降低能耗的实例；我听过用超重力强化技术实现烟气高效脱硫和用微化工技术安全高效完成 F-T 合成反应的学术报告；我阅读过不少介绍化工过程强化技术并获得成功应用的文章。我更期盼规模越来越大的各类石油化工反应器的反应强化技术能有突破性和开创性进展。

2017 年 4 月一个假日的上午，因共同推动中国石化与南京大学科技合作结下深厚友谊、曾任南京大学校长的中国科学院陈懿院士和我通电话，建议我了解一下他们学校化学化工学院张志炳教授发明的微界面传质强化技术，可能在石油化工领域有很好的应用前景。通完电话我立即联系上了张教授，约定 4 月 18 号上午见面。他如约而至，在我办公室，他从微界面传质强化的理论探索、微米级气泡的 Q-CT 测试与表征、微界面强化反应体系传质系数计算，到微界面反应强化技术在间二甲苯空气氧化合成间甲基苯甲酸的应用，给我上了一堂生动的化学反应过程强化技术课，使我脑洞大开。我意识到这是到目前为止世界上最有推广应用潜力的化工过程强化技术。石油化工过程中大部分气 - 液、气 - 液 - 固、液 - 液、气 - 液 - 液、气 - 液 - 液 - 固等多相反应系统受传质控制或传质与反应双重控制，制造微米级气泡或液滴，使相界面的面积和传质系数有很大幅度的增加，必将使反应过程强化，非常有利于提高反应速率、降低反应压力，还可能适当降低反应温度。其物质化的效果是反应器体积减小，装置建设费用和运行成本降低，物耗能耗下降，反应苛刻度下降，装置的安全性、环境友好性也会相应改善。我当即表示要尽己之力，积极推动该项技术在炼油石化企业应用，也建议他选择重要的炼油和化工反应过程开展应用技术研究。十分幸运，在中国石油技术咨询中心门存贵教授级高工帮助下，某石油公司同意在其渣油浆态床加氢裂化中试装置上进行微界面传质强化浆态床渣油加氢裂化技术的试验。试验结果表明，采用微界面反应强化技术，在反应空速、温度及渣油转化率保持不变的情况下，反应压力可大幅度下降，显示了渣油浆态床加氢裂化可以在中压高空速条件下实现。**这是世界上渣油浆态床加氢裂化技术率先取得的原创性重大突破**。我有幸在 2018 年 9 月到中试装置现场进行了考察。到目前为止，微界面传质强化技术在蒎烷氢过氧化物合成和二氢月桂烯醇水合反应两个精细化学品生产、对乙酰氨基酚和间甲基苯甲酸两个药物原料合成、NO_x 尾气资源化利用和双甘膦高盐废水湿式氧化等环保项目中也得到成功应用。

随着对微界面传质强化技术了解的加深，我对该技术的理论意义和经济价值的认识也在加深。中国科学院李静海院士针对过程工程的各种复杂系统中处于微观尺度与宏观尺度之间的介尺度上可能存在的普适的主导原理的介科学研究，近十多年来受到国内外科学界的关注。**微界面传质强化技术从微米尺度上探求多相化学反应体系相际传质影响反应行为的原理和规律是对介科学理论发展的一大贡献**。微界面传质强化技术在石油化工、精细化工、生物化工、轻工、环保等领域都有很大的应用价值，将会产生非常显著的经济和社会效益。

张志炳教授撰写的《微界面传质强化技术》一书基于大量文献资料，概要地总结归纳了世界上传质强化理论和技术的研究成果；重点介绍了他带领的团队在微米尺度上多相反应体系中相际传质对反应强化的科学机理、行为特征、设备结构、影响规律的探索和发现；对尺度为 $10^{-6}m \leqslant d \leqslant 10^{-2}m$ 的数十亿个微气泡或微液滴体系的精确测试、表征和调控技术；以及采用微界面传质强化技术在实际工程中的应用及其效果，等等。该书中既有新概念、新理论，又有新方法、新技术，还有开发的数学模型和应用实例，全书内容丰富、层次清晰、图文并茂、文字流畅。仔细阅读，既能帮助你提高传质强化的理论水平，又能激发你在从事的工程实践中采用微界面传质强化技术的热情，是一本理论联系实际的高水平学术著作。

在此，我向从事石油化工、精细化工、生物化工等过程工程领域工作的工程技术人员推荐该书，希望你能从该书中得到灵感和启发，结合实际应用微界面传质强化技术，成为采用该技术的领先者。如果你是上述领域的领导者，你会很忙，但只要有化学工程的背景，也要挤时间看看该书，成为大力支持微界面传质强化技术在本单位应用的开明领导。我也向上述领域高等学校的教授与老师们推荐该书，或作教材，或作教学和科研工作的参考。我还向化学工程、生物工程、环境工程、材料工程及相关专业的本科生和研究生推荐该书，希望该书成为你们最爱阅读的专业书籍之一。

科技创新只有进行时，没有完成时，我更希望张志炳教授带领的科研团队在微界面传质强化技术的理论研究与应用技术研究上取得更多新成果，为本书充实内容实现再版奠定基础。

（中国工程院院士）

2019 年 12 月

序言二

近三十年左右纳米科技的快速发展，引起了化学、物理、生物、材料科学和工程技术等领域人们的日益关注，在这基础上介观科技发展方兴未艾，主要标志是 1990 年 7 月第一届纳米材料国际会议的召开、2000 年左右多学科在纳米尺度会聚交叉并取得突破（M. C. Roco iNEMI, Herndon, 2005），以及 2012 年美国基础能源科学顾问委员会介尺度科学分会的长篇报告《从量子到连续：介尺度科学的良机》。纳米和介观科技的发展进一步深化了人们对微－介－宏观世界的认识，提高了自主创新能力，促进了不同应用领域里一系列前所未有的特殊功能材料、仿生材料和相关新技术的诞生。

在认识纳米体系（尺度 1 ~ 100nm 左右）的基础上，进而探索含原子 / 分子数更多、结构和相互作用更为复杂多样、在尺度上处于微观与宏观之间的介观体系，既是人们认识客观世界所必然，更因为在许多重要领域里，对宏观现象至关重要的结构和功能是在介观而不是原子或纳米尺度上显现的。由微观的原子 / 分子（尺度 0.1nm 量级）或纳米结构单元构筑介观尺度的聚集体时，不只是简单的粒子数增多和尺度变大，而是从量变到质变，出现了许多单个或少量原子 / 分子所没有的复杂结构、特性和作用规律。例如，群体所特有的集合行为、动态结构、统计涨落、缺陷和界面的出现，电、磁、机械相互作用，以及独特的化学行为等。它们既有别于较之更小的量子化的微观原子 / 分子，也不同于更大的连续态的宏观体相（尺度一般在数百微米至毫米），以至已成功地应用于原子 / 分子的量子力学和应用于体相的经典力学方法在此均无能为力。纳米科技的进展为选用纳米结构单元从下而上地定向组装、构筑介观结构材料提供了科学依据和前所未有的机遇，但是要把这个难得的机遇变成现实就必须进行深入的基础研究，在理论上填补量子力学和经典力学之间的真空，探索认识和调控介观体系所需的组织原则和可行算法；在实验方面改变现在常用的静态单因子实验，实现对介尺度体系的原位、动态和多因子的观察和表征，深化对其结构和性能及其作用规律的认识，并在此基础上通过理论建模和合成表征的集成，争取实现微 – 介 – 宏三观的衔接。这方面求索的重要意义在于它关系到原子 / 分子和纳米领域的丰富积累能否在下一代新生科技中得到应用，化学、化工及相关学科能否实现由经验或偶然走向自主和直接发现的转变，最终实现能自主设计并获得具有所需功能的材料和物质高效转化的工艺过程这一人们梦寐以求的目标。在《从量子到连续：介尺度科学的良机》报告中曾将介观科技这个多学科交叉领域形象地比喻为“探寻新科学发现的实验室、创造新功能体系的自组装工厂和设计新技术的母机”，并强调尽管“发现、调控介观尺度的复杂结构和行为，使之实现新功能的挑战是如此浩瀚艰巨，但是在这个研究方向上的成功将具有改变社会的潜在效果”。集新科学、新功能和新技术这三新及实验室、工厂和母机这三功能于一身，坦言挑战之艰巨，预测潜效之巨大，对介观科技给出了少见但却是恰如其分的评价和期待。

我的同事南京大学介观化学教育部重点实验室张志炳教授和他的团队，较早就敏锐地注意到介观科技的发展动向，结合他们对化工物质转化过程的长期工作，锲而不舍地对微米级气、液颗粒在传质与化学反应过程中的行为特性进行探索，是介观领域基础研究的重要组成部分。传质是化学反应共有的重要环节，气液传质是许多重要化学与生化反应及其他有关过程的制约步骤，这些情况下强化传质就成为强化反应和相应制造过程的关键。因此，探索介观尺度的微气泡、微液滴和由它们与其他相态物质所构成的微界面传质及其对反应的强化作用，具有前瞻性、基础性和普适性，科学内涵丰富，研究目标明确，潜在应用广阔，值得大力推进。

虽然从纳米科技的进展可以预计介观尺度上的微气泡会有与通常的毫 / 厘米尺度的宏观气泡迥异的表现，但是微气泡自身不稳定且其性质对所处环境时空多变，使得对其取样、观察、量化表征困难重重，在原位和动态条件下尤其如此。可喜的是，研究团队知难而进终有所成，先后创建了两套国内外尚属空白的离线和在线实验装置，实现了对数以亿计且随时空变化的微气泡及其与液 – 固体相所形成的微界面体系相际传质的行为观察和建模，为探讨其特征和作用机理创造了必不可少的条件，在这基础上进而提出的微界面传质与反应强化的调控数学模型，为最终调控生产过程能耗和物耗提供了理论手段。他们还发明了符合生产需求、优于国际最佳水平的微界面核心组件，为工业化应用奠定了关键的装备基础。经十几年的努力，研究团队的同志们从实验室研究到中试放大及工业示范一线贯穿，取得了多项有自主知识产权的重要创新成果和重大突破。以悬浮床渣油加氢轻质化中试为例，在有关产业部门同志们的大力协作下，采用微界面强化加氢技术，原工艺路线和催化剂不变，悬浮床反应器的操作压力从 22MPa 下降至 6 ~ 8MPa 时，渣油转化率和液体油收率均较国际最好水平提高 10 个百分点左右；在其他应用领域，如苯系物的空气氧化、高盐废水的湿法氧化、烯烃的固体酸催化水合反应等，这些气 – 液 – 固、液 – 液 – 固反应采用微界面传质强化技术后，所得结果都较当前国内外广泛采用的毫米 – 厘米级界面传质工艺在提高反应效率、降低能耗物耗和减少废弃物排放等方面效果显著。鉴于此，由多位两院院士和总工程师组成的专家组在鉴定报告中指出：“该技术具有原创性和自主知识产权，多项关键技术已达到国际领先水平”。

这项技术能如此普适地应用于不同领域，主要是基于所有介观尺度微气泡 / 液滴所共有的特性而不只是具体气泡 / 液滴的本征性质使然。虽然，这方面的研究和应用尚属起步阶段，但可以预见其发展前景十分广阔，希望能不断总结经验并探索提高，掌握更深层次科学规律，开发更多新工艺和新装备，以应用于更广的领域。我从研究团队已取得的喜人进展可以预期，这项技术若能在诸如石油化工、煤化工、生化制药、有机新材料、精细化学品制造和环境治理等重要领域进一步推广应用，定将产生重大影响，可能会改变一些国内外现在通用的有关化工工艺规则，创造难以估量的巨大经济和社会效益。

我十分高兴地看到张志炳教授和他的同事们无保留地将十多年辛苦所得写成《微界面传质强化技术》一书，对介观尺度上多相体系的传质特性与构效调控进行了详尽的探讨，图文并茂，特色鲜明。在实验上该书介绍了用先进的测试仪器，特别是自主创建的在线和离线分析方法对微气泡和液滴的测试与表征；在理论上作者讨论了由数以亿计微颗粒组成的微界面体系数学建模与计算；在技术上重点介绍了适合生产需求的微界面强化装备与工艺的发明；在工程上则结合在石油化工、精细化工、制药、废水处理等不同行业中的初步应用尝试，分别对原工艺存在的问题、解决方法和应用实效做出较为详尽的描述。实验、理论、技术和应用一气呵成，有基础知识的介绍、作用机制和实际应用的探讨，有自已的观点和创新，融经验、心得和科学思路于专业知识的阐述之中，是值得推荐给化学、化工及有关专业的大学生、研究生、科教人员和一线工程师们的一本好书。诚盼此书的出版能引起更多人对微界面传质技术和介观科技的重视、兴趣和投入，协力推动这一方兴未艾领域中应用基础研究的深入和工程应用的推广，为创建低能耗、低排放、更紧凑、更高效和更安全的化工生产流程，为我国乃至国际范围相关化学制造技术的创新起到重要的推动或引领作用。

陈懿

（中国科学院院士）

2020 年 4 月于南京大学

前言

现代化学制造业涉及大量由气－液、气－液－液、气－液－固、液－液、液－液－固、气－液－液－固等多相体系组成的传质与反应过程。这些多相体系的界面分子传递速率往往决定着生产装置的分离或反应效率，从而直接影响生产过程的能效、物效、本质安全性与产品竞争力。

长期以来，人们对多相体系的化学反应和传质分离过程及其设备的开发与设计模式，一是基于分子尺度上的微观扩散传质（特别是涡流扩散）和反应特征，二是基于毫－厘米尺度上鼓泡、搅拌与混合、颗粒分散与团聚、流型与颗粒分布、设备结构与构效关系等方面的宏观尺度研究结果。这两种模式都忽略了对介于微观和宏观之间的介尺度（mesoscale）特别是介观尺度（mesoscope）上发生的传质与反应行为的了解，从而也难以知晓介尺度上那些至关重要的参数对反应器、分离器和其他关键单元设备性能的控制性影响，以致迄今工业上依然有成千上万台多相反应器和分离器在高能耗、高物耗、高危险状态下运行。尽管生产领域的人们一直期望改变目前这种状态，但鲜有人知晓问题的根源何在，故也难以找到解决此类问题的突破口。因兹事重大，涉及绿色化学制造和人类可持续发展，亟待本领域专家进行深入探索并找到答案。此类问题的最基本特点是，反应效率受传质制约、或受传质与反应双重制约，有时可能受传质传热和反应多重制约，而采用通常的工艺方法本身已无法彻底解决。因此，一旦对这种化学制造领域普遍存在问题找到技术突破口，将不仅具有重要而深远的学术意义，同时也对多相体系化学制造过程的技术进步，以及能源和资源的高效利用具有实质性的推动作用。

有关介尺度上对化学反应和传质过程的特性研究，近十年来受到了国内外学术技术界的高度关注。正如在纳微米层次上的介观领域，科学界已经证实，在纳微米层次上的介观领域，物质以及由不同种类物质组成的介尺度结构不仅呈现完全有别于微观和宏观状态的理化性质和行为特征，而且物质或体系的宏观性质与性能往往由此尺度上的特殊结构特征所决定。此外，流体在介观尺度上的传质与化学反应特性，是否也呈现出固体在纳米层次上类似的奇异性质，至今人们尚知之甚少，因此值得去深入探索。

《微界面传质强化技术》一书重点介绍微米尺度上（跨三个数量级）反应体系中相际传质对反应强化的科学机理、行为特征、设备结构、影响规律的探索和发现；同时阐述在实验研究中必然会涉及的尺度为 $10^{-8}m \leqslant d \leqslant 10^{-3}m$ 七个数量级，以及数以十亿计的微颗粒（气泡或液滴）及其界面的测试、表征和调控等复杂技术问题带来的理论和技术挑战及其解决方案；本书最后还介绍相关技术在实际工程应用过程中所延伸的各种工艺、材料、装备及技术对策。

由于微界面传质强化技术的理念在近十年内才初露端倪，相关理论发展尚欠成熟，未成体系，技术方法也有待深入研探。因此，本书无论是在章节或结构安排上，还是在具体内容叙述方面，尚处在粗线条和探索完善阶段。特别是在应用实例方面，还需要今后在实践中的不断积累并通过日益拓展的应用领域进一步丰富其内涵。然而，鉴于本书涉及一项从介观尺度视角探索传质过程进而强化反应的新思路及其技术方法，以及它对于许多反应过程特别是受传质控制的表观“慢”反应或高压操作的多相反应过程具有突出的强化效果，笔者还是愿意努力付诸一试，以第一时间向读者奉上尚处在发育阶段的新技术之一斑，期望引起更多读者对此关注并参与研究与实践，从而为化学工程及相关学科技术向绿色制造更高层次发展做出贡献。

作为传质与反应强化方面一个新的前沿研究领域，微界面传质强化技术尚未形成体系。国内外虽有零星的关于微气泡方面的论文汇编出版，但并未涉及系统性理论、技术、调控和应用等深层次问题，更鲜见有关微界面传质与反应强化的系统性研究成果。因此，我们期望对十多年来在这一领域的研究成果加以梳理，同时结合国内外与此领域的相关研究进展，以力求形成较为系统性的学术技术成果。这次化学工业出版社委托中国化工学会组织编写《化工过程强化关键技术丛书》并邀请我们团队参加，正好提供了一个极好的机会。

本书将从微颗粒、微界面、微界面体系等学术名词解释入手，首先大致介绍经典的界面传质理论与原理，进而概述国内外现有的与微界面传质和强化反应相关的技术及实验研究成果，再尝试进一步较系统地论述微界面传质强化所涉及的基础理论和技术原理，如微界面传质强化的科学基础、技术方法、数学模型、测试与表征技术、调控手段，以及微界面传质强化反应的思路与途径等，最后阐述微界面传质强化技术在不同领域的应用。

总之，本书将以全新的视角，较系统地介绍长期以来容易被化学家和化学工程学家忽视的、通过微纳尺度传质强化解决受传质控制或同时受传质和反应双重影响的气－液、气－液－液、气－液－固、液－液－固等反应体系效率低下而导致的高能耗、高物耗、高排放、高危险这一疑难问题的理论方法、技术原理和工程实践。

本书共设十章，由南京大学张志炳教授统稿，周政教授、胡兴邦教授、张锋副教授、李磊副教授、王晓副教授、杨高东博士、田洪舟博士、杨国强博士、王宝荣博士、贺向坡博士等分别参加了撰稿工作，罗华勋等部分博士研究生也参加了材料整理与写作工作。此外，还特别邀请了浙江大学付新教授、胡亮教授、吉晨教授和厦门大学沙勇副教授课题组等专家一起参加本书的撰写。

第一章由南京大学周政、王晓和杨国强等共同撰写，第二章由南京大学张志炳主笔，第三章由南京大学张锋和厦门大学沙勇联合撰写，第四章由浙江大学付新、胡亮和吉晨共同撰写，第五章由南京大学张志炳、杨国强、贺向坡和田洪舟共同撰写，第六章由南京大学张志炳与杨国强共同撰写，第七章和第八章由南京大学张志炳与田洪舟共同撰写，第九章由南京大学胡兴邦撰写，第十章由南京大学张志炳、周政、李磊、杨高东、杨国强、王宝荣、罗华勋、贺向坡等联合撰写。

由于本书所涉及的内容首次组稿，各位撰稿人必须查阅大量文献并进行详细整理，因此费时很多。值得一提的是，书中有许多数据、图片是迄今为止国际上本领域尚未见报道的第一手资料。为此，笔者诚挚感谢多年来在本实验室进行辛勤测试和理论研究的所有老师与同学们！

特别感谢《化工过程强化关键技术丛书》编委会的费维扬院士、舒兴田院士、张锁江院士、陈建峰院士、刘有智教授等给予笔者团队撰写本书的宝贵机会。感谢曹湘洪院士、陈懿院士为本书倾情作序。在撰写过程中，始终得到化学工业出版社的支持和帮助，笔者对此深表谢意。

在本书成稿过程中，本人的导师、已年过 97 岁高龄的余国琮院士自始至终高度关注，并表示成稿后要亲自审阅。作为学生，本人深感荣幸并万分感激！

本书所涉及的大多数研究工作得到了国家自然科学基金面上项目“降膜流动过程的 Marangoni 效应及其对传热传质特性的研究”（张志炳）、“液气循环喷射反应器中甲苯液相催化氧化制备苯甲醛的研究”（张锋）、“苯乙烯催化氧化过程的界面强化与调控研究”（张志炳）、“好氧发酵体系的微界面传质强化反应器构效调控研究”（张志炳）的资助；也得到了国家自然科学基金重大研究计划培育项目“介观结构催化剂及其介尺度机制与调控的高性能催化过程”（丁卫平、张志炳）和国家自然科学基金重大研究计划“超细气泡反应体系的传质特性与介尺度构效调控”（张锋、张志炳）的资助；同时还得到江苏省科技厅、南京市政府、中国石油化工集团公司、陕西延长石油集团公司、中国石油天然气集团公司、中国寰球工程公司、江苏索普（集团）有限公司、天津渤海化工集团公司、浙江卫星能源有限公司、南京诚志清洁能源有限公司等单位的大力资助；2018 年，本技术又被列入国家重点研发计划“煤炭清洁高效利用和新型节能技术”重点专项和“水资源高效开发利用”重点专项予以支持。在此，一并表示衷心感谢。

虽然界面传质与传质强化等方面的学术和技术研究已有较长历史，但有关通过微界面传质强化反应过程的研究则起步不久。因此，本书无论是在内容细节、研究结论方面，还是在关于该技术的科学原理和特性行为的认知深度与广度方面，均难免浅薄、片面或疏漏，故敬请读者不吝赐教，以利进一步完善。

张志炳

2019 年 12 月

目录

第一章　绪论 / 1

第二章　微界面传质强化的基本理论问题 / 31

第三章 Marangoni效应及其界面微结构 / 79

第四章 气－液微颗粒制备技术 / 111

第五章　Q-CT法测试技术　/ 195

第六章　微界面体系在线成像测量技术　/ 239

第七章　微界面体系构效调控数学模型　/ 267

第八章　微界面反应体系参数的影响　/ 311

第九章　微界面气－液体系的理化特性　/ 349

第十章　微界面传质强化技术的应用　/ 379

后记　/ 443

索引　/ 447

第一章

绪　论

第一节　引　言

由微气泡、微液滴和微固体颗粒所组成的微颗粒体系，其颗粒尺度一般处于微米范围，因而通过肉眼难以清晰辨识和准确表征，然而，它们在自然界和人类生产生活中却普遍存在，如 $PM_{2.5}$、PM_{10} 等。需要说明的是，这里的微米尺度完全有别于微观尺度。前者是指在物理尺寸上大于等于 1μm 和小于 1000μm 的气、液、固态粒子，而后者在物理和化学范围则一般指普通单分子（通常不包括高分子及其聚集体、蛋白质等）、原子及更小尺度的物质单元，有关此方面的定义，请参见徐光宪《物质结构的层次和尺度》一文[1]。经典的化学科学理论一般建立在分子、原子、电子、量子等微观尺度之上，而始于 20 世纪 80 年代的纳米科学与技术，为人们认识微观和宏观之间的介观世界打开了大门。30 多年来，在该领域取得了大量的研究成果，揭示了许多微观体系和宏观体系中从未发现的物质现象和特性。对这些现象与特性的掌握，为人类在更高更深层次上理解和运用物质的客观规律，进而为人类创造更美好的生活提供了技术手段。

然而长期以来，人们对有关微颗粒与微颗粒体系及其不同形态所形成的微界面和微界面体系所具有的不同于微观和宏观颗粒体系的微米尺度的特性尚知之甚少。例如，一个直径为 10μm 的气泡在液相中的界面形态、运动状态、传热与传质特性与一个 10mm 的气泡可能截然不同。而由成千上万直径为 10μm 的气泡所组成的微气泡体系在现实的反应体系中所呈现的流体流动状态、传热传质性能和反应特性又将如何？这种“截然不同”可能对化学、化工、材料、生命等领域所涉及的化学制造过程的能耗、物耗、产品质量、投资、环保、安全等方面带来哪些潜在影响？经典的流体动力学、传质动力学、反应动力学理论是否能直接用于由微颗粒组成的微界面体系？由于此领域研究工作的缺乏，人们对上述问题尚无足够的研究结论用以对上述问题进行准确的回答。但通过近 10 多年来的初步探索表明，微界面体系可大幅提高传质和反应的宏观效率，对过程的强化作用已是不争的事实。

因此，在当今人类追求能源、资源高效绿色利用的时代，无论从理论角度还是从实际应用方面都十分有必要对微颗粒、微界面体系，特别是对微界面传质强化技术进行深入研究，了解和掌握由微颗粒体系及其不同形态所形成的气 - 液、气 - 液 - 固、液 - 液 - 固等多相微界面体系的物理和化学特性，以便定量地阐释它们对化学制造过程中的传质和反应强化作用和规律性，为新一代绿色高效的化学制造过程提供理论和技术支持。

本书主要涉及在牛顿型流体范围内微米尺度的气 - 液、气 - 液 - 固、液 - 液 - 固、气 - 液 - 液 - 固等多相微界面体系对传质和反应过程强化的相关内容。

所介绍的几种传质强化技术，其思路都是将传统的相界面或颗粒尺度从厘米、毫米减小至微米甚至更小尺度。它们中有些研究已较为深入，工业应用也相对较为普遍，如喷雾干燥、喷雾反应吸收等，而有些尚处在边研究开发边应用阶段，如微通道、微流控技术等。这些技术虽然都有其特定的专业名词，但从科学层面均属于传质强化技术的范畴。有些是通过微界面传质强化实现高效分离或混合，而有些则是借助于传质强化以实现高效反应，它们均从不同侧面对能源资源的高效利用提供技术支持。

第二节 界面传质与反应

界面是指物质相与相之间交界的区域，存在于两相之间，厚度约为几个分子层到几十分子层，它不同于几何中“面”的概念，这里的面是有厚度的，是具体物质相之间的交界区域。界面及界面传质现象广泛存在于化工、冶金、材料、生物工程、医药、环境等领域。界面现象伴随传质而发生，它又对传质过程有着显著的影响。萃取、精馏、吸收、气 - 液反应、液 - 液反应、气 - 液 - 固三相反应等均为典型的界面传质过程。物质间的相界面有气 - 液界面、气 - 固界面、液 - 固界面、液 - 液界面、固 - 固界面五种，其中最为重要的是气 - 液、液 - 液、液 - 固和气 - 固的界面传质与反应，它们是自然界和工业过程客观存在的现象，也是化学制造过程中最为耗能的过程。

尽管历经百年的研究与发展，但关于两相界面传质的理论研究还不够成熟，还有许多未知现象和理论尚待人们去发现和完善，特别是在介观层次上的界面传质与反应行为，基本上还处于萌芽状态。在实际工业应用中，气 - 液和液 - 液的传质与反应设备，如吸收、再生、精馏、萃取、浓缩等设备的传质效率不够高，难以满足现代社会对物质和能量高效利用的需求，亟待提升；又如气 - 液、液 - 液、固 - 液搅拌反应器、塔式鼓泡反应器、气 - 液 - 固浆态床三相反应器、气 - 液 - 固固定床三相反应器等的反应效率普遍低下，设备投资、能耗、物耗偏高等，均涉及界面传质及其与反应耦合的理论问题。界面传质过程是界面本身特性（如界面面积大小，气膜、液膜厚度等）、分子扩散、流体流动、脉动、浓度与温度梯度等共同作用的，特别是气 - 液传质过程多为气泡群行为，在宏观界面范围内（本书将气 - 液界面的几何尺度大于等于 1mm 定义为宏观界面，参见第二章）涉及气泡尺度、聚并和破碎、气泡形变及界面湍动等复杂行为，而在微界面范围内则与气泡尺度、气泡膜厚度、气泡表面电性、体系的毛细现象等密切相关。在现有的仪器水平和实验条件下，由于体系的时空多变特性，很难准确测定界面处物理与化学特性，如界面的气、液膜厚度，浓度梯度、流体湍动行为等真实状态[2]，比如脉动速度分布等。因此，现有的传质理论体系尚难以从微观以及介于微观与宏观间的介观尺度层次上完全解释两相传质的内在机理与科学规律。

在实际工业设计和生产中，需要预测传质效率，已建立起来的经典界面传质模型大多是以此为目的，双膜理论就是其主要代表之一。该理论假设两相在界面上处于平衡，即在两相界面处不存在传质阻力，但这是一种理想的状态，实际过程中，在发生相间传质情况下，界面上两相很难完全达到平衡状态。因此，人们试图进行多方面的研究与实践，不断地完善界面传质模型，如基于经典传质理论的修正模型、湍动旋涡理论等。

一、经典气 - 液传质理论简介

早期的传质理论研究中，研究者通过物理模型的简化，提出了包括双膜理论、渗透理论和表面更新理论等经典传质理论。

1. 双膜理论

1904 年，Nernst[3] 首先提出停滞膜理论，该理论认为无论界面上的流体是层流还是湍流，界面传质的阻力主要集中在靠近界面的一层几乎是停滞不动的膜中，这层膜的厚度比层流内层大，其对分子扩散的传质阻力就等于实际对流过程的阻力。该理论对带有化学反应的气 - 液吸收过程能给出比较精确的传质速率，同时适用于质量传递和热量传递。

1923 年，Whitman[4,5] 基于停滞膜理论提出了双膜理论，基于以下四个假设：

a. 相互接触的两相（气 - 液或液 - 液）存在固定的相界面，界面两侧分别存在停止膜（气膜或液膜）；b. 在膜内部流体为层流，膜外侧流体为湍流，气 - 液或液 - 液传质阻力主要集中在层流膜层；c. 假定界面处两相处于平衡状态，溶质经过两层膜的传质方式为稳态分子扩散；d. 假定两相主体浓度均匀，没有浓度梯度。由此得到的传质系数表达式为：

$$k_L = \frac{D_L}{\delta_L} \tag{1-1}$$

式中，k_L、D_L、δ_L分别为传质系数、扩散系数及膜厚度。

Lewis 等 [5] 对该理论的使用条件进行了分析，认为该模型对传质机理的假定过于简单，仅在稳态传质和施密特数（Sc）较小时才能成立。其对传质机理的假定过于简单，由于忽略了膜内物质积累和对流传质的存在，对于很多化工传质设备，双膜理论不能准确反映传质的真实情况。但该理论模型简单，易于对传质过程进行数学处理，在工程上被广泛采用。

Rashid[6] 根据双膜理论推导出气体通过气 - 液界面时的扩散系数、分配系数、总传质系数、气膜或液膜传质系数、气相或液相传质阻力、液相侧精制膜厚度等物理化学参数的理论预测公式，实验表明这些理论预测对于许多体系具有较高的精度 [7]。双膜理论给出的传质速率关系为工业传质设备的设计提供了理论参考和依据。然而，双膜理论并没有指出其适用范围，对于微界面体系，它是否适用不得而知。

2. 渗透理论

1935 年，Higbie[8] 提出相界面传质过程为非稳态过程，并提出了表面微元更新的理论。该理论假定当液体处于湍流条件下，来自湍流主体的旋涡或微元运动到界面上与气体接触并停留一段时间，同时假定该时间段为常数，在该时间段内两相发生传质，相界面一侧快速与气相达到平衡状态，另一侧为主体浓度，在界面上发生不稳定分子传质，传质速率随时间而递减。流体单元在界面处暴露的时间有限，新的流体微元置换旧的流体微元并流出界面，在流体深处仍保持原来的主体浓度，如此循环，流体微元连续不断地进行交换。假定相界面处浓度恒定，忽略对流通量，由此而得的传质系数表达式如下：

$$k_L = 2\sqrt{\frac{D_L}{\pi E_S}} \tag{1-2}$$

式中，E_S为流体微元与界面接触的时间（也称暴露时间）。渗透理论表明，液相传质系数k_L与扩散系数D_L的平方根成正比。与双膜理论相比，渗透理论中出现了与时间有关的传质参数，可用来描述非稳态传质过程。

Higbie[8] 认为来自周围的流体微元抵达相界面后会在表面停留一段时间，在这段时间内进行非稳态传质，且传质过程发生在时间 E_S 内，并假定所有的流体微元在表面上被其他流体微元替代之前，与相界面具有相同的接触时间。

文献中通常有两种方法来估算接触时间 E_S，即涡模型和“滑移渗透”模型[9]。涡模型是根据各向同性湍流理论，将 Kolmogorov 最小黏性涡尺度与湍流脉动速度的比率近似地作为暴露时间［即 $E_S \propto (\varepsilon / \upsilon)^{-1/2}$］。基于这种方法得到的大多数旋涡传质模型具有如下相似的表达形式：

$$k_L = c_0 D_L^{1/2} (\varepsilon / \upsilon)^{1/4} \tag{1-3}$$

式中，ε为湍动能耗散速率；υ为运动黏度；C_0为常量，文献中由于实验或理论研究的不同，其值有所差异，如0.301[10]，0.531[11]，0.592[12]和1.13[13]等。“滑移渗透”是以气泡颗粒直径d_0与气泡滑移速度u_{sl}的比值作为暴露时间E_S，此模型的表达式为：

$$k_L = 2\sqrt{\frac{D_L u_{sl}}{\pi d_0}} \tag{1-4}$$

式中，d_0为气泡颗粒直径；u_{sl}为气泡滑移速度。

该模型的传质系数与气泡颗粒直径的 1/2 次方反比，并获得文献[14]的支持。涡模型显示传质系数随着湍流强度的增大而增大，而“滑移渗透”模型显示传质系数与气泡直径相关，与湍流强度无关[15, 16]。渗透理论中没有考虑到流体微元在气 - 液界面接触时间分布的随机性，而是简单地把 E_S 视为常数，并且理论上很难求解模型参数，其预测的传质系数与一些实际工业应用相差很大，故应用范围受到限制。

Harriott 提出任意时刻抵达表面的旋涡可能来自于流场中的任意位置，据此采用了一个含有可调参数的伽马分布函数来描述接触时间或涡旋距离表面位置的分布，但实际情况下伽马分布函数的参数难以得到[17]。

3. 表面更新理论

1951 年，Danckwerts[18, 19] 在渗透理论的基础上，提出了表面更新理论，该理论同样认为传质为非稳态分子扩散过程，但认为界面上流体微元具有不同的暴露时间，并假设界面处气 - 液接触时间是由零到无限大之间服从随机分布，且可用 $S\mathrm{e}^{-st}$ 指数函数分布来描述。该理论引入了表面更新率 S（即表面更新时间的倒数），其传质系数表达式为：

$$k_L = \sqrt{D_L S} \tag{1-5}$$

表面更新理论考虑了流体微元在界面处停留时间分布的随机性，与渗透理论相比更接近实际传质过程，但模型中没有提供表面更新率 S 与湍流结构的关系。此外，表面更新率 S 很难通过实验或理论的方法准确给出，因此在实际应用中也存在很大局限性。

二、修正的经典模型

针对气 - 液经典传质理论某些方面的不足，一些研究者通过实验验证及理论方法对它们加以改进，提出了更接近实际、更能体现真实传质过程的修正的气 - 液传质模型，主要包括膜 - 渗透理论、修正的表面更新理论、修正的膜理论等。

1. 膜 – 渗透理论

Hanratty[20] 基于对动态传质过程的研究，指出在不同的时域和 *Sc* 数范围内，流体微元所遵循的传质机理并不完全相同。Toor[21] 进一步提出流体微元在达到相界面时，产生非稳态传质，属于渗透理论；微元不随表面暴露时间的延长而增大，溶质没有积累效果，最终形成稳定的传质过程，属于膜理论。在传质过程的过渡阶段，受膜理论和渗透理论两种机理的共同作用。基于此，该理论修正了扩散方程中的初始条件和边界条件，将流体微元划分为不同时域，按不同机理求解扩散方程。

Dobbin[22] 将膜 - 渗透理论和湍流特征相结合，提出了包含膜厚和表面停留时间的传质模型，其中膜厚度依据湍流结构中最小的 Kolmogoroff 涡长度来估算，停留时间依据近界面的能量守恒来估算，传质系数的表达式为：

$$k_{\mathrm{L}}=\sqrt{C_1 D_{\mathrm{L}}\frac{\rho_{\mathrm{L}}\varepsilon}{\sigma_{\mathrm{L}}}}\cos\sqrt{\frac{C_1 C_2\rho_{\mathrm{L}}\left(\varepsilon\upsilon\right)^{3/4}l^2}{D_{\mathrm{L}}\sigma_{\mathrm{L}}}} \tag{1-6}$$

式中，l为最小Kolmogoroff涡长度；σ_{L}为液相表面张力；C_1、C_2为经验参数，通过实验测量确定。若传质微元的停留时间较长，则Dobbin的膜-渗透模型可简化为膜模型。由于模型比较复杂，难以进行应用。

2. 修正的表面更新理论

Danckwerts[18, 19] 提出的表面更新模型中大部分流体微元在界面的停留时间为零，这与实际的传质过程不符，与实验数据偏差较大。Perlmutter[23] 认为界面处微元的停留时间指数分布不合理，提出从液相主体到界面之间流体微元的流动满足两个串联的容量过程，并提出“多容量效应”概念，相应的 n 级容量串联停留时间分布函数为：

$$f\left(\theta\right)=\frac{n^n\theta^{n-1}}{(n-1)!\,\tau^n}\exp\left(-\frac{n\theta}{\tau}\right) \tag{1-7}$$

式中，τ是第n容量的停留时间；θ为流体微元在界面处与气相接触的暴露时间。当$n=1$时即为Danckwerts的表面更新模型，而当$n\rightarrow\infty$时，则是Higbie的渗透模型。

Perlmutter 还针对一些特殊的流场，提出了“死时间效应”模型，其停留时间分布密度函数为：

$$f(\theta)=0\ (0\leqslant\theta<A);\ f(\theta)=\frac{1}{\tau}\exp\left[-(\theta-A)/\tau\right](\theta>A) \tag{1-8}$$

式中，A为最短停留时间。该模型中通过对停留时间分布密度函数的修正，使得停留时间为零的流体微元的概率也为零，这与实际的传质过程能很好地吻合。

沈自求[24]提出了穿透点模型，该模型认为在传质过程中存在着一个穿透点θ_k，当$\theta<\theta_k$时，服从Danchwerts年龄分布函数；当$\theta>\theta_k$时，表面微元对传质的贡献和年龄为θ_k的微元相同，即表面年龄分布曲线不变，并同时考虑了表面膜及膜中扩散的不稳定性。其传质系数表达式为：

$$k_{\mathrm{L}}=(1+S)\left[\operatorname{erf}(S\theta)\sqrt{D_{\mathrm{L}}S}\right]^{1/2}+\sqrt{\frac{D_{\mathrm{L}}}{\pi\theta}}\exp(-S\theta) \tag{1-9}$$

穿透点模型将表面更新的概念与瞬时非稳态传质结合起来，使表面更新率更符合实际[7]。Ruchkenstein[25]、Koppel[26, 27]和Pinczewski[28]等均为修正表面更新理论方面进行了研究，但这些研究工作都增加了模型的参数，使模型变得更为复杂，而理论上没有实质性进步[9]。

3. 修正的膜理论

在传质计算中，通常假定扩散系数在传质通道上保持不变，但实际上液相Fick扩散系数随浓度显著变化[29]。Kubaczka等[30]考虑了传质系数随温度和浓度的变化，对多组分体系的传质过程进行研究，提出了一个改进的膜模型，该模型假定真实流体传质组分的传质系数沿扩散通道线性变化，并利用Modine[31]实验数据进行模拟计算，结果比较吻合。

Wang等[32]将双膜理论和表面更新理论相结合，提出了一个非稳态双膜模型，该模型把非稳态传质方程及分布条件经Laplace变换，求出浓度分布，进而求出瞬时点传质速率，然后引入表面年龄分布，求得平均传质速率。然后，将单膜模型推广得到拥有两相阻力的双膜模型。他们还进一步将非稳态双膜模型发展并应用到伴有化学反应的传质过程[33]和泥浆流传质过程[34]中。

三、湍流旋涡理论

有学者针对湍流的特点发展了湍流传质模型，主要有两类：旋涡扩散模型和旋涡池模型。

1. 旋涡扩散模型

Levich[35]基于质量传递与动量传递的类似性分析，提出了旋涡在相界面附近逐渐衰减理论，其所得的传质系数计算式如下：

$$k_L = 0.32\sqrt{\frac{D_L u'^3 \rho}{\sigma_e}} \tag{1-10}$$

式中，u'为脉动速度；σ_e为当量表面张力，$\sigma_e = \sigma + \frac{l^2 \rho g}{16}$。

模型中的表面张力相表明涡流在流动界面比固体界面处的衰减速度慢，并且分子扩散和对流传递必须与旋涡扩散结合起来。脉动速度难以测定，故该模型较难在实际中应用。

2. 旋涡池模型

旋涡池模型认为在近界面处旋涡对对流传质起控制作用，并假定旋涡的速度可由精确的数学表达式描述，这样由速度表达式联合对流扩散方程就可求解出旋涡流中的浓度（C）分布，界面处的局部传质系数则可由下式求得：

$$k_L^{\mathrm{Loc}} = -D_L \left(\frac{\mathrm{d}C}{\mathrm{d}y}\right)_{y=0} \tag{1-11}$$

根据流场中对质量传递起控制作用的假设不同，旋涡池模型可分为大涡模型、小涡模型和单涡模型。

（1）大涡模型　Fortescue[36] 提出了大涡模型，假定在湍流流场中对质量传递起控制作用的是大尺度含能涡，涡的平均传质系数为：

$$k_L^{\mathrm{cell}} = C_L \sqrt{\frac{D_L u'}{l}} \tag{1-12}$$

式中，C_L为液相浓度；l为旋涡的积分尺度。

该模型在理论上比以前的模型更接近实际情况，但界面处旋涡尺寸的统计分布难以准确获得，因此很难在实际传质过程中应用。

（2）小涡模型　与 Fortescue 不同，Lamont[37] 则认为在湍流流场中，对传质起控制作用的是湍流场中最小的黏性耗散涡，据此提出了小涡模型。该模型假定每个旋涡池均是一理想的黏性涡，传质系数由涡的尺度和动能决定，其提出的传质系数的计算式为：

$$k_L = C_s \left(\frac{D_L}{\upsilon}\right)^{2/3} (\varepsilon \upsilon)^{1/4} \tag{1-13}$$

式中，C_s为经验参数，通过实验测量确定。小涡模型扩展了大涡模型的概念，考虑了不同波数的涡对传质的影响。但这两种模型都是统计平均的方法，涡的长度和特征速度均用一个近似平均值描述，因而难以说明单个旋涡的传质机理，从而引起了质量传递由大涡还是小涡控制的争论。

（3）单涡模型　Luk[38] 提出了一个二维拟稳态模型，即单涡模型。他假定气 - 液界面的液相一侧是由一连串大小不同的旋涡构成，尽管整个界面的传质过程为非稳态，但单个旋涡内的传质是稳态的。旋涡的平均传质系数为：

$$\overline{k_L} = 0.9\sqrt{\frac{D_L}{L/V}} \qquad (1\text{-}14)$$

式中，V为旋涡的水平速度振幅；L为旋涡在x方向上的长度。

计算涡的平均传质系数必须测出单涡的长度尺寸和水平速度振幅，但由于实际流场的复杂性，要实现界面处不同尺寸旋涡的统计分布测量是十分困难的，所以单涡模型很难用于实际过程传质系数的计算。

以上传质理论及其延伸的传质计算模型基本上没有考虑界面尺度的影响，因此，它们在微界面条件下是否仍然适用尚有待验证，需要进行深入研究。

第三节　基于微通道和外场的传质强化

一、概述

近十年来，国内外发展了一系列传质强化技术，如微通道传质强化技术、超重力场传质强化技术、超声波传质强化技术、电磁波传质强化技术等，本章仅就其相关内容作一概略简介，而有关它们的详细技术内容请参见本系列丛书的其他分册。

二、基于微通道的传质强化

微通道反应器，又称微反应器或称微流反应器、微混合器等，其本质是使流体通过当量直径为毫 - 微米尺度的机械通道，强制进行气 - 液、液 - 液、气 - 液 - 液混合，以实现增大传质、传热界面，提高传质、传热和反应效率之目的。由于其高效率、高安全性和高灵活性，可实现在大直径传质与反应设备中较难实现的精准气 - 液传质与反应，特别是在光化学转化、硝化等危险反应等过程具有明显优势。因此，它逐渐受到了诸如制药与许多有机合成行业的青睐。

在宏观尺度反应器中，反应物的混合过程通常是通过诱导湍流流型来完成。然而，在微通道反应器中通常只观察到层流流型（$Re < 100$）[39, 40]，这意味着微通道中反应物的混合只能通过分子扩散完成。特征混合时间（t_m）由爱因斯坦 - 斯莫鲁霍夫斯基方程来计算：

$$t_m = \frac{L^2}{D} \tag{1-15}$$

式中，L为扩散距离；D为分子扩散系数。从计算公式（1-15）中可以看出，混合时间与扩散距离成正比。也就是说，小尺寸对快速混合更有利。该理论依据促进了微混合器和微通道反应器研究的发展。微混合器和微通道反应器是利用外部能量迫使流体在狭小空间内相互交换来实现混合和传质强化作用的。在结构上，它们有T形、Y形、分裂-复合形、填充床形和履带形等[41]。

在微通道反应器内，特征混合时间是一个很重要的物理参量。特征混合时间（t_m）和反应时间（t_r）之间的比例由第二达姆科勒（Damköhler）数（$Da_{Ⅱ}$）来表达：

$$Da_{Ⅱ} = \frac{t_m}{t_r} = \frac{X d_t^2}{4\tau D} \tag{1-16}$$

式中，τ为停留时间；d_t为通道直径；系数X取决于动力学和进料比。

为减小传质对反应的制约效应，$Da_{Ⅱ}$应该小于1（反应速率控制的状态）。当$Da_{Ⅱ}>1$时，浓度梯度的存在可能导致反应副产物的形成（传质控制的状态）。竞争性连续反应很好地解释这种现象，在这种反应中，反应的选择性由两种反应的速率常数和传质效率所控[42, 43]。反应选择性问题可以通过两种策略来克服，其一是通过降低反应温度来改变反应动力学，这是化学家使用间歇反应器时最常用的策略。这种情况下通过让反应充分降温来降低反应速率，而实现混合时间比反应时间短（$Da_{Ⅱ}<1$），其二是通过使用微通道来提高混合效率，以提高传质效率，这可以使化学反应在比宏观尺度间歇反应器上更高的温度下进行。

三、基于超重力场的传质强化

在日常化工生产实践中，一切设备和物料均处于重力场中。设备中的流体流动，一种是自然状态下由重力驱动的流动，如填料塔中填料表面液膜的流动、滴流床反应器中液体自上而下的流动等；另一种是通过循环泵、压缩机等动力设备对物料进行强制做功，促使物料作不同形态的高速运动或克服重力作用向其相反或不同的方向运动，从而实现对流体的输送和混合。这些动力设备，只要设计和运用得当，在化工过程强化中具有令人惊奇的作用。如采用离心机原理可以实现超重力场传质强化。以下简要介绍超重力强化传质技术。

超重力是指在比地球重力加速度g（$9.8m/s^2$）大得多的环境下，物质所受的力（包括引力或排斥力）。利用超重力科学原理而研发的应用技术称为超重力技术[44]。

通过高速旋转可以产生强大的离心力，这是目前模拟超重力场最主要也是最便捷的方法。在传统的化工生产实践中，传质设备中的液相流动一般是依靠重力来驱动的。由于重力场作用较弱，液膜流动缓慢，传质效果不佳，因此在工业生产中不得不大量使用体积庞大、生产强度较低的塔式分离器和反应器等设备。从20世纪70年代开始，利用高速旋转产生的超重力离心力场来实现气-液传质强化和分离强化的超重力强化技术逐渐发展起来。

在多相反应过程中，如气-液、气-液-固等多相反应体系，作为分散相的液体在气体连续相中高速流动，在超重力场的作用下，会形成大量极其细小的液膜、液丝和液滴，这些细小液滴的当量直径大多数处于微米尺度，大量的微液滴形成的相界面体系是典型的微界面体系[45]。早在20世纪初，就陆续出现了一批将超重力离心技术与精馏、吸收等化工过程简单结合的分离技术[46]。这一技术的系统化开发和应用与美国太空署在微重力条件下的实验项目密切相关。参加该项目的英国ICI公司发现超重力会使液体表面张力的作用变得微不足道。在此基础上，一大批超重力传质与分离强化技术实现了工业化。

旋转填充床是利用超重力场强化传质过程的一种代表性反应器[47]。逆流超重力旋转填充床的基本结构如图1-1所示[48]，旋转填充床壳体上布置有气体和液体进出口。电机驱动转轴带动转子转动，利用转子转动时产生的强大离心力场（通常为重力场的10~1000倍）可以模拟超重力场。旋转填充床在运行时，液体从液体进口流入液体分布器，喷洒在填料上。随着离心力的增大，g越来越大，两相接触过程的动力因素即浮力因子$\Delta\rho g$越大，流体相对速度也越大。高速旋转产生的强大剪切作用不仅克服了表面张力，而且能将液体高度分散、剪切、破碎并最终形成微米级尺度的液体微团，使得液体与气体在转子内部填料等多孔介质中接触时，流体的比表面积增加，气-液两相间接触面积增大，同时，两相界面的更新速率也得以加快，由此大幅降低传质阻力，完成气-液两相传质的强化过程。

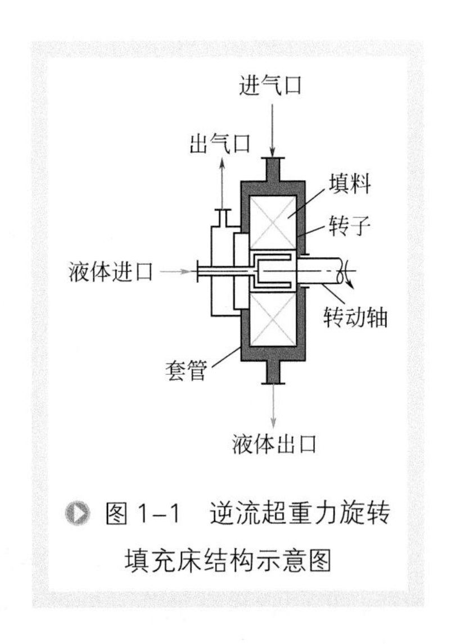

图1-1　逆流超重力旋转填充床结构示意图

四、基于超声波的传质强化

超声波是指人耳听不到的，频率高于20000Hz的声波。超声波传播的方向性好、穿透能力强，在不同的介质中都能保持良好的传递能力，因此在军事、工程、生物、医疗等领域有着广泛的应用。当超声波在液体中传播时，液体中微小的气泡在声波作用下会经历振荡、生长、收缩直至溃灭等一系列动力学过程。气泡溃灭的瞬间，会产生5000K的高温和50MPa的高压，并伴随着强烈的冲击波和110m/s左右的微射流，进而带来巨大的机械效应和光热效应，这就是超声空化现象[49]。依据超声空化的原理，可以利用超声波在传播方向上存在的声压梯度形成强大的声场，延长气泡在液相中的停留时间，加快界面更新，从而强化传质。超声振动在干燥、萃取、结晶、吸收和吸附等传质过程中，已实现了不同规模的工业化应用。

在气-液非均相体系中，气、液界面处空化溃灭的湍动效应、微扰效应以及冲击波作用一方面使层流底层减薄，另一方面使层流底层发生局部湍动，改变了层内基本无涡流扩散只靠分子扩散的状况[50]，从而使得传质阻力减小和相界面更易破碎，传质效果大大增强。此外，在液-液、液-固和气-液-固等多相体系中也存在相似的情况，不仅能加速物质的传递，还能加快化学反应的速率。

在传统的鼓泡塔反应器内，施加不同频率的超声场对气泡 Sauter 平均直径（d_{32}）的影响结果如图 1-2 所示[51, 52]。由图可见，随着频率的不断增加，超声场内气泡的 Sauter 平均直径逐渐减小。通过合理设计反应器结构制造均匀分布的超声场，有利于气泡的破碎和湍动，可以获得微米尺度的气泡，进一步加强传质。

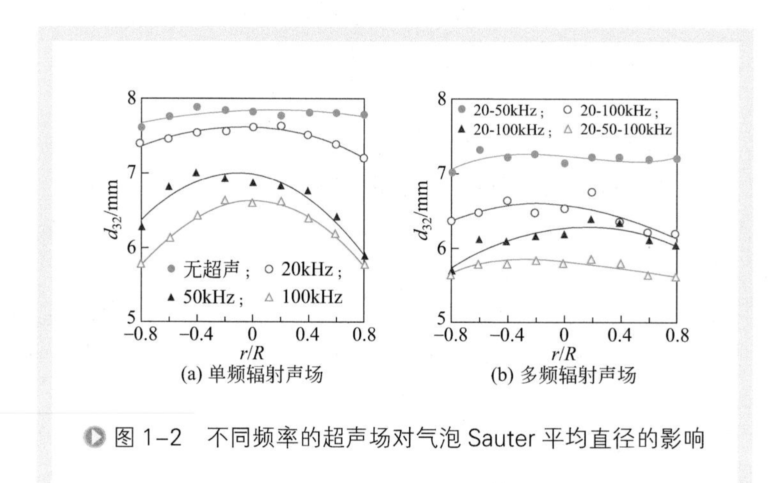

图 1-2　不同频率的超声场对气泡 Sauter 平均直径的影响

在同样的声场内，增加超声的能量可以进一步减小气泡的尺度，增加微气泡的数目，但同时也会加强大气泡的本征运动，导致部分空化气泡被吸收，因此当超声场的强度超过某一阈值后会出现空化饱和现象[53]。整体来看，超声波场下的扩散系数要比常规条件下的扩散系数大一个数量级[54]。

五、基于电磁波的传质强化

电磁波，如图 1-3 所示，是同向且互相垂直的电场与磁场在空间中衍生发射的震荡粒子波，是以波动的形式传播的电磁场，具有波粒二象性。按频率由低到高的顺序排列不同的电磁波，依次是无线电波、微波、红外线、可见光、紫外线、X 射线以及 γ 射线，这便是电磁波谱。与超重力场和超声场相似的是，电磁场同样能够强化传质过程，目前关于电磁场强化传质的研究主要集中在微波方面[55]。从 20 世纪 90 年代开始，有关微波辅助强化传质的实验与理论研究不断深入，在催化合成、萃取、干燥、降解及破乳等过程中显示出了良好的强化效果与应用前景[56]。

与其他外场不同的是，微波不仅能强化多相反应的传质过程，还能大大改善反应的传热过程。传统的加热方式主要通过热传导与热对流方式，热量从外向内传递，温度梯度的存在无法避免，最终导致物质受热不均匀，出现局部过热等现象。微波辐射则是利用物质内部偶极分子的高频往复运动引发物质整体同时、均匀加热，且加热速度快、能耗低，能大大节约生产成本。

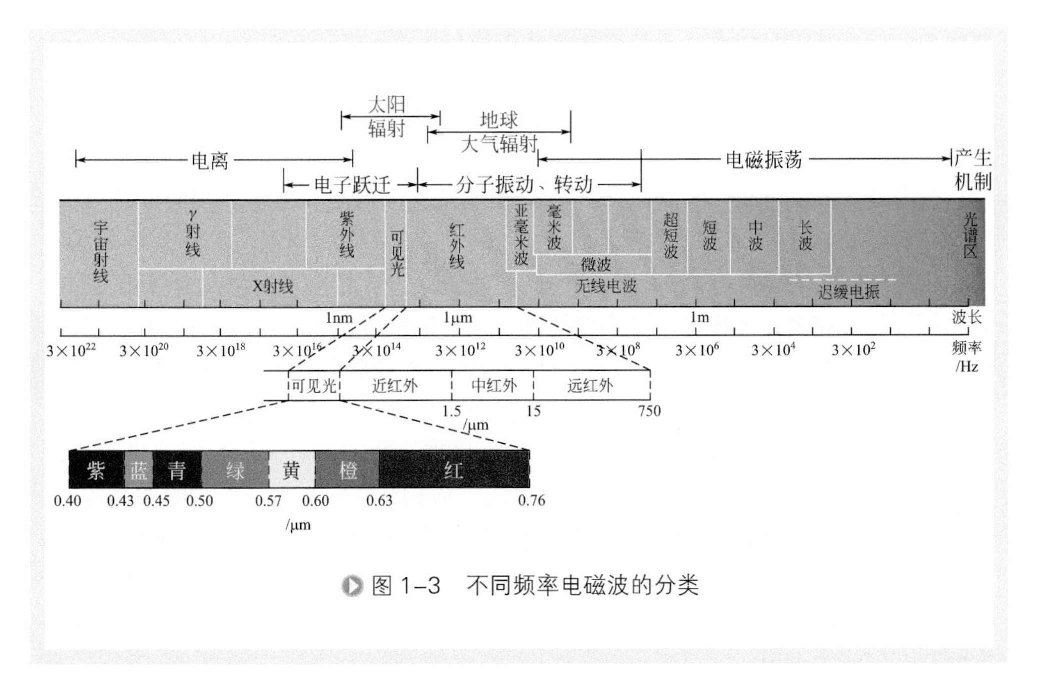

图 1–3　不同频率电磁波的分类

目前，微波强化技术与其他强化技术相结合所形成的耦合强化技术，表现出了良好的应用前景，如微波 - 超声波耦合强化技术在水处理过程中的研究已经取得了初步进展[57]。在有机物与水形成的液 - 液非均相体系中，微波能通过快速加热的热效应和非热效应提高物质内部的能量，再与超声波的空化作用相协同，使得液体处于高速湍动状态，使相界面破碎加剧，形成大量极微小的液滴，从而提高传质速率。当微波与光催化、活性炭催化及氧化等技术耦合时，传质效果的提升更为明显。当体系中存在固相的催化剂或吸附剂时，固相催化剂或吸附剂与微波的协同效应使得催化效率和吸附效率都得到了显著的提高。

微波传质强化技术仍在进一步发展之中，其大规模工业化应用还有许多实际问题需要解决，但它对传质强化的作用已被人们所认识。

第四节 基于机械能的传质强化

除了上节中介绍的外场强化技术之外，近几十年来，人们通过大量的理论与实验研究，还发展出了基于机械能的传质强化技术，如撞击流传质强化技术[58]、喷雾传质强化技术、回旋剪切传质强化技术等。此类传质强化技术直接利用流体机械能，包括动能、静压能、势能等，将它们转化为气泡或液滴的表面能，产生小至微米级别的微气泡或者微液滴，相对于传统设备而言能够使相界面积成倍增加，有的还能使传质系数同时提高，由此增强了传质效果。

一、撞击流传质强化

撞击流（impinging streams，IS），最初的概念是由苏联科学家 Elperin 在 1961 年首次提出的[59]，就是通过两股等量气体充分加速固体颗粒后形成的气 - 固两相流同轴高速相向流动，并在两加速管的中间即撞击面上互相撞击，在撞击瞬间达到极高的相间相对速度，形成了一个高度湍动、颗粒浓度极高的撞击区，从而极大地强化相间传递。20 世纪 70 年代，Tamir 对固 - 固、气 - 固撞击流混合过程的应用开发进行了广泛的研究，几乎涉及了所有的化工单元过程[60, 61]。20 世纪 90 年代以来，世界许多国家都对撞击流领域产生了浓厚的兴趣，我国学者伍沅也对此进行了研究，开发了浸没循环撞击流反应器[62]，适用于液相或以液相为连续相的多相体系，使得撞击流的可能有效应用领域在化学反应体系方向得到了扩展。撞击流反应器的基本原理如图 1-4 所示[58]。撞击流技术具有独特的加速、碰撞、粉碎、振荡、再粉碎的特点，在脱硫、脱硝、燃烧、纳米材料制备、干燥、结晶、水合物快速生成等方面都有广泛的应用。

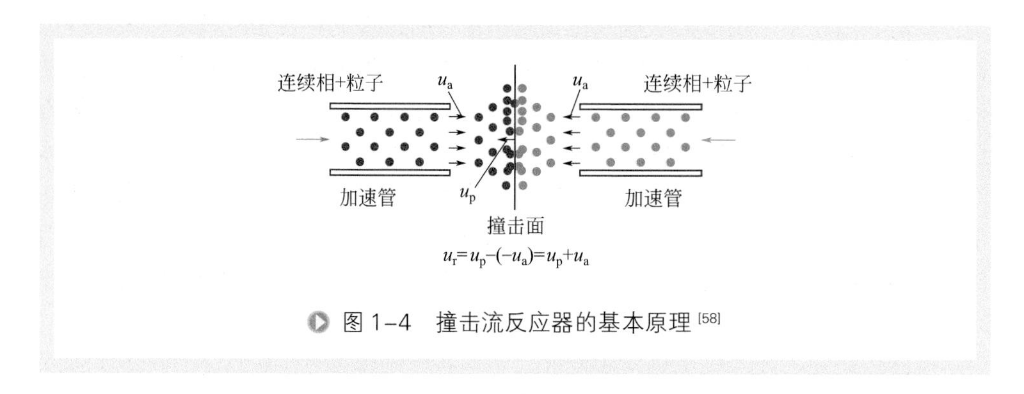

图 1-4 撞击流反应器的基本原理[58]

在两股两相流达到一定的线速度后，在强制撞击混合过程中可形成微米级的气泡或液滴，实现微观上混合均匀，实现强化传质与反应效果。撞击流反应器充分利用了此种特点，相比于一般的反应器而言大大强化了传质过程，使反应器结构简单，设备成本低[63]。

撞击流反应器的分类方式比较多。根据撞击自由度可分为受限式撞击流反应器和开放式撞击流反应器[64]。根据撞击流形式不同可分为同轴撞击流、不同轴撞击流、旋流撞击流反应器等。根据研究对象的不同，人们又把撞击流强化技术分为单相连续撞击流与多相体系单颗粒撞击流。

单相连续撞击流所涉及的流体动力学问题相对简单，基于一般流体力学原理和Powell模型，可得到流体的运动方程为：

$$\rho\nabla\frac{1}{2}u^2-\rho\left[u\times\left(\nabla\times u\right)\right]=-\nabla\overline{p} \tag{1-17}$$

假设流体无黏性且不可压缩，撞击流内为稳态无旋流动，忽略重力的影响，则流体的运动方程可简化为：

$$\rho\nabla\frac{1}{2}u^2=-\nabla p \tag{1-18}$$

式中，ρ为密度，kg/m^3；u为速度，m/s；p为压强，Pa；$\overline{p}$为时均压强，Pa。

对于多相体系撞击流，主要在于研究其单颗粒的运动状态。根据对流体中颗粒重力、浮力、阻力三种作用力的研究，可得单颗粒的运动方程为：

$$m_{\mathrm{p}}\frac{\mathrm{d}u_{\mathrm{p}}}{\mathrm{d}t}=m_{\mathrm{p}}g-\left(\frac{m_{\mathrm{p}}}{\rho_{\mathrm{p}}}\right)\rho_{\mathrm{g}}g-0.5C_{\mathrm{D}}\rho_{\mathrm{g}}A_{\mathrm{p}}\left|u_{\mathrm{p}}-u_{\mathrm{g}}\right|\left(u_{\mathrm{p}}-u_{\mathrm{g}}\right) \tag{1-19}$$

式中，m_{p}为单颗粒质量，kg；u_{p}为颗粒轴向速度，m/s；t为时间，s；g为重力加速度，m/s^2；ρ_{p}为颗粒密度，kg/m^3；ρ_{g}为气体密度，kg/m^3；C_{D}为曳力系数；A_{p}为颗粒表面积，m^2；u_{g}为气体轴向速度，m/s。

基于对一般形式的撞击流进行的研究，由于撞击流流速较快，且密度差较大，所以可以不考虑浮力和重力，对于单颗粒的一维水平运动[65]，可将上述方程简化为：

$$\frac{\mathrm{d}u_{\mathrm{p}}}{\mathrm{d}t}=0.75C_{\mathrm{D}}\frac{\rho_{\mathrm{g}}}{\rho_{\mathrm{p}}d_{\mathrm{p}}}\left|u_{\mathrm{p}}-u_{\mathrm{g}}\right|\left(u_{\mathrm{p}}-u_{\mathrm{g}}\right) \tag{1-20}$$

孙志刚等[65]采用高速相机对同轴对称撞击流中的颗粒运动行为进行了实验研究，根据实验结果拟合出了颗粒最大渗入距离公式：

$$\frac{x_{\max}}{D}=0.8Re_{\mathrm{p0}}^{-0.34}St^{0.46}\left(\frac{L}{D}\right)^{0.25} \tag{1-21}$$

式中，$x_{\max}$为颗粒最大渗入距离，m；D为喷嘴直径，m；Re_{p0}为颗粒出口雷诺数；St为颗粒斯托克斯数；L为喷嘴间距，m。

赵蕾等[63]研究了一种新型的撞击流气-液反应器吸收装置，采用钠-钙双碱法脱除硫酸尾气中 SO_2，其反应器结构如图 1-5 所示。待脱硫气体在撞击流气-液反应器底部进入后由异形分气管均匀分布至导流筒中，以一定流速相向流动，在反应器中间形成一撞击面。在撞击面区域由旋涡压力喷嘴分散的微小液滴与含有 SO_2 的尾气间能够达到非常高的相对速度，形成高度湍流撞击区，并在其中完成化学吸收过程。

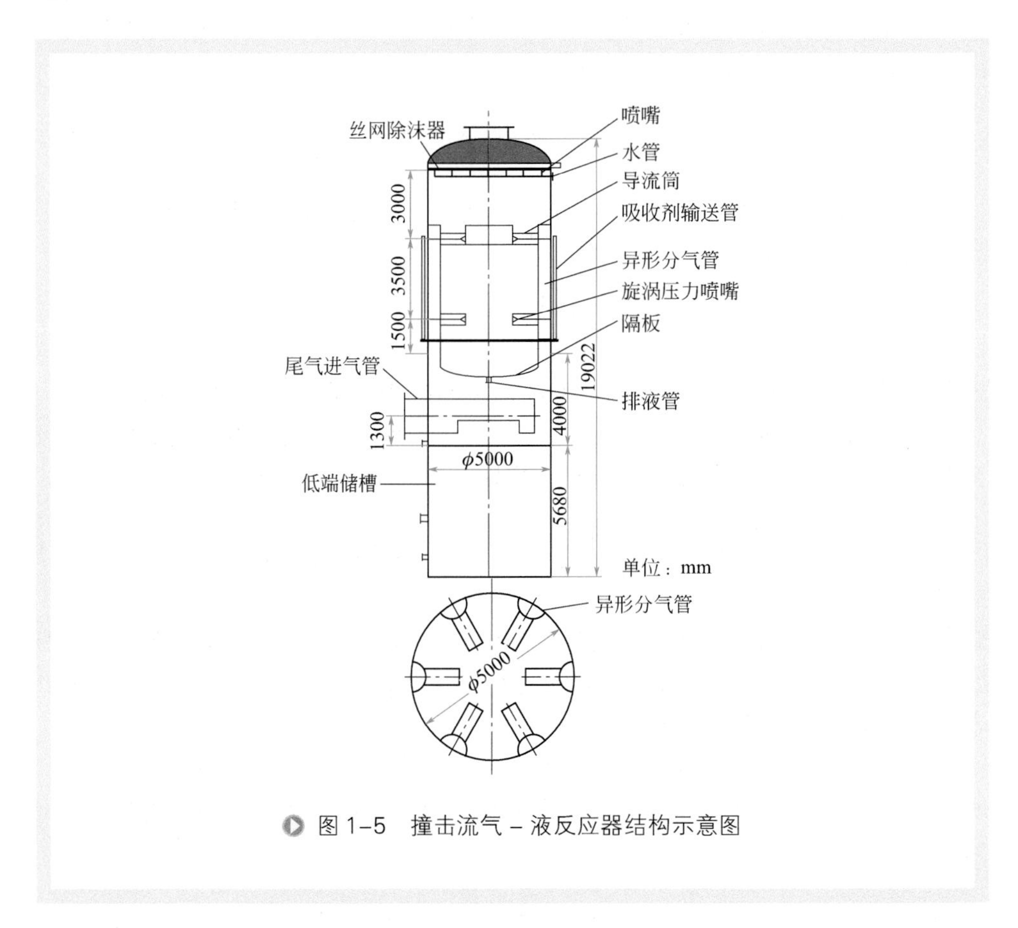

图 1-5　撞击流气-液反应器结构示意图

循环撞击流水合物反应器[66]结构如图 1-6 所示。该反应器有内外两层。内层反应器中，由推进式螺旋桨加速流体，使流体在撞击区内进行激烈的碰撞和挤压，促进水合物的生成与成长，同时，由于撞击流“碰撞-粉碎-振荡-再粉碎”的特点，使反应器内相界面快速更新、快速移除水合热，缩短了水合物生成的诱导时间，进而促进水合物的快速生成，提高了水合物的产率。外层反应器则保证了水合反应的循环进行。

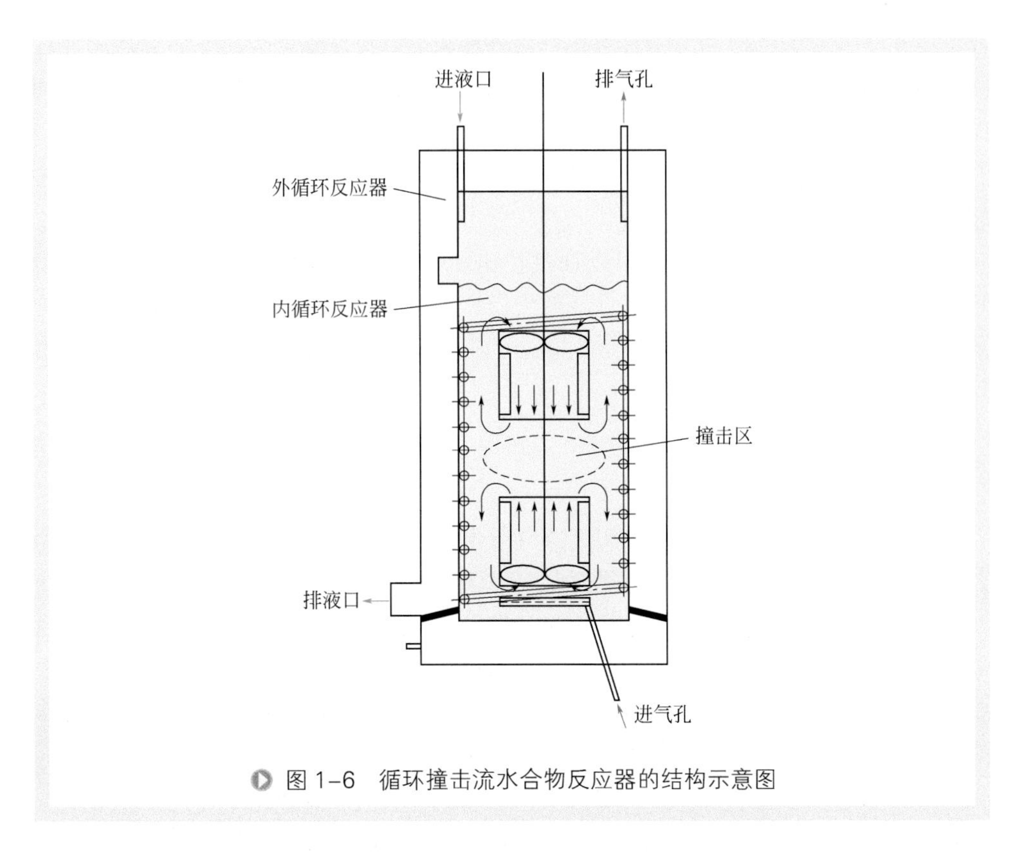

图 1-6　循环撞击流水合物反应器的结构示意图

液体连续相撞击流反应器，桨叶的结构与操作参数对混合性能有重要影响，如图 1-7 所示。桨叶旋转时的压力波动、剪切力场及混合时间对流体的混合性能都有影响。当桨叶倾角为 30° 时，其剪切量最大，微观混合性能最优；桨叶倾角的改变不影响混合时间，但会局部影响流体分散效果；桨叶转速的增大会减小混合时间，促进混合；撞击距离对混合性能几乎无影响。

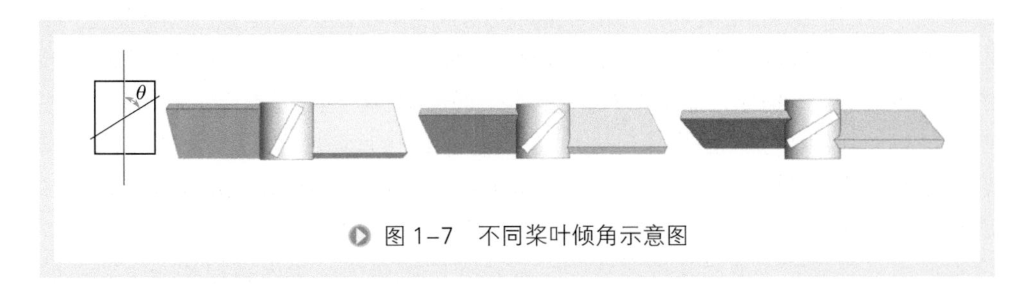

图 1-7　不同桨叶倾角示意图

刘雪晴等[67]提出将撞击流反应器恒定入口流型改进为进口速度动态变化的流型，即将传统的直线形改为三角形或抛物线形，使其撞击面以原撞击面为中心产生波动。三角形和抛物线形都可以使颗粒的混合区域充满整个流场空间，增加了颗粒的有效混合区域，但是三角形的流体的入口速度变化率比抛物线形大些，所以抛物线形会更快充满整个流场空间。因此，通过合理调整流速和流型可以使颗粒的混合区域充满整个流场空间，进一步加强了相间的传热传质，与经典的撞击流反应器相比有明显的优势。

此外，撞击流还可以耦合其他技术来强化化工过程，如超重力撞击流技术[68]、超临界撞击流技术[69]、超高压撞击流技术等[70]，是未来在撞击流技术的研究方向。

在化工领域，许多过程都可以通过撞击流来实现，撞击流相比传统的强化传热、传质方法，具有更高的效率且能耗更低，具有巨大的应用前景。目前，越来越多的学者和企业开始研发并应用于实际生产中，使其成为传质与反应强化又一通用技术。

二、喷雾传质强化

喷雾或雾化是指通过喷嘴或用高速气流使液体分散成微液滴的操作。被雾化的众多微液滴可与气体发生强化传质或发生强化反应。

雾化喷嘴是决定雾化粒径等特性的关键设备，是喷雾传质技术核心元件。按喷嘴形成的雾流形状可将喷嘴分为锥形实心喷嘴和锥形空心喷嘴[71]。按雾化方法主要可分为旋转式喷嘴、压力式喷嘴、气流式喷嘴、撞击流式喷嘴[72]以及一些特殊喷嘴。特殊喷嘴一般采用超声波、电磁场、静电作用等原理进行雾化。

压力式喷嘴以其结构简单、加工制造容易、安装操作方便、雾化粒径均匀、雾矩张角适中等优点，在喷雾干燥、湿法脱硫、农药喷洒、雾化燃烧、工艺清洗以及除尘控制等方面得到广泛应用。

压力式雾化喷嘴主要有螺旋喷嘴、实心锥喷嘴、空心锥喷嘴和扇形喷嘴等。其喷嘴结构如图 1-8 所示。螺旋喷嘴是由中间空腔和四周逐渐变小的螺旋状喷口组成，如图 1-8（a）所示。喷嘴腔体从入口至出口呈流线形，能极好地减少流体的阻力[73]。液柱撞击在呈一定角度的螺旋面上，从而使其外层液体分裂成一层层逐渐变小的同心圆锥面薄膜，并从螺旋喷头的空隙中喷出。薄膜与空气产生气 - 液间的剪切作用，破碎成为微米级的小水滴，实现雾化。实心锥喷嘴是由一个圆锥形的空腔和一个旋芯构成，如图 1-8（b）所示。通过旋芯，液体被整合成旋转喷射流，旋转喷射流在刚出喷口时呈麻花状，且在一段很短的距离内处于尚未雾化的液膜态。随着旋转喷射流向前运动，高速运动的液体柱与空气接触发生挤压变形，同时旋转喷射流与空气产生剧烈的摩擦和剪切作用，液膜出现振幅越来越大的扰动波，液膜逐渐破碎成微小液滴实现雾化[74]。空心锥喷嘴是由一个内腔体和一个圆台形旋帽盖组成。内腔体为一个圆柱形空腔，圆柱头上有 4 个呈一定角度的小喷口，圆柱空腔上连接有一个小圆柱条，与圆台形旋帽盖上的圆形喷孔形成窄缝，成为喷嘴出口，如图 1-8（c）所示。旋帽盖和喷嘴内腔体间的缝隙越靠近出口越小，液体运动受压速度变快，在出口处液体旋转喷出形成一个空心锥状液膜，液膜与空气进行摩擦剪切作用破碎成为微小液滴，实现雾化[75]。扇形喷嘴整体呈圆柱形，中部切削成一定弧度的椭圆形截面，喷嘴出口处与椭圆斜面相切为圆孔形状，如图 1-8(d)所示。当高速水流冲击出口斜面时因惯性挤压形成扇形状液膜，因其对空气具有较大的相对速度，与空气剧烈摩擦剪切破碎成微小液滴进而实现雾化。综合比较这四种喷嘴的雾化角、雾化粒径及粒径分布等雾化特性，螺旋喷嘴的雾化性能最好，空心锥喷嘴次之，实心锥喷嘴较差，扇形喷嘴最差[76]。

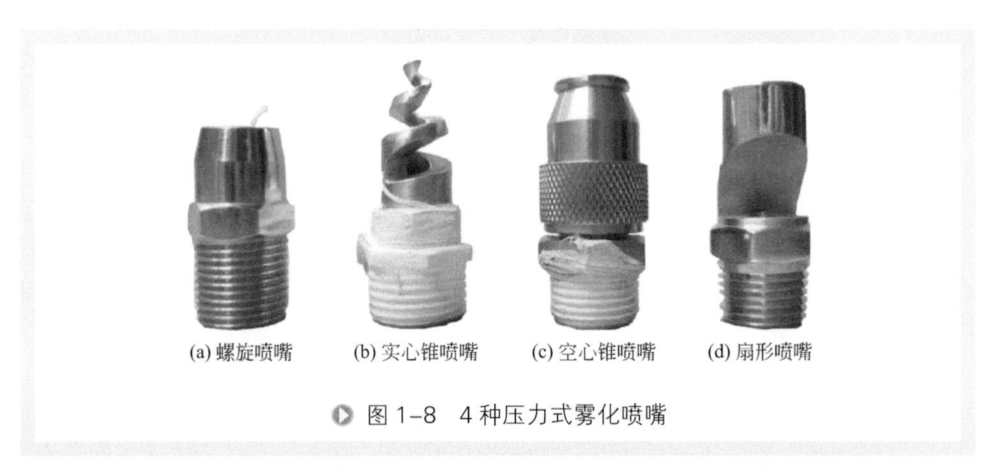

图 1-8　4 种压力式雾化喷嘴

喷雾传质强化技术的应用主要有喷雾吸收、喷雾干燥以及喷雾冷凝等。

国内外已有很多学者对喷雾吸收做了研究。Kuntz 等[77]研究了喷雾塔中一乙醇胺（monoethanolamine，MEA）吸收二氧化碳的体积总传质系数，得出喷雾塔是很有潜力的二氧化碳吸收装置。曾庆等[78]采用喷雾塔对氨水细喷雾吸收 CO_2 进行了试验研究，对吸收 CO_2 的体积总传质系数 $K_G a_V$ 进行了计算，研究表明氨水浓度是影响体积总传质系数的关键因素。吴双等[79]研究了 LiBr 喷雾吸收器的原理和特点，提出通过预冷却和绝热吸收，实现传热、传质的分离，使两者可以分别得到强化。同时，他们针对该过程建立了数学模型。由于除了喷嘴处下降速度比较快外，喷雾吸收器内部溶液的流动通常很慢，雷诺数 Re 也很小，在 Newman 模型[80]的基础上可得到传质方程：

$$\frac{\partial x}{\partial \tau}=\frac{D}{r^2}\left[\frac{\partial}{\partial r}\left(r^2\frac{\partial x}{\partial r}\right)\right]=\frac{D}{r}\left[\frac{\partial}{\partial r^2}(rx)\right] \tag{1-22}$$

边界条件为：

当 $r=d/2$ 时，$x=x_i$；

当 $r=0$ 时，$\frac{\partial x}{\partial \tau}=0$。

其中：$\tau=\frac{4tD}{d^2}$

式中，x为溶液的质量分数，%；x_i为出口处饱和态的质量分数，%；r为径向长度，m；d为液滴直径，m；D为扩散系数，m^2/s；t为时间，s。

同时定义 m 为：

$$m = \frac{x_m - x_0}{x_i - x_0} \tag{1-23}$$

则有：

$$m = 1 = \left\{ \frac{6}{\pi^2} \sum_{n=1}^{\infty} \left[\frac{\exp\left(-n^2 \pi^2 \tau\right)}{n^2} \right] \right\} \tag{1-24}$$

且推导出：

$$Sh = -\frac{2}{3\tau} \ln\left(1 - m\right) \tag{1-25}$$

式中，m为液滴接近平衡态的程度，%；x_m为液滴平均质量分数，%；x_0为喷嘴处的质量分数，%；Sh为舍伍德数。

喷雾干燥是目前工业上常用的干燥方式，它是将原料液用雾化器分散成雾滴，并用热空气与雾滴直接接触，由此获得粉状产品的干燥过程。由于喷雾干燥涉及复杂的气-液两相间的传热传质过程，对流传质速率高，干燥时间短，液滴瞬间干燥，在干燥塔内直接测量各种热力学参数极困难，所以对喷雾干燥机理的研究也较为困难。为节省实验所需的大量经费、时间和人力，目前国内外研究人员已尝试通过 CFD 模拟的手段对工业喷雾干燥过程进行研究[81, 82]。

Dyshlovenko 等[83]采用 CFD 方法建立了描述磷灰石粉末喷雾干燥特性的数学模型，陈有庆等[84]模拟了新型减水剂在压力式喷雾干燥塔内的干燥过程，吴中华等[85]利用 CFD 模型对脉动燃烧喷雾干燥过程进行了模拟。肖志锋等[86]基于 CFD 方法对陶瓷料浆喷雾干燥传热传质过程进行理论分析，采用 DPM 模型（discrete phase model）描述陶瓷料浆颗粒在喷雾干燥塔中的运动轨迹，构建干燥过程二维轴对称数学模型，并进行数值求解和实验验证。

肖志锋等以实际陶瓷料浆喷雾干燥试验过程为依据，建立喷雾干燥塔物理模型如图 1-9 所示。热空气以环状形式从干燥塔顶端进入，其进口边界条件设为进口速度。流体接触的容器内表面设定为壁面（wall），并采用标准壁面函数（standard wall functions）描述。置于干燥塔顶端中心的气流式喷嘴将陶瓷料浆雾化为液滴群，液滴群在干燥过程中互不干涉。干燥后，空气和陶瓷颗粒从干燥塔底端自由流出。陶瓷料浆喷雾干燥过程数值模拟以实际喷雾干燥塔为研究对象，运用 CFD 方法建立喷雾干燥过程数学模型。经雾化的陶瓷料浆进入干燥塔与热空气接触进行传热传质，喷雾干燥过程时颗粒与热空气之间的质量传输方程为：

$$Q_{pa} = hA_p\left(T_a - T_b\right) = N_{\rho p} C_p \frac{dT_p}{dt} + m_{ap} H_{evp} \tag{1-26}$$

式中，Q_{pa}为两相间传热速率，即陶瓷颗粒吸收热量速率，J/（s • m³）；A_p为陶瓷颗粒表面积和，m²；h为对流传热系数，W/（m²·K）；T_a、T_b为热空气、陶瓷颗粒温度，K；$N_{\rho p}$为干燥塔内单位体积陶瓷颗粒数目；C_p为陶瓷颗粒比热容，J/（kg·K）；H_{evp}为水的蒸发潜热，J/kg；T_p为陶瓷颗粒干燥过程的温度，K；m_{ap}为水的蒸发量，kg。

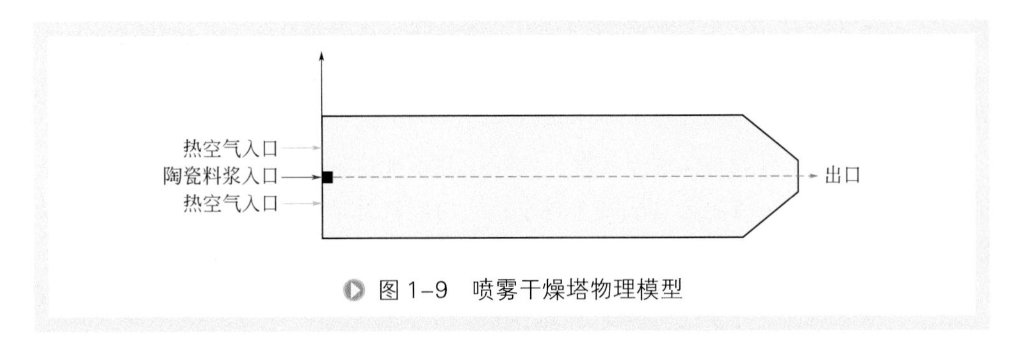

图 1-9　喷雾干燥塔物理模型

喷雾冷凝就是把冷凝液体通过喷嘴变为雾状液滴，喷洒到被冷凝气体中，围绕着雾状液滴所发生的冷凝现象。喷雾冷凝技术是基于直接蒸发冷却原理的一种新技术形式，随着喷头制造技术的发展，喷头的雾化性能提高且价格降低，可行性大为提高，近年来得到了广泛应用。与填料式直接蒸发冷却器和喷水室相比，喷雾直接蒸发冷却技术无需循环水，设备结构能得到较大程度的简化，对喷雾直接蒸发冷却过程的研究将有助于喷雾降温系统的开发和推广。程文龙等[87]以生物质热解气的关键组分所形成的多组分体系为研究对象，采用多组分体系传热传质经典的膜模型，使用 Maxwell-Stefan 方程描述其质量传递，结合气 - 液相际传质的特点，进行了喷雾冷凝过程中的传热传质耦合计算。Maxwell-Stefan 方程认为源于组分势梯度的驱动力与源于不同组分间速度差的摩擦力相平衡。即：

$$-\frac{1}{RT}\frac{\mathrm{d}\mu_1}{\mathrm{d}z}=x_2\left(u_1-u_2\right)/D_{12}{}' \tag{1-27}$$

应用于多组分体系时，式（1-27）扩展为：

$$-\frac{1}{RT}\frac{\mathrm{d}\mu_i}{\mathrm{d}z}=\frac{\sum_{i\neq j}x_i x_j\left(u_i-u_j\right)}{D_{ij}{}'} \tag{1-28}$$

式中，μ_i为化学势；x_i为摩尔分数；u_i为扩散速度；$D_{ij}{}'$ 为Maxwell-Stefan扩散系数；z为膜厚。

喷雾强化传质技术由于能够形成微小液滴，气 - 液两相的界面较大，可以很大幅度地减小设备体积，提高传热系数和传质效率。有关此方面的研究还较少，还有待于进一步深入。

三、气-液混流泵传质强化

气 - 液混流泵（又称溶气泵）主要是利用泵吸入口的负压吸入气体后，通过高速旋转的叶轮将液体与气体混合搅拌，实现提高界面传质强度、强化混合和传质的目的。

随着气 - 液混流泵技术的发展，它被逐渐地用于气浮工艺中。此种特殊结构的泵体边吸液边吸气，泵内加压混合，气 - 液溶解效果好、性能稳定、噪声低、效率高。用于气浮装置中可以省略空压机、释放器、各种混合器等，克服供气不稳和大气泡翻腾等问题。

当然，简单地安装气 - 液混合泵，实际上并不能得到所需要的微气泡。气 - 液混合泵只是具有气 - 液混合功能的一种水泵，可比较好地解决汽蚀等问题，气 - 液混合流体通过迅速减压，溶于水中的空气得以以微气泡的形式溢出，才会形成微气泡。因此，要得到很好的气水混合效果必须有：合理的负压吸气、加压溶解、合理的紊流混合、大气泡的合理排放、合理的安装工艺等。

溶气泵气浮工艺可用来处理因原油采出而形成的聚合物驱采油污水（含聚污水）。如图 1-10 所示为溶气泵气浮装置流程示意图。空气与水一起进入溶气泵内，高速转动的叶轮将吸入的空气多次切割成微气泡，并在泵内的高压环境下迅速溶解于水中，形成溶气水。然后在气浮池中经减压阀释放而迅速减压，这时溶解于水中的过饱和空气以微气泡的形式在池中逸出，将水中的油粒和悬浮物颗粒带到水面形成浮渣，从而实现固液分离。溶气泵气浮处理含聚污水的最佳气 / 水比为 1 ∶ 25，回流比为 30%。其对悬浮物含量的去除率可达到 43.4%，去除效果较好 [88]。

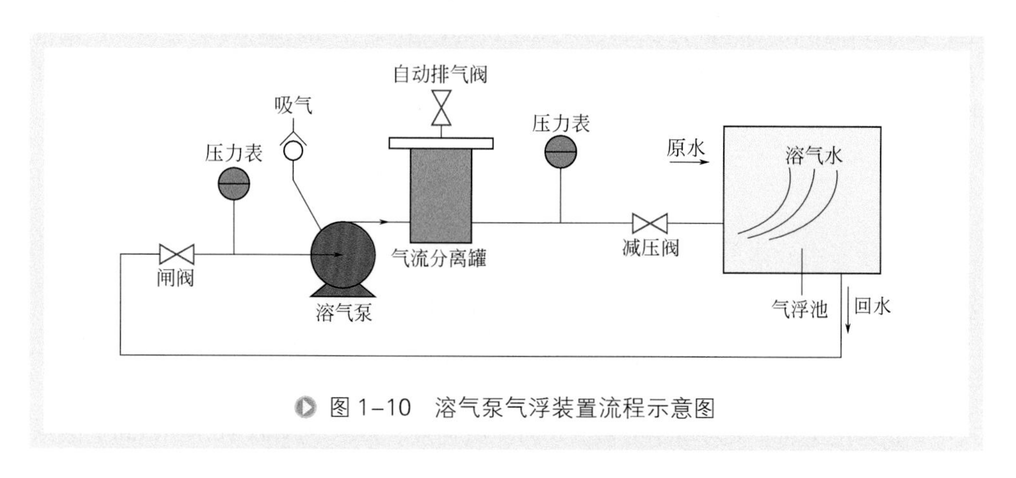

图 1-10　溶气泵气浮装置流程示意图

溶气泵气浮可分为全溶气、部分溶气、回流加压溶气三种气浮系统形式 [89, 90]。朱兆亮等 [91] 对气 - 液混合泵气浮系统在污水深度处理和回用方面进行了大量研究，对比研究了利用气 - 液混合泵溶气的全溶气、部分溶气和回流加压溶气三种气浮系统深度处理低浓度二级出水的效果。如图 1-11 所示为三种溶气气浮系统流程。回流加压溶气气浮系统对 COD（化学需氧量）、TP（总磷）和浊度的去除率明显高于全溶气和部分溶气气浮系统，而部分溶气气浮系统对 COD、TP 的去除率略高于全溶气气浮系统；二级出水浊度较低时，全溶气和部分溶气气浮系统的出水浊度反而升高，因此使用气 - 液混合泵溶气的全溶气和部分溶气气浮系统不适合处理低浊度的二级出水。

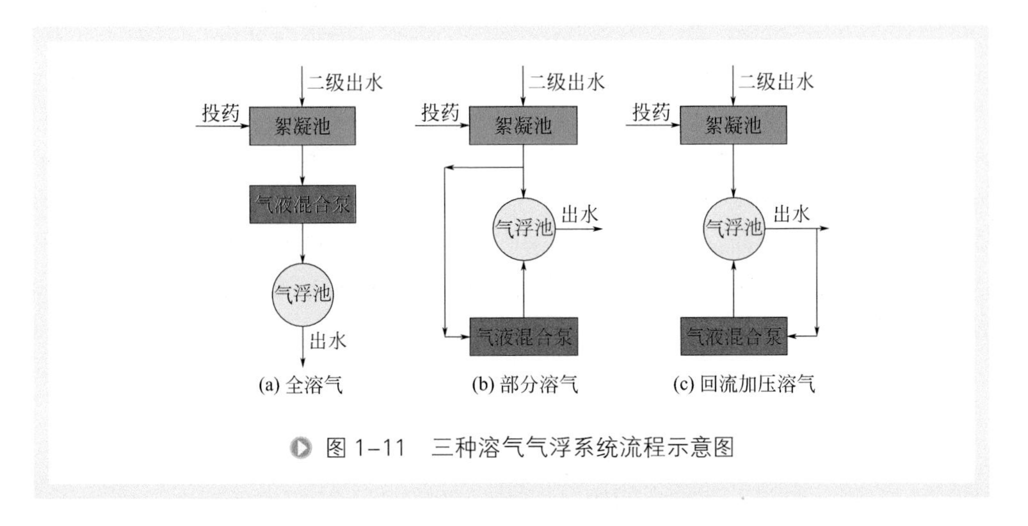

图 1–11　三种溶气气浮系统流程示意图

章西林[92]设计了一种气 - 液混合泵式曝气生物滤池，主要应用于生活污水和有机工业废水的实际处理工程中。其利用气 - 液混合泵将空气溶进污水中，获取极高氧气传递效果的气 - 液混合泵式曝气生物滤池，以保证向污水中输入足够的氧气，气 - 液混合泵的充氧和水力循环为微生物创造了适宜的生长环境，提高对污染物氧化分解的效率。气 - 液混合泵使气水充分混合，污水中携带有充足的氧气输入曝气生物滤池，充足的氧使微生物分解处理加快，污水处理效率高，运行成本低。该生物滤池的曝气器性能主要由氧总转移系数 K_{1a}、充氧能力 Q_c、动力效率 E_p、氧利用率 E_A 四个主要参数来衡量。

（1）氧总转移系数 K_{1a}

$$\frac{dc}{dt}=K_{1a}\left(C_S-C_t\right)\quad\left[mg/\left(L\cdot h\right)\right] \tag{1-29}$$

式中，C_S为平衡时生物滤池中的最大含氧浓度；C_t为生物滤池中的含氧浓度。

积分得：

$$\ln\left(C_S-C_t\right)=\ln C_S-K_{1a} \tag{1-30}$$

（2）充氧能力 Q_c　充氧能力是指某曝气装置在实验体积内单位时间的充氧量（kg/h）。

$$Q_c=0.55K_{1a}V\ \left(kg/h\right) \tag{1-31}$$

式中，V为实验体积，m^3。

（3）动力效率 E_p　动力效率是指每度电的充氧能力。

$$E_p = N/W \quad [g/(kW \cdot h)] \tag{1-32}$$

式中，N为充氧总质量，g；W为耗电量，kW·h。

（4）氧利用率 E_A　氧的利用率是充氧能力占供氧量的百分比。

$$E_A = \frac{充氧能力}{供氧量} \times 100\% = \frac{Q_c}{供氧量} \times 100\% \tag{1-33}$$

气-液混合泵充氧性能优于同样条件下的鼓风曝气装置，其根本原因在于，在同样的气量下，由于溶气泵中气泡的尺寸较小，最低可达到微-纳米尺度，形成了微-纳米级的两相界面。而鼓风所产生的气泡一般为毫-厘米尺度，因此单位体积内的相界面积溶气泵远大于鼓风曝气装置，这极大地强化了气-液相间的传质效率，加快了氧气在水中的溶解速度，提高了污水处理的效率。

参考文献

[1] 徐光宪 . 物质结构的层次和尺度 [J]. 科技导报，2002，20（1）: 3-6.

[2] 李雪梅 . 液液扩散和气液界面传质的研究 [D]. 天津 : 天津大学 , 2007.

[3] Nernst W. Theorie der reaktionsgeschwindigkeit in heterogenen systemen [J]. Zeitschrift für Physikalische Chemie，1904，47（1）: 52-55.

[4] Whitman W G. The two-film theory of gas absorption [J]. Chem Metall Eng, 1923, 29（14）: 6-8.

[5] Lewis W，Whitman W. Principles of gas absorption [J]. Industrial & Engineering Chemistry, 1924, 16（12）: 1215-1220.

[6] Rashid K A, Gavril D, Katsanos NA , et al. Flux of gases across the air–water interface studied by reversed-flow gas chromatography [J]. Journal of Chromatography A, 2001, 934（1-2）: 31-49.

[7] 高习群 . 气液界面传质机理与强化 [D]. 天津：天津大学 , 2008.

[8] Higbie R. The rate of absorption of a pure gas into a still liquid during short periods of exposure [J]. Trans AIChE, 1935, 31（3）: 65-89.

[9] 丁邀文 . 湍流条件下气液界面传质机理研究 [D]. 湘潭 : 湘潭大学 , 2015.

[10] Kawase Y, Halard B, Moo-young M. Liquid - Phase mass transfer coefficients in bioreactors [J]. Biotechnology and Bioengineering, 1992, 39（11）: 1133-1140.

[11] Linek V, Kordač M, Fujasová M, et al. Gas-liquid mass transfer coefficient in stirred tanks interpreted through models of idealized eddy structure of turbulence in the bubble vicinity [J]. Chemical Engineering and Processing: Process Intensification, 2004, 43（12）: 1511-1517.

[12] Prasher B D, Wills G B. Mass transfer in an agitated vessel [J]. Industrial & Engineering Chemistry Process Design and Development, 1973, 12（3）: 351-354.
[13] Kawase Y, Halard B, Moo-Young M. Theoretical prediction of volumetric mass transfer coefficients in bubble columns for Newtonian and non-Newtonian fluids [J]. Chemical Engineering Science, 1987, 42（7）: 1609-1617.
[14] Wang T, Wang J. Numerical simulations of gas-liquid mass transfer in bubble columns with a CFD-PBM coupled model [J]. Chemical Engineering Science, 2007, 62（24）: 7107-7118.
[15] Linek V, Moucha T, Kordač M. Mechanism of mass transfer from bubbles in dispersions: part Ⅰ. Danckwerts' plot method with sulphite solutions in the presence of viscosity and surface tension changing agents [J]. Chemical Engineering and Processing: Process Intensification, 2005, 44（3）: 353-361.
[16] Linek V, Kordač M, Moucha T. Mechanism of mass transfer from bubbles in dispersions. Part Ⅱ: Mass transfer coefficients in stirred gas-liquid reactor and bubble column [J]. Chemical Engineering and Processing: Process Intensification, 2005, 44（1）: 121-130.
[17] Aldama A A. Filtering techniques for turbulent flow simulation [M]. Springer Science & Business Media, 2013.
[18] Danckwerts P. Significance of liquid-film coefficients in gas absorption [J]. Industrial & Engineering Chemistry, 1951, 43（6）: 1460-1467.
[19] Danckwerts P V. Gas absorption accompanied by chemical reaction [J]. AIChE Journal, 1955, 1（4）: 456-463.
[20] Hanratty T J. Turbulent exchange of mass and momentum with a boundary [J]. AIChE Journal, 1956, 2（3）: 359-362.
[21] Toor H, Marchello J. Film - penetration model for mass and heat transfer [J]. AIChE Journal, 1958, 4（1）: 97-101.
[22] Dobbin W E. BOD and oxygen relationship in streams [J]. Journal of the Sanitary Engineering Division, 1964, 90（3）: 53-78.
[23] Perlmutter D. Surface-renewal models in mass transfer [J]. Chemical Engineering Science, 1961, 16（3-4）: 287-296.
[24] 沈自求，徐维勤，丁洁．相际传质（一） 一个修正的表面膜更新模型 [J]. 化工学报，1980, 31（4）: 319-332.
[25] Ruckenstein E. A note concerning turbulent exchange of heat or mass with a boundary [J]. Chemical Engineering Science, 1958, 7（4）: 265-268.
[26] Koppel L B, Patel R, Holmes J T. Statistical models for surface renewal in heat and mass transfer. Part Ⅲ: Residence times and age distributions at wall surface of a fluidized bed, application of spectral density [J]. AIChE Journal, 1970, 16（3）: 456-464.
[27] Koppel L B, Patel R, Holmes J T. Statistical models for surface renewal in heat and mass

transfer: Part Ⅰ. Dependence of average transport coefficients on age distribution [J]. AIChE Journal, 1966, 12（5）: 941-946.
[28] Pinczewski W, Sideman S. A model for mass（heat）transfer in turbulent tube flow. Moderate and high Schmidt（Prandtl）numbers [J]. Chemical Engineering Science, 1974, 29（9）: 1969-1976.
[29] Cullinan Jr H T. Concentration dependence of the binary diffusion coefficient [J]. Industrial & Engineering Chemistry Fundamentals, 1966, 5（2）: 281-283.
[30] Kubaczka A, Bandrowski J. Solutions of a system of multicomponent mass transport equations for mixtures of real fluids [J]. Chemical Engineering Science, 1991, 46（2）: 539-556.
[31] Krishna R. Ternary mass transfer in a wetted-wall column significance of diffusional interactions. Part Ⅰ. Stefan diffusion [J]. Trans IChemE, 1981, 59: 35-43.
[32] Wang J, Langemann H. Unsteady two-film model for mass transfer [J]. Chemical Engineering & Technology, 1994, 17（4）: 280-284.
[33] Wang J, Langemann H. Unsteady two-film model for mass transfer accompanied by chemical reaction [J]. Chemical Engineering Science, 1994, 49（20）: 3457-3463.
[34] Zhao B, Wang J, Yang W, et al. Gas-liquid mass transfer in slurry bubble systems: Ⅰ. Mathematical modeling based on a single bubble mechanism [J]. Chemical Engineering Journal, 2003, 96（1-3）: 23-27.
[35] Levich V G. Physicochemical hydrodynamics [M]. Prentice hall, 1962.
[36] Fortescue G, Pearson J. On gas absorption into a turbulent liquid [J]. Chemical Engineering Science, 1967, 22（9）: 1163-1176.
[37] Lamont J C, Scott D. An eddy cell model of mass transfer into the surface of a turbulent liquid [J]. AIChE Journal, 1970, 16（4）: 513-519.
[38] Luk S, Lee Y. Mass transfer in eddies close to air - water interface [J]. AIChE Journal, 1986, 32（9）: 1546-1554.
[39] Capretto L, Cheng W, Hill M ,et al. Micromixing within microfluidic devices [M]. Microfluidics, Springer, 2011: 27-68.
[40] Hessel V, Löwe H, Schönfeld F. Micromixers—a review on passive and active mixing principles [J]. Chemical Engineering Science, 2005, 60（8-9）: 2479-2501.
[41] Hessel V, Noël T. Micro process technology, 1. Introduction [M]. Wiley Online Library, 2012.
[42] Bourne J R. Mixing and the selectivity of chemical reactions [J]. Organic Process Research & Development, 2003, 7（4）: 471-508.
[43] Nagaki A, Takabayashi N, Tomida Y, et al. Selective monolithiation of dibromobiaryls using microflow systems [J]. Organic Letters, 2008, 10（18）: 3937-3940.
[44] 陈建峰 . 超重力技术及应用 : 新一代反应与分离技术 [M]. 北京 : 化学工业出版社 , 2002.

[45] 张志炳，田洪舟，张锋等．多相反应体系的微界面强化简述 [J]. 化工学报，2018, 69（1）：44-49.
[46] 简弃非，邓先和，邓颂九．超重力旋转床中的传质研究 [J]. 化工进展，1996（6）：6-9.
[47] 桑乐，罗勇，初广文等．超重力场内气液传质强化研究进展 [J]. 化工学报，2015, 66（1）：14-31.
[48] 方健，詹丽，余国贤等．超重力旋转床中气液传质性能的研究进展 [J]. 江汉大学学报（自然科学版），2015（2）：182-187.
[49] L H T, Doraiswamy L K. Sonochemistry: science and engineering [J]. Indengchemres, 1999, 38（4）：1215-1249.
[50] 马空军，贾殿赠，包文忠等．超声场作用下的强化传质研究进展 [J]. 化工进展，2010, 29（1）：11-16.
[51] 周超．超声作用下鼓泡塔内气泡与传质特性研究 [D]. 广州：华南理工大学，2011.
[52] 邹华生，程小平，周超．超声场中鼓泡塔内气泡直径分布特征研究 [J]. 现代化工，2011, 31（11）：64-67.
[53] 王成会，林书玉．超声波作用下气泡的非线性振动 [J]. 力学学报，2010, 42（6）：1050-1059.
[54] 李祥斌，赵月春，徐科峰等．超声场条件下两种扩散系数估算模型的比较 [J]. 华南理工大学学报（自然科学版），2002, 30（7）：39-43.
[55] 金付强，张晓东，许海朋等．物理场强化气液传质的研究进展 [J]. 化工进展，2014, 33(4)：803-810.
[56] Liu Z, Hu X, He Z, et al. Experimental study on the combustion and microexplosion of freely falling gelled unsymmetrical dimethylhydrazine（UDMH）fuel droplets [J]. Energies, 2012, 5（8）：3126-3136.
[57] 纪仲光，王军，栾兆坤．微波辅助水处理研究应用进展 [J]. 给水排水，2013, 39（s1）：400-404.
[58] 伍沅，包传平，周玉新．撞击流气液反应器 [P]. CN 2696710. 2005-5-4.
[59] Elperin I T. Heat and mass transfer in opposing currents [J]. Journal of Engineering Physics, 1961, 6（6）：62-68.
[60] A.Tamir, 伍沅．撞击流反应器：原理和应用 [M]. 北京：化学工业出版社，1996.
[61] Tamir A, Glitzenstein A. Modeling and application of a semibatch coaxial 2-impinging-stream contactor for dissolution of solids [J]. Can J Chem Eng, 1992, 70（1）：104-114.
[62] 伍沅，肖杨，陈煜．浸没循环撞击流反应器 [J]. 武汉化工学院学报，2003, 25（2）：1-5.
[63] 赵蕾，周丹，周玉新．撞击流反应器脱除硫酸尾气中 SO_2 的工业应用 [J]. 化学工程，2017, 45（4）：15-17.
[64] Johnson B K, Prud’Homme R K. Chemical processing and micromixing in confined impinging jets [J]. AIChE Journal, 2003, 49（9）：2264-2282.
[65] 孙志刚，李伟锋，刘海峰等．同轴对称撞击流中的颗粒运动行为 [J]. 化学反应工程与工

艺，2009, 25（2）: 97-103.
[66] 白净，梁德青，李栋梁等．天然气水合反应器的研究进展 [J]. 石油化工，2008, 37（10）: 1083-1088.
[67] 刘雪晴，鲁录义，张燕平等．一种改进型撞击流反应器的研究 [J]. 化工机械，2016, 43(4): 479-484.
[68] 焦纬洲．超重力技术制备甲醇乳化柴油基础研究 [D]. 太原：中北大学，2010.
[69] 郑岚，陈开勋．超（近）临界水的研究和应用现状 [J]. 石油化工，2012, 41（6）: 621-629.
[70] 孙会丽，谢明德，王盛民等．蒲黄的超高压撞击流破壁技术的实验研究 [J]. 时珍国医国药，2014（7）: 1793-1796.
[71] 王晓倩，张德生，赵继云等．雾化喷嘴及其设计浅析 [J]. 煤矿机械，2008, 29（3）: 15-17.
[72] Sakai T. Mean diameters and drop size distribution of suspension sprays [J]. Atomisation and Spray Technology, 1985（1）: 147-164.
[73] 刘乃玲，张旭．压力式螺旋型喷嘴雾化特性实验研究 [J]. 热能动力工程，2006, 21（5）: 505-507.
[74] 周华，范明豪，杨华勇．旋芯喷嘴高效雾化特性测量研究 [J]. 机械工程学报，2004, 40(8): 110-114.
[75] Datta A, Som S K. Numerical prediction of air core diameter, coefficient of discharge and spray cone angle of a swirl spray pressure nozzle [J]. International Journal of Heat and Fluid Flow, 2000, 21（4）: 412-419.
[76] 刘定平，李史栋．4 种脱硫喷嘴雾化特性对比试验 [J]. 流体机械，2013, 41（4）: 1-6.
[77] Kuntz J, Aroonwilas A. Performance of spray column for CO_2 capture application [J]. Industrial & Engineering Chemistry Research, 2008, 47（1）: 145-153.
[78] 曾庆，郭印诚，牛振祺等．氨水细喷雾吸收 CO_2 的体积总传质系数 [J]. 中国电机工程学报，2011, 31（2）: 45-50.
[79] 吴双，申江，邹同华等．LiBr 喷雾吸收器的传热传质分离研究 [J]. 制冷，2003, 22（4）: 59-63.
[80] Ryan W A. Water absorption in an adiabatic spray of aqueous lithium bromide solution [C]. AES, 1994.
[81] 肖志锋，吴南星，刘相东．过热蒸汽流化床干燥流动特性实验 [J]. 农业机械学报，2013, 44（7）: 183-186.
[82] 杨嘉宁，赵立杰，王优杰等．计算流体力学在喷雾干燥中的应用 [J]. 中国医药工业杂志，2013, 44（7）: 729-733.
[83] Dyshlovenko S, Pateyron B. Numerical simulation of hydroxyapatite powder behaviour in plasma jet [J]. Surface & Coatings Technology, 2004, 179（1）: 110-117.
[84] 陈有庆．新型减水剂喷雾干燥过程数学模拟与实验研究 [D]. 北京：中国农业大学，2007.

[85] 吴中华，刘相东．脉动气流喷雾干燥的数值模拟 [J]. 农业工程学报，2002, 18（4）: 18-21.
[86] 肖志峰，乐建波，吴南星．基于 CFD-DPM 的陶瓷料浆喷雾干燥过程数值模拟 [J]. 硅酸盐通报，2014, 33（9）: 2186-2190.
[87] 程文龙，谢鲲，张荣明．生物质热解气喷雾冷凝的传热传质特性 [J]. 化学工程，2010, 38（11）: 27-30.
[88] Takahashi M. Shrinking and crushing characteristic of preposterous microbubbles [C]. The 28th Lecture for Multiphase Flow, The Attraction and the Utilization of Microbubbles, 2003.
[89] 韩帅，王庆吉，古文革等．涡凹气浮与溶气泵气浮处理含聚污水的对比 [J]. 油气田地面工程，2012, 31（2）: 27-29.
[90] 张自杰．排水工程 [M]. 北京：中国建筑工业出版社，2000.
[91] 朱兆亮，孟雪征，曹相生等．三种气液混合泵气浮系统处理低浓度二级出水的对比研究 [J]. 环境污染与防治，2008, 30（8）: 4-7.
[92] 章西林．气液混合泵式曝气生物滤池试验研究 [J]. 科技创新导报，2009（22）: 129-130.

第二章 微界面传质强化的基本理论问题

第一节 概述

微界面传质强化技术可以大幅提高气 - 液、液 - 液、液 - 固等界面的传质效率，因此它特别适用于受传质速率控制的“慢”反应过程。这里所述的“慢反应”过程是指体系的本征反应速率远高于体系的传质速率，或传质速率对宏观反应速率的影响不能被忽视的反应过程。石油加工过程的渣油、重油、柴油、润滑油等油品的加氢反应，化工生产过程的甲苯、二甲苯、三甲苯的氧化反应，甲醇制醋酸、丙烯制丁醛的羰基化反应，以及工业高盐、高 COD 废水的湿法氧化反应等，都属于上述的“慢反应”过程。如果采用该技术，将可获得显著的强化效果。近年来，国内外业界对有关多相反应体系的强化研究显示了极大的兴趣，投入的研究资源以数百亿美元计。但总体而言，除外场和微通道（微流控）等一类强化反应技术外，以往的研究主要集中于界面尺度为厘米、毫 - 厘米级的传统反应器的内部构件、搅拌桨结构、混合方式、气泡分布状态、流体流型、构效关系等方面，而鲜有将研究视角投放到在直径以米为计量单位的反应器内如何构建尺度为微米级甚至纳米级的相界面体系及其特殊的强化效应方面。

在过去 20 年中，国内外关于微颗粒及微颗粒体系（微气泡、微液滴、微聚体等）及其在气 - 液、液 - 液、液 - 固传质等方面虽有研究报道，但整体上属于碎片式的零散研究，尚未形成关于微颗粒及其形成的微界面体系的传质强化和反应强化的系统性学术理论，如关于微界面的科学理念、涵义、微界面传质强化概念、微界面的形成原理与构效调控方法、微界面反应器结构、微界面体系的颗粒测试与表征技术、微界面传质强化与反应强化技术应用等。

本章介绍了微界面体系所涉及的基本理论问题，包括微气泡、微界面的涵义，微界面传质强化与反应强化的概念、微界面反应强化原理、微界面体系的气 - 液界面和固 - 液界面的传质系数的计算方法、微界面反应体系中气泡的聚并概率等一些基础性科学问题。从学术上发现上述问题的答案，对于微界面强化传质与反应过程的设计、调控与应用具有十分重要的意义。

第二节 微界面的涵义

颗粒与颗粒体系既是物质存在的自然状态，也是人类在化学物质加工过程中经常遇到或希望实现的物理状态。宇宙间的颗粒的尺度有大有小，大至宇观（cosmoscopic），小至飞米观（fentoscopic），横跨 8 个层次，共 62 个量级。关于这一点，徐光宪[1]有专门论述，不再赘述。表 2-1 列出了微颗粒与相邻尺度颗粒的相对大小，以便直观地了解微颗粒的尺度范围及其与相邻尺度颗粒间的关系。

表 2-1 微颗粒与相邻尺度颗粒的相对大小

颗粒尺度分类	代表性物质或物体	尺度大小范围 /m
宏颗粒	篮球 乒乓球 大豆 芝麻	$10^{-3} \sim 10^{0}$
微颗粒	微聚体 微气泡、微液滴 真核细胞 细菌	$10^{-6} \sim 10^{-3}$
纳颗粒	病毒 胶体 蛋白质 水分子团	$10^{-9} \sim 10^{-6}$
皮颗粒	小分子 单原子分子 原子 处于原子与原子核之间	$10^{-12} \sim 10^{-9}$

以下就微界面一词所涉及的相关理论术语及其科学涵义进行简要叙述。

一、微颗粒与微颗粒体系

本书将多相体系中当量直径处于微米尺度 $1\mu m \leqslant d_e < 1mm$ 的非固体颗粒称为微颗粒，如气泡、液滴、气 - 液团聚体、液 - 液团聚体、液 - 固团聚体、液 - 液 - 固团聚体、气 - 液 - 固团聚体等（催化剂除外）即是，相应的气泡称为微气泡，液滴称为微液滴，气 - 液、液 - 液、液 - 固、液 - 液 - 固、气 - 液 - 固团聚体等称为微聚体；将一种以上由数以亿计的平均直径 $d_{32} < 1mm$ 的微颗粒或微聚体组成的颗粒体系称为微颗粒体系，如图 2-1 所示。

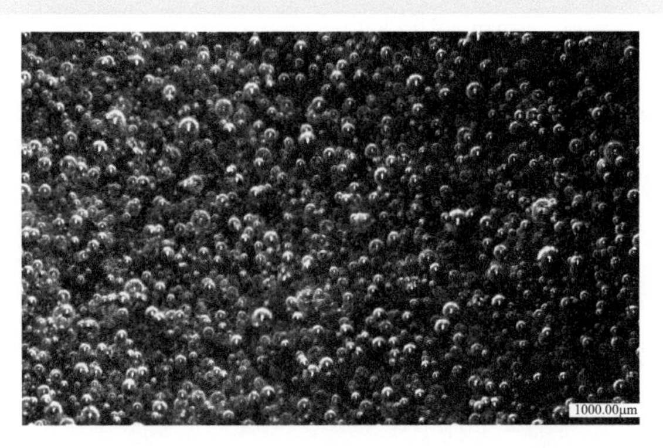

图 2-1　由微颗粒组成的微颗粒体系（显微摄影，50 倍）

二、宏颗粒与宏颗粒体系

相应地，将当量直径 $d_e \geqslant 1\text{mm}$ 的非固体颗粒称为宏颗粒，如气泡、液滴、气 - 液团聚体、液 - 液团聚体、液 - 固团聚体、液 - 液 - 固团聚体、气 - 液 - 固团聚体等（催化剂除外）即是，相应的气泡称为宏气泡，液滴称为宏液滴，气 - 液、液 - 液、液 - 固、液 - 液 - 固、气 - 液 - 固团聚体称为宏聚体；将一种以上由众多的平均直径 $d_{32} \geqslant 1\text{mm}$ 的宏颗粒组成的颗粒体系称为宏颗粒体系，如图 2-2 和图 2-3 所示。

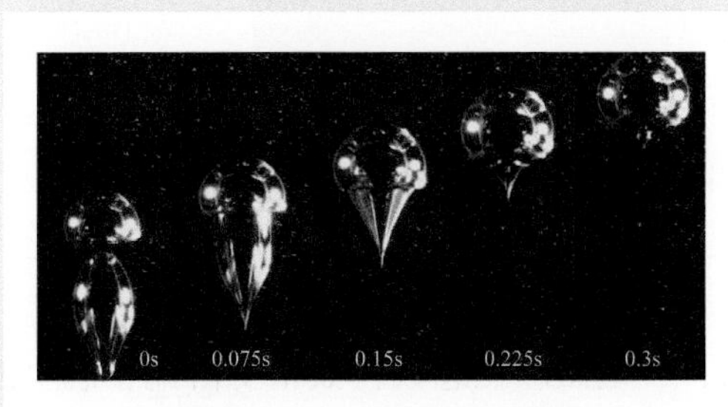

图 2-2　宏气泡示意图

图 2-3　由宏颗粒组成的宏颗粒体系（尿素颗粒）

三、微界面与微界面体系

广义上，微界面是指由微颗粒与其他相态的物质表面密切接触时所形成的相界面。而对于本书所述的传质与反应体系而言，将体系中微气泡、微液滴或微聚体与体系中其他气相、液相、固相形成的相界面称为微界面，如图 2-4 所示，同时将由成千上万的、且占主导地位的微颗粒与体系中其他气相、液相、固相形成的相界面体系，称为微界面体系，如图 2-5 所示。

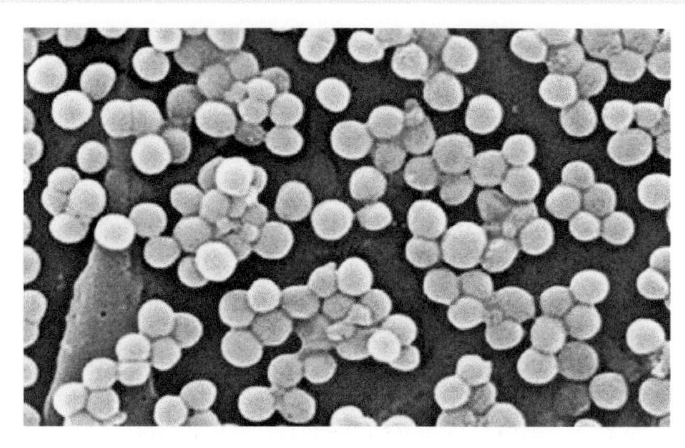

图 2-4　微界面示意图（显微摄影：超级细菌 - 培养液形成的体系，500 倍）

图 2-5　微界面体系示意图（空气微气泡 - 水形成的体系，50 倍）

上述“占主导地位”包括两层含义：一是微颗粒总数在数量上占此相态全部颗粒总数的 95% 以上；二是微颗粒的表面积之和占此相态全部颗粒表面积总和的 95% 以上（以下同）。

四、宏界面与宏界面体系

对应地，宏界面是指由宏颗粒与其他不同相态的物质表面密切接触时所形成的相界面。而对于传质与反应体系而言，将体系中宏气泡、宏液滴或宏聚体与体系中其他气相、液相、固相形成的相界面称为宏界面。同时，将由成千上万的、占主导地位的宏颗粒与体系中其他气相、液相、固相形成的相界面体系，称为宏界面体系，如图 2-6 和图 2-7 所示。

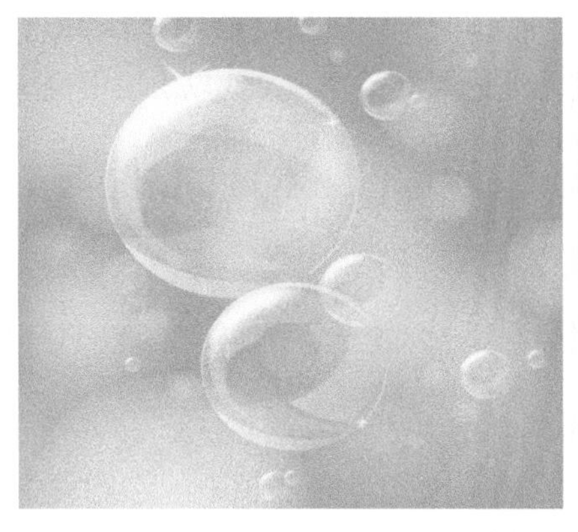

图 2-6　宏界面示意图（普通摄影）

图 2-7　宏界面体系示意图（普通摄影）

第三节　微界面传质强化和反应强化概念

传质是自然界中广泛存在的物理现象。本书将一种微颗粒与另一种微颗粒、或一种微颗粒与另一相物质间发生的传质行为，称为微界面传质；将同一混合物体系由于微界面的作用引起的微界面体系的传质行为与宏界面体系的相比得到加速或强化的现象，称为微界面传质强化。

对于伴有化学反应的气 - 液、气 - 液 - 液、气 - 液 - 固、液 - 液 - 固等多相体系，如绝大多数加氢和氧化过程等，它们的表观（宏观）化学反应速率主要受传质速率控制。为此，本书将由于微界面的传质强化作用使得体系的宏观反应速率或反应效率得到显著加速和提升的现象，称为微界面反应强化。这种强化作用的本质是由于微界面体系的传质速率相较于宏界面体系的传质速率得到大幅加速或强化所致，从而全部或部分消除了由于宏界面体系的相界传质速率偏低而造成的传质瓶颈。

在实际工业过程中，人们常说的反应速率一般是指宏观反应速率，而非本征反应速率。宏观反应速率受传质控制意指本征反应速率较快，而传质速率较慢，或本征反应速率与传质速率均对反应过程产生重要影响。因此，研究传质的强化对反应过程的强化具有重要意义。

以往研究表明，对于气 - 液体系宏观快反应过程，宏观反应速率主要受气膜传质速率控制；而对于宏观慢反应过程，气膜传质阻力相对于液膜传质阻力要小许多，一般要相差 1 ～ 2 个数量级；对于处于上述两者之间的反应过程，则同时受气膜和液膜传质速率影响。也就是说，无论是快反应还是慢反应，或是处于两者之间，传质速率均或多或少影响上述多相体系的宏观反应速率。因此，在确定的条件下，即催化剂、物料配比、操作温度与压力、停留时间等确定之后，若要强化上述多相反应过程，实际上是要解决如何强化其传质速率的问题。下面以宏观慢反应过程为例说明。

依据传递过程溶质渗透理论，可推导出伴有慢化学反应的微界面多相体系的液相体积传质系数 $k_L a$[2] 如式（2-1）所示：

$$k_L a = a\left(D_{AB}k_A\right)^{1/2}\left\{\left[1+2/\left(k_A\tau\right)\right]\mathrm{erf}\left(k_A\tau\right)^{1/2}+\exp\left(-k_A\tau\right)/\left(\pi k_A\tau\right)^{1/2}\right\} \quad (2\text{-}1)$$

式中，a为气液相界面积；D_{AB}为气相组分在液相中的扩散系数；k_A为一级不可逆反应速率常数；τ为反应器内气-液的接触时间或气泡在液相中的平均停留时间；erf（$k_A\tau$）为高斯误差函数。当$k_A\tau<-2.5$时，erf（$k_A\tau$）≈−1.0；当$k_A\tau>1.5$时，erf（$k_A\tau$）≈1.0；当$k_A\tau=0$时，erf（$k_A\tau$）=0；当$-2.5<k_A\tau<1.5$时，erf（$k_A\tau$）=−1.0～1.0，详见图2-8所示。

由式（2-1）可知，伴有慢化学反应的微界面多相体系的液相体积传质系数主要与气液相界面积 a、气相组分在液相中的扩散系数 D_{AB}、反应速率常数 k_A、以及气泡在液相中的平均停留时间 τ 四个物理量直接关联。而对于催化剂、物料配比、操作温度和压力等确定的反应体系，本征反应速率常数 k_A 和扩散系数 D_{AB} 可视为定值，因而式（2-1）的可变量仅为气液相界面积 a 和气泡在液相中的平均停留时间 τ。因此，微界面传质强化实际上是对气液相界面积 a 和气泡在液相中的平均停留时间 τ 进行强化。而微界面反应强化实质上也是通过提高气液相界面积 a 和液相传质系数 k_L，以及延长气泡在液相中的平均停留时间 τ 加以实现。

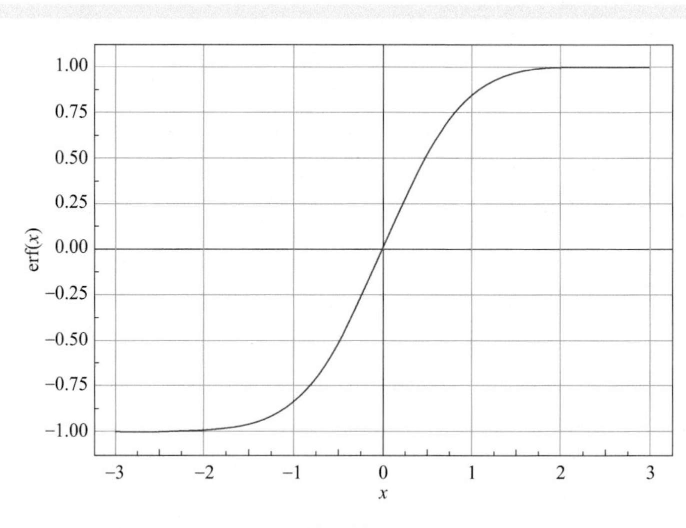

图 2-8　高斯误差函数 erf（x）与 x 的关系

一、气液相界面积的强化

反应器内气液相界面积（a）普遍采用如下公式计算[3]：

$$a=\frac{6\phi_{G}}{d_{32}} \tag{2-2}$$

由式（2-2）可知，决定气液相界面积大小的因素为体系的气含率（ϕ_G）和气泡 Sauter 平均直径（d_{32}）。而式（2-2）并未显示 a 与反应器其他参数之间的关系。显然，物性参数、操作参数、结构参数对 a 的影响均隐含在 ϕ_G 和 d_{32} 之中。

在静止液体中，反应器中气含率可用式（2-3）表示[4-6]：

$$\phi_{G}=\frac{V_{g}}{V_{1}} \tag{2-3}$$

式中，V_1为气泡群上升速度；V_g为表观气速。也就是说，体系的气含率与进入反应器的气体体积流量及气泡群的上升速度直接相关。对于确定直径的反应器，当气相体积流量增大以及气泡群上升速度减小时，气含率就会提高，反之就降低。

气泡群的上升速度 V_1 取决于气泡群的平均直径 d_{32}。本书依据 Krishna 等[7, 8]和 Richardson-Zaki[9] 的研究，计算得到气泡大小和气含率对气泡群上升速度的影响曲线，如图 2-9 所示。

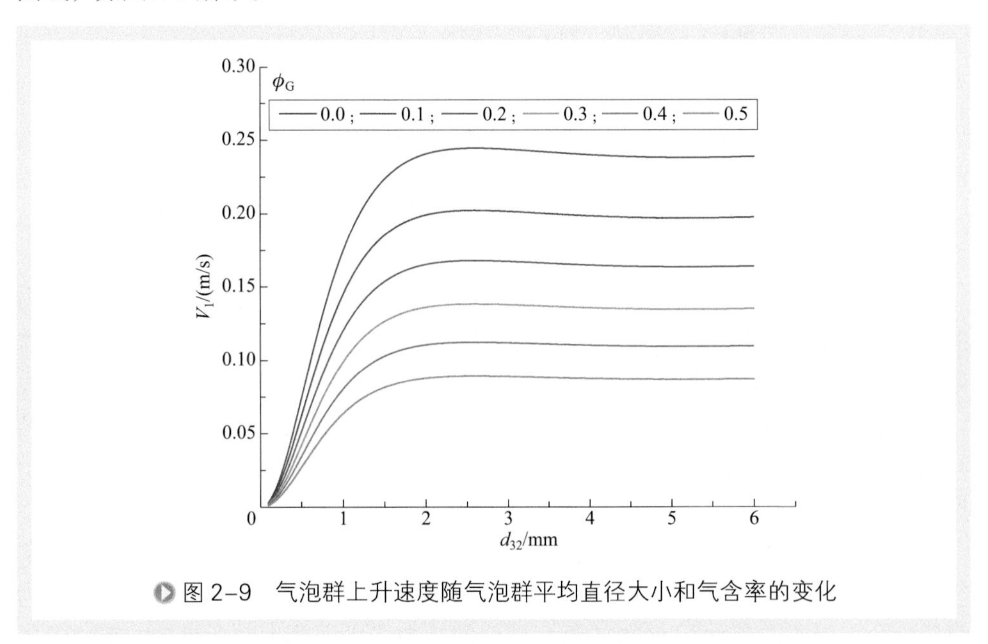

图 2-9　气泡群上升速度随气泡群平均直径大小和气含率的变化

由图 2-9 可知，随着气含率 ϕ_G 的增大，V_1 逐渐减小；而 V_1 则随 d_{32} 的减小总体上呈降低趋势。特别是当 d_{32}=2.0 左右时，变化趋势非常明显；当 d_{32} 从 1.5mm 降至 1mm 及更小时，V_1 则成直线下降。因此，当气 - 液流量一定时，将反应体系的气泡群颗粒直径尽可能做小，就十分有利于提高体系的气含率。而体系气含率的提高，又将有利于提高传质相界面积 a。

不过，由于体系表面张力和传统搅拌方式等因素的制约，普通的工业反应器并不能有效地将气泡群平均颗粒直径破碎成微米级或纳米级，哪怕使气泡群平均颗粒 d_{32} < 2.0mm 也有很大难度。因此，工业气 - 液反应器实际状态是气泡群平均颗粒直径一般处于毫米 - 厘米尺度。

因此，在实际反应过程中，人们往往通过加大气相体积流量的方法以获得较高的气含率，以使气液相界面积 a 得到提高。有关气相体积流量（v_G）和气泡群平均直径对气液相界面积的影响见图 2-10 所示。

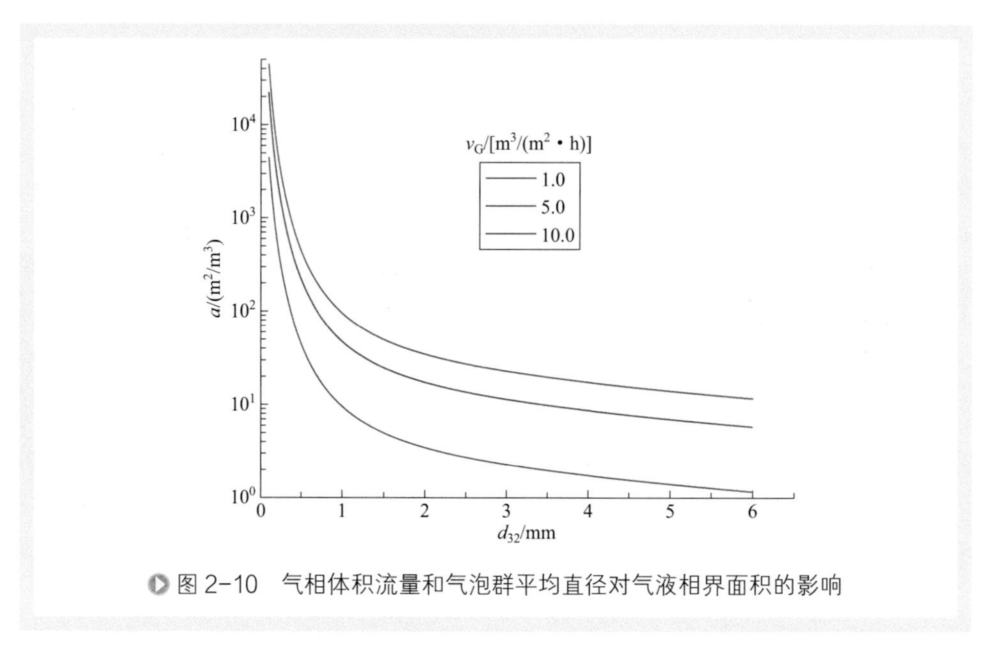

图 2-10　气相体积流量和气泡群平均直径对气液相界面积的影响

然而，进入反应器的气相一般是其中的一个反应物，其流量大小是由反应所需的化学计量比决定的。理论上，它不能随意变大变小。特别对于加压和高压反应体系，多余的气相最后均要排出反应器体外。

对于无惰性组分的气相，如氯气、氢气等，多余部分必须进行二次处理，使其与反应产物彻底分开后，再通过压缩机加压送回反应器循环使用，这额外增加了生产过程压缩机的能耗和操作费用，提高了产品生产的成本。

而对于具有惰性组分的气 - 液和气 - 液 - 固等反应过程，如对二甲苯（PX）空气氧化反应等，提高空气的流量意味着压缩机能耗的大幅提高，因有效压缩功仅为氧气部分，而约占总体积 80% 的氮气部分的压力能由于热力学和机械效率的限制将无法全部回收利用，最后部分热能和压力能只能排向大气。这不仅是能量的损失，也可能由于尾气的物料夹带而使反应原料和产物同时损失并污染环境。

根据以上分析，强化气液相界面积 a 科学而有效的方法是将进入反应器的气相尽可能破碎成微米级甚至是纳米级的气泡，并在反应器中形成微界面传质与反应体系。由于微米尺度有 3 个数量级，那么就有将气泡破碎成多大尺度为适宜的问题，即这个“度”如何把握。若单纯从相界面积强化角度考虑，气泡越小，相界面积就越大；但若同时从能耗方面考虑，气泡越小，破碎气泡所需的能量消耗也会越大，破碎气泡的机械设备造价也会越高，而且是呈非线性的。换句话说，上述这个“度”就是在考虑强化相界面以促进传质最终提高反应速率的同时，必须同时考虑能量消耗、制造成本等制约因素。因此，在实际过程中，气泡并非越小越好。

当气相体积流量一定时，气泡直径越小，其数量就越多，表面积就越大，形成这些气泡所需的表面能就越高。而气泡破碎过程必须要在相应的机械设备中得以完成，并通过气 - 液两相的动能、压力能等外加机械能进行能量传递与转换，使机械能最终以气泡表面能形式传递给气泡。

在机械能向气泡表面能转换过程中，能量转换效率并非恒定，它一般随着气泡尺度的减小而降低。也就是说，当气相体积流量一定时，气泡破碎设备最终输出的气泡直径越小，其转换效率就越低。其内在原因是，要将气流破碎成很小直径的气泡，气泡破碎设备中所需的机械微结构尺度就越小，同时液相动能也越高，从而阻力降也就越大。理论上，这种阻力降是与微结构的径向尺度的 4 次方呈反比的：

$$\Delta p_{\mathrm{mG}} \propto \frac{1}{d_{\mathrm{m}}^{4}} \tag{2-4}$$

式中，Δp_{mG}为气流流过气泡破碎设备时的阻力降；d_{m}为机械微结构的径向当量尺寸。若是圆形通道，d_{m}即为其直径。

另外，气泡尺度越小，输送相同体积的流体所需的液流速度一般也越高，而由此产生的阻力降是与气 - 液流速度的平方呈正比的，如式（2-5）所示。

$$\Delta p_{\mathrm{mL}} \propto u_{\mathrm{m}}^{2} \tag{2-5}$$

式中，Δp_{mL}为气-液流流过气泡破碎设备时的阻力降；u_{m}为机械微结构中气-液流的平均线速度。

因此，对于具体的反应过程，不能一味地盲目追求过小的气泡，如几纳米，几十纳米等，而应该权衡过程能量消耗与体系实际需要强化倍数的关系，科学地设计和调控气泡的尺度。

二、气泡平均停留时间的强化

气泡在反应器中的平均停留时间（τ）是一个重要的物理量，它直接影响气 - 液两相间的传质与反应性能。总体上讲，气泡在液相中停留时间越长越有利于相间的传质与反应。然而，实际气 - 液反应器中的流体流动情况较为复杂，它们都有可能影响到气泡在反应器中的平均停留时间。因此，τ 不仅受气 - 液流体的运动路径、反应器结构、混合方式等因素的影响，也与液相在操作工况下的理化性质、气泡自身大小、气相表观速率等参数密切相关。

对于数以亿计的微气泡组成的微界面反应体系，理论上每个气泡在液相中上升的速度是不一样的，要准确计算出每一个气泡在反应器中的轴向上升速度是不现实的，也是没有必要的。一般是以微气泡体系的平均直径 d_{32} 作为体系全部气泡尺度的代表，并以此估算其在液相中的轴向上升速度。可以确信的是，与宏气泡体系相比，在相同操作条件下，微气泡体系的平均停留时间 τ 在总体上要长得多。

有关反应器中宏气泡体系的平均停留时间研究已有许多，在此不再赘述。以下将就液相中微气泡体系的几个重要影响因素进行简要分析。

1. 气泡直径

理论上，在静止液相（以下均指牛顿液体）中，不同直径的宏气泡的上升速度是不一样的。宏气泡上升速度的快慢将直接影响气泡表面处于层流状态的液膜的厚度，或流动边界层厚度 δ_L。而流动边界层 δ_L 的数值又会影响液膜传质速率常数 k_L 的大小。总体上，宏气泡的上升速度要高于微气泡的。根据 Stokes 定律，气泡在液相中的上升速度与气泡直径的平方成正比。但这个概念仅适用于一定尺度范围的气泡，不一定适合于直径为 2mm 以上的宏气泡。因为 2mm 以上的宏气泡在静止液体中的上升速率还与气泡本身的形状和在上升过程中其周边的气泡大小、远近均有关系。图 2-11 是 Masayoshi Takahashi 在 23℃静止的蒸馏水中实测得到的不同直径微气泡的上升速度 [10]。有关微气泡及其上升速度的关系在本章第五节中将进行更为详细的讨论。

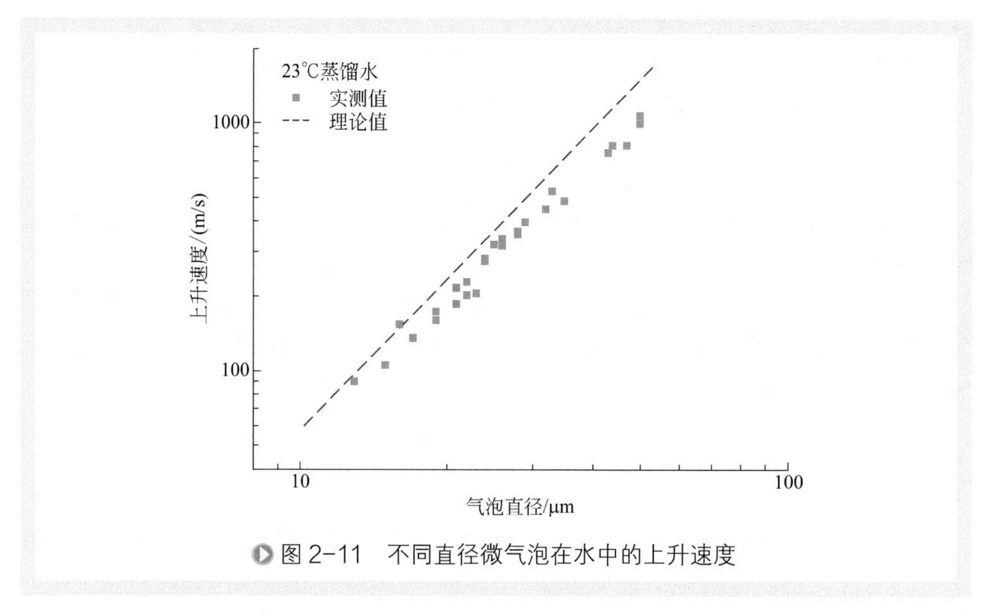

图 2-11 不同直径微气泡在水中的上升速度

因此，理论上同样条件下的微气泡与其周边液相间的传质系数 k_L 要比宏气泡的小。Winkler[11]的研究结论证实了这一点。图2-12是其采用水和空气为实验物系，实测和理论计算得到的不同直径的气泡（包括微气泡）的氧气液相传质系数 k_L。由图 2-12 可见，当气泡直径处于 2mm 左右时，其氧气的传质系数值最大。

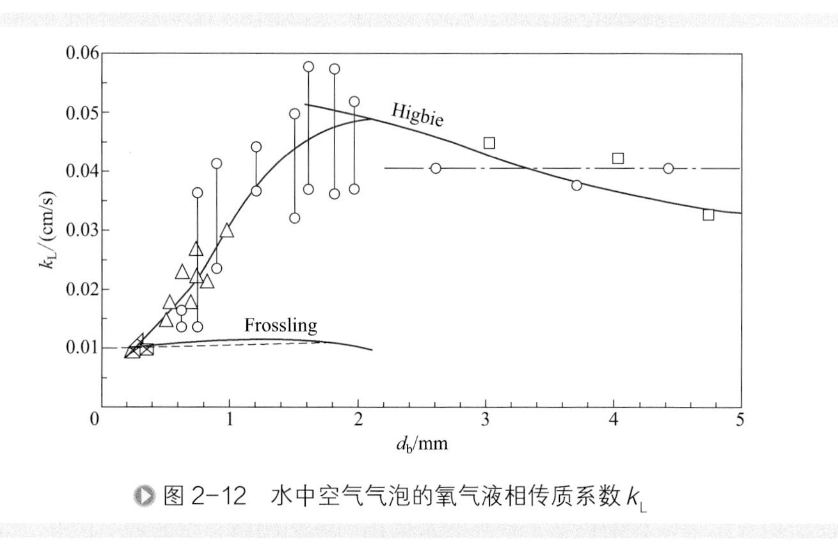

图 2-12　水中空气气泡的氧气液相传质系数 k_L

然而，由于微气泡体系总的气液相界面积一般大于宏气泡体系的气液相界面积十倍、数十倍甚至上百倍，因此，微气泡体系的液相体积传质系数 k_La 仍然远大于宏气泡的 k_La。此外，由于微气泡在液相中的上升速度慢，当传质或反应设备中的液位高度一定时，微气泡的平均停留时间必然相应延长，这有利于传质与反应的进行。因此，与宏气泡体系相比，微气泡体系的传质速率及其受传质控制的宏观反应速率必然更高。

2. 反应器关键结构参数

气 - 液、气 - 液 - 液、气 - 液 - 固等浆态床反应器的关键结构参数是反应器内有效液面高度 H_0 和反应器直径 D_i。对于气 - 液 - 固固定床反应体系，如固定床柴油加氢脱硫过程，反应器的关键结构参数除上述参数外，还包括加氢催化剂床层的水力半径 R_H，其取决于催化剂颗粒大小、形状等参数。

理论上，对于一定尺度的微界面体系，H_0 越大，微气泡在液相中的停留时间就越长；当 H_0 足够大时，由于化学反应的存在，微气泡在上升过程中其活性组分就有足够的时间参与传质与反应，并不断转化为新物质，最终消耗殆尽消失在液相中；即使其中含有惰性组分，微气泡直径也会由于其活性组分的不断消耗变得越来越小，其上升速度也会相应变慢。因此，对于上述三种反应器，其有效液面高度 H_0 以较大为好。

然而，这类反应器的工业化设计受多重因素的制约，如进气压力与能耗、体系爆炸极限、设备强度与刚度等。因此，同时考虑其综合因素作用效果才是科学的设计方法。

进气压力直接关系反应过程的压缩功耗。而较大的 H_0，意味着液相静压较高，气体压缩机的输出压力将必须相应提高，能耗值也将上升。

体系的爆炸极限是反应体系参与反应的原料和反应产物固有的特性。有些可燃性气 - 气、气 - 液混合物对操作压力十分敏感，达到某个压力时将引发着火或爆炸。因此，这类体系只能允许反应器有效液面高度 H_0 要远离其爆炸极限规定的压力值。如由乙炔和甲醛作原料的炔醛法合成 BDO（1，4- 丁二醇）的生产过程的炔化反应就是典型实例之一。在炔化反应时，为了安全生产，一般将炔化反应器及乙炔压缩机的操作压力规定在某个特定的值以下。在这种情况下，气泡在液相中的平均停留时间只能在上述压力值允许的液面高度 H_0 内进行调控，其有效的弥补方法是将气泡尺度尽可能减小，如 100μm 等。

气泡的平均停留时间与反应器设备刚度有紧密关系。在反应压力确定之后，对于 d_{32} 一定的气泡体系，液面高度 H_0 值越大，越有利于其平均停留时间的延长，但此时反应器的高径比也越大，对刚度的要求也越高。

反应器直径 D_i 一般影响反应器的处理量和流体分布的均匀性，同时也影响设备的强度。对于微界面体系，气泡在液相中的分布均匀性能要远好于宏气泡体系，只要液相流场相对分布均匀，气泡分布不均匀性的问题几可忽略。因此，从表面上看，反应器直径 D_i 似乎与气泡平均停留时间没有多大关系。其实不然，反应器直径 D_i 是气、液两相在反应器有限空间内运动自由度的关键参量，它关系到微气泡从产生到最终反应消失或其尾气溢出液面全过程所经历路径的长短。当然，其中的气液流运动方式对气泡平均停留时间有重要影响。

在带有搅拌的下推式搅拌反应器中，由于下推式轴向搅拌作用或环流作用，微气泡将随着液相总体上作先下后上的环流状或螺旋状运动。这时，反应器直径 D_i 越大，微气泡运动的自由度就愈大，其运动路径就可能加长，平均停留时间就相应延长。

在反应器直径相同时，反应器不同的出液口位置对于气泡平均停留时间的影响也是明显的。一般地，上出液口相对于下出液口而言，前者的气泡平均停留时间要远大于后者的。

对于无搅拌的反应器，当其连续稳态运行时，不同的出液口位置对于气泡平均停留时间也有一定影响。当进气的扰动作用不至于对反应器内液相的宏观运动产生严重干扰时，即类似于活塞流反应器，这时微气泡将总体上呈轴向上升运动，因此上出液口相对于下出液口而言，气泡的平均停留时间后者更长，其差值是由于液相轴向运动的线速度所造成，即

$$\Delta\tau = \frac{H_0}{2u_L} \tag{2-6}$$

式中，$\Delta\tau$表示气泡的平均停留时间的延长量；u_L表示反应器中液相的轴向线速度。

反应器直径 D_i 与反应器设备强度紧密关联。对于直径 D_i 较大的反应器，在反应压力和反应器高度 H_0 值确定之后，直径越大，对其强度的要求也就越高。

气 - 液反应一般都有热效应，只是热效应强弱程度不同而已。对于直径较大的反应器，如 D_i > 2m 时，反应器内热效应问题将变得较为突出。

对于强放热反应，体系中将集聚大量热能，故必须考虑反应器宏观热平衡问题；尤其是大直径反应器在新气（包括循环气）入口处区域（一般为反应器下部）的化学反应较其他区域剧烈，反应放热在此区段附近也会较其他区域多，局部热集聚在所难免。由此所引起的局部超温一般会引发反应的加速，也包括副反应的加剧，而较长的气泡平均停留时间将进一步加剧这一趋势，其结果是反应选择性和产品收率下降，产品后续分离精制难度加大和能耗上升。因此，这种热效应提示人们不能单纯考虑延长气泡平均停留时间，而应进行综合考虑。

对于吸热反应，由于直径大且反应器内物料多，外部加热难以实现反应器内各处温度均一，也会在一定程度上影响反应器的正常操作。

3. 水力半径 R_H

对于气 - 液 - 固体系为特征的固定床反应器，存在一个水力半径 R_H 的影响问题。不同催化剂颗粒尺度和形状决定这类反应器催化剂床层的水力半径 R_H。在相同气 - 液流量（空速）下，R_H 越大，气体在床层中的平均停留时间就越长；反之，则越短。然而，一般情况下催化剂粒径尺度会影响催化效率。

粒径较大的催化剂，其水力半径 R_H 较大，可以允许较高的空速。由于其比表面积较小，单位催化剂活性中心所分配到的气泡表面就会减小，催化效率就较低。因此，要实现特定的反应效果，必须提高催化剂装载量以弥补催化效率不足造成的反应不完全。就一定直径的反应器而言，这意味着必须加高催化剂床层高度，这必然会加大装置建设成本和操作成本。

但若催化剂粒径太小，其水力半径 R_H 也会相应减小。虽然其比表面积得到大幅增加，催化效率也会随之提高，但其流体线速度就必须相应降低，否则，催化剂床层的压降将会飙升。为此，要完成特定的处理量，就不得不提高反应器的直径以弥补水力半径 R_H 减小造成的处理量（空速）损失。

然而，反应器直径不能无限量加大，特别是高压反应器或强放热反应器。催化效率提高、空速降低、床层直径大至一定值后，在新鲜气、液原料交汇处附近（一般为气、液入口进入催化剂床层的前方一段距离处）就会出现上述较为剧烈的化学反应而造成局部热集聚现象，或床层“飞温”。此时，副反应加剧、选择性和产品收率下降、产品分离难度和能耗上升在所难免。

因此，必须综合权衡多方面因素，以获得合理的气泡平均停留时间 τ。对于微界面为主要特征的气 - 液 - 固固定床反应体系，其科学有效的强化方法是将微气泡的颗粒尺度适当调小，以使其在催化剂颗粒尺度较小的床层中不至于由于水力直径的变小而聚并。如此，既可获得较高的催化效率，又不会因加大反应器直径或增加床层高度带来其他副作用。

第四节 微界面反应强化原理

如上所述，**微界面传质强化主要是对气液相界面积 a、液相传质系数 k_L 和气泡在液相中的平均停留时间 τ 进行强化**。那么，微界面反应强化之原理何在？也就是说，在反应条件（即催化剂、物料配比、操作温度与压力、停留时间等）确定之后，还有哪些关键参数可能对微界面多相反应体系起到重要影响？为此，以本征反应为一级的某化学反应为例，列出此类反应过程的经典公式（2-7）如下[12]：

$$-r_A=\frac{p_{AG}}{\frac{1}{k_G a}+\frac{H_A}{k_L a}+\frac{H_A}{k_s a_s}+\frac{H_A}{(k_A\overline{C}_B)x_A f_s}} \tag{2-7}$$

式中，k_G为气膜传质系数，$m^3/(m^2\cdot s)$；k_L为液侧传质系数，$m^3/(m^2\cdot s)$；k_s为液固传质系数，$m^3/(m^2\cdot s)$；k_A为基于反应速率的一级本征反应速率常数；p_{AG}为组分A在气泡内的分压，Pa；H_A为亨利常数，$Pa\cdot m^3/mol$；$\overline{C}_B$为催化剂颗粒内部溶剂平均浓度，mol/L；f_s为催化剂装载率，m^3（cat）/m^3（reactor）；x_A为反应速率常数为k_A的一级本征反应有效因子，表征因催化剂孔扩散导致的反应速率降低的程度；a为气液相界面积，m^2/m^3。

式（2-7）也可以改写为以气相中组分浓度 C_A 作为推动力的表达式：

$$-r_A=\frac{C_A}{\frac{1}{k_G a}+\frac{1}{k_L a}+\frac{1}{k_s a_s}+\frac{1}{(k_A\overline{C}_B)x_A f_s}} \tag{2-8}$$

式（2-8）显示，在反应条件（催化剂、物料配比、操作条件）确定后，即这时的本征反应速率已经确定，微界面多相体系 A 组分的宏观反应速率主要受三个传质阻力项影响：即气膜传质阻力 $1/(k_G a)$，液膜传质阻力 $1/(k_L a)$ 和催化剂表面液膜传质阻力 $1/(k_s a_s)$。对于确定的反应条件，催化剂的比表面积 a_s 可被认为是定值，因此只有气膜传质系数 k_G、液膜传质系数 k_L、催化剂表面液膜传质系数 k_s 和气液相界面积 a 四个参数是决定传质阻力的可变参数。若单纯从数学上分析，只要将右侧分母中的前三项变得无限小甚至为零，那么，对于某个一级反应来说，其宏观反应速率就等于其本征反应速率。而从传质角度来讲，这三项分别是气膜传质阻力项、液膜传质阻力项和液固传质阻力项，只要把这三个传质阻力全部消除即可，但这在工程上是难以实现的，而只能尽可能地减小传质阻力，特别是第二项的液膜阻力。而要减小这些传质阻力，对上述四个参数的调控是至关重要的。有关气液相界面积 a 的影响在前文已作了分析。因此下面仅就上述其余三个参数对传质与反应的影响逐一介绍。

一、气膜传质系数 k_G

气侧膜传质系数 k_G，也称为气膜传质系数，表示单位气液相界面积在单位时间内所传递的气体物质量 [12]，其倒数表征气膜传质阻力大小。气膜传质系数 k_G 的定义式如下：

$$k_G = \frac{H_A D_G}{RT\delta_G} \tag{2-9}$$

式中，D_G为气相扩散系数；δ_G为有效气膜厚度。

1. 有效气膜厚度 δ_G

依据 Prandtl 边界层理论，在气 - 液界面气相侧存在两个区域，即边界层和外部流动区，边界层厚度 δ_G 即为有效气膜厚度。由于边界层内的气相流动速度趋近于外部流动速度是渐进而不是突变的，因此，有效气膜厚度 δ_G 与近界面处的湍流程度相关。对于微气泡，由于其曲率半径很小以及其外表面液相表面张力的作用，其内压一般要高于所处位置液体的压力，高出的压差 Δp 遵从杨 - 拉普拉斯（Young-Laplace）方程：

$$\Delta p = \frac{2\sigma}{r} \tag{2-10}$$

式中，σ为液相表面张力；r为微气泡半径。微气泡颗粒尺度变得越小，其内压与所处位置液体的压差Δp会变得越大。因此，微气泡相对于其外层主流区液体压力而言，处于正压状态，故理论上微气泡非常接近于正球体，它在液相中的外形可视作刚性球体，只是密度较小而已。正由于此，其有效气膜厚度δ_G相对于宏气泡在相同情况下的要薄，这将有利于气膜传质。然而，鉴于微气泡内部流场及液膜厚度计算和测试的复杂性，迄今尚未见微气泡δ_G的精确计算模型发表。

相对于 δ_G 而言，关于气相扩散系数 D_G 的理论研究较多一些。

2. 气相扩散系数 D_G

气相扩散系数 D_G 的计算基于分子自由扩散理论。分子自由扩散是指在无搅拌作用下物质由于压力梯度（压力扩散）、温度梯度（热扩散）、外力场（强制扩散）或浓度梯度作用发生的净传递现象[13]。

在非均相混合物中，气相扩散系数是气体扩散通量和组成梯度的比值。有关 D_G 的计算方法，文献中已有多种计算模型可供参考[14-16]。而对于中高温气体，Fuller 等的计算模型式（2-11）准确性较高[17]。

$$D_G = \frac{1.00\times10^{-3}T^{1.75}\left(1/M_A + 1/M_B\right)^{1/3}}{p_G\left[\left(\sum_A v_i\right)^{1/3} + \left(\sum_B v_i\right)^{1/3}\right]^2} \tag{2-11}$$

式中，p_G为气体分压；M_A、M_B分别为气体A、B的摩尔质量；v_i为气体的分子摩尔体积。在中高温情况下，Perry等[18]推荐采用上式计算，其误差一般在5%～10%。由式（2-11）可知，当气体组成一定时，D_G与温度的1.75次方成正比，而随气体分压的增大而减小。低密度气体的D_G几乎与气体组成无关[19]，其值一般为5×10^{-6}～1×10^{-5} m²/s之间，较液相扩散系数D_L（10×10^{-10}～10×10^{-9} m²/s）大几个数量级[15]。

因此，对于气 - 液慢反应过程，几乎可以不考虑气膜的分子扩散阻力。

3. k_G 的计算

式（2-11）虽然可以计算 D_G，但 δ_G 理论上尚难以准确预测，故采用式（2-9）实际上还无法计算 k_G。为此，Charpentier 建议采用式（2-12）进行计算[20]：

$$k_G = -\frac{d_0}{6t_0}\ln\left\{\frac{6}{\pi^2}\exp\left[-\frac{D_G\pi^2 t_0}{(d_0/2)^2}\right]\right\} \tag{2-12}$$

式中，d_0和t_0分别表示单个气泡直径及其在液相中的停留时间。t_0与反应器液位高度H_0有关。基于式（2-12）模型，可计算得到图2-13所示结果。

由图 2-13 可知，k_G 几乎与表观气速 v_G 无关，此结论与上述 k_G 模型在推导过程假设微气泡为刚性球体吻合。当微气泡被认为近似于刚性球体时，其表面较为坚硬光滑，气膜厚度 δ_G 较薄，阻力较小，有利于分子传递，因而在处于微米尺度时的 k_G 值较宏气泡的要大许多。

图 2-13 还显示，当气泡直径大于 2mm 时，气泡直径进一步增大对 k_G 的影响甚微。这意味着，当气 - 液传质由气膜控制时，气泡越小，气 - 液传质阻力越小，越有利于气膜传质和气体吸收与反应，这与实际情况是一致的。

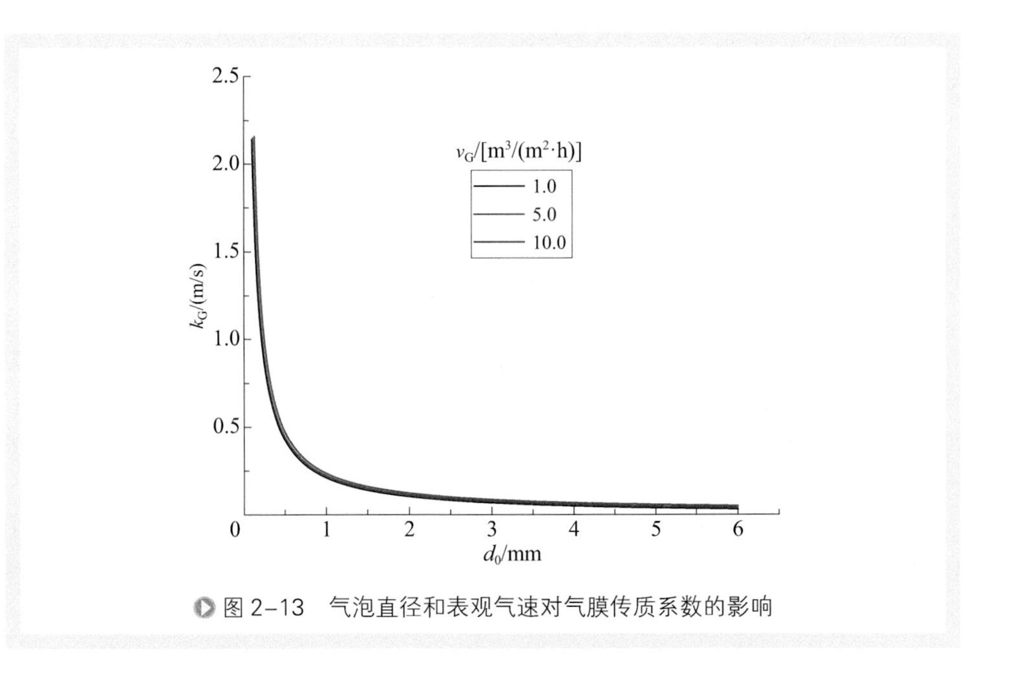

图 2-13　气泡直径和表观气速对气膜传质系数的影响

二、液膜传质系数 k_L

自 20 世纪 20 年代发展至今，关于液膜的传质系数 k_L 已有大量研究，包括双膜理论[21]、渗透理论[22]及表面更新理论[23]三种经典理论，以及在其基础上发展的一些改进型模型[24-28]，如速度滑移模型[29]、界面湍流理论[30，31]、单涡模型[32]、表面更新伸展模型[33]等，但应用较为广泛的仍然是基于上述三种经典理论的模型。

对于气 - 液微界面化学反应体系，有下面几个特征需要讨论。

其一，微气泡有内压，气泡越小，内压越高。如前所述，微气泡的内压升高的部分服从杨 - 拉普拉斯（Young- Laplace）方程[12]。内压的升高使其向外部液膜和液相主体传质的推动力提高，这有利于提高传质通量，其原理如下。

以具有一级不可逆化学反应的吸收过程为例，假定其反应速率常数为 k_A，那么，依据表面更新理论，其传质系数可表示为[2]：

$$k_L = C_{AS}\left[D_{AB}\left(S+k_A\right)\right]^{-1/2} \tag{2-13}$$

根据亨利定律 $p_{AS}=H_AC_{AS}$ 或 $C_{AS}=p_{AS}/H_A$　　(2-14)

因此，式（2-13）可改写为

$$k_L = \frac{p_{AS}}{H_A\left[D_{AB}\left(S+k_A\right)\right]^{1/2}} \tag{2-15}$$

式中，C_{AS}为界面上液相侧的溶质浓度；S为表面更新率；p_{AS}为界面上溶质的分压。

再由表面更新理论的定义及数学推导，参考式（1-2）、式（1-5），表面更新率 S 与微气泡界面的停留时间 τ_s 呈反比关系，即

$$S=4/(\pi\tau_s) \tag{2-16}$$

将式（2-16）代入式（2-15）可得：

$$k_L=\frac{p_{AS}}{H_A\left\{D_{AB}\left[4/(\pi\tau_s)+k_A\right]\right\}^{1/2}} \tag{2-17}$$

式（2-17）显示，k_L 与界面上溶质的分压 p_{AS} 呈正比，与微团在界面上的平均停留时间 τ_s 的 1/2 次方呈反比，而界面上溶质的分压 p_{AS} 又与微气泡的内压 p_i 呈正比。逻辑上，相较于微团在界面上的平均停留时间 τ_s 对液相传质系数 k_L 的影响程度，微气泡内压 p_i 的影响更大。

从数学上分析可知，在式（2-17）的［$4/(\pi\tau_s)+k_A$］项中，慢反应过程一级反应速率常数 k_A 的值一般为 $10^{-2}\sim10^{-5}$，而尺度为 1μm～1mm 的微团在气 - 液界面上的平均停留时间 τ_s 的数量级一般为 $10^0\sim10^{-3}$[34]，因此有

$$4/(\pi\tau_s)\gg k_A \tag{2-18}$$

由此可知：

$$k_L\approx\frac{p_{AS}}{H_A D_{AB}^{1/2}\tau_s^{1/2}} \tag{2-19}$$

也就是说，k_L 与 τ_S 的 1/2 次方呈反比。

假定微气泡原直径为 r_1，根据杨 - 拉普拉斯方程，其内压与外部压力之差值为：

$$\Delta p_1=\frac{2\sigma}{r_1} \tag{2-20}$$

当气泡半径由原来的 r_1 减小一个量级变为 r_2 时，即 $r_2=r_1/10$，有

$$\Delta p_2=\frac{2\sigma}{r_2} \tag{2-21}$$

对比式（2-20）和式（2-21），可得 $\Delta p_2/\Delta p_1=10$，即微气泡的内部压差部分也相应净增加到原来的 10 倍。因此，它必将给气 - 液传质提供更高的推动力。

关于液相微团在界面上的平均停留时间 τ_s 的计算，本章将在后面作更详细的讨论。

其二，微气泡膜厚较薄。如前所述，由于其内压较高，微气泡在外形上更接近于刚性正球形，与通常的外形易变的宏气泡相比，其表面更为光滑，液膜与其表面接触时理论上更均匀，因而无论是其气膜 δ_G 还是液膜 δ_L 的厚度，均比同样条件下的宏气泡要小。也就是说，微气泡的直径越小，液膜就越薄，这一结论与第六章的测试结果一致。而且膜的厚度越小，其传质系数就越大。

其三，微界面气 - 液体系的界面更新率较低。当微气泡在液相中运动时，它与其周围液体微团间的相对运动（一般为自旋运动和滑移运动）均较宏气泡的弱很多。在作自旋运动时，其角动量比宏气泡的要小；在进行滑移运动时，气泡尺度越小，其相对于液相的滑移速度就愈低。由于相对运动速度较慢，它们相对于周围液相的流动一般处于层流～过渡流状态。依据 Stokes 定律，有

$$v_{32}=\frac{d_{32}{}^{2}(\rho_{L}-\rho_{G})g}{18\mu_{L}} \tag{2-22}$$

式中，v_{32}表示微气泡相对于其周围液体的上升速度；d_{32}表示气泡平均直径；ρ_L、ρ_G分别表示液相和气相的密度；μ_L为液相黏度。由式（2-22）可知，气泡相对于液体的上升速度与其直径的平方成正比。但由于微气泡直径很小，其平方值就更小，因此，其滑移速度相比宏气泡的要低得多。

正是由于上述相对运动的减弱，微气泡或液滴的界面更新率将相应降低，根据界面更新率的定义，相同的湍流微团在微气泡界面的停留时间 τ_s［τ_s =4/（πS）］与宏气 - 液颗粒体系相比将明显延长，这不利于传质速率的提高。

上述后两种特征的正反作用在数值上虽然不一定完全相等，但它们却可相互部分抵消。第一种特征对于液膜传质系数 k_L 而言完全是正面作用。

1. 基于双膜理论推导液膜传质系数 k_L

图 2-14 为双膜理论模型示意图。

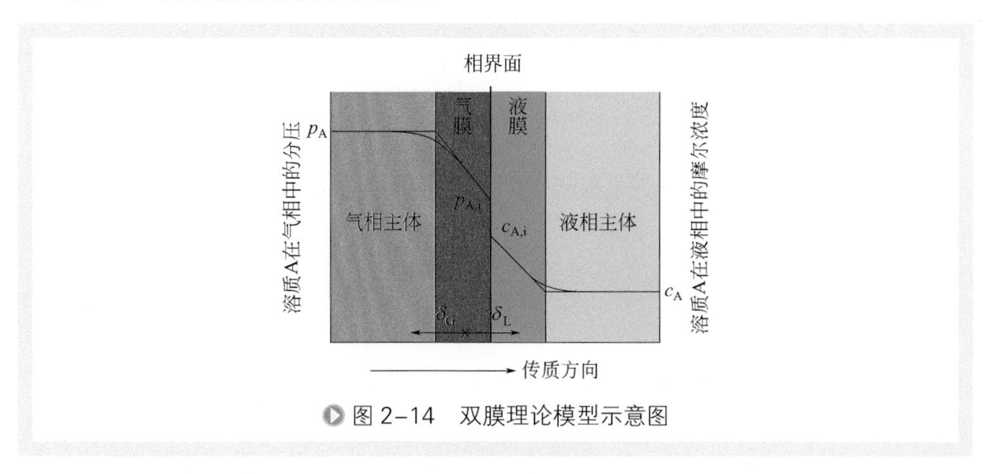

图 2–14　双膜理论模型示意图

基于双膜理论定义，可以得到液膜传质系数 k_L 的计算式为：

$$k_L = D_{AB}/\delta_L \tag{2-23}$$

因此，如果不能准确测定或计算得到液膜厚度 δ_L（δ_L 也可称为传质边界层厚度），那么就难以采用式（2-23）计算得到 k_L。关于液膜厚度 δ_L 的测量，本书笔者已进行了大量的研究工作，有关结论请参见本书第六章。

2. 基于溶质渗透理论推导液膜传质系数 k_L[2]

图 2-15 为溶质渗透模型示意图。溶质渗透理论认为，相间的质量传递过程是由于湍流运动的液体微团从液相主体运动到界面引起的。在界面上，假定运动速度不变，液体微团停留一段时间后，从界面另一侧扩散来的溶质分子（可以是气相分子，也可以是另一相液体分子）将溶解到液体微团之中，随后，液体微团被新的微团置换。当被置换下的液体微团返回液相主体时，就把溶质分子也带到液相主体，于是完成一次质量传递。由于界面上微团的停留时间短暂，故上述分子扩散过程难以达到平衡。因此，该传质过程为一动态过程。

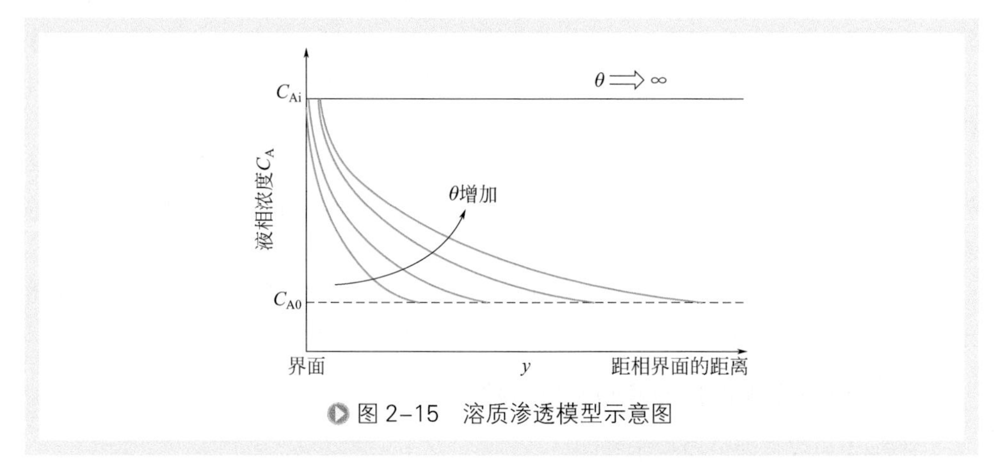

图 2-15 溶质渗透模型示意图

根据 Fick 第二定律，可得

$$\frac{\partial C_A}{\partial \theta} = D_{AB} \frac{\partial^2 C_A}{\partial y^2} \tag{2-24}$$

求解上述方程并结合传质系数的定义，最终可得基于渗透理论的无化学反应的液相传质系数为：

$$k_L = 2\left(\frac{D_{AB}}{\pi \tau_s}\right)^{1/2} \tag{2-25}$$

式中，τ_s为液相微团在界面上的平均停留时间。因此，计算k_L的关键是如何确定τ_s的值。

若体系伴有化学反应，必然会影响到体系的传质。为此，假定一级不可逆反应速率常数为 k_A，则依据非平衡态情况下的传质方程：

$$D_{AB} \frac{\partial^2 C_A}{\partial x^2} - k_A C_A = \frac{\partial C_A}{\partial \theta} \tag{2-26}$$

最终可推导出带有化学反应的传质系数为

$$k_{\mathrm{L}}=\left(D_{\mathrm{AB}}k_{\mathrm{A}}\right)^{1/2}\left\{\left[1+2/\left(k_{\mathrm{A}}\tau_{\mathrm{s}}\right)\right]\mathrm{erf}\left(k_{\mathrm{A}}\tau_{\mathrm{s}}\right)^{1/2}+\exp\left(-k_{\mathrm{A}}\tau_{\mathrm{s}}\right)/\left(\pi k_{\mathrm{A}}\tau_{\mathrm{s}}\right)^{1/2}\right\} \tag{2-27}$$

将式（2-27）与式（2-25）对比，并令 β 为反应系数，则有

$$\beta=\left(r+\frac{\pi}{8r}\right)\mathrm{erf}\left(\frac{2r}{\pi^{1/2}}\right)+\frac{1}{2}\exp\left(-\frac{4r^2}{\pi}\right) \tag{2-28}$$

其中

$$r=\delta_{\mathrm{L}}\left(\frac{k_{\mathrm{A}}}{D_{\mathrm{AB}}}\right)^{1/2} \tag{2-29}$$

由式（2-27）可知，除非液相微团在界面的平均停留时间 τ_{s} 得到确定，否则仍然无法准确计算 k_{L}。

3. 基于表面更新理论推导液膜传质系数 k_{L}[2]

表面更新理论是结合双膜理论和溶质渗透理论的综合性理论，其物理模型如图2-16所示。该理论假定传质的全部阻力集中在层流膜内，这几乎完全采用了双膜理论的思想。但它同时认为传质过程就是非稳态的，即溶质分子通过界面一侧气膜层流层扩散并溶解到界面另一侧的膜层流层中，被不断更新的液体微团（或基元）所带走，而新鲜的液体微团来自于主流区高度湍流的涡流流体。此传质过程正是溶质渗透理论的核心部分。表面更新理论与溶质渗透理论的区别在于，前者认为，由于涡流作用，各个传质基元均有可能穿越相界面并暴露在气相之中，但停留时间并不相同，它们遵循年龄分布规律，而传质基元被新鲜液体微团所置换的概率均等，即更新的频率与时间无关。

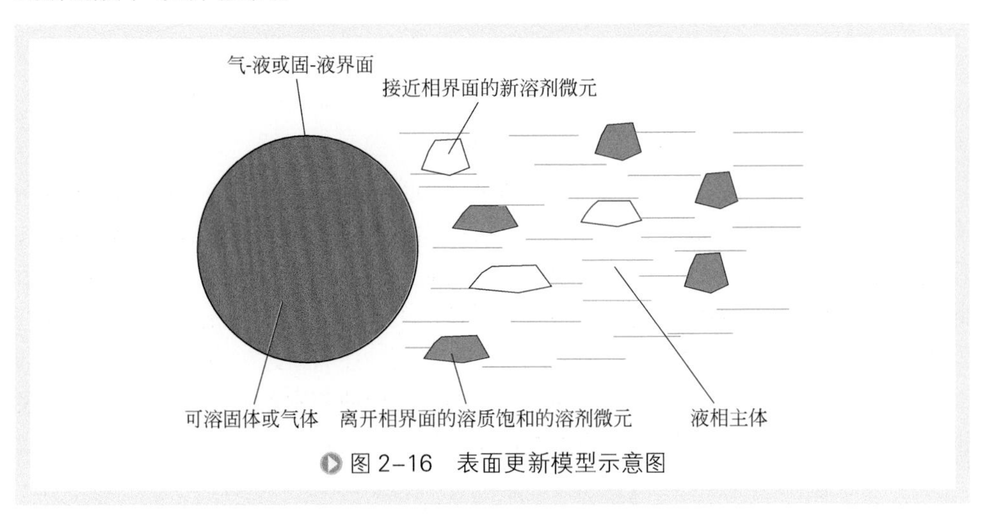

图2–16　表面更新模型示意图

依据表面更新理论，可以得到

$$\Phi(\theta)\mathrm{d}\theta(1-S\mathrm{d}\theta)=\Phi(\theta+\mathrm{d}\theta)\mathrm{d}\theta=\left[\Phi(\theta)+\frac{\mathrm{d}\Phi(\theta)}{\mathrm{d}\theta}\mathrm{d}\theta\right]\mathrm{d}\theta \tag{2-30}$$

整理可得：

$$\frac{\mathrm{d}\Phi(\theta)}{\mathrm{d}\theta}=-S\Phi(\theta) \tag{2-31}$$

积分可得：

$$\Phi(\theta)=S\exp(-S\theta) \tag{2-32}$$

式中，$\Phi(\theta)$为存在于界面上的龄期为θ的流体基元分布函数；S为表面更新率，s^{-1}。

在θ瞬间，单位界面面积的传质速率$N_{A\theta}$可表示为：

$$N_{A\theta}=-D_{AB}\frac{\delta C_A}{\delta y}\Big|_{y=0} \tag{2-33}$$

或

$$\frac{\delta C_A}{\delta y}\Big|_{y=0}=\left(\frac{\partial C_A}{\partial \eta}\times\frac{\delta \eta}{\delta y}\right)_{y=0} \tag{2-34}$$

再经过相应数学推导，最终可得：

$$k_L=(D_{AB}S)^{1/2} \tag{2-35}$$

对照式（2-25），由渗透理论推导得到的传质系数$k_L=2[D_{AB}/(\pi\tau_s)]^{1/2}$与表面更新理论得到的式（2-35）基本上是一致的，它们均与扩散系数D_{AB}的1/2次方呈正比。

对比式（2-25）和式（2-35）可得：

$$\tau_s=\frac{4}{\pi S} \tag{2-36}$$

表面更新率S与体系的理化特性、流体动力学行为、气泡大小和反应器结构均有关系。对于宏气泡，湍流程度对其有直接影响。理论上湍流强度越高，S就越大；反之就小。对于微气泡，由于反应器内大多湍流涡的尺度大于气泡直径尺度，因此，液体微团对气泡表面的更新将不完全受湍流的影响。有关湍流强度对微气泡表面更新率S值的影响的数量关系迄今还不完全清楚，还有待进一步研究。

若体系有一级不可逆化学反应存在，并假定反应速率常数为k_A，那么，依据表面更新理论，同样可推导出相应的液相传质系数表达式：

$$k_L=C_{AS}\left[D_{AB}(S+k_A)\right]^{1/2} \tag{2-37}$$

式中，C_{AS}为界面上溶质A的平均浓度。

在此情况下，相应的反应系数 β 为

$$\beta=\left(1+k_{\mathrm{A}}/S\right)^{1/2}=\left(1+k_{\mathrm{A}}D_{\mathrm{AB}}/k_{\mathrm{L}}\right)^{1/2}=\left(1+r\right)^{1/2} \tag{2-38}$$

式中

$$r=\delta_{\mathrm{L}}k_{\mathrm{A}}/D_{\mathrm{AB}} \tag{2-39}$$

由式（2-37）可以看出，除非液相微团表面更新率 S 得到确定，否则，k_{L} 也无法准确计算。

式（2-38）和式（2-39）不仅反映了 β 与 S 的关系，也显示了 β 与 δ_{L} 的关系。因此，最终要计算 k_{L}，要么能确定 S，或者确定 τ_{s}，要么就要确定 δ_{L} 的值。

第五节 τ_{s}和δ_{L}的确定

一、τ_{s}的确定

从化学工程的视角分析，S、τ_{s}、δ_{L} 这三个参数都是微观状态的物理量，由于它们是时空多变的，故要准确测量其数值难度较大。但对于微界面体系，笔者建议采用下列方法计算 τ_{s}。

假定微气泡移动一个自身半径大小的距离所需要的时间为液相微团在界面的平均停留时间 τ_{s}，即认为当微气泡运动半个身位距离后，在微气泡界面上的液体表面的液膜就会被新的液膜完全更新替代。由于微气泡自身不仅作滑移运动，还存在旋转运动等其他与液相微团的相对运动，故上述半径位移法假定实际是一种保守的近似计算方法。如此，当 d_{32} 确定之后，依据 Stokes 定律，可计算出微气泡（群）在所处液相中的上升速度 v_{32}，并可据此近似地按式（2-40）计算 τ_{s}。

$$\tau_{\mathrm{s}}=\frac{d_{32}}{2v_{32}} \tag{2-40}$$

二、δ_{L}的确定

如前所述，如果不能准确测定或计算获取液膜厚度 δ_{L}，那么就难以计算 k_{L}。

1908 年，布拉修斯（P. R. H. Blasius）[35] 根据普朗特（L. Pranldt）[34] 的边界层方程推导出流动边界层厚度的精确解：

$$\delta_{\mathrm{B}}=5.0x\,Re_x^{-\frac{1}{2}} \tag{2-41}$$

1921 年，冯 • 卡门（T. von Kármán）采用边界层动量积分方程，推导出类似的流动边界层厚度的精确解为：

$$\delta_K = 5.64x\, Re_x^{-\frac{1}{2}} \tag{2-42}$$

式（2-41）和式（2-42）是采用不同方法推导出的流动边界层精确解，其结果却十分相近，而且它们均与实验结果吻合较好。δ_B 和 δ_K 分别称为布拉修斯流动边界层和冯 • 卡门流动边界层厚度。

然而，上述结果是流体在平直界面或大直径圆管界面情况下推导出来的流体流动边界层厚度。式中的 x 表示流体所处位置必须足够远，即是充分发展了的流体边界层厚度。

对于微界面体系，由于气泡直径很小，因此可认为 $x = \frac{d_{32}}{2} = r_{32}$，也就是说每一个微气泡在流动体系中的流动边界层厚度即是其自身半径的大小。依据这一假定，布拉修斯流动边界层和冯 · 卡门流动边界层厚度的表达式（2-41）和式（2-42）可分别改写为：

$$\delta_B = 2.5d_{32}\, Re_x^{-\frac{1}{2}} \tag{2-43}$$

$$\delta_K = 2.82d_{32}\, Re_x^{-\frac{1}{2}} \tag{2-44}$$

式中，Re_x应是微气泡所处微界面体系的流体雷诺数。

然而，上述 δ_B 和 δ_K 仅为微气泡的流动边界层，而非其传质边界层。因此，它们并不能直接用来计算传质边界层厚度（或液膜厚度）δ_L。至于在微界面体系中，微气泡的液膜厚度 δ_L 与流动边界层在数学上呈现何种规律，尚有待进一步研究。

三、静止水中空气微气泡的τ_s和δ_K计算

下面将基于式（2-40）和式（2-44），以静止水中的空气微气泡为例，分别计算其 τ_s 和 δ_K 的值。

表2-2　不同尺度空气微气泡与水的界面微团接触时的平均停留时间

项目	d_{32}/m			
	1×10^{-6}	1×10^{-5}	1×10^{-4}	1×10^{-3}
v_{32}/（m/s）	5×10^{-7}	5×10^{-5}	3×10^{-3}	1×10^{-1}
τ_s/s	1×10^{0}	1×10^{-1}	1.65×10^{-2}	5×10^{-3}

由表 2-2 可以看出，气泡越小，τ_s 就越大，这是由于其运动速度随着其直径迅速降低而造成的。

在 20℃水中，空气微气泡的 v_{32} 和 τ_s 的计算值见表 2-3 所示。

表2-3　不同尺度空气微气泡在20℃水中的v_{32}和τ_s计算值

d_{32}/μm	v_{32}/（m/s）		Re_x		τ_s/s
	层流	过渡流	层流	过渡流	
1	5.39×10^{-7}	5.02×10^{-5}	5.32×10^{-7}	5.98×10^{-5}	9.28×10^{-1}
10	5.39×10^{-5}	5.59×10^{-4}	5.32×10^{-4}	5.52×10^{-3}	9.28×10^{-2}
20	2.15×10^{-4}	1.23×10^{-3}	5.26×10^{-3}	2.44×10^{-2}	5.64×10^{-2}
30	4.85×10^{-4}	1.96×10^{-3}	1.44×10^{-2}	5.82×10^{-2}	5.09×10^{-2}
40	8.62×10^{-4}	2.73×10^{-3}	5.41×10^{-2}	1.08×10^{-1}	2.32×10^{-2}
50	1.35×10^{-3}	5.52×10^{-3}	6.65×10^{-2}	1.74×10^{-1}	1.86×10^{-2}
60	1.94×10^{-3}	5.33×10^{-3}	1.15×10^{-1}	2.57×10^{-1}	1.55×10^{-2}
70	2.64×10^{-3}	5.17×10^{-3}	1.83×10^{-1}	5.57×10^{-1}	1.33×10^{-2}
80	5.45×10^{-3}	6.02×10^{-3}	2.72×10^{-1}	5.76×10^{-1}	1.16×10^{-2}
90	5.36×10^{-3}	6.89×10^{-3}	5.88×10^{-1}	6.12×10^{-1}	1.03×10^{-2}
100	5.39×10^{-3}	7.77×10^{-3}	5.32×10^{-1}	7.68×10^{-1}	9.28×10^{-3}
105	5.94×10^{-3}	8.21×10^{-3}	6.16×10^{-1}	8.52×10^{-1}	8.84×10^{-3}
110	6.52×10^{-3}	8.66×10^{-3}	7.08×10^{-1}	9.41×10^{-1}	8.44×10^{-3}
115	7.12×10^{-3}	9.11×10^{-3}	8.09×10^{-1}	1.04×10^{0}	6.31×10^{-3}
120	7.76×10^{-3}	9.57×10^{-3}	9.20×10^{-1}	1.13×10^{0}	6.27×10^{-3}
130	9.10×10^{-3}	1.05×10^{-2}	1.17×10^{0}	1.35×10^{0}	6.20×10^{-3}
140	1.06×10^{-2}	1.14×10^{-2}	1.46×10^{0}	1.58×10^{0}	6.14×10^{-3}
150	1.21×10^{-2}	1.23×10^{-2}	1.80×10^{0}	1.83×10^{0}	6.08×10^{-3}
160	1.38×10^{-2}	1.33×10^{-2}	2.18×10^{0}	2.10×10^{0}	6.02×10^{-3}
170	1.56×10^{-2}	1.42×10^{-2}	2.61×10^{0}	2.39×10^{0}	5.97×10^{-3}
180	1.74×10^{-2}	1.52×10^{-2}	5.10×10^{0}	2.70×10^{0}	5.92×10^{-3}
190	1.94×10^{-2}	1.62×10^{-2}	5.65×10^{0}	5.04×10^{0}	5.87×10^{-3}
200	2.15×10^{-2}	1.72×10^{-2}	5.26×10^{0}	5.39×10^{0}	5.83×10^{-3}
400	8.62×10^{-2}	5.79×10^{-2}	5.41×10^{1}	1.50×10^{1}	5.28×10^{-3}
600	1.94×10^{-1}	6.02×10^{-2}	1.15×10^{2}	5.57×10^{1}	5.98×10^{-3}
800	5.45×10^{-1}	8.36×10^{-2}	2.72×10^{2}	6.61×10^{1}	5.78×10^{-3}
1000	5.39×10^{-1}	1.08×10^{-1}	5.32×10^{2}	1.07×10^{2}	5.63×10^{-3}

结合式（2-36）和表 2-3 数据，即可以计算在 20℃水中不同尺度空气微气泡表面液膜的更新率 S。

表 2-4 是在 20℃静止水中依据式（2-44）计算所得的不同直径的空气微气泡的流动边界层厚度 δ_K。

表2-4 20℃静止水中不同直径空气微气泡的流动边界层厚度δ_K

$d_{32}/\mu m$	Re_x		τ_s/s	δ_K/m
	层流	过渡流		
1	5.32×10^{-7}	5.98×10^{-5}	9.28×10^{-1}	3.18×10^{-3}
10	5.32×10^{-4}	5.52×10^{-3}	9.28×10^{-2}	1.005×10^{-3}
20	5.26×10^{-3}	2.44×10^{-2}	5.64×10^{-2}	7.10×10^{-4}
30	1.44×10^{-2}	5.82×10^{-2}	5.09×10^{-2}	5.80×10^{-4}
40	5.41×10^{-2}	1.08×10^{-1}	2.32×10^{-2}	$5.05\times1\ 0^{-4}$
50	6.65×10^{-2}	1.74×10^{-1}	1.86×10^{-2}	4.50×10^{-4}
60	1.15×10^{-1}	2.57×10^{-1}	1.55×10^{-2}	4.10×10^{-4}
70	1.83×10^{-1}	5.57×10^{-1}	1.33×10^{-2}	3.80×10^{-4}
80	2.72×10^{-1}	5.76×10^{-1}	1.16×10^{-2}	3.55×10^{-4}
90	5.88×10^{-1}	6.12×10^{-1}	1.03×10^{-2}	3.35×10^{-4}
100	5.32×10^{-1}	7.68×10^{-1}	9.28×10^{-3}	3.18×10^{-4}
105	6.16×10^{-1}	8.52×10^{-1}	8.84×10^{-3}	3.10（2.64）$\times10^{-4}$
110	7.08×10^{-1}	9.41×10^{-1}	8.44×10^{-3}	3.03（2.63）$\times10^{-4}$
115	8.09×10^{-1}	1.04×10^{0}	6.31×10^{-3}	2.96（2.62）$\times10^{-4}$
120	9.20×10^{-1}	1.13×10^{0}	6.27×10^{-3}	2.61×10^{-4}
130	1.17×10^{0}	1.35×10^{0}	6.20×10^{-3}	2.60×10^{-4}
140	1.46×10^{0}	1.58×10^{0}	6.14×10^{-3}	2.59×10^{-4}
150	1.80×10^{0}	1.83×10^{0}	6.08×10^{-3}	2.57×10^{-4}
160	2.18×10^{0}	2.10×10^{0}	6.02×10^{-3}	2.56×10^{-4}
170	2.61×10^{0}	2.39×10^{0}	5.97×10^{-3}	2.55×10^{-4}
180	5.10×10^{0}	2.70×10^{0}	5.92×10^{-3}	2.54×10^{-4}
190	5.65×10^{0}	5.04×10^{0}	5.87×10^{-3}	2.53×10^{-4}
200	5.26×10^{0}	5.39×10^{0}	5.83×10^{-3}	2.52×10^{-4}
400	5.41×10^{1}	1.50×10^{1}	5.28×10^{-3}	2.40×10^{-4}
600	1.15×10^{2}	5.57×10^{1}	5.98×10^{-3}	2.33×10^{-4}
800	2.72×10^{2}	6.61×10^{1}	5.78×10^{-3}	2.28×10^{-4}
1000	5.32×10^{2}	1.07×10^{2}	5.63×10^{-3}	2.25×10^{-4}

四、空气微气泡在水中的上升速度实验值

Ramakrishnan 等[36]、许保玖[37]通过不同实验分别测定了空气气泡（包括部分微气泡）在水中的上升速度，如图 2-17（a）和（b）所示。

虽然他们均未讨论不同温度和测试条件的影响，但从微气泡段（1 ～ 1000 μm）的整个趋势看，微气泡在水中的上升速度与其直径基本上呈直线关系。笔者的计算结果与 Masayoshi[10] 的实验值均支持了这一结论，如图 2-18 和图 2-11 所示。

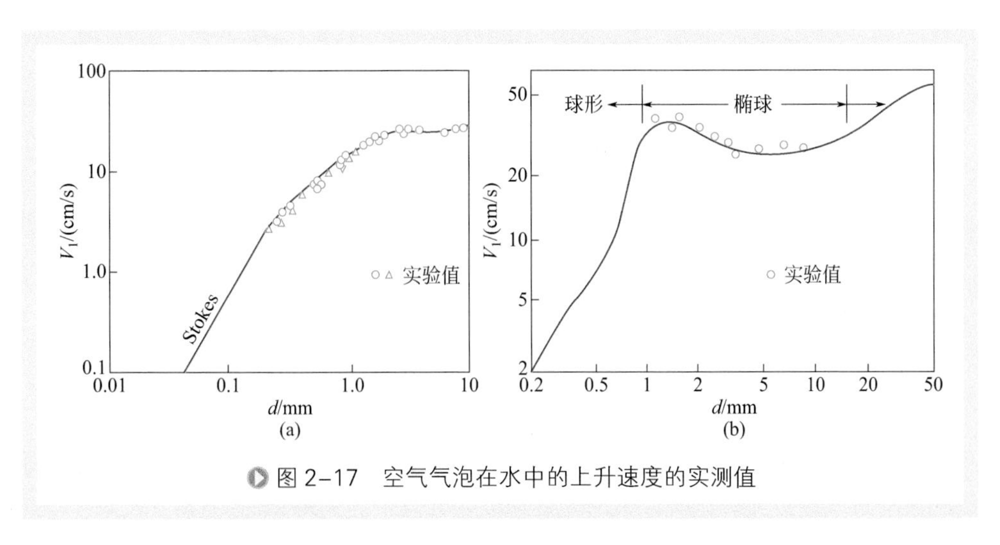

图 2-17　空气气泡在水中的上升速度的实测值

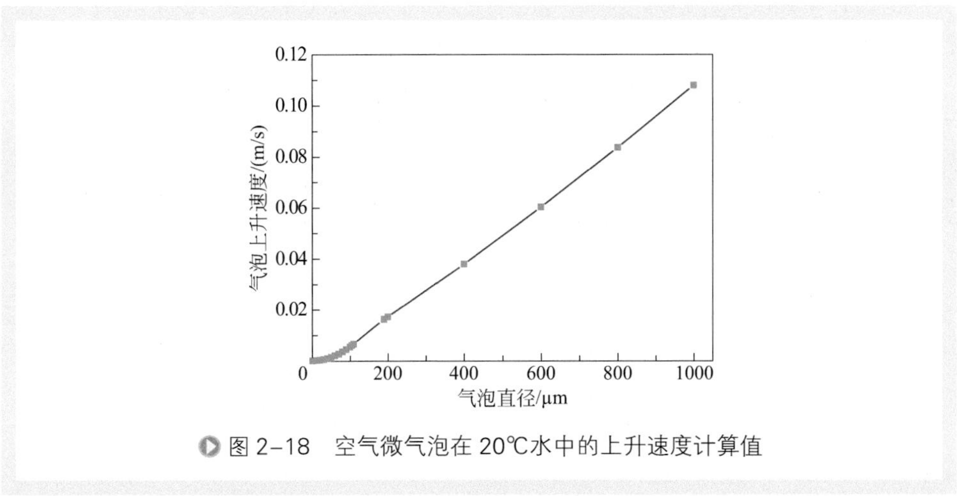

图 2-18　空气微气泡在 20℃水中的上升速度计算值

五、液膜（传质边界层）δ_L 的计算

田恒斗等研究了液体中气泡的上浮与传质过程行为，建立了静止液体中单个上浮气泡在单位时间内向液相传质的数学模型，称为气泡瞬态传质模型[38]：

$$\frac{dm_g}{dt} = 8\left(C_A - C_I\right) D_{AB}{}^{2/3} v_{32}{}^{1/3} d_{32}{}^{4/3} \qquad (2\text{-}45)$$

式中，m_g为气泡质量；d_{32}为气泡直径；D_{AB}为气体分子在液体中扩散速率；v_{32}为气泡上浮速率；C_A为液相主体中的气体质量浓度；C_I为气-液界面处的气体质量浓度。若单个气泡表面积为a，假设气泡向四周液体均匀传质，根据菲克扩散定律，可计算上浮气泡传质通量：

$$\frac{\mathrm{d}m_{\mathrm{g}}}{a\mathrm{d}t}=\frac{D_{\mathrm{AB}}}{4\pi R^{2}}\times\frac{C_{\mathrm{A}}-C_{\mathrm{l}}}{\delta_{\mathrm{L}}} \tag{2-46}$$

微气泡可视为球体，因此式可变为：

$$\frac{\mathrm{d}m_{\mathrm{g}}}{4\pi R^{2}\mathrm{d}t}=\frac{D_{\mathrm{AB}}}{4\pi R^{2}}\times\frac{C_{\mathrm{A}}-C_{\mathrm{l}}}{\delta_{\mathrm{L}}} \tag{2-47}$$

将式（2-45）代入式（2-47），可得气泡周围传质边界层的平均厚度：

$$\delta_{\mathrm{L}}=\frac{\pi D_{\mathrm{AB}}{}^{1/3}d_{32}{}^{2/3}}{2v_{32}{}^{1/3}} \tag{2-48}$$

根据雷诺数 Re 的判定，在20℃水中，气泡直径大于115μm时，上升气泡周边的流动进入过渡流。这时，气泡上升速度与其直径的关系见图2-18。

根据式（2-48），可计算得到气泡为空气时，在20℃的水中上升时，不同气泡直径的氧传输平均传质边界层厚度，列于表2-5之中。

表2-5 不同气泡直径的氧传输平均传质边界层厚度

d_{32}/μm	δ_{L}/m	d_{32}/μm	δ_{L}/m
1		120	1.45×10^{-5}
10	1.56×10^{-5}	130	1.49×10^{-5}
20	1.56×10^{-5}	140	1.52×10^{-5}
30	1.56×10^{-5}	150	1.55×10^{-5}
40	1.56×10^{-5}	160	1.58×10^{-5}
50	1.56×10^{-5}	170	1.60×10^{-5}
60	1.56×10^{-5}	180	1.63×10^{-5}
70	1.56×10^{-5}	190	1.66×10^{-5}
80	1.56×10^{-5}	200	1.68×10^{-5}
90	1.56×10^{-5}	400	2.05×10^{-5}
100	1.56×10^{-5}	600	2.30×10^{-5}
105	1.56×10^{-5}	800	2.50×10^{-5}
110	1.56×10^{-5}	900	2.58×10^{-5}
115	1.43×10^{-5}	1000	2.66×10^{-5}

由表2-5可知，空气中氧在20℃的水中的传质边界层厚度 δ_{L} 基本上为 10^{-5}m 数量级范围。然而，表2-5的结果仅为计算值，尚未得到实验测试的验证。

第六节 催化剂的表面液膜传质系数k_s

在反应条件确定时，催化剂颗粒固体表面的传质系数 k_s 可以通过以下公式计算：

$$k_s d_p / D_L = 2 + 0.6 Sc^{1/3} Re^{1/2} = 2 + 0.6\left(\frac{\mu}{\rho D_L}\right)^{1/3}\left(\frac{d_p u \rho}{\mu}\right)^{1/2} \text{（浆态床、沸腾床）} \tag{2-49}$$

$$k_s d_p / D_L = 2 + 1.8 Sc^{1/3} Re^{1/2} = 2 + 1.8\left(\frac{\mu}{\rho D_L}\right)^{1/3}\left(\frac{d_p u \rho}{\mu}\right)^{1/2} \text{（固定床）} \tag{2-50}$$

式中，d_p是催化剂颗粒当量直径；u是相对于催化剂颗粒的流体速度；ρ是流体的密度；μ为流体的黏度；D_L为液相扩散系数。流体可以是气-液混合物也可以是液液混合物。此外，式（2-49）适用于催化剂颗粒分散在反应器流体中的情况，如悬浮床、鼓泡床、浆态床等，而式（2-50）则可用于固定床催化反应器[10]。

对于宏气泡体系，上述表达式是经过验证的可实际应用的 k_s 的计算公式。而对于微气泡体系，其计算是否会产生相应的误差尚需进行更深入的研究。

第七节 微气泡的内压

图 2-19 为微气泡中内压的物理模型。

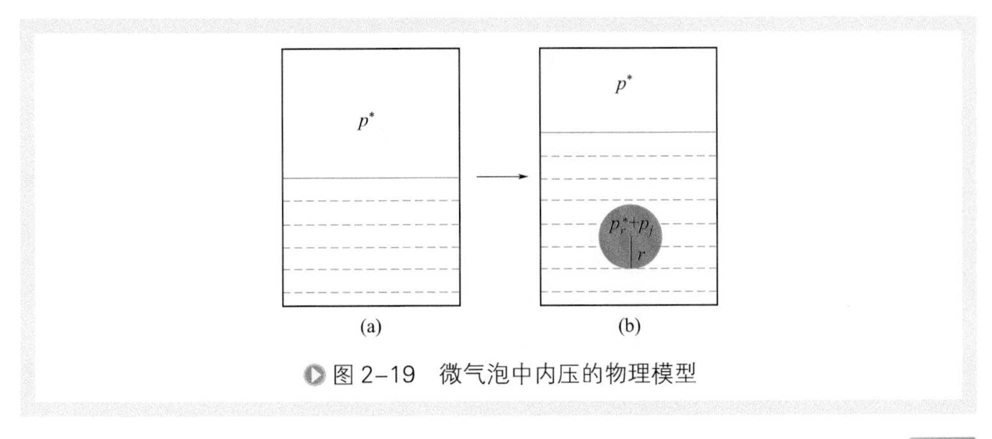

图 2-19 微气泡中内压的物理模型

由图 2-19 可知，微小气泡中的内压由两部分组成，其一是液体在气泡内的饱和蒸气压 p_r^*，其二是气泡内其他气体（可以是一种气体，也可以是两种及两种以上气体组成的混合气体）的分压 p_j。关于液体在气泡内的饱和蒸气压 p_r^*，传统的教科书或有关专著中均有阐明：液体在气泡内的饱和蒸气压 p_r^* 要小于平面液体的饱和蒸气压 p^*；且气泡半径 r 越小，饱和蒸气压 p_r^* 就越低。其理论依据是著名的 Kelvin 公式，即

$$\ln\left(\frac{p_r^*}{p^*}\right)=\frac{2\sigma M}{RT\rho r} \tag{2-51}$$

然而，由于Kelvin公式是从微小液滴入手推导而成，其结果不一定适用于液面下的微小气泡。关于此问题，刘国杰等进行了详细研究并给出了具体演绎结果[39]，他们认为，一个微气泡要在液体中稳定存在，必定会受到其他气体的影响，否则在较大的附加压力下会迅速失稳破灭。正是由于Kelvin公式在应用于微气泡中液体的饱和蒸气压计算时没有考虑此稳定性条件，才导致了适用于凹面液体计算的Kelvin公式不能直接推广于微气泡内液体饱和蒸气压的计算。

基于上述分析，他们基于图 2-19 模型，给出两点推论：①液面上饱和蒸气压不会因液面下存在微气泡而改变，其值仍然为 p^*；②微气泡稳定存在的条件是，其中除液体的饱和蒸气外，还有其他气体存在。

据此，依据如图 2-19（b），微气泡内气体的内压（总压）为：

$$p_{\mathrm{g}}=p_r^*+p_j \tag{2-52}$$

根据凹面液体 Laplace 公式：

$$\Delta p=p_{\mathrm{g}}-p_{\mathrm{l}}=\frac{2\sigma}{r} \tag{2-53}$$

将式（2-52）代入式（2-53），可得气泡周围液体的压力为：

$$p_{\mathrm{l}}=p_r^*+p_j-\frac{2\sigma}{r} \tag{2-54}$$

于是，可基于图 2-19 建立图 2-20 所示循环，并据此可求得 P_r^*。

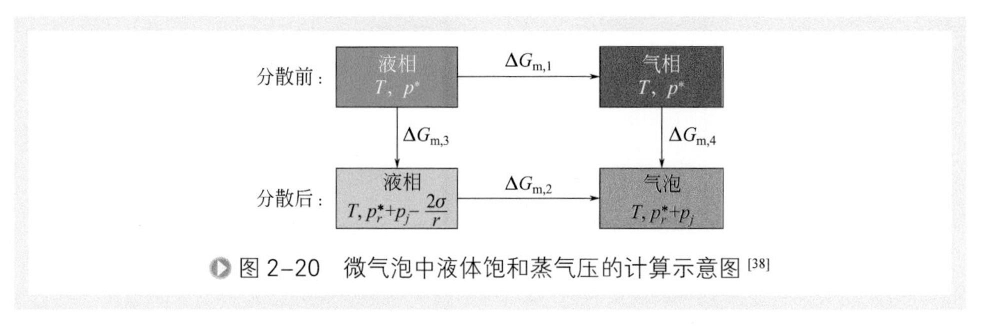

图 2-20　微气泡中液体饱和蒸气压的计算示意图 [38]

由图 2-19（b）可知，当微气泡中存在分压为 p_j 的其他气体时，其稳定性条件为：

$$p_r^* + p_j = p^* + \frac{2\sigma}{r} \tag{2-55}$$

将式（2-54）代入式（2-55），可得：

$$p_1 = p^* \tag{2-56}$$

也就是说，微气泡周围液体的压力与液面上方的饱和蒸气压相等。因此，依据图 2-20，有

$$\Delta G_{m,3} = 0 \tag{2-57}$$

又因在图 2-20 中，分散前和分散后所示系统均处在平衡状态，故 $\Delta G_{m,1}$ 和 $\Delta G_{m,2}$ 也都等于 0，故只要气体可视为理想气体，便可得：

$$\Delta G_{m,4} = \int_{p^*}^{p_r^*} RTp\mathrm{d}p = RT\ln\left(\frac{p_r^*}{p^*}\right) \tag{2-58}$$

此外，不难证明，对于液面上方有其他气体存在时，即液面上方的压力为液体的饱和蒸气压 p^* 与气体的分压 p_g^* 之和时，即式（2-58）也同样成立。由此可见，液体在微气泡中的饱和蒸气压与平面液体的饱和蒸气压相同，即：

$$p_r^* = p^* \tag{2-59}$$

式（2-59）显示，液体在微气泡中的饱和蒸气压仅是温度的函数，而与微气泡曲率半径 r 无关。换言之，Kelvin 公式不能直接用于微气泡内液体饱和蒸气压的计算。

根据上述推导，结合式（2-52）、式（2-55）、式（2-59）可知，微气泡内压（总压）为：

$$p_g = p^* + \frac{2\sigma}{r} \tag{2-60}$$

式中，p^*即为平面液体上方的饱和蒸气压。对于微界面气-液反应器而言，液体上方通常存在其他气体，这时式（2-60）可改写成：

$$p_g = P + \frac{2\sigma}{r} \tag{2-61}$$

式中，P为反应器液面上方的总压，即操作压力。

第八节 微气泡的碰撞与聚并

一、微气泡的碰撞频率

普通宏气泡的碰撞频率与气泡的聚并概率紧密关联。过去几十年来，人们关于气泡碰撞提出了多种机制，也建立了许多数学模型。它们可大致归纳为四类：湍流碰撞模型（Turbulent collisions）、剪切碰撞模型（Shear collisions）、浮力碰撞模型（Buoyant collisions）和唤醒夹带模型（Wake entrainments），如表 2-6 所示。

表2-6 四类不同的碰撞机理模型[40]

模型	碰撞频率	系数和注释
湍流碰撞模型（Turbulent collisions）		
Prince，Blanch（1990）	$h(d_1,d_2)=C_1'(d_1+d_2)^2\left(d_1^{2/3}+d_2^{2/3}\right)^{1/2}\varepsilon^{1/3}$	C_1'范围为0.28～1.11
Colin 等（2004）	$h(d_1,d_2)=C_2'(d_1+d_2)^{7/3}\varepsilon^{1/3},(d_1<l_e;d_2<l_e)$	$C_2'=\frac{1}{2}\left(\frac{8\pi}{3}\right)^{1/2}\frac{C_1}{\sqrt{1.61}\sqrt{2}}$,
	$h(d_1,d_2)=C_3'(d_1+d_2)^2 d_1^{1/3}\varepsilon^{1/3}\ (d_1<l_e;d_2>l_e)$	
Carrica 等（1999）	$h(d_1,d_2)=C_4'\left(\frac{\varepsilon}{v}\right)^{1/2}\left(V_1^{1/3}+V_2^{1/3}\right)^3\ (d_1<l_e;d_2<l_e)$	$C_3'=\frac{1}{2}\left(\frac{8\pi}{3}\right)^{1/2}\frac{C_1}{\sqrt{1.61}}$
		$C_4'=\left(\frac{3}{10\pi}\right)^{1/2},C_5'=1.4$
Wang 等（2005a，b）	$h(d_1,d_2)=C_5'\varepsilon^{1/3}(d_1+d_2)^2 d_1^{1/3}\ (d_1<l_e;d_2>l_e)$	$C_6'=1.11$,γ、Π为两个修正系数
	$h(d_1,d_2)=C_6'\gamma\Pi\ (d_1+d_2)^2\left(d_1^{2/3}+d_2^{2/3}\right)^{1/2}\varepsilon^{1/3}$	
剪切碰撞模型（Shear collisions）	$h(d_1,d_2)=C_7'(r_1+r_2)^3\sqrt{\varepsilon/v}$	
Friedlander（1977）:		$C_7'=\frac{4}{3}$（Friedlander1977，层流剪切）
Kocamustafaogullari，Ishii 1995;		$C_7'=0.618$（Kocamustafaogullari，Ishii 1995，比涡流小的气泡）
Colin 等（2004）		$C_7'=4\pi/3\sqrt{1.61}$（Colin等2004，对大于整体长度的气泡）

续表

模型	碰撞频率	系数和注释
浮力碰撞模型（Buoyant collisions）	$h(d_1,d_2)=\frac{\pi}{4}(d_1+d_2)^2\lvert u_{r1}-u_{r2}\rvert$	
Friedlander（1977）；Prince，Blanch（1990）；		$u_r=\left[2.14\sigma/(\rho_1 d)+0.505gd\right]^{1/2}$（Clift 等1978，Prince，Blanch 1990引用）
Wang 等（2005a，b）		$u_r=\left[2.14\sigma/(\rho_1 d)+0.505gd\right]^{1/2}$［Fan，Tscuchiya 1990，Wang等（2005a，2005b）引用］
唤醒夹带模型（Wake entraiments）		
Kalkach-Navarro 等（1994）	$h(d_1,d_2)=C_8'(V_1+V_2)\left(V_1^{1/3}+V_2^{1/3}\right)^2$	k_1，k_2，k_3实验测定，D_c为导管直径
Colella 等（1999）	$h(d_1,d_2)=u_{rel}V_1^{BOX}\langle l_w\rangle^{-1}$	V_1^{BOX}，u_{ret}由Never，Wu（1971）模型计算，$\langle l_w\rangle=1$
Hibiki 等（2001）	$h(d,d)=C_9'C_D^{1/3}\ d^2u_{rel}$（对大小均匀的气泡）	$C_9'\approx0.77$；相对速度：$u_{ret}=\frac{l_d}{\alpha}-\frac{k}{I-\alpha}$；$C_D=\frac{4A\rho gd_2(1-\alpha)}{3\rho_c u_{ret}}$

在牛顿型流体中，鼓泡塔中气泡的碰撞频率与其直径大小呈正相关关系，如图 2-21 所示。由图可见，不同的研究得到的结论虽然有所差异，其原因可能与研究人员所采用的实验条件不同有关，如采用不同种类的液体、不同的温度、不同的气泡直径以及不同的气体流量等，但有一点是相同的，即当气泡直径逐渐变小而趋于 1mm 或更小时，即达到微气泡状态时，其碰撞的频率也几乎趋于零。换言之，当两个以上微气泡在液相中上升时，在没有外力强制的情况下，它们相互之间几乎不发生碰撞。

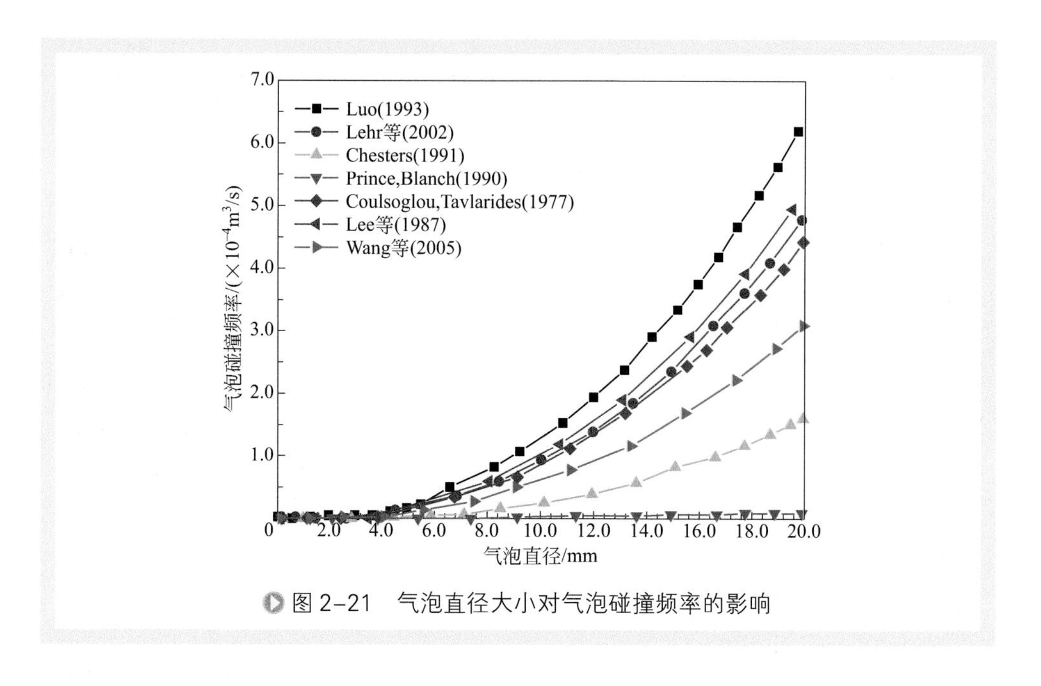

图 2-21　气泡直径大小对气泡碰撞频率的影响

二、微气泡的聚并效率

从理论上分析可知，当气泡大小为微米尺度时，其聚并概率已变得很小，几近为零。然而，对于工业实际反应器而言，气泡体系是否聚并不仅与其周围液体的相互作用有关，还受到设备结构的强制性外力的作用。

为分别说明上述两种情况对微气泡体系聚并的影响，笔者将微气泡体系与其周围液体间的相互作用称为“柔相互作用”，而将微气泡体系与来自设备结构或其他固体结构的强制性外力作用称为“刚相互作用”。下面分别加以讨论。

1. 柔相互作用下的聚并

对于宏气泡体系，有关气泡聚并机理有多种观点。如液膜减薄论[41]，认为气泡间的相互吸引促使它们之间的液体被排出，进而导致气泡碰撞和聚并。但事实上，由于液体脉动的广泛存在，只有当气泡相互接近的时间足够长以至于气泡间的液膜减至足够薄时，才可能发生聚并。又如相对速度论[42]，认为气泡间的分子间作用力和气泡与液体间的湍流作用力均不足以决定气泡聚并的概率，而影响气泡聚并概率的主要因素是两个气泡相互接近时的相对速度。再如高能碰撞论[43]，认为气泡获得的能量的提高将增加其碰撞频率和聚并概率，这一观点也得到了光学观测结果的证实。

上述有关气泡聚并机理的观点虽有不同，但有一点是相同的，即两个或多个气泡要发生聚并，首先它们必须有碰撞的机会。然而，气泡即使有机会相互碰撞，也并不意味着它们就立即发生聚并。实验研究表明，只有部分气泡在碰撞时实际发生了聚并，这就促使研究人员提出了气泡聚并效率的概念。

为从理论上可计算气泡的聚并效率，许多研究人员进行了不懈的努力，建立了许多数学模型。表 2-7 列出了 20 世纪 70 年代以来气泡聚并效率模型代表性的研究工作。

然而，如果采用表 2-7 中的气泡聚并效率模型进行实际计算，不同模型的计算结果会相差很大。图 2-22 即是采用三种不同的气泡聚并效率模型计算得到的结果（三模型为 Lee 等 [44]、Sovova[42] 和 Hasseine 等 [45] 创建，其中 Hasseine 等的模型未列在表 2-7 之中），很明显，其结果各不相同，这显然是值得深度研究的。

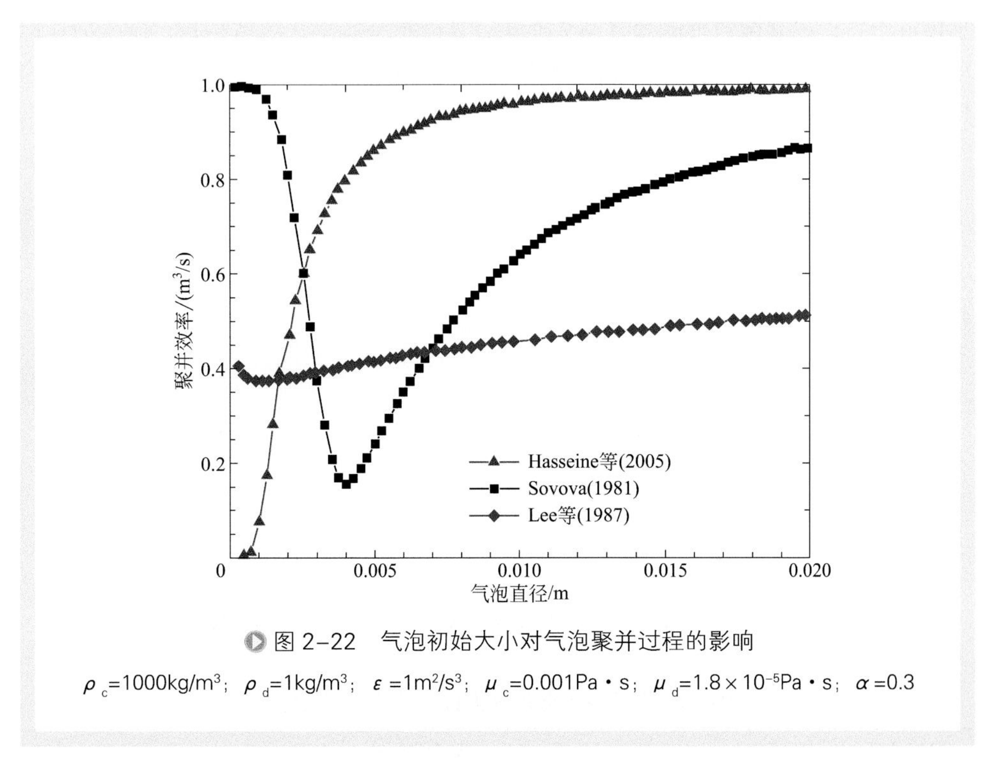

图 2-22 气泡初始大小对气泡聚并过程的影响

ρ_c=1000kg/m³；ρ_d=1kg/m³；ε=1m²/s³；μ_c=0.001Pa·s；μ_d=1.8×10⁻⁵Pa·s；α=0.3

对于微界面体系，由于气泡的直径小于 1mm，气泡近似于刚性球体。因此，无论是采用如式（2-62）所示的 Chesters[46] 的液膜减薄模型计算，还是采用如式（2-63）所示的 Jeffreys 和 Davies[47] 的接触时间模型计算，其结果均是相同的。其原因是，对于刚性微气泡，其初始和临界膜厚度可视为常数。

$$t_{\mathrm{drainage}}=3\pi u_{\mathrm{c}}r^{2}\frac{\ln\left(\delta_{\mathrm{i}}/\delta_{\mathrm{f}}\right)}{2F} \tag{2-62}$$

$$t_{\mathrm{drainage}}=3\pi u_{\mathrm{c}}\left(\frac{r_1 r_2}{r_1+r_2}\right)^{2}\frac{\ln\left(\delta_{\mathrm{i}}/\delta_{\mathrm{f}}\right)}{2F} \tag{2-63}$$

式中，$t_{drainage}$为微气泡碰撞接触时间；r表示两个直径相同的气泡的半径，m；r_1和r_2分别表示两个直径不同的气泡各自的半径，m；δ_i和δ_f分别表示气泡初始和临界膜厚度，m；F为气泡所受的力，N。

结合笔者对微气泡体系的 Q-CT 法测试研究可以判断 [48]，Sovova[42] 模型和 Lee 等 [44] 模型至少在微米尺度气泡段的计算结果是错误的；而 Hasseine 等 [45] 模型在宏气泡段的计算值与实际情况也是不相符的。

此外，笔者进一步通过现代测试方法对空气 - 水微界面体系在柔相互作用下进行测试，其结果如图 2-23 所示，表明当其直径小于 1mm 时，微气泡的聚并效率几乎接近于零；尽观微气泡的尺寸有大有小，其外形基本呈正球体结构；微气泡在运动过程中，相互间始终保持一定的距离，尽管这种距离最小时仅为气泡自身直径的 1/10 或更小。

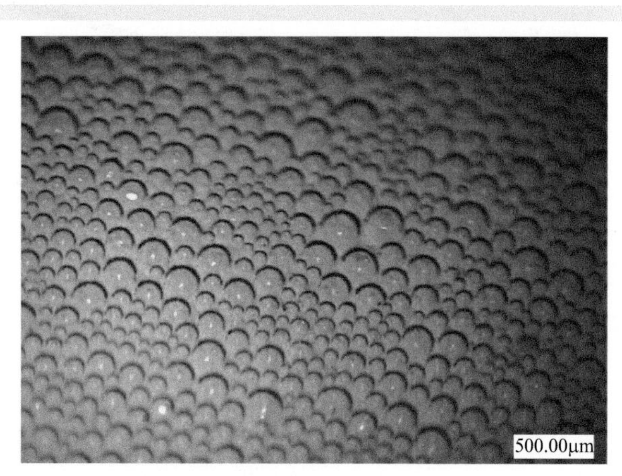

图 2-23　柔相互作用下空气 – 水微气泡体系的显微成像图

表2-7　气泡聚并效率模型代表性的研究工作[43]

参考文献	聚结效率
Coulaloglou，Tavlarides（1977）	$p_c = \exp\left[-C_{10}'\frac{\mu_c\rho_c\varepsilon}{\sigma^2}\left(\frac{d_1d_2}{d_1+d_2}\right)^4\right]$（可变形，不可移动，初始和临界膜厚假定为常数） $p_c = \exp\left[-C_{11}'\frac{\mu_c\rho_c\varepsilon}{\sigma^2(1+\sigma)^2}\left(\frac{d_1d_2}{d_1+d_2}\right)^4\right]$（高体积分数）
Sovova（1981）	$p_c = \exp\left[-C_{12}'\frac{\mu_c\rho_c\varepsilon}{\sigma^2}\left(\frac{r_1r_2}{r_1+r_2}\right)^4\right] + \exp\left[-C_{13}'\frac{\sigma}{\varepsilon^{2/3}\rho_d}\frac{\left(r_1^2+r_2^2\right)\left(r_1^3+r_2^3\right)}{r_1^3r_2^3\left(r_1^{2/3}+r_2^{2/3}\right)}\right] -$ $\exp\left[-C_{12}'\frac{\mu_c\rho_c\varepsilon}{\sigma^2}\left(\frac{r_1r_2}{r_1+r_2}\right)^4\right]\cdot\exp\left[-C_{13}'\frac{\sigma}{\varepsilon^{2/3}\rho_d}\frac{\left(r_1^2+r_2^2\right)\left(r_1^3+r_2^3\right)}{r_1^3r_2^3\left(r_1^{2/3}+r_2^{2/3}\right)}\right]$ 膜排水模型与能量模型的结合

续表

参考文献	聚结效率
Lee 等 （1987）	$p_{\mathrm{c}}=\exp\left[-C'_{14}\dfrac{\varepsilon^{1/3}\left(24\pi^2 M\sigma\mu_{\mathrm{c}}h_{\mathrm{f}}^5 A_{\mathrm{h}}^{-2}-3M\mu_{\mathrm{c}}R_{\mathrm{a}}^2\int_{h_{\mathrm{i}}}^{h_{\mathrm{f}}}\dfrac{\mathrm{d}_r}{8x^3\left[2\sigma/r_{\mathrm{b}}+A/\left(6\pi x^3\right)\right]}\right)}{\left(d_1+d_2\right)^{2/3}}\right]$ （部分移动） $p_{\mathrm{c}}=\exp\left[-C'_{15}\dfrac{\varepsilon^{1/3}\left(24\pi^2 M\sigma\mu_{\mathrm{c}}h_{\mathrm{f}}^5 A^{-2}+\left(R_4/4\right)\left(\dfrac{\rho_{\mathrm{c}}\mathrm{d}}{2\sigma}\right)^{1/2}\ln\left(h_{\mathrm{i}}/h_{\mathrm{f}}\right)\right)}{\left(d_1+d_2\right)^{2/3}}\right]$ （全移动）　M为表面迁移率参数，R_{d}为膜半径，A_{h}为Hamaker常数
Prince， Blanch （1990）	$p_{\mathrm{c}}=\exp\left[-\dfrac{\rho_{\mathrm{c}}^{1/2}r_{\mathrm{eq}}^{5/6}\varepsilon^{1/3}\ln\left(h_{\mathrm{i}}/h_{\mathrm{f}}\right)}{4\sigma^{1/2}r_{ij}^{2/3}}\right]=\exp\left(-C'_{16}\dfrac{\rho_{\mathrm{c}}^{1/2}r_{\mathrm{eq}}^{5/6}\varepsilon^{1/3}}{\sigma^{1/2}}\right)$ $r_{\mathrm{eq}}=\dfrac{1}{2}\left(\dfrac{1}{r_1}+\dfrac{1}{r_2}\right)^{-1},h_{\mathrm{i}}=10^{-4},h_{\mathrm{f}}=10^{-8},C_{16}{}'=\dfrac{\ln\left(h_{\mathrm{i}}/h_{\mathrm{f}}\right)}{4}=2.3$
Chesters （1991）	黏性碰撞：$p_{\mathrm{c}}=\exp\left(-C'_{17}\dfrac{9\mu_{\mathrm{c}}r_{\mathrm{eq}}^4\varepsilon\rho_{\mathrm{c}}}{8\sigma^2h_{\mathrm{f}}^2}\right)$（不动）；$p_{\mathrm{c}}=\exp\left(-C'_{18}\dfrac{\sqrt{3}\mu_{\mathrm{d}}\mu_{\mathrm{c}}^{3/4}r_{\mathrm{eq}}^{5/2}}{4\sigma^{3/2}\varepsilon^{1/4}\rho_{\mathrm{c}}^{1/4}h_{\mathrm{f}}}\right)$ （部分移动）；$p_{\mathrm{c}}=\exp\left[-C'_{19}\dfrac{3r_{\mathrm{eq}}\sqrt{\mu_{\mathrm{c}}\varepsilon\rho_{\mathrm{c}}}}{2\sigma}\ln\left(\dfrac{h_{\mathrm{i}}}{h_{\mathrm{f}}}\right)\right]$（全移动） 惯性碰撞：$p_{\mathrm{c}}=\exp\left(-C'_{20}\dfrac{\sqrt{2}\mu_{\mathrm{c}}\sigma^{1/2}}{3\rho_{\mathrm{c}}^{1/2}r_{\mathrm{eq}}^{3/2}h_{\mathrm{f}}^2}R_{\mathrm{a}}^2\right)$（不动）；$p_{\mathrm{c}}=\exp\left(-C'_{21}\dfrac{\sqrt{2}\mu_{\mathrm{d}}}{4h_{\mathrm{f}}\sqrt{\sigma\rho_{\mathrm{c}}r_{\mathrm{eq}}}}R_{\mathrm{a}}\right)$ （部分移动）；$p_{\mathrm{c}}=\exp\left(-C'_{22}\dfrac{\rho_{\mathrm{c}}^{1/2}r_{\mathrm{eq}}^{5/6}\varepsilon^{1/3}}{\sigma^{1/2}}\right)$（全移动，$\rho_{\mathrm{d}}/\rho_{\mathrm{c}}\approx0,C'_{12}=0.71$）
Luo （1993）	$p_{\mathrm{c}}=\exp\left[-C'_{23}\dfrac{\mu_{\mathrm{rel}}\rho_{\mathrm{c}}d_1^2}{\left(1+\xi_{12}\right)^3\sigma}\sqrt{\dfrac{0.75\left(1+\xi_{12}^2\right)\left(1+\xi_{12}^3\right)\sigma}{\left(\rho_{\mathrm{d}}/\rho_{\mathrm{c}}+C_{\mathrm{VM}}\right)\rho_{\mathrm{c}}d_1^3}}\right]$ $\xi_{12}=d_1/d_2,u_{\mathrm{rel}}=2.41^{1/2}\varepsilon^{1/3}\left(d_1^{2/3}+d_2^{2/3}\right)^{1/2}$
Tsouris， Tavlarides （1994）	$p_{\mathrm{c}}=\exp\left[-\dfrac{20.64\pi\mu_{\mathrm{c}}\xi}{\rho_{\mathrm{c}}\varepsilon^{2/3}\left(d_1+d_2\right)^{2/3}}\dfrac{31.25ND_{\mathrm{i}}}{\left(T^2H\right)^{1/3}}\right]$ $\xi=1.872\ln\left(\dfrac{h_{\mathrm{i}}^{1/2}+1.378q}{h_{\mathrm{f}}^{1/2}+1.378q}\right)+0.127\ln\left(\dfrac{h_{\mathrm{i}}^{1/2}+0.312q}{h_{\mathrm{f}}^{1/2}+0.312q}\right)$ $q=\dfrac{\mu_{\mathrm{c}}}{\mu_{\mathrm{d}}}R_{\mathrm{a}}^{1/2},R_{\mathrm{a}}=\dfrac{r_1r_2}{r_1+r_2}$（部分移动）

参考文献	聚结效率
Kalkach-Navarro 等（1994）	$p_c = 2\pi\left(\frac{3}{4\pi}\right)^{5/3}\frac{k_1k_2k_3^2}{D_c^2}\left[\frac{g^3(\rho_c-\rho_d)^2}{\sigma\rho_c(1-\alpha)^2}\right]^{1/4}$（Wake），$D_c$为导管直径，$k_1$，$k_2$，$k_3$未知
Carrica 等（1999）	$p_c = \exp\left[-\frac{10^3\left(\frac{r_{eq}^3\rho_c}{16\sigma}\right)^{1/2}\ln\left(\frac{h_i}{h_f}\right)\left(\lvert u_{rel}\rvert(r_1+r_2)^{2/3}+2(r_1+r_2)\varepsilon^{1/3}\right)}{2(r_1+r_2)^{5/3}}\right]$ $h_f = 1\times10^{-7}, h_i = 1\times10^{-4}$
Alopaeus 等（1999）	$p_c = (0.26144/k+1)^{p1}, k = \frac{\mu_c}{\mu_d}, p1 = \left[-\frac{C_{24}'\mu_c}{\rho_c N_p^{1/3}\varepsilon^{1/3}(d_1+d_2)^{2/3}D_i^{2/3}}\right]$（部分移动）
Lehr，Mewes（1999）	$p_c = \max\left(\frac{u_{cirt}}{u_{rel}},1\right), u_{cirt} = \sqrt{\frac{We_{cirt}\sigma}{\rho_c d_{eq}}}, d_{eq} = 2\left(\frac{1}{d_1}+\frac{1}{d_2}\right)^{-1}$ $We_{crit} = 0.06, u_{rel} = \max\left(1.414\varepsilon^{1/3}(d_1d_2)^{1/6}, \lvert u_1-u_2\rvert\right)$
Kamp，Chesters（2001）	$p_c = \exp\left(-\frac{\sqrt{3}}{2\pi}\frac{\rho_c^{2/3}d_{eq}u_{rel}}{\sigma^{1/2}C_{VM}^{1/2}}\right), d_{eq} = \frac{2d_1d_2}{d_1+d_2}, C_{VM}(=0.5\sim0.803)$
Podgoska，Baldyga（2001）	$p_c = \exp\left(-\frac{\left[\frac{\frac{2}{3}\gamma_s^3(\rho_d+C_{VM})\rho_c}{\sigma\left(1+(r_s/r_1)^3\right)}\right]^{1/2}\sigma r_1^{1/2}}{0.25\mu_d R_a r_{eq}^{1.5}\left[\frac{1}{h_f}\left(\frac{d_{12}}{l_e}\right)^{0.016}\frac{1}{h_i}\left(\frac{d_{12}}{l_e}\right)^{-0.01}\right]}\right), d_{12} = \frac{d_1+d_2}{2}$
Venneker 等（2002）	$p_c = \exp\left[-\frac{\varepsilon^{1/3}}{4(d_1+d_2)^{2/3}\sqrt{\frac{\sigma}{\rho_c R_a^2 r_{eq}}}}\ln\left(\frac{h_i}{h_f}\right)\right],$ $R_a = r_{eq}\left(\frac{We}{2}\right)^{1/2} = r_{eq}\left(\frac{\rho_c u_{rel}^2 r_{eq}}{2\sigma}\right)^{1/4}$
Lehr 等（2002）	$p_c = \max\left(\frac{u_{cirt}}{u_{rel}},1\right), u_{cirt} = 0.08, \alpha_{max} = 0.6,$ $u_{rel} = \max\left(1.414\varepsilon^{1/3}\left(d_1^{2/3}+d_2^{2/3}\right)^{1/2}, \lvert u_1-u_2\rvert\right)$

续表

参考文献	聚结效率
Wang 等（2005a，2005b）	$p_{c,t}=\exp\left[-\frac{\left(0.75\left(1+\xi_{12}^2\right)\left(1+\xi_{12}^3\right)\right)^{1/2}}{\left(\rho_g/\rho_l+C_{VM}\right)\left(1+\xi_{12}\right)^3}We_{12}^{1/2}\right]$ $We_{12}=\frac{\rho_c d_1 u_{12}^2}{\sigma},u_{12}=\left(u_1^2+u_2^2\right)^{1/2},\xi_{12}=\frac{d_1}{d_2}$ $p_{c,w}=\theta\exp\left\{-0.46\frac{\rho_c^{1/2}\varepsilon^{1/3}}{\sigma^{1/2}}\left(\frac{d_1 d_2}{d_1+d_2}\right)^{5/6}\right\}$ $\theta=\begin{cases}\frac{\left(d_2-\frac{d_c}{2}\right)^6}{\left(d_2-\frac{d_c}{2}\right)^6+\left(\frac{d_c}{2}\right)^6}, d_2\geqslant d_c/2, d_c=4\sqrt{\frac{a}{g\Delta\rho}}\\ 0 \quad 其他情况\end{cases}$
Lane 等（2005）	$p_c=\exp\left(-0.71\sqrt{\frac{\rho_c\,\varepsilon^{2/3}d^{2/3}}{\sigma}}\right)\cdot\exp\left(-5.49\times10^6\times\frac{d^3}{\varepsilon}\right)$ 对大小相等的气泡，修改了Chesters的指数表达式（1991）

2. 刚相互作用下的聚并效率

长期以来，关于气泡碰撞与聚并的研究对象大多集中在非固定床反应器，而对于固定床反应器中催化剂床层内气泡的碰撞与聚并行为的研究则鲜有报道。事实上，在能源和石化工业众多的反应器中，固定床催化反应器占了半壁江山。如能源工业中的汽、柴油加氢反应器，重油深度炼制过程的加氢精制反应器，石化工业生产过程中由粗对苯二甲酸（CTA）加氢精制获取精对苯二甲酸（PTA）产品的加氢精制反应器，以及乙炔法生产1，4-丁二醇（BDO）工艺中，由1，4-丁炔二醇加氢精制生产BDO的加氢反应器，均为固定床催化反应器。因此，了解与掌握固定床催化反应器中气-液-固三相的相互作用规律，对于其反应过程的效率提升、能耗物耗的降低，意义重大。

然而，在固定床催化反应器中，催化剂的颗粒外形、尺度和材料多种多样，这对于床层中的气-液流动状态特别是气泡的碰撞与聚并必然产生重要影响。

就其颗粒外形而言，有圆柱形、球形、条形、蜂窝形、齿轮形，三叶草形，四叶蝶形等。

在其尺寸方面，有直径1～3mm、长度20～30mm的圆柱形；有直径1.2～1.8mm、长度3～20mm的三叶草形；有直径为1～10mm的球形等。

而对于催化剂材料，其载体材料品种繁多，如：SiO_2、Al_2O_3、玻璃纤维网（布）、空心陶瓷球、海砂、层状石墨、空心玻璃珠、石英玻璃管（片）、普通（导电）玻璃片、有机玻璃、光导纤维、天然黏土、泡沫塑料、树脂、木屑、膨胀珍珠岩、活性炭等。由于其表面的粗糙度、吸附性、刚性等不一样，当气 - 液两相流体以一定的流速流过催化剂表面及其颗粒与颗粒间的缝隙时，它们对气泡的刚性作用力也就不尽相同。

下面分别以 5 mm 和 2 mm 球形 SiO_2 载体为例，实验测试固定床催化反应器中的微气泡在刚相互作用下的碰撞情况和聚并效率，表 2-8 为 5 mm 球形 SiO_2 载体床层中微气泡碰撞与聚并的实验条件。

表2-8　5mm球形SiO_2载体床层中微气泡碰撞与聚并的实验条件

参数名称	型号规格	备 注
反应器尺寸	ϕ120mm × 3500mm	材质：SS316L，有机玻璃
床层类型	1500mm 鼓泡床	每一段 500mm 分别置于两段催化剂固定床层的上下和中间
催化剂载体	5mm 球形　SiO_2 颗粒	每一段 1000mm，分两段安装
催化剂支撑方式	筛板，孔径为 3mm	平板筛板结构
实验体系	水 - 空气	自来水，空气
反应器操作温度	10 ～ 25℃	或室温
反应器操作压力	0.1 ～ 0.15MPa	可调节
供气压力	0.7MPa	可调节
供气流量	5.0m³/h	可调节
液体输出压力	0.5MPa	可调节
液体循环量	1.0m³/h	可调节
气液比	0.1 ～ 8	可调节
空压机型号	OTS-3300-100	—
循环泵型号	CDFL4-7	—
检测仪器型号	VW-9000	在线测试系统
仪器成像速率	1 ～ 4000fps	图像分辨率 640 × 480
成像放大倍率	0.1 ～ 100	可调节

（1）5mm 直径球形催化剂颗粒床层　实验分别测试了 5 mm 催化剂颗粒床层气 - 液流体进出床层及其在床层中的情况。采用的气液比 λ= 气体体积流量 / 液体体积流量 =5.5。图 2-24（a）、（b）分别为进入和流出催化剂床层的微气泡 16 倍放大成像图。对照图中标尺可见，绝大多数气泡在进入和流出床层前后的颗粒尺度均小于 1mm；而且如同图 2-23 一样，气泡外形基本呈正球体结构；微气泡在运动过程中

相互间始终保持一定的距离。

由图 2-24 还可以看出，相比于图 2-24（a），图 2-24（b）中的气泡排列似乎更为有序，但气泡直径较大。这表明气 - 液两相以一定的速率流经催化剂床层时，微气泡 - 液体与催化剂固体颗粒表面间发生了刚相互作用，以致微气泡或气泡群在液体的推动下受到催化剂表面的强烈挤压，从而发生气泡自身破裂，或与其他气泡发生碰撞而强制聚并。这种现象在气泡或气泡群经过下一个催化剂颗粒缝隙时会不断重复，直到气 - 液两相流出催化剂床层为止。这种反复被挤压、破碎和聚并结果使得输出床层微气泡直径和分布进行了重排，如图 2-24（b）所示。

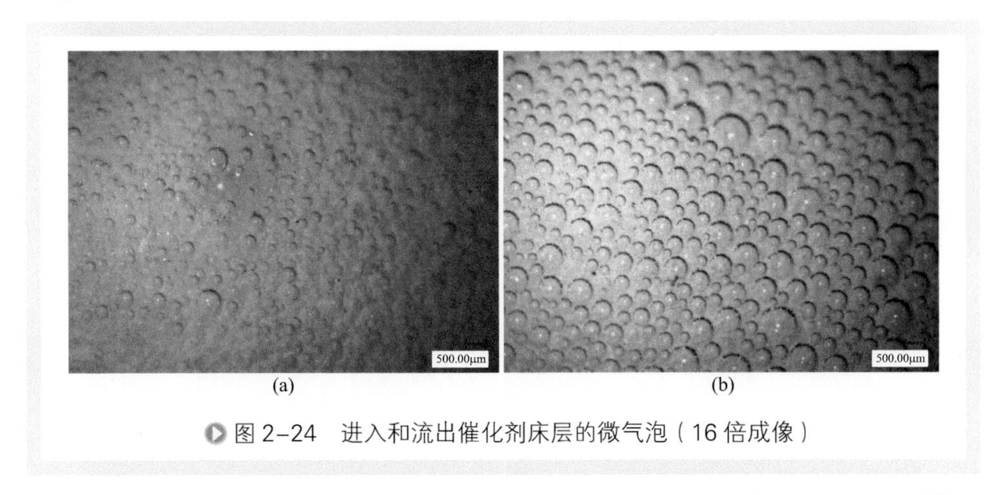

图 2-24　进入和流出催化剂床层的微气泡（16 倍成像）

事实上，通过在线测试分析系统观测微气泡在催化剂床层中的运动，可以清晰地证明上述推论，如图 2-25 所示。

由图 2-25 中第一时刻（a）和第二时刻（b）两图可知，在图 2-25（a）中，可观察到三个直径为 5 mm 的催化剂颗粒，它们各自所处图左下、图中央和图右上位置。为叙述方便，本处将其分别称为 1、2、3 号催化剂球体。可见，围绕 2 号催化剂球体，有许多大小不一的微气泡颗粒在其周边运动。其中在其左偏下方与 1 号球体相邻的区域，以及在右偏下方，分别有一颗呈不规则球形的较大气泡生成。这是由于两球之间缝隙较小，1、2 号球体之间和 2、3 号球体之间的水力学当量直径小于气泡自身的直径所致。当若干个微气泡在流体的夹带下以较高的速率流经催化剂间的最小缝隙（两球体最大直径处接触点附近）时，只要有一个微气泡的直径大于其所处两球间的空隙尺度，此微气泡将在两催化剂球体刚性表面的挤压下，不得不发生形变，以便自身能在流体的动能作用下呈最小阻力状态通过此狭缝区域（此即为刚相互作用）。然而，由于该微气泡周围还有若干个直径大小不一的微气泡跟随其一起在流体动能推动下向前运动，一个气泡受到刚相互作用将影响到其周围其他气泡的运动状态——碰撞和挤压其周边气泡。此种情况就像一条原本很宽阔的道路突然变窄，拥挤的人群争相通过而发生的相互挤压和推撞的现象一样。

在流体的动能作用下，当被挤压变形的这一气泡与其周围其他气泡同时处在两个催化剂刚性球体的狭缝处无法让离时，气泡与气泡之间的压力迅速达到并超过某一临界值，聚并随即发生，更大尺寸的气泡就此形成。上述两个不规则的椭球形大气泡即是此刚相互作用的产物。

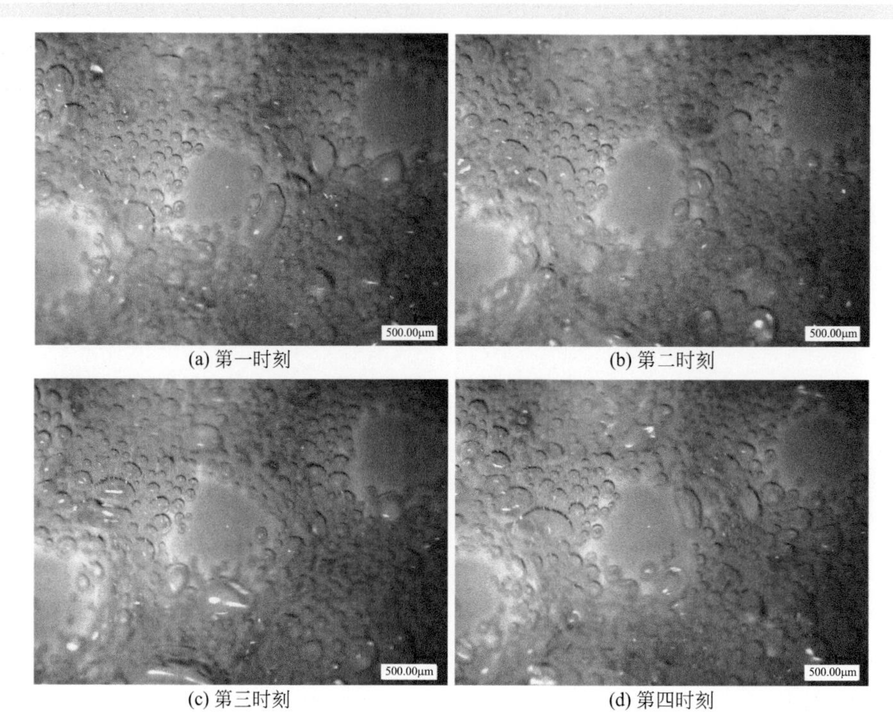

(a) 第一时刻　(b) 第二时刻

(c) 第三时刻　(d) 第四时刻

图 2–25　刚相互作用下催化剂床层中微气泡的碰撞与聚并状况（16 倍成像）

在下一个时刻点后，由上一时刻点所形成的不规则椭球形大气泡在运动中又受到其他催化剂球体表面类似的刚性挤压而破裂，再次分裂为两个或两个以上尺寸较小的微气泡，如图 2-25（b）所示。因此，在一定的条件下（气 - 液流速、温度、密度、黏度、表面张力等），催化剂床层中微气泡的碰撞、聚并、再破裂就这样周而复始进行着，形成了床层中和出床层后新的微气泡尺寸和分布规律，及其由此决定的气 - 液、液 - 固间相界面积的动态平衡。

在图 2-25（d）中可清晰地看到这种周而复始、动态平衡的状态：在 2 号催化剂球体两侧，又出现两个较大的不规则较大尺寸的微气泡，只是它们的空间位置、大小、形状与图 2-25（a）的不完全一致而已。图 2-25（d）就是这一动态平衡的最终结果。

上述由于刚相互作用而造成的微气泡的挤压、变形、碰撞、聚并和再破裂，不仅促进了气 - 液、液 - 固间的液膜更新，提高传质系数，同时还有利于提高催化剂内活性中心的反应产物向外扩散和传递的速率。

前已述及，不同的催化剂床层由于其尺寸大小、材质、形状等不同，由刚相互作用所致的结果也不一样，它们对床层的气 - 液传质界面面积的影响也会不同。而如何评估相界面积的变化程度，不仅是一个学术课题，更是此类固定床反应器设计必须解决的重要工程问题。

表 2-9 是刚相互作用下微气泡体系进出固定床层前后的相界面积变化情况。可见，在直径为 5mm 的催化剂球形颗粒刚相互作用下，微气泡体系进出催化剂床层前后的相界面积发生了较大变化，总体上下降了 15.55%。

表2-9　微气泡体系进出5mm球形催化剂床层前后的相界面积变化情况

参　数	进床层前	出床层后	变化率 /%①
气泡最大直径 d_{max}/ μm	641.52	1549.00	141.46
气泡最小直径 d_{min}/ μm	185.10	106.09	-42.05
气泡 Sauter 平均直径 d_{32}/ μm	452.55	525.48	15.67
气液相界面积 a/（m^2/m^3）	9470.15	8186.97	-15.55

①“-”表示进出床层前后相比数值下降。

下面再以微气泡体系进出直径为 2mm 的球形催化剂颗粒床层前后的实验进行说明。

（2）2mm 直径球形催化剂颗粒床层　表 2-10 为 2mm 球形 SiO_2 载体床层中微气泡碰撞与聚并的实验条件。

表2-10　2mm球形SiO_2载体床层中微气泡碰撞与聚并的实验条件

参数名称	型号规格	备　注
反应器尺寸	ϕ100mm × 3500mm	材质：SS316L，石英玻璃
床层类型	1500mm 鼓泡床	每一段 500mm 分别置于两段催化剂固定床层的上下和中间
催化剂载体	2mm 球形 SiO_2 颗粒	每一段 1000mm，分两段安装
催化剂支撑方式	筛板，孔径为 1mm	锥体筛板结构
实验体系	水 - 空气	自来水，空气
反应器操作温度	10 ～ 25℃	或室温
反应器操作压力	0.1 ～ 0.15MPa	可调节
供气压力	0.7MPa	可调节
供气流量	5.0m^3/h	可调节
液体输出压力	0.5MPa	可调节
液体循环量	1.0m^3/h	可调节
气液比	0.1 ～ 8	可调节

续表

参数名称	型号规格	备 注
空压机型号	OTS-3300-100	—
循环泵型号	CDFL4-7	—
检测仪器型号	VW-9000	在线测试系统
仪器成像速率	1 ～ 4000fps	图像分辨率 640×480
成像放大倍率	0.1 ～ 100	可调节

图 2-26 是微气泡体系进出直径 2mm 的球形陶瓷催化剂床层的 16 倍成像，表 2-11 则为微气泡体系进出该床层前后的相界面积变化情况。

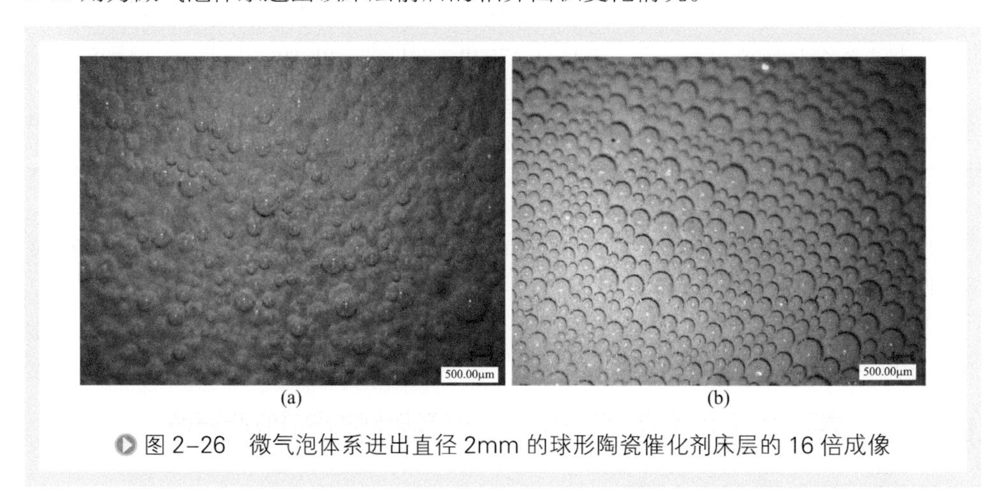

图 2–26 微气泡体系进出直径 2mm 的球形陶瓷催化剂床层的 16 倍成像

表2–11 微气泡体系进出2mm球形陶瓷催化剂床层前后的相界面积变化情况

参 数	进床层前	出床层后	变化率 /%①
气泡最大直径 d_{max}/μm	636.24	1365.20	114.57
气泡最小直径 d_{min}/μm	153.20	125.20	-18.28
气泡 Sauter 平均直径 d_{32}/μm	465.22	593.21	27.51
气液相界面积 a/（$m^2 \cdot m^3$）	9827.60	7707.22	-21.58

①“-”表示进出床层前后相比数值下降。

参考文献

[1] 徐光宪 . 物质结构的层次和尺度 [J]. 科技导报，2002，20（1）：3-6.
[2] 夏光榕 . 传递现象相似 [M]. 北京：中国石化出版社，1997.

[3] Resnick W, Gal-Or B. Gas-liquid dispersions [J]. Advances in Chemical Engineering, 1968, 7: 295-395.

[4] Martín M, Montes F J, Galán M A. Physical explanation of the empirical coefficients of gas–liquid mass transfer equations [J]. Chemical Engineering Science, 2009, 64 (2): 410-425.

[5] Sideman S, Hortaçsu Ö, Fulton J W. Mass transfer in gas-liquid contacting systems [J]. Industrial & Engineering Chemistry, 1966, 58 (7): 32-47.

[6] Taitel Y, Bornea D, Dukler A E. Modelling flow pattern transitions for steady upward gas - liquid flow in vertical tubes [J]. Aiche Journal, 1980, 26 (3): 345-354.

[7] Krishna R. A scale-up strategy for a commercial scale bubble column slurry reactor for fischer-tropsch synthesis [J]. Oil & Gas Science & Technology, 2000, 55 (4): 359-393.

[8] Krishna R, Baten J M V. Scaling up Bubble Column Reactors with the Aid of CFD [J]. Chemical Engineering Research & Design, 2001, 79 (3): 283-309.

[9] Richardson J, Zaki W. Sedimentation and fluidisation : Part Ⅰ [J]. Chemical Engineering Research and Design, 1997, 75: S82-S100.

[10] Takahashi M. ζ potential of microbubbles in aqueous solutions : electrical properties of the gas–water interface [J]. The Journal of Physical Chemistry B, 2005, 109 (46): 21858-21864.

[11] Winkler M A. Biological treatment of waste-water [M]. Ellis Horwood, 1981.

[12] Levenspiel O. Chemical reaction engineering [M]. 3rd ed. New York : John Wiley & Sons, 1999.

[13] Reid Robert C. The properties of gases and liquids [M]. 4th ed. New York : McGraw-Hill Book, 1987.

[14] Smith H. Transport phenomena [M]. Wiley-VCH Verlag GmbH & Co KGaA, 2003.

[15] Welty J, Wicks C E, Rorrer G L, et al. Fundamentals of momentum, heat and mass transfer [M].5th Edition John Wiley&Sons Inc, 2008.

[16] Hirschfelder J O, Bird R B, Spotz E L. The transport properties for non-polar gases [J]. Journal of Chemical Physics, 1949, 17 (12): 1343-1344.

[17] Chapman S, Cowling T. The mathematical theory of non-uniform gases : An account of the kinetic theory of viscosity//thermal conduction and diffusion in gases. Cambridge Mathematical Library [M]. Cambridge: Cambridge University Press, 1970, 1: 27-52.

[18] Perry R H, Green D W, Maloney J O. Perry's chemical engineers' handbook [M]. McGrow-Hill, 1997.

[19] Cussler E L. Diffusion: mass transfer in fluid systems [M]. Cambridge: Cambridge University Press, 2009.

[20] Charpentier J C. Mass-transfer rates in gas-liquid absorbers and reactors //Thomas B D, et al. Advances in Chemical Engineering [M]. Elsevier, 1981, 11: 1-133.

[21] Lewis W, Whitman W. Principles of gas absorption [J]. Industrial & Engineering Chemistry, 1924, 16 (12): 1215-1220.

[22] Higbie R. The rate of absorption of a pure gas into a still liquid during short periods of exposure [J]. Trans AIChE, 1935, 31: 365-389.

[23] Danckwerts P. Significance of liquid-film coefficients in gas absorption [J]. Industrial & Engineering Chemistry, 1951, 43 (6): 1460-1467.

[24] kishinevsky M K. Two approaches to the theoretical analysis of absorption processes [J]. Jour Appl Chemistry, USSR, 1955, 28: 881-886.

[25] Kishinevsky M K, Serebryansky V. The mechanism of mass transfer at the gas-liquid interface with vigorous stirring [J]. J Appl Chem USSR, 1956, 29: 29-33.

[26] Dobbins W E. Mechanism of gas absorption by turbulent liquids//Southgate B A. Advances in Water Pollution Research, Proceedings of the International Conference Held in London, September 1962 [M] Elsevier, 1964: 61-96.

[27] Perlmutter D. Surface-renewal models in mass transfer [J]. Chemical Engineering Science, 1961, 16 (3-4): 287-296.

[28] Kulkarni A A. Mass transfer in bubble column reactors: effect of bubble size distribution [J]. Industrial & Engineering Chemistry Research, 2007, 46 (7): 2205-2211.

[29] Calderbank P H. Gas absorption from bubbles [J]. The Chemical Engineer, 1967, CE209-CE33.

[30] Levich V G. Physicochemical hydrodynamics [M]. Prentice hall, 1962.

[31] Cockrell D J. Turbulent Phenomena [J]. Nature Physical Science, 1972, 240.

[32] Luk S, Lee Y. Mass transfer in eddies close to air - water interface [J]. AIChE Journal, 1986, 32 (9): 1546-1554.

[33] Jajuee B, Margaritis A, Karamanev D, et al. Application of surface-renewal-stretch model for interface mass transfer [J]. Chemical Engineering Science, 2006, 61 (12): 3917-3929.

[34] Prandtl L. Über flüssigkeitsbewegung bei sehr kleiner reibung [J]. Verhandl Ⅲ, Internat Math-Kong, Heidelberg, Teubner, Leipzig, 1904: 484-491.

[35] Blasius H. Grenzschichten in flüssigkeiten mit kleiner reibung [M]. Druck von BG Teubner, 1907.

[36] Ramakrishnan S, Kumar R, Kuloor N. Studies in bubble formation-I bubble formation under constant flow conditions [J]. Chemical Engineering Science, 1969, 24 (4): 731-747.

[37] 许保玖 . 当代给水与废水处理原理 [M]. 北京：高等教育出版社，2000.

[38] 田恒斗，金良安，丁兆红等 . 液体中气泡上浮与传质过程的耦合模型 [J]. 化工学报，2010，(1): 15-21.

[39] 刘国杰，黑恩成 . Kelvin 公式适用于微小气泡吗？[J]. 大学化学，2011，26（3）：70-74.
[40] Liao Y，Lucas D. A literature review on mechanisms and models for the coalescence process of fluid particles [J]. Chemical Engineering Science，2010，65（10）：2851-2864.
[41] Howarth W. Coalescence of drops in a turbulent flow field [J]. Chemical Engineering Science，1964，19（1）：33-38.
[42] Sovova H. Breakage and coalescence of drops in a batch stirred vessel- Ⅱ comparison of model and experiments [J]. Chemical Engineering Science，1981，36（9）：1567-1573.
[43] Mccann D J，Prince R. Bubble formation and weeping at a submerged orifice [J]. Chemical Engineering Science，1969，24（5）：801-814.
[44] Lee C-H，Erickson L，Glasgow L. Bubble breakup and coalescence in turbulent gas-liquid dispersions [J]. Chemical Engineering Communications，1987，59（1-6）：65-84.
[45] Hasseine A，Meniai A H，Lehocine M B，et al. Assessment of drop coalescence and breakup for stirred extraction columns [J]. Chemical Engineering & Technology，2005，28（5）：552-560.
[46] Chesters A K. Modelling of coalescence processes in fluid-liquid dispersions：a review of current understanding [J]. Chemical Engineering Research and Design，1991，69（A4）：259-270.
[47] Jeffreys G，Davies G. Coalescence of liquid droplets and liquid dispersion //Hanson C. Recent Advances in Liquid–Liquid Extraction [M]. Elsevier，1971：495-584.
[48] 张志炳，田洪舟，张锋等 . 多相反应体系的微界面强化简述 [J]. 化工学报，2018，69（1）：44-49.

第三章

Marangoni 效应及其界面微结构

第一节 Marangoni界面湍动

在气 - 液、液 - 液、液 - 固等相际传递过程中，界面处液体的物化性质由于物质或能量的传递发生改变，产生的密度梯度或界面张力梯度，使界面流体流动的现象被称为界面湍动。通常，由界面处流体密度梯度引发的界面湍动称为 Rayleigh–Bénard 对流，而由界面张力梯度引发的界面湍动称为 Marangoni 对流（或 Marangoni 界面湍动）[1]。

液 - 液或气 - 液体系中组分的溶解、蒸发，以及表面活性物质在界面上的迁移和温度效应均可导致自发的 Marangoni 对流。Marangoni 界面湍动是界面局部区域热力学和流体动力学过程的综合表现。界面张力随界面组成和界面温度变化，在界面局部出现表面张力梯度，所引起的界面运动对界面区域流体的牵引作用，称为 Marangoni 效应。从热力学原理分析，Marangoni 界面湍动的本质是液体表面趋于低表面能的状态，高界面张力区收缩界面流动释放的机械能大于低表面张力区的膨胀流动造成的机械能损失，表面过剩的机械能可以补充主流体中因黏性消耗引起的机械能的损失，因而保持了流动。

Marangoni 效应根据其起源可分为热作用 Marangoni 效应和组分作用的 Marangoni 效应，前者由温度梯度所致，后者由浓度梯度所致。例如，在装有烈酒的玻璃杯内壁上，“泪珠”现象是典型的组分作用 Marangoni 效应。其原因是在酒杯壁上的液膜边缘，乙醇挥发快，水的浓度提高，而水的表面张力要远大于乙醇的表面张力，因此，壁面处乙醇挥发会引起该处液体表面张力的上升，从而产生了表面张力梯度使附近的液体向上拖拉，其最终结果就在壁面形成了液滴。

Marangoni 效应由界面张力的失衡导致，力的作用在微尺度上依然存在。在厚度为 2.676μm 的丙酮解吸液膜上[2]，人们可以清晰地观察到 Marangoni 效应的发生以及其对流动和传质的影响，而在海水淡化反渗透膜分离过程中，当液层厚度在 0.1μm 以下时，浓度变化导致的 Marangoni 效应，可有效抵消膜分离操作所需的压力，显著降低能耗[3]。

在化工、晶体制备、制药、冶金等诸多依赖于液 - 液、气 - 液或固 - 液界面传质、传热的应用领域，Marangoni 效应对过程操作和产品质量往往有着重要影响。由于 Marangoni 效应可以由温度和浓度变化引起，对其研究主要是明确温度和浓度变化对 Marangoni 效应的影响关系，以期在工业操作中根据需要加强或者避免 Marangoni 效应。一般而言，浓度变化引起的表面张力梯度十分显著，因此传质过程中的 Marangoni 界面湍动对流体流动和总的传质过程具有重要影响。虽然 Marangoni 效应早在 1855 年被发现[4]，但由于理论和测量技术上的困难，其对工业过程的影响在很长一段时间内被忽视。直到 20 世纪中后期，人们在精馏吸收过程中发现传递系数异常以及液膜热不稳定性等现象，由此开始了对 Marangoni 效应的系统研究，并有大量文献发表，以论述其机理和影响。

第二节 Marangoni界面微结构的形成与尺度

一、Marangoni界面湍动的形成

近几十年来的研究表明，气 - 液、液 - 液等两相相间传质过程中，界面湍动的产生能使传质系数增大数倍[5]。人们将界面湍动产生的原因归结于 Rayleigh-Bénard 效应和 Marangoni 效应，两者可分别用下列无量纲数 Marangoni 数 Ma 和 Rayleigh 数 Ra 来表征：

$$Ma=\frac{d\Delta\sigma}{D\mu},\quad Ra=\frac{d^3 g\Delta\rho}{D\mu} \tag{3-1}$$

在传质过程中，当 $\Delta\sigma>0$，Ma 大于零且超过某临界值时，界面张力梯度将引发 Marangoni 对流；当 $\Delta\rho>0$，Ra 大于零且超过某临界值时，竖直方向上的密度差异导致的重力梯度将引发 Rayleigh 对流。这两种不稳定性均可导致可测的界面流体流动。Nield[6] 结合 Rayleigh 和 Pearson 的理论，发现实际传质传热过程中，Rayleigh 对流和 Marangoni 对流密切相关且相互作用，故观测到的界面湍动现象，往往是两者综合作用的结果。

由于 Rayleigh 效应是由密度梯度导致的重力梯度所致，故可通过消除重力影响的方法来观测仅存 Marangoni 效应的界面湍动现象。在太空微重力条件下进行的相际传热、传质实验中，Straub[7] 观察到界面对流结构是由界面张力梯度引起的。在重力条件下，江桂仙[8] 考察了质量传递过程中的界面湍动现象，分别观察到了仅存 Marangoni 对流、仅存 Rayleigh 对流以及两者耦合作用产生的界面湍动对流结构，说明 Marangoni 效应和 Rayleigh 效应是界面湍动现象的两个独立的起因。

Marangoni 对流结构如图 3-1 所示。沿两相界面切线方向出现的界面张力梯度将驱使界面张力较小的区域内的流体向界面张力大的区域流动，由此造成的流体空缺由液相主体流体补充，从而形成了流体宏观流动。例如，将低表面张力的有机溶剂滴加到高表面张力的液相界面上，滴加处液面的表面张力降低，与周围的高界面张力产生界面张力梯度，在其牵引下，有机溶剂会在气 - 液界面向四周铺展，带动临近流体形成对流现象，即形成 Marangoni 对流结构。

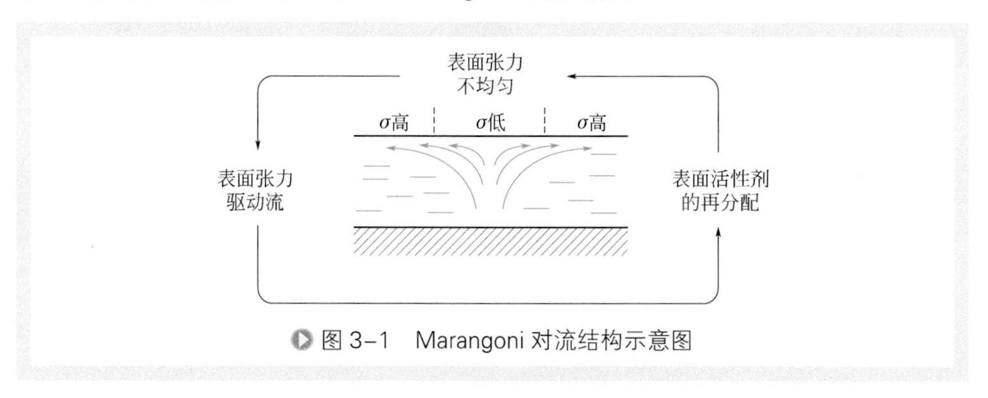

图 3-1　Marangoni 对流结构示意图

在精馏过程中，由于轻重组分在塔内不同高度的浓度分布和轻重组分的表面张力差异，会自上而下形成全塔的表面张力梯度，所对应的 Marangoni 效应导致填料表面不同类型的液膜分布状况。如图 3-2 所示，对于乙醇 - 水体系，从上至下表面张力增大，形成的正 Marangoni 效应有利于液膜的扩展和分布。而对于乙酸 - 水体系，自上而下表面张力减小，形成的负 Marangoni 效应导致液膜收缩[9]。

沙勇等通过实验观测到水平方向上双组分体系液滴在气液相界面出现的 Marangoni 对流引起的界面微结构（图 3-3），实验结果显示不同体系的对流结构有所差别，而在同一体系下，直径和浓度都会对界面的对流结构产生影响。

对于水平板上底部加热或顶部冷却的液体而言，温度变化引起的表面张力梯度能产生与自然对流无关的蜂窝状对流。这种蜂窝状对流由热作用 Marangoni 效应所致。在 Marangoni 效应影响下，加热（冷却）液滴会产生与非加热液滴扩展相反（一致）的流动，从而阻止（促进）液滴在平板上的扩展[10]。受热液滴在接触线附近的流线如图 3-4 所示，其中 θ 为接触角，A 处为液滴顶部，温度为 T_{top}，B 处是液 - 固接触线，平板温度为 T_w。由于 $T_w > T_{top}$，所以 A 处的表面张力大于 B 处，存在由 B 到 A 的表面张力梯度，将热流体从 B 处向 A 处拉动，形成朝向液滴中央顶端的 Marangoni 流动。在 Marangoni 流的作用下，C 处压力减小，在 AC 间压差的作用下，A 处液体又流到 C 处，形成图中所示的循环流线。事实上，水平板上受热液滴的扩展主要受重力、表面张力和 Marangoni 效应控制，其中重力驱使液滴向两侧扩展，Marangoni 效应对液滴存在收缩作用，而表面张力对二者有平衡作用。对于加热竖直板上降膜而言，液膜横向不存在重力作用，所以液膜收缩主要受表面张力和 Marangoni 效应控制，因此液膜横向存在表面张力梯度时，Marangoni 效应就很显著，引起自液膜边缘向中央的流动，造成液膜的破裂或收缩[11]。

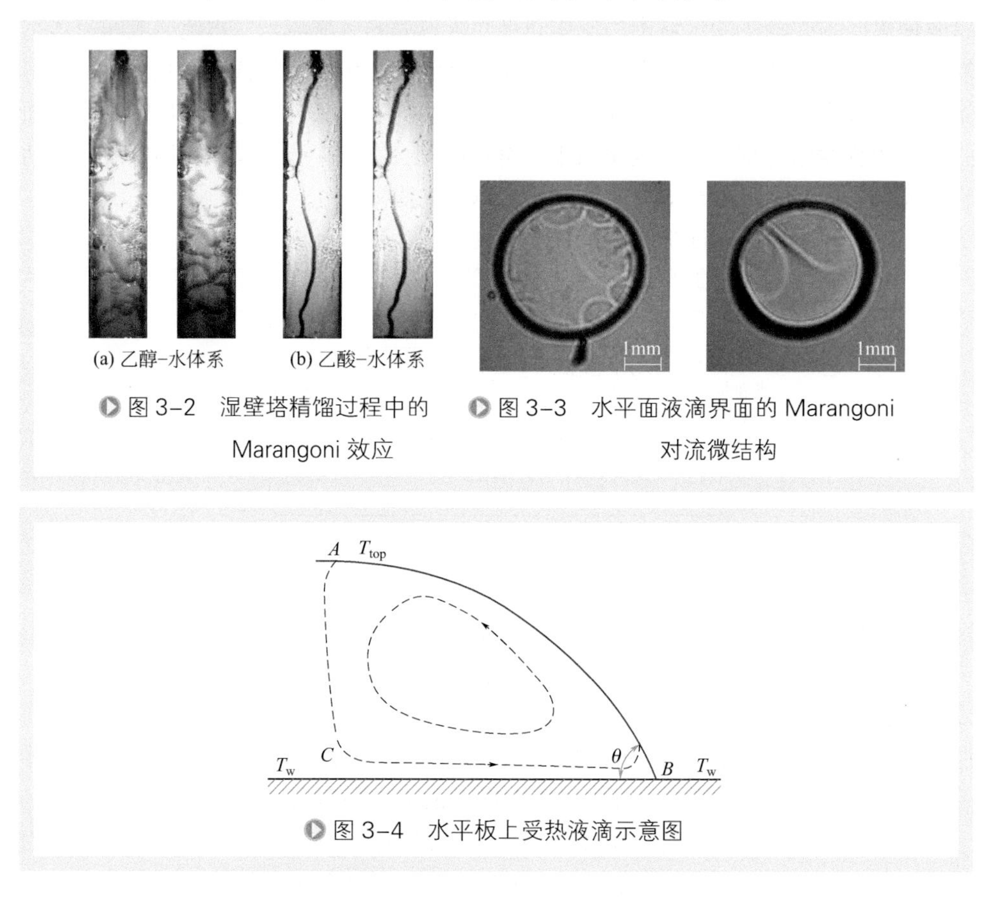

图 3-2　湿壁塔精馏过程中的 Marangoni 效应

图 3-3　水平面液滴界面的 Marangoni 对流微结构

图 3-4　水平板上受热液滴示意图

二、界面湍动现象的表现形式

气 - 液、液 - 液传质过程中，界面湍动现象的宏观表现形式通常分为有序对流和无序对流。在静止或者层流的情况下，液体界面湍动现象一般表现为有序对流结构，如细胞状、滚筒状、界面波形和多边形等规则结构，并且具有统一的几何尺寸以及相似的特性。在实际化工传质过程中，若主体流动过于激烈，主体流动的干扰致使界面上难以形成有序的界面对流结构，而会出现不易于观测的无序对流结构。

自 1855 年 Thompson[4] 报道了葡萄酒及其他的一些酒精饮料表面的 Marangoni

对流现象以来，许多学者采用蒸发、吸收、解吸、萃取以及添加表面活性剂等手段观察了界面湍动现象，并分析其流体力学特征及对传质传热的影响效果。多年以来，人们在不同的气 - 液、液 - 液界面观察到细胞状、多边形、滚筒状等规则的以及其他不规则的复杂结构，提供了对界面湍动现象的直观认识，并为相关理论研究提供了丰富的实验依据[12-21]。

1900 年，Bénard[22] 通过在静止的薄液层底部加热，发现溶液在表面张力梯度的驱使下形成了规则的六边形蜂窝状对流结构。Zhang 等[23] 观测了溶质蒸发引起的薄液层内的循环对流和不稳定对流，并分析了其产生机理。Mancini[24] 采用六甲基二硅研究了蒸发潜热引发的对流，发现当蒸发潜热足够大且在界面上形成垂直的温度梯度时，产生的表面张力梯度将引发界面湍动，其观察到的有序的对流结构与 Bénard 实验所得对流结构非常相似。

Imaishi 等[25] 观察了湿壁塔中乙醇胺、二乙醇胺水溶液吸收 CO_2 时的 Rayleigh 效应导致的界面湍动现象，发现塔中部有稳定和连续的松针状对流结构。Okhotsimskii[20] 通过吸收、解吸实验和蒸发、冷凝实验，将 Rayleigh 效应和 Marangoni 效应导致的界面湍动结构分为六类，并观察到羽状对流、细胞状对流以及一些特殊的对流结构。另外，Sun 和 Yu[17] 也观察到有机溶剂吸收和解吸 CO_2 的传质过程界面流体的不稳定行为。

相较于气 - 液界面，界面湍动在液 - 液萃取体系中更为常见。Lewis 和 Pratt[26] 在采用悬滴法测量界面张力时发现界面波纹、不稳定的脉动及悬滴表面运动等现象，并证明三者的综合作用能显著增强质量传递。利用纹影技术，Orell 和 Westwater[27] 在乙二醇 - 乙酸 - 乙酸乙酯三组分液 - 液萃取过程中，观察到了相界面上蜂窝状、多边形和滚筒状等有序对流结构。Sherwood 和 Wei[28]、Maroudas 和 Sawistowski[29] 以及 Bakker 等[30] 都观测到了类似的界面湍动现象，并证明其对传质效率具有一定的增强作用。其他学者，如 Ying 和 Sawistowski、Perezdeortiz 和 Sawistowski 等[31-34] 也通过实验研究证实了液 - 液界面 Marangoni 对流的存在。

此外，也可向相界面添加表面活性剂引发界面湍动。例如，Doyle 等[35] 对铂电极输入 −0.3V 电压，以硫粉覆盖整个 I^{2+} 水溶液表面，通过添加具有氧化还原特性的表面活性剂，观测了表面张力梯度引发的 Marangoni 对流。

在水平薄液层中，可避免 Rayleigh 效应，从而观测溶质传质引起的 Marangoni 对流。实验观测到的 Marangoni 对流结构主要为涡流胞结构和循环对流结构。Marangoni 效应不仅能由传质导致的界面张力变化引发，还能由传质附带的热效应引发，例如乙酸由连续相向水液滴扩散时的电离吸热使界面张力大幅增加，在液滴内部形成了循环流动。当 Marangoni 效应与 Rayleigh 效应同时存在时，两者会发生耦合作用，如丙酮或乙酸由水液滴向连续向扩散时，体系内同时出现的 Marangoni 对流和 Rayleigh 对流相互促进或相互抑制，使得界面湍动增强或减弱。

第三节 液-液传质过程中的Marangoni界面微结构

液 - 液两相传质体系，传质过程导致的物性变化需要通过界面湍动来修正其影响，因而引发液 - 液界面出现 Marangoni 对流的微结构，并对传质过程产生一定的影响。以液滴为分散相的两相传质过程中，界面浓度变化会引起局部密度和界面张力的差异，进而导致界面湍动现象，这些湍动现象又会影响传质过程。静止的单液滴的界面湍动对传质有增强作用[36,37]，溶质浓度越大界面对流越激烈，Marangoni 效应对传质系数的增强效果也越显著。界面湍动对运动液滴的传质也有显著的增强作用[38]。传质方向能够影响界面湍动对传质的增强作用，如丙酮从甲苯向水中传递，传质速率更高。总之，液 - 液体系的界面湍动通常可使传质系数增大数倍[39]。

一、液-液传质过程中的Marangoni界面微结构

在化工过程中，以液滴为分散相的液 - 液两相传质广泛存在。传质导致界面张力或者密度梯度变化所引起的自然对流、界面迸发和乳化、对流胞、滚筒流等界面结构及其流动现象。界面湍动现象能够促进液 - 液界面更新，加速溶质向液相主体的渗透，故而对两相传质有着极大的增强作用[40]。Temos 等[41]采用水 - 乙酸 - 甲基异丁酮体系研究了分散液滴与连续相间溶质传递的传质系数，发现液滴外的传质系数被 Marangoni 湍动增强了 2 ～ 3 倍。在微重力条件下，可以忽略 Rayleigh 效应的影响，由此液 - 液传质过程中只存在 Marangoni 对流。Molenkamp 等[42]测量了微重力作用下，丙酮由丙酮水溶液向空气中扩散的传质系数，认为当两相的传质阻力接近或超过平衡时，Marangoni 对流会更加激烈，其对传质的增强效果也更加明显。

对于静止液滴，溶质在分散相与连续相中扩散时，界面湍动对传质具有一定增强作用。液滴传质过程中，溶质浓度越大即传质推动力越大，表面张力梯度也越大，界面对流越激烈，Marangoni 效应对传质系数的增强也越来越明显[43]。对于运动液滴，如丙酮从水传递到甲苯或从甲苯传递到水中时，界面湍动能强化传质，且溶剂纯度对其增强效果有一定影响，如采用分析纯的溶剂，传质系数比严格推算的理论值高 2 ～ 10 倍[38]。Brodkorb 等[44]采用水 - 丙酮 - 甲苯三元体系，考察了界面湍动对上升液滴的传质速率的影响，发现界面湍动能极大地增强传质速率。然而，在上升液滴传质过程中，液滴中溶质浓度存在一个引发 Marangoni 效应的临界值[45]。

Schulze 和 Kraume[46] 以及 Henschke[47] 都发现 Marangoni 对流能降低液滴速率，因此，液滴在传质结束后会再次加速。Wegener[48] 解释了这一现象，即液滴界面溶质浓度上局部改变会引起 Marangoni 不稳定，在液滴和连续相相界面增加的剪切力会产生复杂的对流流型，由此增加了液滴的瞬时总曳力系数并相应减小液滴的上升速度。

界面湍动现象涉及传递过程的介尺度机理，除了实验测量，适当的数学理论分

析有利于更好地理解界面湍动现象的本质。由于界面湍动现象是一个复杂的非线性过程，通常会忽略方程中的非线性项，以降低求解的难度[49]。

对于液 - 液传质过程中的界面现象，利用线性稳定理论可预测一些类似于传热过程中的滚筒状对流结构[50]。Agble 和 Mendes-Tatsis[5] 定义了一个涉及表面活性剂传递的临界 Marangoni 数，准确预测了大多数考察体系的不稳定趋势。采用数值模拟的方法求解界面湍动问题，可以避开复杂的非线性数学方程组的求解，便于介尺度上的理论分析[51]。如 Grahn[52] 将有限差分法和有限体积法结合，模拟了二维空间里的甲苯 - 丙酮 - 水体系的液 - 液传质过程，发现在传质过程中，界面处首先观察到的是小滚筒胞状的 Marangoni 界面对流，随后才在浮力的驱动下演变成羽状对流。

采用有限元方法，唐泽眉[53] 以悬浮区为背景模拟了液桥中气 - 液界面上由表面张力驱动的对流结构。Bestehorn[54] 用有限差分数值模拟方法得到了对流结构随时间的进化流型。毛在砂等[55] 也数值模拟了两液层体系中的二维 Marangoni 效应。Burghoff 和 Kenig[56] 采用 CFD 方法模拟得到界面对流的形式，其中 Marangoni 对流以小涡流胞出现于界面，而 Rayleigh 对流以羽状对流形式向主体发展。若排除 Rayleigh 对流的影响，仅存 Marangoni 对流时，垂直于界面的浓度分布变化说明近界面处的传质由分子扩散主导。

1. 液 – 液传质的界面湍动

根据 Marangoni 效应和 Rayleigh 效应的引发机理，采用激光投影法，可系统地考察液 - 液传质过程中的界面湍动现象[57]。投影法的几何光学原理如图 3-5 所示：点光源发出的光通过均匀介质时，在屏幕 B 上的投影明暗一致。加入被测介质 M 后，由于 M 的不均匀性，通过介质 M 的光线发生折射，偏离原来的方向，在屏幕上就会出现亮度不均匀的图像。将传质设备置于投影光路中，若传质过程中出现界面湍动现象，由于传质造成界面物化性质不均，故而会出现明暗不均的投影图像，反映界面传质和湍动过程。由于点光源发出的光是发散光，因此在屏幕上能得到原图像的放大图。

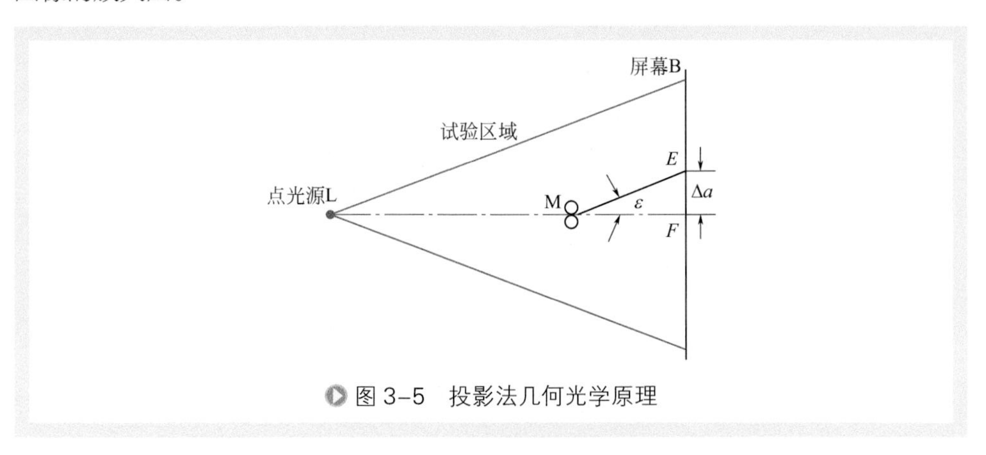

图 3–5　投影法几何光学原理

以水为分散相，有机溶剂为连续相，丙酮和乙酸为溶质，选择“水 - 丙酮 - 甲苯”、“水 - 乙酸 - 甲苯”、“水 - 丙酮 - 乙酸仲丁酯”、“水 - 乙酸 - 乙酸仲丁酯”、“水 - 丙酮 - 甲基异丁酮”、“水 - 乙酸 - 甲基异丁酮”等六种体系，可观察到溶质在两相间传质时的界面湍动现象。丙酮或乙酸扩散传质时的 *Ma* 数和 *Ra* 数的符号列于表 3-1，其中“+”或“−”号分别表示传质过程中相界面张力（密度）增大或减小。d 表示分散相；c 表示连续相，传质可以从连续相向分散相进行，也可以从分散相向连续相进行。

表3-1　丙酮或乙酸扩散过程中*Ma*数、*Ra*数

分散相（d）	连续相（c）	溶质 / 传质方向	*Ma* 数符号	*Ra* 数符号
水	甲苯	丙酮 /d → c	+	+
水	甲苯	丙酮 /c → d	−	−
水	甲苯	乙酸 /d → c	+	−
水	甲苯	乙酸 /c → d	−	+
水	乙酸仲丁酯	丙酮 /d → c	+	+
水	乙酸仲丁酯	丙酮 /c → d	−	−
水	乙酸仲丁酯	乙酸 /d → c	+	−
水	乙酸仲丁酯	乙酸 /c → d	−	+
水	甲基异丁酮	丙酮 /d → c	+	+
水	甲基异丁酮	丙酮 /c → d	−	−
水	甲基异丁酮	乙酸 /d → c	+	−
水	甲基异丁酮	乙酸 /c → d	−	+

利用投影法原理，构建如图 3-6 所示激光投影系统，通过平头针管将分散相注入实验盒内液体中部，形成一定直径的液滴，可观察到传质过程中局部表面张力变化引起的界面湍动现象。

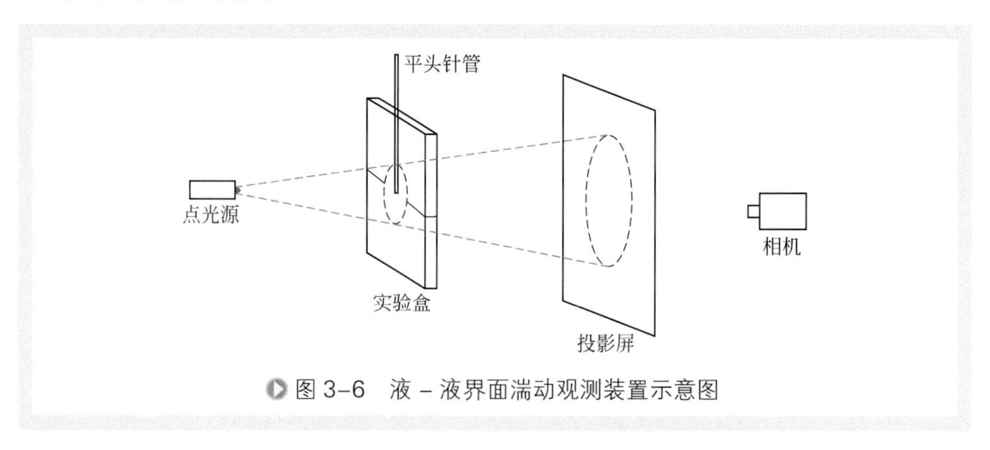

图 3-6　液 – 液界面湍动观测装置示意图

丙酮从浓度为25g/100mL的丙酮水液滴中向甲基异丁酮中连续扩散时，液滴界面 $Ma>0$，$Ra>0$，因此体系内存在Marangoni对流的不稳定微结构与Rayleigh对流的不稳定微结构，如图3-7所示。在传质开始后，液滴界面即出现规则的涡流胞微结构，这些涡流胞不断融合、生长并破裂形成新的微结构涡流胞（Marangoni对流）。伴随着涡流胞，液滴界面还出现了向下发展的羽状对流结构（Rayleigh对流），但206s后羽状对流消失。随着传质进行，液滴直径逐渐变小，界面不断变薄。相应地，液滴界面的微结构涡流胞逐渐变小，Marangoni对流逐渐衰弱，至552s后最终消失。

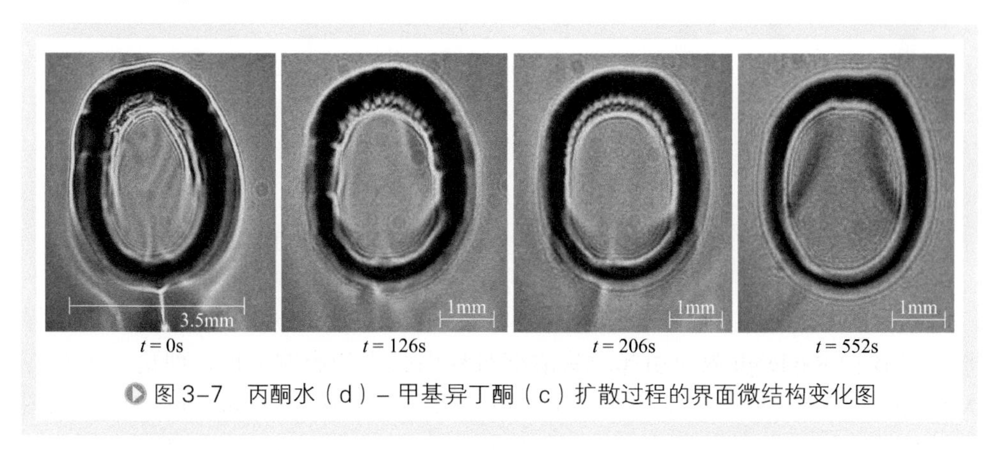

图3-7 丙酮水（d）–甲基异丁酮（c）扩散过程的界面微结构变化图

丙酮由浓度为12.5g/mL的丙酮甲基异丁酮溶液中向水液滴扩散时，$Ma<0$，$Ra<0$，即体系内不存在Marangoni不稳定对流及Rayleigh不稳定对流，但仍然存在质量扩散引起的界面微结构，如图3-8所示。当液滴直径不断变大时，液滴界面均未出现Marangoni和Rayleigh对流的不稳定特征微结构，而仅出现了向下发展的亮细条纹。

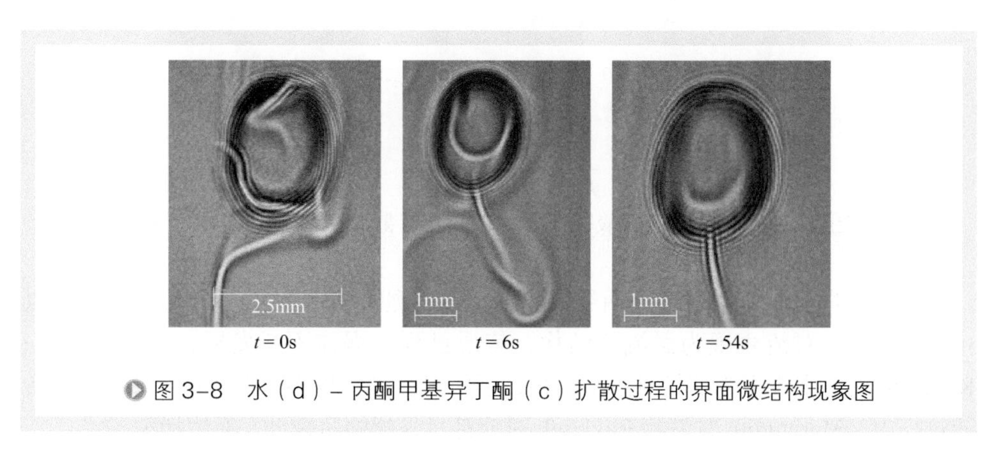

图3-8 水（d）–丙酮甲基异丁酮（c）扩散过程的界面微结构现象图

乙酸由乙酸水液滴中向甲基异丁酮中扩散时，$Ma>0$，$Ra<0$，即体系内仅存在界面张力驱动的Marangoni对流不稳定界面微结构，而无Rayleigh对流不稳定

界面微结构。如图3-9所示，起初液滴界面出现了尺寸小于1mm的微结构涡流胞。在Marangoni对流的影响下，这些微结构涡流胞数量增加，结构尺度变大。但当涡流结构发展一定时间后，微结构涡流胞开始减少且缩小，至530s时Marangoni对流完全消失。

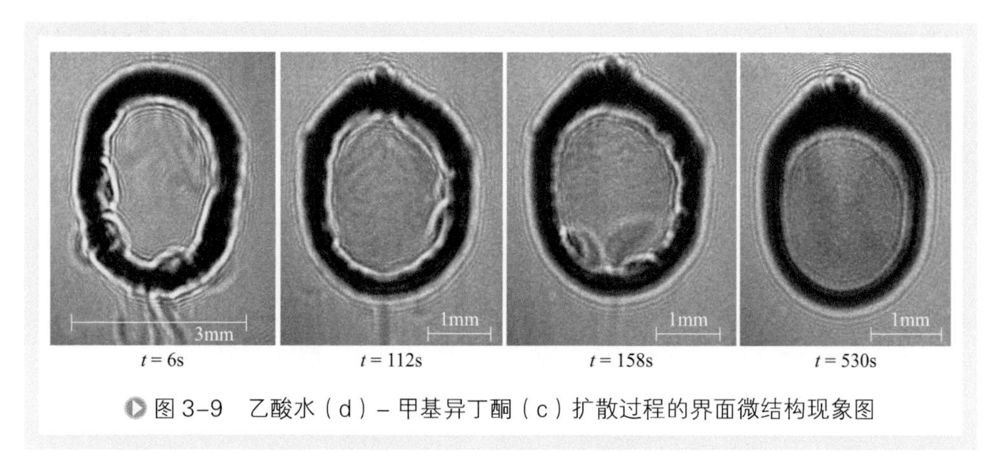

图3-9　乙酸水（d）– 甲基异丁酮（c）扩散过程的界面微结构现象图

乙酸由乙酸甲基异丁酮溶液中向水液滴扩散时，$Ma<0$，$Ra>0$，此时界面湍动仅由Rayleigh效应引起。从浓度对界面张力的影响考虑，理论上不存在Marangoni对流，但是由于乙酸在水中电离吸热，引发了Marangoni效应，如图3-10所示，液滴界面出现了微结构涡流胞和羽状对流微结构。随着传质过程的进行，液滴直径不断增大，界面上的微结构涡流胞相互合并形成较大尺度的涡流结构，界面湍动也随之减弱。

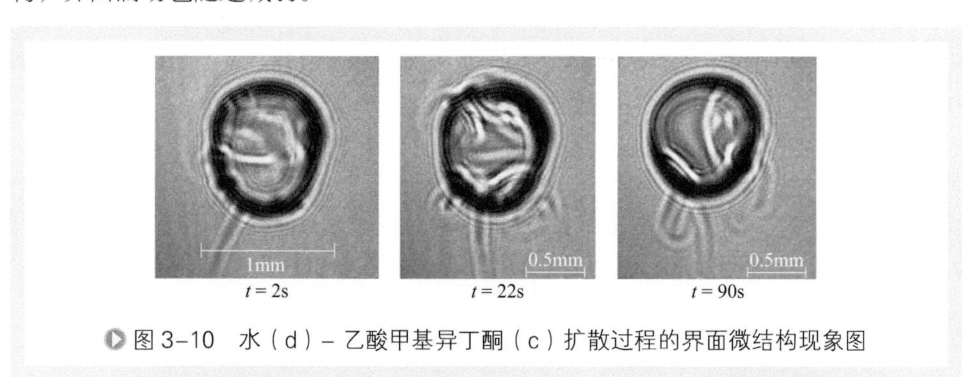

图3-10　水（d）– 乙酸甲基异丁酮（c）扩散过程的界面微结构现象图

液-液的相间传质引起液滴界面发生改变，能够产生各类界面湍动现象。其中Marangoni对流表现为涡流微结构，传质过程中涡流不断发展、融合及分裂；Rayleigh对流则表现为羽状对流微结构，羽状对流微结构不断向液相主体渗透。传质过程中，Marangoni对流和Rayleigh对流都是先增强后减弱，最后消失。

2. 液–液传质过程中的Marangoni湍动

工业传质过程中，由于液体多处于湍流或膜状流动状态，Rayleigh 效应的影响并不显著。这是因为湍流强化混合使密度梯度不易形成，且 Ra 数与膜厚的立方成正比关系，因此随膜厚的降低，Ra 数急剧下降，不易到达 Rayleigh 对流发生的临界点。为考察液滴界面出现的 Marangoni 对流微结构，可采用水平薄膜结构排除 Rayleigh 对流的影响。相应地，在投影法观测体系中，需将实验盒水平放置（图 3-11）。由于实验盒水平放置，且光学玻璃的间距很小，故可忽略密度梯度引发的Rayleigh效应[57]。

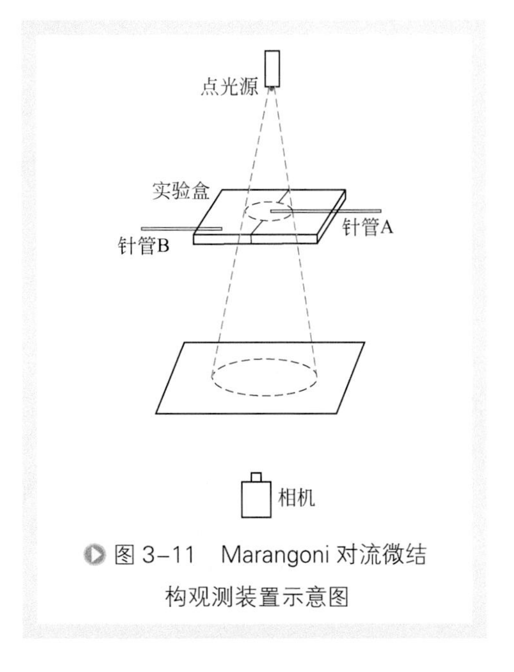

图 3–11　Marangoni 对流微结构观测装置示意图

甲基异丁酮中形成丙酮水液滴时，由于丙酮界面张力小于水，丙酮向外扩散时导致液滴界面的界面张力局部增大，形成界面张力梯度，从而引发 Marangoni 对流微结构涡流胞。由图 3-12 可知，开始时液滴内即形成微结构涡流胞，这些微结构涡流胞逐渐增大，直至破裂，而后又生成新的微结构涡流胞，如此循环发生 Marangoni 对流。随着扩散的进行，液滴直径不断逐渐减小，新的循环中初始涡流胞数量减少，尺寸减小，因此 Marangoni 微结构涡流胞循环趋于消失。与图 3-12 比较可知，Marangoni 对流与 Rayleigh 对流同时发生时的液滴界面现象，Rayleigh 对流在该体系内会抑制 Marangoni 对流（图 3-13），因此仅存在 Marangoni 对流时，界面湍动更为剧烈，微结构涡流胞更为明显。

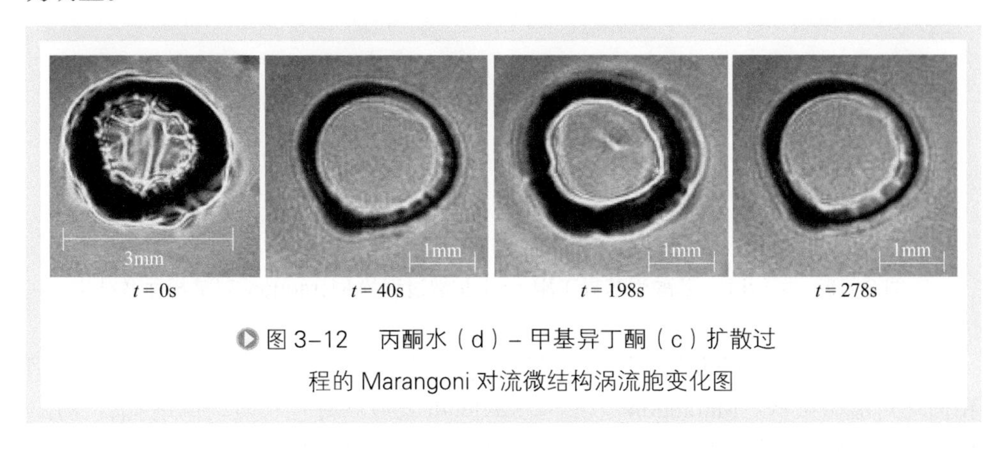

图 3–12　丙酮水（d）– 甲基异丁酮（c）扩散过程的 Marangoni 对流微结构涡流胞变化图

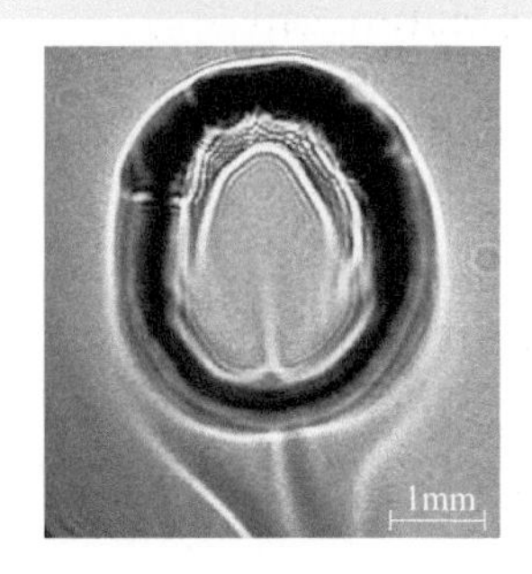

图 3-13　丙酮水（d）– 甲基异丁酮（c）扩散过程的界面微结构

对于乙酸水液滴在甲基异丁酮中的传质过程，如图 3-14 所示，传质开始时液滴界面就会呈现不规则的波动，即涡流胞（Marangoni 对流）。随着传质进行，液滴直径持续减小，其中的涡流结构逐渐减弱直至消失。

乙酸由乙酸 - 甲基异丁酮溶液向水液滴扩散的 Marangoni 对流在液滴内形成对称的循环液流，如图 3-15 所示。由于避免了 Rayleigh 效应影响，仅存的 Marangoni 对流使界面湍动更为剧烈。

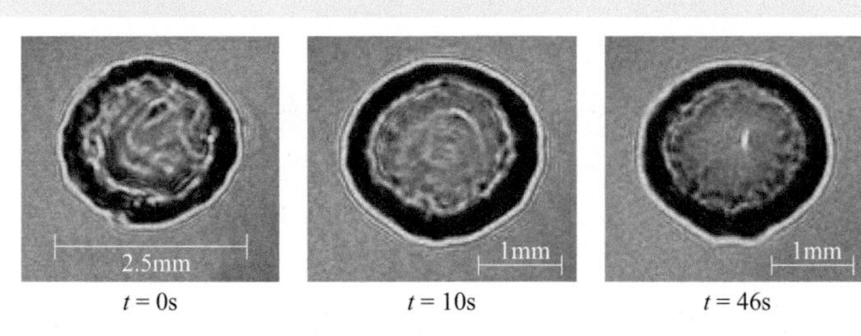

图 3-14　乙酸水（d）– 甲基异丁酮（c）扩散过程的 Marangoni 对流界面微结构

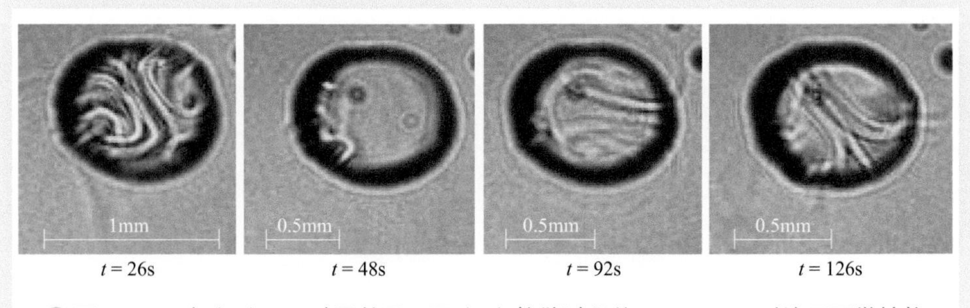

图 3-15　水（d）– 乙酸甲基异丁酮（c）扩散过程的 Marangoni 对流界面微结构

当然，消除 Rayleigh 效应影响的 Marangoni 对流结构主要表现为微结构涡流胞和循环对流微结构。Marangoni 效应与 Rayleigh 效应同时存在时，两者耦合作用，相互促进或相互抑制，使得界面湍动增强或减弱，因此明确两者在不同体系的相互作用状况，有助于工业过程中提高液 - 液体系的传质效率。

二、Marangoni界面湍动微结构对液–液传质的影响

液 - 液传质过程中，界面湍动微结构能够促进液体表面更新，促进溶质向液相主体渗透，故而对液 - 液传质有较大的增强作用。对于 Marangoni 界面湍动微结构对液 - 液传质的影响，近年来，人们做了大量的理论和实验工作，不仅表征和明确 Marangoni 效应对于液 - 液传质过程的影响程度，而且研究产生 Marangoni 效应的工业手段。

对于液 - 液体系，由于界面的失稳作用，界面张力梯度可以决定液滴的大小与界面积，进而决定哪一相是分散相，哪一相是连续相。一般认为界面湍动微结构对液 - 液传质有一定的强化作用。Maroudas 和 Sawistowski 发现一种溶质传递引起的界面效应能加强另一种溶质的传递 [29]，其中垂直于界面的密度扰动能够显著影响水平液桥边界上的传质速率 [58]。Thornton[59] 等采用彩色示踪技术观察了喷嘴上液滴结构中 Marangoni 效应引起的表面更新，证实 Marangoni 效应能够显著提高液 - 液界面更新速度。由于界面更新速度随传质驱动力而增加，因此在平衡液滴上无法观察到界面更新。由于液 - 液传质行为，浓度梯度强化了液滴内部的循环速度。当一种液滴掉进另一种液体时，液滴内部流动的速度也加快。当表面活性物质存在时，外部摩擦刺激液滴内部而产生的表面张力梯度与外部摩擦作用相反，使液滴表面更光滑，由此降低了从液体到液滴的传质速率 [60]。

在水 - 乙酸 - 甲基异丁酮体系中，实验测得的液滴与连续相间的总传质系数与 Kronig-Brink 关联式计算得到的单一相传质系数相比较，溶质从连续相向液滴传递时，二者大致相同，而溶质从液滴向连续相传递的总传质系数则被 Marangoni 对流增强了 2 ～ 3 倍 [61]。Molenkamp 等 [62] 发现微重力情况下，水中丙酮向空气中扩散，当两相的传质阻力接近或超过平衡时，Marangoni 对流更加激烈，对传质的增强效果也更显著。陆平等 [43] 以醋酸为溶质研究了静止单液滴内溶质在分散相（甲基异丁酮）与连续相（水）中扩散时的界面湍动微结构，发现在传质过程中，分散相中溶质浓度越大，传质推动力越大，表面张力梯度也越大，因而界面对流越激烈，Marangoni 效应对传质系数的增强效果也越明显。

对于运动的液滴，Steiner 等 [38] 实验研究了丙酮从水传递到甲苯或从甲苯传递到水中的界面湍动和传质系数，发现界面湍动对传质有显著的增强作用。溶剂纯度对界面湍动的增强效果有一定的影响，如采用分析纯的溶剂，传质系数比严格推算的理论值高 2 ～ 10 倍。另一方面，界面湍动产生的微结构对传质的增强作用与传质方向相关，若以甲苯为分散相，则传质速率相对较高。采用相同的体系，Brodkorb 等 [44] 研究了界面湍动对上升液滴的传质速率的影响，发现界面湍动极大地提高了传质速率。Wegener[48] 采用气相色谱测量传质前后液滴的浓度，并与拍摄

得到的液滴瞬时上升速度相关联，证明界面湍动能有效促进丙酮 - 甲苯液滴在水中的传质速率，且溶质浓度存在一个引发 Marangoni 效应的临界值。

总而言之，对于含有液滴的液 - 液两相传质，界面湍动引起的界面微结构通常可将宏观传质系数均值提高数倍。因此对于萃取、反应等要求较高传递速率的液 - 液传质过程，充分研究和利用界面湍动引起的界面微结构对传质的促进作用具有重要的学术意义和潜在应用价值。

第四节　气-液Marangoni效应与界面微结构

气 - 液传质过程中，Marangoni 效应对传质的影响十分显著[63]。一般认为，Marangoni 效应通过两个途径来影响气 - 液界面的传质：一是界面附近的 Marangoni 流可以增强界面质量传递，提高传质速率（与扩散相比）；二是 Marangoni 效应可影响传质区域的形状和面积。

在填料塔精馏过程中，气体自塔底向上运动，液体沿填料表面成膜状向下流动，气 - 液两相间实现物质交换，液相浓度随流动方向不断变化。由于组分间表面张力的差异，不同浓度的液相，其表面张力不同，因而在流动方向上液相表面会产生表面张力梯度，由此引发的 Marangoni 效应能够显著影响液相的流动与传递。Zuiderweg[64] 根据精馏过程中液体表面张力的变化定义了三种体系：正体系，液流过程中表面张力增加；负体系，料液流动过程中表面张力减小；而中性体系在精馏操作中表面张力则无明显变化。精馏过程中，正体系的液相沿液体流动方向形成正的表面张力梯度，在其作用下，液体在填料表面成膜，有效传质面积增大，传质效率增高；负体系在沿液体流动方向上形成负的表面张力梯度，将液膜向塔顶方向拽拉，使得液膜容易破碎，填料有效传质面积大幅度减少，传质效率严重下降。而中性体系在精馏操作中表面张力效应的影响不大，传质效率介乎正负体系之间。但是对于喷射型塔（如转盘塔）而言，负体系由于液相表面不稳定性，易形成细碎的液滴，传质面积反而增大，传质效率比正体系高。

在 Zuiderweg 工作的基础上，诸多研究者开展各类研究工作，力图将 Marangoni 效应的影响表示为驱动力和组分间表面张力差的函数，进而表征其影响。Moens[65] 采用表面张力梯度与传质推动力的乘积来定量描述 Marangoni 效应对传质的影响，认为正的表面张力梯度有利于液膜的稳定，加速了液膜的表面更新从而提高了传质系数。此外，Marangoni 效应引起传质面积的改变也是导致正、负体系传质效率差异的关键因素。其后 Patberg[66] 通过实验发现，随填料粒径增大，Marangoni 效应逐渐减弱，且在高负荷液量情况下，液体下降的动能可部分抵消 Marangoni 效应，抑制 Marangoni 效应的液体流量取决于填料本身的材质。材质的临界表面张力越小，越容易被液体润湿，所需液相负荷也越小，反之亦然。

对于筛板塔，负体系在某些情况下也能提高传质效率[67]。在筛板塔精馏操作中，蒸气通过板上液层时会产生液滴，液滴的大小由连接小液滴与液层的液桥决定。负体系的液滴很小，因此它的界面积比正体系大得多（无泡沫产生）。值得注意的是，上述情况只在板式塔内存在喷射流时出现。对于负体系，少量活性剂也可将板效率提高到与正体系一样，甚至更高。因为少量表面活性剂可以促进泡沫发生，提高膜的稳定性，并增加气 - 液传质面积。

迄今，气 - 液体系 Marangoni 效应影响的研究主要集中于 Marangoni 效应对气 - 液界面面积的影响，很少涉及传质系数。其中有几方面的原因：首先，Marangoni 效应对界面的影响一般比对传质系数的影响大；其次，填料塔内极少的污染虽然可以改变流动状况，提高传质效率，但不能轻易破坏 Marangoni 效应对液膜分布的影响。为了准确地计算传质系数，分析其中的影响因素，需要将 K_L 和 a 区分开来进行研究。

耿皎等[63]在填料塔内进行了多种体系的精馏实验，发现正、负体系的气相总传质系数有很大差异。在湿壁塔内的精馏实验显示正体系：乙醇 - 水体系（乙醇∶水＝ 4∶7，体积比）的液膜在下降过程中逐渐覆盖了整个不锈钢表面，且液膜表面呈现鱼鳞片状的 Marangoni 湍流波纹，这类湍流波纹能够强化传质过程，提高传质效率。对于负体系乙酸 - 水（乙酸∶水＝ 3∶22，体积比）而言，其液体流动为股流，不能有效覆盖不锈钢板，且无表面湍流，因此气 - 液传质面积急剧减小，传质效率也随之降低。

在某些气 - 液系统中加入少量表面活性剂时，会增强或诱发 Marangoni 对流。因此通过在液流表面添加表面活性剂，可以达到人为控制 Marangoni 效应发展的目的。表面活性剂对传质过程的影响是一个非常复杂的过程，特别是利用表面活性剂对气 - 液传质过程进行人为调控时，需要考虑浓度的影响。由于不同类型的表面活性剂对 Marangoni 效应的影响不同，包含抑制或者强化作用，这为人工调控 Marangoni 效应提供了一种可能的路径。

一、气 - 液传质过程中的Marangoni界面微结构

厦门大学沙勇课题组采用水平投影的方法考察了不同双组分体系的液滴被氮气吹扫的传质过程，并观测了气 - 液传质过程中液滴界面的湍动微结构。

如图 3-16 所示，将实验盒水平置于点光源与投影屏之间，向实验盒（120mm × 0.5mm × 120mm）中央注入一定直径的圆形液滴，同时预饱和后的 N_2 气经过转子流量计经上下两侧导管进入实验盒内吹扫液滴，即可在投影屏上观察到平行于传质界面的界面现象。如前所述，在水平的薄液层中可忽略 Rayleigh 效应对于界面的影响。

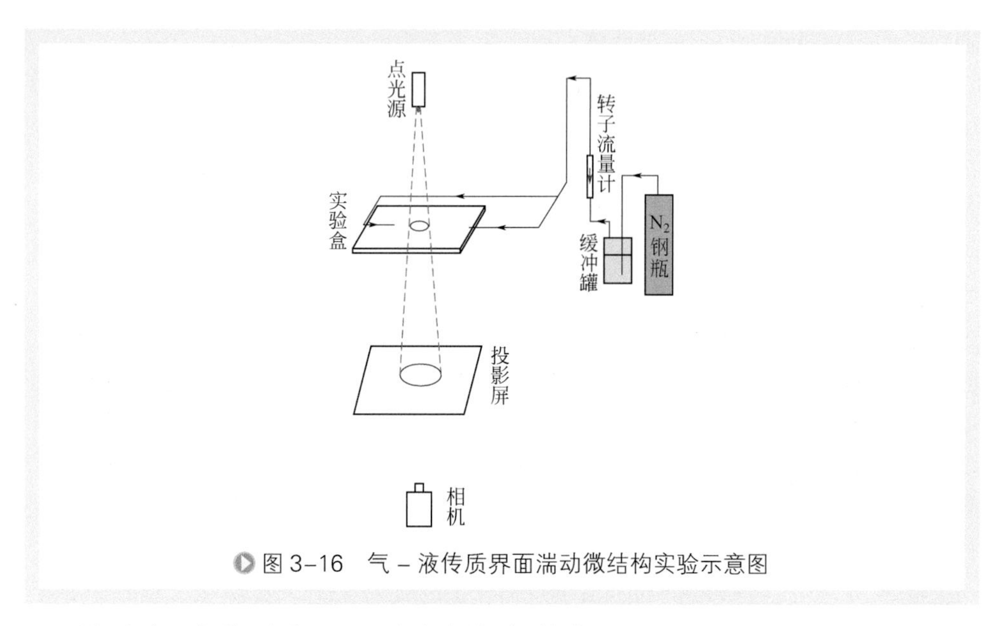

图 3-16 气 – 液传质界面湍动微结构实验示意图

异丙醇 - 水体系中的异丙醇向气相扩散时，$Ma>0$，气 - 液界面出现 Marangoni 不稳定对流微结构，即微结构涡流胞，如图 3-17 所示。在 N_2 气吹扫下，异丙醇水溶液的液滴表面首先出现一系列微米级涡流。液滴直径为 2mm 时，微结构涡流胞相互干扰并不断合并，呈不规则状态。一段时间后，随着溶质的挥发，液滴直径逐渐减小，界面减薄，传质过程减弱，微结构涡流出现的频率减缓且数量减少，微结构涡流较之前清晰。最终，界面湍动程度减弱至完全消失。

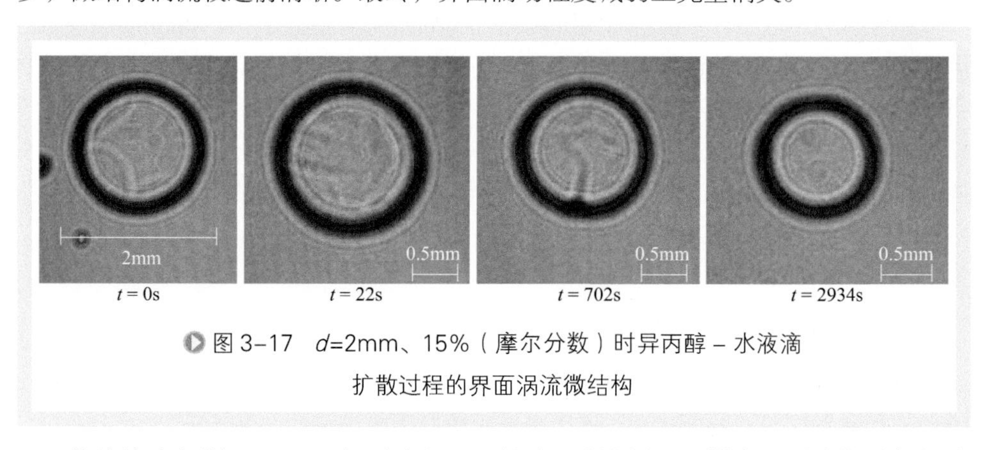

图 3-17 d=2mm、15%（摩尔分数）时异丙醇 – 水液滴扩散过程的界面涡流微结构

将液滴直径增至 6 mm 后，如图 3-18 所示，液滴界面同样出现对流微结构涡流胞，涡流胞不断发展、合并及分裂。一段时间后涡流胞缓慢消失，出现左右摆动的微结构涡流暗条纹。与小液滴的界面现象相比，6mm 的液滴界面现象更清楚，微结构涡流胞也更为明显，但整个演变过程与小液滴大致相同。

乙醇 - 水溶液中的乙醇向气相扩散时，$Ma>0$，传质过程中液相界面不稳定性由 Marangoni 效应引发。如图 3-19 所示，传质开始后，液滴界面出现微结构涡流胞，这些微结构涡流胞一同经历不断长大、合并及分裂的循环过程。整个过程中，液滴直径减小，液滴界面逐渐变厚。

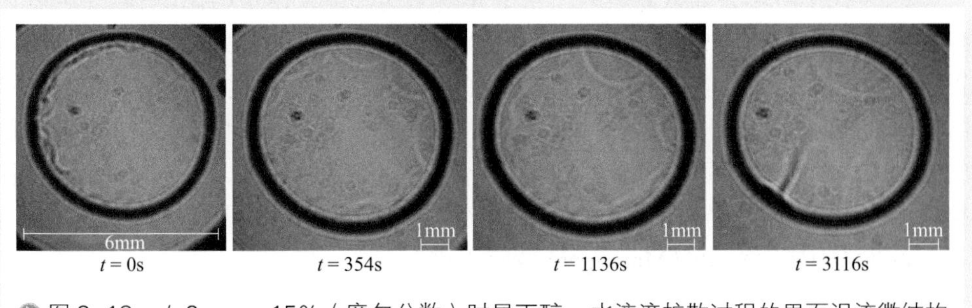

图 3-18　d=6 mm、15%（摩尔分数）时异丙醇 – 水液滴扩散过程的界面涡流微结构

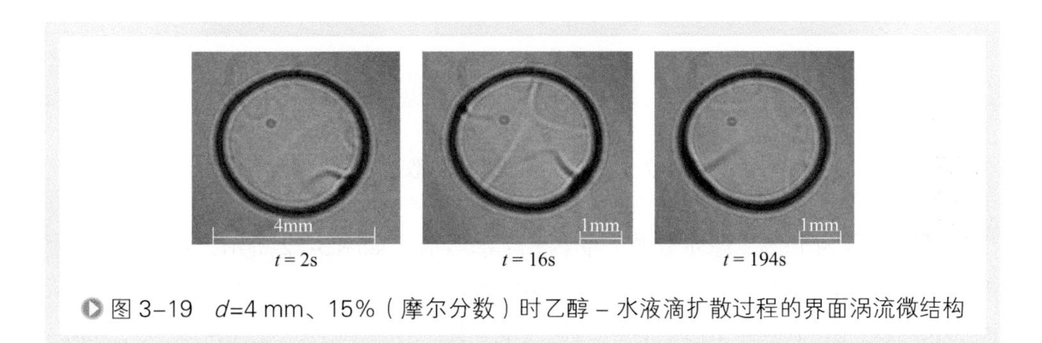

图 3-19　d=4 mm、15%（摩尔分数）时乙醇 – 水液滴扩散过程的界面涡流微结构

双组分液滴中轻组分向气相挥发扩散时，对于 $Ma > 0$ 的体系，液滴界面会出现界面张力驱动的 Marangoni 对流，表现为微结构涡流胞和循环对流微结构。对于异丙醇 - 水体系和乙醇 - 水体系的液滴，传质开始后，界面均出现微结构涡流胞，并经历微结构涡流胞长大、合并及分裂的循环过程，后期都出现了左右摆动的暗条纹，且液滴直径随传质的进行不断减小，而液滴界面厚度则不断增加，比较而言，异丙醇 - 水体系的 Marangoni 对流更加强烈。丙酮 - 水体系的液滴界面出现对称的循环对流微结构，并在其中形成微结构涡流胞。

除了液滴弯曲界面，轻组分从液相挥发并扩散到气相的传质过程也能引起水平气 - 液界面的界面湍动[8]。如图 3-20 所示，氮气均匀通过混合液层表面时，由于溶质的挥发，气 - 液界面会发生界面湍动现象。将实验盒垂直放置，置于光源与屏幕之间，往两块光学平板玻璃之间的狭缝空间中注入有机溶剂与水形成的双组分溶液，控制氮气由实验盒顶部从上往下吹入，使其流动对实验盒内的液体表面无扰

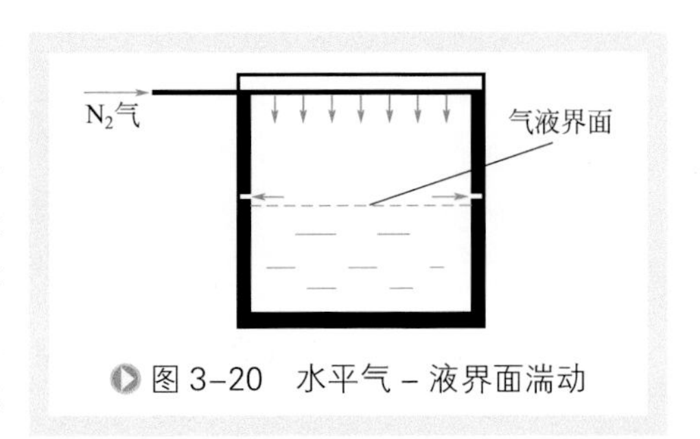

图 3-20　水平气 – 液界面湍动

动影响。由此即可在屏幕上获取实验盒中双组分溶液由于有机溶剂挥发而发生的界面湍动投影图像，以及界面湍动在界面下向液相主体发展的时空演化过程。

如图 3-21 所示，通入氮气后，由于异丙酮的挥发，15%（摩尔分数）的异丙醇 - 水溶液界面立即出现规则的有序半圆形涡流微结构，其排列整齐。随着传质的进行，涡流微结构相互作用、融合成较大的涡流微结构，并逐渐向液相主体侵入。同时，液体表面上还出现胞状对流微结构，这些胞状对流微结构不断发展，也逐渐向液相主体中扩散。显然，整个传质过程不存在羽状对流结构，界面附近的涡流微结构和胞状微结构是典型的 Marangoni 对流的特征微结构，说明此时界面湍动现象是由表面张力梯度驱动的 Marangoni 效应所致。

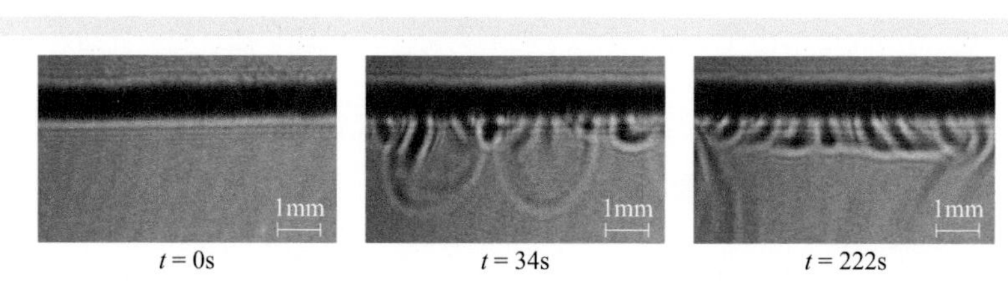

图 3-21　15%（摩尔分数）异丙醇 – 水溶液扩散过程垂直于界面的涡流微结构

对于浓度为 15%（摩尔分数）的丙酮 - 水溶液，如图 3-22 所示，10s 时界面上即出现了界面湍动现象，并逐渐发展为羽状对流。很快，对流微结构合并，形成新的羽状对流向液相主体中渗透，但结构凌乱，排列不规则，此过程持续了约 7min。此界面羽状对流微结构明显不同于界面湍动涡流微结构，在界面处结构发展较为平缓，而且与界面湍动涡流微结构相比，羽状对流微结构在界面处运动较弱，尽管其初始发生在界面附近，但其末端主要在液相主体区域发展。由于对流结构的表面张力分布不均，界面上的某点突然激发，形成涡流微结构。涡流微结构发展并沿界面水平方向合并扩张。随着对流结构的发展，涡流微结构蔓延至整个界面。随着传质的进行，涡流微结构会合并成大涡流结构，新的涡流结构将在两个不断发展的涡流中间出现。由此可知，对于丙酮 - 水体系，传质开始时 Rayleigh 效应占主导地位，当传质进行到一定的阶段时，表面张力梯度引起的 Marangoni 对流不稳定性取代 Rayleigh 效应占主导地位，在界面上可观察到典型的 Marangoni 对流涡流微结构。

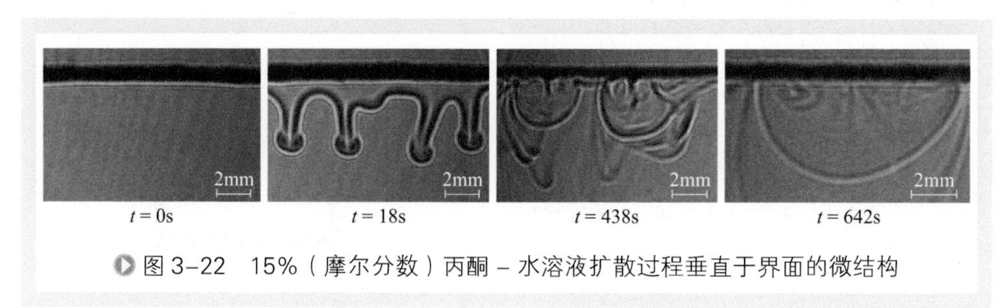

图 3-22　15%（摩尔分数）丙酮 – 水溶液扩散过程垂直于界面的微结构

二、气-液Marangoni界面微结构对传质的影响

气-液传质过程中，界面局部浓度变化会导致表面张力梯度，进而产生Marangoni界面微结构和Managoni对流，由此相应影响气-液传质过程。界面湍动能够促进液体表面更新，加速溶质对液相主体的渗透，因而可显著增强气-液传质，大幅提高传质速率。Sun等[17]测量了不同气-液接触形式下液相的传质系数，验证了界面湍动对传质速率的增强作用。当Marangoni数提高到临界值以上时，Marangoni对流可使气-液传质系数提高3.6倍以上[68]。Imaishi等[25]利用湿壁塔进行了从水中解吸甲醇、乙醚等六种溶剂的研究，提出了Marangoni对流对传质的增强因子R，并将R表示为Marangoni数与临界Marangoni数比值的关系：$R=(Ma/Ma_c)^n$，其中$n=0.4\pm0.1$。

在气-液界面添加表面活性物质，也可诱导产生界面湍动，强化气-液吸收过程[69,70]。如将正辛烷溶液滴加到质量分数为55%的溴化锂水溶液的表面，利用正辛烷与溴化锂水溶液的表面张力差异，诱发界面湍动，可显著增强水蒸气在溴化锂水溶液中的吸收[71]。

利用N_2气吹扫混合溶液气-液界面，溶液中溶剂的挥发促使界面处产生表面张力梯度或密度梯度，亦可观察到气-液表面的界面湍动微结构。刘长旭等[72]采用光学纹影仪系统观测了乙醇-水体系中乙醇向气相传质过程中出现的Marangoni对流微结构，确认引发界面湍动现象的原因是局部较大的表面张力梯度。

沙勇等[73]总结前人工作，指出伴有界面湍动现象时的传质动力学具有以下特性：① 传质系数显著高于只有扩散过程而无界面湍动对流作用时的传质系数；② 传质系数依赖于浓度推动力和界面性质，特别是界面张力梯度；③ 存在一个浓度推动力的临界值或者其他参数的临界值，只有超过这个临界值，传质系数才大于只有扩散过程的传质系数；④ 用表面活性剂促使发生界面湍动现象时，传质系数也将提高。

通过测量含易挥发组分从液滴向气相传质前后的浓度，计算传质系数，并与理论计算值比较，可确定Marangoni效应对液滴向气相传质的传质系数的作用效果。

如图3-23图所示，直径为2mm的异丙醇-水液滴，初始传质时，测得的传质系数比理论值大三倍之多，这是因为液滴界面出现的Marangoni效应显著增强了传质效率。一段时间后，随着溶液浓度的降低，Marangoni效应减弱，测得的传质系数也逐渐趋于理论值。

类似地，对于如图3-24所示的乙醇-水体系和如图3-25所示的丙酮-水体系，液滴中的有机溶质向气相挥发时，测得的初始传质系数均大于理论值，但随着传质的进行，实验值和测量值的差值逐渐减小。

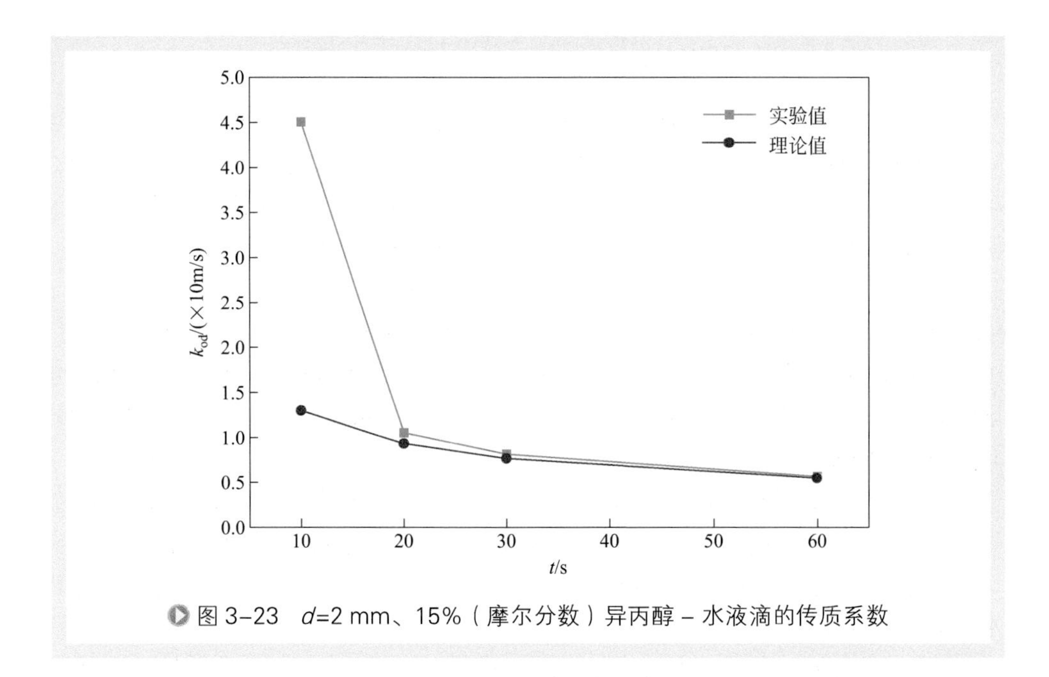

图 3-23 d=2 mm、15%（摩尔分数）异丙醇 – 水液滴的传质系数

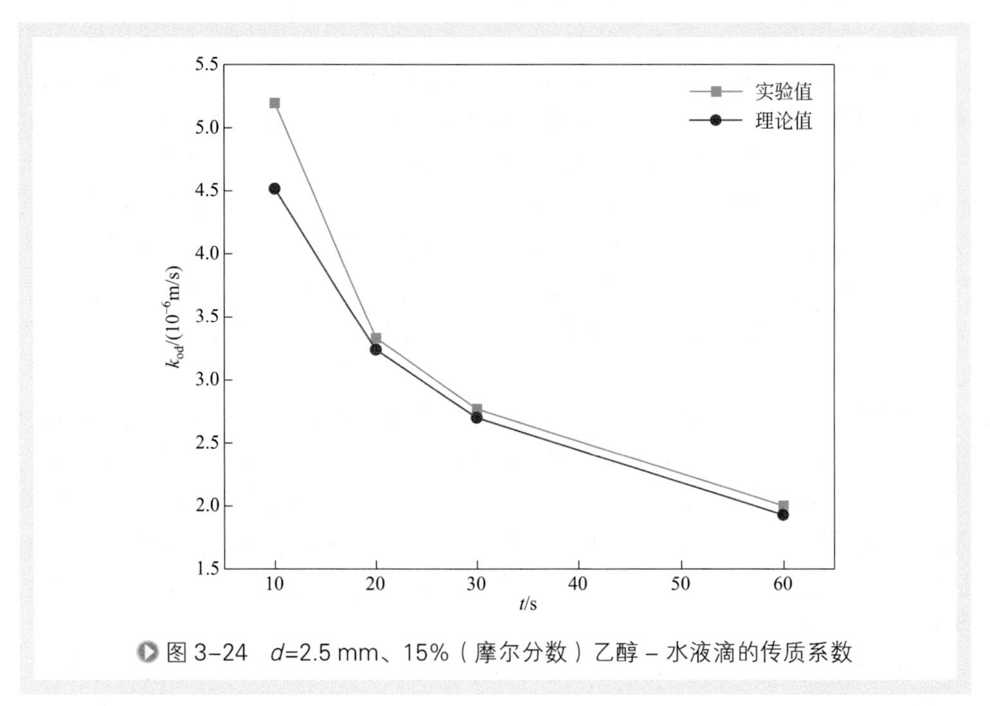

图 3-24 d=2.5 mm、15%（摩尔分数）乙醇 – 水液滴的传质系数

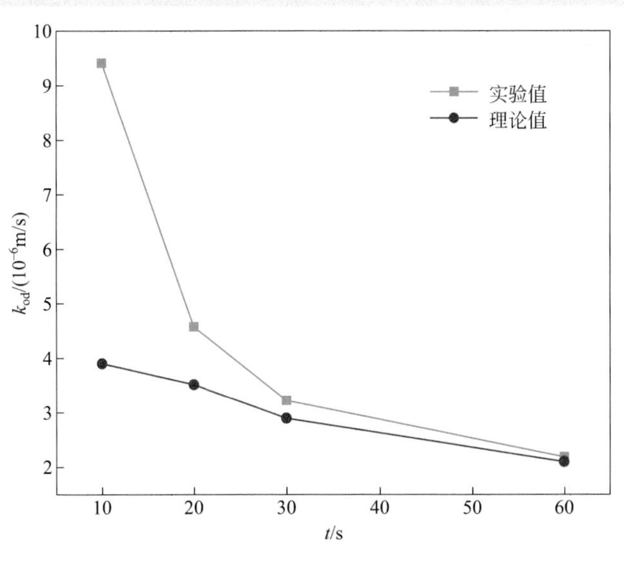

图 3–25 d=2.5mm、15%(摩尔分数)丙酮 – 水液滴的传质系数

在气 - 液传质过程中，液体表面传质系数的实验值均比理论值大，且在扩散开始时，两者差值最大，随后逐渐趋近，证明界面湍动能在一定程度上增强传质效率，随着界面湍动的衰弱这种增强效果也随之减弱。

第五节 Marangoni界面湍动与界面微结构的表征

由于传质过程中发生的界面湍动在界面附近出现，其浓度场和速度场难以直接测量。因此，人们尝试了纹影法、投影法、干涉法等光学测试手段，通过利用蒸发、吸收、解吸、萃取等传质手段，观测到不同传质条件下的界面湍动形态[5-7, 22, 49, 74]。对于气 - 液界面传质导致的界面湍动及其结构，光学观测多集中研究界面平面内出现的细胞形、六边形、滚筒形等规则或不规则形态，通常为湍动充分发展后的形态，尺度偏大[6-8, 75]，而对于实际应用中更关键的界面湍动向主体相渗透的时空观察，尚需针对性的实验以揭示其内在规律。

一、示踪剂法

在液相中添加示踪物质如细微铝粉、铝箔及光敏材料等，通过观测示踪物质伴随界面对流的运动轨迹，可获得界面对流的流场信息[23, 76]，此即为示踪剂显影测量法。Schwabe[77] 利用铝箔作为示踪物，观察到加热液层上 Marangoni 对流的多边形、辐射状等结构。Berg[78] 在水与癸烷界面分别添加十二烷基磺酸钠和十二烷基三甲基溴化铵的水溶液以诱发 Marangoni 对流，并采用染色示踪法研究其扩散动力学，得到扩散半径 r 与扩散时间 t 的幂函数 $r(t) \sim t^{3/4}$。Temos 等 [41] 以含氚的水以及 ^{14}C 为示踪剂，测得圆柱内分散液滴与连续相间溶质传递的传质系数，其中连续相的传质系数与 Garner-Tayeban 关联得到的结果一致。

示踪法虽操作简单，但对示踪剂要求较高，不同的体系难以确定合适的示踪剂，并且示踪剂会对流体流动产生一定干扰，尤其对于小尺度的界面流体流动，导致无法准确反映流场信息。

二、粒子成像测速法

粒子图像测速 [79]（particle image velocimetry，PIV）技术是近三十年发展起来的非接触流场测量技术，在液体流场研究中广泛应用。

PIV 技术是一种瞬态流场测量技术。在流场中散播一定量的示踪粒子，用脉冲激光片（light sheet）光照射所测流场的切面区域，通过成像系统摄取两次或者多次曝光的粒子图像，形成运动的粒子图像，再利用图像互相关方法分析 PIV 图像，获得每一小区域中粒子图像的平均位移，由此确定流场切面上整个区域的二维流体速度 [80]。

PIV 技术可方便用于气 - 液、液 - 液等两相流的流场测量，提供流线、能量耗散速率等信息。Cheng 等 [81] 采用 PIV 技术测量了液体中的气泡速度场，提出了估算液相流场的算法。关国强 [82] 研究十二烷醇在氮气介质中蒸发传质时，采用 PIV 技术记录各时刻微液滴的运动位置，从而获取了微液滴运动的轨迹。Shi 和 Eckert[18] 选择聚苯乙烯颗粒作示踪粒子，采用 PIV 技术观察豆蔻酰氯和正己烷溶液与氢氧化钠水溶液发生化学反应时的流场变化，成功测得了液 - 液相界面处的 Marangoni 速度场。

PIV 适用于各种复杂的流动测量，既具备高精度和高分辨率，又能获得平面流场显示的整体结构和瞬态图像。需要指出的是，示踪粒子在 PIV 测速法中非常重要，其规则性、跟随性和光学性能都将直接影响测试精度。由于界面附近示踪粒子的释放和跟踪都非常困难，而且粒子的释放会破坏界面湍动的微观结构，严重限制了 PIV 技术在界面湍动研究中的应用。

三、光学观测法

当光通过透明介质时，由于介质中密度、浓度、温度等物化性质的不均匀性，介质各处对光的反射率、折射率也不同，因此光线通过介质时，会发生不同角度的偏转，加上光线的衍射、干涉等作用，在投影屏上会出现不均匀的明暗图像。通过建立图像与浓度场、流场信息之间的关系，可测量界面传质引起的 Marangoni 对流微结构。采用光学观测法，要求气 - 液或液 - 液界面结构明确可视，如水平静止液层表面、严格层流下的水平液层表面、层流自由下落液膜表面以及不互溶溶液相中的液滴界面等 [47]。

光学观测法分为间接观测法和直接观测法，前者主要是指激光全息干涉条纹法，后者包括纹影法和投影法。

1. 激光全息干涉条纹法

激光实时全息干涉的原理为 [83, 84]：先对未发生变化（如浓度）的对象进行全息照相，全息底板处理后精确复位，然后在原光路上，参考光和被测的物光同时照在全息底板上，参考光作为再现光，就在原物体处得到原状态下的物体全息虚像，亦即浓度未变化的物像，该物像与浓度发生变化后的物像的物光波发生干涉，得到干涉条纹。因此浓度场一旦发生变化，物光波也随之变化，采用合摄的方法记录条纹的变化，即可获得浓度的变化量。因此，激光全息干涉条纹法可定量测量微观传质系数，从而可间接推测界面湍动强度。

马友光等 [85] 认为全息干涉技术是传递现象研究中一种最直观有效的方法。Mendes-Tatsis 和 Agble[21] 采用 Mach-Zehnder 干涉仪测量分散相和连续相中的溶质浓度，发现离子表面活性剂的加入可引发或增强 Marangoni 对流而强化传质。

激光全息干涉法不能得到直接的视觉图像，判读条纹比较复杂，限制了其在界面湍动现象观测中的应用。当然，人们也在不断地对其进行扩展、完善，比较典型的有实时动态四波长混合激光干涉法 [86] 和纹影法与干涉法相结合的研究方法 [21]。

2. 纹影法

纹影法（schlieren）是一种将位相分布转换为可见图像的光学方法，由光学分析方法中常用的刀口法基础上发展而来，其几何光学原理如图 3-26 所示。

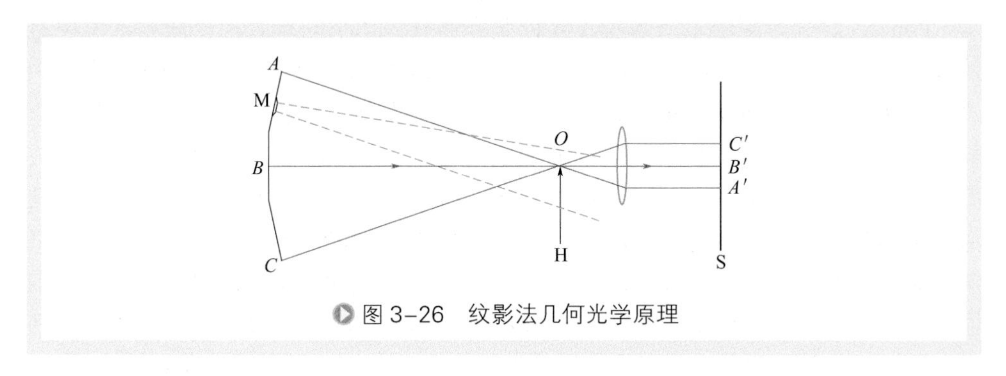

图 3-26　纹影法几何光学原理

图 3-26 中，位于同一光学半径上的 *A*、*B*、*C* 三点发出的光，通过置于 *O* 点处的刀口 H 照射在接收屏 S 上，形成亮度均匀的图像 *A*′、*B*′、*C*′。若光通过非

均匀介质时，会出现某种变形，接收屏 S 上就会获得亮度不均匀的图像。将传质设备置于纹影仪光路中，若传质过程中出现界面湍动，将会导致传质介质的物化性质不均，光通过时，折射率的不同会引起光线发生不同角度的偏转，因此原来能全部通过刀口的部分光线被刀口遮断，加之光线的衍射、干涉等作用，在屏幕上则会出现纹影图像 [87]。

早在 1964 年，Maroudas[29] 就在湿壁塔中进行了 CCl_4- 水 - 苯酚 / 丙酸的传质实验，并采用纹影法观察了两种溶质扩散引起的界面湍动。Nakache[88] 等采用纹影法对液滴在八种不同界面的流动扰动进行了观测，并将获取的结果与 Sternling 和 Scriven 稳定性准则预测结果相比较。Arendt 和 Eggers[89] 在常温高压下，在水 - 丙酮 - 甲苯体系中，以纹影法观察丙酮浓度分别为 7%（质量分数）和 15%（质量分数）的静止悬垂液滴界面发生的界面湍动现象，发现仅当溶质从液滴向连续相传递时，才会出现界面张力梯度导致的 Marangoni 对流。中国科学院的陆平和毛在砂等 [43] 也采用纹影光路系统考察了甲基异丁酮 - 乙酸 - 水体系中（水为连续相），乙酸由液滴向水相扩散时，静止单液滴界面出现不稳定对流结构。

与纹影法相比，投影法的设备条件及操作较为简单，但由于它是针对整幅图像的投影，不能反映内部物体的运动。而纹影法成像的最大缺点的其对比度较小，且需要专门的纹影仪设备，价格昂贵。尽管如此，纹影法操作简单，灵敏度较高，因此，已被广泛用于流体力学观测。

第六节　Marangoni效应对传质设备效率的影响

前已述及，Marangoni 效应一方面对界面处的流体流动形态产生影响，另一方面也会影响到有效传质面积，进而影响传质效率。

Pohorecki[90] 等测量了用水吸收 4 种混合物气体体系的有效相界面积，发现有效传质面积从大到小依次为正体系、中性体系和负体系。对于气体呈泡沫状态下的气 - 液吸收而言，Marangoni 效应会抑制气泡间的聚并，改变气液相界面积从而影响气 - 液传质。张志炳等 [91] 发现在鼓泡状态下，正体系中液相表面张力随组分浓度的增加而减小，这阻止了气泡聚并，因而增大了有效传质面积。对于负体系，鼓泡层中容易产生不稳定的大气泡，气泡的聚并会导致有效传质面积下降，减弱气液传质。邹华生 [92] 研究了添加剂对鼓泡塔中传质性能的影响，发现在小浓度范围内，正辛醇的加入能够阻碍气泡的聚并诱发界面湍动的产生，从而增加气液相界面积，使传质过程得到强化。但当正辛醇的浓度增加到一定程度时，随着它的加入，界面面积和传质都会受到相反的影响。Wu 等 [93] 研究了界面现象对三乙二醇和溴化锂溶液吸收水蒸气传质性能的影响，发现填料润湿面积受界面扰动的影响，从而影响传质性能。其中，填料润湿面积随着三乙二醇溶液浓度的增加而扩展，表现为Marangoni 正效应；而随着溴化锂浓度的增加，填料润湿面积收缩，此时传质系数随着溶液浓度的增加而线性增加，表现为 Marangoni 负效应。所以，Marangoni 效应对气 - 液有效传质面积的影响，与表面活性剂对气 - 液传质的影响相类似，会最终表现为传质效率的改变，并且两者对传质都能起到促进或者阻碍作用，因此在实际工业应用中可人为调控其影响，从而达到有效调控传质过程的目的。

随着人们深入研究传质的微观机理，Marangoni 效应对传质设备效率的影响得到越来越多的重视。Proctor 等 [94] 使用不同尺寸的规整填料研究了 Marangoni 效应对精馏传质的影响。张志炳等考察了 Marangoni 效应对规整填料液体流动分布及传质的影响 [95，96]，结果表明对纯有机体系，Marangoni 效应影响较小。而对于有机物的水溶液，Marangoni 效应是造成填料表面润湿性差和传质效率下降的主要原因。精馏过程中，沿液体流动方向，溶液的表面张力逐渐增大，塔内形成正的表面张力梯度的体系为正体系，负体系情况刚好相反。大量正体系和负体系精馏实验证明，Marangoni 效应对填料塔中传质过程具有不同的影响。正体系的气相体积总传质系数与组成无关，仅受流量的影响，而对于负体系，Marangoni 效应使得气相体积总传质系数沿着液相流动方向逐渐减小。Wu[93] 等将乙醇气体加入到 CO_2 中，以增强鼓泡塔中水吸收 CO_2 的性能，发现传质系数随着气相中乙醇浓度的增加呈驼峰状形式的变化趋势。

Marangoni 效应的工业应用也有报道。冼爱平 [97] 较早提出了利用 Marangoni 效应制备均质偏晶合金技术，该技术后来被广泛用于偏晶合金的制备中。王宝和 [98] 介绍了一种用于晶片表面新颖的 Marangoni 干燥技术，可以弥补传统离心甩干法和蒸汽干燥法的不足。在实际的宏观传质设备中，Marangoni 效应的存在对液相的流动和传质效率具有显著影响，其应用价值值得深入研究。

20 世纪中叶，许多研究者 [64，67，99-101] 就已经开始关注 Marangoni 效应对板式塔效率的影响。近年来，随着对界面湍动及其微结构的研究不断深入，界面湍动的相关应用研究也逐渐成为研究热点，以期更好地了解和指导工业过程。

Pohorecki 等 [90] 采用偏振光法测量了 SO_2/ 空气、CO_2/ 空气、HCl/ 空气、NH_3/ 空气四种体系在筛板塔中用水作溶剂进行的吸收和解吸过程的 Marangoni 效应。Kyoung 等 [102] 在湿壁塔中考察了三乙基胺水溶液的解吸过程。张志炳课题组 [96] 通过 4 种正体系、5 种负体系的精馏实验，考察了 Marangoni 效应对填料塔中传质过程的影响，直观、清晰地反映出塔内流体流动与传质的变化情况。沙勇 [103] 认为对于混合澄清槽萃取塔设备，Marangoni 正体系会阻碍液滴喷淋分散，液滴易凝聚，而负体系则有利于液滴喷淋分散，液滴也不易凝聚。

界面湍动现象及其引发的界面微结构对材料科学的合金和晶体制备、药物研究、涂料等实际工程应用过程也有显著的影响。例如，在微重力条件下利用

Marangoni 效应，可进行制备均质偏晶合金的实验。在晶体的成长、合金的凝固过程中对 Marangoni 效应的研究，综合了应用材料科学和流体力学的成果，促进了凝固和结晶理论的发展[96, 104]。此外，向隐形眼镜配置的缓冲液中添加了能促使 Marangoni 对流产生的物质，可促使角膜液膜液体得到连续的刷新和补充，从而有效避免眼痛和眼干的发生[105]。Lyford[106] 研究了界面现象在实际工业过程中的应用。在光学元件进行面型加工和抛光的过程中，采用 Marangoni 对流微结构原理，可以避免传统的抛光工艺带来的亚表面缺陷和表面污染[106]。这些应用，在一定程度上推动了 Marangoni 效应以及 Marangoni 对流微结构的研究。

参考文献

[1] 沙勇，成弘，余国琮．质量、热量传递过程中的 Marangoni 效应 [J]. 化学进展，2003，01：9-17.

[2] Sha Y，Li Z，Wang Y，et al. The Marangoni convection induced by acetone desorption from the falling soap film [J]. Heat and Mass Transfer，2012，48（5）：749-755.

[3] Arias F J. Marangoni stress induced by free-surface for pressure reduction in reverse osmosis [J]. Desalination，2018，433：151-154.

[4] Thompson. On certain curious motions observable at the surfaces of wine and other alcoholic liquors [J]. Phil Mag，1855，10（67）：330-335.

[5] Agble D，Mendes-Tatsis M A. The prediction of Marangoni convection in binary liquid-liquid systems with added surfactants [J]. International Journal of Heat and Mass Transfer，2001，44（7）：1439-1449.

[6] Nield D A. Surface tension and buoyancy effects in cellular convection [J]. Journal of Fluid Mechanics，1964，19（3）：341-352.

[7] Straub J. The role of surface tension for two-phase heat and mass transfer in the absence of gravity [J]. Experimental Thermal and Fluid Science，1994，9（3）：253-273.

[8] 江桂仙．气液界面湍动现象研究 [D]. 厦门：厦门大学，2010.

[9] 耿皎．Marangoni 效应对填料精馏塔液体流动与传质性能的影响研究 [D]. 南京：南京大学，2002.

[10] Kabov O A，Scheid B，Sharina I A，et al. Heat transfer and rivulet structures formation in a falling thin liquid film locally heated [J]. Int J Therm Sci，2002，41（7）：664-672.

[11] 张锋．降膜传热过程中的 Marangoni 效应研究 [D]. 南京：南京大学，2006.

[12] Langmuir I，Langmuir D B. The effect of monomolecular films on the evaporation of ether solutions [J]. Journal of Physical Chemistry，1927，31：1719-1731.

[13] Loewenthal M. Tears of strong wine [J]. Philosophical Magazine，1931，12（77）：462-472.

[14] Sha Y，Ye L Y. Unordered roll flow patterns of interfacial turbulence and its influence on

mass transfer [J]. Journal of Chemical Engineering of Japan, 2006, 39 (3): 267-274.

[15] Linde H, Velarde M G, Waldhelm W, et al. Interfacial wave motions due to Marangoni instability Ⅲ. Solitary waves and (periodic) wave trains and their collisions and reflections leading to dynamic network (cellular) patterns in large containers [J]. Journal of Colloid and Interface Science, 2001, 236 (2): 214-224.

[16] Pertler M, Haberl M, Rommel W, et al. Mass transfer across liquid-phase boundaries [J]. Chemical Engineering and Processing, 1995, 34 (3): 269-277.

[17] Sun Z F, Yu K T, Wang S Y, et al. Absorption and desorption of carbon dioxide into and from organic solvents: Effects of Rayleigh and Marangoni instability [J]. Industrial & Engineering Chemistry Research, 2002, 41 (7): 1905-1913.

[18] Shi Y, Eckert K. Orientation-dependent hydrodynamic instabilities from chemo-Marangoni cells to large scale interfacial deformations [J]. Chinese Journal of Chemical Engineering, 2007, 15 (5): 748-753.

[19] Changxu L, Aiwu Z, Xigang Y, et al. Experimental study on mass transfer near gas-liquid interface through quantitative Schlieren method [J]. Chemical Engineering Research & Design, 2008, 86 (A2): 201-207.

[20] Okhotsimskii A, Hozawa M. Schlieren visualization of natural convection in binary gas-liquid systems [J]. Chemical Engineering Science, 1998, 53 (14): 2547-2552.

[21] Agble D, Mendes-Tatsis M A. The effect of surfactants on interfacial mass transfer in binary liquid-liquid systems [J]. International Journal of Heat and Mass Transfer, 2000, 43 (6): 1025-1034.

[22] Bénard H. Les tourbillons cellulaires dans une nappe liquid [J]. Rerue Gén Sci Pures Appl, 1900, 11: 1261-1271.

[23] Zhang N L, Chao D F. Mechanisms of convection instability in thin liquid layers induced by evaporation [J]. International Communications in Heat and Mass Transfer, 1999, 26 (8): 1069-1080.

[24] Mancini H, Maza D. Pattern formation without heating in an evaporative convection experiment [J]. Europhysics Letters, 2004, 66 (6): 812-818.

[25] Imaishi N, Suzuki Y, Hozawa M, et al. Interfacial turbulence in gas-liquid mass transfer [J]. Kagaku Kogaku Ronbunshu, 1982, 8 (2): 127-135.

[26] Lewis J B, Pratt H R C. Oscillating droplets [J]. Nature, 1953, 171 (4365): 1155-1156.

[27] Orell A, Westwater J W. Spontaneous interfacial cellular convection accompanying mass transfer: ethylene glyco-acetic acid-ethyl acetate [J]. Aiche Journal, 1962, 8 (3): 350-356.

[28] Sherwood T K, Wei J C. Interfacial phenomena in liquid extraction [J]. Industrial and Engineering Chemistry, 1957, 49 (6): 1030-1034.

[29] Maroudas N G, Sawistowski H. Simultaneous transfer of two solutes across liquid-liquid

interfaces [J]. Chem Eng Sci，1964，19：919-931.

[30] Bakker C A P，Vanbuyte P M，Beek W J. Interfacial phenomena and mass transfer [J]. Chemical Engineering Science，1966，21（11）：1039-1046.

[31] Ying W E，Sawistowskl H. Interfacial and mass transfer characteristics of binary liquid-liquid systems [C] Proceedings of the International Solvent Extraction Conference. 1971，2：840-851.

[32] Perezdeortiz E S，Sawistow H. Interfacial stability of binary liquid-liquid systems [J]. Chemical Engineering Science，1973，28（11）：2063-2069.

[33] Davies G A，Thornton J D. Coupling of heat and mass transfer fluxes in interfacial mass transfer in liquid-liquid systems [J]. Letters in Heat and Mass Transfer，1977，4（4）：287-290.

[34] Mendestatsis M A，Deortiz E S P. Spontaneous interfacial convection in liquid-liquid binary systems under microgravity [J]. Proceedings of the Royal Society-Mathematical and Physical Sciences，1992，438（1903）：389-396.

[35] Bennett D E，Gallardo B S，Abbott N L. Dispensing surfactants from electrodes：Marangoni phenomenon at the surface of aqueous solutions of（11-ferrocenylundecyl）trimethylammonium bromide [J]. Journal of the American Chemical Society，1996，118（27）：6499-6505.

[36] Lode T，Heideger W J. Single drop mass transfer augmented by interfacial instability [J]. Chemical Engineering Science，1970，25（6）：1081-1087.

[37] Lu P，Wang Z，Yang C，et al. Experimental investigation and numerical simulation of mass transfer during drop formation [J]. Chemical Engineering Science，2010，65（20）：5517-5526.

[38] Steiner L，Oezdemir G，Hartland S. Single-drop mass transfer in the water-toluene-acetone system [J]. Industrial & Engineering Chemistry Research，1990，29（7）：1313-1318.

[39] 王振风，钟亦兴，沙勇 . 传质过程中的 Marangoni 界面湍动现象 [J]. 化学工程，2016（5）：8-12.

[40] 马友光，杨雄文，冯惠生等 . 界面湍动对气液传质的影响 [J]. 化学工程，2004（4）：1-4.

[41] Temos J，Pratt H R C，Stevens G W. Mass transfer to freely-moving drops [J]. Chemical Engineering Science，1996，51（1）：27-36.

[42] Molenkamp T. Marangoni convection，mass transfer and microgravity [M]. Gronigen：Gronigen University，1998.

[43] 陆平，张广积，毛在砂 . MIBK- 醋酸 - 水体系中静止单液滴传质 Marangoni 效应 [C]. 第二届全国化学工程与生物化工年会，2005.

[44] Brodkorb M J，Bosse D，von Reden C，et al. Single drop mass transfer in ternary and quaternary liquid-liquid extraction systems [J]. Chemical Engineering and Processing，

2003，42（11）：825-840.

[45] Wegener M，Gruenig J，Stueber J，et al. Transient rise velocity and mass transfer of a single drop with interfacial instabilities - experimental investigations [J]. Chemical Engineering Science，2007，62（11）：2967-2978.

[46] Schulze K，Kraume M. Influence of mass transfer on drop rise velocity [J]. Fortschritt Berichte-vdi Reihe 3 Verfahrenstechnik，2002：97-106..

[47] Henschke M. Auslegung pulsierter Siebboden-Kolonnen [M]. RWTH Aachen：Habilitationsschrift，2004.

[48] Wegener M，Fevre M，Paschedag A R，et al. Impact of Marangoni instabilities on the fluid dynamic behaviour of organic droplets [J]. International Journal of Heat and Mass Transfer，2009，52（11-12）：2543-2551.

[49] Pearson J R A. On convection cells induced by surface tension [J]. Journal of Fluid Mechanics，1958，4（5）：489-500.

[50] Sternling C V，Scriven L E. Interfacial turbulence：hydro-dynamic instability and the Marangoni effect [J]. Aiche Journal，1959，5（4）：514-523.

[51] Jue T C. Numerical analysis of thermosolutal Marangoni and natural convection flows [J]. Numerical Heat Transfer Part a-Applications，1998，34（6）：633-652.

[52] Grahn A. Two-dimensional numerical simulations of Marangoni-Benard instabilities during liquid-liquid mass transfer in a vertical gap [J]. Chemical Engineering Science，2006，61（11）：3586-3592.

[53] 唐泽眉，李家春. 微重力环境下 Marangoni 对流的有限元数值模拟 [J]. 力学学报，1991（2）：149-156.

[54] Bestehorn M. Phase and amplitude instabilities for Benard-Marangoni convection in fluid layers with large aspect ration [J]. Physical Review E，1993，48（5）：3622-3634.

[55] Mao Z S，Chen J Y. Numerical simulation of the Marangoni effect on mass transfer to single slowly moving drops in the liquid-liquid system [J]. Chemical Engineering Science，2004，59（8-9）：1815-1828.

[56] Burghoff S，Kenig E Y. A CFD model for mass transfer and interfacial phenomena on single droplets [J]. Aiche Journal，2006，52（12）：4071-4078.

[57] 陈虹伶. 单液滴传质过程界面湍动现象 [D]. 厦门：厦门大学，2011.

[58] Berg J C，Hasselbe.G. Mass transfer during interfacial convection [J]. Chemical Engineering Science，1971，26（3）：181-188.

[59] Thornton J D，Anderson T J，Javed K H，et al. Surface phenomena and mass transfer interactions in liquid-liquid systems. Part Ⅰ. Droplet formation at a nozzle [J]. AIChE Journal，1985，31（7）：1069-1076.

[60] Ruckenstein E. Influence of the Marangoni effect on the mass transfer coefficient [J]. Chemical Engineering Science，1964，19（7）：505-516.

[61] El-genk M S，Saber H H. Minimum thickness of a flowing down liquid film on a vertical surface [J]. International Journal of Heat and Mass Transfer，2001，44（15）：2809-2825.

[62] Whitaker S. The effect of surfactants on the flow characteristics of falling liquid films [J]. Aiche Journal，1971，17（4）：527-532.

[63] 耿皎 . Marangoni 效应对填料精馏塔液体流动与传质性能的影响研究 [D]. 南京：南京大学，2002.

[64] Zuiderweg F J，Harmens A. The influence of surface phenomena on the performance of distillation columns [J]. Chem Eng Sci，1958，9（2/3）：89-103.

[65] Moens F P. Surface renewal effects in distillation [J]. Chem Eng Sci，1972，27（2）：403-409.

[66] Patberg W B，Koers A，Steenge W D E. Effectiveness of mass transfer in a packed distillation column in relation to surface tension gradients [J]. Chem Eng Sci，1983，38：917-923.

[67] Fane A G，Sawistowsk H. Surface tension effects in sieve-plate distillation [J]. Chem Eng Sci，1968，23：943-945.

[68] Brian P L T，Vivian J E，Mayr S T. Cellular convection in desorbing surface tension-lowering solutes from water [J]. Industrial & Engineering Chemistry Fundamentals，1971，10（1）：75-83.

[69] lu H H，Yang Y M，Maa J R. Effect of artificially provoked Marangoni convection at a gas/liquid interface on absorption [J]. Industrial & Engineering Chemistry Research，1996，35（6）：1921-1928.

[70] Vazquez G，Antorrena G，Navaza J M，et al. Absorption of CO_2 by water and surfactant solutions in the presence of induced marangoni effect [J]. Chemical Engineering Science，1996，51（12）：3317-3324.

[71] Wu T C，Lu H H，Yang Y M，et al. Absorption enhancement by the Marangoni effect-pool absorption of steam by aqueous lthium bromide solutions with *n*-octanol additive [J]. Journal of the Chinese Institute of Chemical Engineers，1994，25（5）：271-282.

[72] 刘长旭，曾爱武，余国琮 . 气液界面对流传质的观测与定量分析 [J]. 化学工业与工程，2008（4）：283-288+309.

[73] 沙勇，成弘，袁希钢等 . 传质过程中的 Marangoni 界面湍动现象 [J]. 化工学报，2003，54（11）：1518-1523.

[74] Rayleigh L. On convection currents in a horizontal layer of fluid，when the higher temperature is on the under side [J]. Philosophical Magazine，1916，32（187-92）：529-546.

[75] 于艺红 . 气 - 液传质过程界面湍动的研究 [D]. 天津：天津大学，2003.

[76] Szymczyk J A. Marangoni and Buoyant convection in a cylindrical cell under normal gravity [J]. Can J Chem Eng，1991，69（6）：1271-1276.

[77] Schwabe D. Marangoni instabilities in small circular containers under microgravity [J]. Experiments in fluids，2006，40（6）：942-950.
[78] Berg S. Marangoni-driven spreading along liquid-liquid interfaces [J]. Physics of Fluids，2009，21（3）.
[79] Westerweel J. Fundamentals of digital particle image velocimetry [J]. Measurement Science and Technology，1997，8（12）：1379-1392.
[80] Adrian R J. Multi-point optical measurements of simultaneous vectors in unsteady flow—a review [J]. International Journal of Heat and Fluid Flow，1986，7（2）：127-145.
[81] Cheng W，Mural Y，Ishikawa M，et al. An algorithm for estimating liquid flow field from PTV measurement data of bubble motion [J]. Transactions of the Visualization Society of Japan，2004，23（11）:107-114.
[82] 关国强 . 运动微液滴表面瞬态传质研究 [D]. 成都：四川大学，2004.
[83] Charles M Vest，Michel Dubas. Holographic interferometry [M]. New York : John Wiley&Sons，1978.
[84] Robert J Collier，Christop B Burckhardt，Lawrence H Lin. Optical holography [M]. New York : Academic Press，1971.
[85] 马友光，朱春英，徐世昌等 . 激光全息干涉法测量液相扩散系数 [J]. 应用激光，2003，6：337-341.
[86] Guzun-Stoica A，Kurzeluk M，Floarea O. Experimental study of Marangoni effect in a liquid-liquid system [J]. Chemical Engineering Science，2000，55（18）：3813-3816.
[87] Davies T P. Schlieren Photography-short bibliography and review [J]. Optics and Laser Technology，1981，13（1）：37-42.
[88] Nakache E，Dupeyrat M，Vignesadler M. Experimental and theoretical study of an interfacial instability at some oil-water interfaces involveing a surface-active agent Ⅰ : Physicochemical description and outlines for a theoretical approach [J]. Journal of Colloid and Interface Science，1983，94（1）：187-200.
[89] Arendt B，Eggers R. Interaction of Marangoni convection with mass transfer effects at droplets [J]. International Journal of Heat and Mass Transfer，2007，50（13-14）：2805-2815.
[90] Pohorecki R，Baldyga J，Moniuk W，et al. The influence of surface phenomena on the interfacial area during absorption/desorption on a sieve plate [J]. Chemical Engineering Science，1992，47（9-11）：2559-2564.
[91] 张志炳，耿皎，张锋等 . Marangoni 效应与汽液传质过程 [J]. 化工学报，2003（4）：508-515.
[92] 邹华生，黄晨，程小平 . 超声场与添加剂对鼓泡塔中传质性能的影响 [J]. 高校化学工程学报，2013（4）：567-572.
[93] Wu H. Effect of interfacial phenomena on mass transfer performance of an absorber packed

closely with cylindrical packing [J]. Chemical Engineering Journal，2014，240：74-81.
[94] Proctor S J，Biddulph M W，Krishnamurthy K R. Effects of Marangoni surface tension forces on modern distillation packings [J]. Aiche Journal，1998，44（4）：831-835.
[95] 耿皎，洪梅，肖剑等 . 规整填料塔精馏的 Marangoni 效应 [J]. 化工学报，2002（6）：600-606.
[96] 耿皎，洪梅，张锋等 . Marangoni 效应对填料塔精馏传质过程的影响 [J]. 化学工程，2003（2）：7-12.
[97] 冼爱平，张修睦，李忠玉，刘清泉，陈继志，李依依 . 利用 Marangoni 对流制备均质偏晶合金 [J]. 金属学报，1996（2）：113-119.
[98] 王宝和 . MARANGONI 干燥技术 [J]. 干燥技术与设备，2009（1）：3-6.
[99] Medina A G，Mcdermott C，Ashton N. Surface tension effects in binary and multicomponent distillation [J]. Chemical Engineering Science，1978，33（11）：1489-1493.
[100] Lockett M J，Plaka T. Effect of non-uniform bubbles in the froth on the correlation and prediction of point efficiencies [J]. Chemical Engineering Research & Design，1983，61（2）：119-124.
[101] Zuiderweg F J. Marangoni effect in distillation of alcohol-water mixtures [J]. Chemical Engineering Research & Design，1983，61（6）：388-390.
[102] Kang K H，Choi C K，Hwang I G. Onset of solutal Marangoni convection in a suddenly desorbing liquid layer [J]. Aiche Journal，2000，46（1）：15-23.
[103] 沙勇，袁希钢，成弘等 . 传质过程中的 Rayleigh-Bénard-Marangoni 效应 [J]. 化学工程，2003（5）：8-12.
[104] 胡文瑞，游仁然 . 浮区 Marangoni 对流的浓度边界条件 [J]. 力学学报，1993（3）：276-182.
[105] Sharma A. The role of liquid abnormalities，aqueous and mucus deficiencies in the tear film breakup，and implications for tear substitutes and contact lens tolerance [J]. Journal of Church and State，1986，28（1）：61-78.
[106] Scriven L E，Sternling C V. The Marangoni effects [J]. Nature，1960，187（4733）：186-188.

第四章

气 - 液微颗粒制备技术

第一节 概述

现代过程工业领域涉及大量由气 - 液、液 - 液、气 - 液 - 固、液 - 液 - 固、气 - 液 - 液等多相体系组成的传质与反应过程。这些多相体系的传质速率快慢往往决定生产装置分离或反应效率的高低，从而直接影响生产过程的能效、物效与产品竞争力，而传质速率的快慢又主要取决于传质系数和相界面积大小。

长期以来，有关微米级气 - 液颗粒的研究受到了广泛关注，已逐渐发展出了适用于不同场合的微气泡、微液滴、微型乳液及反气泡等不同颗粒的多种制备方法。以微气泡制备技术为例，从传统的溶气 - 释气法等到近年来的微流控技术，不仅在制得气泡的尺寸、尺寸分布、气泡质量等方面有了巨大进步，而且实现了气泡的制备速度控制以及单气泡操控等功能。气 - 液微颗粒制备技术的发展，不仅可以促进多相体系的化学反应和传质分离过程的技术进步，对于传质与反应行为及其功能性机制的研究也具有重要意义，同时也是进一步研发更高性能的传质与反应过程强化设备的基础。

微界面技术可以应用于传质与反应强化，其核心问题之一是如何大规模制备微气泡和微液滴，从而形成微界面体系。面对工业和民用领域千差万别的应用对象，如何针对性地设计微界面传质强化反应器和分离器，是该技术能否进行工业应用的关键。本章将重点论述现有的包括微气泡、微液滴、微型乳液以及反气泡等微颗粒的制备技术。通过对超细气 - 液颗粒制备技术的了解，从中或可得到对多相体系传质与反应过程调控的启发。

第二节 微气泡的主要理化特征

微气泡是指存在于液体中，直径为微米级尺度的气泡。文献中对于微气泡的尺寸范围定义各不相同，文献中定义的微气泡直径 d_b 通常在 10 ～ 100μm，本书定义的微气泡直径 d_b 在 1 ～ 1000μm 之间。根据微气泡的组分与结构，可分为液体汽化产生的微蒸气泡、以非蒸气组分为主的微气泡、膜结构包裹的多层微气泡等。其中，微蒸气泡主要应用于清洗、除锈等，多层微气泡则主要作为显影剂，在医学检测等领域应用广泛。本节所介绍的微气泡制备技术，主要针对传质过程所涉及的非蒸气微气泡，气泡直径范围为 1 ～ 1000μm。

与毫米级以上尺寸的宏观气泡相比，尺寸减小带来的尺度效应赋予了微气泡特殊的性质，主要包括：

（1）较大的内部压力　气 - 液界面的压力平衡需要考虑液体表面张力作用，即界面微元凹侧与凸侧的压差应与表面张力平衡。因此，球形气泡保持稳定的条件为：

$$P_b - P_l = 2\sigma / R_b \tag{4-1}$$

式中，p_b、p_l 分别为气泡内外的压力；R_b 为气泡半径。气泡内部压力随气泡尺寸的减小而升高，因此，微气泡内部压力高于宏观气泡，导致气体更易溶解，增强了微气泡的传质效率。

（2）较大的比表面积　气泡的比表面积可表示为 $S/V=3/R_b$，即气泡比表面积与气泡尺寸成反比。在气体体积分数相同时，微气泡构成的气 - 液系统具有更大的气 - 液界面，对于传质效率有显著的提升作用。

（3）较慢的上浮速度　气泡的稳态上浮速度，决定于浮力与拖曳力的平衡。球形气泡所受浮力正比于 R_b^3，而拖曳力正比于 $C_d u_b^2 R_b^2$，其中 u_b 为上浮速度，C_d 为绕流阻力系数。近似认为 $C_d \sim 1/(u_b R_b)$，则有 $u_b \sim R_b^2$。实验表明，直径为 15~60μm 的微气泡在水中的上浮速度约为 0.2 ～ 2mm/s，可在液体中存留更长的时间。

（4）表面 ζ 电位　微气泡表面的 ζ 电位是指气 - 液界面附近液体滑移层（slipping plane）相对于远离界面处液体的电势差，其来源为微气泡表面的电荷吸引周围反号离子（在水中为 OH^- 离子），并在两相界面处形成扩散双电层。已有研究表明，微气泡的 ζ 电位可由 Smoluchowski 公式计算，即 $\zeta = \mu m'/\varepsilon$，其中 μ 为液体黏度，m' 为电迁移率［单位为 $m^2/(V \cdot s)$］，ε 为介电常数。ζ 电位主要受介质电解性质、表面活性剂及 pH 值等影响，在 pH 值范围为 2 ～ 12 的环境中微气泡基本呈负电位。在 pH=7 时，微气泡的电位约为 −20 ～ −50mV。ζ 电位对微气泡的吸附性能有重要影响，并且在微气泡收缩破裂时，可因界面电荷的剧烈变化而激发产生羟基自由基。

上述的物理特性，使得微气泡构成的气 - 液系统具有传质效率高、吸附性能强、自持时间长的特点，在化学反应、水体增氧、污水净化、生物医药、矿物浮选、流动减阻等领域有广泛的应用价值。

第三节 气泡的产生、发展与溃灭机理

一、微气泡的形成与振荡

溶解气体析出是液体中微气泡的主要来源之一。局部压力、温度或液体组分的变化，可使气体溶解度降低而形成过饱和状态，首先在壁面微缺陷及液体内杂质处形成微小的气核，继而气体分子聚集析出，使气核膨胀形成气泡。这一过程中，体系自由能的变化可表示为：

$$\Delta G = \Delta\omega + \Delta\mu - W \tag{4-2}$$

式中，$\Delta\omega$ 为成核与膨胀两个阶段的表面能变化；$\Delta\mu$ 为气体分子聚集成核时化学势的变化；W 为气体膨胀功。设气核分子数为 n，微气泡半径为 R_b，溶气体积为 V_0，则有[1]：

$$\Delta G = \left| -\left(p_c - p_0\right) n V_0 \frac{r_0^{\,3}}{R_b^{\,3}} + V_0 \frac{\sigma}{R_b} \right| \tag{4-3}$$

式中，p_0 为环境的初始压强；p_c 为环境压力变化后的压强；r_0 为气体分子的有效半径。在溶入气体体积相同时，需要输入系统的自由能近似与气泡半径 R_b 成反比。当环境压力发生变化时，微气泡的动力学行为可由 Rayleigh-Plesset 方程描述。考虑最简单情况，对于均匀不可压缩的静止水体中的一个球状气泡，其动力学方程为：

$$\rho\left(R_b \ddot{R}_b + \frac{3}{2}\dot{R}_b^{\,2}\right) = \Delta p - \frac{2\sigma}{R_b} - 4\mu\frac{\dot{R}_b}{R_b} \tag{4-4}$$

式中，$\Delta p(t) = p_b(t) - p_\infty$ 为 t 时刻气泡内部压强与距泡中心无限远处压强之差；$R_b(t)$ 为 t 时刻气泡的半径；$\dot{R}_b$、$\ddot{R}_b$ 分别为 R_b 对时间的一阶导数和二阶导数。式子左侧为微气泡发展的惯性力，右侧 $\left(\Delta p - \dfrac{2\sigma}{R_b}\right)$ 为气泡膨胀或溃灭的驱动力，$4\mu\dfrac{\dot{R}_b}{R_b}$ 为气泡膨

胀或溃灭过程中的黏性阻力。气泡发展和溃灭的过程其实就是$\left(\Delta p-\frac{2\sigma}{R_b}\right)$符号变化的过程。假设在气泡形成的初始时刻$R_b=r_t,\dot{R}_b=0$［$r_t$为空泡稳定（既不收缩也不膨胀）时的半径］，如果泡内压强与距泡中心无限远处压强之差大于表面张力提供的压强$\Delta p(t=0)>2\sigma/r_t$，气泡将开始扩张膨胀。反之，当压强差小于表面张力提供的压强时，气泡将收缩乃至溃灭。

二、孔口鼓泡和微气泡平动

孔口鼓泡是微气泡进入液体的另一种主要方式。已有研究发现，孔口气泡的形成受到众多因素的影响，主要包括：流体的物理性质（如黏度、密度、表面张力等）、气体逸出孔性质（如形状、尺寸、润湿性及韧性等）、气体流速等。

很多学者对孔口气泡的形成过程进行了受力分析，以分析各参数对气泡形成的影响并寻求气泡脱离孔口的条件。气泡生长过程中主要受到的作用力有：浮力、气体动量力、表面张力、气泡惯性力和液体曳力等，其表达式分别如下所示。

浮力：
$$F_{bg}=\frac{\pi}{6}{D_b}^3\left(\rho_l-\rho_g\right)g \tag{4-5}$$

气体动量力：
$$F_{mg}=\rho_g\frac{4Q_g}{\pi{D_0}^2} \tag{4-6}$$

表面张力：
$$F_\sigma=\pi D_0\sigma\cos\theta \tag{4-7}$$

气泡惯性力：
$$F_i=\frac{d}{dt}\left(mu_b\right) \tag{4-8}$$

液体曳力：
$$F_d=\frac{1}{2}C_d\rho_l{u_{eff}}^2A_{eff} \tag{4-9}$$

式中，D_b为气泡直径；ρ_l、ρ_g分别为液相和气相的密度；Q_g为孔口气体体积流量；u_b为气泡质心运动速度；D_0为气体逸出孔孔径；θ为气泡底部接触角；m为气泡质量与考虑气泡附近液体对气泡界面作用的虚拟质量之和，可由$m=\frac{4}{3}\left(p_g+\frac{11}{16\rho_l}\right){D_b}^3$计算；$u_{eff}$和$A_{eff}$分别为气泡与液体之间的相对速度以及气泡生长过程中液体扰流界面的有效面积；C_d为阻力系数。

对于液体绕流气泡界面时的阻力系数C_d的取值一直存在争议。1960年，Bird等便提出了液体绕流固体球时的曳力系数关联式：

$$C_d=\begin{cases}\dfrac{24}{Re_b} & (Re_b<2)\\ \dfrac{18.5}{{Re_b}^{0.6}} & (2\leqslant Re_b<500)\\ 0.44 & (500\leqslant Re_b<20000)\end{cases} \quad (4\text{-}10)$$

对气泡的受力分析中，曳力系数亦可近似采用上述关联式。然而，液体扰流气泡与扰流固体球的情况存在很大差异，主要是由于气泡界面的行为远比固体球复杂。在液体扰流下，气泡内部将存在环流，气泡界面也将出现形变。因此 Legendre 等 [2] 通过数值计算求解 N-S 方程，得到了气泡雷诺数在 0.1 ~ 500 范围内的曳力系数。Nahra 等 [3] 将其结果拟合得到了如下关系式：

$$C_d=\frac{15.34}{Re_b}+\frac{2.163}{{Re_b}^{0.6}} \quad (4\text{-}11)$$

对于较大气泡雷诺数的情况，可采用如下关联式 [4] ：

$$C_d=\begin{cases}\dfrac{24}{Re_b}\left(1+0.15\,{Re_b}^{0.687}\right) & (2\leqslant Re_b\leqslant 1000)\\ 0.44 & (Re_b>1000)\end{cases} \quad (4\text{-}12)$$

三、微流道中的两相流型

在微流道约束的气 - 液两相系统中，流型直接决定微气泡的形成与尺寸，进而影响两相之间的传质传热。多数学者将微流道（<1mm）中的气 - 液两相流型划分为六类，各流型命名不甚统一，如 Rebrov[5] 将其分别命名为塞状流（slug flow）、塞状 - 环状流（slug-annular flow / slug-ring flow）、环状流（annular flow）、泡状流（bubble flow）、混状流（churn flow）和分散流（dispersed flow），如图 4-1 所示。可产生微气泡的流型有两类，均在气相表观流速较低（通常低于 1m/s）时出现，其中泡状流的液相流速相对较高，气泡尺寸小于管径；塞状流出现在气 - 液两相表观流速相近时，被液相间隔开的气泡段基本占据整个截面，长度大于管径。Shao[6] 等总结相关研究发现流道尺寸、两相表观流速、液相表面张力、壁面润湿性和混合段结构对流型转变影响显著，流道截面形状、黏度和重力则起次要作用。Haase[7] 在共轴流实验中发现，气相表观流速 0.15m/s 以下、液相表观流速 1m/s 以下时可稳定地形成塞状流，塞状流向环状流的转变对黏度敏感，而表面张力影响较弱。由于影响因素众多，特别是不同流道结构与润湿性的数据不足，目前关于泡状流、塞状流的参数域边界问题尚无完整结论。

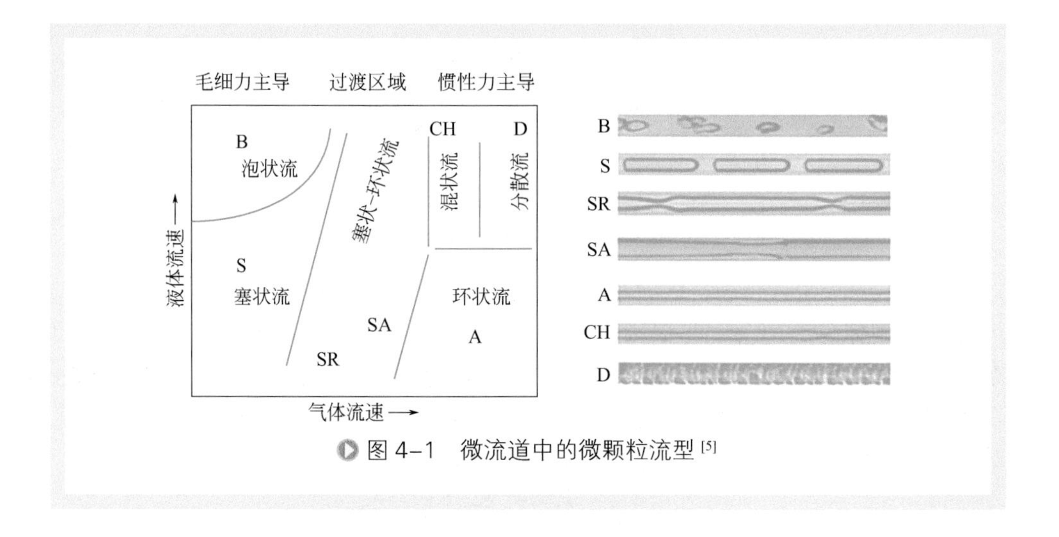

图 4-1　微流道中的微颗粒流型 [5]

四、微气泡的溶解溃灭

与宏观气泡上浮至液面后破碎溃灭不同，实验发现微气泡往往在液体内部溶解收缩，直至溃灭消失 [8]。这是因为气泡尺寸在溶解过程中不断减小，气泡内部压力升高，使溶解速度随气泡收缩而加快，可在数分钟内完全溶解 [9]，同时微气泡的上浮速度较慢，存留时间比宏观气泡更长。针对经除气的静止液体中无膜气泡的溶解问题，Epstein 与 Plesset 给出了气泡半径的收缩速度模型 [10]：

$$-\frac{\mathrm{d}R_{\mathrm{b}}}{\mathrm{d}t}=H\frac{1-f+2\sigma/(p_{\mathrm{a}}R_{\mathrm{b}})}{1+4\sigma/(3p_{\mathrm{a}}R_{\mathrm{b}})}\left(\frac{D_{\mathrm{w}}}{R_{\mathrm{b}}}+\sqrt{\frac{D_{\mathrm{w}}}{\pi t}}\right) \tag{4-13}$$

式中，H 为 Ostwald 系数；p_{a} 为环境压力；D_{w} 为气体在液相中的扩散系数；f 为溶解的气相体积分数与饱和体积分数的比值。在实际环境中，液体中的局部气相浓度分布、界面膜、表面活性剂分子及其他杂质等也对溶解速度产生复杂的影响，尤其气-液界面的膜包裹结构对溶解过程有显著阻碍作用，使微气泡存留时间提升 [11]。

第四节　微气泡的制备技术

稳定、可控地制备大量微气泡，是上述应用得以实现的关键。目前人们已发展出了多种实用化的微气泡制备技术，其主要指标包括微气泡的尺寸及均一性、制备速率、适用气体组分，装置的能量效率、可靠性、紧凑性等。依据气泡形成的方式，可将微气泡的制备方法从原理上分为以下几类：

（1）降低局部压力　降低压力使气体在液相中的溶解度显著降低，气相呈过饱和状态而析出气泡，如溶气释气法即采用该原理。值得注意的是，若局部压力降低至饱和蒸气压以下，则液体发生相变而形成蒸气气泡，即液体空化象。空化现象在超声振荡、高速射流等环境中极为常见，所形成的蒸气气泡在局部压力升高至饱和蒸气压以上时迅速溃灭。

（2）气相破碎　利用流体动力学原理，通过两相流场的构造，使连续气流或宏气泡破碎形成大量微气泡。在宏观装置中，最常见的原理为构造强剪切流场，使气-液界面由于黏性剪切诱发的不稳定性而破碎，如旋流剪切法、文丘里管法等，这类方法易于产生大量、高密度的微气泡，但微气泡尺寸的均一性较差；在微观尺度上，当具有壁面约束与流动条件情况下，压力、表面张力、黏性力等均可驱动气-液界面收缩和夹断以形成微气泡，代表性的方法如微孔通气法、各类微流控方法等。

（3）电化学法　液体电解形成非蒸气组分的气泡。气泡的形成包含化学过程，因此该方法所能制备的气泡组分有局限性。

一、溶气-释气法

溶气-释气法的基本原理如图 4-2 所示。气-液两相流体首先进入加压的溶气罐中，较高的压力提高了气体溶解度，使大量气体溶解于液体中。溶气-液体通过释放器时发生压力陡降和湍动，空化、剪切等多种作用使过饱和的气体从溶液中快速释放，产生大量微细气泡。

溶气-释气法产出的微气泡数量密度大、粒径较小。综合现有的研究，溶气释气法产生的微气泡尺寸范围约为 10 ～ 150μm。该方法的缺点则在于溶气与释气的过程不连续。

溶气罐和释放器是溶气-释气法的关键装置，其中溶气罐决定了溶气过程的效率，进而影响微气泡产率。Maeda 等[12] 的研究表明，最终形成微气泡的 Sauter 平均直径随溶气量的增加而变大，因此溶气环节也影响微气泡的最终粒径。溶气罐通常包含上层的气体区和下层的液体区，液体多由溶气罐上端进入，在上层气体区中形成液柱，溶气罐下端连接出水管，顶部连入进气管。影响溶气量的主要因素包括罐内压力、罐内温度、接触面积、停留时间、流动状态等。溶气压力对微气泡尺寸和气-液混合比具有显著影响，提高溶气压力可使微气泡尺寸减小、气-

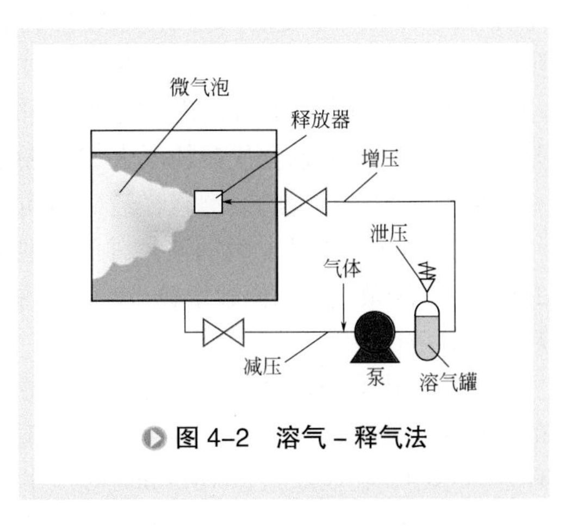

图 4-2　溶气-释气法

液混合比增大[1]，但高压力会提高制造成本和能耗。增加液体停留时间可提高最终溶气量，但溶气速率将会变低。在入流环节加装射流器、气浮泵等装置，可提升气 - 液掺混的剧烈程度，增加两相接触面积以强化气相溶解效果[13]。此外，降低气 - 液两相界面张力可降低溶气所需的操作压力。Feris 等[14]对水 - 空气系统溶气气浮的实验研究表明，在水力负荷和产生微气泡效果一致的条件下，投放表面活性剂油酸钠，可使溶气罐的操作压力降低 33%。Zhang 等[15]在实验研究中发现，在溶气罐中加入浓度为 50ppm（10^{-6}）的 TX-100 表面活性剂，可使微气泡的 Sauter 平均直径减小 23.8%。但是，表面活性剂的投放必须谨慎考虑介质成分及可能的杂质等因素。

释放器对产生的微气泡粒径有重要影响。简单的节流孔、针阀等均可起到降压释气作用，此外，国内外也研制了多种专用释放器结构。Maeda 等[12]在微气泡形成实验中以空气和水为气 - 液两相介质，采用节流孔释放器，发现随着质量流量的增加，释放器内流场从无空化状态依次发展为泡状空化和片状空化。空化泡中的蒸气在下游高压区冷凝为液态，使空化泡回缩形成不可溶气体构成的微气泡，因此，流体发生空化是产生大量微气泡的重要条件。微气泡数量密度与流动状态有关，泡状空化时微气泡数量密度与溶气浓度正相关，片状空化时则相关性不显著。

二、微孔曝气法

由孔板或多孔介质向液体通气，可以低能耗地形成大量气泡。该法是常用的曝气方法之一。为减小获得气泡的粒径，可采用更小的孔径，或利用剪切流场、机械振动等施加外力，使气泡更容易从孔口脱落。但是，在使用毫米级以下的微孔时，所形成的气泡粒径远大于孔径，如 120μm 孔径曝气装置形成的气泡直径达 5.7mm，是孔径的 47 倍[16]。这一现象主要源于 Young-Laplace 压力所造成的不稳定性，即随着孔口附着气泡的膨胀，气体更容易进入气泡内[17]。另一方面，特征尺度的减小使得表面张力作用更为显著，出现气泡的聚并现象，即孔口微气泡迅速生长，并与已脱离的微气泡融合使粒径增大[18]。谢建[19]在 54μm 孔径通气实验中发现，聚并现象使得数量峰值的气泡直径达到 900μm 左右，气相流量超过一定阈值时孔口气泡无间隔地形成且发生频繁聚并。气泡聚并过程中也会因界面振荡而形成粒径 20μm 左右的微气泡，但数量较少。由于聚并等不稳定流动现象，微孔产生的气泡粒径单分散性较差。

由于上述原因，直接由微孔通气制备微气泡时需要采用极小的孔径，给装置的制造加工带来困难，同时容易造成堵塞。张小波[20]采用微孔板将空气 - 丙酮气体通入水中，在表观气速 10.2 m/s 时产生了直径为 300 ～ 700μm 的微气泡，且表观气速增加时微气泡直径降低但数量增加。Okada 等[21]采用孔隙率 47% ～ 49% 的多孔陶瓷，在静止液体中制备微气泡，在较低的压差下即可产生微气泡。

Kazakis 等[22]将空气经多孔金属通入多种液体，总结发现微气泡的 Sauter 平均直径 d_{32} 满足：

$$\frac{d_{32}}{d_s}=7.35\left[We^{-1.7}Re^{0.1}Fr^{1.8}\left(\frac{d_p}{d_s}\right)^{1.7}\right]^{1/5} \tag{4-14}$$

式中，d_p 为微孔直径；d_s 为气体分布器直径。在孔口出流侧的剪切液流可促进气泡的脱离，最早出现的装置是扩散盘[23]，压缩气体由多孔板进入液体，通过扩散盘在液体中的旋转制造剪切力。徐振华等[24]和吴胜军等[25]采用微孔管配合液流剪切形成微气泡，微气泡平均粒径随压差增大或气 - 液流速比减小而减小。

为了获得粒径更小的微气泡，Zimmerman 和 Tesar 等[26, 27]提出在气体入流中引入流量振荡，使孔口气体入流周期缩短。形成流动振荡的核心元件为图 4-3 所示的射流振荡器，有一个入口和两个出口，并由反馈控制流道将出口压力分别引回入口两侧。当气体射流进入元件后，流动附壁效应（即 Conda 效应）使得大部分流量进入两个出口之一，导致该出口压力升高，经反馈控制流道迫使入口射流向另一出口偏转，由此形成两个出口周期性的流量振荡，振荡周期可由元件流道长度予以调整。气体经射流振荡器后通过微孔板，可有效地加快气泡脱落，并抑制聚并现象[28]。实验表明，应用射流振荡器可在不增加可动部件的情况下大幅减小微气泡粒径，形成的微气泡尺寸平均粒径仅略大于微孔尺寸[29]，同时可使气泡生成数量增加，尤其在气体流量较大时微气泡制备效率提升效果显著[30]。

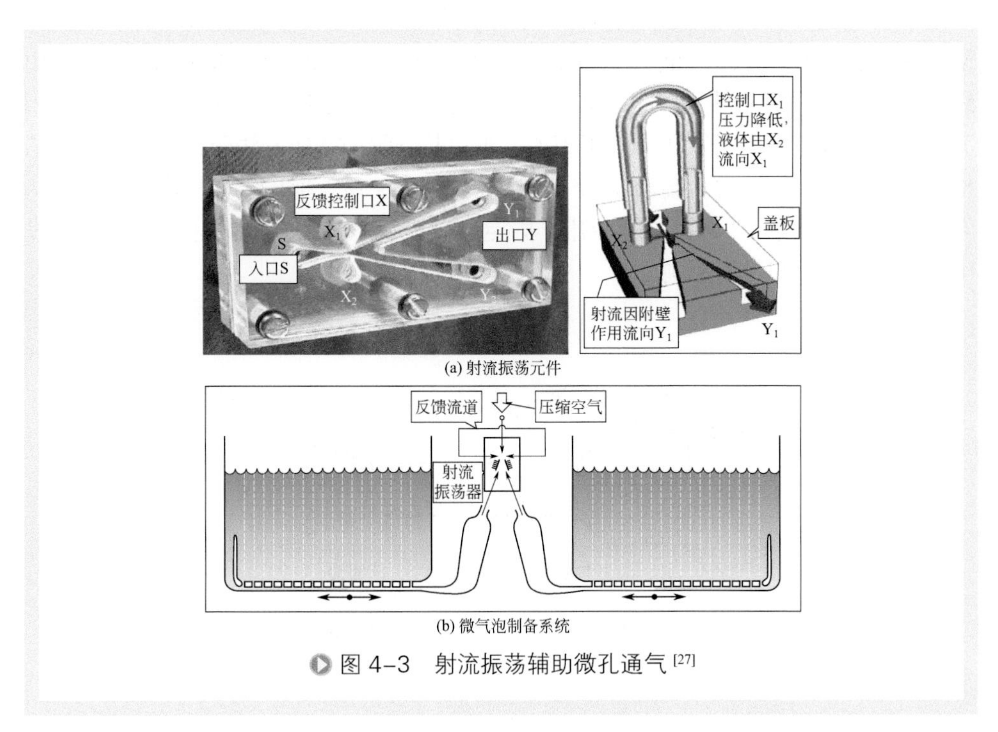

图 4-3　射流振荡辅助微孔通气[27]

三、引气-散气法

引气-散气法主要利用流场的剪切、碰撞等作用使较大的气穴破碎，形成微气泡。形成强剪切流动的流场中往往存在较强的负压区，因此这类技术中常将负压区与外界气体连通，通过负压抽吸作用将气体引入。采用引气-散气原理的微气泡发生技术主要有文丘里管法、自吸射流法、叶轮旋流法、气-液旋流法等。这类方法产生的微气泡粒径相对较大且单分散性较差，但产量和能效较高，设备成本低，在规模化应用中较有优势。

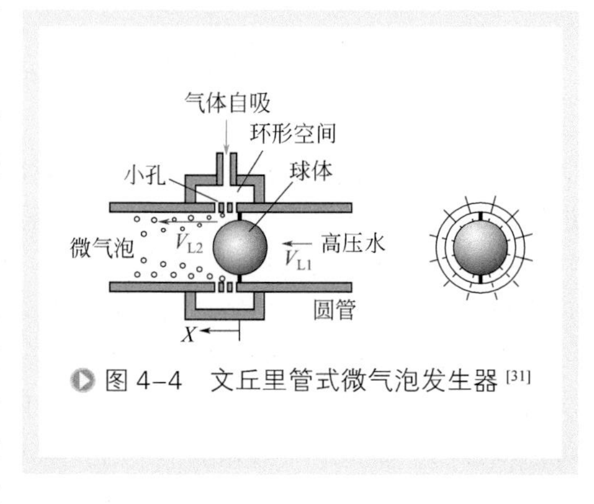

图 4-4　文丘里管式微气泡发生器[31]

文丘里管式微气泡发生器的主要结构为通流面积较小且带有开孔、与外界气体连通的喉管段，前后连通入口段和出口段。当液体流入喉管段时受节流作用而被加速，由伯努利原理可知液体压力随之降低，将外界气体吸入。在喉管段的强湍动、强剪切作用下，吸入的气体破碎成大量的微气泡。图 4-4 是 Sadatomi 等[31]提出的一种微气泡发生结构，在实验中形成了平均直径 120μm 的微气泡。将多孔材料等应用于引气孔位置，可增强气体吸入时的分散效果，在气体流量 1L/min、液体流速 10m/s 条件下可将微气泡的 Sauter 平均直径降低至 12μm[32]。Gordiychuk[33]等由统计给出了文丘里管法产生微气泡粒径的经验公式，发现粒径与液相雷诺数负相关，与气相雷诺数和引气孔尺寸正相关。张卫[34]通过 CFD 方法分析了文丘里管结构参数与内部流场压力、湍动能和气含率等参数的关系，提出了微气泡发生器结构的优化方法。颜攀[35]将该原理应用于固定床鼓泡反应器，研究了床型及微气泡发生器结构与布置方式的影响。

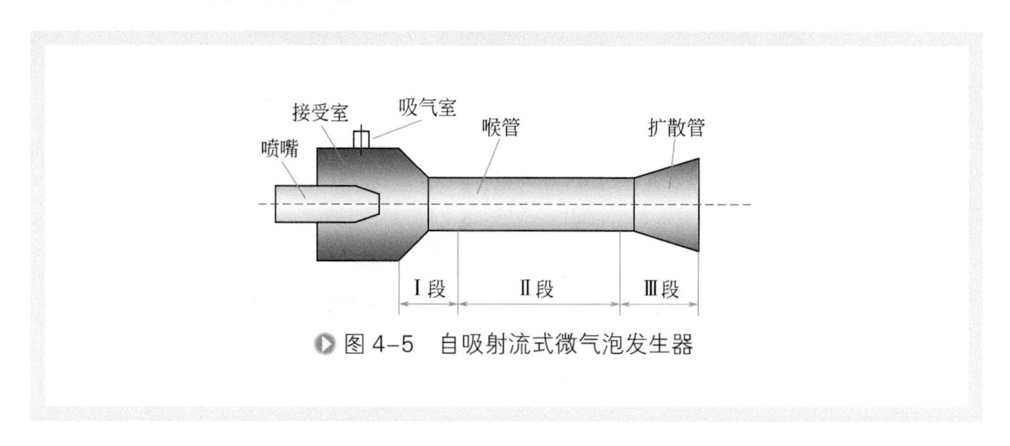

图 4-5　自吸射流式微气泡发生器

自吸射流式微气泡发生器在矿物浮选领域应用较多，其结构如图 4-5 所示，液体由喷嘴喷出形成高速射流，在吸气室产生局部负压，将气体吸入。液体射流在喉管段内分散为高速运动的液滴，气 - 液两相在剪切、碰撞等作用下充分混合。在扩散管内流动减速、压力升高，液体重新聚合为连续相，气体则被粉碎为微波气泡，形成泡状流。这类气泡发生器的参数可参考射流泵设计，可形成 0.05 ～ 0.4mm 直径的微气泡 [36-38]，气泡的最大稳定尺寸与表面张力、液体密度、成泡过程的能量耗散等因素有关 [38]。

利用叶轮的高速旋转，可以制造负压抽吸气体与液体混合，同时通过叶轮的剪切搅拌，使气体分散为微小气泡，如图 4-6 所示。

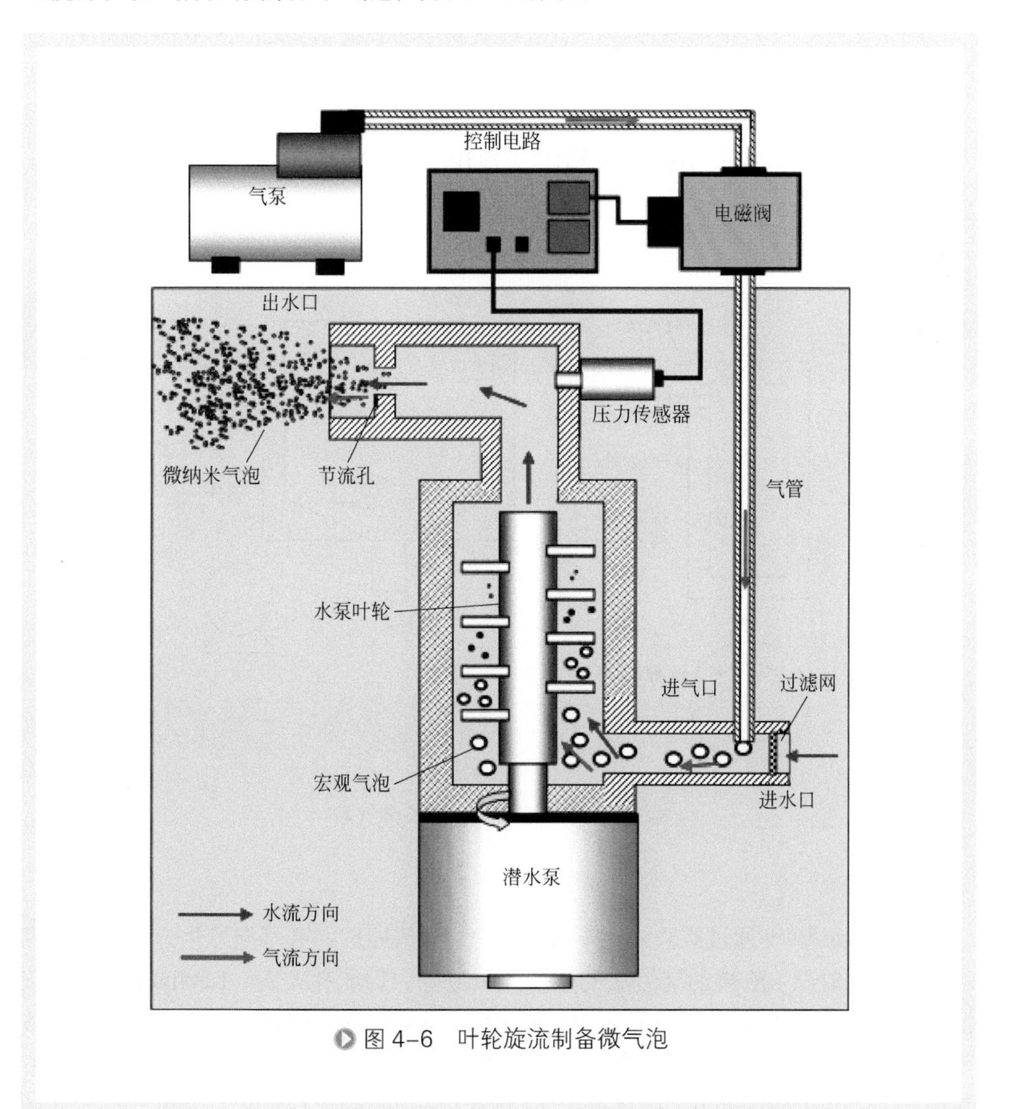

图 4–6　叶轮旋流制备微气泡

污水处理中常用的涡凹气浮工艺即通过叶轮引气、搅拌以制造大量气泡，其机械剪切作用在清水中形成的气泡通常较大（500μm 以上），但在杂质较多的废水中则易于形成较小的微气泡[39, 40]。另一类方法是将叶轮旋转与溶气 - 释气原理相结合的气浮泵技术，在泵腔内形成高压使部分气体溶解，同时叶轮将部分气体直接剪碎，在出口处设置快速降压释气装置。气浮泵技术比单纯的叶轮散气更为高效，如袁鹏等[41]将气浮泵装置用于竖流气浮反应器，在工作压力 0.4MPa、吸气量 8% 的工况下，产生的微气泡平均直径为 50μm。刘季霖[42]设计了气泵、潜水泵与节流孔组成的微纳米气泡发生装置，产生的微气泡数量峰值分布于直径 1 ～ 10μm 和 1.5 ～ 3nm 区域，有效气 - 液混合比达到 5%。

除采用叶轮旋转推动液体外，还可构造被动的旋流以促进气 - 液两相混合，并产生微气泡。大成博文等[43]提出了一种旋流剪切形成微气泡的机理，如图 4-7 所示，液体沿切线方向流入混合腔，在腔内形成旋流，利用旋流中心轴线处的低压吸入气体，在混合腔内的高速剪切和出口节流作用下，可形成 10 ～ 30μm 的微气泡。

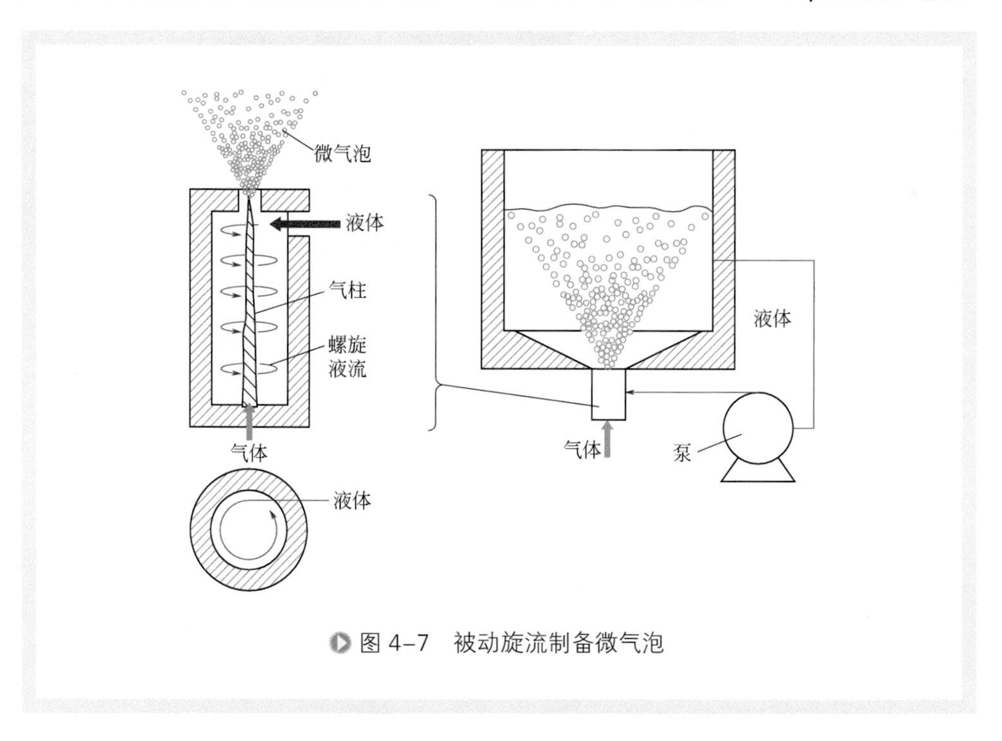

图 4–7　被动旋流制备微气泡

Terasaka 等[44]通过实验对比了多种引气 - 散气原理的微气泡发生方法，发现表观气速较低时气 - 液被动旋流法的传质效果最好，但能耗较高。Levitsky[45]利用该法生成的微气泡 90% 以上粒径为 20μm 左右，并发现提升出口压力可导致粒径分布变宽、平均粒径变大。张永忍等[46]结合 CFD 仿真优化旋流装置的结构参数，在液体流量 45 倍通体积 /min、气体流量 12 倍通体积 /min 的工况下，得到了平均直径

62.5μm 的微气泡，微气泡平均直径与气体流量正相关，与液体流量负相关。

四、微流控方法

微流控方法是微气泡制备的重要手段，这类方法主要通过构造微流道内的气 - 液两相混流产生微气泡，所得的微气泡粒径分布窄、可控性好，常用于制备单分散的微气泡群。该方法的核心元件为微流控芯片，芯片中两相混合段的基本流道结构主要包括 T 型（T-junction）、Y 型（Y-junction）、流动聚焦（flow focusing junction）、共轴流（co-flow junction）等类型，其中 T 型与 Y 型又称为交叉流（cross flow）型，如图 4-8 所示。

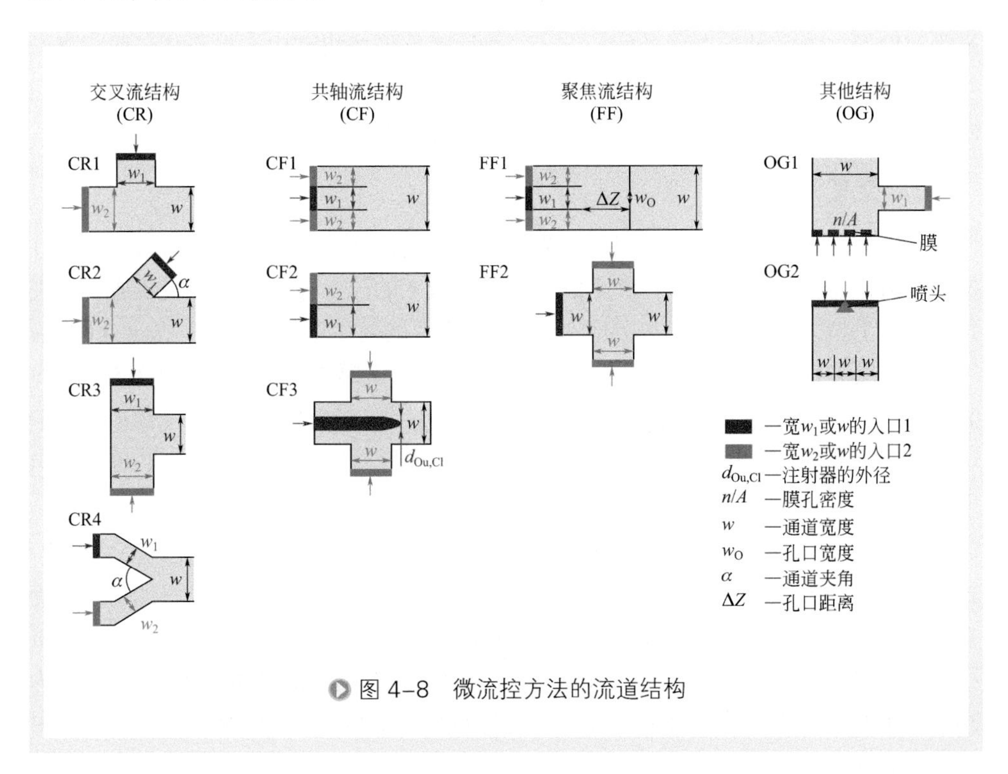

图 4-8 微流控方法的流道结构

在微流控芯片中，不相溶的气 - 液两相流体分别进入气 - 液混合段，当流场产生的应力足够大时，两相界面发生夹断而形成微气泡。在微米级尺度流动中，常采用毛细数 *Ca*（黏性力与表面张力的比值）作为表征微气泡形成过程的主要无量纲数[47, 48]。*Ca* 较小时，微气泡的形成过程为挤压模式（squeezing regime），流体静压力、表面张力起主导作用，而流体黏性的作用不显著。Garstecki 等[49]学者研究发现，挤压模式下，气体周期性地向管内填充，在接近完全充满流道时，气相的扩展受到管壁的限制。此时上游流体静压因流道阻塞而升高，进而克服表面张力作用使界面变形，最终气 - 液界面夹断形成气泡。气泡尺寸由气 - 液两相表观流速比值决定，通常气泡段长度明显大于管径。Ca 较大时，混合段微气泡的形成转为滴流模式（dripping regime），或称非受限断裂（unconfined breakup），此时流体黏性作用成为主导因素，剪切力与表面张力的平衡点附近气 - 液界面发生夹断，气泡通常明显小于管径[50]。滴流模式下气相表观流速相对液相较低，通常形成较分散的泡状流。在挤压与滴流两种模式之间，存在静压力与剪切力同时作用的过渡区域[51]。此外，在气 - 液两相流速比值较低时，还有一类射流形成微气泡的模式（jetting regime）。这一模式下气相形成细长的圆柱状突出射流，其长度可发展到数倍于管径，射流末端因 Rayleigh 不稳定性而周期性断裂形成单分散的微气泡。射流模式需要剪切或静压形成的驱动力较强以形成射流，同时射流必须具有一定的稳定性，以保持气泡的持续产生[52]。该模式在液 - 液系统中较为普遍，而在气 - 液系统中因表面张力以及强不稳定性而较难满足其发生条件。上述三种微气泡形成机理中，只有挤压模式可产生直径大于管径的微气泡，而射流模式产生的微气泡尺寸显著小于另外两类模式。微气泡形成机理的变化，对于气泡尺寸的预测具有重要影响。

1. 交叉流方法

交叉流结构中，不相溶的气 - 液两相流体分别由两个入口流入混合段。对于 T 型微流道，通常使连续相平行流入混合段，离散相的流入方向则与混合段成一定夹角。对于 T 型微流道，Fu 等[47]研究发现挤压模式的发生条件为 $10^{-4} < Ca < 0.0058$，气泡段长度 L 与微流道宽度 w 之比为 $L/w > 2.5$。滴流模式发生条件为 $0.013 < Ca < 0.1$，气泡尺寸满足$\sqrt{(L/w)(w_b/w)} < 1$。过渡模式的毛细数范围与气泡尺寸均介于上述两种模式之间。在挤压模式下，气 - 液系统可形成稳定的塞状流，气泡长度可由下式估算[47, 49]：

$$L = \alpha (Q_G / Q_L) + w \tag{4-15}$$

式中，Q_G、Q_L 分别为气相与液相流量；常数 α 与微流道内的流阻有关，而流阻受上游两相流量的影响，所以 α 应视为一可变的参数。以液相为离散相，亦可在挤压模式下形成气 - 液塞状流，如 Tan 等[53]采用空气 - 甘油水溶液系统，在夹角为 30° ～ 150° 的 T 型微流道中形成了长度为 800 ～ 3100μm 的柱塞状气泡，并给出其长度 L 为：

$$\frac{L}{w} = 0.5\left(\frac{Q_G}{Q_L \sin\theta} + \frac{2}{5}\cot\theta\right)^{1/2} Ca^{-1/5} \tag{4-16}$$

式中，θ 为两相入流夹角。Steijn 等[54]考虑了微流道结构的影响，建立了气相填充与挤压断裂两个阶段的数学模型，将上式修正为：

$$\frac{V}{hw^2} = \frac{V_{fill}}{hw^2} + \alpha \frac{Q_G}{Q_L} \tag{4-17}$$

式中，V 为微气泡体积；h 为微流道高度；V_{fill} 为填充阶段的气泡体积。

文献中常采用两相流道差异较大的交叉流结构以达到滴落模式条件，例如 Xu 等 [55, 56] 采用宽 300μm 的液相流道和直径 50μm 的毛细气相流道，可产生粒径多分散系数小于 2% 的微气泡；Chen 等 [57] 采用 2μm 直径的毛细气相流道，可产生最小直径 4.5μm 的微气泡，气泡形成频率达 7.5kHz。Fu 等 [47] 采用氮气和甘油、十二烷基硫酸钠（SDS）水溶液进行实验统计，并总结 Xu[56]、van der Graaf[58] 等学者的研究，发现滴落模式下气泡或液滴的等效相对直径与 Ca 呈指数关系：

$$r_{3D}/h = \alpha Ca^{\beta} \tag{4-18}$$

式中，r_{3D} 为离散相的等效相对直径；指数 β 在各文献中不一致，范围在 -0.11 ～ -1 之间。此外，在挤压与滴落之间的过渡区域，微气泡尺寸与气 - 液两相的流速比值有关。陈彬剑 [59] 通过实验发现，微气泡液相流率固定不变时，生成气泡的有效直径随气相压力的增大而不断变大；在相同的气相压力下，气泡有效直径随液相流率或液相黏度的增加而减小，随气 - 液界面表面张力的增大而变大。Fu 等 [47] 给出的气泡长度经验关联式为：

$$\frac{\left(Lw_{\mathrm{b}}\right)^{0.5}}{w} = 0.26\varphi^{0.18}Ca^{-0.25} \tag{4-19}$$

式中，w_{b} 为气泡宽度（略小于流道宽度）；φ 为气相与液相的流速比。

2. 共轴流方法

在如图 4-9 所示的共轴流方法中，气相由毛细喷嘴射流汇入液相流动，射流方向与液相流动方向相同。不同的流道设计与流动参数，可使共轴流中微气泡的形成机理发生变化 [60]。微流道约束下，共轴流形成微气泡的机理可分为滴流（dripping）和射流（jetting）两种模式，此外共轴流配合微节流口等结构，亦可造成流动失稳，使两相界面破裂而产生微气泡。

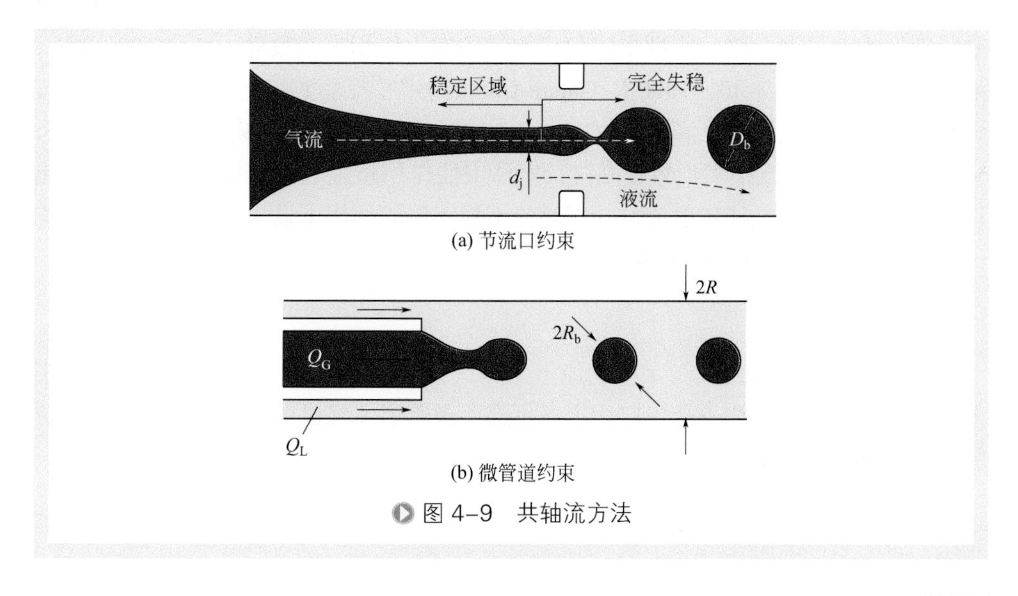

图 4-9　共轴流方法

滴落模式的微气泡形成过程主要由黏性剪切力驱动，克服表面张力作用使微气泡由喷嘴处脱落，因此毛细数 Ca 是决定微气泡尺寸的主要因素。Zhang 等[61]采用 2μm 直径毛细管引入气相射流，并设计了收缩 - 扩张段的液相流道。在 $Re \in [10^{-3}, 10]$，$We \in [10^{-3}, 10^{-1}]$，$Ca \in [10^{-3}, 10]$ 的条件下，获得了直径范围 3.5 ～ 60μm，具有高度单分散性的微气泡。气泡尺寸满足 $D_b/w=3Ca^{-0.37}$。在气相流速较高时，惯性作用不能忽略，微气泡尺寸同时受 Ca 及气 - 液两相流速比的影响，如 Wang 等[62]采用两路 T 型流道的方式构造共轴流结构，形成了直径范围 391 ～ 713μm，PDI 小于 2.9% 的微气泡列，并给出了气泡尺寸的估算公式：$D_b/w=3.26(Q_G/Q_L)^{0.072}Ca^{-0.08}$。值得注意的是，不同流道结构对于气泡尺寸估算中 Ca 与 (Q_G/Q_L) 的幂指数有较显著的影响。此外，在某些条件下可能出现周期性形成两个不同尺寸微气泡的情况[62]。

气 - 液两相的共轴流也可由射流模式产生微气泡，其条件为气相与液相的雷诺数均远小于 1，液相毛细数大于 5，且气相流速远小于液相流速。Castro-Hernández 等[63]发现，这种情况下剪切应力可克服表面张力，形成稳定的细长射流并在末端产生微气泡，射流长度 $L_j \propto wCa$，降低气 - 液两相流速比可使微气泡尺寸减小。van Hoeve 等[64]采用静态 Stokes 方程研究了圆管中气 - 液两相共轴射流的速度分布，推导发现气相射流的半径 $\tilde{r}$ 满足$\tilde{r}/R \propto (Q_G/Q_L)^{\beta}$，其中 R 为圆管半径。幂指数 $\beta \in [1/4, 1/2]$，取值决定于气 - 液两相黏度比。气泡形成的频率$\omega \sim Q_L/(\pi R^2 \tilde{r})$[65]，所得微气泡的半径 R_b 满足 $R_b/R \propto (Q_G/Q_L)^{(1+\beta)/3}$。特殊情况下，气相黏度可忽略时有 $\beta=0.25$，$R_b/R \propto (Q_G/Q_L)^{5/12}$。

在出口处无完整流道的情况下，也可由共轴流方法产生微气泡。Ganan-Calvo 等[66]采用薄壁节流口代替微管道约束液相流动，获得了单分散性良好的 10μm 级微气泡列。液流包裹的气柱因惯性作用产生绝对不稳定性，使气柱尖端周期性地自激断裂形成微气泡。这一原理形成微气泡的条件为气相雷诺数 $Re_G \in [0.07, 14]$，液相雷诺数 $Re_L \in [40, 1000]$。Ganan-Calvo 等[66, 67]通过实验与理论研究指出，该结构形成的微气泡直径满足 $D_b/D \propto (Q_G/Q_L)^{0.4}$。对于完全无约束的气 - 液共轴流，Vega 等[68]发现在气相韦伯数较高时，气体惯性作用超过毛细作用，使气相在入流口下游形成细长的气柱状射流，并在对流不稳定性的作用下发生断裂，形成尺寸均一的微气泡，其直径满足 $D_b \propto (Q_G/Q_L)^{0.5}$。

3. 流动聚焦法

流动聚焦法采用近似十字形的流道结构，如图 4-10（a）所示，包括一个气相入口、两个液相入口和一个出口，出口可连接微管道或经过节流孔进入较宽的下游流道，如图 4-10（b）所示。

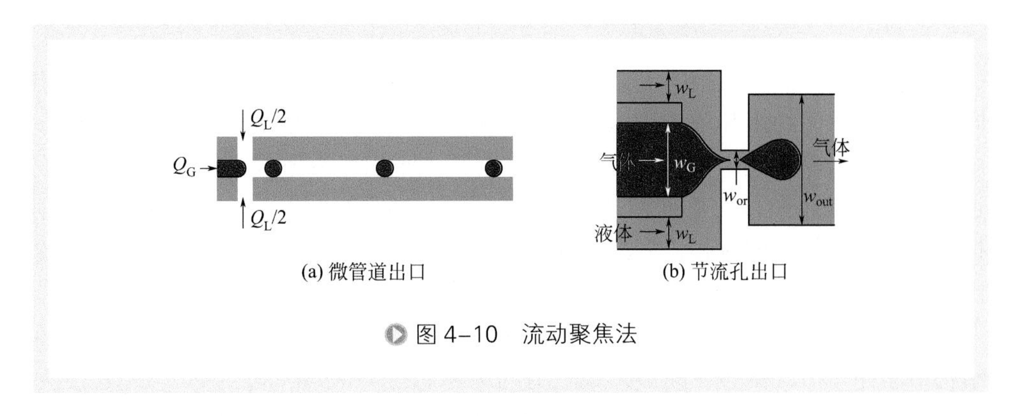

(a) 微管道出口　(b) 节流孔出口

图 4-10　流动聚焦法

Garstecki 等[69, 70]采用了带节流孔的流动聚焦微结构制备微气泡，在 0.01~10 的雷诺数下得到了尺寸 5 ～ 500μm 的微气泡，气泡产生频率超过 10^5Hz，PDI 低于 2%。所得气泡的体积可由气体流速及气泡形成周期的乘积计算，气体流速由 Hagen-Poiseulille 方程给出，$Q_G \propto p_G h^4/(\mu_L L)$，其中 h 为节流孔高度，L 为出口流道长度。该流道结构中气泡形成周期与液相流速成反比[71]，即 $T \propto 1/Q_L$。因此，有 $V_b \propto Q_G/Q_L$，或 $r_b/h \propto (Q_G/Q_L)^{1/3}$。通过调节气 - 液两相流速，可以独立地控制气泡尺寸与气 - 液混合比。

针对带节流孔的流动聚焦结构中气泡的形成原理，Garstecki 等[71]发现，气柱的收缩断裂可分为两段过程。前期过程中气柱直径线性收缩，且收缩速度远低于毛细力驱动下气柱收缩速度的理论值。Guillot 等[72]学者指出，在较低的毛细数下（$10^{-3} < Ca_L < 10^{-1}$），气柱收缩主要由压力驱动，即由于气柱的阻塞作用，导致上游压力升高，挤压气柱使之收缩。气 - 液界面脱离壁面之后，Rayleigh-Plateau 不稳定性的作用使得气柱颈部收缩速度加快，且收缩过程转为非线性。Dollet 等[73]发现在后段非线性过程中，气柱颈部最小直径 w_m 的收缩过程满足 $w_m \propto (T-t)^{1/3}$，且收缩过程不稳定。多项研究表明，由于气柱周围液体流动的影响，上式中的幂指数会发生一定变化，但对于其具体变化规律尚缺乏全面的研究结论。

气柱收缩过程的影响因素较为复杂。节流孔的形状影响两段收缩过程的持续时间，对于矩形截面的节流孔，减小其截面宽高比 w_c / h 可缩短较缓慢的线性收缩过程，至 $w_c / h = 1$ 时整个收缩过程均呈非线性[73]。因此，采用大宽高比的节流孔形状可使气泡脱落过程更稳定、单分散性更好。采用正方形节流孔则可提升气泡制备效率。所采用的液体性质对气泡尺寸有一定影响，在低黏条件下（<11mPa · s），气泡尺寸与液体黏度成反比[69]。在明胶溶液中，也有研究发现气泡尺寸不受液体性质影响[74]。此外，大量气泡的形成也可造成流场的变化。一方面，流动聚焦元件下游压力随气泡的形成而改变，可对气泡制备过程及效率产生影响[75]；另一方面，操作参数的变化，可能使气泡制备过程呈现高阶周期性乃至混沌性特征。例如，在气相压力与流道结构不变时，液相流速高于某阈值可导致周期性地形成两种不同尺

寸气泡[76]。

另一类流动聚焦结构的流道呈十字形，液体由两个垂直于气流方向的入口相向注入。在壁面约束和液流挤压的共同作用下，多以滴落模式形成微气泡，所形成的气泡在出口流道中呈柱塞状，其长度通常大于出口流道宽度 w_c。微气泡形成过程可分为准备阶段、膨胀阶段、收缩阶段和夹断阶段[77]。其中，收缩阶段是控制气泡形成的主要过程，气泡颈部在液流作用下线性地收缩，其收缩速度主要由气 - 液两相流速及液体黏度决定。在断裂阶段，气泡颈部形成明显的内凹，进入非线性加速的收缩至夹断过程。Cubaud 等[78]提出，对于矩形横截面流动聚焦结构中的柱塞流，由气柱断裂形成气泡的周期约为 $T=w_c/u_L=w_c^2/Q_L$，气泡速度为 $u_b=(Q_L+Q_G)w_c^2$，气泡长度为 $L=w_c(Q_L+Q_G)/Q_L$。Fu 等[79]通过对实验数据拟合，发现气泡尺寸满足 $L=1.40w_c(Q_G/Q_L)^{1.10}Re^{0.46}$。此外，流动聚焦结构中也可能以射流模式形成气泡，先在流道中形成细长的气体射流，然后尖端断裂而形成微气泡，气泡尺寸可能为恒值，也可能不均匀。射流模式形成的气泡尺寸较小，如 Castro-Hernandez 等[80]采用 $w_c=50\mu m$ 的流动聚焦结构，液相为 2% 的 Tween-80 溶液，在较小的气 - 液流量比（低于 0.03）下获得了直径 5μm 的微气泡，制备频率超过 10^5 Hz。理论研究表明，射流模式产生气泡的尺寸 d_b 满足 $d_b/w_c \propto (Q_G/Q_L)^{5/12}(u_G/u_L)^{1/12}$，这一相似律已在实验中得以验证，且与 van Hoeve 等[81]采用无表面活性剂的共轴流法所得的结论相同。

对于十字形流动聚焦结构中较常见的滴落模式，已有若干文献研究了液流夹角、液体黏度及流变学特性等对气泡形成的影响。Dietrich[82]采用不同液流入口夹角的微流道结构，实验发现液流夹角较小时形成的气泡更长，并提出气泡长宽比 $L/w_G \propto \sigma\mu_L^{1/10}(\theta/\theta_{max})^{-1/8}(Q_G/Q_L)^{1/4}$，其中 θ 为液相入口的夹角，$\theta \in (60°, 180°)$，$\theta_{max}=180°$。液体黏度的提高可看作增强了流道对气柱的约束作用，因此形成气泡的尺寸随着黏度提高而减小。在黏度 $\mu_l \in [5,400]$ mPa·s，毛细数 $Ca_L \in [0.00065,0.2]$ 范围内，气泡尺寸满足相似律：$r_b/w_c \propto (Q_G/Q_L)^{0.17}Ca_L^{-0.10}$[83]。非牛顿液相介质的流变学特性亦影响气柱收缩过程，使非线性收缩速度的幂指数发生变化[84]，但其影响规律尚有待更多的深入研究。

五、超声/声压法

由描述气泡振荡的 R-P 方程可知，周期性地改变流场参考压力，是控制气泡周期性振荡并诱使其脱落的手段之一。超声 / 声压振荡法即利用各类换能器，将电压信号转变为频率、幅值可控的周期性机械振荡或压力波，在流体中形成周期性压力变化以制备微气泡。

将声压与微孔通气结合，将声压施加于气相入流，可以控制孔口气穴的生长和脱落，以产生微气泡。Shirota 等[85]通过扬声器，在如图 4-11 所示的气相入流管路中形成一对压缩与膨胀脉冲。压缩脉冲促使孔口气穴生长，紧随其后的膨胀脉冲则迫使气穴快速收缩，导致气穴颈部断裂形成微气泡。

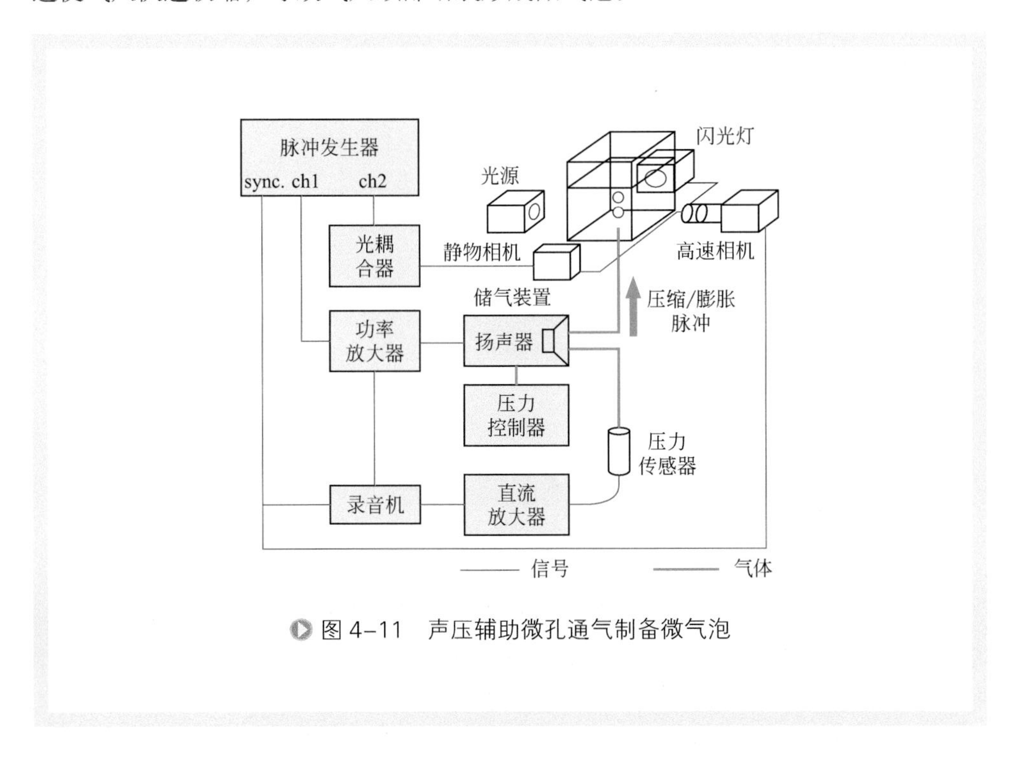

图 4-11　声压辅助微孔通气制备微气泡

实验中通过声压脉冲强度和脉冲时间间隔的分别调节，实现了气泡尺寸与脱落频率的独立控制。实验使用的孔径为 0.1mm，获得的微气泡直径范围为 0.28 ～ 0.78mm，标准差仅为 1μm 量级。他们采用考虑孔口流动黏性损失的修正 R-P 方程描述微气泡的脱落过程，模型计算结果与实验结果吻合良好。Rodriguez 等 [86] 指出，在气流速度恒定时，该方法获得的气泡粒径正比于脉冲间隔时间的 1/3 次幂。这类方法制备微气泡的单分散性极好，但可获得的最小粒径受入流孔径显著影响，且微气泡较易在孔口下游发生融合。

超声振荡作用于较大气 - 液界面时，通过气 - 液界面变形破碎产生雾化效果，也可以稳定地产生微气泡。Makuta 等 [87] 提出将超声振荡施加于较大孔径（直径 3mm）的气相入流，气体涌出入流口较短距离后，气 - 液界面在声压作用下发生破碎，使入流口外的气穴雾化而产生微气泡。实验中形成的微气泡粒径数量峰值位于 10μm 附近，远小于施加的声波波长。由于该方法中宏观气穴经过了多次破碎与雾化过程，所产生的微气泡粒径较为分散。Makuta 等 [88] 提出的另一种微气泡制备方法，将声压驻波施加于针头处的气 - 液弯月面，使弯月面轮廓上出现尖锐突出部，且周期性地形成和脱落，以产生一系列微米尺度的气泡，可制备的气泡直径最小仅为 4μm，如图 4-12 所示。

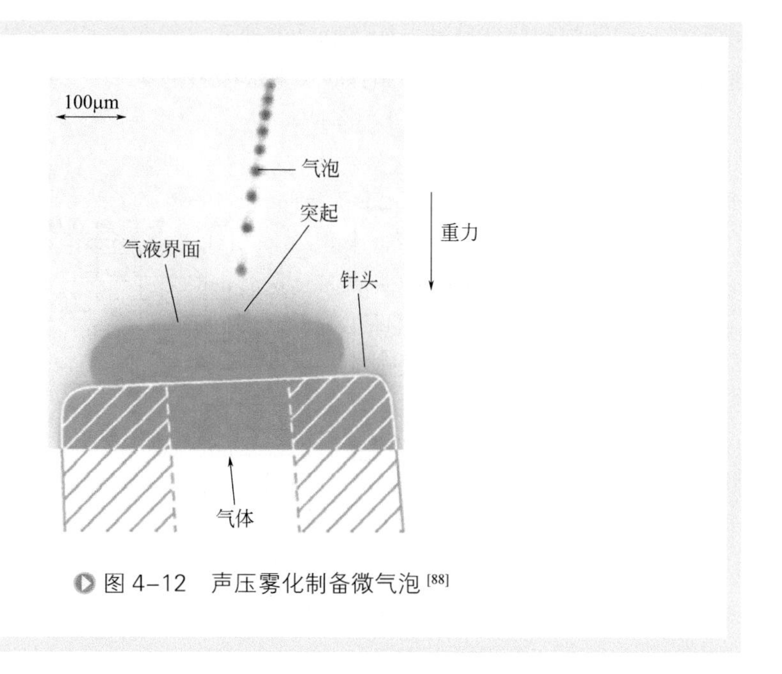

图 4-12 声压雾化制备微气泡 [88]

超声 / 声压法也可通过直接调制液相压力，诱使液体发生空化和溃灭。这一方法是制备医用有膜微气囊（coated microbubble）的主要手段之一，通常首先制备溶有微气囊填充气体与成膜材质的混合溶液，采用超声在溶液中诱发大范围的空化。压缩波与膨胀波的交替作用，使得溶液中的气核首先扩张为大尺寸空泡，之后向心溃灭。溃灭使蒸气冷凝，形成大量微米及亚微米尺度气泡构成的气泡云，气泡内为填充气体，空泡溃灭产生的高温对微气囊表面成膜起促进作用 [89]。这一方法便于大量制备有膜微气囊，且微气囊云的位置可控，因此在医学显影剂等领域应用广泛。但是，该方法产生的气泡粒径较分散，多分散系数 PDI 约为 100%，且粒径分布缺乏有效的模型描述 [90]。超声作用结束后气相的溶解度恢复，无膜的微气泡再次溶解，因此少见该方法用于无膜的微气泡制备。但是，超声空化导致的局部高温、高压等作用是声化学的基础，已在诸多化学领域广泛应用。

六、电解法

电解法主要通过电极电解水产生微气泡，电极两端发生以下电化学反应：

负极：$2H_2O+2e^- \longrightarrow H_2+2OH^-$

正极：$4OH^- \longrightarrow 2H_2O+O_2+4e^-$

总反应：$2H_2O \longrightarrow O_2+2H_2$

反应中，附着在电极上的气泡不断增大，其直径 R 与时间 t 呈指数关系，即

$R(t)\sim t^x$。根据 Wang 等 [91] 的总结，电化学反应中指数 x 约为 0.5，光电化学反应中 x 约为 0.3。附着气泡体积达到阈值后，在电场力、浮力和对流等作用下发生脱落，进入电解液中。电解法可产生的气泡粒径小（直径可小于 1μm），并可通过电极设计获得较好的单分散性。但是相对于其他方法，电解法的耗能较高、气泡产率偏低，且气泡的组分较为单一。

采用宏观电极即可大量制备小于 1mm 的气泡。为进一步减小气泡粒径，Xie 等 [92] 采用金属球表面的纳米级微突起电极，电解得到的气泡平均直径为 6μm；Sakai 等 [93] 以 200μm 的金属微纤维编制成金属网，产生了平均直径 777nm 的微气泡，但所获得的气泡粒径单分散性较差。相比于其他电极设计，加工有尖端的微探针电极具有气泡粒径小、单分散性好、产生位置可控的优点。刘季霖 [42] 采用电解钨丝的方式制备微探针电极，实现了尺寸、间距可控的微气泡制备。如图 4-13 所示，微气泡最小半径为 1.2μm，半径偏差小于 0.2μm，并发现微气泡粒径变化规律满足 $R_b \sim r/U^{4/3}$，其中 R_b、r 分别为气泡半径和针尖曲率半径，U 为施加的电压。微探针产生气泡的位置有两种可能，即仅在尖端产生与在整个探针表面产生，具体结果由电压和气泡产生频率决定 [94]。当气泡在整个探针表面产生时，粒径单分散性变差，且已脱落气泡的流动输运对气泡形成过程有显著影响 [95]。

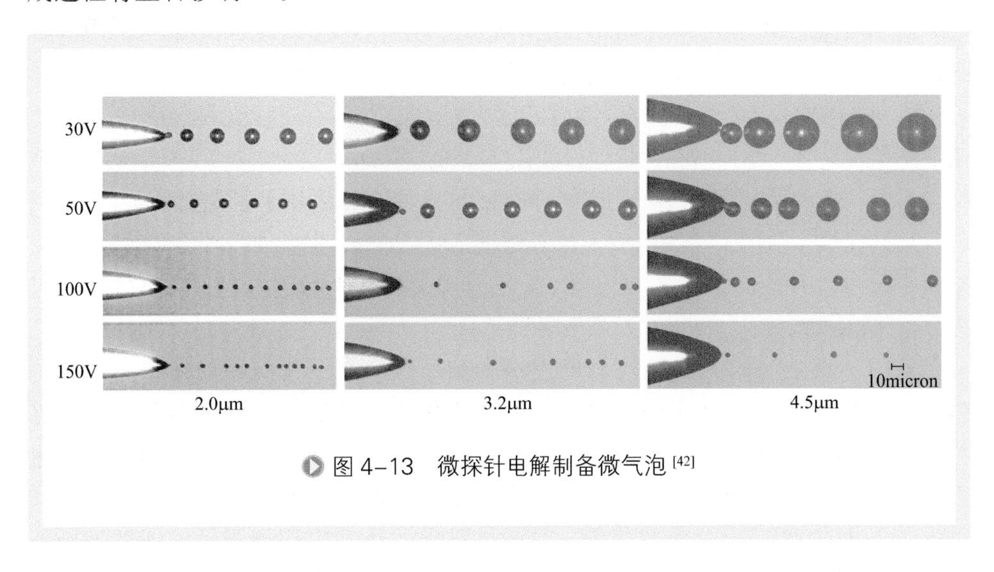

图 4-13 微探针电解制备微气泡 [42]

干预微气泡的脱落过程，使气泡加速脱离电极，可以提高电解法的效率。增大电流可直接增加气泡产率，同时使气泡粒径减小 [96]，但电流的增大亦会使热效应加剧，降低能效的同时引发电解液的热紊流，影响微气泡粒径的单分散性。通过电解液的流动对附着气泡施加拖曳力 [97]，或配合超声振荡、超重力、外加磁场等，均可有效地加速微气泡脱落，提高电解效率。电极表面性质也对微气泡的形成和脱落有重要影响，多孔结构的亲水电极表面产生的气泡数量多、速率快，且较大的孔径致使气泡产生速率提高、黏附气泡数量减少 [98]。Yu 等 [99] 提出润湿性能相反的电极均可提升电解效率，其原理分别为促进气泡快速脱落和促使气泡定向移动。此外，在电极表面构造微结构可增加气泡形成的有效面积和改变润湿性，在提升电解产泡效率方面显示出了很大的潜力，相关技术近年来发展迅速 [100, 101]。

第五节　微液滴制备技术

一、概述

微液滴制备技术是在微尺度通道内，利用流动剪切力与表面张力之间的相互作用将连续流体分割成离散的微米级及以下液滴的一种微纳技术，是近年来发展起来的一种全新的操纵微小液体体积的技术 [102]。因其具有高通量两相分割能力，吸引了众多领域研究者的关注。

自 20 世纪 90 年代初，Manz[103] 首次提出微全分析系统 (micro-total-analysis system,μTAS) 的概念以来，以微通道网络为结构特征，以化学、生物学和微机电学等学科为基础的微流控芯片技术得到了迅猛发展 [104]。与传统连续流系统相比，离散化微液滴系统具有一系列潜在优势，如消耗样品试剂量更少、混合速度更快、不易造成交叉污染、易于操控等，目前已成为一种理想的反应器，应用于研究微尺度下各种反应及其过程 [105]，并在化学和生命科学等领域拓展出重要应用，如化学合成 [106, 107]、微萃取 [108]、蛋白质结晶 [109] 等。近年来，已有许多文献对微液滴生成与控制的动力学过程 [110]、微液滴操控 [102, 111, 112] 以及微液滴的应用 [113-117] 等进行了综述。

其中，微液滴的大小和均匀度直接影响到微液滴系统应用的效果。传统的微液滴生成方式，如使用喷嘴或多孔介质等生成的液滴的大小不容易控制，且均匀度不高，从而制约了微液滴的应用。在工业生产中，填充床、超重力等也都是制备微液滴用于化工过程加强的常用手段。微液滴制备技术，按生成方式可以分为两大类。一类是被动法，即通过对微通道结构的特别设计使液流局部产生速度梯度来对微液滴进行操控，主要为多相流法（其中流体为主要动力）。该法的主要特点是可以快速批量生成微液滴。另一类是主动法，即通过电场力、热能量等外力使液流局部产生能量梯度来对微液滴进行操控和制备，主要包括气动法、电润湿法、介电泳法和热毛细管法等，该法的主要特点是可以对单个微液滴进行操控。

本节主要以微液滴的制备为切入点，回顾微液滴技术领域的发展和应用，并对此作出展望。

二、填充床法

填充床反应器（packed bed reactor，PBR），又称固定床反应器。这类反应器将固定化酶填充于反应器内，制成稳定的珠床，然后，通入底物溶液，在一定的反应条件下实现酶催化反应，以一定的流速收集输出的转化液（含产物），如图 4-14 所示为填充床反应器原理示意图。

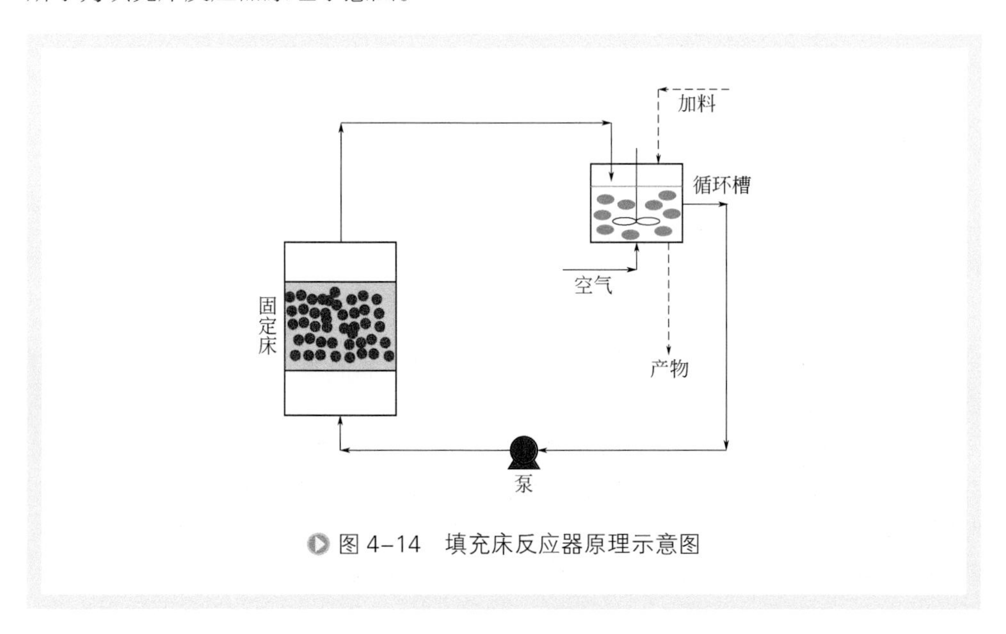

图 4-14　填充床反应器原理示意图

填充床作为新型的高效反应传质设备，广泛应用于快速反应过程，如通过快速反应沉淀的方法制备纳米粉体材料。在该制备方法中，微观混合对于产品的性能、产品粒子的分布影响显著。在制备过程中，为有效增加反应物的相界面积，往往需将反应物离散化，以增大反应物间的接触面积。因此，在填充床反应器中常常有大量微型液滴生成。

以下将讨论填充床反应器中影响微液滴生成的因素。

（1）珠尺寸对微液滴尺寸的影响　珠床是由许多形如“珠子”的固定化酶颗粒堆积而成的，其间分布着许多相互连接的间隙，这些相互连接的间隙可以被看作是相互连接的不对称毛细管，构成填充床的不规则路径。这与传统膜中的孔有点相似，特别是那些通过烧结形成类似多孔介质的填充床。显然，填充床珠粒的尺寸大小是填充床的重要参数[118, 119]。

图 4-15 为使用不同平均直径的玻璃珠，在 2.5mm 的恒定床高和 200kPa 的跨膜压力下进行微液滴制备实验，得到的不同珠粒尺寸下微液滴直径尺寸分布结果。

可以看出，随着珠粒尺寸的增大，获得的微液滴直径也逐渐变大。这是因为珠粒尺寸变大形成的间隙也会变大，导致填充床间隙对液体的剪切力减小，最终形成的液滴变大。

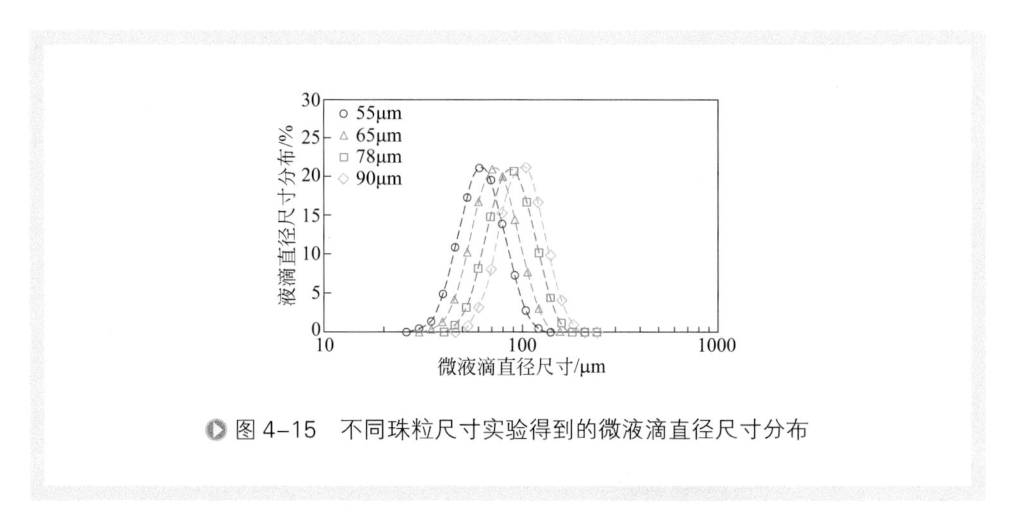

图 4-15 不同珠粒尺寸实验得到的微液滴直径尺寸分布

（2）床高对微液滴尺寸的影响　填充床的高度也是影响填充床反应器中生成液滴尺寸的重要参数。

如图 4-16 所示，在施加 200kPa 的压力下，使用不同床高 (1 ～ 20mm) 进行反应，结果显示液滴尺寸随着床高的增加而增加。实际上，该情况下液滴尺寸的增加归因于随着床高高度增加，液体在珠床间隙的流动速度降低，从而导致间隙对液滴的剪切力减小。因此，随着床高的增加，形成的液滴尺寸增大 [119]。

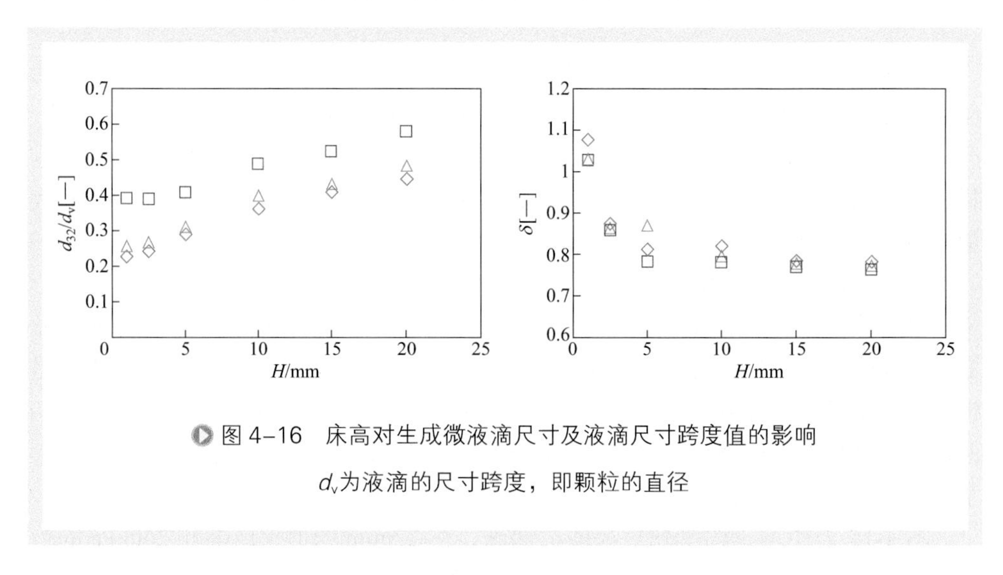

图 4-16 床高对生成微液滴尺寸及液滴尺寸跨度值的影响

d_v为液滴的尺寸跨度，即颗粒的直径

另外，液滴尺寸跨度值 δ 则是随着床高的增加而大幅下降，达到一定的极限后

几乎保持不变。同样的，这是因为随着液滴通过间隙次数的增加，不规则间隙的影响逐渐被抵消，液滴尺寸逐渐趋向于一致。

（3）跨膜压力对微液滴尺寸的影响　跨膜压力直接影响液体在珠床间隙中流动的状态，自然也会对最终形成的微液滴产生影响。随着施加压力的增加，液滴尺寸减小，这是因为跨膜压力增加后，较高的流动速度以及由于活性空隙数量增加导致空隙内对液滴的剪切增加所导致的。值得注意的是，无论施加的跨膜压力如何，液滴尺寸都比间隙尺寸小得多，已有的实验表明其中液滴与间隙尺寸比值在 0.2 ～ 4.1 之间 [120]。

三、超重力法

气、液、固中的两相或三相传质是化学工业及许多相关领域中的基本过程。两相传质设备如填料塔、板式塔、搅拌槽等的传质效果除与接触面积大小、气 - 液流动状况、气 - 液本身的特性等因素有关外，还与重力加速度 g 密切相关。由于重力场中 g 是一个常数，而一般的传质设备在重力场下传质和反应过程缓慢，致使强化传质过程受到限制，最终导致常规设备体积大，空间利用率低，生产强度难以提高，而且对黏度大的液体或非牛顿流体难以进行有效操作。20 世纪 70 年代末，英国 ICI 公司受美国宇航局在太空失重时传质无法进行这一实验结果的启发，设计出了在超重力场中强化传质的装置——旋转填充床 [121]。

所谓超重力指的是在比地球重力加速度 ($9.8m/s^2$) 大得多的环境下物质所受到的力。在地球上，实现超重力环境的简便方法是通过旋转产生离心力而模拟实现，其基本机构如图 4-17 所示。它主要由转子、液体分布器和外壳组成。转子为核心部件，主要作用是固定和带动填料旋转，以实现良好的气 - 液接触。超重力设备的工作原理如下：气相（或液相）经气体进口管引入超重力机外腔，在压力梯度的作用下由转子外缘处进入填料；液体由液体进口管引入转子内腔，在转子内经过填料层时，周向速度增加，所产生的离心力将其推向转子外缘；在此过程中，由于离心力作用于液体，使液膜

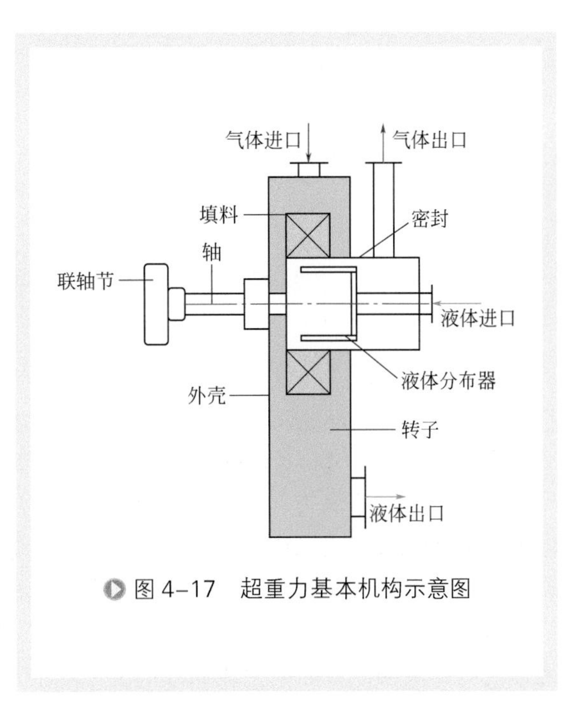

图 4-17　超重力基本机构示意图

变薄，传质阻力减小，液体被填料分散、破碎形成极小的、不断更新的微元，曲折的流道则进一步加剧了界面的更新。液体在高分散、高湍动、强混合以及界面急速更新的情况下与气体以极大的相对速度逆向接触，显著地强化了传质过程。而后，液体被转子甩到外壳汇集后经液体出口管离开超重力机，气体自转子中心离开转子，由气体出口管引出，完成整个传质和/或反应过程。

实际上，超重力机所处理的物料可以是气-液、液-液两相或气-液-固三相。气-液可以并流、逆流或错流。无论采用何种形式，超重力机总是以气-液、液-液两相或气-液-固三相在模拟的超重力环境中进行传递、混合及反应为主要特征。在将超重力应用于化工过程加强时，液体在超重力作用下会被剪切成微小的液滴、液丝和液膜。液滴、液丝的尺寸和质量则决定了传质或反应过程的效率和质量。以下将讨论旋转填充床中微液滴生成的特点。

（1）液滴直径随径向的变化　由图4-18所示液滴平均直径沿床径向的变化，可以看出，液滴平均直径随半径增加而减小，表明填料对液滴的不断剪切作用，使液体微元的尺寸不断减小。

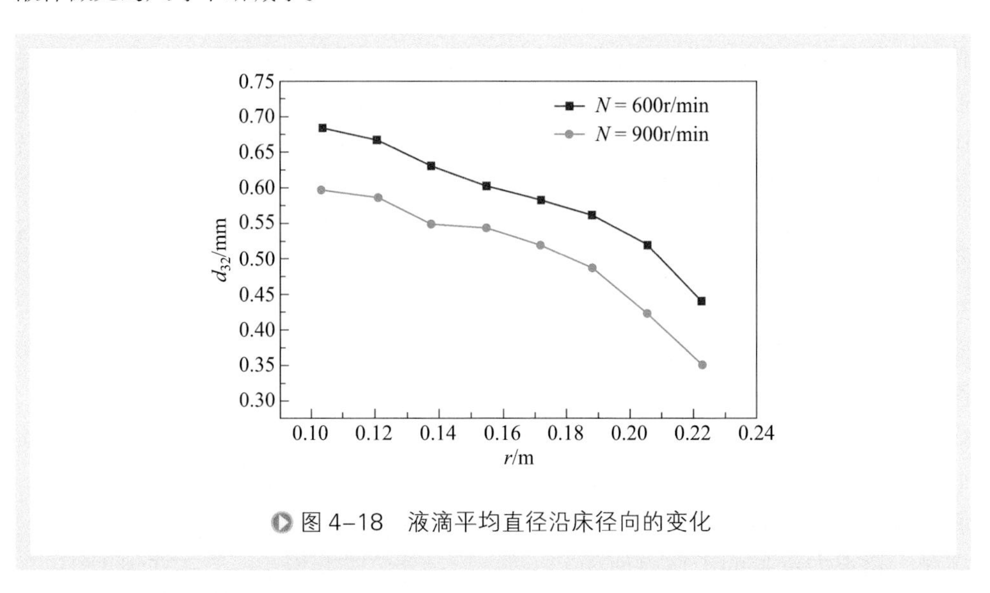

图4–18　液滴平均直径沿床径向的变化

由图4-18同时可以看出高转速下，液滴的直径更小。需要注意的是这一液滴直径并不是填料内部的真实直径大小，而只是表明经过此层填料后液体被分散的一个程度。它表征了填料对液体的剪切效果，液滴直径越小，剪切效果越强[122]。

（2）转速对液滴直径的影响　图4-19显示，随着旋转填充床转速从200r/min增加到1200r/min，液滴直径在0.9～0.15mm范围内变化，且逐渐减小，这进一步说明填料的作用是不断地剪切流动的液体，使液体的尺寸减小。

当转速增加时，旋转填充床内的液体会获得较高的流动速度，导致填料间隙对液体的剪切增加，从而使生成的液滴直径减小[122, 123]。这与普通填充床跨膜压力增加时产生的微液滴直径减小的原理类似。

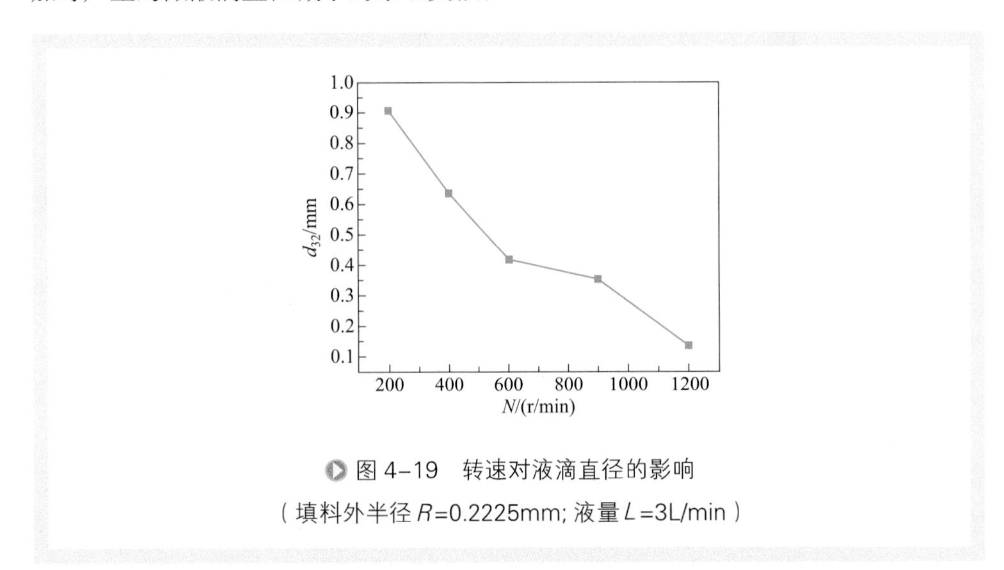

图 4-19　转速对液滴直径的影响

（填料外半径 R=0.2225mm；液量 L=3L/min）

四、多相流法

在前几小节中，讨论了传统工程应用中可以生成微液滴的方法。而作为目前最活跃的领域和发展前沿，接下来将重点介绍多相流法。

多相流法是通过对流体微通道结构的独特设计以及对流体流速的控制，利用液流间的剪切力、黏性力和表面张力的相互作用，使分散相流体在微通道局部产生速度梯度，从而被拆分生成微液滴的方法。其也是微液滴技术发展最早最成熟的技术。由于多相流法的主要驱动力为液体流体的动能，故有时也称为液相动能法。通过这种方法产生的微液滴均匀地分布在互不相溶的连续相中，形成单分散系统。有时为了减小表面张力，生成稳定的微液滴，还可以向液流中加入表面活性剂，但在多数情况下应尽可能避免添加，以防给分析物和试剂带来污染。多相流法的优势在于易对批量微液滴进行整体操控，而且实验装置简单，对芯片要求较低，不足之处是较难实现对单个微液滴的精准操控。

以下将讨论多相流法制备微液滴的几种主要方法。

（一）T 型通道法

T 型结构（T-junctions）是最简单和最早用于研究微液滴形成条件的微通道结构，于 2001 年被 Thorsen 等首次报道[124]。如图 4-20 所示，分散相与连续相通过不同的入口进入 T 型通道形成一个界面交界，当分散相的尖端进入主要通道时，连续相继续流动产生的剪切力和随后的压力梯度引起分散相拉长，直到分散相尖端被夹断形成液滴。其中液滴的大小可以通过改变流体流速、通道宽度或通过改变分散

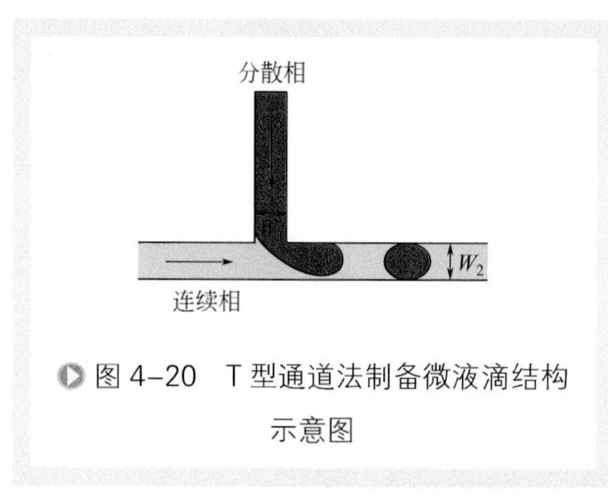

图 4-20　T 型通道法制备微液滴结构示意图

相与连续相的相对黏度来调节控制。

通过对连续相流速的改变，在 T 型通道内可以生成粒径不同的微液滴，且连续相与分散相流量比越大，微液滴生成速率越快。Nguyen 等对 T 型结构中微液滴的生成速率进行了理论分析，发现微液滴生成速率与连续相平均流速的 4 次方成正比，为准确地控制微液滴奠定了基础[125]。

1. 微管泰勒流气泡/液滴的形成机理

微管中流动的水一般为低雷诺数状态。当 We<<1 时，黏性力和表面张力占主导地位，重力可以忽略，此时毛细管数 $Ca=\mu U_b/\sigma$ 则是预测气泡流动机制的一个重要的无量纲参数。在 Ca 较小时，气泡的膜厚度可以忽略，所以气泡速度 U_b 大约等于气 - 液表观流速总和。

目前，微管泰勒流气泡 / 液滴的形成机理有两种[126, 127]。在 Ca 较小时，表面张力占主导地位，气泡的分离由气泡形成时的压降主导。气泡填充混合区域后，连续相挤压气泡直到气泡被夹断，如图 4-21（a）所示；在 Ca 较大时，剪切力占主导地位，气泡或者液滴在填充完混合区域前就被连续相剪切夹断，如图 4-21（b）所示。而 Ca 的临界值（中间过渡态）随着分散相和连续相物性的改变而改变。

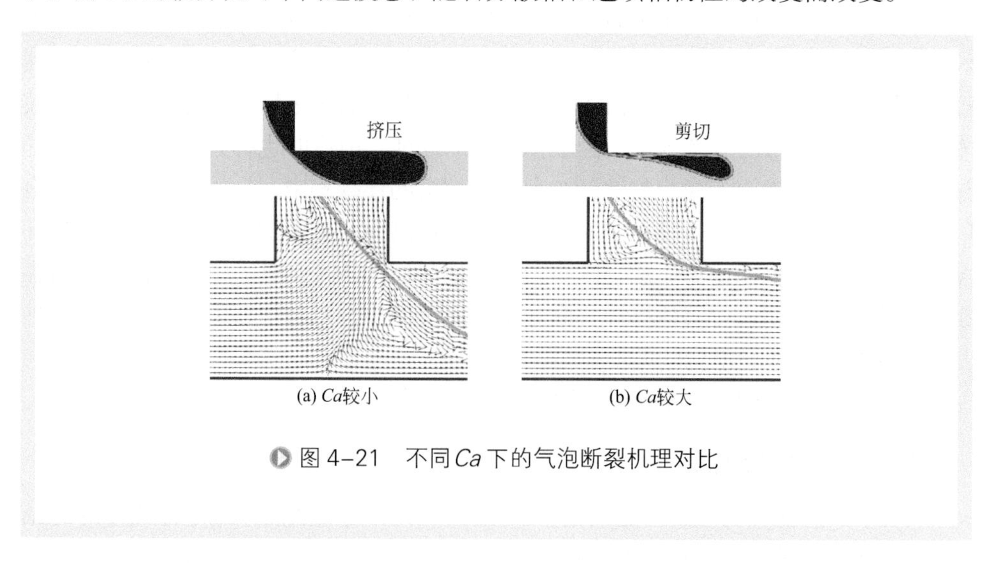

图 4-21　不同 Ca 下的气泡断裂机理对比

可以看到，在连续相流体挤压夹断气泡 / 液滴过程中，混合区域出现涡流。而在剪切力夹断气泡 / 液滴的过程中，气泡 / 液滴未完全填充微流道混合区域，连续相流体可以通过微流道，故不在混合区域形成涡流。此外，剪切力主导夹断形成气泡/液滴体积较小，也就是说，气泡/液滴的体积随着 Ca 的增大而减小。但当 Ca 增大到一定值（过渡态）后，泰勒流气塞长度不再减小，如图 4-22 所示。

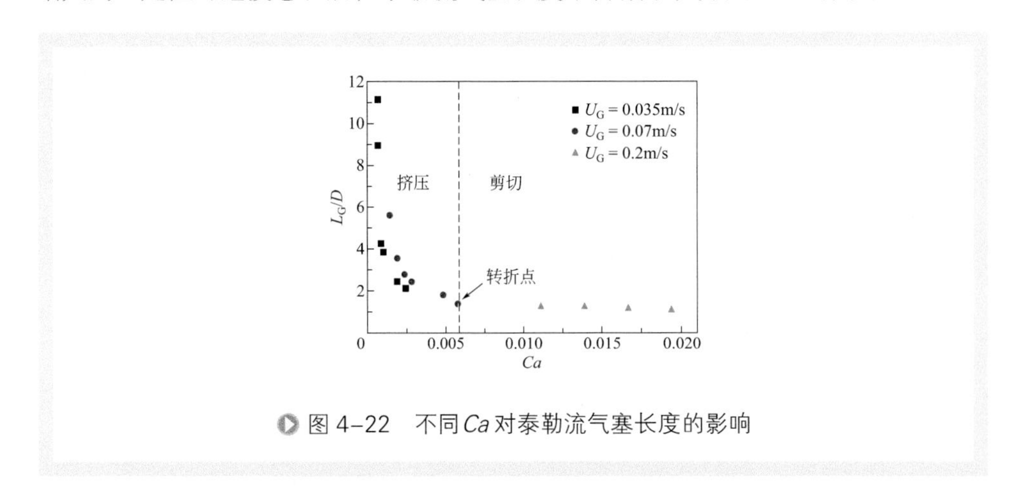

图 4-22　不同 Ca 对泰勒流气塞长度的影响

T 型通道法制备微液滴的原理虽然简单，但实际上很多因素如表面张力、液体黏度、接触角、入口几何形状、重力效应、气-液两相表观流速、流体性质、以及微管内壁润湿性等都会对 T 型通道内液滴生成过程和结果产生影响[128]。接下来将对此进行讨论。为明显区分两相流体性质对 T 型通道中段塞（液滴）形成的影响，以下讨论基于微管中的气-液两相流实验进行。另外，多相流法中的其他液滴制备方法中，影响液滴生成的因素大多类似，以后将不再详细讨论。

2. 表面张力、液体黏度和接触角的影响

由于表面张力与液体黏度都会影响系统的 Ca，而 Ca 值直接关系到 T 型通道中微液滴的生成特性，所以将表面张力和液体黏度放在一起讨论。

从图 4-23（a）可以看到，当 Ca 较小时，形成分散相段塞长度较长，且随着表面张力的增大而增大，这种趋势在 Ca 较小的情况下比 Ca 较大的情况下略明显。此外，当表面张力非常小时，分散相段塞则很难形成，这是因为表面张力接近于 0 时，微管中多相流形成分层流。

图 4-23（b）表明，当 Ca 较小时，黏度对分散相段塞的形成几乎没有影响，而当 Ca 较大时，分散相段塞的长度随着黏度的增大而减小。这进一步说明，当 Ca 较小时，表面张力占主导，而黏性决定的剪切力因为比较小，可以忽略；当 Ca 较大时，则变成剪切力占主导，这是因为黏度增大时，剪切力增大，其夹断气泡的频率更高，形成的分散相段塞长度也就越小。

以上结果与之前讨论的与 Ca 相关的微管泰勒流气泡和液滴的形成机理相符。

当然，黏性力可以决定剪切力的大小，但剪切力却不是完全由黏性力决定的。从图 4-23（c）看到，T 型通道中多相流的接触角也对分散相段塞的形成产生影响。

其中当 Ca 较大时，微管中分散相段塞难以形成，这是因为此时连续相流体主要流向与多相流的界面平行。

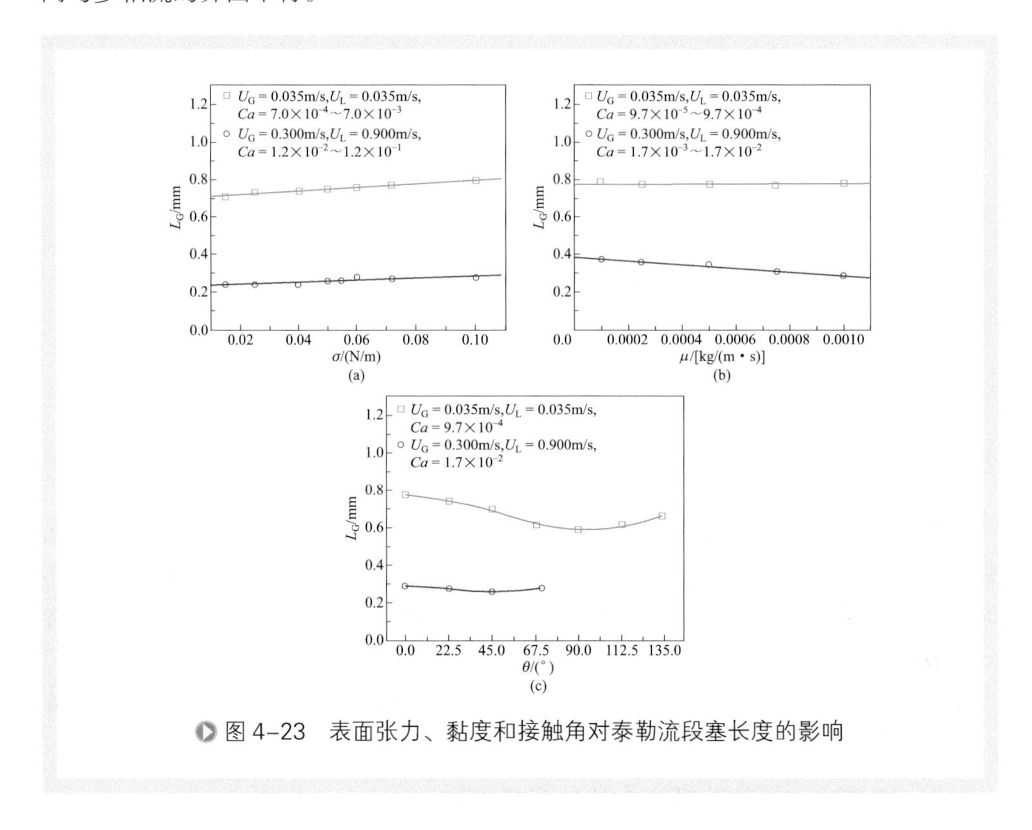

图 4-23　表面张力、黏度和接触角对泰勒流段塞长度的影响

3. 入口几何形状

前面主要讨论了表面张力和黏度对 T 型通道中微液滴形成的影响，表明 T 型通道中微液滴形成的过程实际上就是分散相流体被连续相流体拆分的过程。同样地，若在分散相流体与连续相流体接触时直接就将其打散，也应该影响通道内分散相段塞形成的过程。因此可以设计不同的入口几何形状，以研究其对微管多相流中段塞形成的影响。

如图 4-24 展示了不同 T 型混合方式对微管流动的影响。可以看到，通过混合方式 (a) 和 (b) 形成的段塞长度差别不大，然而混合方式 (c) 形成的段塞长度则明显较长。还可发现，混合方式 (a) 和 (b) 都是由液相剪切气相，而混合方式 (c) 则是由气相剪切液相。通过比较可以得出结论，为了更好地将气相和液相混合，可以采用气相和液相对冲的方式，也可以采用气相和液相垂直的方式，但都应尽量避免用气相去剪切液相。这是因为在这种流速较小的流动状态下，气相的动量不足以剪切液相使其断开形成液塞。而当两相无法较好地混合时，微管中形成的段塞自然会较长。

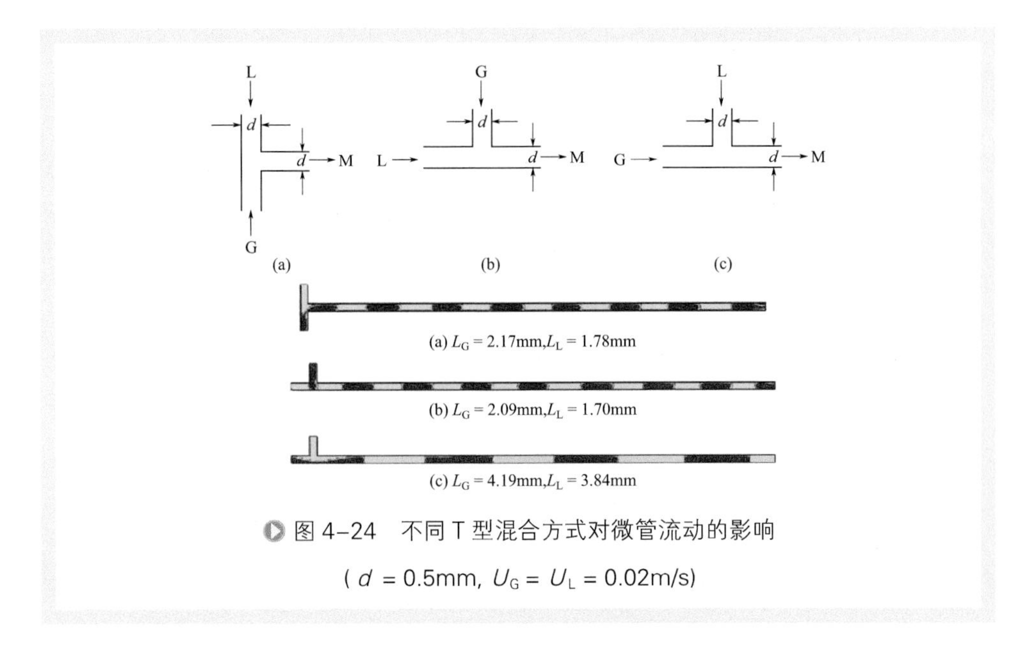

图 4-24　不同 T 型混合方式对微管流动的影响

（d = 0.5mm, U_G = U_L = 0.02m/s）

如图 4-25 展示了不同的入口尺寸对微管流动中段塞长度的影响。可以看到，尽管微通道的几何图形和体积流速是相同的，段塞的长度却是完全不同的。混合区的直径越小，形成的段塞长度就越短。这是由于混合区直径越小，流体在微通道内的表观速度更大，因此混合过程就更加剧烈，混合效果也就更好，形成的段塞长度就更短。

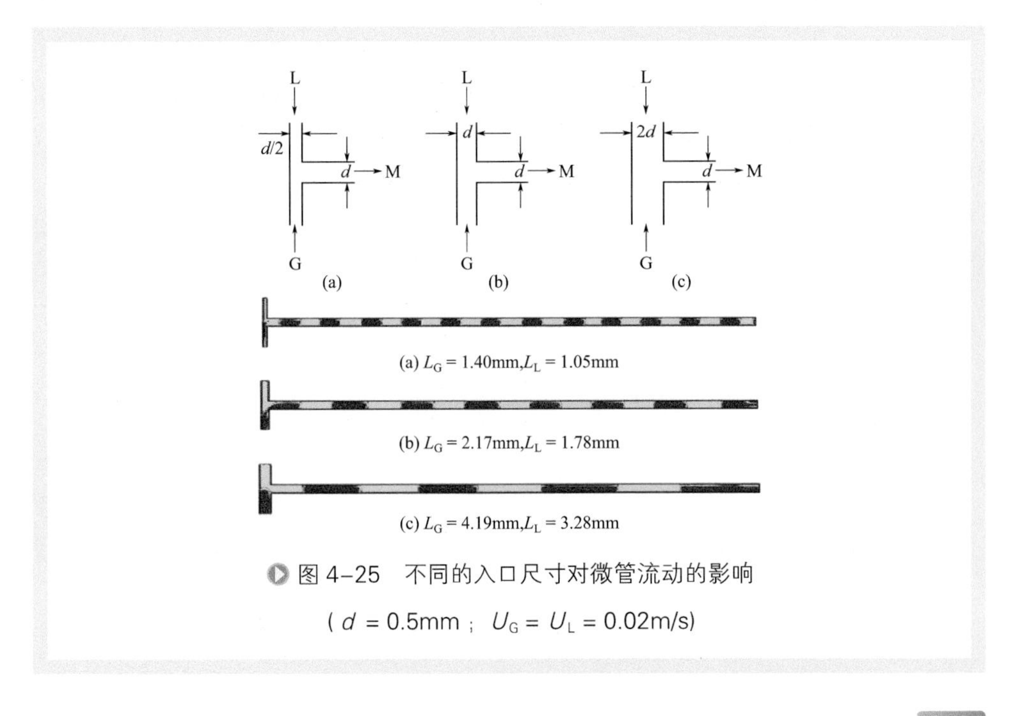

图 4-25　不同的入口尺寸对微管流动的影响

（d = 0.5mm；U_G = U_L = 0.02m/s）

可见，T 型通道中两相流的混合方式和入口尺寸都是通过混合程度来影响微通道内段塞的形成的。

图 4-26 展示了入口处不同混合等级对微管流动的影响。结果表明，入口处预混合的程度确实会影响到形成段塞的长度——入口预混合越好，形成的泰勒流段塞长度越短。这是因为入口混合越好，分散相与连续相分布就越均匀，在通道内形成段塞时所需的剪切力就越小，越容易形成较短的段塞。

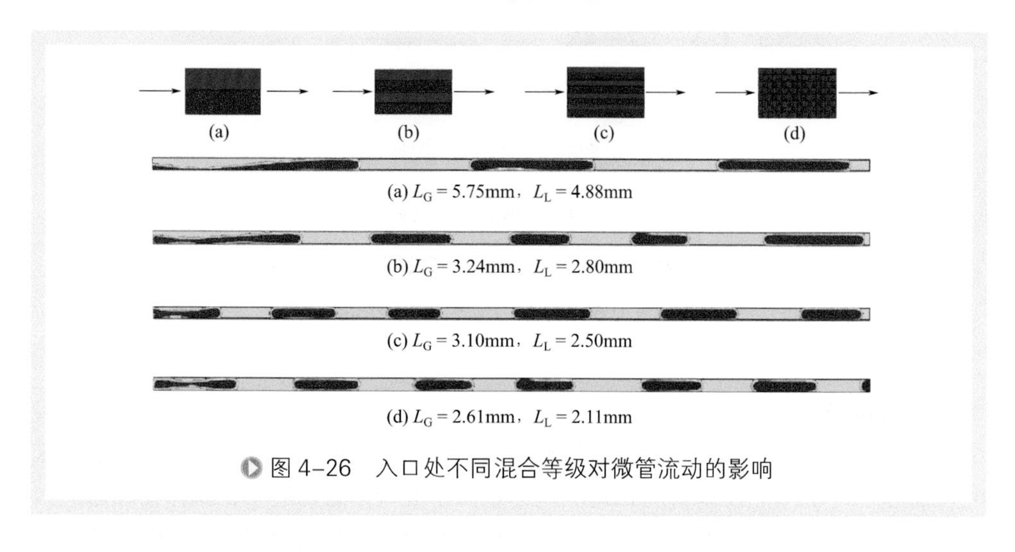

图 4-26　入口处不同混合等级对微管流动的影响

4. 重力效应的影响

在常规尺寸的管子和毫米管中，两相流模式通常由重力主导，表面张力的影响相对来说微不足道。然而在几微米到数十微米的微通道中，两相流动则主要受表面张力、黏性力和惯性效应的影响，重力反而可以忽略不计。图 4-27 通过加入重力和不加入重力的两组数值模拟分析充分说明了重力在微管流动中的作用微乎其微。

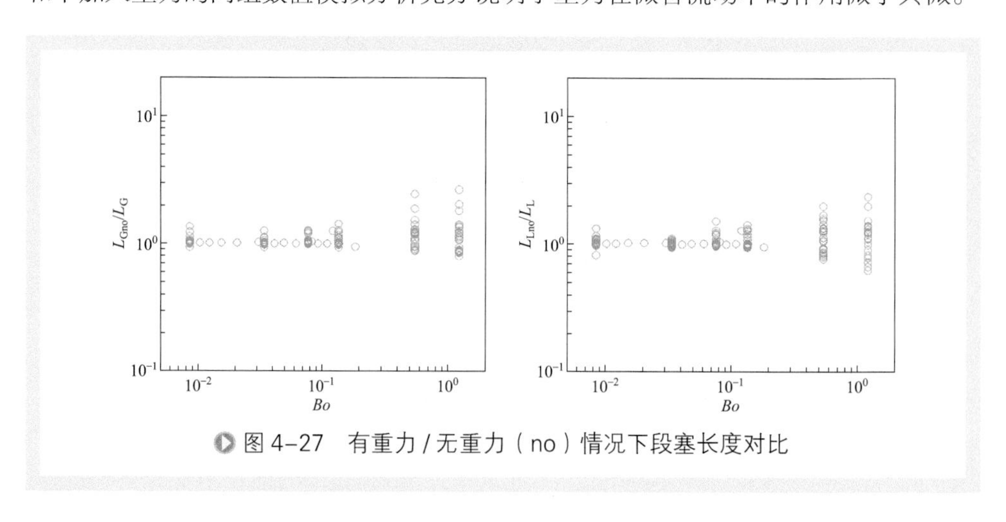

图 4-27　有重力 / 无重力（no）情况下段塞长度对比

5. 气－液两相的表观流速

下面讨论气-液两相表观流速对气塞长度的影响。由图 4-28 可见，气塞长度随着气体速度的增大而增大，随着液体速度的增大而减小。实际上，从图 4-29 中，关于液塞长度也有类似的结果。液塞长度随着气体速度的增大而减小，随着液体速度的增大而增大。这与许多实验的结果相一致。此外，通过对数据点的拟合可以发现：

① 微管尺寸越大，速度对段塞长度的影响越明显；

② 气相与液相的速度比率越大，气塞长度越长，反之亦然；

③ 且段塞长度与速度之间满足一定的幂函数关系。

6. 微管内壁的影响

作为流体的主要接触面，微管内壁对内部流体流动也具有很大的影响，其作用甚至和表面张力作用相当。如图 4-30 所示，当微管内壁亲水时，随着其接触角的增大，微管中气塞和液塞的长度都会随之减小。若微管内壁变成疏水时，气塞将和液塞长度相当。值得注意的是，这里的液塞长度是通过液塞中心长度计算得出的，与气塞和液塞的体积比稍有不同。

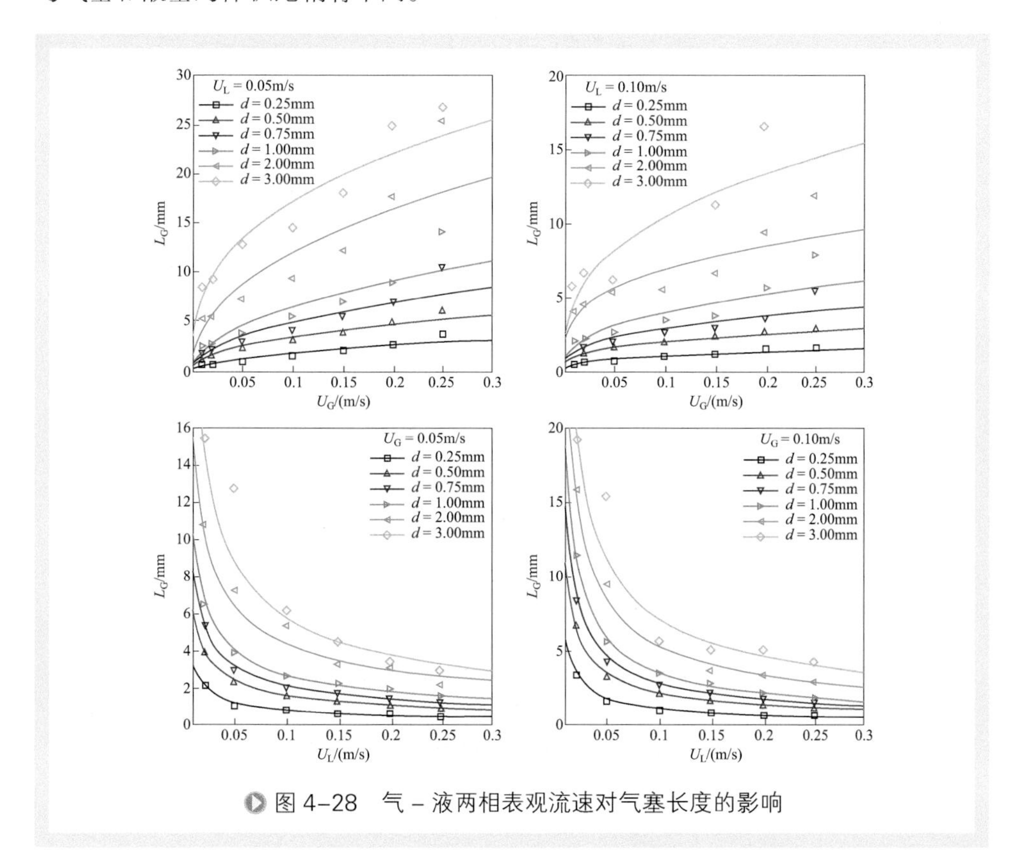

图 4-28 气－液两相表观流速对气塞长度的影响

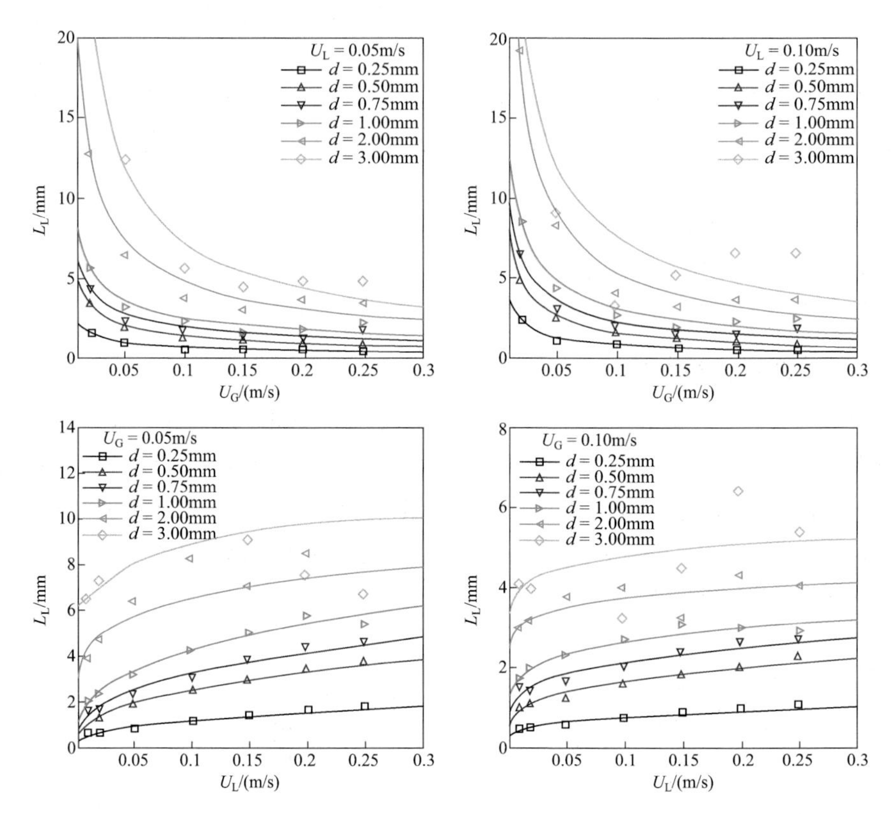

图 4-29 气 - 液两相表观流速对液塞长度的影响

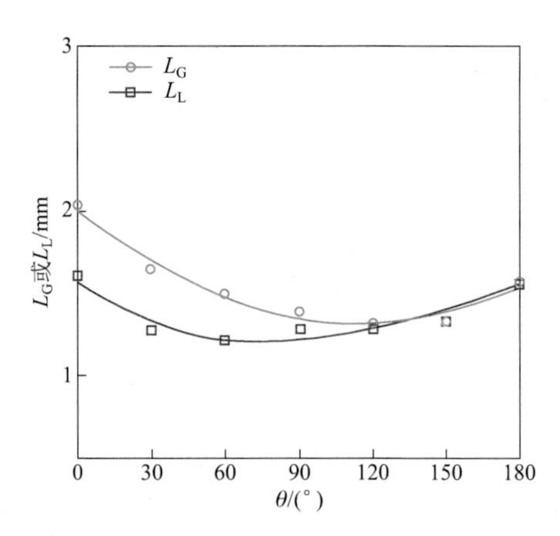

图 4-30 微管内壁润湿性对微管流动的影响

7. 液滴直径的预测

如上所述，T 型结构中影响生成微液滴直径的因素有很多，至今也没有一个普适的公式可以完全预测 T 型结构微管内微液滴形成的直径。Garstecki [129] 等详细研究了 T 型通道法液滴生成的机理，并认为在 T 型通道中，处于低 Ca 的分散相进入连续相破裂形成液滴时，两相之间的压力差起主要作用，液滴的大小仅与两不相溶的流量比有关，可以用以下方程式来表示：

$$\frac{L}{\omega}=1+\alpha\frac{Q_{\text{in}}}{Q_{\text{out}}} \tag{4-20}$$

进一步研究表明，液滴的形成不仅跟两不相溶的流量比有关，还跟毛细管数及微通道的几何尺寸有关 [130, 131]。而生成的微液滴尺寸到底该如何预测，人们至今还在探索。

（二）聚焦流动法

T 型通道法主要利用剪切力在微通道内形成微液滴，聚焦流动（flow focusing）法则主要利用两相对流的连续相流体剪切、挤压分散相形成微液滴，最早由 Anna[132] 和 Dreyfus[133] 等报道。如图 4-31 所示为聚焦流动法制备微液滴的结构示意图。

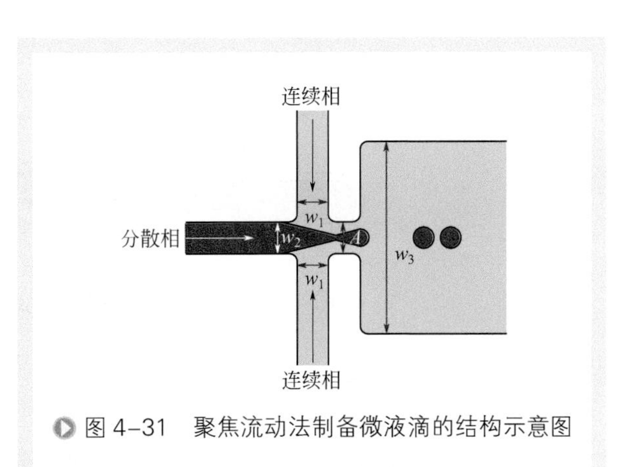

图 4-31　聚焦流动法制备微液滴的结构示意图

由图 4-31 可见，分散相和连续相被迫通过一个狭窄的通道。实际上，聚焦流动法可以说是人们在 T 型通道构型的基础上发展出来的。其设计采用对称剪切的连续相从交叉处两侧来“挤压”分散相，并利用液体前沿下游处通道的“颈状”结构，使分散相液体前沿发生收缩变形而失稳，从而形成离散微液滴。相较于 T 型通道法，这种方法可以更好更稳定地控制液滴的产生。其中流动聚焦通道前沿的“颈状”结构其实是剪切最高的奇点，该点存在于喷嘴的最窄区域，如图 4-31 中 A 点所示。其确保分散相在该点上被夹断，形成均匀的液滴。

液滴的大小可以通过改变连续相的速度进行调节，连续相流体流速越大，形成的微液滴尺寸越小。连续相流量的增加也会增加液滴生成的频率。此外，由于该设计基于剪切流体，类似的可以控制剪切力的参数都可以控制聚焦流动法生成液滴的大小，如通道几何形状、流量和黏度等特性在控制液滴生成中都起着关键作用。由于该方法和 T 型通道法的原理有很多相似之处，这里不进行一一细述。

2004 年，Garstecki[69] 等利用流动聚焦法生成了大小为 10~1000μm 的气泡，推

导出气泡体积 V_b 与分散相液体流速 v、黏度 μ 以及气相压力 p 之间满足以下关系，并进行了实验验证[71]。

$$V_b \propto \frac{p}{\mu v} \tag{4-21}$$

目前，许多基于聚焦流动法的变形设计也应运而生，其目的是为了方便应用于不同的场合。例如，在某一毛细管设计中，分散相通过微针注射，连续相则是通过包裹在微针外围的微通道流动。两相都被迫通过毛细管孔口，于是，微针内分散相形成微液滴在毛细管孔口脱落。

（三）共轴流动法

共轴流动（co-flowing）法最早由 Cramer[134] 等提出，通过在微通道内嵌入一个毛细管构成。主要利用微通道内连续相流体对毛细管内分散相进入微通道的剪切力以及流体在微通道内的不稳定性，使其形成微液滴。如图 4-32 所示。

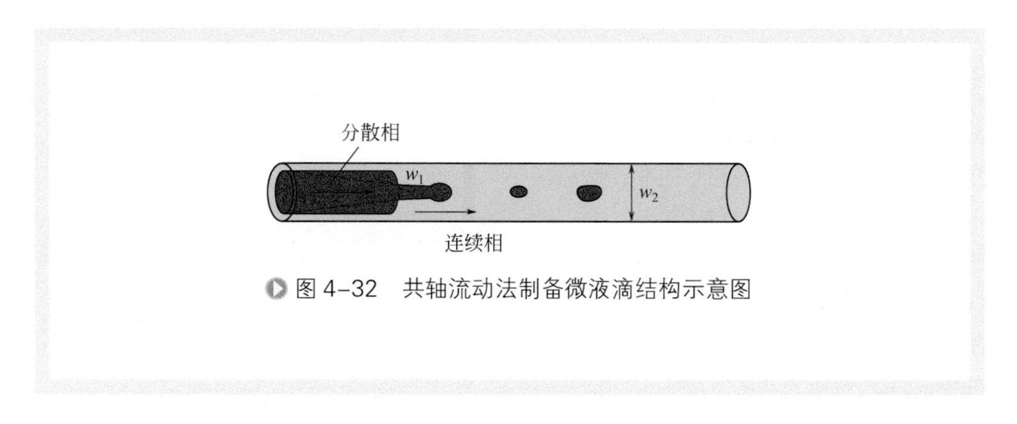

图 4-32　共轴流动法制备微液滴结构示意图

在该方法提出时，研究者提出了两种不同的微滴形成机制的假设：一种是像水滴一样在毛细管端形成——滴流原理；另一种是呈喷射状，液滴在液体从毛细管出口处喷出后形成——喷射原理。实际上这两种机理之间存在一个转换点，在滴流模型中，液滴的直径随着连续相流体流量的增大而减小。当液滴直径变得近似于毛细管内径时，液滴的滴流模型会自发地过渡到喷射模型。这是因为当分散相的流速相对较低时，表面张力起主导作用，此时分散相液滴的形成依赖于第一个机制，即滴流模型；当分散相的流速足够大时，分散相流体的惯性力比表面张力作用大得多，惯性力在液滴形成过程中起主导作用，也就是说液滴的形成依赖于第二种机制，即喷射模型。

此外，液滴形成速率和液滴的大小不仅与材料的性质有关，流体流动速率、流体黏度和界面张力都对该方法生成的液滴大小有影响。其中，随着连续相流体流动速率的增加，液滴形成速率加快，液滴半径减少，可以用一个经验公式简单预测液滴的半径：

$$2r=\left(6v\frac{T_n}{\pi}\right)^{1/3} \quad (4\text{-}22)$$

式中，r 是液滴半径；v 是分散相的流速；T_n 是液滴产生的间隔时间。

由于共轴流动法具有结构简单、产生液滴稳定等优点，其应用越来越广泛，因此，许多研究者对其进行了更深入的研究。

1. 液滴生成机制的过渡过程研究

前面提到，在缓慢流动时，液体从孔口滴落，而在更快的流动下，液体在孔口形成细流然后断裂形成液滴。以水龙头为例，流速较低时，表面张力导致水在水龙头处悬挂，直到重力超过表面张力时，悬滴滴落，而在较高流速下，水的惯性力超过表面张力，此时发生喷射。如果液体黏度大，从滴落到喷射的转变过程就比较明显。如果液体黏度小，从滴落转变为射流前就会有一段混乱的过程。但由于瑞利 - 高原不稳定性，射流最终都会断裂形成液滴。

此外，无论是滴流模型还是喷射模型，液滴的形成过程中都涉及复杂的动力学行为 [76, 132]，并受许多参数的影响，如两种液体各自的平均速度、黏度、密度、表面张力、表面化学和管道几何形状等 [135]。迄今，对于两相液滴形成机制的研究虽然很多，但尚未形成从滴流到喷射过渡的完整理论，且这种过渡的观点也还不统一，下面将介绍一种比较被认可的滴流 - 喷射过渡模型 [134, 136]。

如图 4-33 所示为共轴流动中液滴形成的实验结果。在毛细管尺寸范围内，重力的影响可以忽略不计。可见，在共轴流动中，低流速下液滴形成的特征是周期性形成从毛细管尖端夹断的单个液滴，如图 4-33（b）所示。实验还观察到从滴落到喷射的两种截然不同的过渡。第一类过渡由外部流体的流量驱动，随着连续相流体流量的增加，在毛细管尖端形成的液滴尺寸减小，直到形成射流，最后在该射流的末端下游发生断裂形成液滴，如图 4-33（c）所示；第二类过渡由内部流体的流量驱动，随着分散相流体流量的增加，悬滴被推向下游，并最终在合成射流的末端被夹断，如图 4-33（d）所示。

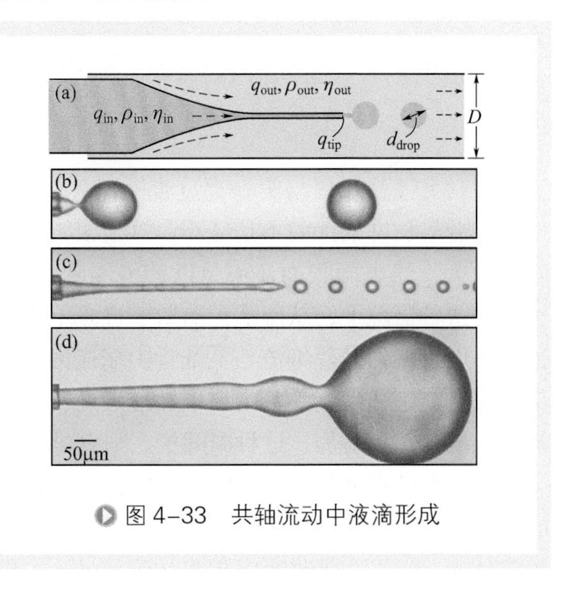

图 4-33　共轴流动中液滴形成

第一类过渡过程的特点是液柱在向下游流动时变细。在滴落状态下，不断增长的液滴会经历两个相互竞争的力量，即将其拉向下游的黏滞阻力，和使其保持在毛细管尖端的表面张力。最初，表面张力占主导地位，液滴呈悬挂状态。但随着液滴增长，阻力逐渐变大，最终导致液滴脱落且液滴的直径随着连续相流体的流速增大而减小。当直径变得近似等于临界值的时候，有一个自发过渡到射流的过程，如图4-33（c）所示。此时，射流直径（d_{tip}）随着下游距离的增加而减小，但最终达到一个恒定值（d_{jet}）。而在下游更远的地方，由于瑞利 - 高原不稳定性的原因，射流会断裂并形成直径略大于射流本身直径的液滴。

通过实验测量，可以得到共轴流动中液滴和射流形成尺寸（d_{drop}、d_{jet}）与分散相和连续相流速比 (q_{in}/q_{out}) 的关系，如图 4-34 所示。此时，可以得到结论，$q_{in}/q_{out} \approx 2(d_{jet}/D)^2$，并以此来预测共轴流动中形成液滴的尺寸。

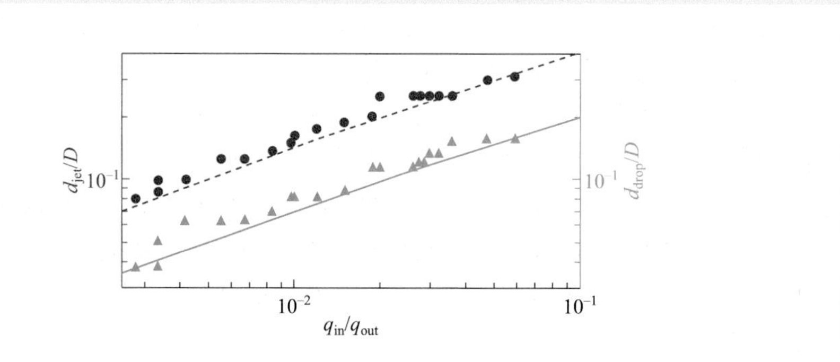

图 4-34 共轴流动中液滴和射流形成尺寸与分散相和连续相流速比的关系

第二类过渡过程与第一类过渡过程有很大差异。如图 4-33（d）可以看到，喷射直径沿其长度增加而不是减小。这是因为在第二类过渡过程中，液滴受到的黏滞阻力较大，当表面张力还不足以使液滴脱离液柱时，液柱前端被外围液体不断拉长。在这种情况下，从滴落到喷射的过渡不再突然，反而在液滴增长并向下移动的过程中仍有流体通过细流与毛细管尖端连接。但是，液滴一旦脱离，颈部细流就会部分或完全缩回到毛细管出口端并继续增长成为新的液滴，如此往复。如果分散相流体流量进一步增加，这种中间状态则有可能完全转变为喷射。

第二类过渡过程由不同的力控制，因此，通过改变不同的参数将会表现出不同的行为。由于该状态下液滴的大小取决于外围液体的黏性阻力，所以液滴尺寸与外相流体 q_{out} 有关，而改变内相流体的流速 q_{in} 并不会改变形成液滴的大小。但如果保持 q_{out} 不变，那么 q_{in} 就会影响液滴达到黏滞阻力和表面张力相互平衡的临界尺寸的速度，结果也就会影响液滴生成的速率。内相流体流速 q_{in} 越大，液滴生长速度越快，液滴形成的频率也就越高；反之，内相流体流速 q_{in} 越小，液滴生成频率越低。

当液滴脱落后，表面张力将颈部流体完全拉回到毛细管尖端，此时更大的 q_{in} 注入使得内部液体的惯性变得足够大，从而导致液滴生长和夹断的位置被推离毛细管出口端，也就是说，q_{in} 的增大会导致液滴脱落位置离毛细管尖端变远。此外，射流的大惯性力又会阻止流体颈部在液滴脱落后完全缩回到尖端，因而再次形成拖曳，最终形成如图 4-33（d）所示射流在终端变粗的情形。当内部和外部液体之间的速度差较大时，为了扩大射流，内部液体以比外部液体的平均速度大得多的速度喷射，而界面处的大剪切又会使射流减速，最终导致射流变宽。

值得注意的是，因为液滴大小是由液滴增长时的黏滞阻力决定的，故在 $\eta_{in}/\eta_{out} \gg 1$ 的条件下无论射流速度如何，射流和液滴的直径都只由喷嘴直径决定。

2. 液滴尺寸的预测研究

前面讨论了共轴流动中的滴流模型与喷射模型的过渡及其机理。下面将介绍在共轴流动中影响生成液滴尺寸的因素。前已述及，液滴形成速率和液滴的大小不仅与材料的性质有关，流体流动速率、流体黏度和界面张力均会影响生成液滴的大小。而关于操作参数（如压力、流量比和平均流速等）对液滴尺寸的影响如下文所述。

由大量仿真实例的结果来看，液滴尺寸要么接近独立，要么取决于分散相与连续相的流量比 Q_d / Q_c[137]。

当 Q_d / $Q_c \geq 0.1$ 时，液滴尺寸是近似独立于流量比并随着 Ca 的增大而减小的。有趣的是，这些数据大致遵循线性，如图 4-35 所示，这使得液滴控制十分方便。

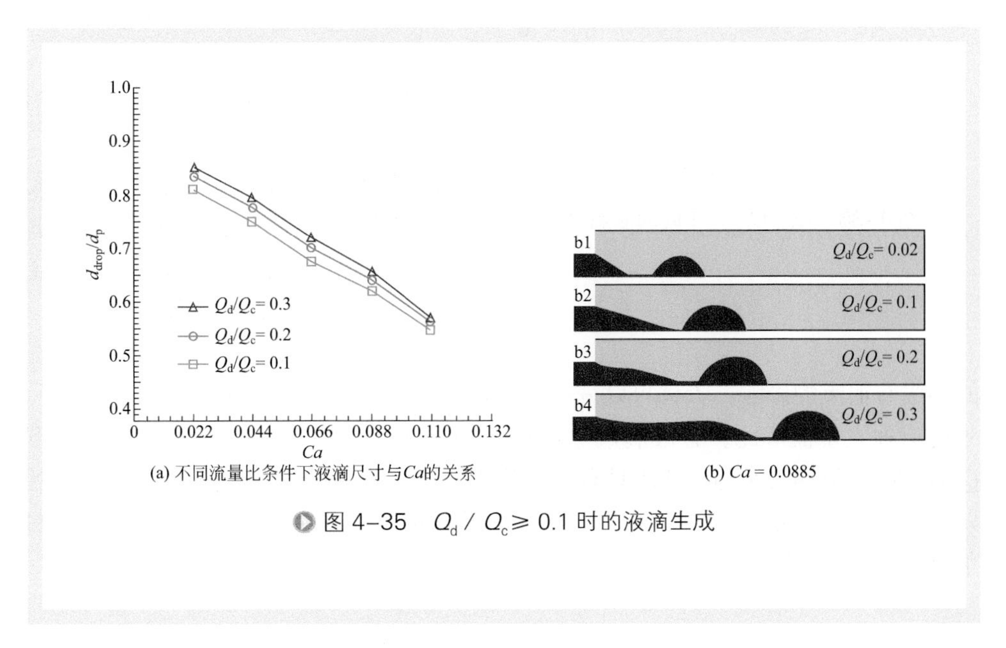

图 4–35　Q_d / $Q_c \geq 0.1$ 时的液滴生成

在图 4-35（b）中，b1 ～ b4 的液滴形成机制是有所不同的[134, 138]，比如 b1 的液滴是在毛细管尖端形成的，而 b4 的液滴则是流体射流后产生的。当 *Ca* 一定时，分散相 *Re* 会随着流量比的增大而增大，液滴形成的迹线就会变长。在此条件下可以用泰勒公式对液滴直径进行简单预测[139]：

$$d_{\text{drop}}=\frac{4\sigma\left(\mu_{\text{d}}+\mu_{\text{c}}\right)}{\dot{\gamma}\mu_{\text{c}}\left(\dfrac{19}{4}\mu_{\text{d}}+4\mu_{\text{c}}\right)} \tag{4-23}$$

式中$\dot{\gamma}$是应变率。对于充分发展的轴对称流动，可以用简单的表达式表示[140]：

$$\dot{\gamma}\sim\frac{Q_{\text{c}}}{\pi d_{\text{p}}^{3}\left[1-\left(d_{\text{drop}}/d_{\text{p}}\right)^{2}\right]\left(1-d_{\text{drop}}/d_{\text{p}}\right)} \tag{4-24}$$

当 $Q_d/Q_c<0.1$ 时，液滴形成模式和尺寸都与流速比及毛细管系数显著相关。微流体系统中的液滴大小依然可以通过调整输入流量来控制，但是这也会同时影响液滴的频率和液滴生成模式。为了解决参数选择困难的问题，可将液滴形成根据流速比和毛细管系数的变化分成四个模式，如图 4-36 所示。其中模式Ⅰ中，包括单分散液滴或具有非常小的卫星液滴的主液滴；模式Ⅱ主要形成多分散液滴；模式Ⅲ主要形成层流；在模式Ⅳ中，则仅形成单分散液滴。当连续相流体的毛细管系数显著增大时，由外部流体施加的黏性应力变大导致连续相流体挤压分散流体形成非常窄的流线，从而形成直径比管径小得多的单分散液滴。

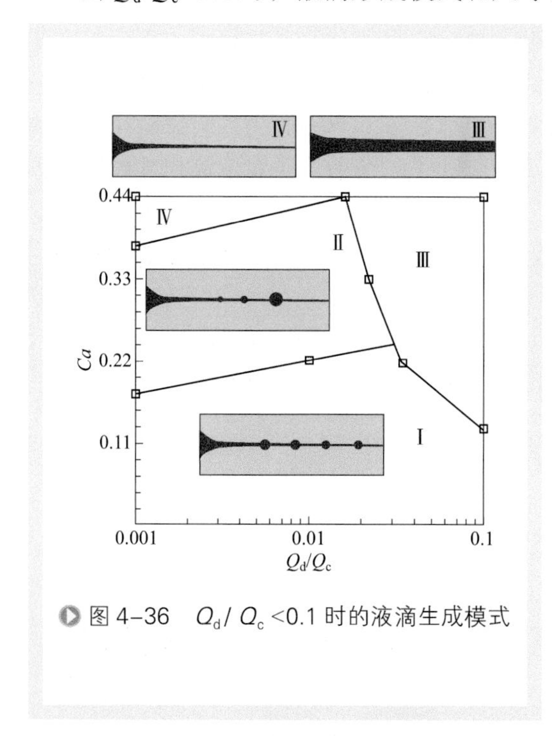

图 4-36 $Q_d/Q_c<0.1$ 时的液滴生成模式

总的来说，流量比确实对液滴的形成有很大的影响，大体可以分成两类情况进行讨论。当 $Q_d/Q_c\geqslant 0.1$，液滴尺寸近似独立于流率比，且液滴尺寸较 *Ca* 近似线性相关，液滴尺寸控制方便。当 $Q_d/Q_c<0.1$，液滴大小与流速比具有强相关性，同时考虑 *Ca* 对液滴形成的影响，可以将液滴的形成分成四种模式[141]。尤其在模式Ⅳ中，可以形成直径远小于管径的单分散液滴，这是非常有意义的。

五、气动法

气动法是指利用气体压力(正压或负压)作为剪切力和驱动力操控微液滴的技术。随着微液滴技术中多相流法的发展，气体因其黏性小、与液体物性差别大、易清除等特点受到了关注。下面介绍两种常用的气动法结构。

1. 十字交叉型通道法[102]

气动法中也有类似于多相流法中的聚焦流动的方法，利用流动的气体截断管中的液体形成微液滴，如图 4-37 所示。

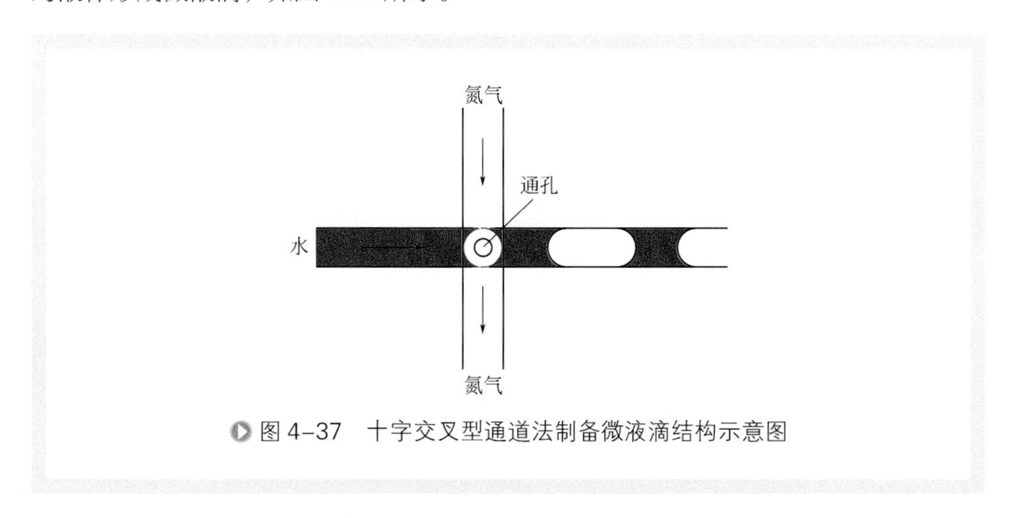

图 4–37 十字交叉型通道法制备微液滴结构示意图

首先，由于气体密度远小于液体密度，故难以用单纯流动聚焦的方式使气体夹断液体形成微液滴。要利用气体夹断液体则需要较高的压力和流速。图 4-37 中，气体(氮气)作为连续相，单方向通过开有微通孔的微管，使其在通过微通孔的过程中夹断微管中的液体，从而形成微液滴。其中，通过改变气体连续相的气压大小和流速大小可以控制生成微液滴的直径大小。

这种方法优势在于气体便于分离，对目标分散相影响小，不足则是气体对液体的挤压力有限，在制备微液滴过程中有所局限。而且，微液滴制备过程中的泄露问题也是必需考虑的难点之一。

2. 侧壁沟通式微通孔结构法

Hosokawa[142] 等在以 PDMS(聚二甲基硅氧烷)为基片和 PMMA(聚甲基丙烯酸甲酯)为盖片的芯片上利用空气压力生成微液滴，以憎水微毛细管通道 (HMCV) 为阀门，对阵列气动管道进行控制，生成了两种不同组分微液滴，再利用空气产生的正负压力使之快速混合，并对混合后的微液滴进行了检测。运用此原理，他们在由硅和玻璃组成的微流控芯片上生成了纳米级液滴，并对微液滴的形成条件进行了理论分析。

图 4-38 为气动控制微流道中微纳液滴生成过程的示意图。图 4-38（a）表示了疏水微毛细管的结构。它由总横截面 $W \times H$ 的微毛细管阵列组成，其疏水性和小尺寸使其仅允许气体通过。图 4-38（b）显示了疏水微毛细管阵列的疏水效果。图 4-38（c）显示了利用疏水微毛细管阵列进行微液滴计量操作的过程，当液体充分填充微管后，疏水微毛细管阵列通气可以将一定量的液体分离出来形成一个小液滴。在这里，疏水微毛细管阵列对于液滴就像一个阀门。

该生成微液滴的方法虽然简便可控，但由于此方法中微液滴有部分暴露在气体中，因此，不适宜对含有易挥发性成分的微液滴进行操控。

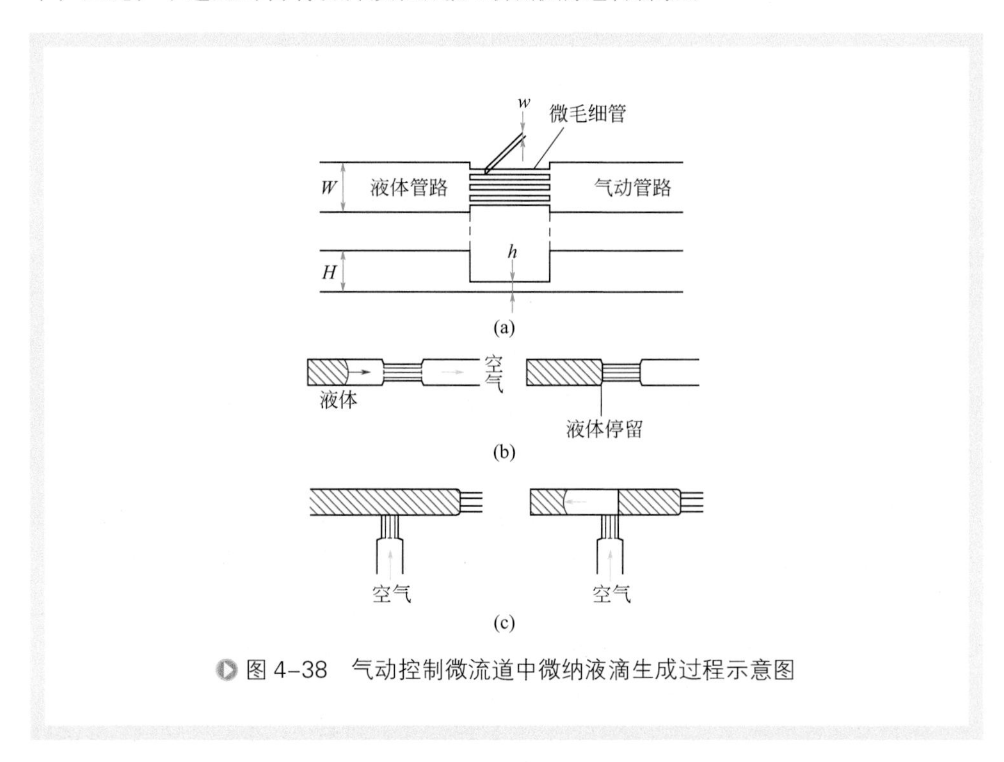

图 4-38　气动控制微流道中微纳液滴生成过程示意图

六、电动法

自从 MEMS（微机电系统）出现以来，许多微流控装置已被开发用于处理微尺度上的流体。在这些装置中，引入了许多致动方法来泵送或调节流体，如压电、静电、热气动、电磁、电泳、电渗、双金属、形状记忆合金等。气动法小节中介绍的侧壁沟通式微通孔结构法其实就是直接从微尺度上制备和操控流体，该法已经实现了对单个微液滴的精确控制。但相比于气动驱动和热毛细管控制等，电控制（电动法）更加节能和有效。

下面将介绍两种电驱动控制微流体的技术。

1. 电润湿法

介质上电润湿 (elwctrowetting on dielectric，EWOD) 最早可追溯到 1895 年，Lippmann 提出利用电或热的方法可以改变物体的表面张力 [143]。但直到 20 世纪 90 年代之后，随着微机电加工技术的出现和成熟，才使制备毫米乃至微米尺度的微流控器件成为可能。Matsumoto 和 Colgate[144] 首次将电润湿（或称电毛细管）的电控制概念引入到 MEMS。

基于介质上的电润湿法是一种电控表面张力驱动法。它通过对介质膜下面的微电极阵列施加电势来改变介质膜与表面液体的润湿特性，即通过局部改变微液滴和固体表面的三相接触角，造成微液滴两端不对称形变，使微液滴内部产生压强差，从而实现对微液滴的操作和控制。图 4-39 为电介质电势影响接触角原理示意图。

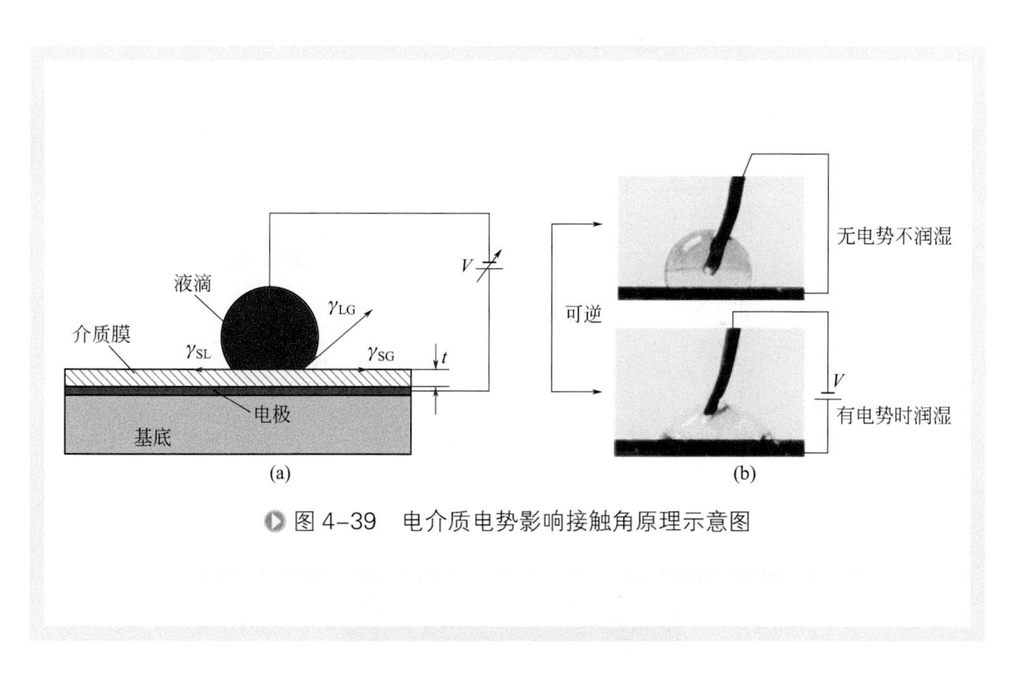

图 4–39　电介质电势影响接触角原理示意图

如图 4-39（a）所示，当施加电压时，电荷改变了介质表面上的自由能，从而导致表面上湿润性和液滴接触角的变化，这称为介质上电润湿（EWOD）现象。与传统的电润湿相比，与液体直接接触导电表面的介电层具有更好的可逆性 [145-147]。从图 4-39（b）可以看出，当电极通电时，微液滴与固体表面的三相接触角变小，微液滴可达到润湿电介质表面的效果；反之，若电极不通电，则微液滴与固体表面的三相接触角相对较大，微液滴不能润湿电介质表面，此时电介质起到了疏水作用。根据李普曼方程，还可以通过改变施加电势的大小来控制液滴接触角的变化。

由此可见，液滴在疏水表面滚动角小，即易滚动，其根本原因是表面张力作用导致微液滴与固体表面的相互作用力小。如图4-40所示，在数字微流体电路中，不难想象，通过不断改变不同阵列处的电势，当某一处的微液滴所在电介质处于未润湿状态，而相邻的电介质处于可润湿状态时，该微液滴就极易运动至相邻位置，从而实现微液滴的输运，使得微液滴按照设计的方式运动。而如果使某液滴的两端润湿并保持中间不润湿，并将液滴纵向拉长，就可以使其从中间被夹断，变成两个更小的液滴。基于此，可以实现微液滴的生成、切割（夹断）、聚并和输运[116]。

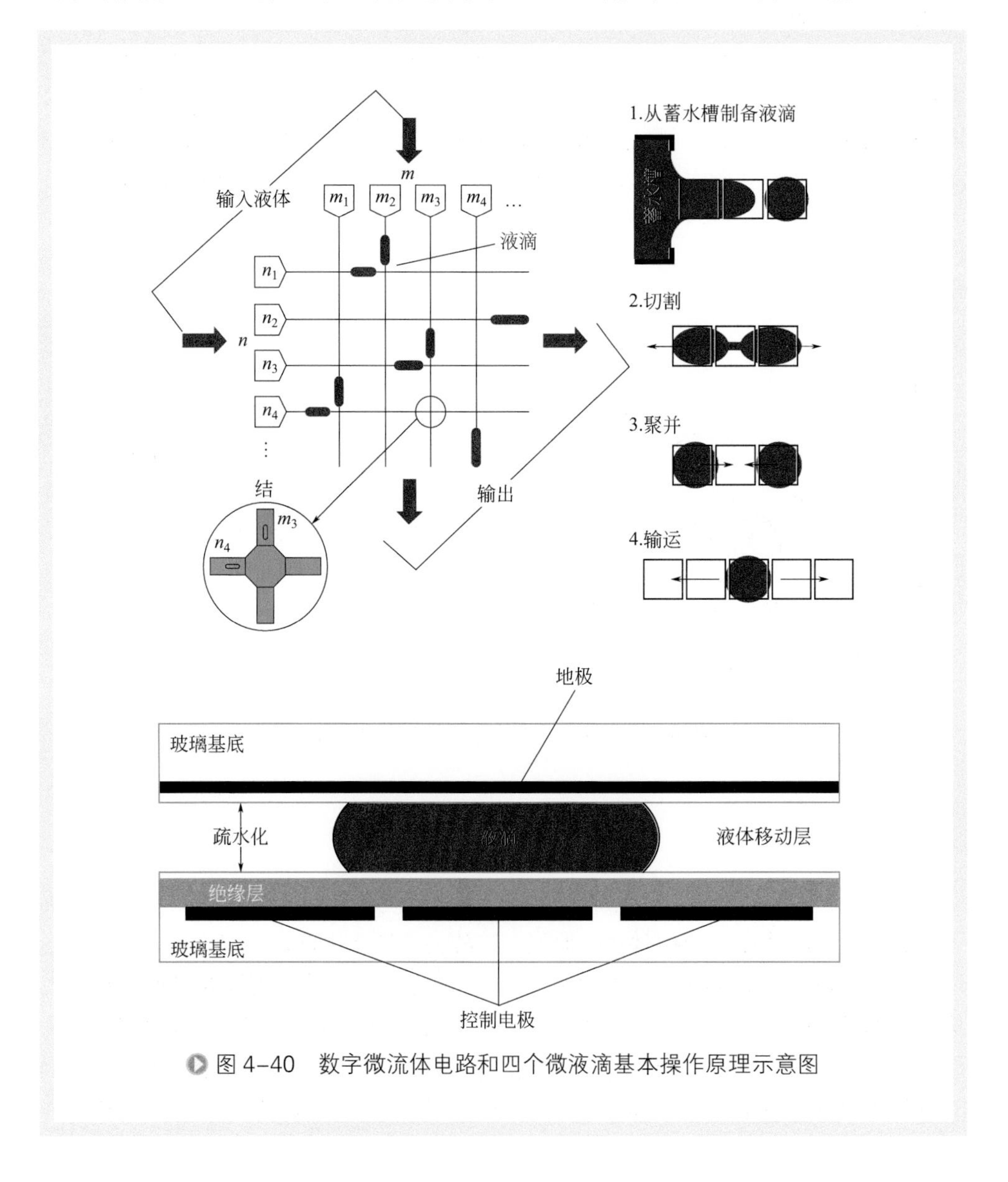

图4-40　数字微流体电路和四个微液滴基本操作原理示意图

吴建刚等利用介质点润湿性的机理，研制出一种新型开放式离散液滴驱动器[148]。该法采用重掺杂多晶硅制备微电极阵列，氧化硅以及碳氟聚合物薄膜作为复合疏水介质层，悬挂的细硅铝丝作为参考零电极。通过控制施加在微电极阵列上的脉冲电压时序，来精确操作和控制疏水介质层面液滴的运动。驱动器采用悬挂线开放式结构，空气环境下，在 35 V 低驱动电压下实现了约 0.35μL 和 0.45μL 去离子水微液滴的传输与合并，并在 70 V 驱动电压下实现了 0.8μL 微液滴的拆分等操作。

2. 介电泳法

介电泳 (dielectrophoresis, DEP) 现象于 1956 年由美国物理化学家 H.A.Pohl 发现，H.A.Pohl 在实验中观察到，悬浮于介质中的微粒在非均匀电场中可以产生定向运动，且其运动方向取决于介质与微粒两者介电常数的大小[149]。20 世纪 50 年代后期至 60 年代中期，H.A.Pohl 等学者利用介电泳现象进行了许多开创性的研究，为其后的深入研究与应用奠定了基础[150]。至 90 年代，随着微机电加工技术 (MEMS) 的发展，利用介电泳的方法进行收集、定位、分离悬浮液中的微粒及细胞等取得了很大的进展。此外，基于微粒与液体所受静电力的基本控制方程以及两者运动的数字技术也取得了较大的进展，这极大促进了介电泳技术的研究与发展[151]。

介电泳指在空间非均一电场下的颗粒，由于其相对于周边介质的诱导偶极矩不同而产生的电迁移现象[152]。它与电渗透及其他的 EHD 过程不同，因为这里流体可以是呈电中性的，而施加的外力是由非均匀电场引起的。如果外加电场为均匀电场，那么微粒所受到的力平衡，不会发生移动。如果外加电场为非均匀电场，那么微粒受力不均衡，从而发生运动。非均匀电场与微粒产生的不均衡力即为介电泳力，该力使微粒向电场强度较强或较弱的方向移动[153]。微粒移动的方向与微粒本身、周围介质以及所施加的外部电场的性质相关。如果微粒的介电常数大于周围介质的介电常数，那么微粒向电场强度较大的方向移动，表现为正介电泳现象；反之，如果微粒的介电常数小于周围介质的介电常数，那么微粒向电场强度较小的方向移动，表现为负介电泳现象，如图 4-41 所示。

介电泳相较于其他技术，优势在于：①通过调控电场参数，如电场频率、电场强度、电场相位等，可以较为方便地调控粒子的各种运动，便于自动化操作；②介电泳装置可以重复使用，并且可以移植到多种平台上对多种粒子进行相对应的操作；③介电泳技术可以与其他技术联用[154]。

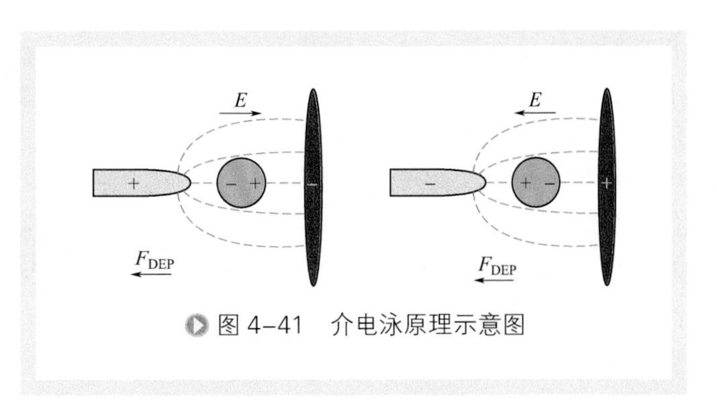

图 4-41　介电泳原理示意图

Schwartz 等[155]证明了可以利用介电泳对微液滴进行操控，如图 4-42 所示。他们利用程序控制的二维微电极阵列操控了纳升级液滴的生成、移动和混合反应。Singh 等[156]不仅利用介电泳法操控了微液滴的移动、分离和混合，还对处于电磁场中微液滴的运动进行了数值模拟，模拟结果与实验结果相一致。

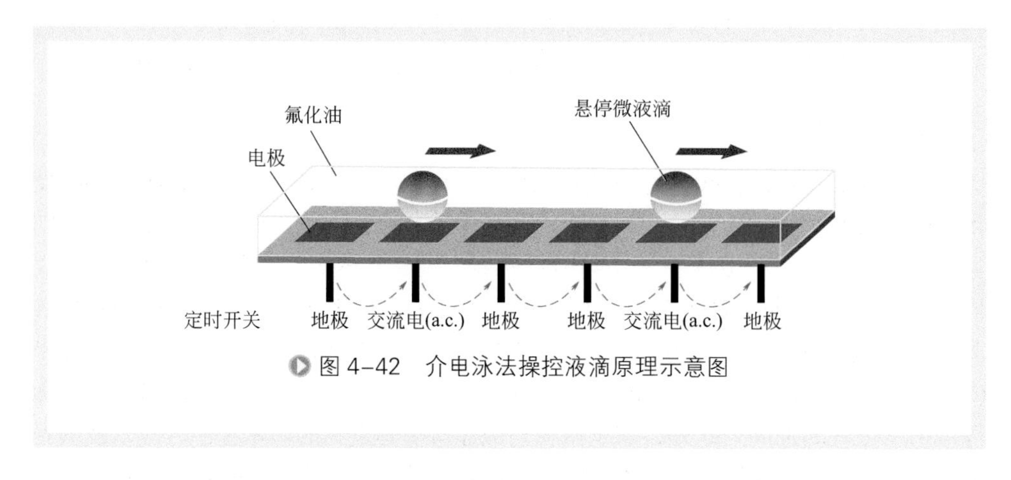

图 4-42　介电泳法操控液滴原理示意图

介电泳法也能对单个微液滴实现较好操控，但是其操控力度在很大程度上取决于外加电压的大小，而较高电压势必会限制该方法的应用。因此，如何实现较低电压下对微液滴高效操控是其发展的一个趋势。

七、微液滴制备的其他方法

除了前面讨论的方法之外，实际上还有很多微液滴制备的方法，这里选取几个比较有代表性的进行介绍。

1. 光驱动法

Park 等[102]提出利用高速激光脉冲驱动形成微液滴的方法，如图 4-43 所示。油相液体和水相液体分别在 a、b 两根管子中流动，两根管子通过扩口连接。当激光脉冲聚焦在 b 管中的水相流体时，强光导致水分子分解创造出一个快速膨胀的空化气泡来扰乱稳定的水 / 油界面，将相邻的水推入油通道形成水滴。

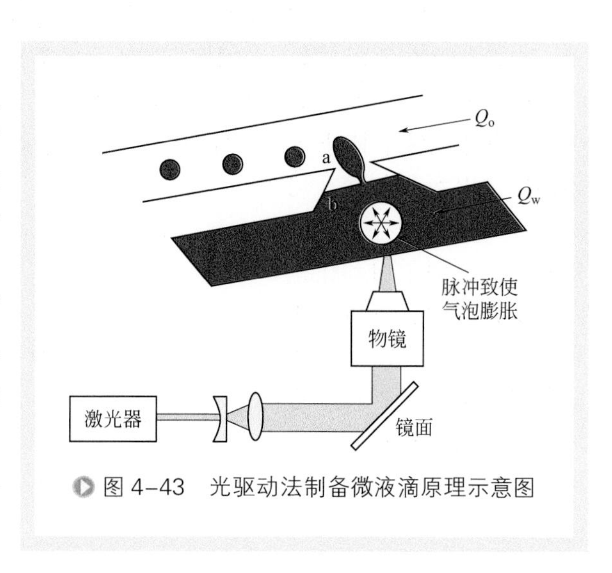

图 4-43　光驱动法制备微液滴原理示意图

这种方法每秒可以产生上万个液滴，且通过调节激光脉冲的能量，可以控制形成的液滴的体积范围在 1 ～ 150pL，误差约为 1%。但该法的局限在于只能用于在激光脉冲下能够分解的液体液滴的生成。

2. 热毛细管法

热毛细管法 (thermocapillary) 是指对液体局部加热，使之产生热梯度，改变液体局部表面能，实现对液体的操控。Darhuber[157] 等设计了在固相表面集成可编程控制的微加热器阵列装置，实现了微液滴传输、混合和反应的操控。该方法也可对单个微液滴进行操控，但不适合对微液滴内热不稳定物质如酶、蛋白质的分析。

3. 微通道法[158]

在这种生成方式中，液滴是在表面张力作用下自发形成的，因此与其他生成方式相比，这种方式能耗最低，但同时也决定了液滴生成所需的时间较长。

如图 4-44 所示，阶梯微通道法（microchannel emulsification）生成微液滴的过程如下：在外加压力的作用下，分散相流体流经微通道（MC），然后以圆盘状在台阶（terrace）上膨胀。对于体积相同的分散相流体，由于圆盘状的表面积比球状大，故而导致液滴界面不稳定。当膨胀至台阶边缘时，液滴进入井（well）区域，并在表面张力作用下，自发变形为球形，最终脱离。最后由连续相流体将已脱离的液滴带走收集。

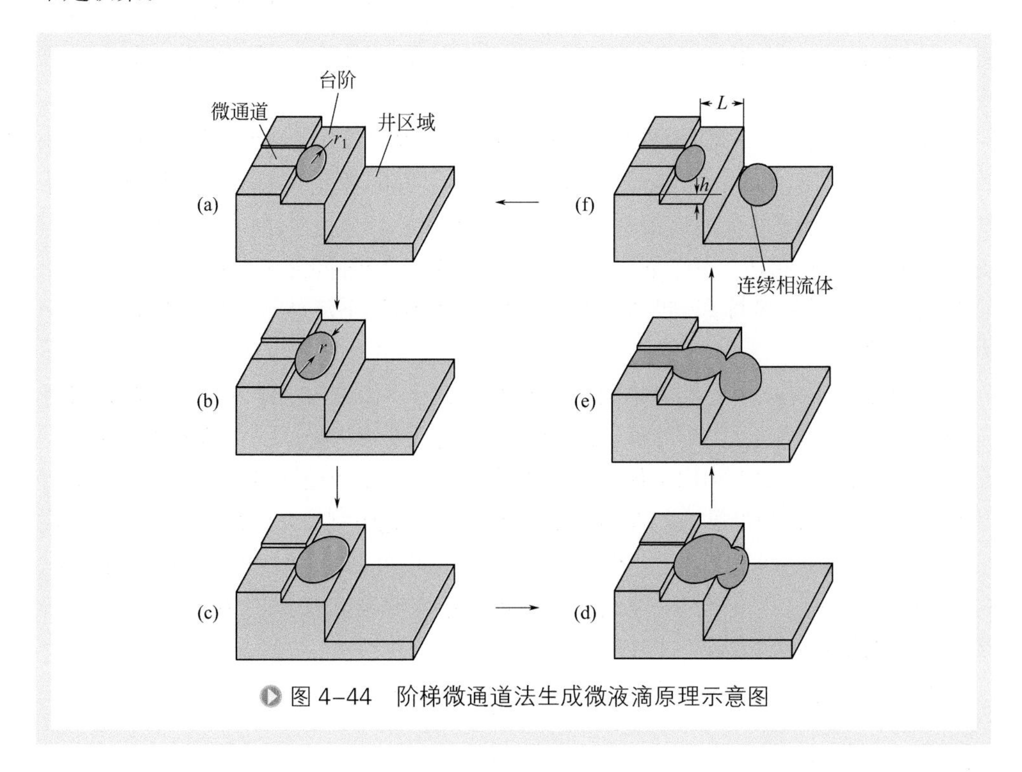

图 4-44　阶梯微通道法生成微液滴原理示意图

这种方式生成的微液滴的大小受流量、物性、结构尺寸等参数影响。研究表明，施加于分散相的压力低于某临界压力时，液滴的直径不随压力的变化而变化。另外，表面活性剂对微液滴的生成也有影响，其中非离子或阴离子性质的表面活性剂有利于形成稳定且均匀的好的液滴。

第六节 微型乳液制备技术

一、概述

关于微型乳液的制备，首先需要明确微型乳液与乳状液、微乳液的区别。微乳液，是非均相、热力学稳定的油 / 水混合体系，这里的“油”指的是任何不溶于水的有机液体，宏观上也可以看成是均相体系[159, 160]。这样一个油 / 水分散体系很早已为人们所知晓，早在 20 世纪 30 年代中期的一些专利文献上就开始提到了微乳液这类体系，但直到 1943 年哥伦比亚大学的 Schulman 和 Hoar[161] 才首次对微乳液进行了科学的描述，而“微乳液”一词则是在 1959 年才被首次提出[162]。此前，透明乳液、溶胀胶束、胶束溶液以及增溶液等都曾被用来描述微乳液体系。到 20 世纪 70 年代，人们已将其广泛应用于日用化工、三次开采、酶催化等领域。

乳状液和微乳液的根本区别在于前者的液体尺寸处于微米级别，而后者要小得多，一般小于 100nm。液体结构处于这两者之间的体系，则称为微型乳液。不管是乳状液还是微型乳液，都不是热力学稳定体系，只是动力学稳定体系。也就是说在一定温度和压力条件下得到的微乳液稳定性与时间无关，而在一定条件下得到的微型乳液稳定性则与时间相关，尽管这种情况下液体聚集的速度很慢，但却不能忽略。

然而在很多文献中经常会将微型乳液和乳状液、微乳液、纳米乳液、超微乳液等概念混淆。实际上，微型乳液、纳米乳液和超微乳液只是同一种体系的三个不同名字而已，它们是动力学稳定体系。因为其液体尺寸比普通乳液更小从而具有更好的稳定性。另外，微型乳液的制备一般需要较少的乳化剂（1%~2%），而微乳液需要的表面活性剂一般在 20% 左右甚至更多。由于微乳液是一个热力学稳定的体系，故在一定条件下，其形成是一个自发的过程，不需要或仅需要很少的外部能量，而乳状液和微型乳液则需要相当的外力才能制备。

本节讨论的主要内容是针对微型乳液的制备技术及一些应用。

二、乳液的分类

从结构上来分，乳液可以分为单乳液、双重乳液和多重乳液。

单乳液，顾名思义就是分散相单独分散在连续相中，而连续相不被分散相包裹，形成的乳液[163]。这种乳液一般可通过乳化剂与机械力共同作用而获得，其制备技术从最传统的搅拌乳化技术，到现代研究和应用广泛的超声乳化技术、定转子乳化技术、膜乳化技术、微通道乳化技术、高压乳化技术等，可以实现各种性能乳液的制备。

双重乳液是多相分散体系，其中封闭液滴内悬浮包裹着完整液滴，如图 4-45 所示。自从 1925 年双重乳液被首次提出，水包油包水（W/O/W）型和油包水包油（O/W/O）型都因其具有的潜在应用价值而吸引了相当多的关注[164-166]。但许多研究都集中于 W/O/W 型乳液在制药中的应用上，包括用于靶向药物递送的水溶性药剂封装，以及通过溶剂蒸发法制备负载有生物活性聚合物的可生物降解微胶囊[167]。

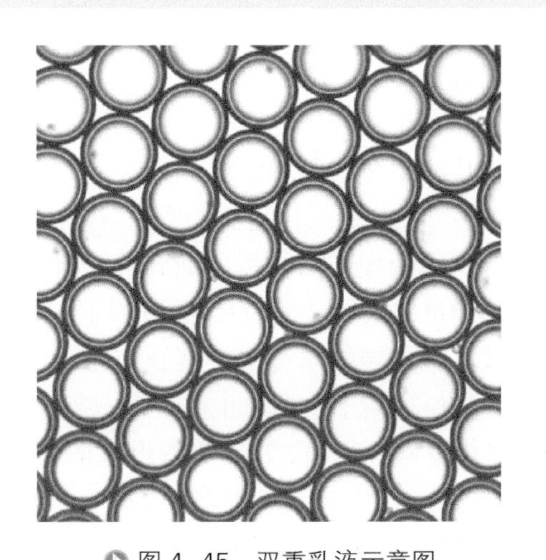

图 4-45　双重乳液示意图

此类乳液采用传统的方法制备通常重现性较差，目前广泛用于双重乳液制备的是两步乳化法[168]。该技术首先获得液滴尺寸分布均匀的单乳液，再利用液滴制备的方法，以单乳液作为分散相制备双重乳液。要实现高度均匀的乳液微滴的快速生产，则可以通过膜乳化技术来实现[169]。

多重乳液，也被称为“乳液的乳液”，是更复杂的系统，其中作为分散相的液滴内含有更小的液滴[170]。它们被广泛地用于药物递送、食品、化妆品、化学分离、微球体和微胶囊的合成等领域。其单分散性和内部结构的精确控制对于这种乳液的多功能性是至关重要的。虽然已经有关于单分散多重乳液的制备方法，但同时精确控制乳液的尺寸和结构仍然难以实现[171]。

三、机械法

微型乳液制备最传统的方法就是机械法。机械法乳化装置有搅拌装置、转子-定子系统和高压均质机[163]。在这些系统中，例如齿盘式高速均质机和胶体磨机，平滑或粗糙或有凹槽的表面和转子之间存在湍流和高剪切力，这是导致流体破裂形成液滴分散到连续相中从而形成乳状均相物的主要原因。其中剪切力大小直接影响分散性能的好坏。

如图 4-46 所示，机械法制备纳米乳剂的常规过程有两步：首先是粗乳液的制备，通常按照工艺配比将油 - 水、表面活性剂及其他稳定剂成分混合，利用搅拌器得到一定粒度分布的常规乳液；其次是微型乳液的制备，利用动态超高压微射流均质机或超声波与高压均质机联用对粗乳液进行特定条件下的均质处理从而得到微型乳液。研究表明，这些设备能在最短时间内提供所需要的能量并获得液滴粒径最小的均匀流体 [172]。动态超高压微射流均质机在国内外微型乳液领域的研究中被广泛应用。尽管超声波乳化在降低液滴粒径方面相当有效，但仅适用于小批量生产 [173]。最近关于可聚合微型乳液制备的研究表明，乳液制备中分散过程的效率很大程度上依赖于不同振幅下的超声时间，并且单质越疏水，所需的超声处理时间越长 [174]。

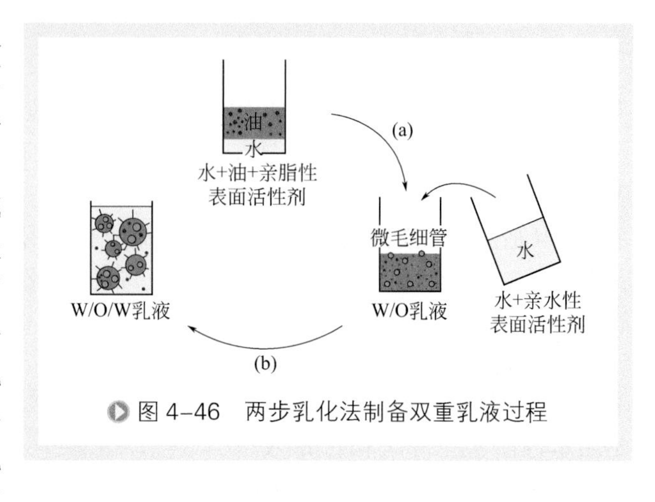

图 4-46　两步乳化法制备双重乳液过程

若将机械法用于双重乳液甚至是多重乳液的制备，则通常利用两步乳化过程制备双重乳液，并需要使用表面活性剂以提高乳液的稳定性。以 W/O/W 乳液为例，需要一种疏水性物质用于稳定 W/O 内乳液的界面和一种亲水性物质用于稳定乳液的外部界面。W/O 乳液主要在高剪切条件下制备以获得小液滴，而次级乳化步骤则以较小剪切进行以避免内部液滴破裂。在常规乳化过程中，需要高剪切应力来降低粗乳液的液滴尺寸和缩小液滴尺寸分布。然而，外部流动（剪切）可导致液滴内部流动，这增加了内部液滴与外部水相碰撞（并因此聚合）的频率。此外，液滴的伸长增加了可用于释放内部液滴的界面能。因此，内部液滴的释放速率取决于所施加的剪切应力。如果需要合理比例的内相，则需要稳定的剪切力，这就是为什么机械搅拌法制得的双重乳液一般是多分散的原因 [169]。

四、双 T 型微通道法

近年来，对用于产生高度均匀尺寸的微滴的微流体技术已进行了深入的研究 [175, 176]。特别是在雷诺数较低的情况下使用微 T 型结构制备液滴有许多优点，此时液滴的形成是高度可重复的，并且所得到的液滴尺寸精确一致。通过控制流动条件，还可以很容易地在通道内改变生成液滴的大小。此外，在较高的流量下，液滴形成可以非常快速[177]。鉴于它的灵活性和可控性，该技术有多种有前景的应用，包括化学反应器、筛选芯片和用于聚合物珠生产的微流体装置等。

图 4-47 是一个 W/O/W 型乳液的制备装置[178]。首先，内部水相液体通过第一个 T 型通道结构被封装于中间层油相液体内。形成的乳液作为分散相再通过第二个 T 型通道结构形成双重乳液。在这个过程中，通过调节流量来控制各相液体形成液滴时的尺寸以及被水包裹的油包水乳液数量。在这种技术中，通道的润湿性对要制备的分散体系类型具有显著影响，疏水性通道适合于将水滴分散在有机相中，而亲水性通道则适合于水包油分散体系[179]。

为使液滴封装稳定，两个 T 型口的液滴生成速率应满足以下条件：

$$\frac{R_1}{R_2}=N \tag{4-25}$$

式中，R_1 为第一结点处的液滴生成速率；R_2 为第二结点处的液滴生成速率；N 为是正整数（1,2，…）。

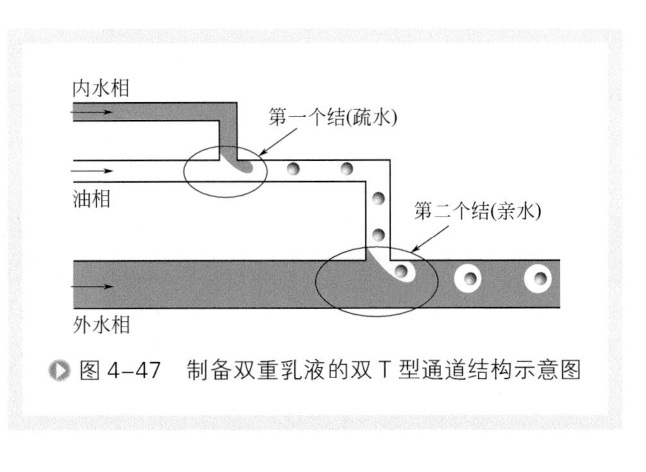

图 4–47　制备双重乳液的双 T 型通道结构示意图

实际上，还可以通过改变该方法中微通道的润湿性和几何特性来生产各种双重乳液。比如通过在疏水性 T 型口的上游安排亲水性 T 型口产生 O/W/O 分散系，如图 4-48（a）所示。通过放大上游和下游 T 型口的通道尺寸的差异，可以将较小的水滴密集地填充在有机液滴中以获得一个液滴里包含多个小液滴的乳液，如图 4-48（b）所示。此外，通过使用交叉结作为上游 T 型口制备两种不同颜色（蓝色或红色）液滴被包裹在有机液滴中的双重乳液也十分有趣，如图 4-48（c）~（f）所示[178]。

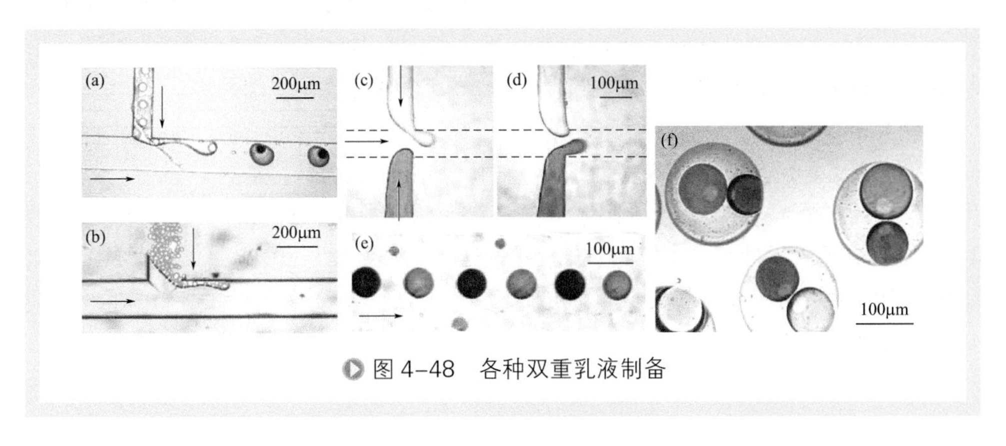

图 4–48　各种双重乳液制备

可以看出，通过不同特性 T 型口之间的组合，可以很容易地按照需求制造不同要求的双重乳液。而且，用不同芯片的通道进行不同的表面处理会变得十分容易，这在制造用于提高乳液生产率的集成多通道中尤为重要。但需要注意的是，对于双芯片模块来说，严格控制内部液滴的数量是困难的，因为在上游模块中形成的封闭的液滴阵列在连接区域趋向于无序，这会造成上一块芯片生成的液滴在进入下一块芯片时变得难以控制。

五、多重流动聚焦

类似地，除了双重双 T 型通道法之外，将共轴流动法、流动聚焦法等液滴制备方法进行组合也可以实现双重乳液的制备 [117]。在此介绍一种使用毛细管微流体来独立控制内部液滴大小和数量的高度单分散多重乳液的制备方法 [171]。

如图 4-49 所示，第一乳化步骤采用同轴协流的几何结构完成。它包括插入到过渡管（具有内径 D_2 的第二圆柱形毛细管）中的注入管（具有锥形端的圆柱形毛细管），如图 4-49(a) 所示 。两个圆柱形毛细管都集中在一个较大的方形毛细管内，通过使圆柱形管的外径与正方形的内径匹配来确保对准。过渡管的另一端是圆锥形并且被插入到三分之一同轴对准的圆柱形毛细管，也就是收集管，内径 D_3。通过两个乳化步骤可生成均匀的单分散多重乳液。最内层流体的液滴在装置的第一阶段通过中间流体的同轴流动被乳化 [图 4-49（b）]。随后在第二阶段通过最外面流体的同轴流动将单乳液乳化，其通过方形毛细管注入外流中 [图 4-49（a）]。经过两个乳化步骤后，在锥形毛细管的出口处形成液滴 [图 4-49（b）和图 4-49（c）]。该滴落结构能确保形成高度单分散的液滴。

两个乳化步骤的分离提供了对每个液滴的独立控制。通过调节装置尺寸以及内部、中部和外部的流体流量（分别为 Q_1、Q_2 和 Q_3）来实现这种控制。最内层液滴的数量可以精确控制，如含有 1 ～ 8 个内液滴的双层乳液所示 [图 4-49（d）]。类似地，可以精确地控制最内层液滴的尺寸，如图 4-49（e）中具有不同内液滴尺寸的三组双乳液所示。在每种情况下，所有的液滴都是高度单分散的。此外，该毛细管微流体装置的同轴结构具有不需要润湿性表面改性的优点，允许相同的装置用于制备水包油包水（W/O/W）或反相油包水包油（O/W/O）多重乳液。

图 4-50 为生产三重乳液的乳化过程示意图。这种方法的简单性使得能够结合交替乳化方案。例如，可以在过渡管的入口处注入第二流体，通过同轴流的流动聚焦以及随后在过渡管出口处的乳化步骤来产生双重乳液，以产生三重乳液，如图 4-50（f）所示。虽然只需要两个液滴形成步骤 [图 4-50（g）和图 4-50（h）]，但是能够独立控制最内层液滴的数量和尺寸，可以制造高度单分散的三重乳液 [图 4-50（i）和图 4-50（j）]。

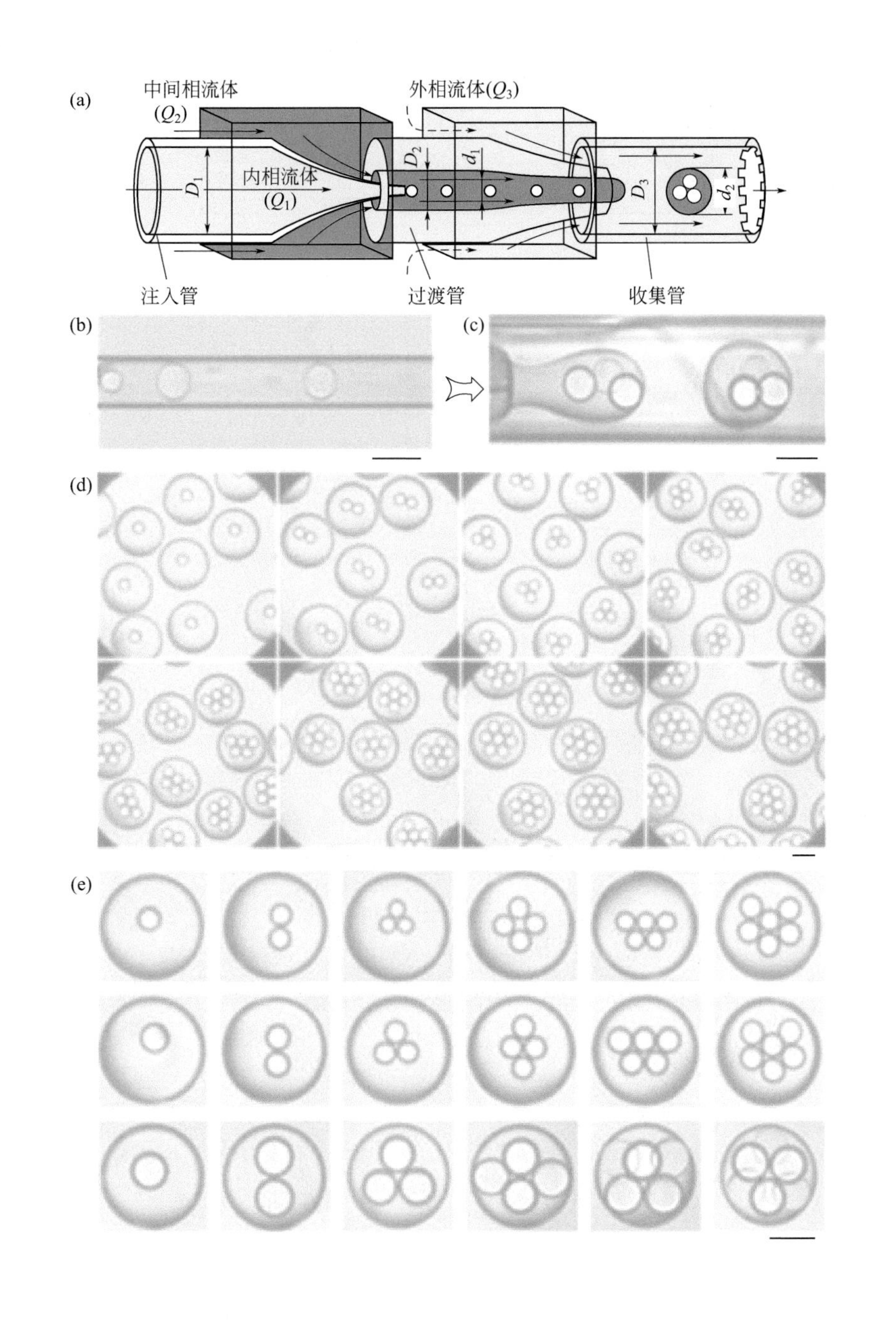

图 4-49　乳化装置几何结构示意图及乳化过程与结果示意图

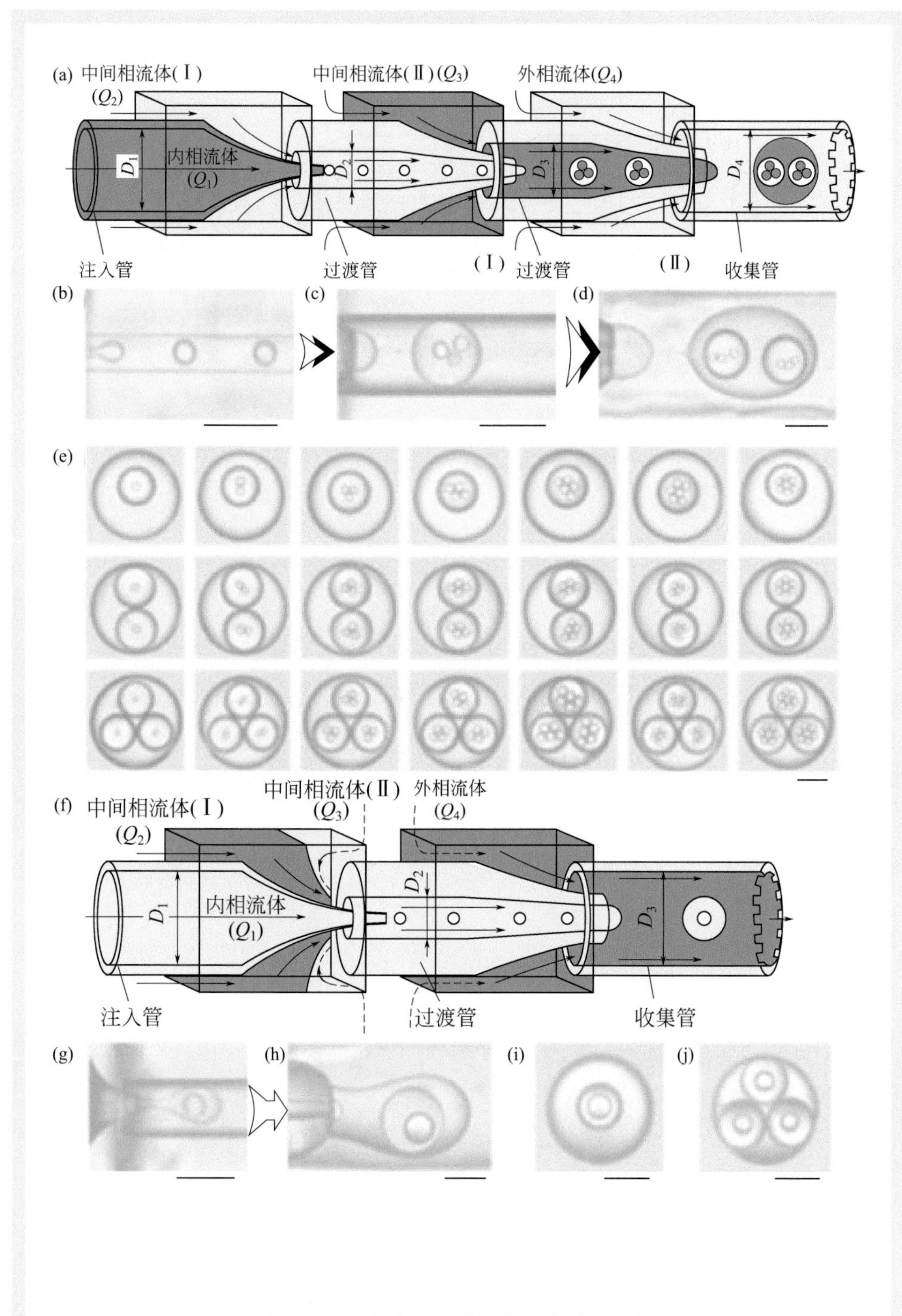

图 4-50 生产三重乳液的乳化过程示意图

六、膜乳化技术

20 世纪 80 年代后期，Nakashima 等 [180] 在日本年度化学工程大会上首次提出了膜乳化技术。由于其能耗低，液滴尺寸和液滴尺寸分布易于控制，工艺温和，近年来受到了广泛关注。目前，膜乳化技术已成功用于食品、化妆品、医药、农业、生化分离等多个领域 [181, 182]。

膜乳化由有两种操作方法：错流膜乳化和预混合膜乳化。预混合膜乳化首先制造一种粗糙的预混合物，然后将其压过膜，当粗液滴通过膜后，它们分解成了更细的液滴。该法产生的液滴尺寸分布略宽于错流膜乳化，但仍比传统方法获得的窄。此外，由于可以获得更高的通量，因此，预混合膜乳化技术也被称为快速膜乳化技术 [169]。

1. 错流膜乳化

错流膜乳化技术基本原理图如 4-51 所示。连续相在膜表面流动，分散相在氮气压力作用下被缓慢压过膜孔，然后在膜表面形成液滴。在膜孔出口处，当所形成的液滴达到一定大小后便会在各种力的作用下脱离膜孔表面进入到连续相中，与溶解在连续相里的乳化剂分子结合后分散在连续相中形成乳液。乳化剂的作用，一方面能够降低界面张力，促进液滴脱离膜表面，另一方面还可以阻止液滴聚结，提高乳液的稳定性 [183, 184]。

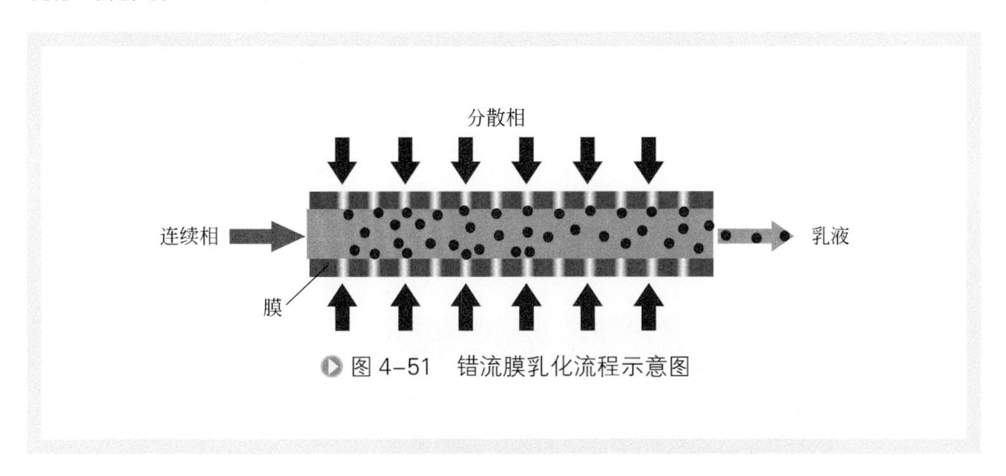

图 4-51 错流膜乳化流程示意图

液滴在膜孔末端的形成和脱离过程中主要涉及四种力的平衡，分别为连续相搅拌产生的拽力、液滴浮力、界面张力和膜孔压力，其中界面张力、连续相搅拌产生的拽力和膜压力所起的作用较大。最终形成的乳液粒径大小及分布由多种因素决定，除了膜孔径和分布外，还与最后乳液狙击程度、膜孔压力大小、油 / 水相乳化剂性质等相关。因此，在膜乳化过程中需要控制的因素有：膜孔径和分布、膜孔的空隙率、膜表面润湿性、乳化剂类型及浓度、分散相流速、连续相流速、跨膜压力等。

另外膜乳化技术中的膜孔通常不是圆柱形的。这是因为在通孔处待分散相变形产生的力也十分重要，在某些情况下甚至起主导作用，而连续相侵入孔隙可以促进这种变形。从非圆柱形孔隙生长的液滴将形成半径大于孔隙内部最小半径的液滴。这是由于孔内待分散相和正在形成的液滴之间的拉普拉斯压力所导致的负压差，能够引起液滴的自发夹断（只要待分散相通过孔的速度不太高）。因此，当这个力占主导时，可以观察到，形成乳液的液滴尺寸与连续相的错流速度无关。

如果使用单乳液（如 W/O）作为待分散相，也可以通过该方法生产双重乳液（例如 W/O/W），如图 4-52 所示。初级乳液可以通过常规方法或通过膜乳化来生产。膜乳化的温和条件对于第二乳化步骤特别重要，与常规乳化方法不同，这不需要高剪切应力就可产生小且单分散的液滴，避免了双重乳液内部液滴逸出、破裂转化成单一的 O/W 乳液。然而，膜乳化的一个显著缺点是分散相的流量小，因为大部分所用膜的渗透率低。不过，通过使用具有低水力阻力的膜可以增加分散相的通量。

膜乳化的一个显著缺点是分散相的流量低，这是由于大部分所用膜的低渗透率造成的。然而，通过使用具有低水力阻力的膜可以增加分散相的通量。

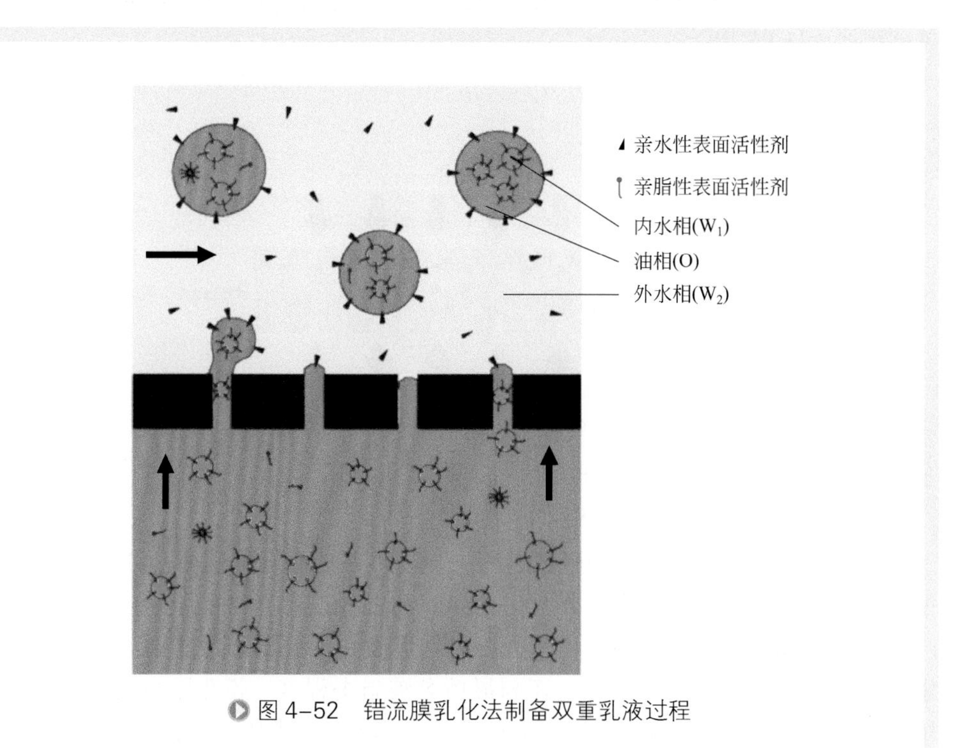

图 4-52　错流膜乳化法制备双重乳液过程

2. 预混合膜乳化

图 4-53 为预混合膜乳化法制备双重乳液流程示意图。首先使用传统的转子 / 定子均质系统粗制 W/O/W 乳液，然后使粗制的 W/O/W 乳液通过乙酸纤维素膜以减小油滴的直径，最后制得双重乳液。该法的主要优点是通量高，可实现微型乳液的快速制备。在第二步中，外层水相被包围在油滴中，实验观察显示，这个原外水相（W_2^*）在过滤步骤中从油滴内部释放到外部水溶液中，而内水相（W_1）几乎不泄漏到外水相（W_2）中。这是因为包括原外水相（W_2^*）的溶液含有亲水表面活性剂，很好地润湿了亲水膜，因此有利于该水相从油滴中排除。相反，内水相（W_1）含有亲脂表面活性剂，可以稳定地存在于油滴内，因而不容易与外水相结合，或者润湿孔壁。此外，观察还表明，包括原外水相（W_2^*）的液滴直径大于孔径。

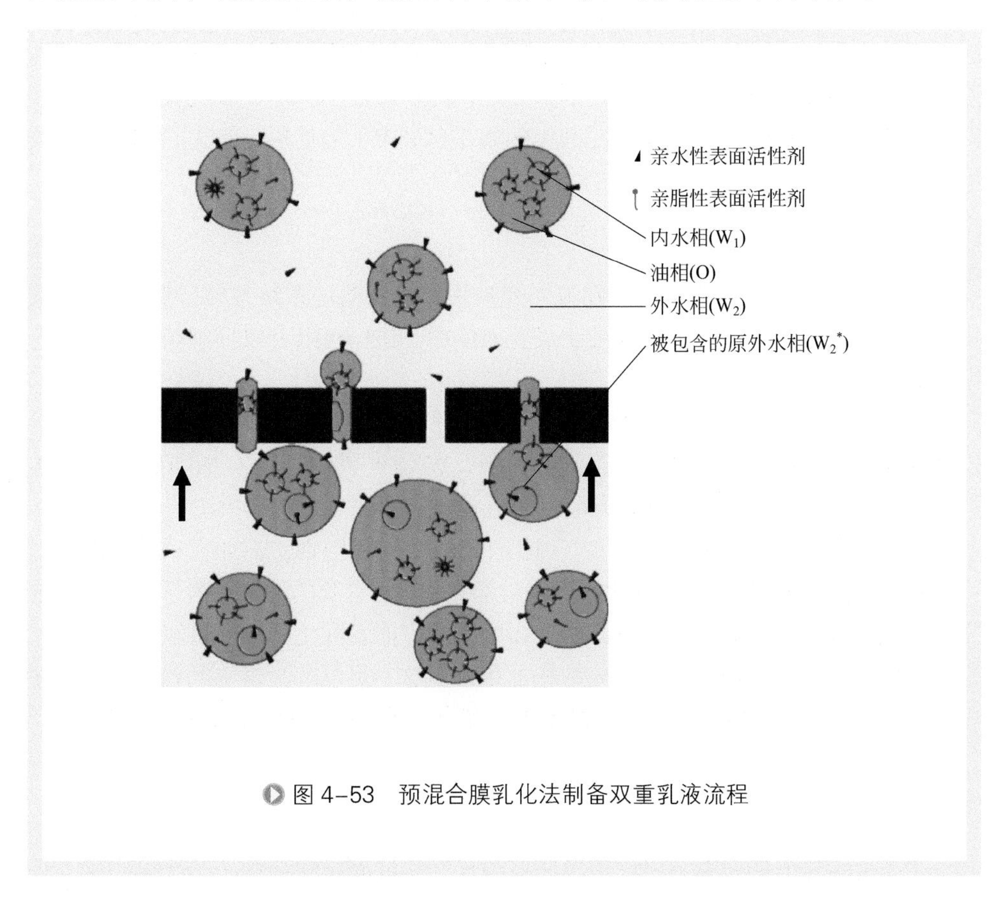

图 4-53 预混合膜乳化法制备双重乳液流程

3. 表面活性剂的影响

表面活性剂的类型和浓度对双重乳液的生产过程以及稳定性具有重要影响。当拉普拉斯压力被表面活性剂降低时，有利于错流和预混合膜乳化形成乳液，且稳定性也会提高，因为表面活性剂有助于防止液滴聚合。具有低亲水亲油平衡值（HLB）的表面活性剂能更好地溶于油中且通常形成W/O乳液，而具有高HLB的表面活性剂则更易溶于水并形成O/W乳液。因此，双乳液含有（至少）两种表面活性剂，其中一种是亲脂性的（低HLB），另一种是亲水性的（高HLB）。这两种表面活性剂的相互作用决定了双重乳液的稳定性。Florence和Whitehill[185]实验表明，使用不同表面活性剂的组合可以产生三种类型的W/O/W乳液：①包含有一个大内滴的油滴；②含有几个小内滴的油滴；③含有大量内部液滴的油滴。

在油相中高浓度的疏水性表面活性剂和在外水相中低浓度的亲水性表面活性剂对稳定性有益[186]。与此相反，高浓度的亲水表面活性剂会导致油膜破裂，并有助于释放内部水滴[187, 188]。但Kawashima等[188]发现在外水相中高浓度的亲水性表面活性剂会导致乳液的包封能力降低。另一方面，为了可以通过提高外水相中的表面活性剂浓度来生产单分散小液滴。这个例子也很好地说明了通过膜乳化生产双重乳液时，表面活性剂类型和表面活性剂浓度优化的复杂性。当然，除去稳定性和生产问题之外，通常希望减少表面活性剂（例如在食品中）的使用，因为它们通常比较昂贵且往往不利于健康。

4. 膜乳化法制备乳液的现状

目前，膜乳化法生产的双重乳液主要被用作药物输送系统[189]。例如，大多数抗癌药物由于是水溶性的而往往被制成乳液使用。这样可以有效抑制药物释放的速率以降低药物的副作用。

当然，双重乳液在食品工业中也有应用[190]。例如，敏感的食物材料和香料可以被包裹在W/O/W乳液中。感官测试表明，W/O/W乳液与含有相同成分的O/W乳液之间具有显著的味道差异，同时双重乳液还有风味延迟的效果。

尽管膜乳化技术有了很大发展，但仍然存在一些局限性。例如：目前还没有通过膜乳化制备O/W/O乳液的有效方法。由于分散相通过膜的通量相当低，因此通过膜乳化生产双重乳液需要比传统方法更多的时间，即膜乳化法的产量较低。虽然配方的优化可以在一定程度上增加分散相通量，但这不足以解决根本问题。当然，使用具有低渗透阻力的新型膜（例如微筛）可能有助于分散相通量以数量级增加[169]。

七、填充床法

在过去的几十年，为了更好地控制液滴尺寸和液滴尺寸分布，已经提出了几种微结构乳化系统。其中，膜乳化技术尤为突出。随着乳化技术的不断发展，又提出了填充床预混合乳化技术。

填充床的预混合乳化原理如图4-54所示。

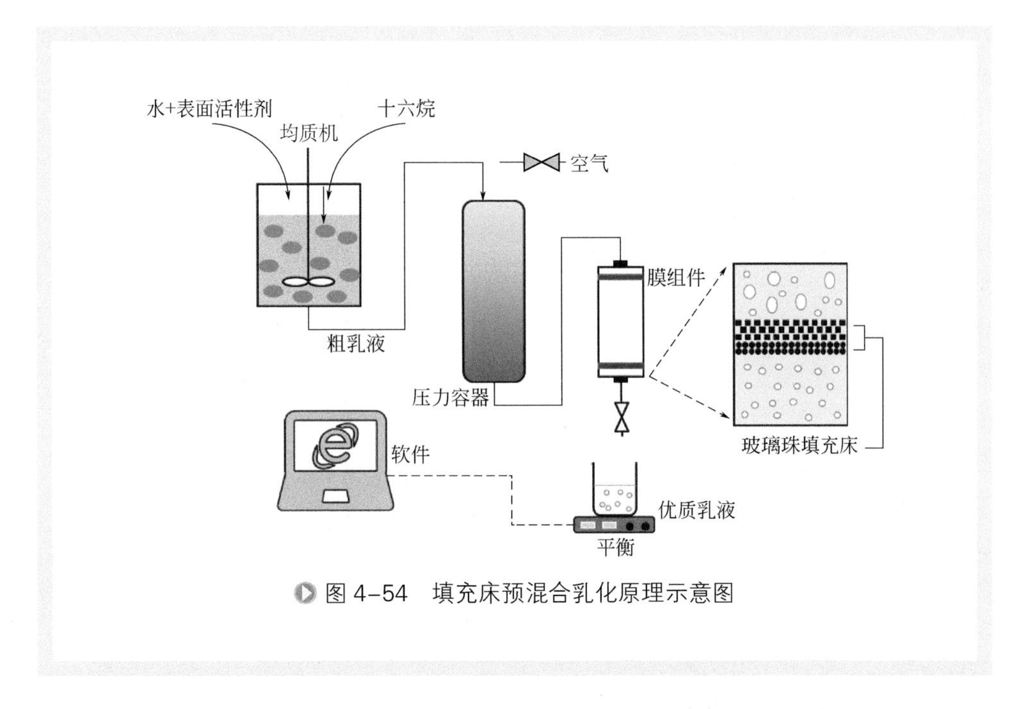

图 4-54　填充床预混合乳化原理示意图

简单地说，就是将预混合的水 / 油两相混合液通过装有玻璃珠的填充床，将填充床颠倒几次后垂直放置，使玻璃珠以床的形式沉降。然后将乳液容器（含有预混合物）用氮气加压，打开填充床出口阀就可以得到乳化溶液 [118]。

若要改变所得微型乳液的尺寸，可以通过调节床高、珠粒尺寸、跨膜压力等参数来实现。其影响形式与填充床制备液滴相似，详细可参考本章微液滴制备技术部分内容。

八、温变转相法

利用高压均质机或超声波发生器制备微型乳液的方法通常称为高能乳化法。有高能乳化法，对应的自然也有低能乳化法。

低能乳化法是利用在乳化作用过程中相转变的原理。乳剂转换点 (emulsion inversion point, EIP) 由 Marszall[191] 等首先发现，在恒定温度下，乳化过程中不断改变组分就可以观察到相转变，从而自发乳化。Sadurni[192] 等研制的 O/W 型微型乳液，粒径小至 14nm，同时还具有较高的动力学稳定性。温变转相法 (phase inversion temperature, PIT) 乳化由 Shinoda 和 Saito[193] 首先发明，在恒定组分下，调节温度得到目标乳化体系。该法在实际应用中多用来制备 O/W 型微型乳液。研究表明，在不添加任何表面活性剂的情况下，自发的乳化也会发生 [193, 194]，并获得微型乳液。

其中温变转相法（PIT）在工业上应用最为广泛。它基于聚氧乙烯型非离子表面活性剂的亲水性随温度变化而变化的特性。由于温度升高时聚氧乙烯链的脱水，这些类型的表面活性剂会逐渐转变为亲脂性的。因此，在低温下，此类表面活性剂可与过量的油相共存；在高温下，则与过量的水相共存；在中间温度下，就会含有可比较量的水相和油相的双连续相微型乳液与过量水相和油相共存[195]。

PIT 乳化的原理其实很简单，就是利用温度对非离子乳化剂亲水性的影响。图 4-55 为 PIT 法制备微型乳液流程示意图。在图 4-55（a）中，分散相和连续相直接混合，随着温度降低，形成了水包油的纳米乳液。在图 4-55（b）中，分散相和连续相先不完全混合，乳化只先发生在 D 相中，随着温度降低，在 D 相中形成微型乳液后，再将 D 相与过量 W 相（水，作为稀释介质）混合，结果同样得到了与前者相当的纳米乳液。由此，人们得出结论，PIT 乳化制得的纳米乳液粒径仅由表面活性剂和温度决定[196]。

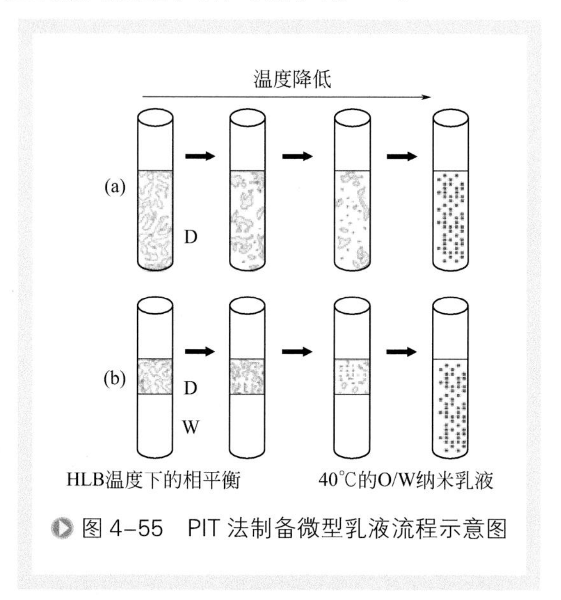

图 4–55　PIT 法制备微型乳液流程示意图

第七节　乳液的稳定性与破乳

乳液不稳定性的根源在于分散相和连续相的不互溶性，并以表面张力的形式展示[197]。当分散相被打破变成液滴时，其表面能增加，增加的表面能会导致分散相的热力学不稳定，最终致使形成的乳液破坏[198]。

多重乳液的稳定性比单乳液的稳定性更加复杂。例如，W/O/W 乳液中就包含了油包水和水包油的两种乳液结构，这就至少需要一种疏水的表面活性剂稳定油包水的乳液结构和一种亲水的表面活性剂稳定水包油的乳液结构。但这两种乳化剂可能在另外的水 / 油界面相互作用，从而干扰彼此的稳定性[199]。另外，渗透压也会影响 W/O/W 乳液的稳定性。如果内水相渗透压过高，外水相就会进入使内水相体积增大最后破裂。相反地，如果内水相渗透压过低，水就会从内水相脱离，破坏系统[200]。

总的来说，乳液破坏的模式可以由图 4-56 来描述[185]。以 W/O/W 乳液的破坏为例，外相油滴可能与其他油滴（无论是否包含有水滴）发生聚并（a）；或者内相某一水滴独自扩展（b ～ e）或者某几个液滴扩展（f）；甚至在某些条件下完全扩展（g）；内相液滴也可能先发生聚并然后扩展（h、i，j、k）；或者水相可能通过扩散穿过油相致使内相液滴萎缩甚至消失（l ～ n）。

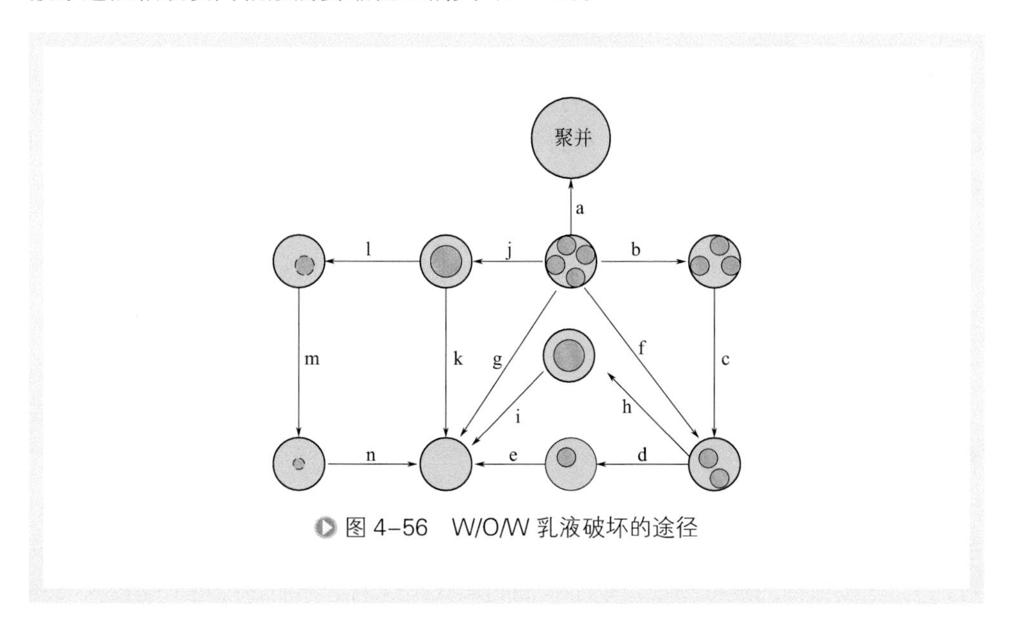

图 4–56　W/O/W 乳液破坏的途径

必须指出上述过程是同时发生的，因此，研究乳液不稳定性是极其困难的。

前已述及，微型乳液为动力学稳定状态，而非热力学稳定状态，随着时间的延长，其状态必然会发生改变或破坏。导致微型乳液破坏的因素有以下几种。

一、奥氏熟化现象

奥氏熟化 (Ostwald ripending) 是微型乳液中经常出现的现象。其出现的根本原因是微型乳液中小液滴和相对大液滴之间的溶解性差异，即随着放置时间的延长，体系液滴粒径会出现轻微增大。奥氏熟化现象通常会出现在油包水乳剂中，而在水包油乳剂中则会发生絮凝。几乎所有方法制得的微型乳液随着时间的延长，都会出现奥氏熟化现象，但不同方法制备的微型乳液奥氏熟化影响因素不尽相同。

Izquierdo 等 [201, 202] 的研究表明，纳米乳液因为液滴颗粒小，具有更高的动力学稳定性，几乎没有絮凝 (强或弱) 现象出现。与利用高压均质法和 PIT 法制得的微型乳液相比，前者的奥氏熟化速率更低。

减小奥氏熟化现象的措施有：

① 加入与连续相互不相容的第二种分散相成分。这种方法在实际应用中并不常见。

② 改变油 / 水界面特性，但通常需要添加表面活性剂。比如，在乙氧基化合物

非离子型表面活性剂体系中，加入第二种和第一种具有同样链长但乙氧基化更高的表面活性剂，同样可以减弱奥氏熟化现象。

二、过处理问题

实际上，微型乳液制备过程也有可能破坏微型乳液的稳定性。Seidmahdi[203] 在研究中发现，微射流高压均质技术制备微型乳液过程中，主要的困难是过处理问题——由于提供了过多的能量导致液滴的重聚结从而使微粒粒径变大。过处理现象出现的原因很多，如表面活性成分的低吸收率，能量密度过大等，其中均质压力、均质次数、表面活性剂与稳定剂的添加比例都是影响体系稳定性的关键因素。

三、破乳

与乳化过程相对的，在许多应用中，乳液的破坏也是一个重要的问题，称为破乳 [204]。

举个例子来说明破乳的重要性。早期破乳的应用是从牛奶中提取黄油，首先把水包油的乳状液破坏，将其反相形成一个油包水的乳状液 (反相过程在本书中不做讨论)，许多植物的提取物就是以水包油的形式出现的。然后，经过浓缩直到最终反相形成所谓“湿”的油（油包水乳状液），后者需要破乳过程把水除去。

此外，在污染控制方面破乳也是一个重要过程。例如，在化学制品加工厂（炼油厂）的污水处理中，清理陆地和海上泄露的油污时都需要用破乳的方法。或许破乳最重要的应用之一是在石油工业，在那里油包水的乳状液是最普遍的，有的是天然存在于油田之中，有的则是在注水采油过程中汇总产生的。

任何削弱 Gibbs-Marangoni 效应的过程都将导致乳液的不稳定。这可以通过一个表面活性更强但却只能形成较弱的膨胀界面弹性模量的物质来取代已经在界面上的表面活性物质来实现。因此，可以适用多嵌段共聚物 (multiblock copolymer)，如聚氧乙烯 - 聚氧丙烯共聚物来做破乳剂。

以下将介绍两类常用的破乳方法，即机械破乳法和化学破乳法。

1. 机械破乳法

最早的机械破乳的方法是用纤维床聚结器，它通常是由许多分得很细的结晶硅和 / 或砂子颗粒组成。另一种机械破乳的方法是离心法，尽管由于需要较高的离心力因而不被常用。过滤法是常用的一种破乳方法，它可以通过两种途径来实现。第一级过滤可以把水、油一起通过一个很小的孔，这将有助于聚结的发生。第二级过滤可以有选择地阻碍水滴或油滴，使这些油滴或水滴能聚结达到分离的目的。其他几种可以使用的机械破乳法有加热法、搅拌法，使用齿轮和辊棒法（其中一个是亲水的，一个是亲油的）等。另一个很有用的破乳方法是超滤法或者反渗透法。

除了上述破乳方法外，一个非常适用于油包水型乳液的破乳方法就是电场法。这种破乳过程通常称为电破乳法。当一个水滴运动进入一个电场时，会同时起两种分离作用：一是由于它表面电荷受电场力作用而变形并被其他液滴所吸引；第二是电场诱导液滴带电，而它将使液滴之间产生相互吸引力。

2. 化学破乳法

采用化学试剂破乳的文献很多，其中有些添加剂破乳机理显而易见，而另一些添加剂的破乳机理则不清楚，这里给出一些机理较清楚的化合物。例如，对于那些只含有少量水分的油包水乳液的破乳，可以采用那些能够吸附 / 吸收水分的物质，诸如黏土、无机盐、水泥等。另一种化学破乳法是调节 pH 值，例如，当乳液是由带电基团（如阴离子或阳离子）稳定的话，任何调节 pH 以中和电荷的变化都可能导致乳液的絮凝和聚结。另一种化学破乳法是使用一种可以和乳状液保护膜发生强烈反应的化学物质。同样的原理可以应用到使用某种可以溶解乳状液保护膜的试剂并取代之，由此导致破乳。还有一种方法是在乳状液中添加带有相反电荷的颗粒或乳状液液滴，使其发生电中和而发生破乳。

第八节 反气泡制备技术

一、概述

为增强气 - 液界面的传质效率，通常采取制备微小气泡的方式增加气 - 液接触面积：相同体积的气体，制备的气泡数量越多，单个气泡体积越小，相应的气 - 液接触面积越大，传质效率越高。这通常是指一个气泡只存在一层气 - 液界面的情况。

然而，如果存在这样的结构：每个结构单元存在两层或多层气 - 液界面，相同体积情况下，气 - 液接触面积成倍增加，传质效率也大大提高。反气泡就具有双层气 - 液界面的特殊结构[205]。

肥皂泡是一种常见的物理现象：气体环境中，一层液膜包裹着气体。反气泡却是一种相对陌生的物理现象，它的结构与肥皂泡完全相反：液体环境中，一层气膜包裹着液体[206]。图 4-57 给出了肥皂泡与反气泡的对比。在逆光条件下，反气泡的边缘呈现出一个黑色圆环。这是因为反气泡气膜层的全反射作用，导致了光线完全不能通过[1]。需要注意的是，黑色圆环的宽度并不等于反气泡的实际气膜厚度。图 4-57 中，反气泡的直径约为 1cm，实际气膜厚度只有 1~5μm。

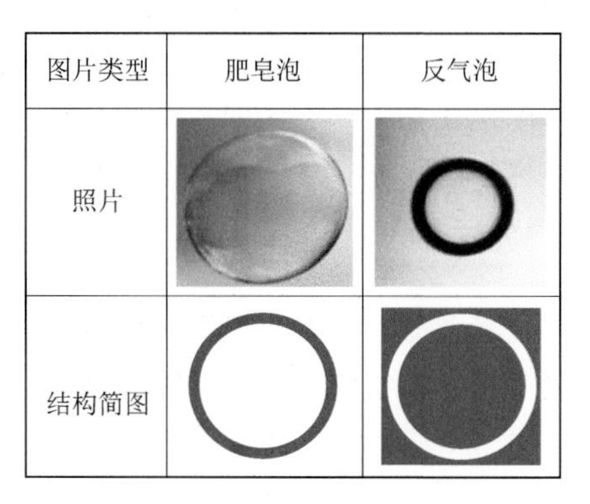

图片类型	肥皂泡	反气泡
照片		
结构简图		

图 4-57　肥皂泡与反气泡的对比（结构简图中蓝色表示液体，白色表示气体）

关于反气泡的最早报道出现在 1932 年，科学家在实验过程中偶然观察到反气泡的形成[2]。最初的实验目的是为了研究水滴在水面悬浮的现象[207]：水滴与水面发生撞击后并未发生融合，而是在水面悬浮一段时间，经过一段时间后才相互融合，如图 4-58 所示。导致水滴悬浮现象的原因是：水滴与水面发生碰撞时，有一层气膜将两者隔开，阻碍两者融合。受到液滴重力作用，膜内气体向外排出，气膜厚度逐渐减小，当气膜厚度减小到临界值（约为 100nm）时，范德华力（分子间相互作用力）起主导作用，气膜加速变薄直至破裂，水滴与水面发生融合。其后的研究发现了两种延长水滴悬浮时间的方法：水滴的水平移动[4]和添加表面活性剂[2]。水滴的水平移动可以使气膜内气体不断更新，气膜厚度不会达到临界值；表面活性剂分子的存在也会阻碍气膜内气体流动，使气膜变薄速度下降，稳定时间延长。科学家还发现了一种制备大量悬浮液滴的方法：利用针头产生的细小水柱冲击水面，只需保证射流速度和针头与水面的距离合适即可[208]。

根据 Rayleigh 不稳定性原理，针头射出的水柱会破裂成许多小水滴。通过调整射流速度和针头与水面的距离，真正与水面发生作用的是大量小水滴。通过相同的方法使用表面活性剂溶液做实验时，科学家在观察到大量悬浮液滴的同时，还观察到了一种“特殊的液滴（special drop）”：它开始会下沉到一定深度，然后缓慢上升并停留在水面下，稳定存在的时间大约 1min[2]。这种结构破灭后会形成一个小气泡。根据这一现象，人们推测了这种结构的形成过程：液滴撞击液面后继续下沉，在周围气膜不发生破裂的条件下，液滴完全进入液体内部，形成这种“特殊的液滴”[209]。在随后的报道中，这种特殊结构也被称作“反肥皂泡（inverted soap bubble）”[210]和“反气泡（inverse bubble or antibubble）”[211-214]。之后，“反气泡（antibubble）”这一名称被普遍采用。

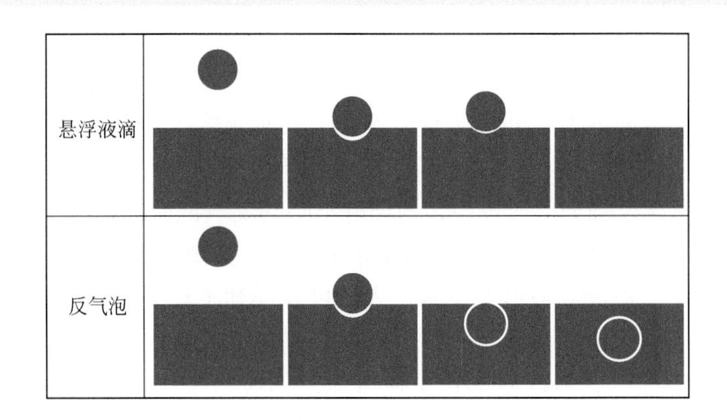

图 4-58　悬浮液滴与反气泡的形成过程示意图（结构简图中蓝色表示液体，白色表示气体）

反气泡的双层结构除了可以增强传质效率，在其他领域也具有广泛的应用前景。反气泡内外液体间由一层气膜完全隔离，可用于药物及特殊液体输运，避免内部液体受到外界环境的污染，气膜层结构为润滑减摩提供了新的途径[205]。而且，反气泡的气膜薄层还为光学研究提供了新的素材[215]。但是，由于其稳定性较差、制备条件受限等原因，直到最近十几年，反气泡才开始引起人们的重视。借助高速摄像技术，比利时科学家 Dorbolo 首先对反气泡的形成与破灭过程进行了系统的研究，提出了“驱气理论”解释反气泡的稳定机理[216-218]。同时，还研究了反气泡稳定时间的影响因素，包括外界压力、液体黏度和表面模量等[219, 220]。随后，Kim 研究了反气泡大小、气膜厚度、外界压力、溶液表面清洁度等因素对其稳定性的影响[221]。Kim 还研究了反气泡的形成过程，认为形成过程中液滴底部气膜的稳定性是决定反气泡形成的关键因素[222]。Scheid[223, 224] 理论研究了液体性质（黏度、表面模量等）对反气泡稳定时间的影响，验证了 Dorbolo 的实验结果。其后为，超长稳定时间的反气泡和便于操控的磁反气泡也先后被研究和报道[225-227]。虽然国内对反气泡的研究相对较晚，但也取得了一定的成果。中科院声学研究所白立新教授发明了一种利用液滴 - 液膜法制备反气泡或多层反气泡的方法，可以方便地控制反气泡的大小[228]。浙江大学邹俊教授对反气泡进行了系统的研究，如反气泡的破灭、弹跳等，还对液滴 - 液膜法制备反气泡的条件进行了研究[229-231]。

总之，对于反气泡的研究尚处于起步阶段，要实现工程应用，还有很长的路要走。下面将从反气泡的制备方法、稳定性和运动控制三个方面介绍反气泡的基本特性和研究现状，为后续的研究提供参考。

二、制备方法

在反气泡被发现和报道后，科学家尝试了多种方法制备反气泡，除前文提到的大量微液滴撞击液面的方式外，还有射流法、液滴滴落法、液滴 - 液膜法、皮克林（Pickering）效应法和乳粒冻干法等。在介绍反气泡的制备方法前，有必要先了解一下反气泡的形成过程和形成条件，为理解不同的反气泡制备方法奠定基础。

由于试验和观察手段缺乏，早期的研究者只能猜测反气泡的形成过程，如图 4-58 所示。现在，借助高速摄像技术，人们可以详细了解反气泡的形成过程。Kim 观察了单个液滴撞击液面形成反气泡的过程，总结了反气泡形成的两个必要条件：一是液滴落在液面时，液面变形包裹住气体，形成气膜；二是气膜破裂前液面完全闭合[222]。因此，反气泡形成的关键因素是液面的变形能力和气膜的稳定性。液面变形能力主要取决于液面变形引起的能量耗散，能量耗散越大，液面变形能力越弱。液面变形引起的能量耗散包括新增气 - 液界面表面张力能和黏性耗散。实验中，研究者倾向于利用表面活性剂溶液制备反气泡，而在纯水中几乎不能制成反气泡。这是因为添加表面活性剂可以显著降低表面张力，液面更易发生变形。气膜的稳定性主要取决于膜内气体排空速度和液体内部扰动。如果将气膜视为润滑层，根据润滑理论，液面随入射液体变形可导致润滑层面积增加，气体排空速度下降。同时，表面活性分子的存在也有助于降低气体排空速度。另外，反气泡制备过程中引起的液体内部扰动也会影响气膜的稳定性。实验表明，使用黏度较高的表面活性剂溶液可以显著提高反气泡制备的成功率，甚至可以直接使用不含表面活性剂的黏性液体（如菜籽油等）制备反气泡。液体黏性可以有效抑制反气泡制备过程中引起的扰动，并有效减缓气膜内气体排空速度。

总之，要制备反气泡必须保证在内外液体间形成气膜层，并使气膜在完全闭合前维持稳定。接下来将介绍几种现有的制备反气泡的方法。

1. 射流法

射流法是一种常用的反气泡制备方法。这种方法设备简单，只要多次练习，控制好射流的速度、方向等因素即可。常用的射流形成装置包括胶头滴管和烧杯。使用胶头滴管时，通过控制挤压胶头的力度和速度控制射流的速度，胶头滴管出口直径决定射流直径。实验结果表明，射流直径越大，制备的反气泡最大直径越大。使用烧杯时，可以通过控制烧杯倾斜角度控制射流的速度和直径。实验中，用金属丝将胶头滴管或烧杯与目标液体连接，可以避免电势差的影响，提高制备反气泡的成功率[218]。

射流接触液面时，液面随之变形，射流周围包裹着气膜进入液体内部。在此过程中，射流的动能转变为气 - 液界面的表面张力能，射流前端的液体开始减速，集聚成一个液泡。随后，液泡与射流断开，形成反气泡。断裂后的射流，部分气膜发生破裂形成许多微小气泡，未破裂的部分形成一个或多个直径较小的反气泡。

这种方法适用于表面活性剂溶液和油液[232]，但不适用于黏度过高的液体。首先，液体黏度过高，将导致液面变形引起的黏性阻尼增加，液面变形能力下降，不利于反气泡形成；其次，液体黏度过高可导致前端液泡断开时间延长，气膜内气体有充足的时间排空，不利于反气泡形成。而且，利用这种方法制备的反气泡大小和气膜厚度难以控制。

2. 液滴滴落法

液滴滴落法是使形成的液滴直接垂直落在液面上形成反气泡。液滴撞击液面后会发生三种可能的结果：①液滴初始机械能过低，不能使液面充分变形，表面张力使液面恢复，液滴在液面发生弹跳；②液滴初始机械能适中，使液面充分变形并闭合形成反气泡；③液滴初始机械能过高，与液面接触过程中底部气膜破裂，不能形成反气泡。因此，在使用液滴滴落法制备反气泡时，需要控制好液滴的初始机械能，包括势能和动能。液滴初始势能可以通过改变液滴大小和液滴与液面的距离来调整。液滴初始动能可以通过改变针头内的流速来调整。利用单个液滴制备的反气泡大小可控，近似为液滴直径。实验表明，将较高黏度的液滴滴入较低黏度的液体中，更容易形成反气泡[233]。

3. 液滴 - 液膜法

液滴 - 液膜法是使液滴先穿过一层液膜后再撞击液面[228, 231]。液滴首先与液膜发生碰撞，碰撞的结果取决于液滴的撞击速度。液滴撞击速度太低，液滴将在液膜上发生弹跳，不能穿过液膜。撞击速度提高后，液滴能够穿过液膜，但会导致两种不同的结果：其一是液滴外包裹一层液膜，液膜与液滴之间由一层气膜隔开；其二是液滴外包裹的液膜破裂，形成一个气泡存在于液滴内。只有包裹液膜的液滴撞击液面才有可能形成反气泡，因此需要调整好液滴与液膜的撞击速度，保证穿过的液滴外包裹有稳定的液膜。包裹有液膜的液滴撞击液面会出现三种现象：①当撞击速度较低时，液滴在液面弹跳或悬浮一段时间，包裹的液膜与液面融合，在表面张力作用下，液滴连同气膜一起进入液体，形成反气泡；②当撞击速度较高时，包裹的液膜直接与液面融合形成反气泡；③当撞击速度过高时，气膜受压破裂，不能形成反气泡。因此，实验中需要分别调整好液滴撞击液膜和液面的速度，保证包裹有液膜的液滴以合适的速度撞击液面。利用这种方法，可以通过控制液滴尺寸控制反气泡大小。此外，利用这种方法可以制备包裹多层气膜的反气泡[228]。

4. 皮克林（Pickering）效应法

皮克林（Pickering）效应是在两相界面添加颗粒，使乳粒结构强度增加的现象，比如，在液滴表面添加微小颗粒层制成表面强化的“液石（liquid marble）”，相当于在液体表面增加了一层固体壳。而且，使用疏水颗粒制成的液石本身也具有疏水性，可以在水面悬浮。表面超疏水的固体球撞击水面时，可以裹挟一层气膜进入水中，形成固 - 气 - 液（S/G/L）结构的颗粒。如果将这种复合结构中的固体换成液体，便成为类似于反气泡的液 - 气 - 液（L/G/L）结构。因此，可以考虑使用“液石”撞击液面形成液 - 气 - 液结构。但是，液石低速撞击液面时只能在液面弹跳或悬浮，而高速撞击液面时会发生破裂。实验中，使用溶有明胶的液体制备“液石”，低温处理后，液体胶化成固体，结构强度增加。这种胶化处理后的“液石”高速撞击液面后可以裹挟一层气膜进入液体，形成固 - 气 - 液结构。随后，加热液体，胶化的“液石”恢复为液体，反气泡形成。在水中添加疏水性略低的颗粒，在气 - 液界面形成两层皮克林效应界面，可以大大延长反气泡的稳定时间[225]。

5. 乳粒冻干法

乳粒冻干法是利用界面覆盖颗粒的水包油包水（W/O/W）乳粒制备反气泡的方法[226]。首先用混有颗粒的水和易挥发性有机溶剂制备水包油包水（W/O/W）结构的乳粒，然后进行低温处理，使水和有机溶剂结晶，并在真空条件下使有机溶剂挥发，最后将结晶颗粒放入水中，使内部结晶体恢复成水，原有的有机溶剂层被气体填充，形成反气泡结构。这种表面覆盖颗粒的反气泡结构稳定时间明显延长。

除了上述几种方法，还可以通过其他多种方法制备反气泡。实际上，在任何发生气 - 液两相相互运动的场合都可能形成反气泡。比如，浸没在黏性液体中的气管口连续形成气泡时也可能形成反气泡[214]。

总之，反气泡的制备方法大体可分为两类：一是直接形成液 - 气 - 液结构；二是先制备固 - 气 - 液或液 - 液 - 液结构，然后通过改变温度、压强等外界条件将其中的固体转变为液体或将一层液体转变为气体，从而形成反气泡结构。为了便于后续研究和应用，应选择适当的方法，使制备的反气泡大小和气膜厚度可控，稳定时间长。

三、反气泡稳定性

反气泡的稳定性一直是研究的重点。在前文中介绍反气泡制备方法时所提到的利用不同方法制备的反气泡稳定性也不相同。通常情况下，利用洗洁精溶液制备的反气泡稳定时间仅有 1min 左右，有时甚至只有几秒。这给后续的研究和应用带来很大的困难。因此，人们一直在寻找延长和控制反气泡稳定时间的方法。以下将阐述反气泡稳定机理，同时介绍延长和控制反气泡稳定时间的方法。

1. 反气泡稳定机理

反气泡是在液体环境中由一层气膜包裹着一个液球的结构。在重力作用下，内部液球挤压底部气膜，导致气体从底部流向顶部，底部气膜变薄。根据润滑理论，气膜内气体的流动对液球产生反向支撑力，阻碍液球下落。当气膜厚度达到临界值时，两层气 - 液界面间的分子间相互作用力（范德华力）起主导作用，克服气体流动阻力，气 - 液界面相互接触，反气泡破裂。这就是 Dorbolo 提出的“驱气理论”[217]。因此，反气泡稳定的关键是气膜的稳定性。寻找维持反气泡气膜稳定的方法，主要有两种思路：一是避免局部气膜厚度达到临界值；二是在气 - 液界面间建立固态支撑，避免气 - 液界面相互接触。对于利用普通液体（表面活性剂溶液、菜籽油等）制备的反气泡，需要寻找避免局部气膜厚度降低的方法。利用皮克林效应制备的反气泡，两层界面间疏水颗粒构成固态支撑，可以维持反气泡稳定。

2. 反气泡稳定时间延长方法

对于利用普通液体制备的反气泡，延长反气泡稳定时间的方法有两类：一是减小甚至消除反气泡内液球下落的驱动力；二是增加气膜内气体流动阻力。反气泡内部液球下落的驱动力主要是自身重力，因此，在微重力或零重力环境中，反气泡可以长时间或永远稳定存在。在重力场中，对反气泡内液球施加反向的非接触力（如电场力或磁场力）抵消其自身重力同样可以延长反气泡稳定时间。这需要使用磁流体或带电流体制备特殊的反气泡。增加气膜内气体流动阻力的主要方法有：① 添加表面活性剂。表面活性剂分子由亲水基和疏水基两部分组成。分布在气 - 液界面的活性剂分子，亲水基浸在水里而疏水基暴露在气体层。气体流动时，气体分子与表面活性剂分子发生碰撞，运动阻力增加，反气泡稳定时间延长。②增加液体黏度和表面模量。液体黏度和表面模量增加可以改变气 - 液界面的相互运动状态，减小边界滑移，从而减小气膜内气体的流动速度，延长反气泡稳定时间。对于利用皮克林效应制备的反气泡，两层界面间疏水颗粒相互接触，反气泡稳定性大大提高。

现有的延长反气泡稳定时间的方法大都需要改变原有液体的物理或化学性质。在此过程中，不可避免地引入新的介质，甚至会引入杂质污染原溶液。为此，研究者报道了一种采用机械方法控制反气泡稳定时间的方法：将反气泡引入直径略大于反气泡直径的圆柱管道中，封口后，将管道水平放置，并使其转动，当管道转速超过临界速度后，反气泡稳定时间延长，甚至可以一直存在[212]。但是，这种方法实际操作困难。

总之，控制反气泡稳定时间是研究和应用反气泡的基础。在寻找控制反气泡稳定时间的方法时，应尽量避免在介质中引入新的杂质，设备简单、操作方便的机械式方法是理想的选择。

四、反气泡运动控制

受形成条件所限，反气泡的研究和应用场合可能要与制备场合分开，反气泡制备完成后，再将其运输到指定位置，这就要寻找控制反气泡运动的方法。关于反气泡运动控制的研究较少，现有的控制方法可分为两种：密度差法[219]和磁反气泡法[227]。所谓密度差法就是通过调整内液球的密度控制反气泡在垂直方向的运动状态。制备反气泡时，通过在内液球溶液中添加盐和蜂蜜等改变其密度，可以改变反气泡的整体密度，使制备的反气泡上浮、下沉或稳定悬浮在液体中。所谓磁反气泡法是在内液球溶液中添加磁粉或使用磁流体制备反气泡，在外界磁场的作用下控制反气泡的运动。另外，由于反气泡必须存在于液体环境中，因此，通过控制液体流动控制反气泡运动也是一种非常方便的手段。需要注意的是，反气泡运动过程中必须保持稳定，控制反气泡运动与控制其稳定时间是相辅相成的。

总之，经过初步研究，人们对反气泡的物理性质已经有了初步的了解，反气泡的应用前景也开始受到人们的关注。但是，要实现反气泡的应用，还有许多技术问题需要解决，比如，如何在任意介质中制备反气泡、如何在不引入杂质的基础上控制反气泡稳定时间、如何控制反气泡运动等。反气泡研究的大门刚刚开启，许多未知的秘密亟待人们去深入探索。

参考文献

[1] 李景明，樊玉光. 基于压力溶气的微气泡生成过程能质传递特性研究 [J]. 化工技术与开发，2016（8）: 57-59.

[2] Legendre D, Magnaudet J. The lift force on a spherical bubble in a viscous linear shear flow [J]. Journal of Fluid Mechanics, 1998, 368：81-126.

[3] Nahra H K, Kamotani Y. Prediction of bubble diameter at detachment from a wall orifice in liquid cross-flow under reduced and normal gravity conditions [J]. Chemical Engineering Science, 2003, 58(1): 55-69.

[4] 刘红，解茂昭，韩景东等. 黏性液体中锐孔处气泡的形成 [J]. 热科学与技术，2005（3）: 262-266.

[5] Rebrov E V. Two-phase flow regimes in microchannels [J]. Theoretical Foundations of Chemical Engineering, 2010, 44(4): 355-367.

[6] Shao N, Gavriilidis A, Angeli P. Flow regimes for adiabatic gas–liquid flow in microchannels [J]. Chemical Engineering Science, 2009, 64(11): 2749-2761.

[7] Haase S. Characterisation of gas-liquid two-phase flow in minichannels with co-flowing fluid injection inside the channel, Part Ⅰ: Unified mapping of flow regimes [J]. International Journal of Multiphase Flow, 2016, 87：197-211.

[8] Khuntia S, Majumder S K, Ghosh P. Microbubble-aided water and wastewater purification: a review [J]. Reviews in Chemical Engineering, 2012, 28：4-6.

[9] Takahashi M. Water treatment based on microbubble technology [J]. Bulletin of the Society of Sea Water Science, Japan, 2010, 64：19-23.

[10] Epstein P S, Plesset M S. On the stability of gas bubbles in liquid - gas solutions [J]. The Journal of Chemical Physics, 1950, 18(11): 1505-1509.
[11] Borden M A, Longo M L. Dissolution behavior of lipid monolayer-coated, air-filled microbubbles effect of lipid hydrophobic chain length [J]. Langmuir, 2002, 18：9225-9233.
[12] Maeda Y, Hosokawa S, Baba Y，et al. Generation mechanism of micro-bubbles in a pressurized dissolution method [J]. Experimental Thermal and Fluid Science, 2015, 60：201-207.
[13] 王培艳 . 平流型加压溶气气浮水处理的研究 [D]. 郑州：郑州大学 , 2013.
[14] Féris L A, Rubio J. Dissolved air flotation (DAF) performance at low saturation pressures [J]. Filtration & Separation, 1999, 36(9): 61-65.
[15] Zhang W-H, Zhang J, Zhao B，et al. Microbubble size distribution measurement in a DAF system [J]. Industrial & Engineering Chemistry Research, 2015, 54(18): 5179-5183.
[16] Tesař V. Microbubble smallness limited by conjunctions [J]. Chemical Engineering Journal, 2013, 231：526-536.
[17] Tesař V. Mechanisms of fluidic microbubble generation Part Ⅰ: Growth by multiple conjunctions [J]. Chemical Engineering Science, 2014, 116：843-848.
[18] Zhu X, Xie J, Liao Q，et al. Dynamic bubbling behaviors on a micro-orifice submerged in stagnant liquid [J]. International Journal of Heat and Mass Transfer, 2014, 68：324-331.
[19] 谢建 . 微小槽道内微孔壁面逸出气泡动力学行为及特性 [D]. 重庆：重庆大学 , 2013.
[20] 张小波 . 微泡吸收与吸附耦合回收釜式系统有机蒸汽的研究 [D]. 杭州：浙江工业大学 , 2014.
[21] Okada K, Shimizu M, Isobe T，et al. Characteristics of microbubbles generated by porous mullite ceramics prepared by an extrusion method using organic fibers as the pore former [J]. Journal of the European Ceramic Society, 2010, 30(6): 1245-1251.
[22] Kazakis N A, Mouza A A, Paras S V. Experimental study of bubble formation at metal porous spargers: Effect of liquid properties and sparger characteristics on the initial bubble size distribution [J]. Chemical Engineering Journal, 2008, 137(2): 265-281.
[23] Bowonder B, Kumar R. Studies in bubble formation - Ⅳ: bubble formation at porous discs [J]. Chemical Engineering Science, 1970, 25(1): 25-32.
[24] 徐振华 , 赵红卫 , 方为茂等 . 金属微孔管制造微气泡的研究 [J]. 环境污染治理技术与设备 , 2006（9）: 78-82.
[25] 吴胜军 , 方为茂 , 赵红卫等 . 高速剪切流剪切形成微气泡的研究 [J]. 水处理技术 , 2009（5）: 44-48.
[26] Zimmerman W B, Hewakandamby B N, Tesař V,et al. On the design and simulation of an airlift loop bioreactor with microbubble generation by fluidic oscillation [J]. Food and Bioproducts Processing, 2009, 87(3): 215-227.

[27] Zimmerman W B, Tesař V, Bandulasena H C H. Towards energy efficient nanobubble generation with fluidic oscillation [J]. Current Opinion in Colloid & Interface Science, 2011, 16(4): 350-356.

[28] Tesař V. Mechanisms of fluidic microbubble generation Part Ⅱ : Suppressing the conjunctions [J]. Chemical Engineering Science, 2014, 116：849-856.

[29] Hantou J, Bandulasena H, Zimmerman W B. Microflotation Performance for Algal Separation [J]. Biotechnology and Bioengineering, 2012, 109(7): 1663-1673.

[30] Rehman F, Medley G J, Bandulasena H，et al. Fluidic oscillator-mediated microbubble generation to provide cost effective mass transfer and mixing efficiency to the wastewater treatment plants [J]. Environ Res, 2015, 137：32-39.

[31] Sadatomi M, Kawahara A, Kano K，et al. Performance of a new micro-bubble generator with a spherical body in a flowing water tube [J]. Experimental Thermal and Fluid Science, 2005, 29(5): 615-623.

[32] Sadatomi M, Kawahara A, Matsuura H，et al. Micro-bubble generation rate and bubble dissolution rate into water by a simple multi-fluid mixer with orifice and porous tube [J]. Experimental Thermal and Fluid Science, 2012, 41：23-30.

[33] Gordiychuk A, Svanera M, Benini S，et al. Size distribution and Sauter mean diameter of micro bubbles for a Venturi type bubble generator [J]. Experimental Thermal and Fluid Science, 2016, 70：51-60.

[34] 张卫 . 自吸式剪切流微孔微泡发生器的研究 [D]. 昆明：昆明理工大学 , 2013.

[35] 颜攀 . 固定床鼓泡反应器中微气泡的形成演化规律 [D]. 杭州：浙江大学 , 2017.

[36] 惠恒雷 . 射流发泡制造微气泡技术试验研究 [D]. 青岛：中国石油大学（华东）, 2011.

[37] 李浙昆 , 张宗华 , 郭晟等 . 微泡浮选射流气泡发生器的研究 [J]. 矿业研究与开发 , 2007,（5）: 54-56.

[38] 刘炯天 , 王永田 . 自吸式微泡发生器充气性能研究 [J]. 中国矿业大学学报 , 1998（1）: 29-33.

[39] 曹群科 . 溶气气浮和涡凹气浮的比较及适用场合 [J]. 广州化工 , 2015(2): 105-107.

[40] 陈卫玮 . CAF 涡凹气浮处理含油废水的中试试验研究 [J]. 油气田环境保护 , 2002(4): 32-34.

[41] 袁鹏 , 张景成 , 彭剑峰等 . 新型竖流气浮反应器工作性能与应用研究 [J]. 环境工程学报 , 2007(1): 59-63.

[42] 刘季霖 . 微纳米气泡发生装置研究 [D]. 杭州：浙江大学 , 2012.

[43] Ohnari H, Saga T, Watanabe K，et al. High functional characteristics of micro bubbles and water purification [J]. Resources Processing, 2009, 46(4): 238-244.

[44] Terasaka K, Hirabayashi A, Nishino T，et al. Development of microbubble aerator for waste water treatment using aerobic activated sludge [J]. Chemical Engineering Science,

2011, 66(14): 3172-3179.

[45] Levitsky I, Tavor D, Gitis V. Generation of two-phase air-water flow with fine microbubbles [J]. Chemical Engineering & Technology, 2016, 39(8): 1537-1544.

[46] 张永忍 . 自吸式旋流微泡发生器的试验与研究 [D]. 昆明：昆明理工大学 , 2015.

[47] Fu T, Ma Y, Funfschilling D，et al. Squeezing-to-dripping transition for bubble formation in a microfluidic T-junction [J]. Chemical Engineering Science, 2010, 65(12): 3739-3748.

[48] Zhang J, Wang K, Teixeira A R，et al. Design and scaling up of microchemical systems: A review [J]. Annu Rev Chem Biomol Eng, 2017, 8：285-305.

[49] Garstecki P, Fuerstman M J, Stone H A，et al. Formation of droplets and bubbles in a microfluidic T-junction-scaling and mechanism of break-up [J]. Lab Chip, 2006, 6(3): 437-446.

[50] De Menech M, Garstecki P, Jousse F，et al. Transition from squeezing to dripping in a microfluidic T-shaped junction [J]. Journal of Fluid Mechanics, 2008, 595:141-161.

[51] Christopher G F, Noharuddin N N, Taylor J A，et al. Experimental observations of the squeezing-to-dripping transition in T-shaped microfluidic junctions [J]. Phys Rev E Stat Nonlin Soft Matter Phys, 2008, 78(3 Pt 2): 036317.

[52] Herrada M A, Ganan-calvo A M, Montanero J M. Theoretical investigation of a technique to produce microbubbles by a microfluidic T junction [J]. Phys Rev E Stat Nonlin Soft Matter Phys, 2013, 88(3): 033027.

[53] Tan J, Li S W, Wang K，et al. Gas-liquid flow in T-junction microfluidic devices with a new perpendicular rupturing flow route [J]. Chemical Engineering Journal, 2009, 146(3): 428-433.

[54] van Steijn V, Kleijn C R, Kreutzer M T. Predictive model for the size of bubbles and droplets created in microfluidic T-junctions [J]. Lab Chip, 2010, 10(19): 2513-2518.

[55] Xu J H, Li S W, Wang Y J，et al. Controllable gas-liquid phase flow patterns and monodisperse microbubbles in a microfluidic T-junction device [J]. Applied Physics Letters, 2006, 88(13): 133506.

[56] Xu J H, Li S W, Chen G G，et al. Formation of monodisperse microbubbles in a microfluidic device [J]. AIChE Journal, 2006, 52(6): 2254-2259.

[57] Chen C, Zhu Y, Leech P W，et al. Production of monodispersed micron-sized bubbles at high rates in a microfluidic device [J]. Applied Physics Letters, 2009, 95(14): 144101.

[58] van der Graaf S, Nisisako T, Schroën C G P H，et al. Lattice Boltzmann simulations of Droplet formation in a T-Shaped microchannel [J]. Langmuir, 2006, 22(9): 4144-4152.

[59] 陈彬剑 . T 型微通道内液滴及气泡生成机理的研究 [D]. 济南：山东大学 , 2011.

[60] Fu T, Ma Y. Bubble formation and breakup dynamics in microfluidic devices: A review [J]. Chemical Engineering Science, 2015, 135：343-372.

[61] Zhang J M, Li E Q, Thoroddsen S T. A co-flow-focusing monodisperse microbubble generator [J]. Journal of Micromechanics and Microengineering, 2014, 24(3): 035008.

[62] Wang K, Xie L, Lu Y, et al. Generating microbubbles in a co-flowing microfluidic device [J]. Chemical Engineering Science, 2013, 100: 486-495.

[63] Castro-Hernández E, Campo-Cortés F, Gordillo J M. Slender-body theory for the generation of micrometre-sized emulsions through tip streaming [J]. Journal of Fluid Mechanics, 2012, 698: 423-445.

[64] van Hoeve W, Dollet B, Gordillo J M, et al. Bubble size prediction in co-flowing streams [J]. EPL (Europhysics Letters), 2011, 94(6): 64001.

[65] Oguz H N, Prosperetti A. Dynamics of bubble growth and detachment from a needle [J]. Journal of Fluid Mechanics, 1993, 257: 111-145.

[66] Ganan-Calvo A M, Gordillo J M. Perfectly monodisperse microbubbling by capillary flow focusing [J]. Phys Rev Lett, 2001, 87(27 Pt 1): 274501.

[67] Ganan-Calvo A M. Perfectly monodisperse microbubbling by capillary flow focusing: an alternate physical description and universal scaling [J]. Phys Rev E Stat Nonlin Soft Matter Phys, 2004, 69(2 Pt 2): 027301.

[68] Vega E J, Acero A J, Montanero J M, et al. Production of microbubbles from axisymmetric flow focusing in the jetting regime for moderate Reynolds numbers [J]. Physical Review E, 2014, 89(6): 063012.

[69] Garstecki P, Gitlin I, Diluzio W, et al. Formation of monodisperse bubbles in a microfluidic flow-focusing device [J]. Applied Physics Letters, 2004, 85(13): 2649-2651.

[70] Garstecki P, Fuerstman M J, Whitesides G M. Oscillations with uniquely long periods in a microfluidic bubble generator [J]. Nature Physics, 2005, 1: 168.

[71] Garstecki P, Stone H A, Whitesides G M. Mechanism for flow-rate controlled breakup in confined geometries: A route to monodisperse emulsions [J]. Physical Review Letters, 2005, 94(16): 164501.

[72] Guillot P, Colin A. Stability of parallel flows in a microchannel after a T junction [J]. Physical Review E, 2005, 72(6): 066301.

[73] Dollet B, van Hoeve W, Raven J-P, et al. Role of the channel geometry on the bubble pinch-off in flow-focusing devices [J]. Physical Review Letters, 2008, 100(3): 034504.

[74] Skurtys O, Bouchon P, Aguilera J M. Formation of bubbles and foams in gelatine solutions within a vertical glass tube [J]. Food Hydrocolloids, 2008, 22(4): 706-714.

[75] Sullivan M T, Stone H A. The role of feedback in microfluidic flow-focusing devices [J]. Philosophical Transactions of the Royal Society A: Mathematical, Physical and Engineering Sciences, 2008, 366(1873): 2131.

[76] Garstecki P, Fuerstman M J, Whitesides G M. Nonlinear dynamics of a flow-focusing bubble

generator: An inverted dripping faucet [J]. Physical Review Letters, 2005, 94(23): 234502.
[77] Lu Y, Fu T, Zhu C, et al. Pinch-off mechanism for Taylor bubble formation in a microfluidic flow-focusing device [J]. Microfluidics and Nanofluidics, 2014, 16(6): 1047-1055.
[78] Cubaud T, Ho C-M. Transport of bubbles in square microchannels [J]. Physics of Fluids, 2004, 16(12): 4575-4585.
[79] Fu T, Ma Y, Funfschilling D, et al. Bubble formation and breakup mechanism in a microfluidic flow-focusing device [J]. Chemical Engineering Science, 2009, 64(10): 2392-2400.
[80] Castro-Hernandez E, van Hoeve W, Lohse D, et al. Microbubble generation in a co-flow device operated in a new regime [J]. Lab on a Chip, 2011, 11(12): 2023-2029.
[81] Hoeve W V, Dollet B, Gordillo J M, et al. Bubble size prediction in co-flowing streams [J]. EPL (Europhysics Letters), 2011, 94(6): 64001.
[82] Dietrich N, Poncin S, Midoux N, et al. Bubble formation dynamics in various flow-focusing microdevices [J]. Langmuir, 2008, 24(24): 13904-13911.
[83] Lu Y, Fu T, Zhu C, et al. Scaling of the bubble formation in a flow-focusing device: Role of the liquid viscosity [J]. Chemical Engineering Science, 2014, 105: 213-219.
[84] Fu T, Ma Y, Funfschilling D, et al. Breakup dynamics of slender bubbles in non - newtonian fluids in microfluidic flow - focusing devices [J]. AIChE Journal, 2011, 58(11): 3560-3567.
[85] Shirota M, Sanada T, Sato A, et al. Formation of a submillimeter bubble from an orifice using pulsed acoustic pressure waves in gas phase [J]. Physics of Fluids, 2008, 20(4): 043301.
[86] Rodríguez-Rodríguez J, Sevilla A, Martínez-Bazán C, et al. Generation of microbubbles with applications to industry and medicine [J]. Annual Review of Fluid Mechanics, 2015, 47(1): 405-429.
[87] Makuta T, Suzuki R, Nakao T. Generation of microbubbles from hollow cylindrical ultrasonic horn [J]. Ultrasonics, 2013, 53(1): 196-202.
[88]Makuta T, Takemura F, Hihara E, et al. Generation of micro gas bubbles of uniform diameter in an ultrasonic field [J]. Journal of Fluid Mechanics, 2006, 548: 113-131.
[89] Feinstein S B, Ten Cate F J, Zwehl W, et al. Two-dimensional contrast echocardiography Ⅰ in vitro development and quantitative analysis of echo contrast agents [J]. Journal of the American College of Cardiology, 1984, 3(1): 14-20.
[90] Stride E, Edirisinghe M. Novel microbubble preparation technologies [J]. Soft Matter, 2008, 4(12): 2350.
[91] Wang Y, Hu X, Cao Z, et al. Investigations on bubble growth mechanism during photoelectrochemical and electrochemical conversions [J]. Colloids and Surfaces A:

Physicochemical and Engineering Aspects, 2016, 505：86-92.
[92] Xie G X, Luo J B, Liu S H，et al. Effect of external electric field on liquid film confined within nanogap [J]. Journal of Applied Physics, 2008, 103(9): 094306.
[93] Sakai O, Kimura M, Shirafuji T，et al. Underwater microdischarge in arranged microbubbles produced by electrolysis in electrolyte solution using fabric-type electrode [J]. Applied Physics Letters, 2008, 93(23): 231501.
[94] Hammadi Z, Morin R, Olives J. Field nano-localization of gas bubble production from water electrolysis [J]. Applied Physics Letters, 2013, 103(22): 223106.
[95] Chandran P, Bakshi S, Chatterjee D. Study on the characteristics of hydrogen bubble formation and its transport during electrolysis of water [J]. Chemical Engineering Science, 2015, 138：99-109.
[96] Janssen L J J, Sillen C W M P, Barendrecht E，et al. Bubble behaviour during oxygen and hydrogen evolution at transparent electrodes in KOH solution [J]. Electrochimica Acta, 1984, 29(5): 633-642.
[97] Lee S, Sutomo W, Liu C，et al. Micro-fabricated electrolytic micro-bubblers [J]. International Journal of Multiphase Flow, 2005, 31(6)：706-722.
[98] 刘萌，郭向飞，王景明等．不同浸润性多孔电极表面的气泡行为 [J]. 物理化学学报，2012（12）: 2931-2938.
[99] Yu C, Cao M, Dong Z，et al. Aerophilic electrode with cone shape for continuous generation and efficient collection of H_2bubbles [J]. Advanced Functional Materials, 2016, 26(37): 6830-6835.
[100] Kibsgaard J, Chen Z, Reinecke B N，et al. Engineering the surface structure of MoS_2 to preferentially expose active edge sites for electrocatalysis [J]. Nat Mater, 2012, 11(11): 963-969.
[101] Chia X, Eng A Y, AmbrosI A，et al. Electrochemistry of nanostructured layered transition-metal dichalcogenides [J]. Chem Rev, 2015, 115(21): 11941-11966.
[102] Jiu-Sheng C, Jiang J-H. Droplet microfluidic technology: mirodroplets formation and manipulation [J]. Chinese Journal of Analytical Chemistry, 2012, 40(8): 1293-1300.
[103] Manz A, Graber N, Widmer H M. Miniaturized total chemical analysis systems: A novel concept for chemical sensing [J]. Sensors & Actuators B Chemical, 1990, 1(1): 244-248.
[104] Reyes DR，Iossifidis D，Auroux P A，et al. Micro total analysis systems. 1. Introduction, theory, and technology [J]. Analytical Chemistry, 2002, 74(12): 2623-2636.
[105] Rustem F Ismagilov Prof.Integrated Microfluidic Systems [J]. Angewandte Chemie-International Edition, 2003, 42(35): 4130.
[106] Chan E M, Alivisatos A P, Mathies R A. High-temperature microfluidic synthesis of CdSe nanocrystals in nanoliter droplets [J]. Journal of the American Chemical Society, 2005,

127(40): 13854-13861.

[107] Hung L-H, Choi K-M, Tseng W-Y, et al. Alternating droplet generation and controlled dynamic droplet fusion in microfluidic device for CdS nanoparticle synthesis [J]. Lab on a Chip, 2006, 6(2): 174-178.

[108] Hong C, Qun F, Xue Feng Y, et al. Microfluidic chip-based liquid-liquid extraction and preconcentration using a subnanoliter-droplet trapping technique [J]. Lab on a Chip, 2005, 5(7): 719-725.

[109] Carl L H, Scott Classen, James M B, et al. A microfluidic device for kinetic optimization of protein crystallization and in situ structure determination [J]. Journal of the American Chemical Society, 2006, 128(10): 3142-3143.

[110] Baroud C N, Gallaire F, Dangla R. Dynamics of microfluidic droplets [J]. Lab on a Chip, 2010, 10(16): 2032-2045.

[111] Yang C-G, Xu Z-R, Wang J-H. Manipulation of droplets in microfluidic systems [J]. TrAC Trends in Analytical Chemistry, 2010, 29(2): 141-157.

[112] Zhang M, Gong X, Wen W. Manipulation of microfluidic droplets by electrorheological fluid [J]. Electrophoresis, 2009, 30(18): 3116-3123.

[113] Huebner A, Sharma S, Srisa-Art M, et al.Microdroplets: a sea of applications? [J]. Lab on a Chip, 2008, 8(8): 1244-1254.

[114] Taly V, Kelly B T, Griffiths A D. Droplets as microreactors for high-throughput biology [J]. Chembiochem, 2010, 8(3): 263-272.

[115] Takinoue M, Takeuchi S. Droplet microfluidics for the study of artificial cells [J]. Analytical and Bioanalytical Chemistry, 2011, 400(6): 1705-1716.

[116] Teh S-Y, Lin R, Hung L-H, et al.Droplet microfluidics [J]. Lab on a Chip, 2008, 8(2): 198-220.

[117] Lorber N, Sarrazin F, Guillot P, et al.Some recent advances in the design and the use of miniaturized droplet-based continuous process: Applications in chemistry and high-pressure microflows [J]. Lab on a Chip, 2011, 11(5): 779-787.

[118] Nazir A, Boom R M, Schroën K. Droplet break-up mechanism in premix emulsification using packed beds [J]. Chemical Engineering Science, 2013, 92(14): 190-197.

[119] Zwan E V D, Schroën K, Dijke K V, et al.Visualization of droplet break-up in pre-mix membrane emulsification using microfluidic devices [J]. Colloids & Surfaces A Physicochemical & Engineering Aspects, 2006, 277(1): 223-229.

[120] Nazir A, Schroën K, Boom R. Premix emulsification: A review [J]. Journal of Membrane Science, 2010, 362(1-2): 1-11.

[121] Ramshaw C, Mallinson R H. Mass transfer apparatus and process [M]. Google Patents, 1983.

[122] 杨旷 . 超重力旋转床微观混合与气液传质特性研究 [D]. 北京：北京化工大学 , 2010.
[123] Munjal S, Duduković M P, Ramachandran P. Mass-transfer in rotating packed beds-Ⅱ . Experimental results and comparison with theory and gravity flow [J]. Chemical Engineering Science, 1989, 44(10): 2257-2268.
[124] Thorsen T, Roberts R W, Arnold F H, et al. Dynamic pattern formation in a vesicle-generating microfluidic device [J]. Physical review letters, 2001, 86(18): 4163.
[125] Nguyen N-T, Lassemono S, Chollet F A. Optical detection for droplet size control in microfluidic droplet-based analysis systems [J]. Sensors and Actuators B: Chemical, 2006, 117(2): 431-436.
[126] van Steijn V, Kreutzer M T, Kleijn C R. μ-PIV study of the formation of segmented flow in microfluidic T-junctions [J]. Chemical Engineering Science, 2007, 62(24): 7505-7514.
[127] Guo F, Chen B. Numerical study on Taylor bubble formation in a micro-channel T-junction using VOF method [J]. Microgravity Science & Technology, 2009, 21(1): 51-58.
[128] Qian D, Lawal A. Numerical study on gas and liquid slugs for Taylor flow in a T-junction microchannel [J]. Chemical Engineering Science, 2006, 61(23): 7609-7625.
[129] Garstecki P, Fuerstman M J, Stone H A, et al. Formation of droplets and bubbles in a microfluidic T-junction—scaling and mechanism of break-up [J]. Lab on a Chip, 2006, 6(3): 437-446.
[130] Christopher G F, Noharuddin N N, Taylor J A, et al. Experimental observations of the squeezing-to-dripping transition in T-shaped microfluidic junctions [J]. Physical Review E, 2008, 78(3): 036317.
[131] van Steijn V, Kleijn C R, Kreutzer M T. Predictive model for the size of bubbles and droplets created in microfluidic T-junctions [J]. Lab on a Chip, 2010, 10(19): 2513-2518.
[132] Anna S L, Bontoux N, Stone H A. Formation of dispersions using "flow focusing" in microchannels [J]. Applied Physics Letters, 2003, 82(3): 364-366.
[133] Dreyfus R, Tabeling P, Willaime H. Ordered and disordered patterns in two-phase flows in microchannels [J]. Physical Review Letters, 2003, 90(14): 144505.
[134] Cramer C, Fischer P, Windhab E J. Drop formation in a co-flowing ambient fluid [J]. Chemical Engineering Science, 2004, 59(15): 3045-3058.
[135] Eggers J. Nonlinear dynamics and breakup of free-surface flows [J]. Reviews of Modern Physics, 1997, 69(3): 865.
[136] Utada A S, Fernandez-Nieves A, Stone H A, et al.Dripping to jetting transitions in coflowing liquid streams [J]. Physical Review Letters, 2007, 99(9): 094502.
[137] Hong Y, Wang F. Flow rate effect on droplet control in a co-flowing microfluidic device [J]. Microfluidics & Nanofluidics, 2007, 3(3): 341-346.
[138] Utada A, Lorenceau E, Link D, et al. Monodisperse double emulsions generated from a

microcapillary device [J]. Science, 2005, 308(5721): 537-541.

[139] Taylor G I. The viscosity of a fluid containing small drops of another fluid [J]. Proceedings of the Royal Society of London Series A, 1932, 138(834): 41-48.

[140] Hong Y-P, Li H-X. Comparative study of fluid dispensing modeling [J]. IEEE Transactions on Electronics Packaging Manufacturing, 2003, 26(4): 273-280.

[141]Ambravaneswaran B, Subramani H J, Phillips S D，et al. Dripping-jetting transitions in a dripping faucet [J]. Physical Review Letters, 2004, 93(3): 034501.

[142] Kazuo Hosokawa, Teruo fujii A, Endo I. Handling of picoliter liquid samples in a poly(dimethylsiloxane)-based microfluidic device [J]. Analytical Chemistry, 2015, 71(20): 4781-4785.

[143] Lippmann G. Relations entre les phénomènes électriques et capillaires [D].Gauthier-Villars, 1875.

[144] Matsumoto H, Colgate J E. Preliminary investigation of micropumping based on electrical control of interfacial tension[C].Proceedings of the IEEE on Micro Electro Mechanical Systems, 1990 :105-110.

[145] Berge B. Electrocapillarity and wetting of insulator films by water [J]. Comptes Rendus De L Academie Des Sciences Serie Ii, 1993, 317(2): 157-163.

[146] Vallet M, Berge B, Vovelle L. Electrowetting of water and aqueous solutions on poly (ethylene terephthalate) insulating films [J]. Polymer, 1996, 37(12): 2465-2470.

[147] Cho S K, Moon H, Kim C-J. Creating, transporting, cutting, and merging liquid droplets by electrowetting-based actuation for digital Microfluidic circuits [J]. Journal of Microelectromechanical Systems, 2003, 12(1): 70-80.

[148] Jian-Gang W, Yue R F, Zeng X F，et al. Novel open-structure Droplets actuating chip [J]. Journal of Electron Devices, 2005,4.

[149] Pohl H A, Pollock K. Electrode geometries for various dielectrophoretic force laws [J]. Journal of Electrostatics, 1978, 5：337-342.

[150] 朱秀昌 . 介电泳的原理及应用 [J]. 化学通报 , 1962（9）: 34-38.

[151] Kadaksham J, Singh P, Aubry N. Manipulation of particles using dielectrophoresis [J]. Mechanics Research Communications, 2006, 33(1): 108-122.

[152] Pohl H A, Crane J S. Dielectrophoretic force [J]. Journal of Theoretical Biology, 1972, 37(1): 1-13.

[153] Batton J, Kadaksham A J, Nzihou A，et al. Trapping heavy metals by using calcium hydroxyapatite and dielectrophoresis [J]. Journal of Hazardous Materials, 2007, 139(3): 461-466.

[154] 赵辉 . 介电泳和介电润湿技术装置的设计与应用 [D]. 南京：东南大学 , 2012.

[155] Schwartz J A, Vykoukal J V, Gascoyne P R. Droplet-based chemistry on a programmable

micro-chip [J]. Lab on a Chip, 2004, 4(1): 11-17.

[156] Singh P, Aubry N. Transport and deformation of droplets in a microdevice using dielectrophoresis [J]. Electrophoresis, 2007, 28(4): 644-657.

[157] Darhuber A A, Valentino J P, Troian S M, et al. Thermocapillary actuation of droplets on chemically patterned surfaces by programmable microheater arrays [J]. Journal of Microelectromechanical Systems, 2003, 12(6): 873-879.

[158] Shinji Sugiura, Mitsutoshi Nakajima, Satoshi Iwamoto A, et al. Interfacial tension driven monodispersed Droplet formation from microfabricated channel array [J]. Langmuir, 2001, 17(18): 5562-5566.

[159] Hubbard A. Microemulsions: properties and applications, Monzer Fanun (Ed.), Taylor & Francis, Boca Raton, Florida (2009) 533 pp [J]. Journal of Colloid & Interface Science, 2009, 335(1): 150.

[160] Binks B P. Chapter 1:Emulsions —recent advances in understanding//Binks B P ed. Mordern Aspects of Emulsion Science[M].Cambridge:The Royal Society of Chemistry, 1998: 1-55.

[161] Hoar T P, Schulman J H. Transparent water-in-oil dispersions: the oleopathic hydro-micelle [J]. Nature, 1943, 152(3847): 102-103.

[162] Schulman J H, Stoeckenius W, Prince L M. Mechanism of formation and structure of micro emulsions by electron microscopy [J]. Journal of Physical Chemistry, 1959, 63(10): 1677-1680.

[163] Schubert H, Armbruster H. Principles of formation and stability of emulsions [J]. Chemie Ingenieur Technik, 1992, 32(1): 14-28.

[164] Matsumoto S. W/O/W-type multiple emulsions with a view to possible food applications [J]. Journal of Texture Studies, 2010, 17(2): 141-159.

[165] Yoshida K, Sekine T, Matsuzaki F, et al. Stability of vitamin A in oil-in-water-in-oil-type multiple emulsions [J]. Journal of the American Oil Chemists Society, 1999, 76(2): 1-6.

[166] Davis S S, Walker I M. Multiple emulsions as targetable delivery systems [J]. Methods in Enzymology, 1987, 149:51.

[167] Ogawa Y, Yamamoto M, Okada H, et al. A new technique to efficiently entrap leuprolide acetate into microcapsules of polylactic acid or copoly(lactic/glycolic) acid [J]. Chemical & Pharmaceutical Bulletin, 1988, 36(3): 1095-1103.

[168] Matsumoto S, Kita Y, Yonezawa D. An attempt at preparing water-in-oil-in-water multiple-phase emulsions [J]. Journal of Colloid & Interface Science, 1976, 57(2): 353-361.

[169] van der Graaf S, Schroën C, Boom R. Preparation of double emulsions by membrane emulsification—a review [J]. Journal of Membrane Science, 2005, 251(1-2): 7-15.

[170] Garti N. Double emulsions—scope, limitations and new achievements [J]. Colloids and

Surfaces A: Physicochemical and Engineering Aspects, 1997, 123: 233-246.

[171] Chu L Y, Utada A S, Shah R K, et al. Controllable monodisperse multiple emulsions [J]. Angewandte Chemie, 2010, 46(47): 8970-8974.

[172] 刘伟，刘成梅，阮榕生等．高压处理过程中的压力和能量分析 [J]. 食品科学，2003, 24(7): 162-164.

[173] Kentish S, Wooster T J, Ashokkumar M, et al. The use of ultrasonics for nanoemulsion preparation [J]. Innovative Food Science & Emerging Technologies, 2008, 9(2): 170-175.

[174] Solans C, Izquierdo P, Nolla J, et al. Nano-emulsions [J]. Current Opinion in Colloid & Interface Science, 2005, 10(3): 102-110.

[175] P B Umbanhowar, V Prasad A, Weitz D A. Monodisperse emulsion generation via drop break off in a coflowing stream [J]. Langmuir, 1999, 16(2): 347-351.

[176] Sugiura S, Nakajima M, Yamamoto K, et al. Preparation characteristics of water-in-oil-in-water multiple emulsions using microchannel emulsification [J]. Journal of Colloid & Interface Science, 2004, 270(1): 221-228.

[177] Nisisako T,et al. Droplet formation in a microchannel network [J]. Lab on A Chip, 2002, 2(1): 24.

[178] Okushima S, Nisisako T, Torii T, et al. Controlled production of monodisperse double emulsions by two-step droplet breakup in microfluidic devices [J]. Langmuir, 2004, 20(23): 9905-9908.

[179] Nisisako T, Torii T, Higuchi T. Rapid preparation of monodispersed droplets with confluent laminar flows[C].Proceedings of the IEEE on Micro Electro Mechanical Systems, 2003.

[180] Nakashima T. Membrane emulsification by microporous glass [J]. Key Eng Mater, 1991, 61:513-516.

[181] Peng S, Williams R A. Controlled production of emulsions using a crossflow membrane: Part Ⅰ: Droplet formation from a single pore [J]. Chemical Engineering Research and Design, 1998, 76(8): 894-901.

[182] Williams R, Peng S, Wheeler D, et al. Controlled production of emulsions using a crossflow membrane: part Ⅱ: Industrial scale manufacture [J]. Chemical Engineering Research and Design, 1998, 76(8): 902-910.

[183] Wang L-Y, Gu Y-H, Su Z-G, et al. Preparation and improvement of release behavior of chitosan microspheres containing insulin [J]. International Journal of Pharmaceutics, 2006, 311(1-2): 187-195.

[184] Wei Q, Wei W, Lai B, et al. Uniform-sized PLA nanoparticles: preparation by premix membrane emulsification [J]. International Journal of Pharmaceutics, 2008, 359(1-2): 294-297.

[185] Florence A T, Whitehill D. Some features of breakdown in water-in-oil-in-water multiple

emulsions [J]. Journal of Colloid & Interface Science, 1981, 79(1): 243-256.

[186] Garti N, Bisperink C. Double emulsions: progress and applications [J]. Current Opinion in Colloid & Interface Science, 1998, 3(6): 657-667.

[187] Pays K, Giermanska-Kahn J, Pouligny B, et al. Coalescence in surfactant-stabilized double emulsions [J]. Langmuir, 2001, 17(25): 7758-7769.

[188] Ficheux M-F, Bonakdar L, Leal-Calderon F, et al. Some stability criteria for double emulsions [J]. Langmuir, 1998, 14(10): 2702-2706.

[189] Nakashima T, Shimizu M, Kukizaki M. Particle control of emulsion by membrane emulsification and its applications [J]. Advanced Drug Delivery Reviews, 2000, 45(1): 47-56.

[190] Rayner B, Bergenstahl L, Massarelli G Tragardh.Proceedings of the double emulsions prepared by membrane emulsification: stability and entrapment degree in a flavour release system [C]. Harrogate: Food Colloids Conference, 2004.

[191] Marszall L. Cloud point and emulsion inversion point [J]. European Journal of Lipid Science & Technology, 2010, 79(1): 41-44.

[192] Sadurní N, Solans C, Azemar N, et al.Studies on the formation of O/W nano-emulsions, by low-energy emulsification methods, suitable for pharmaceutical applications [J]. European Journal of Pharmaceutical Sciences, 2005, 26(5): 438-445.

[193] Shinoda K, Saito H. The effect of temperature on the phase equilibria and the types of dispersions of the ternary system composed of water, cyclohexane, and nonionic surfactant [J]. Journal of Colloid and Interface Science, 1968, 26(1): 70-74.

[194] Rang M-J, Miller C A. Spontaneous emulsification of oils containing hydrocarbon, nonionic surfactant, and oleyl alcohol [J]. Journal of Colloid and Interface Science, 1999, 209(1): 179-192.

[195] Shinoda K, Kunieda H. Phase properties of emulsions: PIT and HLB [J]. Encyclopedia of Emulsion Technology, 1983, 1:337-367.

[196] Fernandez P, André V, Rieger J, et al. Nano-emulsion formation by emulsion phase inversion [J]. Colloids and Surfaces A: Physicochemical and Engineering Aspects, 2004, 251(1-3): 53-58.

[197] Burgess D J, Yoon J K. Interfacial tension studies on surfactant systems at the aqueous/perfluorocarbon interface [J]. Colloids & Surfaces B Biointerfaces, 1993, 1(5): 283-293.

[198] Jiao J, Rhodes D G, Burgess D J. Multiple emulsion stability: pressure balance and interfacial film strength [J]. Journal of Colloid and Interface Science, 2002, 250(2): 444-450.

[199] Opawale F O, Burgess D J. Influence of interfacial rheological properties of mixed emulsifier films on the stability of water-in-oil-in-water emulsions [J]. Journal of Pharmacy

& Pharmacology, 2011, 50(9): 965-973.

[200] Florence A T, Whitehill D. Stability and stabilization of water-in-oil-in-water multiple emulsions [J]. Macro- and Microemulsions, 1985, 272(10): 359-380.

[201] Izquierdo P, Feng J, Esquena J，et al. The influence of surfactant mixing ratio on nano-emulsion formation by the pit method [J]. Journal of Colloid & Interface Science, 2005, 285(1): 388-394.

[202] Izquierdo P, Esquena J, Tadros T F，et al. Phase behavior and nano-emulsion formation by the phase inversion temperature method [J]. Langmuir the Acs Journal of Surfaces & Colloids, 2004, 20(16): 6594-6598.

[203] Seidmahdi J, He Y, Bhesh B. Optimization of nano-emulsions production by microfluidization [J]. European Food Research & Technology, 2007, 225(5-6): 733-741.

[204] 梁文平 . 乳状液科学与技术基础 [M]. 北京：科学出版社 , 2002.

[205] Weiss P. The rise of antibubbles-odd, soggy bubbles finally get some respect [J]. Science News, 2004, 165(20): 311-313.

[206] Hughes W, Hughes A R. Liquid drops on the same liquid surface [J]. Nature, 1932, 129(3245): 59.

[207] Mahajan L. Liquid drops on the same liquid surface [J]. Nature, 1930, 126(3185): 761.

[208] Katalinić M. Liquid Drops on the Same Liquid Surface [J]. Nature, 1931, 127(3208): 627.

[209] Riedel W. Über ein Tropfen-Phänomen [J]. Kolloid-Zeitschrift, 1938, 83(1): 31-32.

[210] Skogen N. Inverted soap bubbles—a surface phenomenon [J]. American Journal of Physics, 1956, 24(4): 239-241.

[211] Baird M. The stability of inverse bubbles [J]. Transactions of the Faraday Society, 1960, 56:213-219.

[212] Strong C. The amateur scientist: Curious bubbles in which a gas encloses a liquid instead of the other way around [J]. Sci Am, 1974, 230:116-120.

[213] Rein M. Wave phenomena during droplet impact // Shigeki M,Leen van W,ed. IUTAM symposium on waves in liquid/gas and liquid/vapour two-phase systems [C].Proceedings of the IUTAM Symposium. Springer,1995.

[214] Tufaile A, Sartorelli J. Bubble and spherical air shell formation dynamics [J]. Physical Review E, 2002, 66(5): 056204.

[215] Suhr W. Gaining insight into antibubbles via frustrated total internal reflection [J]. European Journal of Physics, 2012, 33(2): 443.

[216] Dorbolo S, Caps H, Vandewalle N. Fluid instabilities in the birth and death of antibubbles [J]. New Journal of Physics, 2003, 5(1): 161.

[217] Dorbolo S, Reyssat E, Vandewalle N，et al.Aging of an antibubble [J]. EPL (Europhysics Letters), 2005, 69(6): 966.

[218] Dorbolo S, Vandewalle N, Reyssat E，et al. Vita brevis of antibubbles [J]. Europhysics News, 2006, 37(4): 24-25.

[219] Dorbolo S, Vandewalle N. Antibubbles: evidences of a critical pressure [J]. cond-mat/0305126, 2003,

[220] Dorbolo S, Terwagne D, Delhalle R，et al. Antibubble lifetime: Influence of the bulk viscosity and of the surface modulus of the mixture [J]. Colloids and Surfaces A: Physicochemical and Engineering Aspects, 2010, 365(1-3): 43-45.

[221] Kim P G, Vogel J. Antibubbles: factors that affect their stability [J]. Colloids and Surfaces A: Physicochemical and Engineering Aspects, 2006, 289(1-3): 237-244.

[222] Kim P G, Stone H. Dynamics of the formation of antibubbles [J]. EPL (Europhysics Letters), 2008, 83(5): 54001.

[223] Scheid B, Dorbolo S. Antibubble dynamics: slipping or viscous interfaces? [J]. 20ème Congrès Français de Mécanique, 28 août/2 sept 2011-25044 Besançon, France (FR), 2011.

[224] Scheid B, Dorbolo S, Arriaga L R，et al. Antibubble dynamics: The drainage of an air film with viscous interfaces [J]. Physical Review Letters, 2012, 109(26): 264502.

[225] Poortinga A T. Long-lived antibubbles: Stable antibubbles through pickering stabilization [J]. Langmuir, 2011, 27(6): 2138-2141.

[226] Poortinga A T. Micron-sized antibubbles with tunable stability [J]. Colloids and Surfaces A: Physicochemical and Engineering Aspects, 2013, 419:15-20.

[227] Silpe J E, Mcgrail D W. Magnetic antibubbles: Formation and control of magnetic macroemulsions for fluid transport applications [J]. Journal of Applied Physics, 2013, 113(17): 17B304.

[228] Bai L, Xu W, Wu P，et al.Formation of antibubbles and multilayer antibubbles [J]. Colloids and Surfaces A: Physicochemical and Engineering Aspects, 2016, 509：334-340.

[229] Zou J, Ji C, Yuan B，et al. Collapse of an antibubble [J]. Physical Review E, 2013, 87(6): 061002.

[230] Zou J, Wang W, Ji C. Bouncing antibubbles [J]. EXPERIMENTS IN FLUIDS, 2016, 57(9):

[231] Zou J, Wang W, Ji C，et al. Droplets passing through a soap film [J]. Physics of Fluids, 2017, 29(6): 062110.

[232] Brewer N R, Nevins T, Lockhart T. Dynamics of antibubbles[EB/OL]. 2011[2018-10-1]. https: // minds.wisconsin.edu/handle/1793/55374.

[233] Beilharz D, Guyon A, Li E，et al. Antibubbles and fine cylindrical sheets of air [J]. Journal of Fluid Mechanics, 2015, 779：87-115.

第五章

Q-CT 法测试技术

第一节 概述

多相反应体系广泛存在于化工、制药、能源、废水处理等工业过程中，气 - 液、液 - 液两相的传质面积是此类反应的重要参数，传质面积的大小直接影响多相反应过程的效率，而气泡与液滴的尺度又直接决定气 - 液、液 - 液相间面积的尺度。随着化工技术研究的深入，反应与分离设备中的气泡、液滴颗粒将变得越来越小，这就给气泡与液滴的测试与表征带来挑战。然而，研究气泡群和液滴群、特别是处在微界面状态下的微气 - 液颗粒群的测定与表征技术变得十分重要。因为没有此类表征技术就无从谈论研究微界面状态下气 - 液、液 - 液、液 - 固间的界面特征、传质面积、传质速率等影响传质和反应进程的关键参数。文献上已有较多关于毫米 - 厘米级气 - 液颗粒的测试方法，而对于处在微米级的气 - 液颗粒的测试技术则鲜有报道，总体上还没有成熟的测试方法，即使有少量探索性研究，其实用意义也难以确定。为此，本章将首先就毫米 - 厘米级颗粒的测试方法作一简单综述，再重点介绍针对超细气 - 液颗粒体系的测试技术——Q-CT（激冷 - 电子计算机断层扫描）法测试技术。

采用 Q-CT 法测试液相微界面体系的颗粒样品，具有操作简单、测定精度较高、可定量测定液 - 液混合程度、颗粒尺度和相间面积等诸多优势。在互不相溶的超细液相颗粒体系测试表征方面具有广泛的应用前景。

第二节 毫米-厘米级气泡颗粒测试技术

一、毫米-厘米级群颗粒测试技术现状

为了精确测试和表征气泡、液滴群颗粒的粒径及其运动与变化情况，过去30余年来，国内外研究者进行了不懈的努力，采用多种当时世界上最先进的仪器和测试手段，力求准确测定多相体系的颗粒群特征。这些方法包括相位多普勒测量技术（PDA）[1]，激光干涉粒子成像技术（IPI）[2]，毛细管吸入探针技术（CSP）[3]，图像分析技术（DIA）[4-7]等。

1. 相位多普勒测量技术（PDA）

PDA技术是一种点测量技术，其基本原理是利用微粒、气泡等对光波的散射效应，使用相干激光束照射微粒或气泡，由接收到的散射光波的强度、偏振态、调制度、位移等来进一步推断其各类参数，比如粒径大小和运动速度等。PDA技术的测量精度取决于气泡、液滴的圆形度，所以仅适用于粒径较小，圆形度较高的单个颗粒或小气泡。而当测量区域内同时出现多个气泡时，其测量精度将会明显下降。PDA技术不仅设备昂贵，处理方法复杂，对气-液颗粒的粒径圆形度要求较高，且仅适合单个相互不干扰的颗粒测试。因此，它不太适用于反应器中由千万个气-液颗粒组成的复杂气泡群的测试与标定。

2. 激光干涉粒子成像技术（IPI）

IPI技术的基本原理是基于Mie散射理论，使用激光束照射气-液粒子，通过测量气-液粒子散射光干涉条纹图的条纹数或条纹频率得到其粒径大小，其测量精度依赖于图像处理技术。与PDA类似，IPI技术对气泡的圆形度要求也很高，对反应器中由气泡-液滴颗粒（气-液颗粒）群组成的复杂多变的颗粒群测试的适用度较低。

3. 毛细管吸入探针技术（CSP）

CSP测试是由玻璃毛细管吸入小气泡或液滴，使用光传感器测量其等价圆柱形体积，进而得到气-液颗粒的粒径分布。CSP技术对于高气含率、不透明的液相较光学测量方法有很大的优势。但是CSP由于浸没在测量液体之中，会干扰测量体系的流场。而且，CSP技术对粒径小于毛细管直径的气-液颗粒，以及对粒径较大的气-液颗粒的测量精度也难以得到保证。此外，CSP技术对被测液体的黏度、流速也有较高的限制，因此在实际应用中也有较多局限性。

4. 图像分析技术（DIA）

DIA 作为一种光学测量方法，首先使用高速摄像仪拍摄透明的容器中运动的气泡、液滴群，获得它们的瞬时运动图片，然后使用计算机软件，对图片进行处理，进一步获取特定区域若干气泡、液滴群的外形特征，再依据数学公式，将检测到的气泡外形尺寸换算成为当量直径，并将收集到的所有颗粒当量直径进行汇总，最终得到气泡 - 液滴颗粒群的粒径分布图。使用 DIA 技术能较快速地对气 - 液颗粒群的粒径进行检测。

比较以上四种方法，PDA 和 IPI 技术相对复杂，操作不便，对气泡的圆形度和粒径大小要求也较高，且一般只能测量单个或互不干扰的颗粒对象，故局限性较大。而 CSP 法则会不同程度地改变体系中的流场，扰乱体系颗粒固有的运动规律，对微小气泡和大气泡的测量误差也较大。比较而言，DIA 法操作较为简便，能较快速地对气 - 液颗粒群进行检测，且有较高的精度，因此以下主要介绍采用 DIA 法测试毫米 - 厘米级气 - 液颗粒群粒径分布的方法。

二、基于分水岭算法的气－液颗粒群图像分析技术

图像分析技术的发展与图像技术、计算机技术的发展密切相关。现代图像分析技术大约出现于 20 世纪 50 年代，人们开始利用计算机来分析图形和图像信息，并开始研制图像分析仪。图像分析作为一门学科大约形成于 20 世纪 60 年代初期，目前已形成一套较为完整的理论体系，在不同行业和各个学科中都开始使用图像分析技术，并将其应用于日常生活中。可以预见，图像分析技术将在现代科学研究和社会生活中发挥愈来愈重要的作用。

1. 图像分析技术的内容

图像分析可定义为从图像中提取特定信息或定量数据的过程，其输入的是经过预处理的数字图像，图像分析主要过程如下[8]：

①图像采集。图像采集是进行图像分析的第一步，一幅好的图像可以让图像分析事半功倍，此外由于自然界中的图像都是模拟量，而非计算机能处理的数字信号，所以首先需要将采集到的图像数字化。

②图像的点运算。图像的点运算是指对图像中的每个像素进行灰度变换，从而在一定程度上实现图像的灰度归一化，进而可以增强对比度，拉伸图像等。

③图像的几何变换。又称图像空间变换，它将一幅图像中的坐标位置映射到另一幅图像中的新坐标位置，如平移、旋转和镜像等。

④图像增强。图像增强是一种根据操作者的主观需要突出一幅图像中的某些信息，同时削弱或去除某些不需要的信息的处理方法，从而增强计算机软件对特定信息的识别能力。

⑤图像复原。与图像增强类似，通过利用退化过程的先验知识，进而使退化的图像恢复本来面貌。

⑥图像形态学处理。使用具有一定形态的结构元素去度量和提取图像中的对应形状以达到分析和识别图像的目的，如边界提取、区域填充、连通分量的提取、腐蚀、膨胀、开和闭操作等。

⑦图像分割。将图像中具有某种特征的不同区域划分开来，以获得所感兴趣的区域，分割出的区域可以作为提取后续特征的目标对象。图像分割的方法主要包括边缘检测、边界跟踪、区域生长、区域分离和聚合等。

⑧图像的特征提取。图像的特征提取是从经过前序处理的图像中提取所需要的信息和数据的过程，如周长、面积、质心、均值等，这些信息和数据是图像分析的目标。

⑨图像的识别。图像识别是图像分析的高级阶段，涉及计算机技术、模式识别和人工智能多方面的知识，如人脸识别。

图像分析技术目前仍处在快速发展阶段，越来越智能化，主要包括小波变换、人工神经网络等，本书不再一一介绍。

2. 分水岭算法原理概述

分水岭算法是一种基于拓扑理论的数字图像分割方法，将数字图像视作地理学上的拓扑地貌来处理。该法最早由 Beucher 和 RaVel C. Gonzalez[9] 等提出，并应用于图像分割领域。其经典原理可视作“排序”和“淹没”两个过程，从而进行模拟浸水[10]。

（1）排序过程　即图像依据各像素点的灰度值大小，形成测地学中的拓扑地貌，各像素点的灰度值即表示该像素点在图像中的海拔高度。由于灰度值的差异，图像中便形成了山峰与山谷，山谷底部作为区域极小值点，如图 5-1 所示。

根据与山谷底部即区域极小值点的关系，数字图像中其他像素点可以分为以下两类：

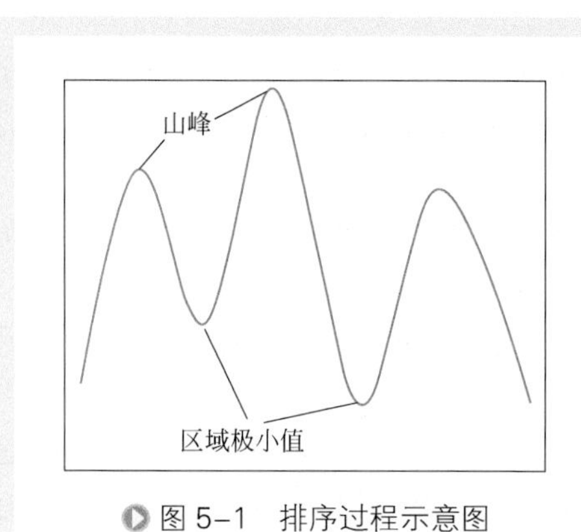

图 5-1　排序过程示意图

如果将一小水滴置于图 5-1 中某像素点，该水滴将流向一个区域极小值点，那么该像素点所在位置便是该区域极小值点所处的积水盆地。

如果将一小水滴置于图像中一点，其可以随机流向两个区域极小值点，那么该位置便是如图 5 -1 中山峰位置处的区域极大值点。

（2）淹没过程　假设水从区域极小值点处渗入，慢慢浸没上述第一类像素点，形成积水盆地，随着水面的上升，积水盆地慢慢向外扩展，两个积水盆地在上述第二类点即山峰处汇合，在此处构筑大坝，即形成分水岭。其淹没过程如图5-2所示。分水岭大坝代表的是输入图像的区域极大值点，通过确定这些点的位置可以得到封闭、连续的边缘，从而完成对图像的分割。此外，还有基于降水的分水岭算法[11]。

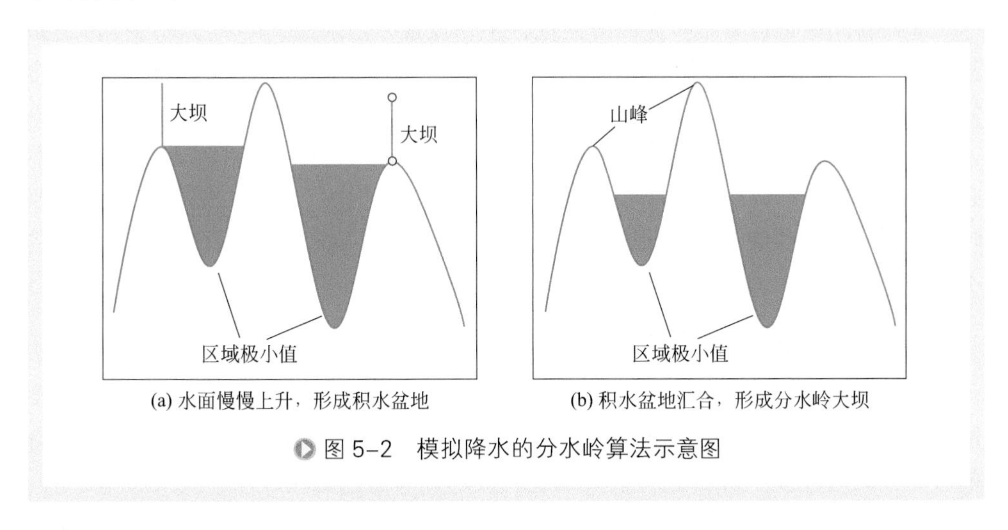

(a) 水面慢慢上升，形成积水盆地　　(b) 积水盆地汇合，形成分水岭大坝

图 5-2　模拟降水的分水岭算法示意图

3. 分水岭算法的过度分割问题

分水岭算法对微弱边缘具有良好的响应，能够获得封闭连续的边缘，从而为进一步分析图像的区域特征提供了保证。但在实际应用过程中，由于图像中存在干扰噪声或者图像本身灰度纹理细节的影响，图像中会存在大量的区域极小值[12]，从而在图像中产生过多干扰的积水盆地，并被分水岭算法全部分割，导致图像的过度分割，所需要的边界便淹没在大量干扰边界中，如图5-3所示。

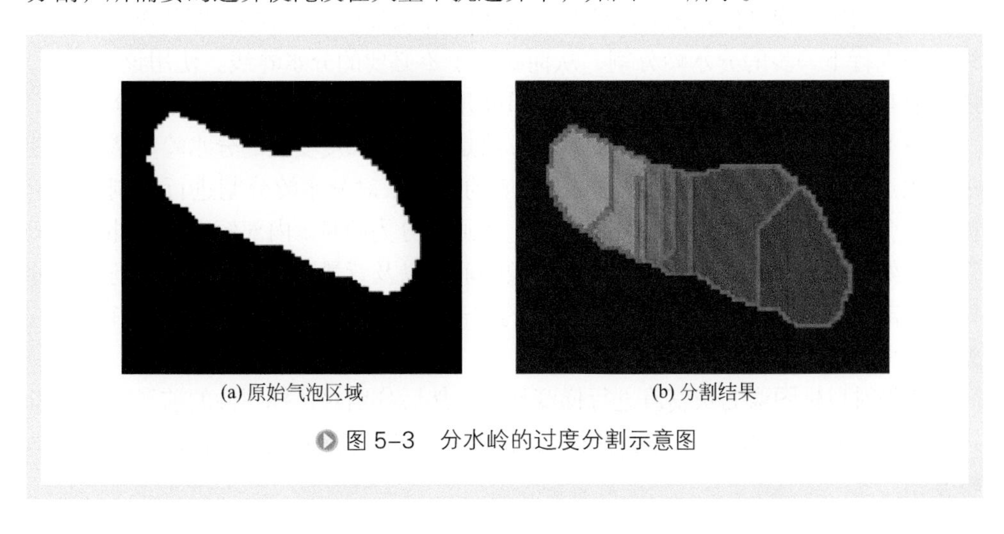

(a) 原始气泡区域　　(b) 分割结果

图 5-3　分水岭的过度分割示意图

这些干扰边界影响了对区域特征值的提取，原本完整的气泡区域被过度分割成了很多细小的区域。针对分水岭的过度分割问题，人们对分水岭算法进行了大量改进，根据改进的进程来讲，主要可以分为以下三类：

①在对图像进行分水岭算法分割之前进行预处理，例如图像增强、除噪声、形态学重建以及开关操作等，从而去除干扰的边界，减少过度分割的区域数目[13-15]。

②在对图像进行分水岭算法分割过程中，设置分割条件，优化分割过程，比如基于标记符对分水岭分割进行控制[16-19]，具体的分割条件需要先对图像进行充分的分析。

③在对图像使用分水岭算法分割之后，对分割区域进行合并[20-23]，从而消除不必要的干扰区域。此类方法比较复杂，可能会导致很大的计算量，需要较长的处理时间，同时设定准确的合并准则也存在较大困难，不同的合并准则往往会造成截然不同的分割效果。

4. 几种改进的分水岭算法

分水岭算法具有前、中、后期三种改进方法。后期改进，操作比较复杂，计算量较大。相比之下，使用前期预处理和中期设置处理条件来进行分水岭分割更为简单方便，同时减小了计算量与编程难度，被研究者普遍采用，以下是几种基于前、中期处理改进的分水岭算法：

（1）基于距离变换的分水岭算法　该方法首先将原始图像转换为二值图像，然后对二值图像进行距离变换。距离变换[24]的定义是将图像中的每个像素的值变换为这个像素到距离它最近的非零像素的距离。距离变换的 Matlab 函数调用如下：

$$BW=bwdist(I) \tag{5-1}$$

然后再对使用距离变换后的图像进行分水岭分割。

（2）基于梯度变换的分水岭算法　该方法首先使用梯度算子处理原始的灰度图像，由于图像中梯度值较大的部分往往是物体的边缘所在，故将此部分作为分水岭线，来进行下一步的分水岭分割，从而减少了不必要的分水岭线。使用该方法时，还需要对图像进行平滑滤波，以增强其梯度分布效果，突出其边缘所在部分[25]。

（3）基于标记符的分水岭算法　该方法是在基于梯度变换的分水岭算法上的进一步改进，其原理是通过控制区域极小值的数量来对分水岭分割进行控制。标记符是一个属于一幅图像的连接分量，标记符通常分为两种：内部标记符和外部标记符。例如，本书改进算法分别对目标图像的前景以及背景同时进行标记，前景部分作为内部标记符集合，处于感兴趣对象的内部，背景部分则作为外部标记符集合，处于感兴趣对象的外部。具体过程如下：

首先对目标图像的灰度值进行梯度计算，然后分别对目标图像的前景以及背景进行标记，使用强制最小技术，使得区域极小值仅出现在标记的位置，最后做分水岭分割。

基于标记符的分水岭算法，仅把标记部分视作区域极小值点，由此去除了大量不相关的区域极小值点，有效减少了过度分割。

三、气–液颗粒群实验装置及图像拍摄

（1）实验设备　自制长方形气 - 液反应器测试平台，如图 5-4 所示，配备高速摄像仪（Mega Speed），LED 背景灯（自制），气体流量计，笔记本计算机。

（2）实验材料　去离子水，空气。

由于实际情况中的气泡往往形状各异，复杂多变，直接对其进行处理和测量存在很大的困难。因此需要对实验进行改进，以简化处理难度。实验采用 Deen[26] 的方法设计长方形简易反应器，使气泡平行上升，尽量避免重叠型气泡，而着重于对粘连气泡进行处理。

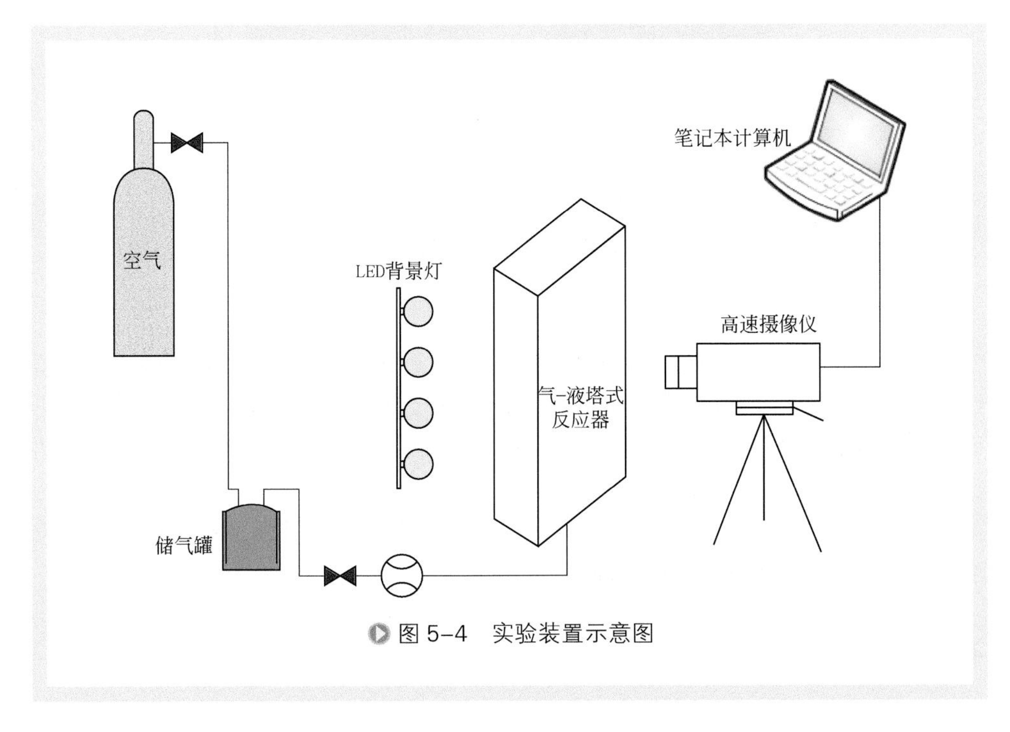

图 5–4　实验装置示意图

气 - 液反应器采用一台长 0.19 m，宽 0.042 m，高 0.50 m 的光学玻璃容器制成。容器下方依次排开 10 根内径 1 mm、外径 1.3 mm 的不锈钢针管，等间隔 2 cm 分布，作为气体进口，外连进气装置，分别使用空气以及蒸馏水作为气 - 液两相，温度为室温。以 LED 背景灯作为光源，使用高速摄像仪进行拍摄，以 50 fps 的频率获取各个表观气速下（1.2 ～ 2.4 cm/s）的图像 1000 张，然后利用 Matlab R2012b 对图像进行预处理，所得结果为多张图像处理平均值。

四、粘连气泡与重叠气泡

上述设计的简易气-液反应器存在着两类难以处理的气泡：

①所测体系内上下重叠的气泡 [27]，重叠气泡产生于气泡的并列同时上升，由于实验拍摄的图片是二维图片，因而图片中靠近镜头的气泡遮挡了其背后的气泡。

②所测体系内粘连（聚并）的气泡 [28]，粘连气泡产生于气泡上升过程中的相互碰撞，在碰撞过程中连成一体。

重叠气泡和粘连气泡如图 5-5 所示。

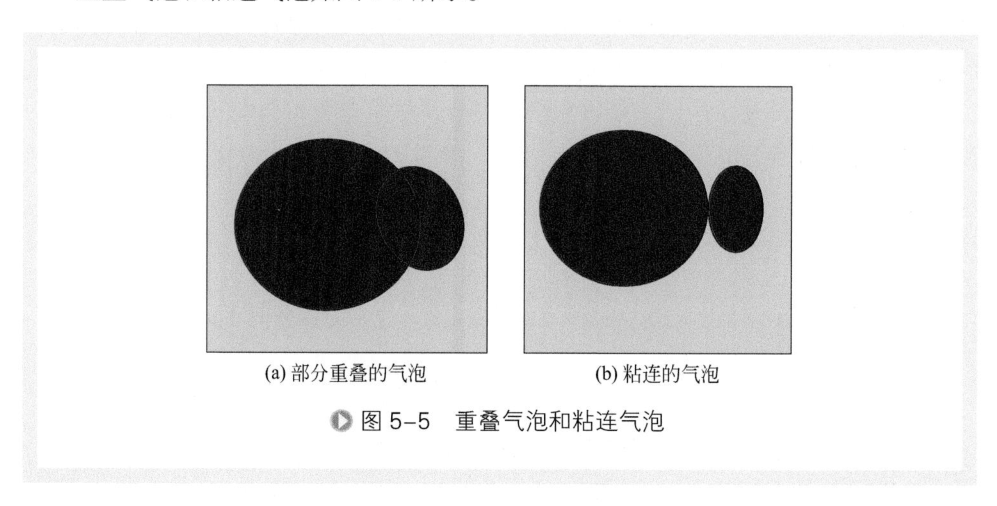

图 5-5 重叠气泡和粘连气泡

研究表明，在气泡平均直径大于某一数值时（如 5 mm），且气含率较高时，超过 40% 的气泡会出现重叠或粘连现象 [29]，虽然已有学者对这些气泡分别进行了研究 [30-36]，但是对这两种情况同时进行处理还存在较大困难，目前还没有可以对这两类气泡同时进行检测的方法。

因此，实验采用长方形简易反应器，使得气泡平行上升，尽量避免重叠型气泡，而着重于对粘连气泡进行处理。

五、粘连气泡的分水岭分割

（一）气泡的分类

在对粘连气泡进行分水岭分割之前，首先要对气泡进行分类，将不粘连气泡与粘连气泡分开，从而避免对不粘连气泡的分水岭过度分割，而仅对粘连气泡进行分割。采用圆度值的概念，其公式如下：

$$Ro = \frac{L}{2\sqrt{\pi s}} \tag{5-2}$$

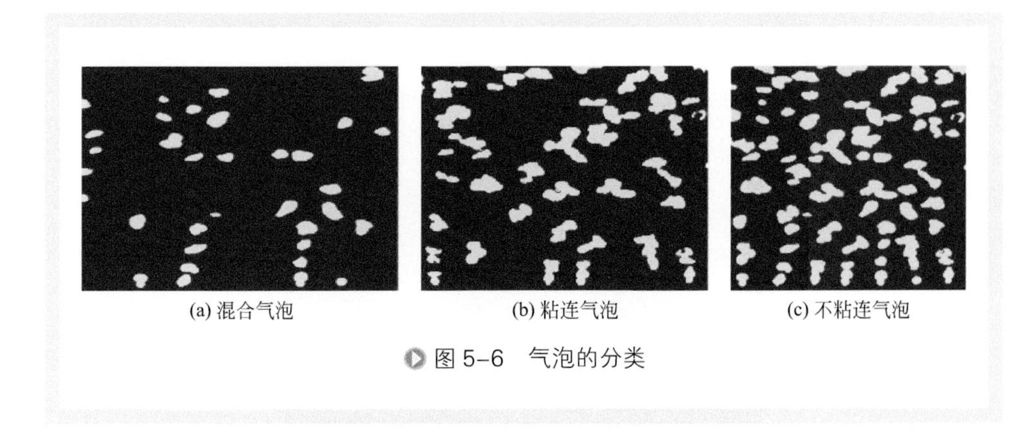

(a) 混合气泡　　(b) 粘连气泡　　(c) 不粘连气泡

图 5-6　气泡的分类

式（5-2）中，*Ro* 为圆度值；*L* 为边界周长；*s* 为面积。通过对 *L* 和 *s* 的提取，可以得到图像中所有气泡区域的圆度值。进而依据圆度值的大小，对气泡进行分类，分类结果如图 5-6 所示，其中低气体流量下圆度值 $Ro<1.2$ 的区域界定为不粘连气泡，$Ro \geqslant 1.2$ 的区域界定为重叠气泡。高气体流量下气泡的形变更加无序，采用式（5-3）表示：

L=ismember(I, find(R(:)>=1.25))　　（5-3）

（二）粘连气泡的分割

针对分水岭算法存在的过度分割问题，采用改进的分水岭算法对粘连气泡进行分割，结合三种主要的前、中期预处理对分水岭方法进行改进。首先，利用梯度分布计算，获得图像的区域极大值处。然后，对气泡灰度图像进行基于开闭的重建操作，对前景进行标记。最后，使用距离变换操作，获得气泡二值图像的分水岭脊线，并采用脊线对气泡图像的背景进行标记，以使仅有标记处存在区域极小值。由此再进行下一步的分水岭分割。

1. 将梯度幅值作为分割函数

采用 Sobel 边缘算子对只有粘连气泡的图像分别进行水平和垂直方向的滤波，获得图像的梯度幅值，经过 Sobel 算子滤波后的图像在气泡边缘处会显示比较大的值，其 Matlab 函数表示如下：

```
Ky = imfilter(double(H3), hy, 'replicate')

Kx = imfilter(double(H3), hx, 'replicate')

gradmag = sqrt(Kx.^2 + Ky.^2)
```

梯度幅值图像如图 5-7 和图 5-8 所示。

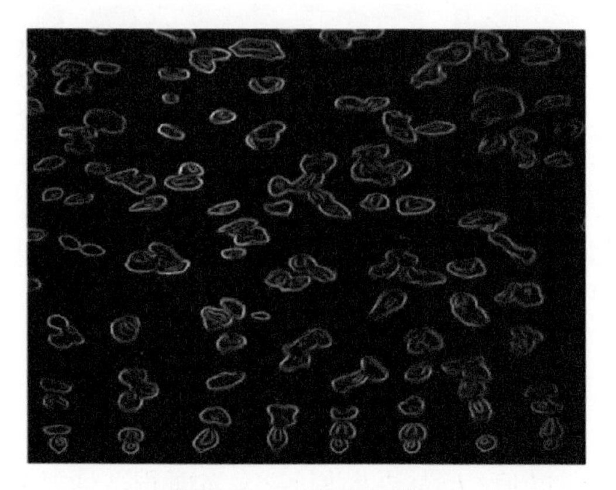

图 5-7　梯度幅值图

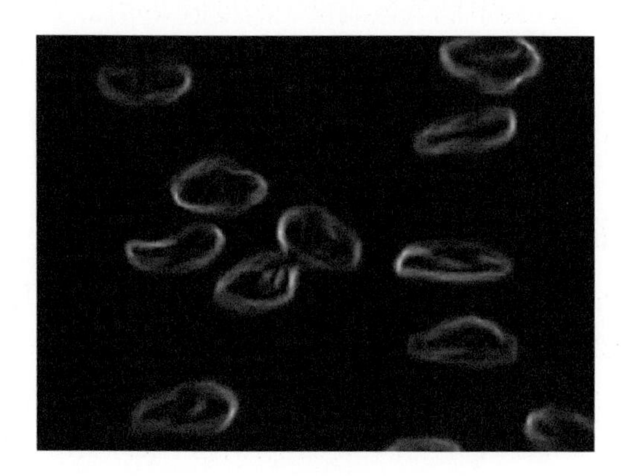

图 5-8　梯度幅值放大图

2. 标记前景

通过对图 5-7 的放大，发现气泡内部同样存在大量梯度幅值较大的区域，类似气泡边缘，如图 5-8 所示。这些气泡内部的白色部分被软件错误地识别为气泡的边缘，从而将导致分水岭的过度分割，因此需要对气泡内部即前景部分进行标记，消除内部被错识为边缘的部分，使得内部标记处为区域极小值。

使用基于图像形态学的腐蚀、膨胀、开、闭运算，以及重建操作来突出图像的前景部分，并对其进行标记。

（1）腐蚀运算　腐蚀运算对二值图像、灰度图像和彩色图像有不同的原理，其中对二值图像和灰度图像的原理已确定，而对彩色图像则没有统一的原理。

对于二值图像，腐蚀运算可定义为：

$$A\ominus B=[\,a|B_a\in A\,] \tag{5-4}$$

式中，A 为原始图像；B 为结构元素；a 为 B 中的原始点。腐蚀过程就是找到原始图像中每一个像素点，使得 a 与该像素点重合时，B 可以被 A 完全覆盖，不符合上述条件的像素点则被删除，腐蚀操作可以使得二值图像缩小一圈，腐蚀效果如图 5-9 所示。

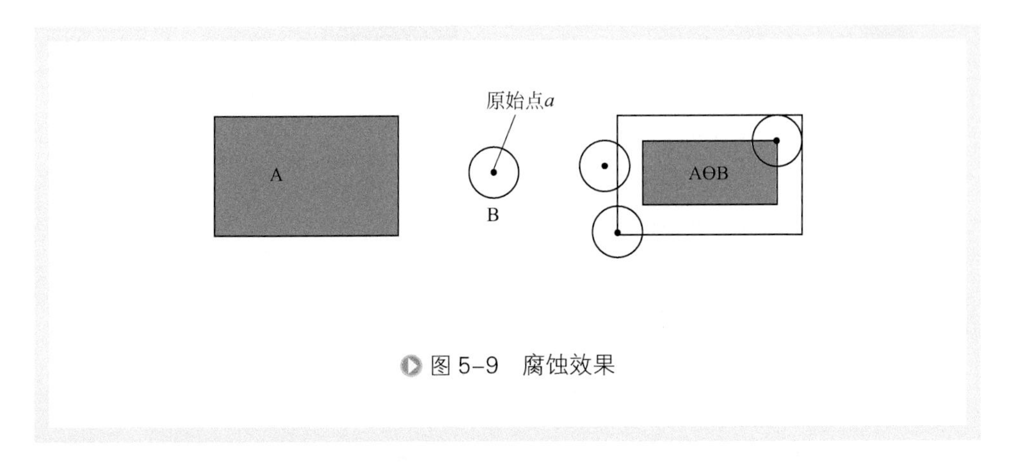

图 5–9　腐蚀效果

对于灰度图像，腐蚀运算可定义为：

$$g(x,\ y)=\text{erode}\,[f(x,\ y),\ B]=\min\,[f(x+x',\ y+y')-B(x',\ y')] \tag{5-5}$$

式中，$f(x,\ y)$ 为原始图像；$g(x,\ y)$ 为腐蚀后的图像。灰度图像的腐蚀运算过程是把元素模板 B 的原始点与原始图像中任意一点重合，找寻原始图像与模板 B 重合区域像素的最小值，将该值赋予原始点。重复以上过程，直到原始点与原始图像中所有点都重合过为止。对于灰度图像，腐蚀运算可以降低图像中孤立的灰度值较大的像素点的灰度。

与二值图像不同的是，腐蚀后的图像 $g(x,\ y)$ 大小与腐蚀前的图像 $f(x,\ y)$ 相同，腐蚀并不会改变图像的大小。腐蚀过程如图 5-10 所示。

腐蚀运算的 Matlab 函数表示如下（se 为形态学结构元素对象）：

$$A=\text{imerode(B,se)} \tag{5-6}$$

（2）膨胀运算　对于二值图像，膨胀运算可定义为：

$$A\oplus B=[\,a|B_a\cap A\,] \tag{5-7}$$

式中，A 为原始图像；B 为结构元素；a 为结构元素的原始点。将 a 与 A 中所有像素点逐一重合，在任意重合点处，结构元素 B 中与 A 不重合的区域的像素点都归入 A 的补集，即膨胀区域，膨胀效果如图 5-11 所示，图中阴影区域即为膨胀区域。

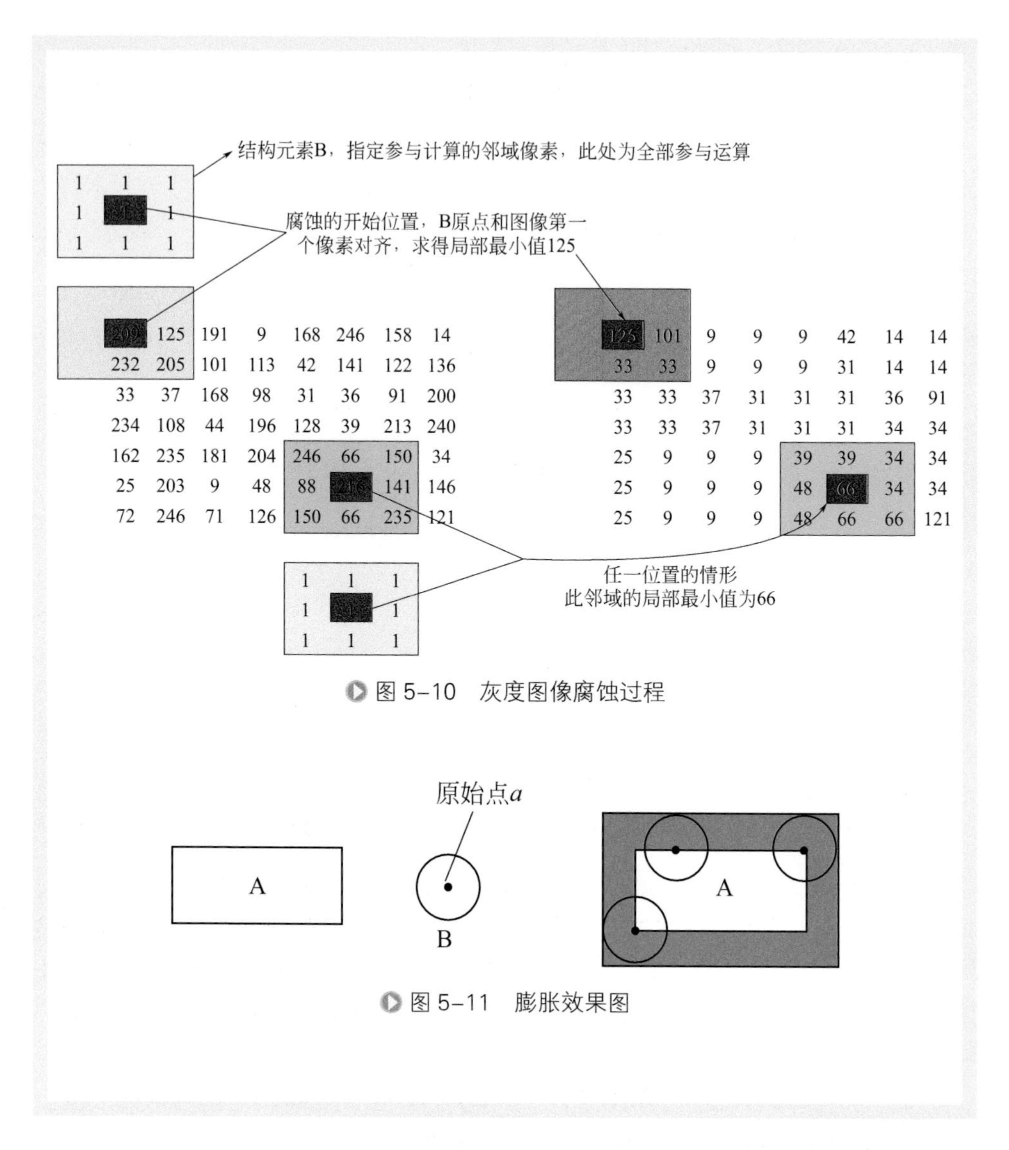

图 5-10　灰度图像腐蚀过程

图 5-11　膨胀效果图

对于灰度图像，膨胀运算可定义为：

$$g(x,y)=\text{dilate}[f(x,y),B]=\max\{f(x+x',y+y')-B(x',y')\} \tag{5-8}$$

灰度图像的膨胀运算过程是把元素模板 B 的原始点与原始图像中任意一点重合，找寻原始图像与模板 B 重合区域像素的最大值，将该值赋予原始点。重复以上过程，直到原始点与原始图像中所有点都重合过为止。对于灰度图像，膨胀运算可以提高图像中孤立的灰度值较小的像素点的灰度。膨胀过程如图 5-12 所示。

膨胀运算的 Matlab 函数表示如下：

$$A=\text{imdilate}(B,se) \tag{5-9}$$

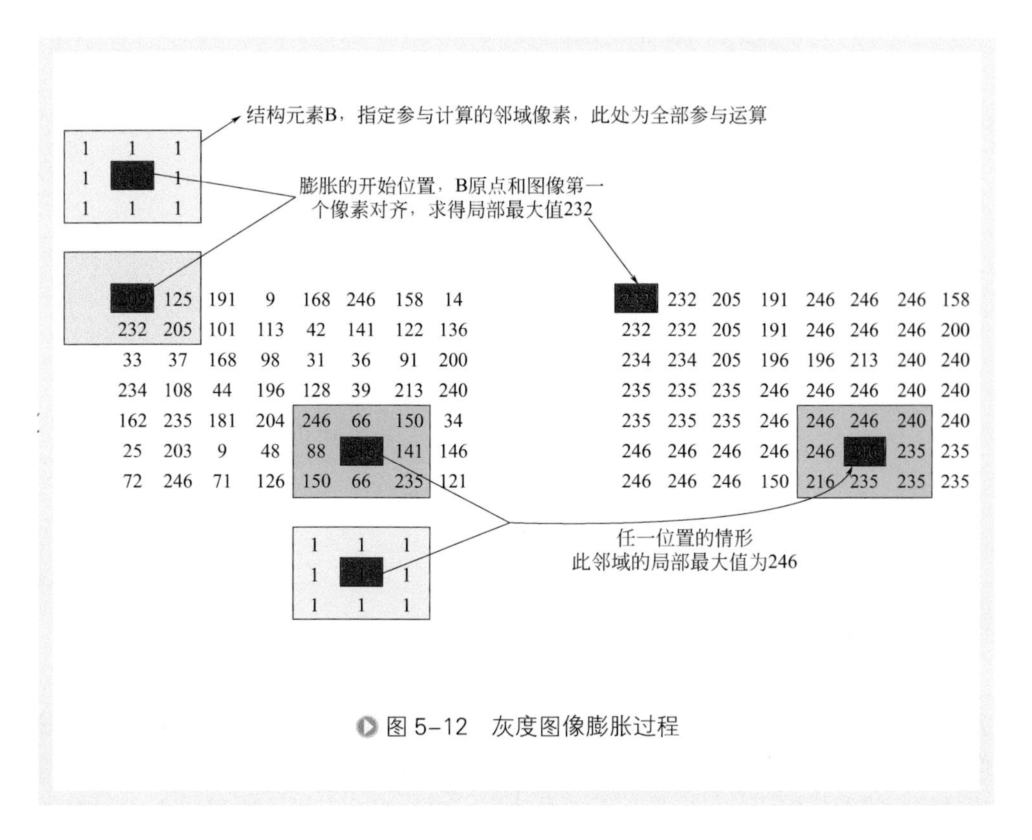

图 5-12　灰度图像膨胀过程

（3）开、闭运算

①开运算：对图像先进行腐蚀运算再进行膨胀运算。对图像进行开运算可以消除目标物体外部小的孤立点。

开运算的 Matlab 函数表示如下：

$$A=imopen(B,se) \tag{5-10}$$

②闭运算：对图像先进行膨胀运算再进行腐蚀运算。对图像进行闭运算可以对目标物体内部的细小空洞进行填充，同时也能连接相邻的物体。

闭运算的 Matlab 函数表示如下：

$$A=imcolse(B,se) \tag{5-11}$$

（4）重建操作　再对图像进行形态学上的重建，重建操作可以在移除细小物的同时对目标的全局形状不产生影响。重建操作的 Matlab 函数表示如下（M 为标记，N 为掩码）：

$$L= imreconstruct(M,N) \tag{5-12}$$

前景标记的好坏对粘连气泡的分割会产生重要影响，上述操作并非孤立的，需要灵活应用，将以上方法联合使用，才能突出前景部分。采用联用操作获得的前景标记如图 5-13 所示。

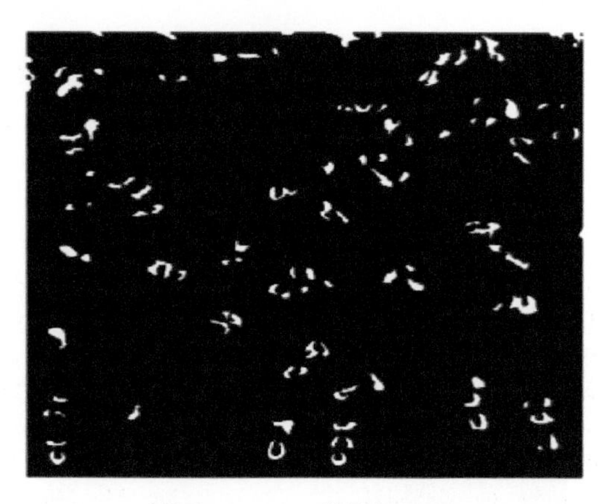

图 5-13　前景标记图

3. 标记背景

背景标记图 (分水岭脊线图) 如图 5-14 所示。图中的黑色部分即为背景区域，为取得良好的分割效果，背景标记需要尽量远离需要分割的气泡边缘。由于二值图像中的分水岭的脊线是位于二值图像标记的许多局部极小值影响区域的中间位置，故是较好的背景标记。可以使用距离变换来求得分水岭脊线，其 Matlab 的函数表示如下（EW 为二值图像的二维像素点矩阵）:

$$F= \mathrm{bwdist}(EW) \tag{5-13}$$

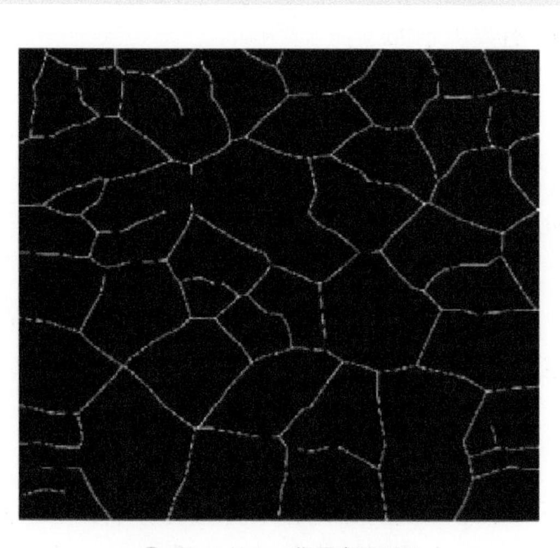

图 5-14　背景标记图

4. 确定区域极小值

强制设定前景与背景标记部分为区域极小值处，其 Matlab 函数表示为：

$$DW2=imimposemin(gradmag,egm|fgm3) \tag{5-14}$$

式中，egm 和 fgm3 即为背景与前景标记。

5. 分水岭分割

使用修改后的分割函数对气泡图像进行分水岭变换，对粘连气泡的分割效果如图 5-15 所示。

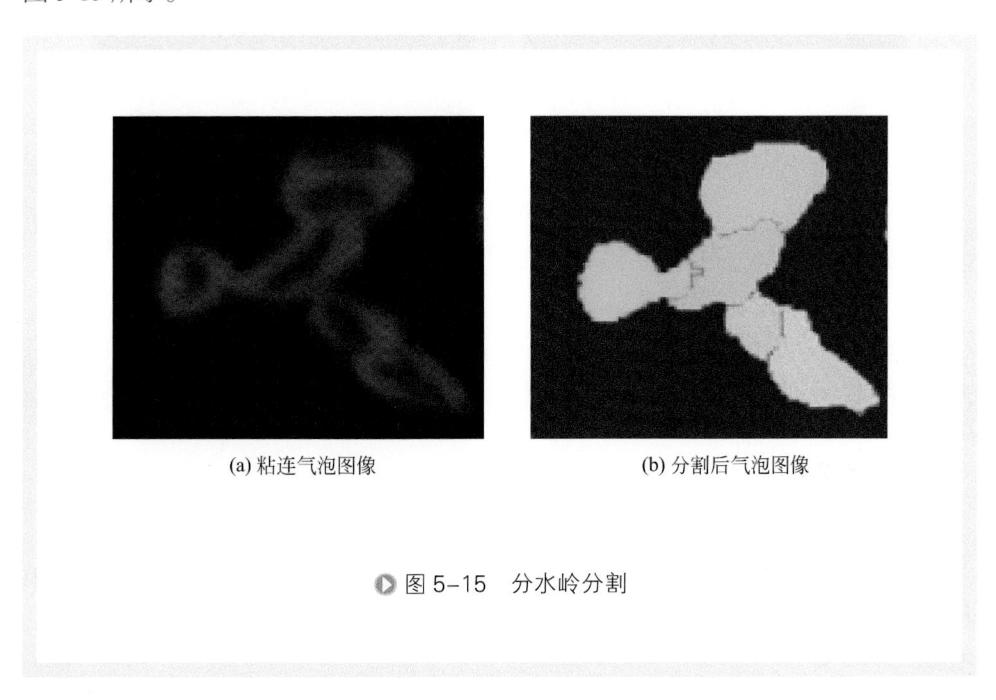

图 5-15　分水岭分割

（三）气泡特征值的提取

通过对粘连气泡的分水岭分割，与之前获得的不粘连气泡进行汇总，并进一步提取气泡的特征值，比如气泡的等价直径，等价直径换算公式如下：

$$d_e = 2\sqrt{\frac{s}{\pi}} \tag{5-15}$$

式中，d_e 为气泡的等价直径；s 为面积。

将换算成等价直径的拟合圆与原图叠加的效果如图 5-16 所示。

除了气泡的等价直径，气泡的其他特征值，比如数目、质心、周长、面积、体积以及运动速度都可以从图像中提取出来，使用这些特征值可以对气泡进行进一步分析。

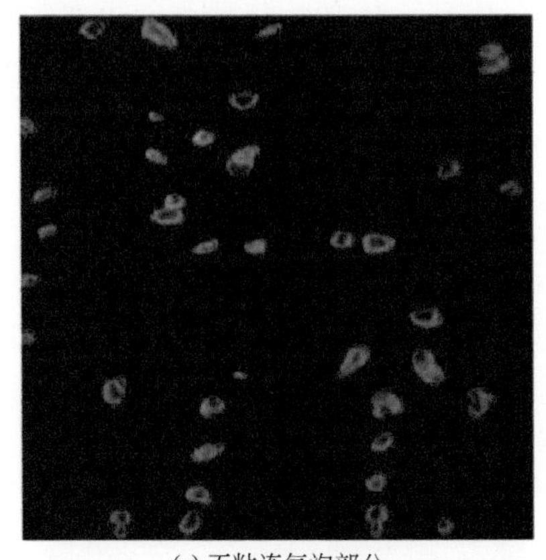
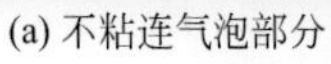
(a) 不粘连气泡部分

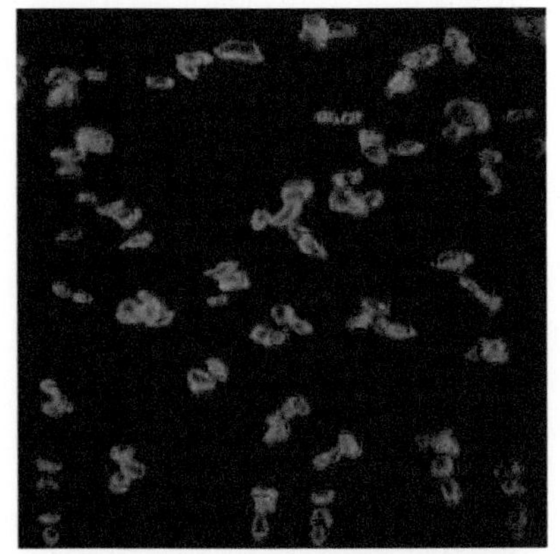
(b) 粘连气泡部分

图 5–16　等价直径换算拟合图

六、结果与讨论

1. 误差分析

提取气泡的等价直径的误差主要来源于以下几个部分：

①部分气泡由于粒径过小，被软件错误地识别为拍摄时产生的小噪声点而被移除，产生误差，尤其在气速较大时，气泡由于相互碰撞并破裂产生的小气泡会增多。

②对图像进行二值化，需先进行一次边缘提取叠加至原图，这个操作可以获得更为完整的图像边缘信息，但同时也存在一定的过分叠加，导致获得的气泡面积大于实际，产生误差。

③对粘连气泡进行分水岭分割时，气泡拍摄技术以及分水岭算法的局限性导致粘连气泡的分割不完整、不准确甚至过度分割，产生误差。随着表观气速的增大，气泡形状更为复杂，误差也会增大。

④由于拍摄到的气泡图像为二维图像，只能使利用数学公式来对气泡区域周长以及面积进行变换获得当量直径，变换过程中会产生误差，以不同的椭圆体为例，如图 5-17(a) 所示，椭圆体的长轴逐渐增加，另外两个短轴保持不变，依据面积计算得到当量直径，再由此算出的体积与实际椭圆体体积之间的误差随着圆度值的增大逐渐增大，如图 5-17（b）所示。即气泡的形变越偏离圆，误差越大，这是误差的主要来源。

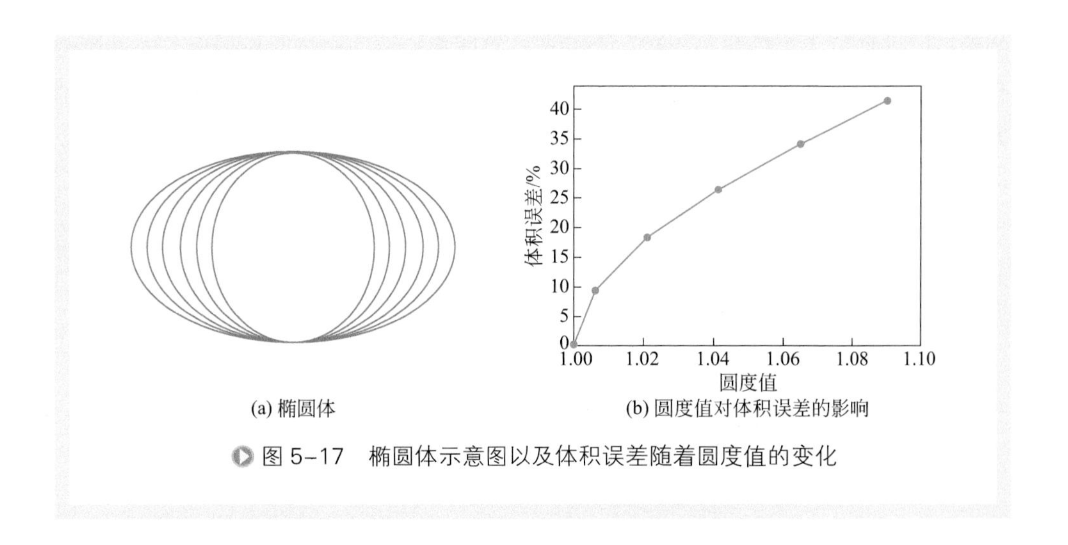

图 5-17　椭圆体示意图以及体积误差随着圆度值的变化

2. 数据分析

（1）气含率比较　气含率是指气相占气 - 液混合物体积分数。气含率的实验值可由下式得到：

$$\alpha_g = \frac{h_1 - h_0}{h_1} \tag{5-16}$$

式中，α_g 为气含率实验值；h_1 为气液混合物的总体积；h_0 为气液混合物中液体的体积。

将所有气泡的等价直径汇总，即可得到气泡群的粒径分布，进而得到气泡群的相界面积与体积，由此得到气含率的计算值，其公式如下：

$$\alpha_b = \frac{\sum_{i=1}^{n} \frac{\pi}{6} d_i^3}{V} \tag{5-17}$$

式中，α_b 为气含率计算值；d_i 为气泡的直径；V 为气液混合物的总体积。

将气含率的计算值 α_b 与气含率的实验值 α_g 相比较，可以从侧面检验气泡群粒径分布的可靠性。

将 α_b 与 α_g 的值进行对比，如图 5-18 所示。当表观气速为 1.2 ～ 1.8 cm/s 时，单个气泡比较多，且气泡的圆形度较好，此时 α_g 和 α_b 吻合较好。但随着表观气速的增大，气泡的形变越来越无序，在表观气速大于 2.0 cm/s 时，分水岭算法对大气泡的过度分割严重，导致 α_b 值偏低，误差增大，故采用 1.2 ～ 2.0 cm/s 测量数据。

（2）气泡数目对比　进一步比较未使用分水岭分割时气泡的数目与使用分水岭分割时的气泡数目，如图 5-19 所示，可以看出未使用分水岭算法时，粘连气泡被识别为单个气泡，导致气泡数目随表观气速的增大减少明显。不仅如此，粘连气泡的面积区域换算成等价直径之后，会导致计算所得的气泡粒径明显偏大，而换算的相界面积则偏小，与真实情况不符。而使用改进分水岭算法之后，粘连气泡被分割成小气泡，气泡的数目增多，此时气泡数目更接近于真实值，由此换算得来的气泡群粒径分布与相界面积也更加接近真实值。

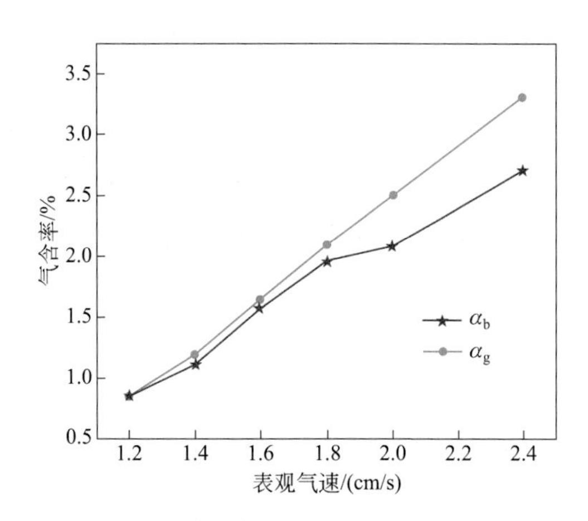

图 5-18　气含率计算值 α_b 与气含率实验值 α_g 对比

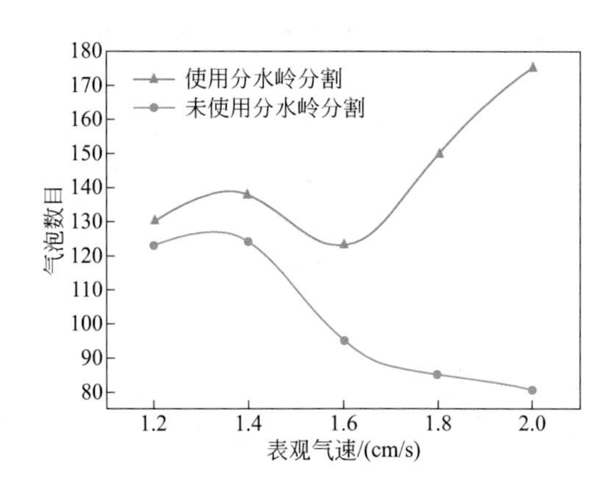

图 5-19　使用与未使用分水岭分割算法得到的气泡数目对比

（3）气泡粒径分布　根据气泡的粒径分布，建立其粒径分布概率密度分布图，可进一步分析表观气速的变化对气泡行为（主要表现为气泡的聚并与破裂）的影响，如图 5-20 所示。可见，随着表观气速的增大，1.2 ～ 1.4 cm/s 时气泡的数目几乎不变，只是粒径略有增大，气泡群的粒径分布集中在 5 mm 左右，即 1.4 cm/s 的粒径概率密度分布相对 1.2 cm/s 稍稍右移，此时气泡几乎未发生聚并。当表观气速从 1.4 cm/s 增大至 1.6 cm/s 时，气泡出现聚并，导致气泡数目整体减少，大气泡数目增多。随着表观气速进一步增大至 1.8 cm/s，气泡聚并导致的大气泡数目继续增多，但受表观气速的影响，气泡数目总体上升。从图 5-20 中看出，当表观气速达到 2.0 cm/s 时，大气泡数目基本不变，小气泡数目增加。这是由于伴随着表观气速的增大，气泡开始出现破裂造成的。

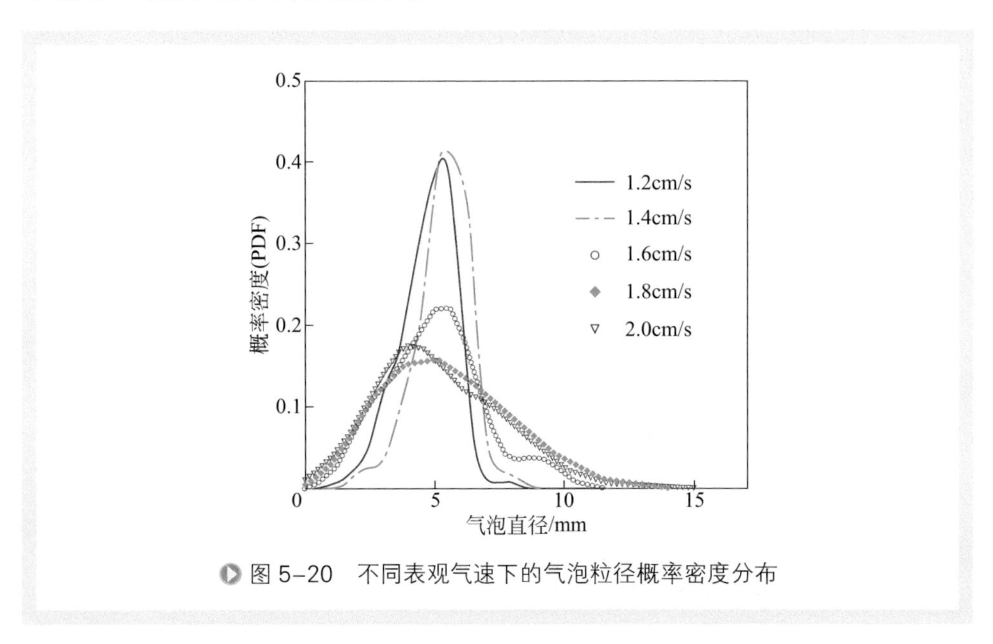

图 5-20 不同表观气速下的气泡粒径概率密度分布

（4）气泡群相界面积的变化 由气泡群的粒径分布，可以计算整个气泡群的相界面积，并分析表观气速对气泡群相界面积的影响。如图 5-21 所示。

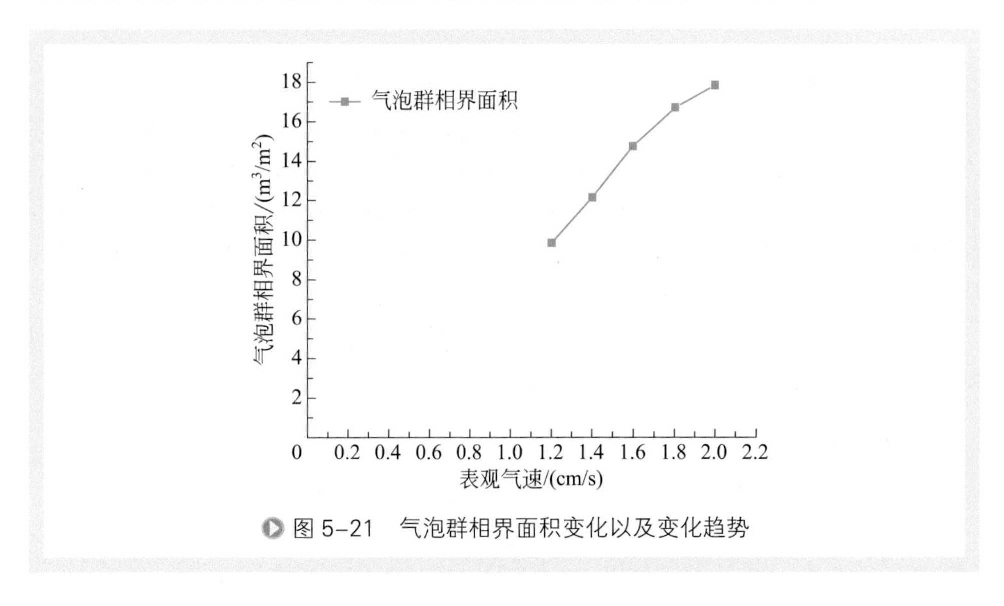

图 5-21 气泡群相界面积变化以及变化趋势

随着表观气速的提高，气泡群的相界面积也在增加，但气泡群相界面积的增大趋势却在逐渐变缓。可以用经济学中边界收益递减来形容这一过程，此时为提高表观气速而产生的成本却在增加。因此，对气泡群相界面积的变化进行分析，对于优化反应器的操作条件，寻找最优表观气速具有一定的指导意义，它主要适用于表观气速较低的流化床反应器、生物反应器以及环流泡沫分离反应器[37-39]。而随着表观气速的进一步提高，气泡的形变更为复杂、形状更加无序，导致求取气泡等价直径的准确性下降，同时由于气泡体积较大，聚并和破裂的行为更为激烈，粘连现象也迅速增多，加之现有摄像技术对被测体系成千上万气泡的分辨不足，导致对大气泡的过度分割，因此表观气速大于 2.0 cm/s 时的气泡粒径分布难以用上述方法准确获得。

七、小结

采用改进的分水岭算法对粘连气泡体系的图像进行处理，可以更为精确地对复杂气泡体系进行图像分析，获得气泡群的粒径分布，为进一步研究毫米 - 厘米级气泡粒径分布及其影响因素提供分析手段。

第三节 微气泡测试技术

一、实验装置

实验装置如图 5-22 所示，主要包括微气泡机芯、反应器本体、样品采集装置、数据采集系统。微气泡鼓泡器机芯的外部尺寸为直径 42mm，长度 254mm，材质为 304 不锈钢。为便于观察反应器本体内的流动状态，采用有机玻璃制造。反应器本体有两个直径段，下半段直径 400mm，高度 800mm，容积 100L；上半段直径 100mm，高度 710mm，容积 5.6L；中间连接的变径段锥顶角 90°，容积 7.4L。反应器总高度 1660mm，容积 113L。

当反应器进入稳态时，由于其内微气泡和宏气泡共存，故采用宏气泡和微气泡分别采集分析方法。

1. 采样单元

主要包括以下部件：导流管、硅胶软管、引入管、取样管、液氮保温壶五个部分。

导流管用于从反应器轴心位置引出含微气泡的气 - 液混合物。其规格为：

ϕ6mm × 2mm 高硼硅玻璃管，长度为 400mm。引入管用于将引出的气 - 液混合物引入事先预冷的取样管。硅胶管用于导流管和引入管的连接，同时控制液体的流出。液氮保温壶采用 Gladore 高真空保温壶（型号：GLD-2000）。取样管材质及大小与引入管相同，长度为 350mm。

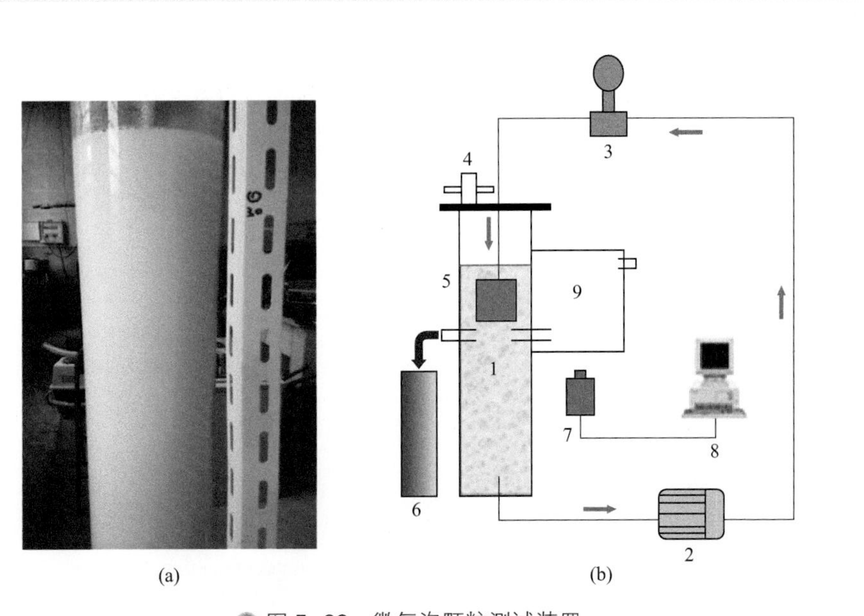

图 5-22　微气泡颗粒测试装置

1—微气泡鼓泡器；2—液体循环泵；3—液体流量计；4—气体流量计；5—深冷取样口；6—液氮保温壶；7—CCD（电荷耦合元件）高分辨率相机；8—计算机；9—CCD检测框

2. 宏气泡采样装置

装置包括以下部件：导流管、中空透明有机玻璃矩形框、CCD 成像系统。

导流管作用及材质同上，规格为：ϕ28mm × 2mm，长度为 250mm。自导流管流出的气泡进入矩形框，通过摄像，捕捉宏气泡大小信息。矩形框规格：280mm × 50mm × 280mm（长 × 宽 × 高）。

CCD 成像系统由 1 台 11M 专用数字 CCD 相机（85mm/F1.4 专业光学镜头）捕捉矩形框内宏观气泡信息，通过高速图像采集卡传送至高性能台式计算机，并在 Micro Vec 3.2.1 软件平台上保存至计算机，以备后期处理。宏观气泡采样由下列两个步骤组成：

①开启检测框阀门，打开光源，调节相机高度和焦距，使焦距在检测框中心位置。

②待检测框内气 - 液两相流动稳定均衡后，采用 Micro Vec 3.2.1 中 CCD 相机连续模式，记录 30 张图像，并保存。

3. 微气泡采样

开启反应器导引管阀门，使气 - 液混合物畅通流出，待稳定流动后，取生化取样用 10mL 薄壁玻璃管一支，收集混合物样，并迅速封闭取样管上端，以最快速度（约 1s）将样品置于事先准备好的液氮保温壶中激冷。待持续深冷约 20s 后，将样品取出编号，并置于冰柜 (温度恒定在 −25℃) 内保存，以备分析。

取样管须事先经冷却处理，在样品进入前须保证其壁面温度在 0℃左右，以加快激冷过程中管内样品温度降低速度，使样品在其内瞬间得以固化，以尽可能减小取样过程的误差。具体操作过程如图 5-23 和图 5-24 所示。

图 5-23　取样前准备

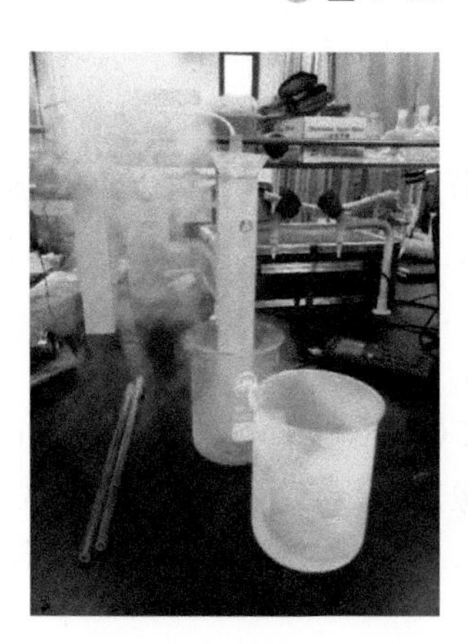

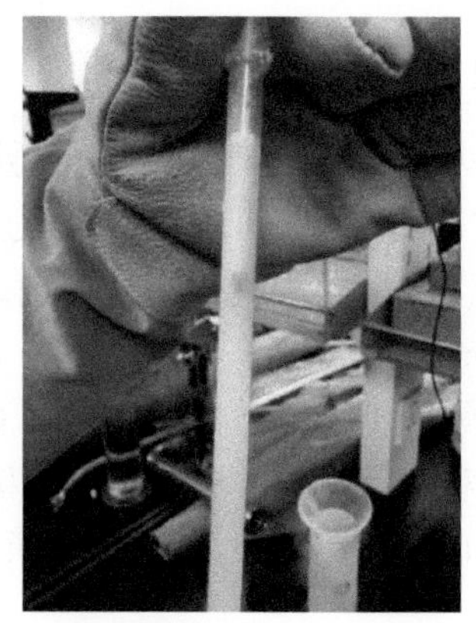

图 5-24　取样与样品固化

为减少微气泡在取样管样品激冷过程中逸出，应尽可能使反应器气 - 液混合物体系温度降低至冰点附近，必要时可向体系中加入一定量的冰，或采用制冷设备降温。

二、样品分析

宏观气泡样品信息采用 CCD 摄像法得到并以数字图像形式保存，采用相应的分析软件进行处理。对于微气泡样品，采用 E-CT (即增强 CT 系统) 和 M-CT（即微 CT 系统）进行分析，得到微气泡粒径、分布及气含率信息。最后将所有数据汇总后得到反应器内完整气泡信息。

1. 宏观气泡数字图像分析技术

宏观气泡测试和表征已在本章第二节“毫米 - 厘米级气泡颗粒测试技术”中详细述及，此处不再赘述。

2. E-CT 分析测试技术

E-CT 系统主要由 X 射线管和不同数目的控测器组成，用于收集信息。X 射线束对所选择的层面进行扫描，其强度因与不同密度的组织相互作用而产生相应的吸收和衰减。探测器将收集到的 X 射线信号转变为电信号，经模 / 数转换器（A / D converter）转换成数字图像。

采用美国 GE 公司生产的全身 X 射线计算机断层扫描系统（DiscoveryCT 750 HD）进行扫描测试，如图 5-25 所示。

该系统采用螺旋扫描，既可进行高清成像，也可实现基于能谱高低压瞬切 X 射线发射系统的能谱成像，突破了解剖成像的局限，实现成分定性、定量分析。

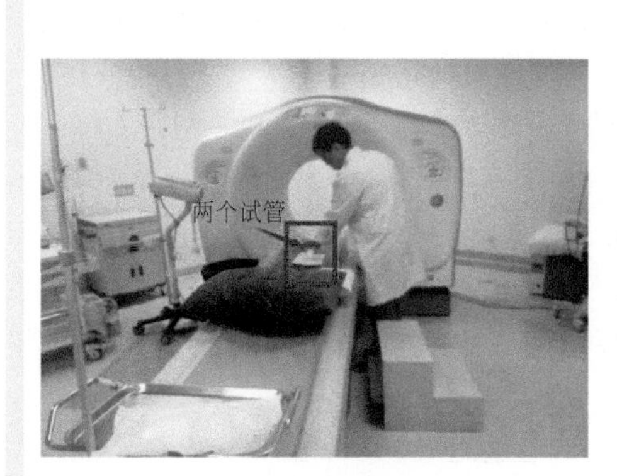

图 5-25　专业人员正在进行 E-CT 扫描测试

采用E-CT所得的图像分辨率（80μm/pixel）介于M-CT（18μm/pixel）和CCD（147μm/pixel）之间，因此冰样中的裂缝信息被屏蔽，而微气泡信息得以保留。图5-26是典型的过处理程图像。

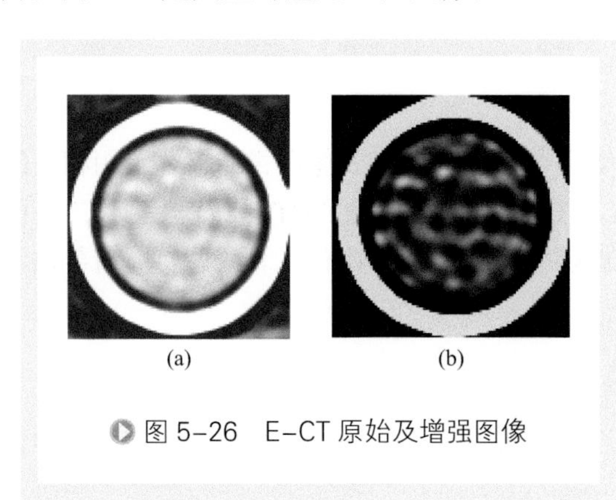

图5-26 E-CT原始及增强图像

其中（a）为原始图像，（b）为对比度增强图像，需要进一步采用数字图像分析技术得到气泡信息。涉及的图像处理函数是软件图像处理工具箱中自带的，其余数据可在Matlab 2016a软件平台上实现。

图像处理过程需经历下列步骤：

（1）图像中值滤波（去噪） 图像滤波的方法很多，主要分为空间滤波和频域滤波。空间滤波又可分为线性空间滤波和非线性空间滤波；同时还有采用模糊技术的空间滤波。线性空间滤波主要采用imfilter函数，使用前需将图像转换成浮点数。非线性空间滤波主要采用colfilt函数，但在滤波前需将图像填充，可以采用padarray函数。Matlab工具箱中采用fspecial函数预定义二维线性空间滤波器。常见的非线性空间滤波器还包括ordfilt2(排序滤波器)，其中最著名的是中值滤波器（medfilt2)。此滤波器能最大程度地保留图像细节信息。

（2）气泡边缘锐化（图像增强） 图像增强的方法主要有基于直方图均衡化、基于模糊集理论、基于小波变换及基于神经网络等。可以采用第一种，即直方图均衡化法。它是以概率论为基础，运用灰变换来实现调整图像的灰度分布，从而改善图像对比度达到增强的目的。由于其计算简单、包含信息量大，被广泛用于图像增强处理之中。

（3）气泡边缘识别（边缘检测） 边缘检测是根据引起图像灰度变化的物理过程来描述图像中灰度变化的过程。其方法很多，但基于一阶微分算子（如Roberts算子、Sobel算子、Prewitt算子、Kirsch算子）、二阶微分算子（如Laplacian算子）及最优算子（如Canny算子）最为经典。研究中采用Canny算子。该算子具有较好的抗噪性能，同时能产生边缘梯度方向和强度两个信息，为后续处理提供了方便。

（4）气泡边缘封闭（图像腐蚀和膨胀） 通过边缘识别算法，可以大体上得到气泡边缘信息，但是仍会有部分气泡边缘由于灰度梯度较小而断开，因此须采用腐蚀和膨胀操作将独立气泡从背景中提取出来。研究中采用2像素大小的矩形结构体。并采用空洞填充操作（imfill函数）对气泡进行填充。

（5）背景剔除（图像二值化） 对封闭区域与其周围区域进行二值化，彻底去除背景，以备下一步的气泡信息的计算。

（6）气泡信息获取 对已填充的气泡图像，进行标示（bwlabel 函数）后采用 regionprops 函数获得气泡相关信息，如气泡投影面积（area）、偏心率（eccentricity）、周长（perimeter）、当量直径（equivdiameter）等，并保存于相应矩阵中，以备后续进一步处理。

3. M-CT 分析测试技术

M-CT 通常采用锥形 X 射线束（cone beam），它不仅能够获得真正各向同性的容积图像，提高空间分辨率，提高射线利用率，而且在采集相同 3D（三维）图像时速度远远快于扇形束 CT，其原理如图 5-27 所示。

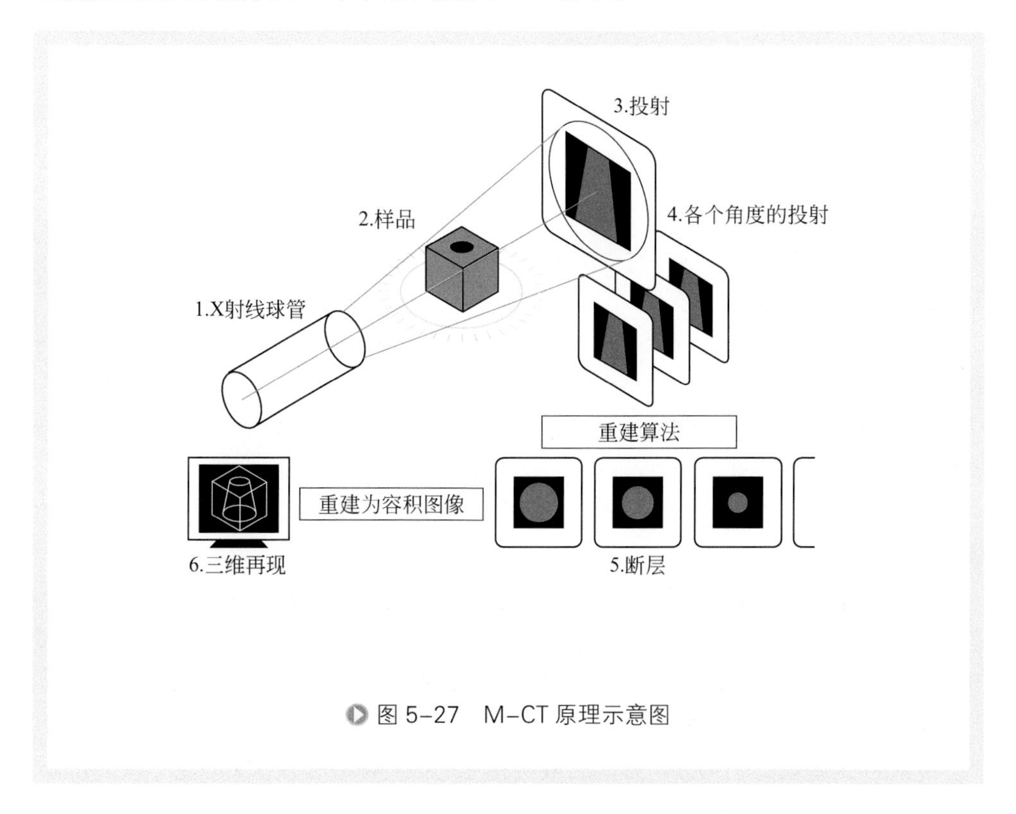

图 5-27 M-CT 原理示意图

M-CT 能够提供的两类基本信息：几何信息和结构信息。前者包括样品的尺寸、体积和各点的空间坐标；后者包括样品的衰减值、密度和多孔性等材料学信息。此外，SCANCO 的有限元分析功能，还能够提供受检材料的弹性模量、泊松比等力学参数，分析样品的应力应变情况，进行非破坏性的力学测试。

采用的 M-CT 是 Bruker 公司的 SkyScan 1176 型 in vivo MicroCT，如图 5-28 所示。

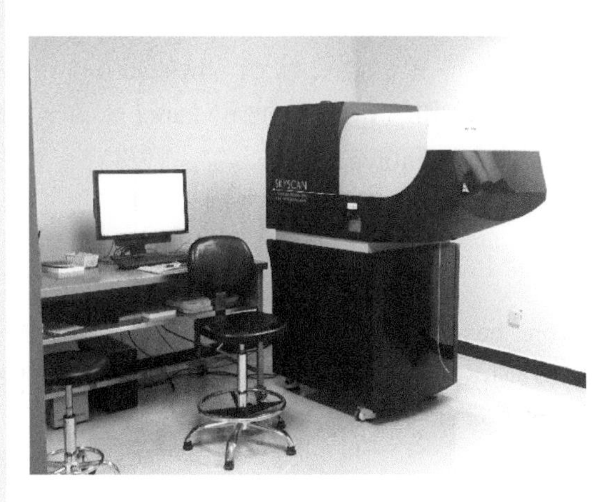

图 5-28　Bruker 公司的 SkyScan 1176 型 in vivo MicroCT

M-CT 分析过程如下：

①将图像旋转调直，避免样品中心轴扫描时并未平行于旋转轴产生的角度误差，这点对轴向分析很重要；

②选取适当的感兴趣区（ROI），适当避开外圈以避免高密度玻璃管对样品缝隙及密度的影响；

③选取合适的阈值使图像尽可能地贴近真实值。阈值的选择需要根据图像细节的吻合程度，同时需要了解样品性质，还需要丰富的实际经验；

④去除 CCD 成像噪声点（原则 1 像素以内的黑白点均视为噪声点，冰为一整体）；

⑤对数据进行 2D（二维）及 3D（三维）分析得孔隙率及孔隙的 3D 厚度分布；

⑥去除所有与外界联通的孔隙，保留独立孔隙，对这部分孔隙进行 2D 分布及 2D、3D 单体分析，计算每个孔的大小面积等个体参数及 3D 厚度分布；

⑦对数据进行 3D 再现；

⑧相同区域取一小部分正方体区域对孔隙进行类似分析及 3D 再现。

4. M-CT 对样品的微结构定性分析

在获取冰样中微气泡大小定量信息前，首先需要定性了解冰样微观结构。为此，需要对所得 2D 图像进行三维重构。实验中采用 SkyScan 1176 自带的 NRecon 3D 重构程序。其基本原理可概括为：对于样品空间中某点而言，足够多对此位置不同视角的 2D 图像的综合分析可确定其精确位置，如图 5-29 所示。表 5-1 是某一测试样中所有孔隙的部分数据。

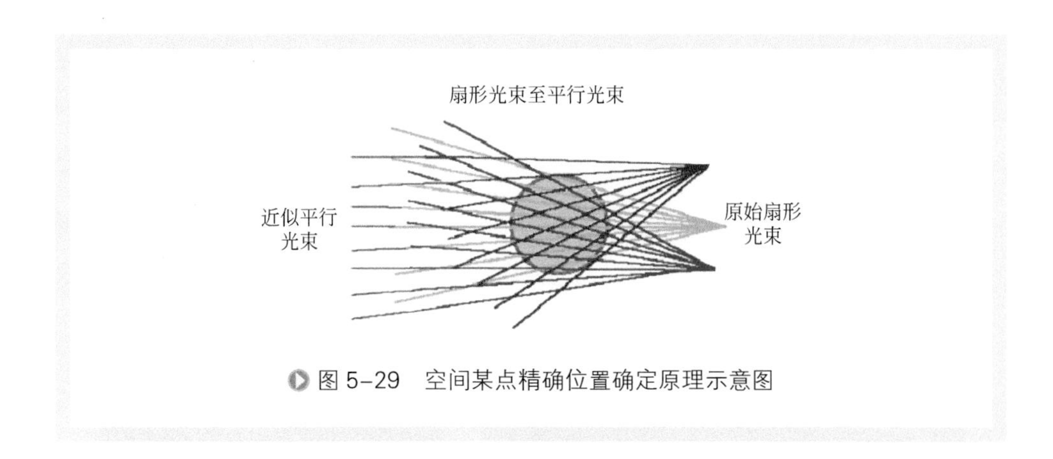

图 5-29　空间某点精确位置确定原理示意图

表 5-1　孔隙分布原始数据

对象数	封闭孔数	封闭孔面积 /μm²	封闭孔隙周长 /μm	封闭孔隙率（百分比）	孔隙总面积 /μm²	交叉口周长 /μm
1900	9	8952.29755	997.95318	0.12219	25759940.42	1221.50576
1973	7	5757.86538	686.11196	0.07839	25738013.2	1606.1814
1985	11	4771.92953	805.61536	0.06425	25654800.22	1405.59359
2003	7	5994.48999	771.87595	0.08044	25631216.63	1341.90176
1992	13	13408.72761	1564.56174	0.18012	25646518.36	1347.99682
2010	7	7493.11249	786.59073	0.09835	25466052.66	1299.01976
2027	12	8991.73498	1129.6467	0.11818	25477647.26	1256.13777
2110	6	6664.92637	761.47103	0.08786	25498233.61	1347.10422
2104	9	6783.23867	901.78427	0.08833	25405042.95	1772.87666
2072	5	5008.55414	575.22827	0.06368	25217517.95	1614.80112
2083	12	4929.67927	891.37935	0.06258	25205134.59	1471.44035
2129	13	7374.80018	1219.72056	0.09393	25233371.8	1357.50914
2210	13	10253.73288	1315.88947	0.12974	25184469.38	1489.20266
2170	7	2918.37013	544.01352	0.03632	25044663.68	1582.32404

图 5-30 是对样品扫描图像进行重构并采用合理阈值重现的样品微观结构。其中（a）是样品管内冰柱表面重现结构图，（b）是取样品体相中 1mm × 1mm × 1mm 立方区域进行微结构重现的结果。图 5-31 为封闭孔隙 3D 空间分布重构图。

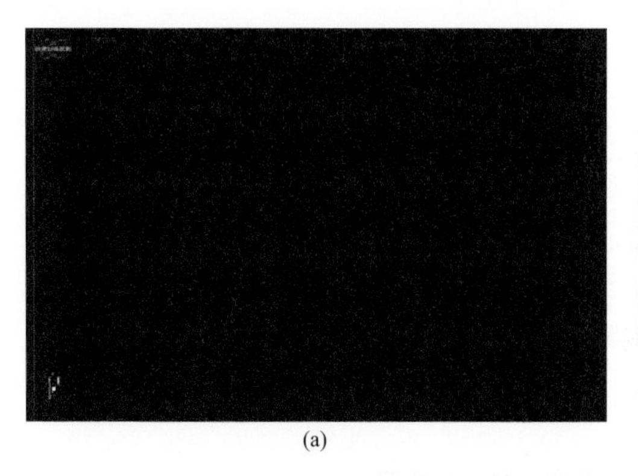

(a)

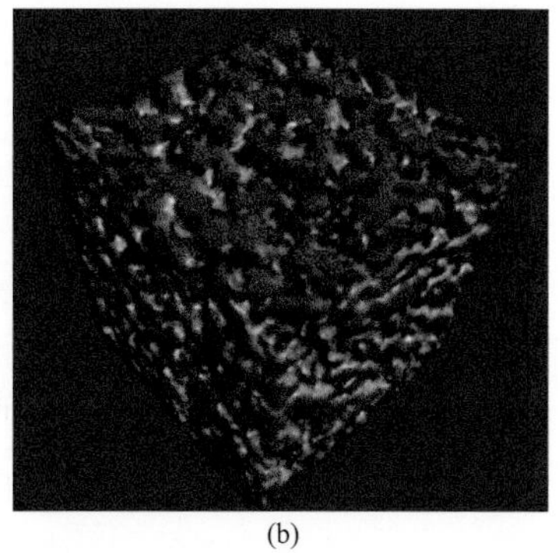

(b)

图 5-30 微气泡固化样品微观结构

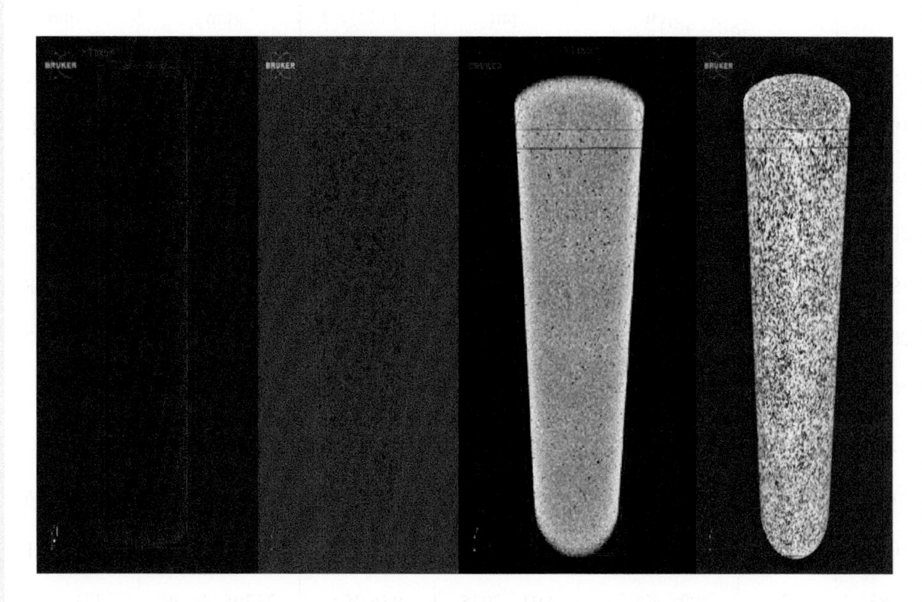

图 5-31 封闭孔隙 3D 空间分布重构图

5. M-CT对样品的样品定量分析

以上定性分析可以直观地得到样品中气泡的定性信息，实际上已采用了分析数据信息。然而，研究的主要目的是要得到其中气泡的粒径分布信息，故仍需对原始分析数据进行整理和分析。为得到微气泡粒径分布，必须确定测试样品中哪些为气泡，哪些为冰裂缝及水中固有的气体析出后所形成的气泡。表 5- 2 是空白样和五种不同工况测试样品的数据汇总。由表 5-2 数据可知：工况 1 和工况 2 的测试样品在厚度 17.76 ～ 53.29μm 范围的孔隙数量较空白样少的主要原因是气泡的空间位阻引起的水结冰速度降低。不含气泡的空白样中含有溶解于水中的气体在样品固化时析出形成的气泡。

表 5-2　E-CT分析数据汇总

孔隙厚度范围 /μm	平均厚度 /μm	空白样	工况 1	工况 2	工况 3	工况 4	工况 5
17.76 ～ <53.29	35.52	9466	7466	5226	6310	6551	5356
53.29 ～ <88.81	71.05	9	10	5	1	3	1
88.81 ～ <124.34	106.57	1484	2975	2499	2075	2398	2735
124.34 ～ <159.86	142.1	0	34	26	20	23	32
159.86 ～ <195.39	177.62	0	12	5	7	8	11
195.39 ～ <230.91	213.15	0	3	3	2	3	4
230.91 ～ <266.43	248.67	0	1	0	1	0	0
所有 3D 孔体积 /μm^3		1.836E+11	1.931E+11	1.907E+11	1.965E+11	1.983E+11	2.033E+11
所有封闭 3D 孔体积 /μm^3		2.236E+08	1.770E+08	1.939E+08	1.481E+08	1.543E+08	1.257E+08
所有开放 3D 孔体积 /μm^3		1.834E+11	1.930E+11	1.905E+11	1.963E+11	1.981E+11	2.032E+11
总体积增加 /μm^3		0	9.490E+09	7.046E+09	1.284E+10	1.465E+10	1.969E+10

三、结果与讨论

图 5 -32 是样品中不同尺度的气泡数量分布图。可见，由于测试仪器的精度等问题，样品中直径小于 36μm 的气泡并未得到表达，这其中一部分因素是由于直径小于 36μm 的气泡的内压已高于取样所在地的液相压力所致，因此，在常压情况下难以捕捉到更小气泡。

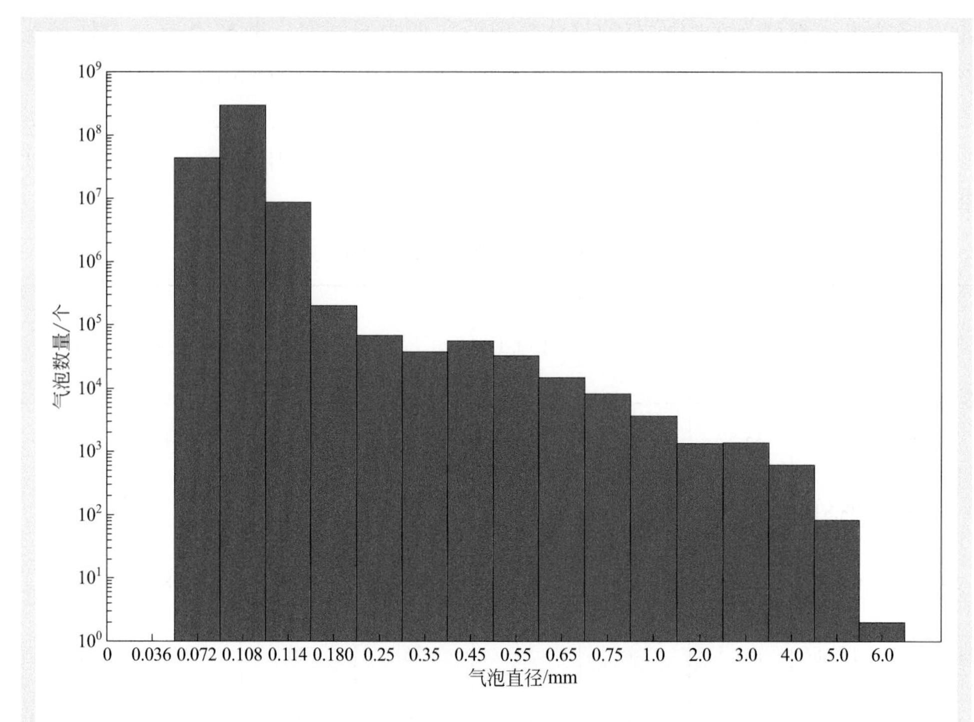

图 5-32 不同尺度气泡的数量分布

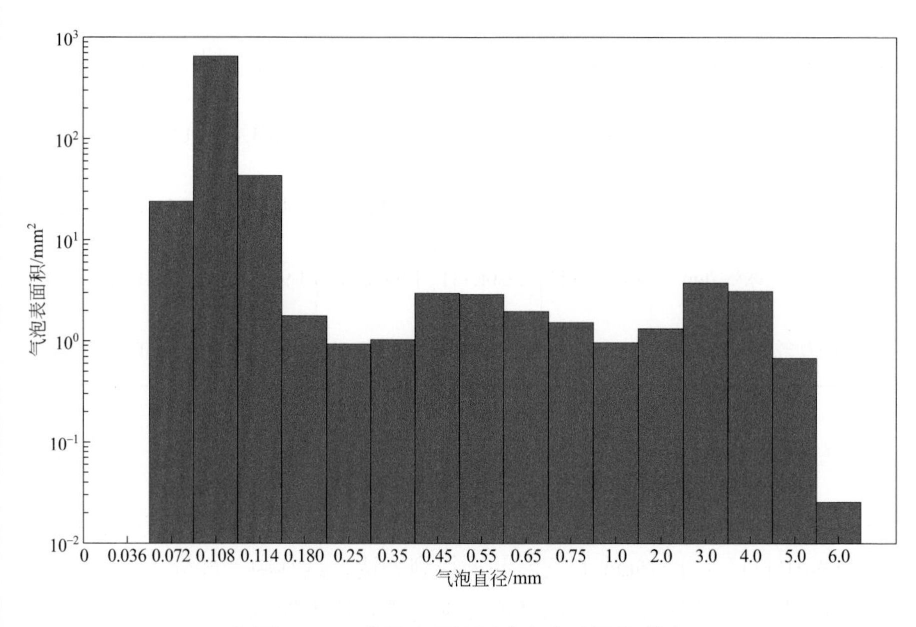

图 5-33 样品中不同尺度气泡表面积分布

图 5-33 和图 5-34 分别是样品中不同尺度气泡表面积（相界面积）分布和相界面积累积概率分布。可见，绝大部分相界面积均由微气泡提供。

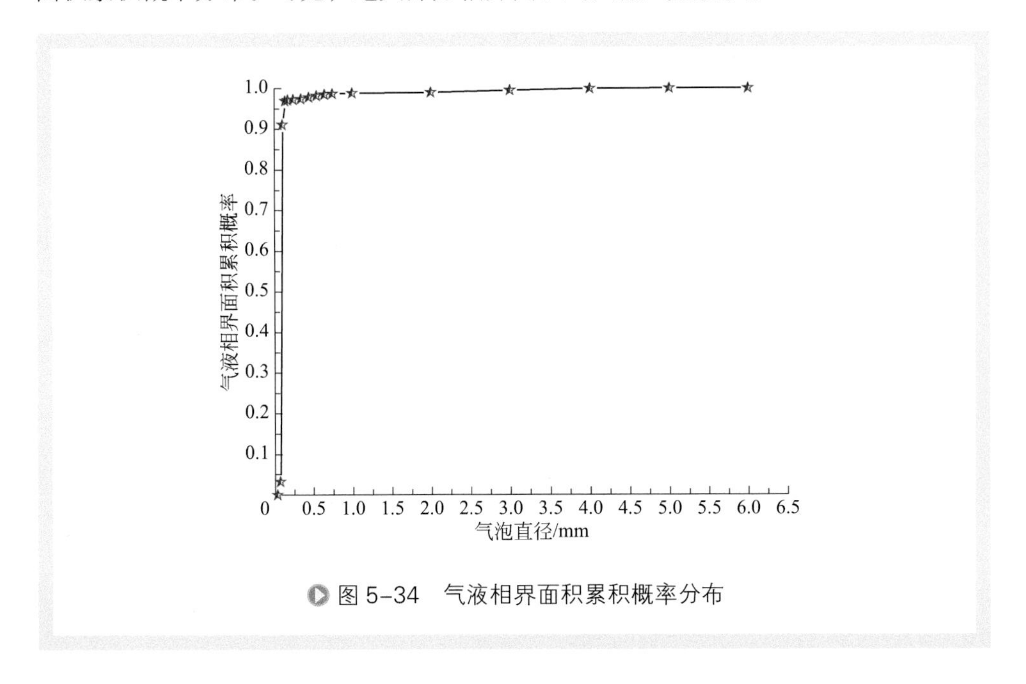

图 5-34　气液相界面积累积概率分布

图 5-35 和图 5-36 分别是不同气液比下气泡 Sauter 平均直径和气含率的理论值和实测值比较。

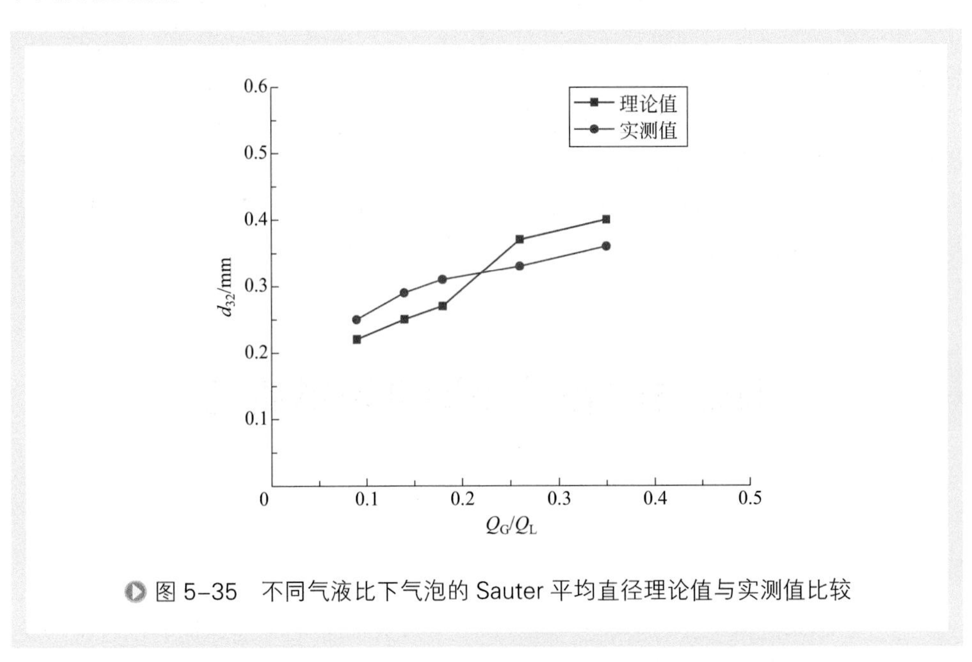

图 5-35　不同气液比下气泡的 Sauter 平均直径理论值与实测值比较

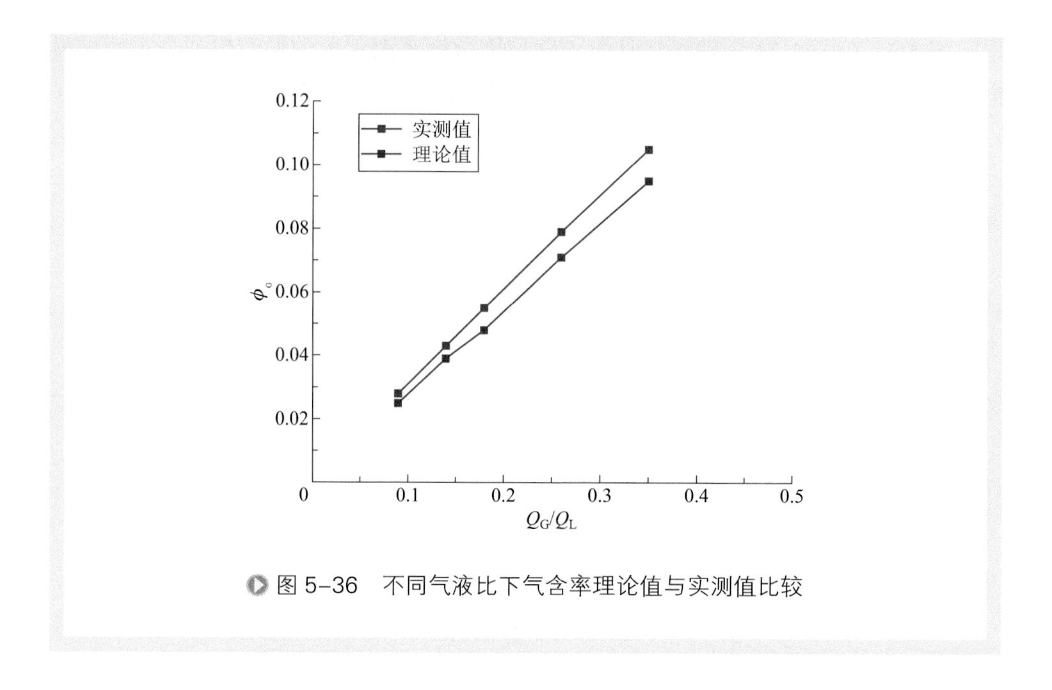

图 5-36　不同气液比下气含率理论值与实测值比较

四、小结

本节介绍了基于 Q-CT 技术的微气泡颗粒测量技术，该技术通过 CCD 技术、激冷固化技术、E-CT 和M -CT 技术、图像分析技术等多种手段的综合应用，获得了实验中微界面反应器内微气泡体系的全粒径气泡的测量和表征结果，具有较高的精度，基本可以满足实验研究需要。

然而，在实际取样操作和分析过程中，Q-CT 法也暴露出取样精度和分析测试数据整理复杂的问题。鉴于微界面体系的气泡测试涉及数以亿计的不同尺度的气泡，且体系多变，测试困难可见一斑。因此，还有待研发更快捷、更精准的测试表征技术，以测试过程变得更为简单、快速，分析结果精度更高。

第四节　液相微颗粒体系测试技术研究

一、背景及原理

在互不相溶的液 - 液两相或液 - 液 - 固三相反应体系中（如烯烃的水合反应），液 - 液的混合程度是影响两相之间传质、传热及反应效率的重要因素，也是除本征反应动力学之外，决定反应速率的关键因素[40]。对于一个典型的固体催化多相反应，其基于分子扩散和双膜理论的反应过程的通用型传质示意图如图 5-37 所示。

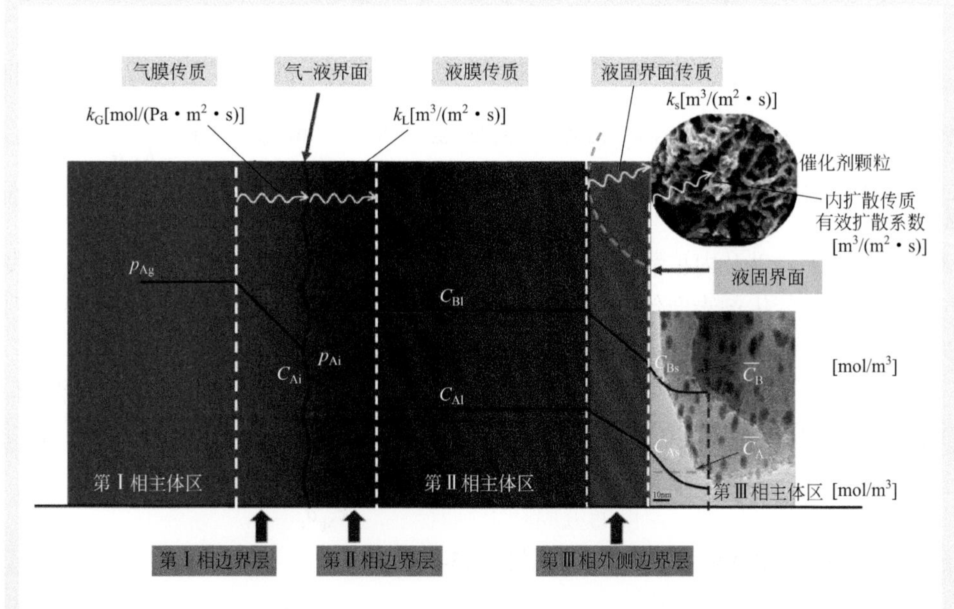

图 5-37　含固体催化剂的多相反应过程示意图

p_{Ag}和p_{Ai}分别为气泡内氢气（A）分压和气液界面附近氢气的压力；C_{Ai}、C_{Al}和C_{As}分别为气液界面处、液相主体和催化剂表面液膜中氢气分子的摩尔浓度；$\overline{C}_A$为催化剂孔道内氢气平均摩尔浓度；C_{Bl}和C_{Bs}分别为液相反应物（B）在液相主体和催化剂表面液膜中的摩尔浓度；$\overline{C}_B$为催化剂孔道内B的平均摩尔浓度

对于气-液-固反应体系，气体分子首先从气相主体扩散到气-液界面，穿过气相和液相边界层之后进入到液相主体中，再继续扩散到固体催化剂表面液膜边界层，然后穿过液膜边界层进入到催化剂孔道中，再经过内扩散到达活性中心位点，发生化学反应，反应后生成物再反向扩散出来，整个反应过程包括气相传质、液相传质、催化剂外扩散及内扩散、本征反应几个步骤。

而对于液-液-固反应体系（如水相-油相-催化剂体系），第一相分子（如水相）首先从水相主体经水膜边界层扩散至液-液界面，再穿过液-液界面，扩散至第二液相（如油相）边界层内，最后进入到液相主体之中。其后，再继续扩散到固体催化剂表面液膜边界层，然后穿过液膜边界层进入到催化剂孔道中，再经过内扩散到达活性中心位点，发生化学反应。反应后生成物再反向扩散出来，整个反应过程包括水相传质、油相传质、催化剂外扩散及内扩散、反应几个步骤。

为方便说明起见，假定某个气-液反应过程为一级反应，此时考虑其全部传质阻力影响的宏观反应速率方程如下：

$$-r_A = \frac{1}{\frac{1}{k_{Ag}a_i} + \frac{H_A}{k_{Al}a_i} + \frac{H_A}{k_{As}a_s} + \frac{H_A}{\left(k_A\bar{C}_B\right)\eta_A f_s}} p_{Ag} \tag{5-18}$$

式中，r_A 为宏观反应速率，s^{-1}；a_i 为液 - 液相界面积 ,m^2/m^3、a_s 为单位质量催化剂的外表面积，m^2/g；k_A 为本征反应速率常数，$m^3/(kg \cdot h)$；$\frac{1}{k_{Ag}a_i}$，$\frac{H_A}{k_{Al}a_i}$，$\frac{H_A}{k_{As}a_s}$和$\frac{H_A}{(k_A\bar{C}_B)\ \eta_A f_s}$各项，分别代表气膜传质阻力、液膜传质阻力、催化剂表面传质阻力，以及内扩散影响的本征动力学阻力项；相应地，k_{Ag}，k_{Al} 和 k_{As} 代表气膜、液膜和催化剂表面传质系数；a_i，a_s 代表液 - 液、液 - 固相界面积；η_A 代表内扩散系数；f_s 代表单位催化剂装填量。

对于液 - 液 - 固反应体系，可以将上述气 - 液相类比为难以相溶的油 - 水两相。根据双膜理论，对于难溶于水的油相分子，水膜的传质阻力远大于油膜阻力，故可忽略后者，从而可以去掉式（5-18）中的气膜阻力项$\frac{1}{k_{Ag}a_i}$，并以液体浓度 C_{Al} 代替气体压力 p_{Ag} 和亨利系数 H_A。因此将式 (5-18) 改写为：

$$-r_A = \frac{1}{\frac{1}{k_{Aw}a_i} + \frac{1}{k_{As}a_s} + \frac{1}{\left(k_A\bar{C}_B\right)\eta_A f_s}} C_{Al} \tag{5-19}$$

式中，$1/(k_{Aw}a_i)$ 为类比液膜阻力的水膜阻力，当反应体系和反应条件确定时，催化剂内扩散的影响可以归为本征动力学阻力项，因此它也是恒定的。此时，影响宏观反应速率 r_A 的因素仅剩下水膜阻力和催化剂表面传质阻力。当催化剂装载量一定时，液 - 固间相界面积是确定的，故最终只有水膜传质系数 k_{Aw}、催化剂颗粒固体表面传质系数 k_{As} 和液 - 液相界面积 a_i 三个变量对反应速率具有影响。在上述三个变量中，催化剂表面传质系数可以通过终速 - 滑移理论 [2-6] 进行计算，k_{Aw} 和 a_i 两个变量都是液 - 液两相混合程度的体现，共同决定了液相主体的传质阻力。

从式 (5-19) 可以看出，当液 - 液相界面积增大即液滴粒径减小时，反应的总速率会相应提高。因此，相界面强化是萜烯水合等液 - 液反应强化的关键，而液 - 液相界面积的确定及表征也成为该类反应强化研究必须解决的问题之一。

液 - 液相界面积的确定及精确表征必须首先测定液相颗粒大小。从文献报道来看，已有关于液 - 液两相混合程度的表征方法多为定性方法，如图像法 [41-43]、光学法 [44-53] 等。这些方法通常是先得到图像灰度、样品吸光度等信息，再将其转化为对液 - 液混合程度的相对好坏进行评价。而对与液相颗粒大小与粒径分布的直接定量测定的研究却鲜有报道。目前能够定量测得液 - 液相界面积或液滴粒径的方法有界面吸附法 [54] 和双电导探针法 [55] 等。前者对物质含量检测的精度要求较高，实验误差较大，后者对设备的结构要求较高，且插入探针本身会对液体的流场有所影响，且只能测得局部结果。

为此，笔者提出采用 Q-CT 法测定液 - 液混合体系液相颗粒特别是超细颗粒粒径分布和相界面积。采用该法对液 - 液微界面体系测定的基本原理也是从反应装置中取出混合液样品，利用液氮激冷固化此样品，使液 - 液两相样品的混合状态基本保持不变。然后再利用 E-CT 和 M-CT 技术对固态样品进行扫描分析，从而可得到液相颗粒的尺度大小及分布规律，再据此计算其相界面积等数据。

二、试剂与测试仪器

莰烯［工业级，包含莰烯 ≥ 81%（质量分数），三环烯 ≥ 14%（质量分数），厦门中坤化学有限公司提供］；Lewatit 2620 阳离子交换树脂（德国朗盛公司）；干冰（南京吾爱干冰清洁科技有限公司）；液氮（南京天泽气体有限公司）。

电子天平（BS400S-WZ 型，北京天平有限公司）；机械搅拌器（JJ-1 型，江苏省金坛市江南仪器厂）；恒温水浴锅（HH-S 型，常州翔天实验仪器厂）；强化固定床反应器（实验室自制）；单进单出变频器（DFL-HJ02-0R4-S1 型，深圳丹富莱科技有限公司）；便携式浊度仪（WGZ-4000B 型，上海昕瑞仪器仪表有限公司）；M-CT 仪（SkyScan 1176 型，德国 Bruker 公司）。

作为对比的小试搅拌釜反应器（简称 STR）和强化固定床反应器（简称 IFBR）各一套。

其中 STR 为普通实验四口瓶，如图 5-38 所示，包括恒温水浴锅、机械搅拌器、500mL 四口烧瓶、球形冷凝管、温度计等。

IFBR 为本研究自行设计加工，其结构如图 5-39 所示，主要包括反应釜及催化剂填充床、循环泵、换热器等。

用于 Q-CT 测试的是一台 M-CT，如图 5-40 所示，为德国生产。该仪器在医学上常用于小鼠的骨骼和脂肪等组织的断层扫描，笔者将其用于对液 - 液混合样品的测试分析。其原理是根据样品中不同液相颗粒由于密度不同所体现的扫描图像中的灰度差异，对该样品中的颗粒大小和分布以及相间界面进行准确识别，从而得出不同密度的液相大小、分布情况，以及相界面积等重要数据。

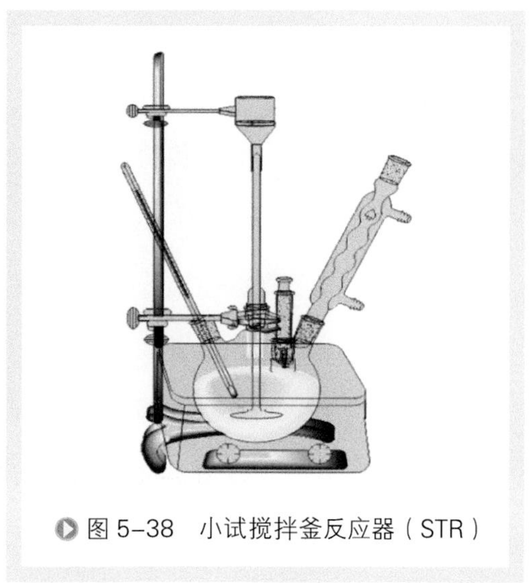

图 5-38　小试搅拌釜反应器（STR）

实验需要用于测试的不互溶两液

相 A 和 B，钠型阳离子交换树脂（模拟氢型树脂对混合的作用），还需要用于预冷的冰块和用于激冷的液氮及用于保冷的干冰等。

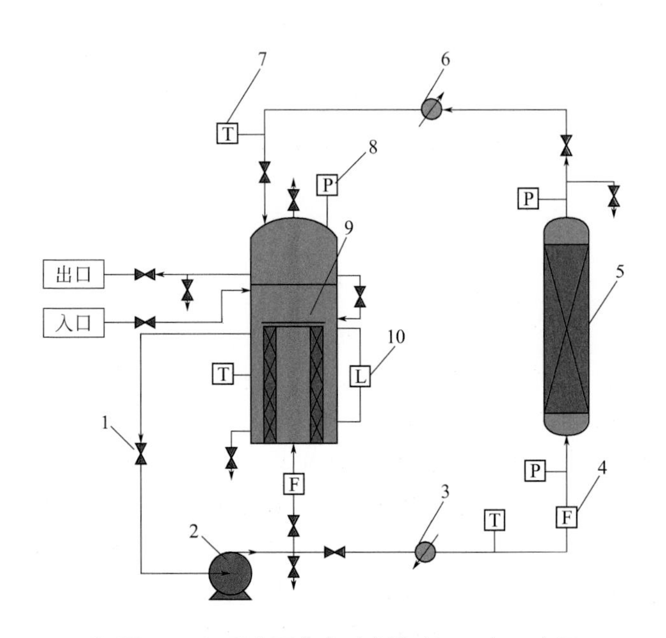

图 5-39　强化固定床反应器（IFBR）示意图

1—阀门；2—循环泵；3—加热器；4—流量计；5—催化剂床层；6—冷凝器；7—温度传感器；8—压力传感器；9—环形催化剂床层；10—液位计

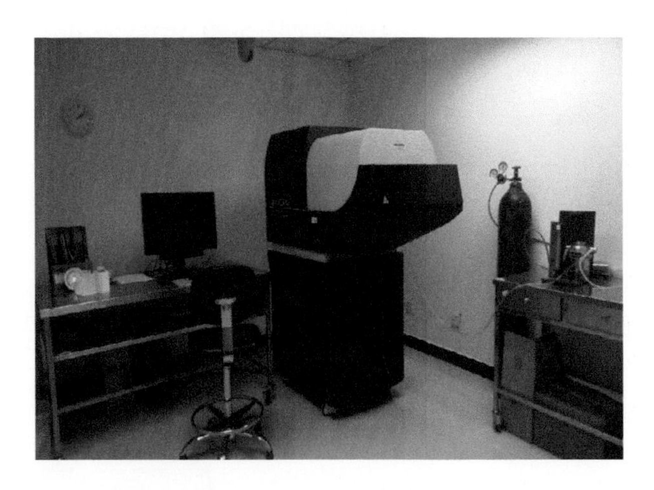

图 5-40　SkyScan 1176 型 M-CT 仪器

三、实验步骤

（1）STR 混合的实验步骤

①在水浴锅中预先加入适量冰块，使水浴保持在 0℃左右；

②向烧瓶中加入一定比例的液体 A、液体 B 和树脂催化剂；

③开启机械搅拌装置到预定的转速并开始计时，记录搅拌功率（采用功率计）；

④到达预定时间后，用 10mL 取样管取出部分样品，放在漏勺中置入液氮罐（含 10 L 液氮）内，激冷固化；

⑤固化完毕后，将样品取出，放入干冰保冷箱（含 10 kg 干冰）中保冷，送样进行 M-CT 检测。

（2）IFBR 混合的实验步骤

①预先将一定量的树脂催化剂固定在填充床中；

②在循环水浴锅中预先加入适量冰块，使水浴保持在 0℃左右，开启循环，使填充床层夹套温度预冷至 0℃左右；

③加入一定比例的液体 A、液体 B，使其与催化剂的比例与 STR 中相同；

④开启循环泵到预定的流量（流量采用变频器控制），并开始计时，记录泵的循环功率；

⑤到达预定时间后，用 10mL 取样管取出部分样品，放在漏勺中置入液氮罐（含 10 L 液氮）内，激冷固化；

⑥固化完毕后，将样品取出，放入干冰保冷箱（含 10 kg 干冰）中保冷，送样进行 M-CT 检测。

上述实验以莰烯的水合反应为测试体系，在 STR 和 IFBR 中所取的样品照片如图 5-41 所示，两种反应器中物料比相同，混合时间相同，照片均为取样后第一时间拍摄，其中 STR 搅拌速率取 600 r/min，IFBR 循环流量取 136 L/h。

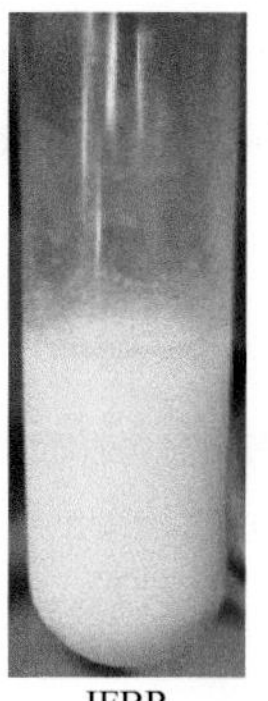

图 5-41　两种反应器中莰烯 - 水体系混合后样品对比

（质量比：莰烯：水：催化剂=1：1：0.2；混合时间：5 min）

四、测试与表征

将上述两种反应器混合得到的固化样品送去 M-CT 扫描分析，扫描精度为 9μm/18μm，扫描图像如图 5-42 所示。然后对图 5-42 所示断层成像后进行 3D 重建。

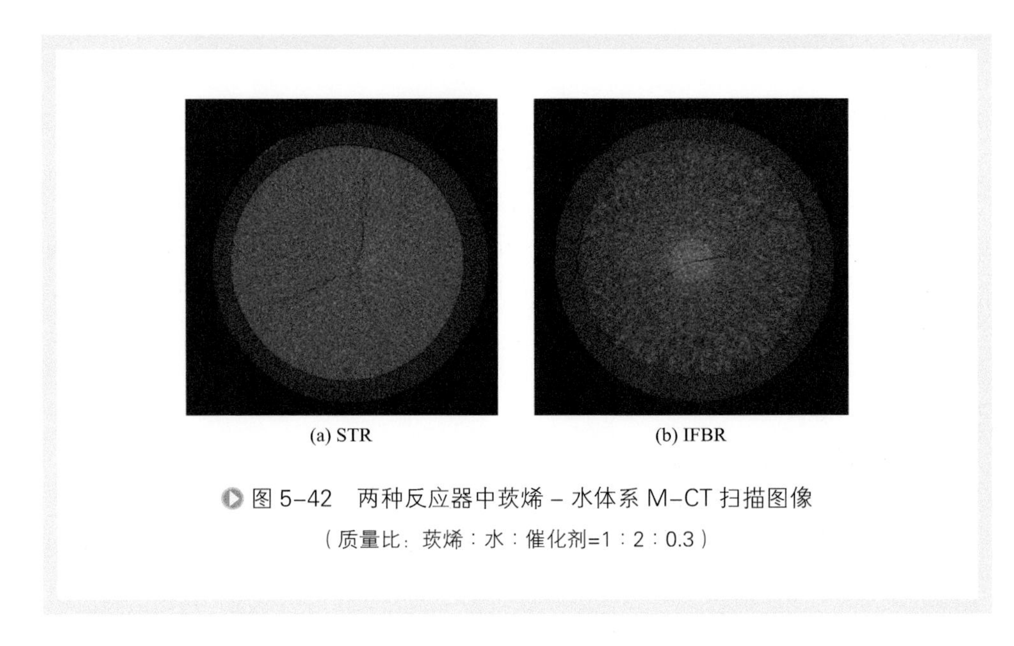

(a) STR　　(b) IFBR

图 5-42　两种反应器中荻烯－水体系 M-CT 扫描图像

（质量比：荻烯：水：催化剂=1：2：0.3）

将所得图像组采用 M-CT 配套的分析（Analyser）软件进行 3D 分析，期间必须选择分析区域及灰度阈值。分析可得到样品的液滴粒径分布、相界面积等数据信息。M-CT Analyser 软件操作界面如图 5-43 所示，3D 分析可得各项参数如表 5-3 所示。

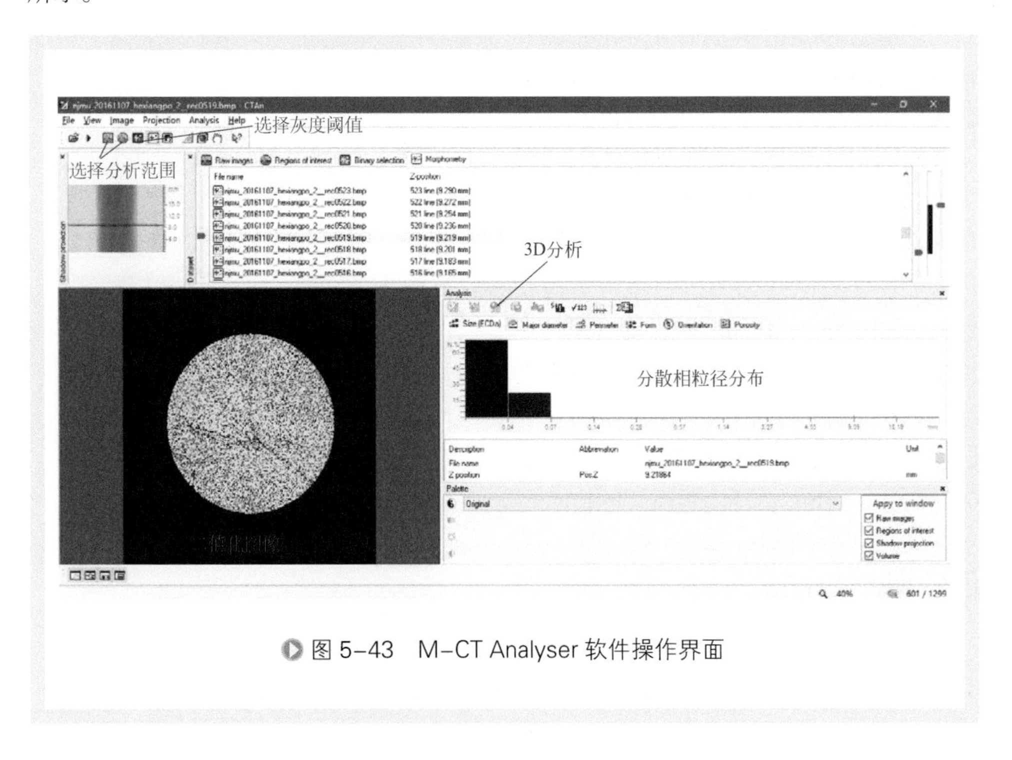

图 5-43　M-CT Analyser 软件操作界面

图 5-3　M-CT Analyser 3D分析可得各参数列表

序号	参数
1	测试样总体积
2	高密度相体积
3	高密度相体积分数
4	总表面积（不含界面面积）
5	高密度相表面积
6	测试样横截面积
7	测试样空隙表面积与其体积的比值
8	测试样表面密度
9	测试样内空隙物理坐标
10	测试样内高密度相颗粒数量
11	测试样内低密度相颗粒数量
12	测试眼内封闭孔、开放孔体积分数
13	测试样内总孔隙率

以莰烯 - 水体系为例，经过 Q-CT 法测试所得到的液滴粒径分布如图 5-44 所示。液 - 液相界面积和液滴平均粒径等参数如表 5-4 所示，其中物料配比相同，STR 搅拌速率取 600 r/min，IFBR 循环流量取 136 L/h。

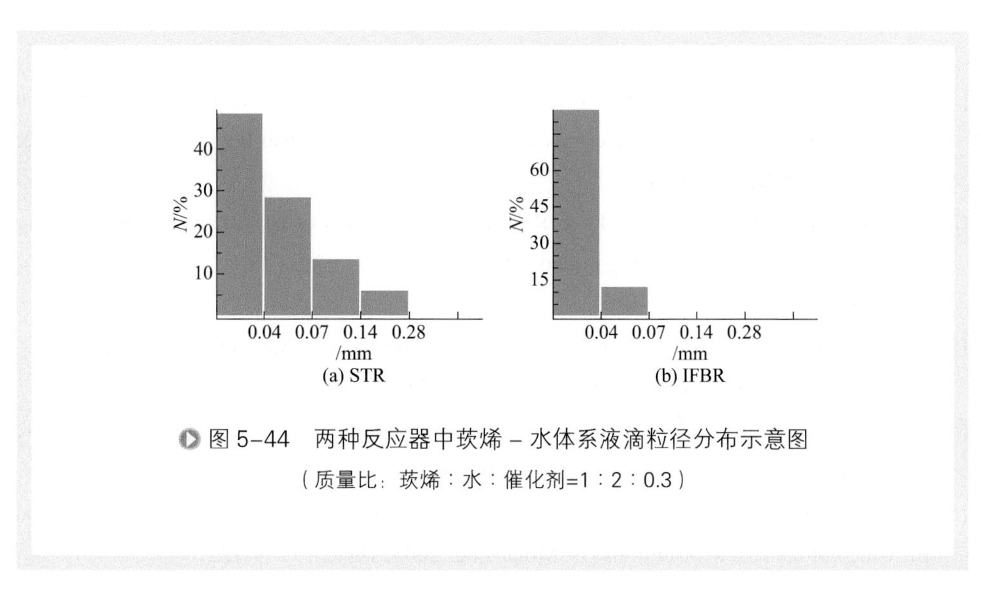

图 5-44　两种反应器中莰烯 – 水体系液滴粒径分布示意图

（质量比：莰烯：水：催化剂=1：2：0.3）

表 5-4　两种反应器中莰烯-水体系液-液相界面积和液滴平均粒径

反应器	能耗 /(kW · h/g)	相界面积 /(m²/m³)	平均粒径 /μm
STR	4.5×10^{-6}	1.4×10^{5}	51.4
IFBR	4.4×10^{-6}	3.1×10^{5}	25.0

注：质量比为莰烯：水：催化剂 =1 ：2 ：0.3。

第五节　误差校正

由于液体在激冷固化过程中体积会发生变化，故需对所得液滴粒径等数据进行校正，以得到液态下的真实数据，校正方法如下：

若某液体经激冷固化后体积与液态体积比，亦即膨胀系数为 x，经 Q-CT 法测试得到该液体的颗粒平均粒径为 d_{exp}，则该液体在混合液中的真实平均粒径为：

$$d=d_{exp}x^{-1/3} \tag{5-20}$$

对应真实液 - 液相界面积可由真实平均粒径和颗粒个数计算得到。

具体到不同的物系，不同的物质经激冷固化后，其膨胀系数 x 值的大小，完全取决于该物质的理化性质。以水为例，其激冷后固体的膨胀系数一般为 x=1.07 ～ 1.1。

参考文献

[1] Laakkonen M, Moilanen P, Miettinen T，et al. Local bubble size distributions in agitated vessel - Comparison of three experimental techniques [J]. Chemical Engineering Research & Design, 2005, 83(A1): 50-58.

[2] Jašíková D, Kotek M, Lenc T, & Kopecký V. The study of full cone spary using interferometric particle imaging method [C]. Proceedings of the EPJ Web of Conferences. EDP Sciences,2012.

[3] Barigou M, Greaves M. A Capillary Suction Probe for Bubble-Size Measurement [J]. Measurement Science and Technology, 1991, 2(4): 318-326.

[4] Honkanen M, Eloranta H, Saarenrinne P. Digital imaging measurement of dense multiphase flows in industrial processes [J]. Flow Meas Instrum, 2010, 21(1): 25-32.

[5] Bailey M, Gomez C O, Finch J A. Development and application of an image analysis method for wide bubble size distributions [J]. Miner Eng, 2005, 18(12): 1214-1221.

[6] Mena P C, Pons M N, Teixeira J A, et al. Using image analysis in the study of multiphase gas absorption [J]. Chemical Engineering Science, 2005, 60(18): 5144-5150.

[7] Busciglio A, Grisafi F, Scargiali F, et al. On the measurement of bubble size distribution in gas-liquid contactors via light sheet and image analysis [J]. Chemical Engineering Science, 2010, 65(8): 2558-2568.

[8] Umbaugh S E. Computer imaging: digital image analysis and processing [M]. CRC press, 2005.

[9] Baccar M, Gee L A, Gonzalez R C, et al.Segmentation of range images via data fusion and morphological watersheds [J]. Pattern Recogn, 1996, 29(10): 1673-1687.

[10] Vincent L, Soille P. Watersheds in digital spaces — an efficient algorithm based on immersion simulations [J]. Ieee T Pattern Anal, 1991, 13(6): 583-598.

[11] 刁智华，赵春江，郭新宇，陆声链，王秀徽 . 分水岭算法的改进方法研究 [J]. 计算机工程 , 2010, 36(17): 4-6.

[12] 高丽，杨树元，夏杰，王诗俊，梁军利，李海强 . 基于标记的改进分水岭分割算法 [J]. 电子学报 , 2006, 11: 2018-2023.

[13] Shi J B, Malik J. Normalized cuts and image segmentation [J]. Ieee T Pattern Anal, 2000, 22(8): 888-905.

[14] Achanta R, Shaji A, Smith K, et al. SLIC superpixels compared to state-of-the-art superpixel methods [J]. IEEE Trans Pattern Anal Mach Intell, 2012, 34(11): 2274-2282.

[15] Arbelaez P, Maire M, Fowlkes C, et al. Contour detection and hierarchical image segmentation [J]. IEEE Trans Pattern Anal Mach Intell, 2011, 33(5): 898-916.

[16] Yang X D, Li H Q, Zhou X B. Nuclei segmentation using marker-controlled watershed, tracking using mean-shift, and Kalman filter in time-lapse microscopy [J]. Ieee T Circuits- Ⅰ, 2006, 53(11): 2405-2014.

[17] Yan J, Zhao B, Wang L, et al. Marker-controlled watershed for lymphoma segmentation in sequential CT images [J]. Med Phys, 2006, 33(7): 2452-2460.

[18] Gomez W, Leija L, Alvarenga A V, et al. Computerized lesion segmentation of breast ultrasound based on marker-controlled watershed transformation [J]. Med Phys, 2010, 37(1): 82-95.

[19] Gaetano R, Masi G, Poggi G, et al. Marker-controlled watershed-based segmentation of multiresolution remote sensing images [J]. Ieee T Geosci Remote, 2015, 53(6): 2987-3004.

[20] 李小红，武敬飞 , 张国富 , 贾莉 , 张宜军 . 结合分水岭和区域合并的彩色图像分割 [J]. 电子测量与仪器学报 , 2013, 27(3): 247-252.

[21] 余旺盛，侯志强 , 宋建军 . 基于标记分水岭和区域合并的彩色图像分割 [J]. 电子学报 , 2011, 39(5): 1007-1012.

[22] 卢中宁，强赞霞 . 基于梯度修正和区域合并的分水岭分割算法 [J]. 计算机工程与设计 , 2009, 30(8): 2075-2077.

[23] 李苏祺，张广军 . 基于邻接表的分水岭变换快速区域合并算法 [J]. 北京航空航天大学学报 , 2008, 11：1327-1330+1348.

[24] 游迎荣，范影乐，庞全 . 基于距离变换的粘连细胞分割方法 [J]. 计算机工程与应用 , 2005, 41(20): 206-208.

[25] 王宇，陈殿仁，沈美丽，吴戈 . 基于形态学梯度重构和标记提取的分水岭图像分割 [J]. 中国图像图形学报 , 2008, 13(11): 2176-2180.

[26] Deen N G. An Experimental and Computational Study of Fluid Dynamics in Gas-Liquid Chemical Reactors [D]，Aalborg，Denmark：Aalborg University，2001.

[27] Belden J, Ravela S, Truscott T T，et al. Three-dimensional bubble field resolution using synthetic aperture imaging: application to a plunging jet [J]. Experiments in Fluids, 2012, 53(3): 839-861.

[28] Bandara U C, Yapa P D. Bubble sizes, breakup, and coalescence in deepwater gas/oil Plumes [J]. Journal of Hydraulic Engineering-Asce, 2011, 137(7): 729-738.

[29] Lecuona A, Sosa P A, Rodriguez P A，et al. Volumetric characterization of dispersed two-phase flows by digital image analysis [J]. Measurement Science and Technology, 2000, 11(8): 1152-1161.

[30] Zhang W H, Jiang X Y, Liu Y M Z. A method for recognizing overlapping elliptical bubbles in bubble image [J]. Pattern Recogn Lett, 2012, 33(12): 1543-1548.

[31] Lau Y M, Sujatha K T, Gaeini M，et al. Experimental study of the bubble size distribution in a pseudo-2D bubble column [J]. Chemical Engineering Science, 2013, 98:203-211.

[32] Lau Y M, Deen N G, Kuipers J A M. Development of an image measurement technique for size distribution in dense bubbly flows [J]. Chemical Engineering Science, 2013, 94:20-29.

[33] Shen L P, Song X Q, Iguchi M，et al. A method for recognizing particles in overlapped particle Images [J]. Pattern Recogn Lett, 2000, 21(1): 21-30.

[34] Pla F. Recognition of partial circular shapes from segmented contours [J]. Comput Vis Image Und, 1996, 63(2): 334-343.

[35] Honkanen M, Saarenrinne P, Stoor T，et al. Recognition of highly overlapping ellipse-like bubble images [J]. Measurement Science and Technology, 2005, 16(9): 1760-1770.

[36] Gonzalez R C, Richard E Woods. Digital image processing[M]. 3rd Edition. Prentice Hall, 2008.

[37] 杨卫国 , 王金福 , 王铁峰，金涌 . 三相循环流化床中的气液相界面积和传质系数 [J]. 化工冶金 , 2000, 4:363-368.

[38] 丁富新 , 李飞 , 袁乃驹 . 环流反应器的发展和应用 [J]. 石油化工 , 2004, 9:801-807.

[39] 黄青山 , 张伟鹏 , 杨超 , 毛在砂 . 环流反应器的流动、混合与传递特性 [J]. 化工学报 , 2014, 65(7): 2465-2473.

[40] Levenspiel O. Chemical reaction engineering(third edition) [M]. John Wiley & Sons, 1999.

[41] 杨建宇 , 张学岗 , 李修伦 . 液 - 液分散体系中液滴直径分布的测量技术 [J]. 天津化工 , 2001, 2:14-17.

[42] 徐建鸿, 骆广生, 陈桂光, 孙永, 汪家鼎. 液 - 液微尺度混合体系的传质模型 [J]. 化工学报, 2005, 56(3): 435-440.

[43] 陶海 , 张博文 , 王可欣 , 杨程 , 田洪舟 , 周政 , 张志炳 . 喷射器出口结构对反应器混合特性的影响 [J]. 化学工程 , 2015, 10:39-44.

[44] 魏光涛 , 韦朝海 , 吴超飞 , 任源 , 江承付 . 红外分光光度法测定焦化废水中油 [J]. 冶金分析 , 2007, 27(4): 59-61.

[45] 何琳 , 刘意 , 郑冬梅 , 潘海文 , 袁飞 , 龙晓英 . 盐酸小檗碱自微乳剂的处方设计及体外评价 [J]. 中国实验方剂学杂志 , 2012, 18(10): 26-30.

[46] 朱双燕 , 崔名全 , 胡凤 , 王浩 , 余泉毅 , 赵俊霞 , 苏建春 . 自乳化粒径表征方法及其规律初步探索 [J]. 中国中医药信息杂志 , 2014, 21(3): 71-74.

[47] Greaves D, Boxall J, Mulligan J, et al.Measuring the particle size of a known distribution using the focused beam reflectance measurement technique [J]. Chemical Engineering Science, 2008, 63(22): 5410-5419.

[48] Li M, Wilkinson D, Patchigolla K. Comparison of particle size distributions measured using different techniques [J]. Particulate Science and Technology, 2005, 23(3): 265-284.

[49] Maass S, Grunig J, Kraume M. Measurement techniques for drop size distributions in stirred liquid-liquid systems [J]. Chem Process Eng-Inz, 2009, 30(4): 635-651.

[50] Maass S, Wollny S, Voigt A, et al. Experimental comparison of measurement techniques for drop size distributions in liquid/liquid dispersions [J]. Experiments in Fluids, 2011, 50(2): 259-269.

[51] Lovick J, Mouza A A, Paras S V, Lye G J, Angeli P. Drop size distribution in highly concentrated liquid-liquid dispersions using a light back scattering method [J]. Journal of Chemical Technology & Biotechnology: International Research in Process, Environmental & Clean Technology, 2005, 80(5): 542-552.

[52] Abidin M I I Z, Raman A A A, Nor M I M. Review on Measurement Techniques for Drop Size Distribution in a Stirred Vessel [J]. Industrial & Engineering Chemistry Research, 2013, 52(46): 16085-16094.

[53] 吴星五 , 唐秀华 , 朱爱莲 . 散射式浊度仪的改进和应用 [J]. 工业用水与废水 , 2001, 32(4): 58-61.

[54] 唐文成 . 高速搅拌池中液液两相界面积的测定 [J]. 清华大学学报 : 自然科学版 , 1998, 38(7): 58-64.

[55] 周建军 , 刘植昌 , 刘梦溪 , 卢春喜 , 徐春明 . 新型烷基化反应器结构优化及其中液滴分布规律的实验研究 [J]. 石油学报 (石油加工), 2008, 24(2): 134-140.

第六章

微界面体系在线成像测量技术

第一节 概述

在氧化、加氢、羰基化、烷基化一类气 - 液、气 - 液 - 固等多相传质与反应的动态体系中，若气泡被破碎成微米尺度时，不仅其大小与形状通过肉眼已无法辨别，而且其数量也会呈几十、几百甚至上千倍增加以致难以统计，单位体积中气泡的数量可能高达 $10^9 \sim 10^{11}/m^3$ 之间，其气液相界面积也将达到 $10^3 \sim 10^5 m^2/m^3$ 量级（通常的鼓泡反应器气液相界面积一般为 $10^2 m^2/m^3$ 量级）。众所周知，此类反应过程一般受界面传质控制，而颗粒与界面将直接决定反应过程的传质速率与表观反应速率。因此，准确测试和掌握微界面体系的颗粒动态特征与变化信息，如气泡或催化剂颗粒直径、个数、粒径分布、形状、流动状态等重要数据，对于研究微界面状态下气 - 液、气 - 液 - 固或液 - 液 - 固体系的界面传质与反应特性，乃至对这些过程的气 - 液、固 - 液分离特性均至关重要，这些基本数据是微界面反应器设计与构效调控的基础[1]。

然而，对于上述如此量级由微气泡和催化剂颗粒群组成的微界面多相体系的实验测试与科学表征并非易事，主要难点如下：

① 在实际反应器和分离器内，微界面多相体系往往处于较为剧烈的湍流状态，因而微气泡群与催化剂颗粒群的运动与界面特征随时空而变化；

② 不同微界面多相体系的理化特性不同，如表面张力、黏度、密度等均受温度、压力、组成等条件影响，且随反应和分离的进程而改变，即它们也都是时空变化的；

③ 迄今为止，微气泡群与催化剂颗粒群在实际体系中的聚并与破碎行为的实际测试研究成果寥寥，可资参考数据甚少；

④ 要准确测试微界面多相体系的微气泡群与催化剂颗粒群的个数、大小、分布规律、相界面积、变化特征等，需要高精度的仪器和计量软件，而实际情况是，此方面成熟而精确的测量工具和软件并不多见。

随着国内外对多相流体系研究的深入，针对不同微界面多相体系参数，如颗粒大小、运动速度、停留时间等而进行测量的测量技术也应运而生。有对整体平均参数进行测量的技术，也有对系统局部参数进行测量的仪器设备。根据其接触方式，可将此方面技术分为侵入式和非侵入式两种模式[2,3]。但总体上来说，大多数此类测量技术仅适合于稳态宏观体系或固态体系的测试，即不随时空变化的直径大于1mm以上的气-液颗粒或固体颗粒体系。

侵入式测量技术一般使用微针形探针如光导纤维探针、电容探针、电导探针等作为测量工具，通过探针上各种传感器获得测量系统的局部特征参数，如气泡与催化剂颗粒的形状、大小、分布、浮升速度、气含率、液速分布等特性。侵入式测试方法的优点是适合高度湍流系统，能够方便快速地获得局部参数，但由于探针需要侵入流场中，对流场和颗粒的动态特性有一定干扰，尤其是当颗粒粒径远小于侵入式传感元件尺寸大小时，这种干扰将会影响所测数据的准确性，因此，该技术应用于微界面多相体系的测试存在较大的局限性。

非侵入式测量技术不需要置入传感元件，不会对流场和颗粒运动产生干扰。用于全局参数测量的非侵入式测量技术主要有相示踪技术、压力传感器技术、声波技术、辐射衰减技术和动态气泡脱离技术等。用于局部参数测量的非侵入技术主要包括摄影技术、颗粒图像测速技术（PIV）、激光多普勒测试技术、电容层析成像技术、相多普勒测试技术和放射颗粒追踪技术等[2]。

然而，对于颗粒尺度极小且数量众多、几乎处于乳液状态的气-液-固微界面多相体系，上述技术的测试精度势必难以得到保证。因此，有必要研发适合于微界面多相体系的先进测试技术，为该领域的深入研究与应用开发提供支持。

针对在微界面多相体系中微气泡与催化剂颗粒群数量多，个体小，气泡颗粒为球形且形变小等特征，笔者团队在上述摄像技术基础上发展了在线成像测量技术（以下简称OMIS）。借助于OMIS，即可简便、快捷、直观、准确地获得微界面多相反应体系的颗粒形貌、大小、分布、运动、碰撞、聚并、破碎等特性，再借助专门编制的图像分析软件，解析其中的颗粒粒径数量、分布、形貌、气含率、运动轨迹、气-液、液-固相界面积等详细信息，从而为此类多相体系的流动、传质和反应设计及其构效调控提供必需的参数。

在微米尺度上研究气-液、气-液-固多相反应体系的传质强化并探索其规律性，需要建立与之配套的新理论和研发新的测试手段与表征技术。笔者团队针对微颗粒体系初步研制了OMIS系统。测试表明，OMIS系统较好地满足了多尺度、数量大、时空多变的微界面颗粒群体系的检测与表征需要。然而，相关的仪器、设备、操作步骤及软件运用等尚未形成标准化体系，检测精度和自动化处理能力尚有待进一步提高。因此，亟须进行更多此方面的技术攻关和实践，以完善此类在线测试技术，特别是在更小尺度上的微气泡和微颗粒的自动识别技术方面。

第二节 OMIS系统简介

一、OMIS系统组成

如图 6-1 所示，OMIS 系统主要包括图像传感器、高清镜头、高亮光源、三维可自由调节架、控制软件、颗粒识别与分析软件等部分软硬件。

图 6-1 OMIS 系统示意图

由于微气泡群的颗粒直径可能跨越多个量级，且数目达数亿之多，同时，它们还都随液相主体快速运动，故对图像传感器选择有较高要求。一般情况下，图像传感器的分辨率应当在 480×480 以上。在实验所用的分辨率下，其帧率最好在 600fps 以上。

在微界面多相反应体系中，微气泡群与催化剂颗粒群的粒径处于几微米至几百微米之间，故需要对图像进行较大倍率的放大，以便对颗粒粒径进行全面统计，因此，镜头的选择非常关键，一般需根据实验要求定制相应的光学镜头，以放大倍率为 1× ～ 50× 的变焦或定焦镜头为佳。

在线动态情况下，普通自然光难以满足图像传感器的感光度要求，故可选择高亮光源以提供足够高的光强度，使图像传感器获得足够的亮度。

二、OMIS成像原理及放大倍率

OMIS 通过两级放大，即光学放大和电子放大来实现微小图像放大的，其成像原理与数码光学成像类似。

1. 光学放大倍率

光学放大倍率是指通过适用光学放大镜头使观察物体放大的倍率。对于光学镜头，光学放大倍率等于目镜的倍率与物镜的倍率之积。也就是说 OMIS 的光学放大倍率等于所安装的所有物镜的倍率之积。光学放大倍率也可根据下式进行计算。

光学放大倍率 =CCD 或 COMS（互补金属氧化物半导体）芯片的相机元素尺寸 / 视场实际尺寸 =CCD 或 COMS 芯片的长（V）或高（H）尺寸 / 视场长（V）或高（H）尺寸

例如：CCD2/3in（长 8.8mm × 高 6.6mm），视场范围（长 64mm × 高 48mm）则光学放大倍率 =8.8/64=6.6/48=0.1375。

镜头与图像传感器连接时物体可被看见的范围大小称为视场，视场尺寸 = 图像传感器的靶面尺寸 / 光学放大率。例如，光学放大率 =0.2X，CCD1/2in（4.8mm 长，6.4mm 宽），则视场大小为：长 =4.8/0.2=24（mm），宽 =6.4/0.2=32（mm）。

2. 电子放大倍率

数码放大倍率是用相机拍照成像在 CCD 或 COMS 芯片上的像呈现在显示器上的放大倍率。电子放大倍率与图像传感器的尺寸和显示器的尺寸有关。

电子放大倍率 =CCD 或 COMS 芯片的相机元素尺寸 / 显示器的尺寸

例如，光学放大率为 2X，CCD 大小为 1/2in（对角线长 8mm），显示器为 14in，则电子放大倍率 =14 × 25.4/8=44.45（倍），总的放大率 = 光学放大率 × 电子放大率 =2 × 44.45=88.9（倍）。

3. 放大倍率的确定

理论上，可根据镜头和图像传感器芯片大小及显示窗口，计算出所拍摄图片或影像的放大倍率，但在实际处理过程中，由于图像或视频的显示窗口不是固定的，其电子放大倍率随显示窗口的尺寸变化而变化，总的放大倍率也即随显示窗口变化，故通常的处理办法是将标尺直接标示到图片或视频上，以便确定图片或视频中关注对象的实际尺寸。

第三节 OMIS数据采集与测定方法

一、视频采集

OMIS 数据采集是由图像传感器、光学镜头以及计算机软件控制系统等单元联合完成的。在实际测量时，微气泡和催化剂颗粒的光学成像通过光学镜头实现放大，然后通过成像体系的高帧率模式进行拍摄，将颗粒运动的光学信号转变为数字信息记录下来，再通过相应的软件将拍摄区域的气泡运动轨迹和图像呈现在计算机终端显示屏上。

需要注意的是，在采集相同工况条件下的微颗粒视频时，镜头的光圈及放大倍率、成像机器的分辨率及帧率、曝光时间等拍摄条件必须保持不变。在拍摄不同工况微颗粒视频时，最好也保持各个拍摄条件不变，以便使每个视频和图片的放大倍率保持一致，方便后期的数据处理，并保证数据的准确性。

在采集视频时，成像机器的拍摄角度和光源的摆放位置非常重要，这直接影响视场内的清晰度和明暗对比。在图像采集之前需进行预成像，确定合适的成像位置。实验表明，成像机器与光源的角度成 10° ～ 60° 角时，所得视频较为合适。对于不同的被测微界面多相体系，其角度不尽相同。

二、视频及图片的标尺确定

图 6-2 ～图 6-4 分别显示了不同放大倍率和分辨率相应图片。

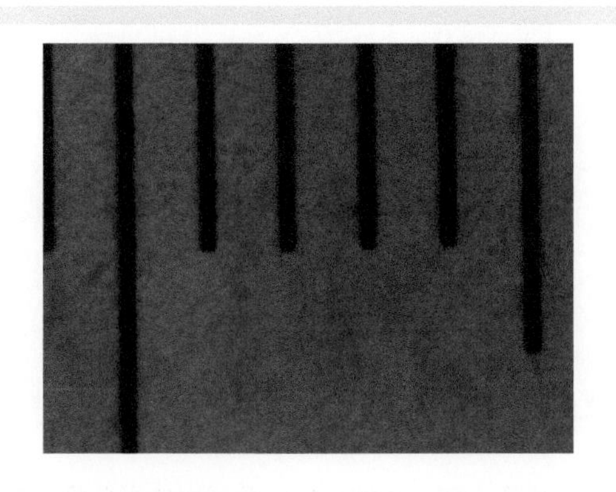

图 6-2　光学放大 1 倍标尺图（分辨率 640×480）

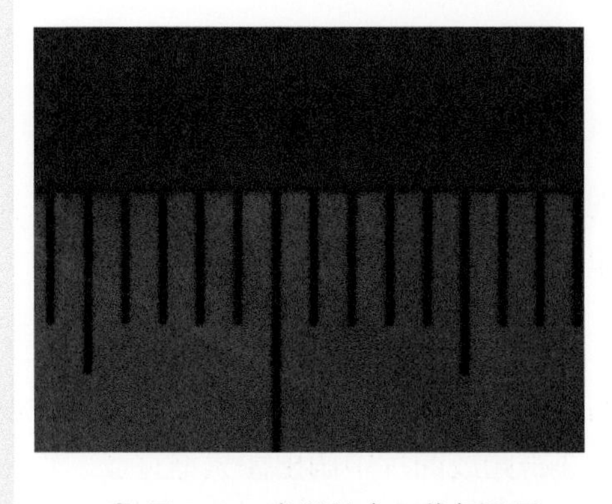

图 6-3　光学放大 1 倍标尺图（分辨率 1920×1080）

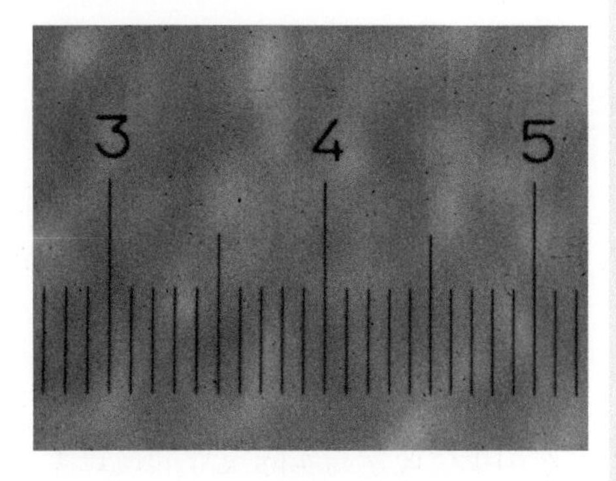

图 6-4　光学放大 6 倍标尺图（分辨率 1920×1080）

在测试中，为了通过放大后的视频和图片确定微颗粒的真实尺寸，需要用相同倍数的成像系统，对已知尺寸的标尺进行拍摄，作为标定放大后的微颗粒尺寸的比例尺。具体操作如下：

① 用 OMIS 对实验体系中高速运动的微颗粒进行拍摄，在不同工况下，使用相同的放大倍率、分辨率以及成像速率（帧数），获取微颗粒的运动视频。

② 将设定的标尺置于平面上，使用相同的放大倍率，对标尺进行拍摄，得到标尺的放大图片。

③ 使用图像处理软件，先将标尺图片进行处理，根据标尺中的真实单位长度和图片像素长度确定对应关系，并将其储存为系统默认的长度与单位像素的换算关系。

④ 根据步骤③所做的空间校准关系，对微颗粒的运动视频和图像进行处理，加入换算比例尺，可以根据图片上的划线长度，得到微颗粒的真实数据，如图 6-5 所示。

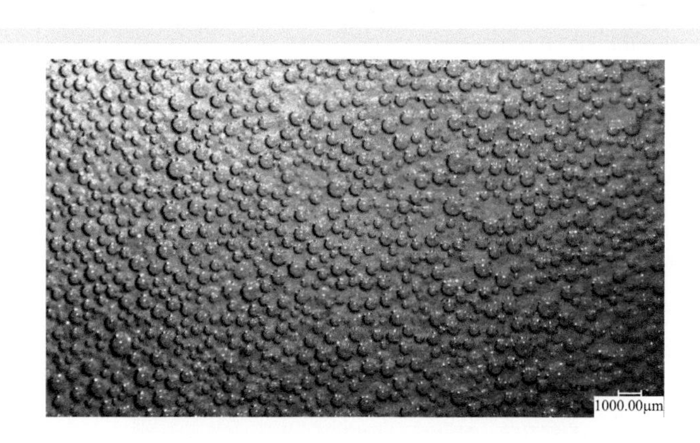

图 6-5　加入比例尺后的微界面体系成像图片

三、微颗粒群粒径分布统计

在实验测量中，对加入好比例尺之后视频及图片中的微颗粒进行粒径统计，有人工统计和自动统计两种方法，分别介绍如下。

1. 人工统计法

使用图像处理软件，打开带有比例尺的微颗粒（如微气泡）的视频和图片，根据系统中单位像素与实际尺寸的换算关系，在视频或图片中画出微气泡直径，软件自动换算成实际尺寸并显示在图片当中，所有数据在最后都会自动汇总在 Excel 表格当中。图 6-6 为微气泡粒径的人工统计示意图。

人工统计法较为耗时，对于颗粒较小和数量众多的体系不太适宜。

图 6-6　微气泡粒径的人工统计

2. 自动统计法

笔者基于研究数据图像分析技术，定制研发了颗粒图像识别软件（简称 PIRS）。PIRS 可对微颗粒图像进行自动处理，以实现对图片中微颗粒的自动识别与统计计算。

打开 PIRS，导入待处理图像。PIRS 可识别 BMP、JPG、JPEG、PNG、WMF、SVG 等诸多主流图片类型。导入微气泡群的 PIRS 放大图片如图 6-7 所示。

由于待处理图像背景噪点较多，气泡边缘轮廓不清晰，直接进行自动识别时，所得结果精度较差，因此需要对图像进行前期处理。在对图像进行处理时，由于暂无固定的处理流程可循，需要操作者对图像质量、气泡形态等进行综合性判断，再根据相应的处理结果进行修正和不断迭代以求得到最佳处理效果。图像经过多重预处理后，气泡轮廓较之前更加明显。对图像进行中期处理，以进一步增加颗粒边缘与背景的对比度。

图 6-7　导入微气泡群的 PIRS 放大图片

图 6-8、图 6-9 分别为微气泡群预处理放大及气泡边缘增强处理示意图。

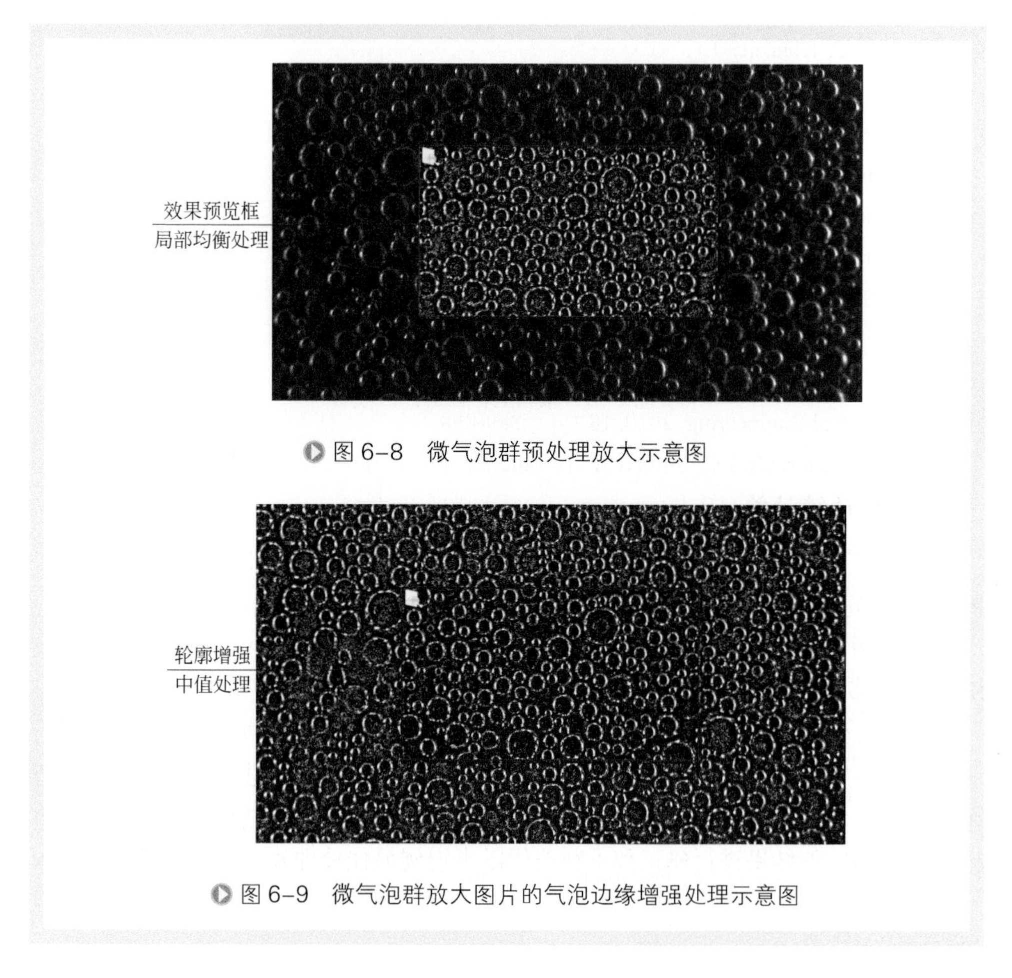

图 6-8 微气泡群预处理放大示意图

图 6-9 微气泡群放大图片的气泡边缘增强处理示意图

完成上述处理后，可进入颗粒检测识别阶段。首先进行光滑度、边缘识别等设定，其具体参数值需要自行根据识别效果进行修改；然后再进行识别圆的范围设定，得到软件处理圆的最大直径与最小直径。设定值包括圆的完整度、不同圆之间的最小距离等，此时详细参数也需要根据识别的效果进行反复修正。完成此步骤后，再进行下一步识别。对识别不佳的颗粒或未进行识别的颗粒，可通过人工统计法配合以获取真实资料。图 6-10 为颗粒群初步识别结果示意图。

在原图像中，图片中某一图像（如某一颗粒）的大小是按照像素点进行计算的，因而它并不能反映其实际尺寸大小，只有添加标尺后，才能得到该图片的实际尺寸。因此，在完成图像识别之后，需要对图像进行标尺校准或对原标尺修改，之后再添加标尺并进行标尺应用。图 6-11 为颗粒群尺寸的校正示意图，图 6-12 为颗粒群标尺识别结果示意图。

图 6-10　颗粒群初步识别结果示意图

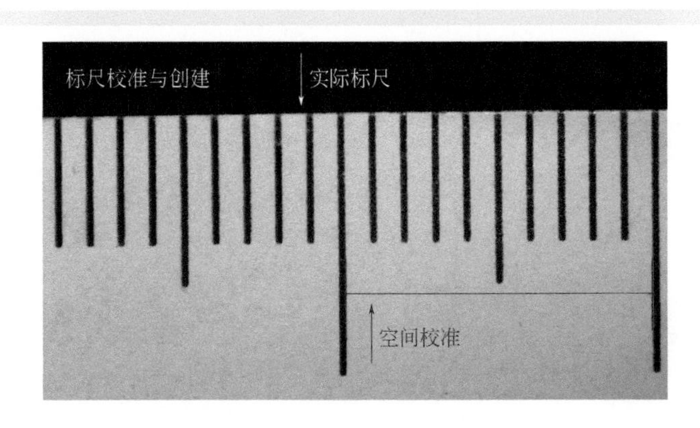

图 6-11　颗粒群尺寸的校正示意图

最后，通过软件对颗粒粒径进行数据统计，得到具体粒径数值。此时，通过软件作图可获得颗粒粒径分布图，也可通过导出数据至 Excel，再使用其他软件进行后续数据处理。图 6-13 为气泡颗粒粒径列表结果示意图。

应用表明，PIRS 能够很方便地将图像中的微颗粒的图像信息进行自动识别和统计，并导出其相关的特征数据，可极大地节省人工识别统计必须的大量人力。但其对于图像处理操作人员的技术素质和光学成像的要求较高。在拍摄阶段，如何拍出易被软件识别处理的图像或视频信息，是对实验人员技术素质的刚性考验。

此外，对于催化剂颗粒或宏气泡颗粒，由于它们的大多数并非正圆形，其周边也不一定光滑，因此，单纯采用 PIRS 软件处理以获取颗粒的大小、形状和当量直径、相界面积等数据将会出现较大误差。此时，如果必需，可以采用人工统计和软件自动统计相结合的方法加以测定。

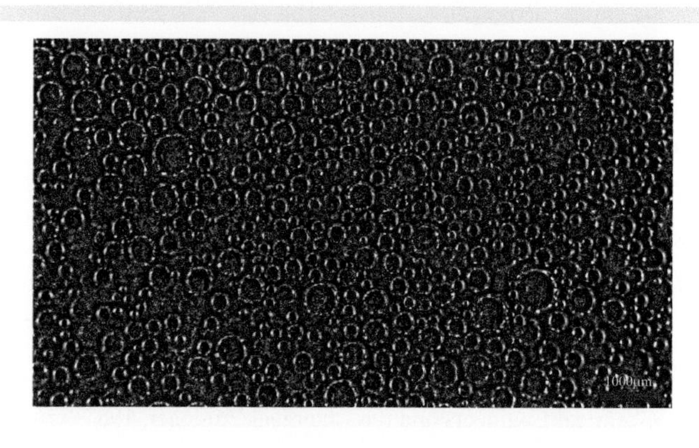

图 6-12　颗粒群标尺识别结果示意图

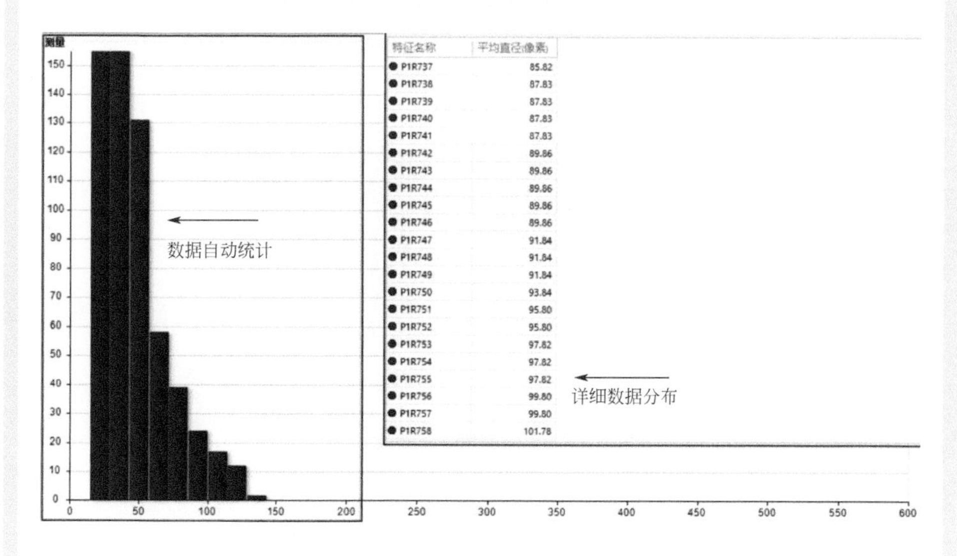

图 6-13　气泡颗粒粒径列表结果示意图

第四节　微界面固定床反应器内微颗粒的测试

一、测试装置简介

微界面固定床反应器测试装置如图 6-14 所示，它主要由两部分构成：微界面固定床反应器实验装置和 OMIS 系统。前者是由微界面机组（MIA）、固定床反应器、液相进料与控制系统、气体压缩与控制系统、流体循环与热交换系统等单元构成，统称为 MIFS。其中微界面机组是使反应器床层气泡粒径从厘米 / 毫米尺度降至微米尺度的核心单元，它在整个实验或工业生产环节必须保持体系的稳定运转。该单元设备通过流体湍流微结构与机械微结构协同作用进行能量传递和转换，将气体的压力能和液体的动能传递给较大气泡并使其破碎成更小气泡，并为更小气泡的形成提供必须的表面能，最终形成微米级气泡主导的微界面体系。该单元设备必须具备在高气液比下（$Q_G/Q_L \geqslant 100$）稳定和大规模操作，以便适用于工业上千差万别的应用需要。

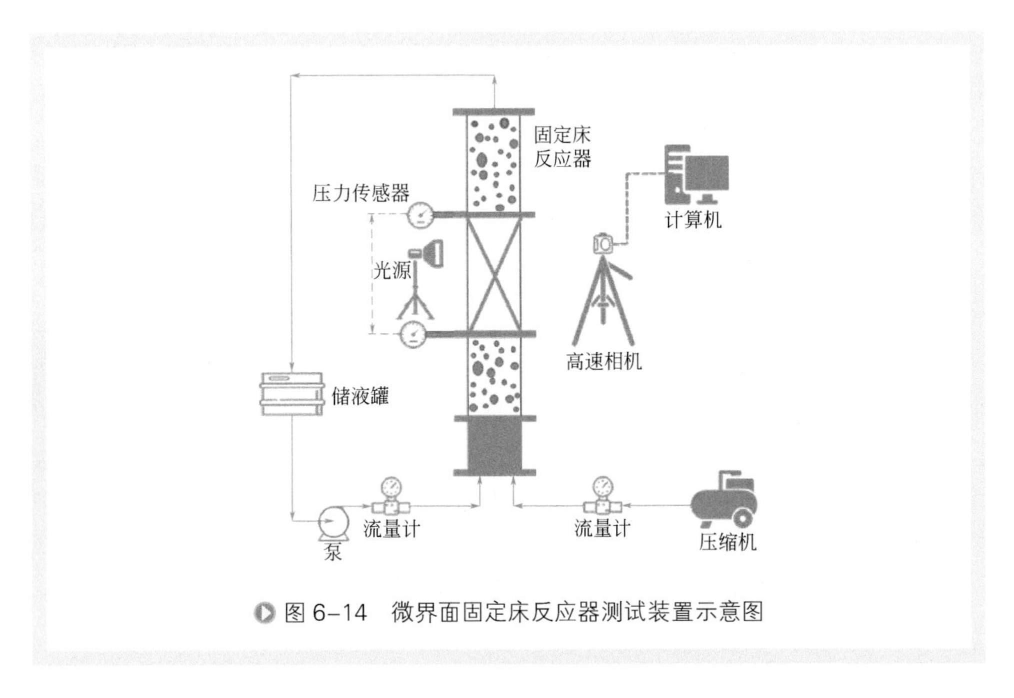

图 6-14　微界面固定床反应器测试装置示意图

为光学成像测试方便起见，该实验装置整体可采用圆柱形或矩形有机玻璃（聚甲基丙烯酸甲酯）材质制作，也可采用石英玻璃制作。反应器可分为上中下三部分：中间部分为固定床层催化剂充填部分，可填充不同尺寸和不同颗粒形状和材质的催化剂颗粒，以便评价这些参数在相同操作工况下对气泡颗粒大小、分布、形状、气含率、气泡运动速度、相界面结果的影响。下部和上部分别为非填充部分，用以测试进出催化剂床层的气泡颗粒大小、分布、形状、气含率、气泡运动速度、相界面等信息的变化。在固定床层催化剂充填部分，在每种操作工况下，根据测试需要，可以选取不同水平位置上进行多区域测试，获取不同位置上数据的变化信息，以便得到数据的规律性变化曲线。

OMIS 系统安装在微界面固定床反应器测试装置的外侧，可以上下左右作 3D 位置移动与精细调节，以便准确地测试反应器不同高度和径向角度上的数据信息。

二、微界面固定床颗粒特性测试实例

分别采用2mm、5mm、8mm、13mm的圆形瓷球作为填充，其高度为1m。下部分和上部分分别用于观察刚从气泡破碎器出来的气泡和经过固定床层后气泡的情况。所有的流量表均采用开一备一的形式连接，液体流量表示数范围为0.4～$4m^3/h$；气体流量表示数范围为0.04～$0.4m^3/h$；液体循环泵采用型号为YL3-OOS-2超高效率三相异步电动机；空压机采用型号为OTS-1100X3的无油空气压缩机，其额定压强为0.5MPa。

为了测定该微界面强化反应系统中微界面核心组件的性能和所产生气泡的粒径尺度以及固定床层中瓷球粒径对气泡大小的影响，采用空气-水作为冷模实验的物系。

开始实验时，先启动电源，再打开液体阀门调节液体流量，利用循环泵把储水罐中的水打到反应器中，充满反应器后打开空压机，调节气体阀门，使之维持某个气液比，待体系稳定5min后，开始观察。

三、视频采集及处理

采用OMIS测试系统，对特定气液比下的上下两部分进行动态视频采集。在拍摄前选定合适的镜头，在400W光源下，通过镜头对焦和位置微调，使测试镜头焦点正对拍摄区域。对不同粒径的固定床层，固定液体流量，改变气体流量，将气液比分别控制在0.5、1、1.5、2、2.5、3时进行上下两段的拍摄。每段拍摄区拍摄约5min的视频保存在实验文件夹下，待实验结束后进行处理。

拍摄的视频，可通过视频截图软件，按每50帧一张进行截图后，使用图像分析软件对图片中气泡进行测量分析。

四、结果与讨论

假定其他外界因素（如气压、温度、湿度等）对测量结果影响很小，而体系物性如气液比、气体流量、固定床颗粒粒径大小和气含率是影响气泡大小和相界面积大小的主要因素。下面将以空气-水为多相体系，测量这四个参数的变化对气泡特性的影响。

以固定床颗粒平均粒径为2mm、液体流量为1000L/h的情况为例，讨论气泡粒径分布、床层前后气泡Sauter平均直径d_{32}、床层前后气液相界面积及床层前后气液相界面积变化率的具体变化趋势。

1. 气泡粒径分布

流量计所示气体流量为500L/h，即标态下气体流量为2967.19L/h，则实际气液比为 1.36，所测得气泡的粒径分布如图 6-15 所示。

流量计所示气体流量为 1000L/h，即标态下气体流量为 5934.37L/h，则实际气液比为 2.72，所测得气泡的粒径分布如图 6-16 所示。

流量计所示气体流量为 1500L/h，即标态下气体流量为 8901.56L/h，则实际气液比为 4.08，所测得气泡的粒径分布如图 6-17 所示。

流量计所示气体流量为 2000L/h，即标态下气体流量为 11868.75L/h，则实际气液比为 5.43，所测得气泡的粒径分布如图 6-18 所示。

流量计所示气体流量为 2500L/h，即标态下气体流量为 14835.93L/h，则实际气液比为 6.79，所测得气泡的粒径分布如图 6-19 所示。

流量计所示气体流量为 3000L/h，即标态下气体流量为 17803.12L/h，则实际气液比为 8.15，所测得气泡的粒径分布如图 6-20 所示。

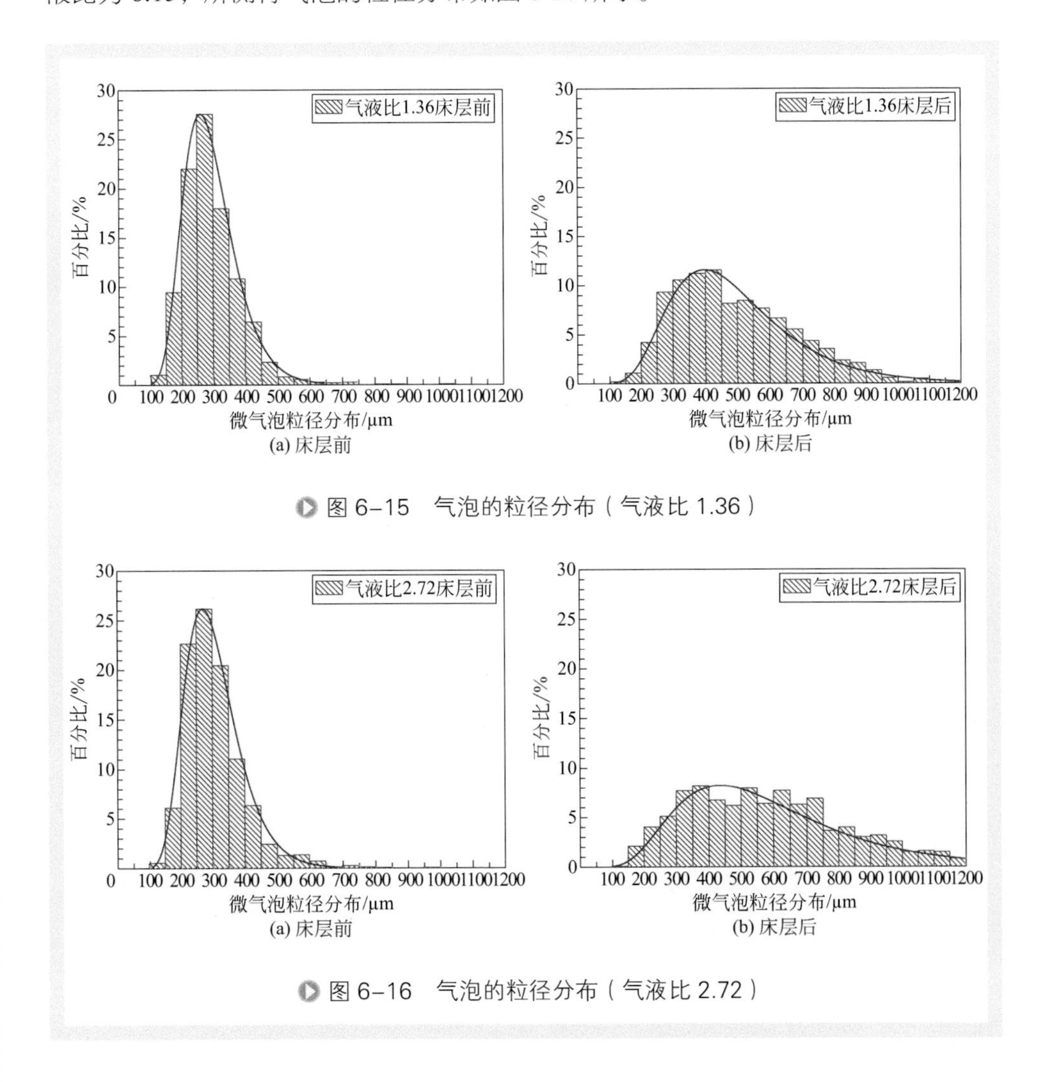

图 6-15　气泡的粒径分布（气液比 1.36）

图 6-16　气泡的粒径分布（气液比 2.72）

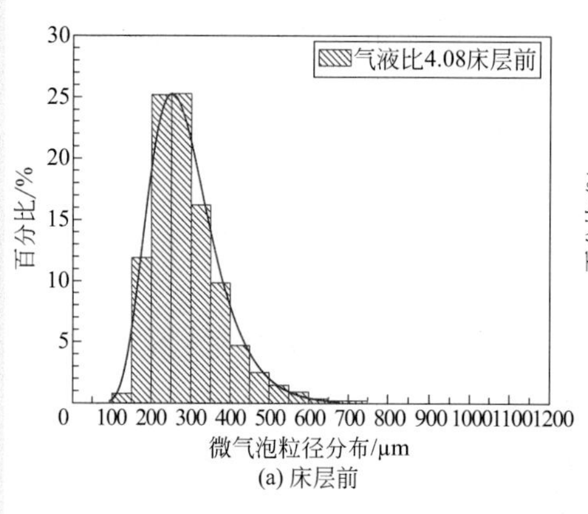

(a) 床层前

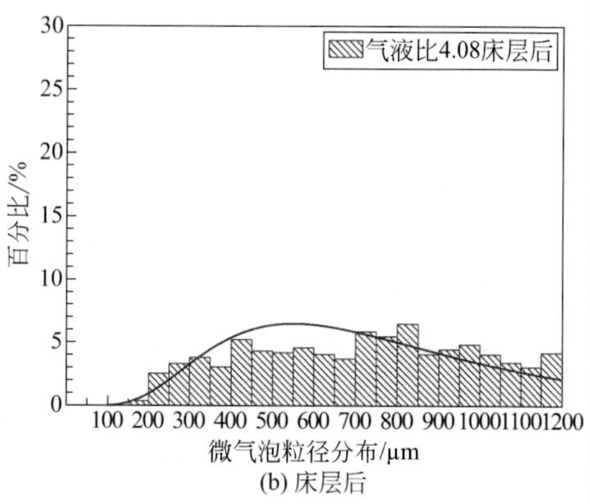

(b) 床层后

图 6-17　气泡的粒径分布（气液比 4.08）

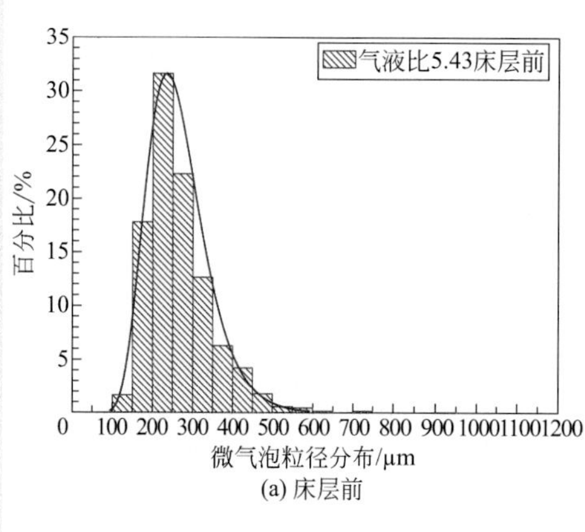

(a) 床层前

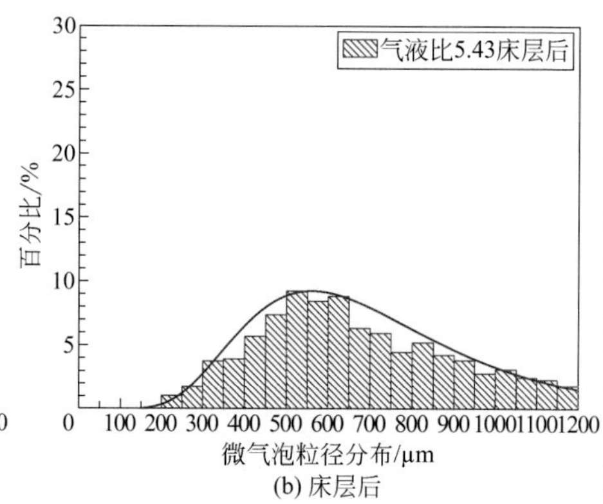

(b) 床层后

图 6-18　气泡的粒径分布（气液比 5.43）

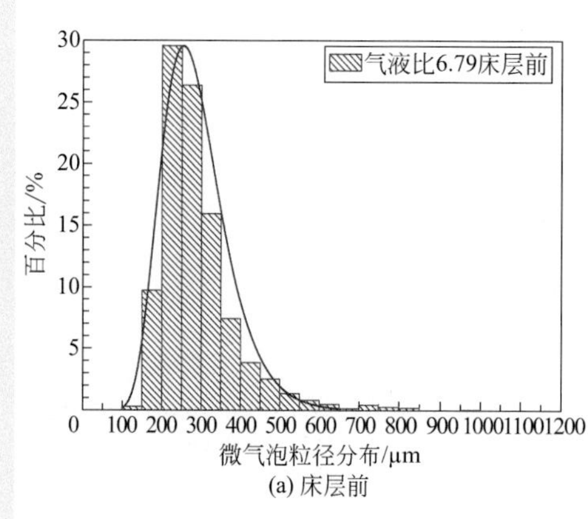

(a) 床层前

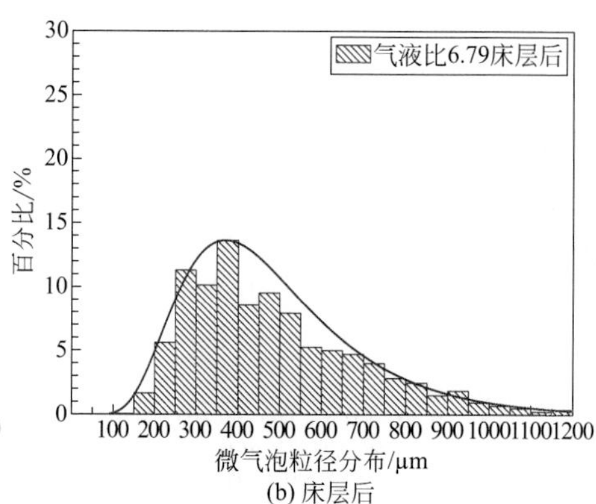

(b) 床层后

图 6-19　气泡的粒径分布（气液比 6.79）

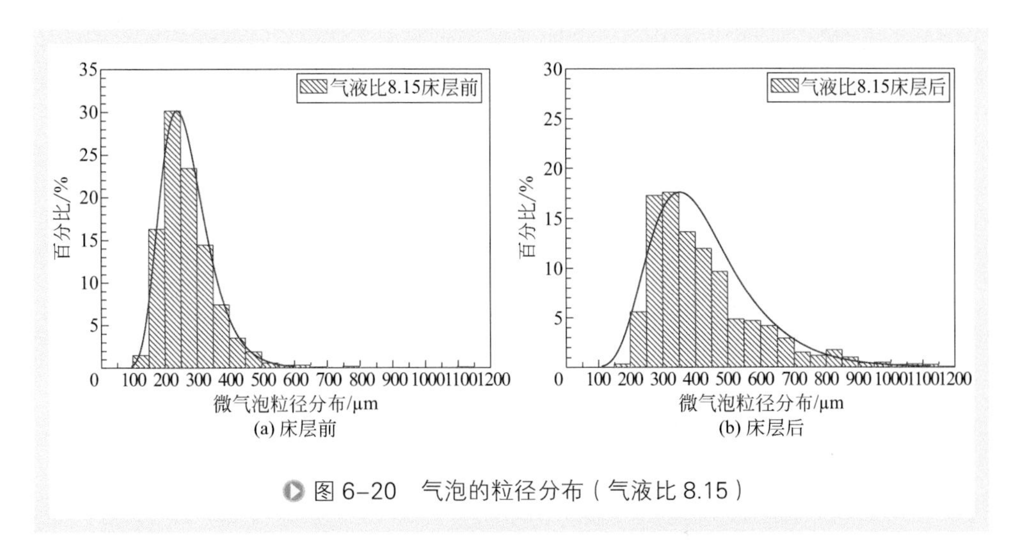

(a) 床层前

(b) 床层后

图 6–20　气泡的粒径分布（气液比 8.15）

如图 6-15 ～图 6-20 所示，在不同气液比下对所测得的气泡直径数据作图，并选用对数正态分布进行拟合。可以看出，拟合结果较好，说明固定床层前后的气泡粒径分布均符合对数正态分布。此外可知，固定床层前绝大部分的气泡直径处于 100 ～ 400μm 间，粒径分布跨度较窄，仅 200 ～ 300μm 区间的气泡粒径占半数以上，而在固定床层后的气泡粒径则不仅分布跨度宽，且粒径尺寸相对较大，表明经过固定床层后，许多微气泡直径变大了，表明固定床催化剂颗粒对微气泡具有一定的强制挤压和聚并作用。

2. 床层前后气泡Sauter平均直径

由图 6-21 可以看出，床层前的气泡 Sauter 平均直径 d_{32} 随着气液比的增大没有明显变化，即当液体流量不变，而气体流量变化时，d_{32} 几乎不变。但是，实验表明，当气体流量不变，而液体流量变化时，d_{32} 会随着液体流量的增大而减小。床层后的 d_{32} 会随着气液比的增大呈现先增大后减小的趋势。气液比增大后，气泡在固定床内的运动速度加快，催化剂对气泡的聚并和破碎作用均会增加。聚并与破碎作用会呈现相互竞争关系。

3. 床层前后气液相界面积

由气液相界面积的计算表达式可知，气液相界面积不仅与气泡 Sauter 平均直径 d_{32} 有关，还与体系的气含率有关，而气含率则是气液比的函数，所以影响气液相界面积的因素为气泡 Sauter 平均直径和气液比。图 6-22 为催化剂粒径为 2mm 时气液相界面积随气液比的变化。

4. 床层前后气液相界面积变化率

图 6-23 为 2mm 催化剂颗粒填充的固定床前后气液相界面积变化率随气液比的

变化，床层前的气液相界面积随气液比的增大而增大，床层后的气液相界面积会随着气液比的增大呈现先增大后减小的趋势。而因为床层前后气液相界面积的变化率为两者之差，所以其变化趋势则呈现先增大后减小的趋势。

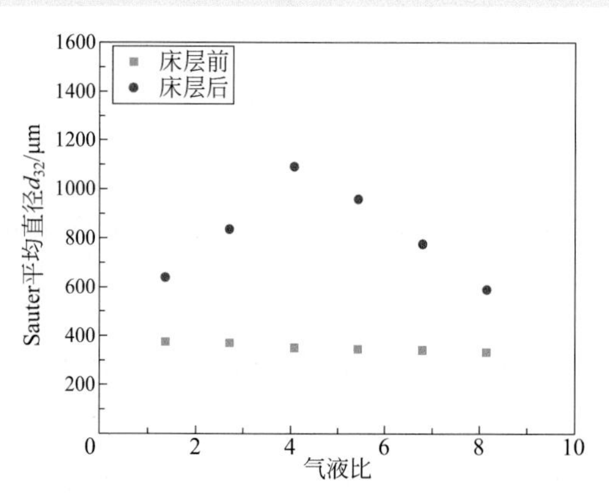

图 6-21　催化剂粒径为 2mm 时气泡 Sauter 平均直径随气液比的变化

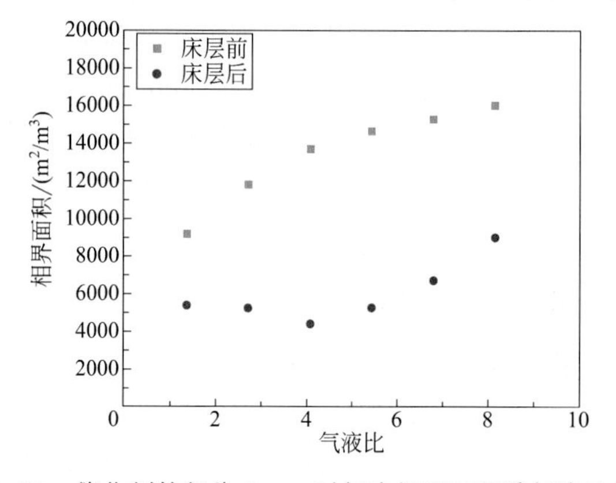

图 6-22　催化剂粒径为 2mm 时气液相界面积随气液比的变化

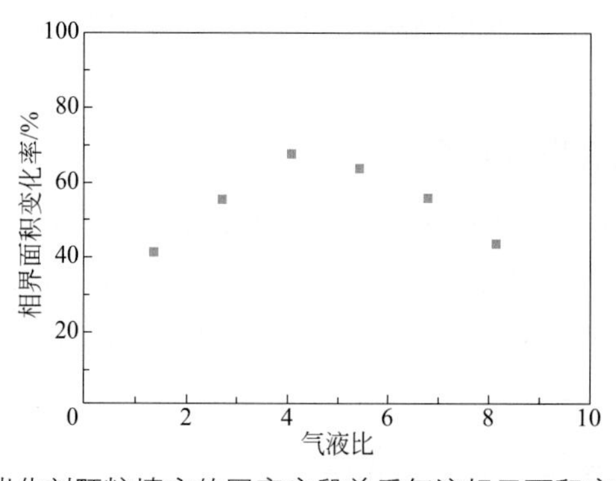

图 6-23　2mm 催化剂颗粒填充的固定床段前后气液相界面积变化率随气液比的变化

第五节 微界面浆态床反应器内微颗粒测试

一、试验装置

微界面浆态床反应器测试装置如图 6-24 所示，它也包括微界面浆态床反应主体装置和 OMIS 系统。微界面浆态床反应器主体装置是由微界面机组（MIA）、浆态床反应器、液相进料与控制系统、气体压缩与控制系统、流体循环与热交换系统等单元构成，统称为 MISS。除了反应器本体不装填催化剂外，其余基本单元组件与固定床实验装置基本一致。

在上述微界面固定床实验装置中测试了在空气 - 水 - 催化剂、空气 - 油品 - 催化剂气 - 液 - 固三相体系中的微气泡颗粒群在进出负载催化剂床层中不同高度上的特性参数，如气泡颗粒大小、分布、形状、相界面等信息，而在微界面浆态床反应器测试装置中，将以氮气 -15# 蜡油 - 活性炭催化剂等作为实验测试体系，模拟工业上某种重油在操作条件下（2 ～ 12MPa）悬浮床（浆态床）反应器内的催化加氢裂化情况下的气 - 液 - 固三相颗粒与界面变化的特征，并在常压和某个温度下测试其详细信息。

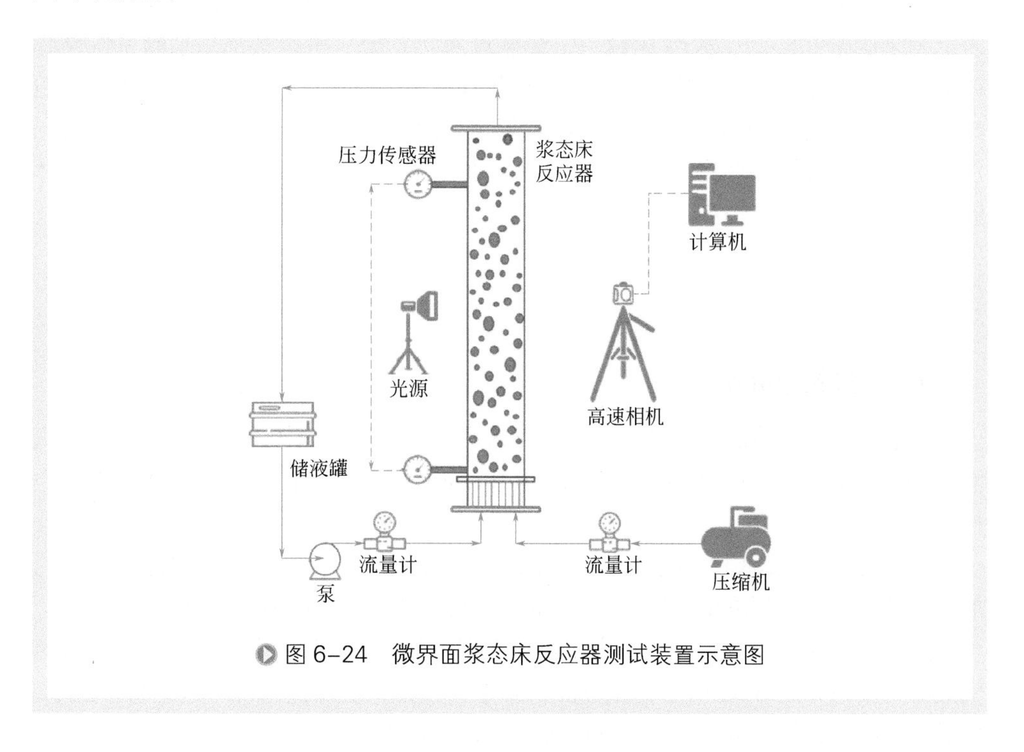

图 6-24　微界面浆态床反应器测试装置示意图

为光学成像测试方便起见，实验所用悬浮床反应器采用直径为100mm的高硼硅玻璃，有效体积为12L，活性炭催化剂为2000目，平均粒径约为6.5×10^{-6}m。气体流量则采用专门的氦气流量计计量，量程为40～400L/h（标态）和320～3200L/h（标态）。气体压缩机输出压强为0.5MPa，为无油气体压缩机。液体输送采用BT300SV2-CE型计量泵，固液混合釜则采用型号KL-5L石英混合釜，专用于石蜡油与活性炭催化剂的混合。

为使所测体系接近于工业上某种重油在操作条件下（2～25MPa）悬浮床（浆态床）反应器内的加氢裂化情况下气-液-固三相运动、传质与反应的基本特征，必须选用所测体系的黏度、表面张力、密度等参数与工业重油催化加氢裂化反应器内的实际参数基本一致。经理论计算确定，本测试实验在常压和55℃下进行，催化剂加入量为0.5%（以蜡油质量计）。

为了利用OMIS系统采集反应器中不同气/液（气/油）比下气-液-固三相的运动视频，实验中，保持油品（含调配好的催化剂）的流量12L/h恒定，调节氦气流量，以使气液比可在10:1、15:1、20:1、25:1、30:1、40:1、50:1、60:1、70:1、80:1、90:1、100:1间进行调节，以模拟真实工业反应器在氢/油比=2000时，不同操作压力点下反应体系的情况。

二、视频采集

OMIS系统的成像条件为：图像传感器分辨率为1920×1200@2800fps，镜头为定制全画幅0.5X～2X变焦镜头，经过对照明系统、摄像系统和录制系统精心调试，使图像保持最清晰状态。实验分别获取了不同气液比下反应器中清液层与泡沫层高度的高清视频信息。高清视频经前期简单处理后，通过PIRS软件，自动识别视频中经随机抽样得到的系列图像资料，并从中获取气泡直径、粒径分布等具体数据，用于作图和进一步数据分析。

三、结果与讨论

1. 气泡粒径分布

在不同气液比情况下测试所得的悬浮床反应器中微界面状态下的体系影像和气泡粒径分布如图6-25～图6-30所示，其中（a）为微界面体系影像，（b）为气泡粒径分布。

由以上的体系影像和气泡粒径分布可以看出，总体上，气泡群粒径分布随气液比的加大而变窄，并且气泡的粒径明显减小，但气泡群粒径分布均呈现对数正态分布规律。

据气泡Sauter平均直径及气含率实验数据可计算单位反应器体积内的气泡数与气液比的关系如图6-31所示，微界面状态下单位体积反应器内，气泡达数十亿个，可见，如此庞大的气泡数量对气体的传质将是有利的。

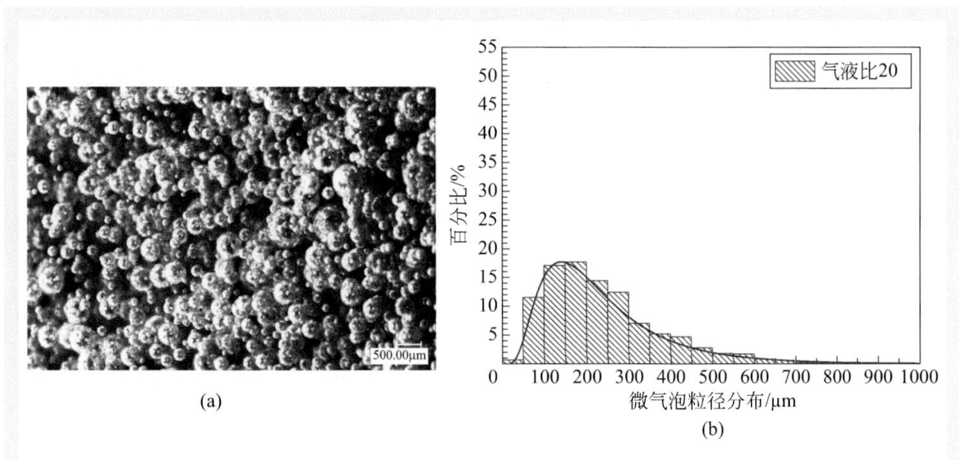

图 6-25　气液比 20 时微界面状态下的体系影像和气泡粒径分布

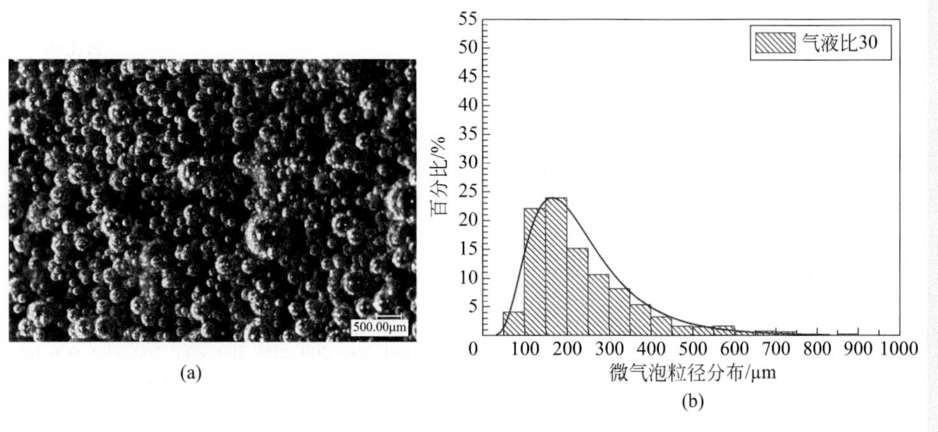

图 6-26　气液比 30 时微界面状态下的体系影像和气泡粒径分布

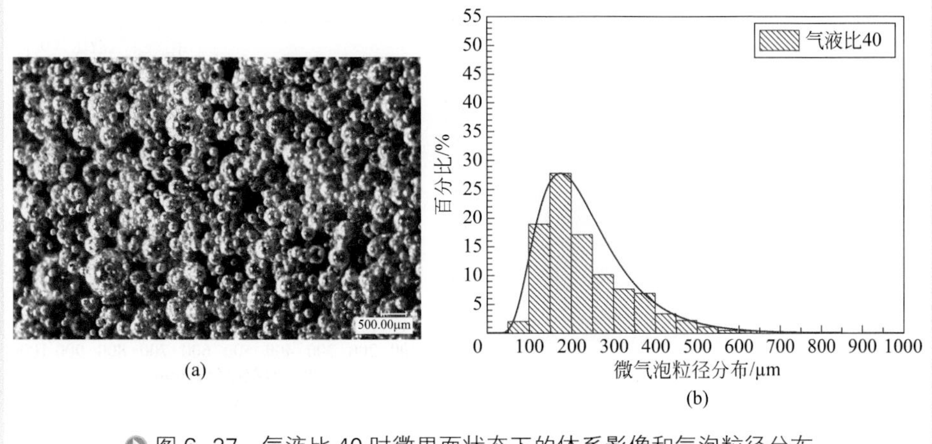

图 6-27　气液比 40 时微界面状态下的体系影像和气泡粒径分布

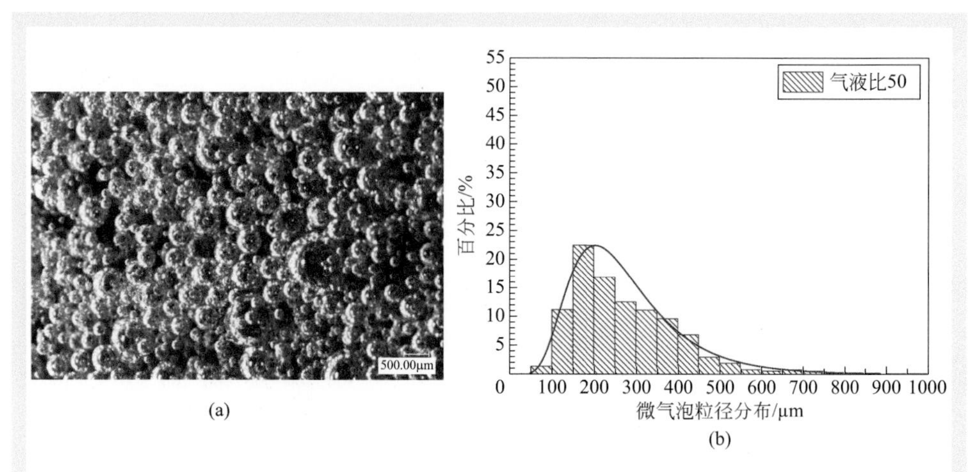

图 6-28　气液比 50 时微界面状态下的体系影像和气泡粒径分布

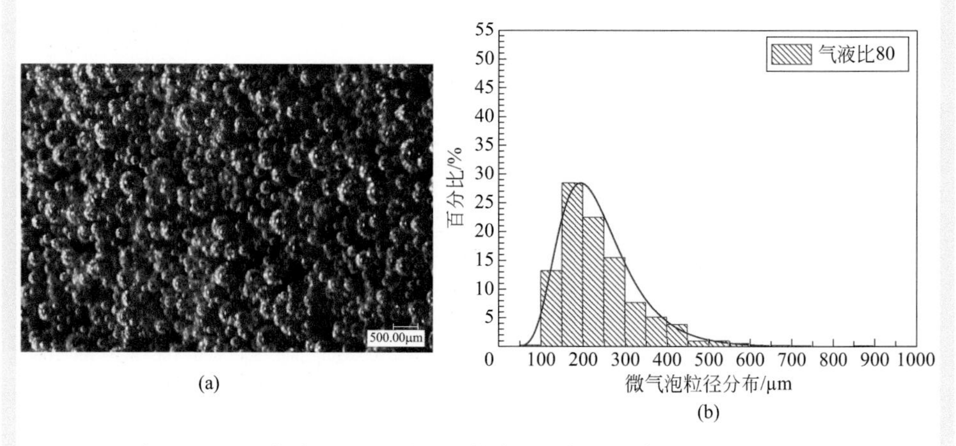

图 6-29　气液比 80 时微界面状态下的体系影像和气泡粒径分布

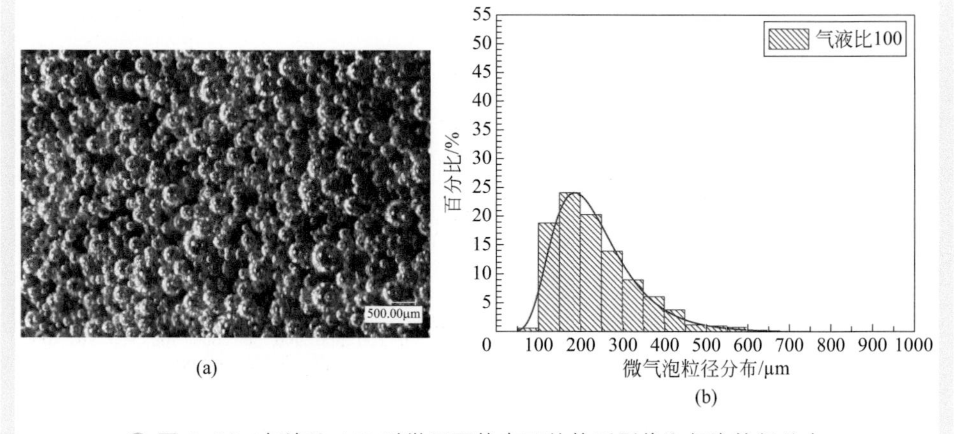

图 6-30　气液比 100 时微界面状态下的体系影像和气泡粒径分布

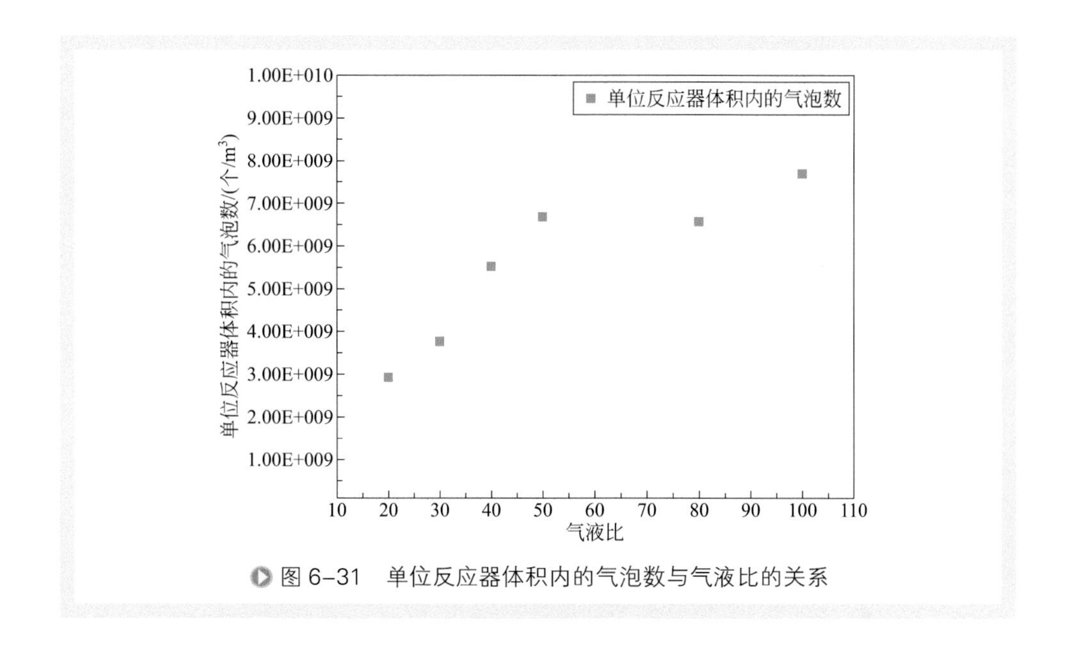

图 6-31 单位反应器体积内的气泡数与气液比的关系

2. 气泡群 Sauter 平均直径 d_{32} 与气液相界面积 a

由图 6-32 和图 6-33 可知，在不同气液比下，气泡群的 Sauter 平均直径随着气 / 液比的上升而呈现减小的趋势，气液相界面积则随着气 / 液比的提高只是稍有增加。

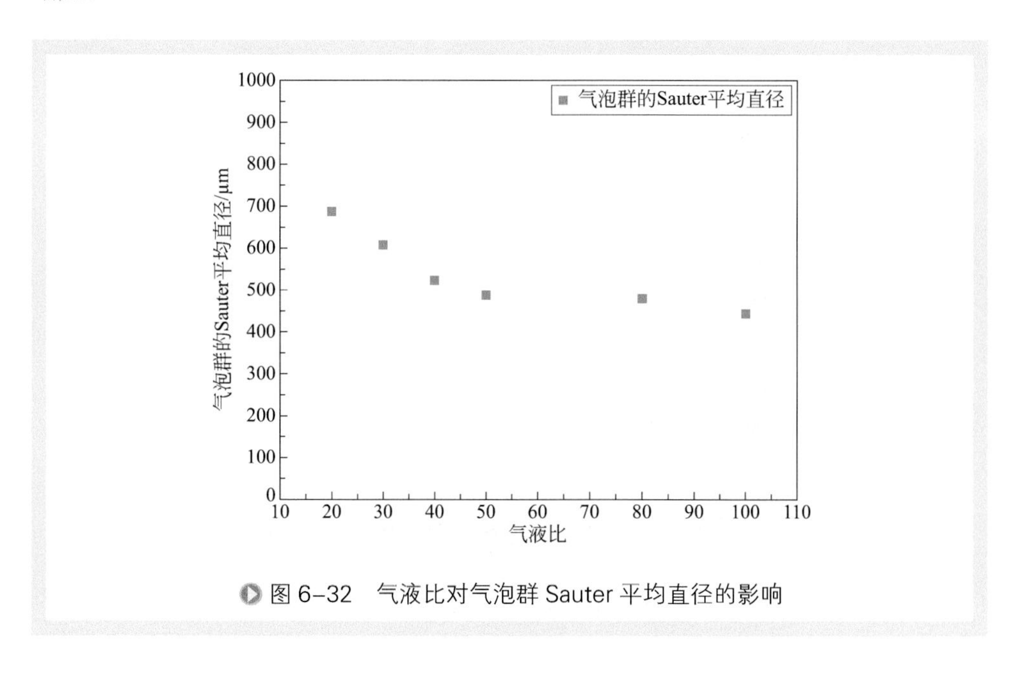

图 6-32 气液比对气泡群 Sauter 平均直径的影响

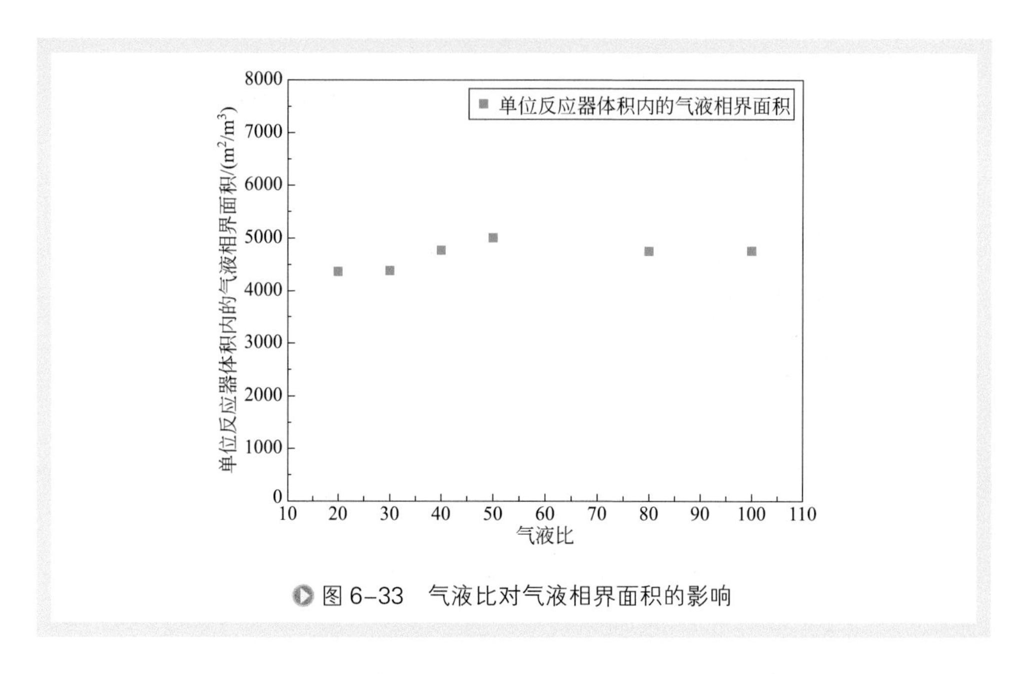

图 6-33　气液比对气液相界面积的影响

3. 气含率

由图 6-34 可知，在不同气液比下，体系的气含率也随着气液比的上升稍有下降。这可能是由于反应器中气体线速度增大致使部分直径较大的气泡被夹带出反应器之故。

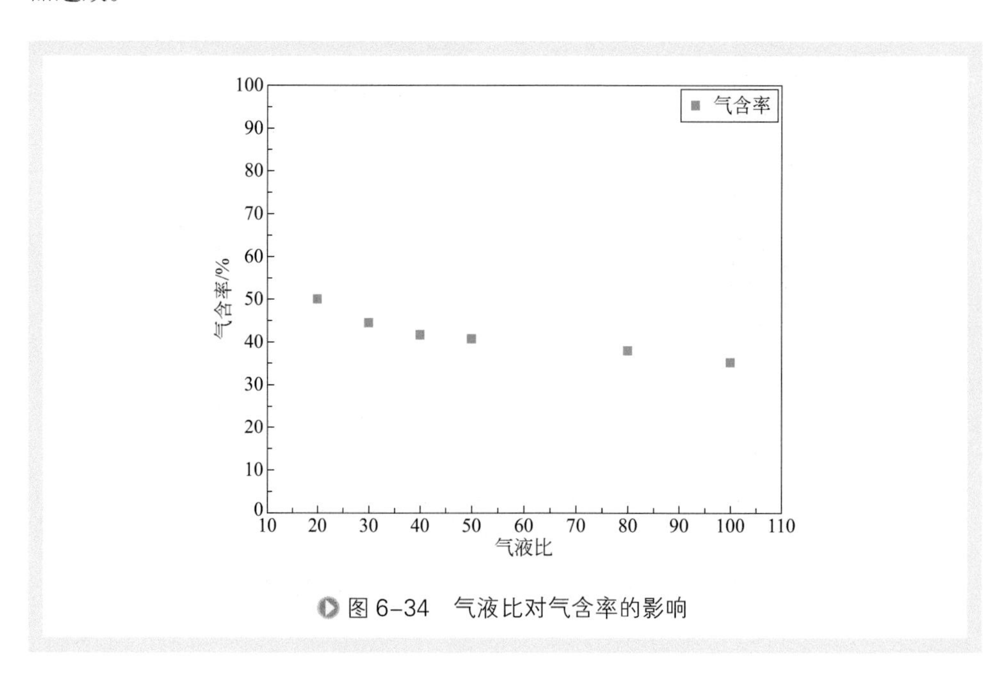

图 6-34　气液比对气含率的影响

4. 气泡表面催化剂颗粒吸附情况

为了观察到气泡表面催化剂颗粒的吸附情况及测定液膜厚度，实验采用了特定全画幅定焦镜头，以捕捉悬浮床反应器中气 - 液 - 固三相模拟催化加氢裂化操作时的微气泡群与催化剂的动态互动画面，同时观察和测试了不同粒径微气泡的直径与气泡液膜厚度的关系。而准确的气泡膜厚数据将为测试体系的传质与表观反应速率计算提供可靠的基础数据。

在实验所获得的视频资料中进行随机抽样，可以得到气 - 液 - 固三相模拟悬浮床催化加氢裂化反应器操作时的油品 - 微气泡群 - 固体催化剂颗粒在某一时刻点的清晰图像，如图 6-35 所示。可见，气泡表面只有很少固体颗粒，其分布状态几乎与在液相主体部分一致，并未见明显的催化剂颗粒吸附集聚现象。此外，相比于气泡颗粒，由于催化剂颗粒直径足够小（大多数为几微米，少数为几十微米），以至于基本上呈“均相”状态分布在液相中和气泡周围。

5. 微气泡的形状

由高倍放大的图 6-35 和图 6-36 可以清楚地看出，微气泡的形状为正球体结构，且表面光滑，这与本书中第二章所述情况一致，与式（2-10）所示的 Young-Laplace 公式计算结果吻合。由此可见，微气泡的外形结构与宏气泡的外形结构具有本质的区别：后者在液相中一般为不定型，或呈不对称扁球形，或呈多边弧形壳体组成的不对称球形，或呈鹅卵石状立体结构，且其外形结构随液体的流动和气液间的相对运动呈随机变化状态；此外，其外表面也一般为不光滑结构。

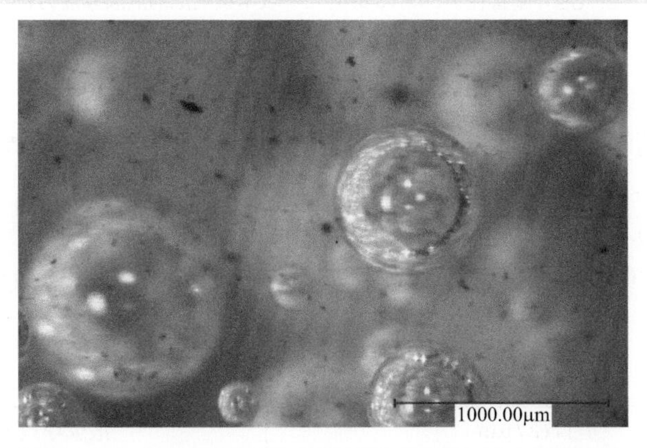

图 6-35　微气泡与催化剂颗粒实时图像（190 倍放大）

由于气体与液体对光的反射程度不同，因此，由实时图像可以清晰地观察并测定液相、微气泡、微气泡膜的界面，图 6-36 即为微气泡及其液膜界面照片。由图 6-36 可见其中两个较大的微气泡。微气泡在解剖结构上大致分为内核球体（以下简称内核）和外圈环状液膜壳体（以下简称液膜）两部分。内核中主要是气相，实验中主要为氮气，而液膜主要是由气液两相分子组成。

6. 微气泡的膜厚测定

依据分子传递和化学反应原理，越接近液膜外侧，气体分子越稀薄，液相分子越多，其浓度越高，反之亦然。此外，在内核和液膜之间，清晰可见一层气液界面存在。笔者认为此即为 Whitman[4] 所提的双膜理论的气液界面。界面内侧为气膜，厚度很小，本实验中所用仪器的精度无法测准，但可以推定其厚度与液膜厚度相比应是小若干数量级的。界面外侧为液膜，其厚度远小于气泡自身大小，也小于内核直径尺寸。

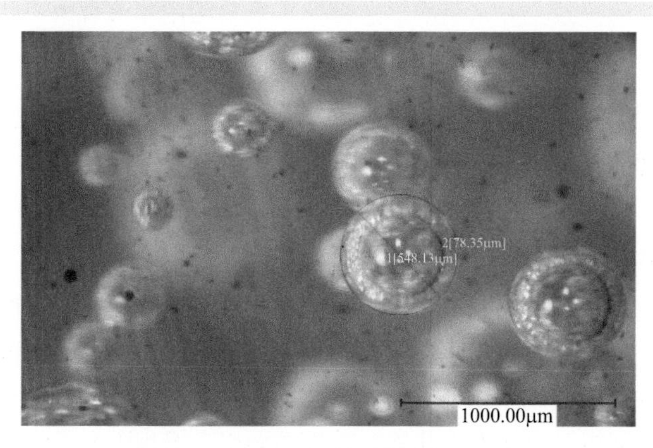

图 6-36 微气泡与液膜实时图像

1—表示该气泡外圈直径为548.13 μm；2—表示该气泡的液膜厚度为78.35 μm

同样，在液膜外侧与液相主体之间，也明显可见有界面存在。如同一枚漂亮的珍珠，其边缘清晰可见，此即为微气泡液膜边缘与液相主体的分界面，或称为液 - 液界面。对图 6-35 和图 6-36 中不同大小气泡的液膜厚度和气泡直径进行测量，并通过对同一气泡不同位置处所测液膜厚度和气泡直径数据进行统计平均，最终可得如表 6-1 所示具体数据。以表 6-1 数据作图，可得图 6-37 所示微气泡直径与液膜厚度的关系曲线。

表6-1 微气泡的直径与液膜厚度测定值

气泡直径 / μm	液膜厚度 / μm
547.35	84.00
548.15	84.65
680.48	100.05
189.31	28.77
523.6	77.43

气泡直径 / μm	液膜厚度 / μm
480.38	73.23
271.31	40.42
625.72	92.65
294.48	44.76
442.95	64.75
276.91	39.25
485.99	70.21
254.25	39.25
558.04	85.26
133.76	22.15

由图 6-37 可见，微气泡直径与液膜厚度呈极好的线性关系。将图中的数据进行拟合可得一次函数如下：

$$\delta=0.1479d \tag{6-1}$$

式中，δ 为气泡液膜厚度；d 为气泡的直径；拟合的 R^2=0.9955。此 δ 即被认为是第二章中提到的传质边界层厚度 δ_L。

再以微气泡的液膜厚度 δ 与其直径的比值作为纵坐标，气泡直径为横坐标作图，如图 6-38 所示。可见，在此实验条件下，液膜厚度 δ 与气泡直径 d_{32} 的比值保持很好的一致，其值约为 15%。

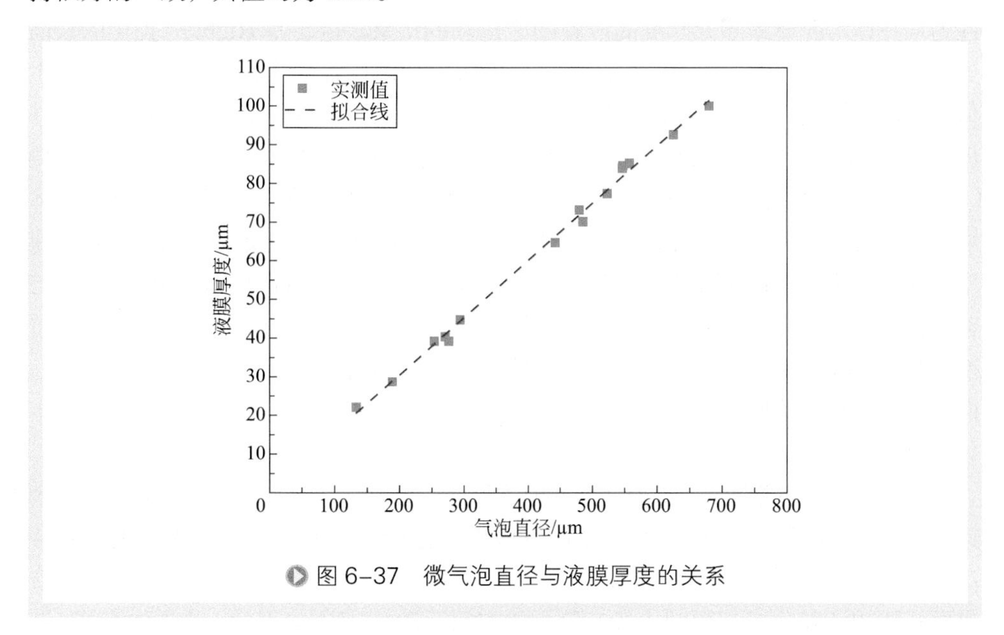

图 6-37　微气泡直径与液膜厚度的关系

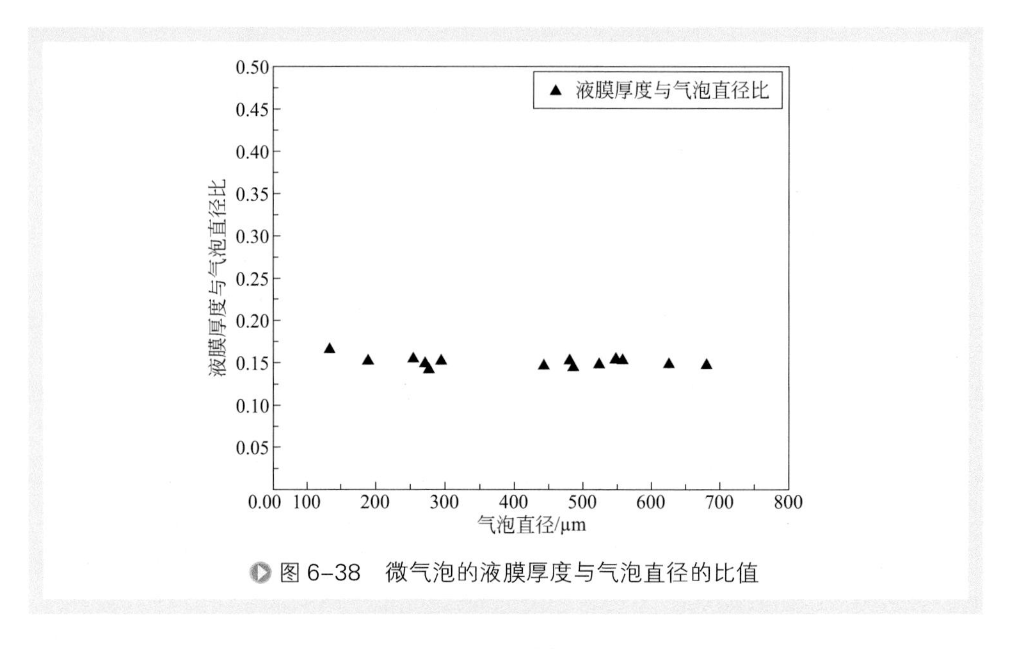

图 6-38　微气泡的液膜厚度与气泡直径的比值

对于其他不同的体系及不同的操作条件下是否呈现此相同规律性，尚有待进一步实验研究。

7. 关于微气泡液膜的表面更新

由图 6-39 清晰可见，在微气泡液膜外侧与液相主体分界面的液液界面内侧，存在一层明显的云状“液膜晕”，这是由于微气泡外侧液膜受到液相主体运动与液体黏性力双重作用而导致部分厚度的液膜随之运动的结果，这正是 Higbie[5] 提出的表面更新理论的直接实验证据。该理论认为，相界面传质过程为非稳态过程，当液相主体处于湍流情况时，来自湍流主体的旋涡或微元体运动到界面上与气体分子接触并停留一段时间，同时假定该时间段为常数，在该时间段内两相发生传质。相界面一侧（即气 - 液界面）快速与气相达到平衡状态，而另一侧（即液 - 液界面）为液相主体浓度，在气 - 液界面和液 - 液界面所形成的环形球面内发生不稳定分子传质，传质速率由温度、体系的其他特性参数等决定。该理论所揭示的界面处内在的分子传递与输运机理如下：由于流体单元在液 - 液界面内侧暴露一段时间后，新的流体微元将置换旧的流体微元到液 - 液界面处，并最终移出液 - 液界面至液相主体。如此一直循环，微流体单元连续不断地进行交换，它们将气相分子源源不断从气泡液膜送入液相主体之中。

由于在气泡外侧液 - 液界面处，液膜的移动速度理论上与其外侧当地的液相运动速度一致，而在微气泡液膜内侧，即气 - 液界面的内侧，液膜于气 - 液界面的相对移动速度理论上接近于 0（事实上，由于气 - 液界面上存在强烈的传质作用，在气 - 液界面外侧的液膜分子在微观上存在剧烈的布朗运动），因此，从气 - 液界面至液 - 液界面，由里及外，应该存在符合抛物线状流体流动速度侧形和传质速率侧形，其特征类似于毛细管内的流体流动速度侧形。但由于微气泡本身尺度很小，故其液膜厚度 δ_L 尺度就更小。例如，对于微界面渣油催化加氢裂化体系，氢气泡的直径大致为 2×10^{-4}m 量级，其液膜厚度应为 3×10^{-5}m 量级。因此，在实际进行流动与传质计算时，为简略起见，可以将抛物线侧形近似认为是直线侧形而代之。

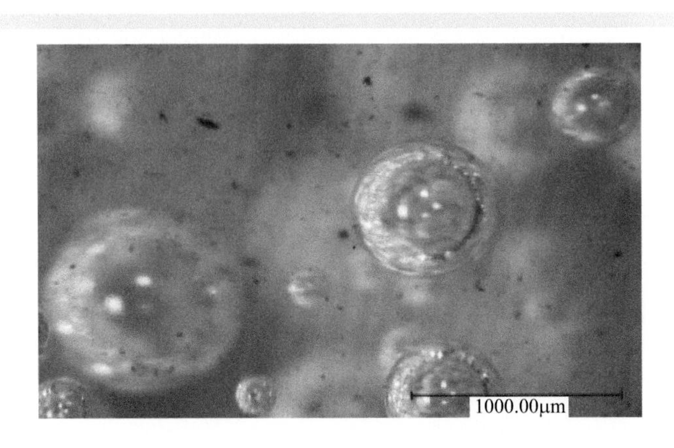

图 6-39 微气泡的表面更新实拍图片

参考文献

[1] 张志炳，田洪舟，张锋等. 多相反应体系的微界面强化简述 [J]. 化工学报，2018, 69（01）: 44-49.

[2] 黄刚. 基于高速摄像系统的小管道气液两相流参数测量方法研究 [D]. 杭州：浙江大学，2012.

[3] 王红一. 基于图像处理技术的两相流动特性描述 [D]. 天津：天津大学，2009.

[4] Whitman W G. The two-film theory of gas absorption [J]. Chem Metall Eng, 1923, 29:146-148.

[5] Higbie R. The rate of absorption of a pure gas into a still liquid during short periods of exposure [J]. Trans AIChE, 1935, 31：365-389.

第七章

微界面体系构效调控数学模型

第一节 概述

在化学制造过程中，气 - 液、气 - 液 - 液、气 - 液 - 固等多相反应的宏观反应速率高低在很大程度上受制于难溶性气体界面传质过程的快慢，如加氢体系中的氢气及氧化体系的氧气在界面的传质即是。研究表明，气泡的物理特征如气泡粒径大小、粒径分布、气含率、气泡破裂和聚并速率、气泡运动特征（单个气泡与气泡群的运动速度）、气 - 液界面附近能量耗散率等，均与反应器结构参数、体系的理化特征参数、流体力学与操作参数等密切相关[1]。微界面强化就是要寻找设备结构 - 气泡（液滴）- 界面 - 传质 - 反应之间相互关联又互相制约和影响的内在关系。

对于一定的多相反应体系，在相同的操作条件下，微界面强化反应器与常规反应器相比，前者能提供数倍乃至数十倍于后者的相界面积和传质速率，并已得到了研究和应用的证实。因此，微界面强化技术可大幅提高受传质控制或受传质与反应双重控制的宏观反应速率也已是不争的事实。

然而，工业多相反应过程数以万计，微界面强化技术应用于不同的多相反应过程的强化效果也一定会不尽相同。因此，如何针对千差万别的多相反应体系以及实际的工业要求来设计开发与之相匹配的微界面强化反应器，以获得技术上、经济上乃至环境与安全方面综合考量的先进化学制造平台并非易事。要解决上述问题，其中最为关键的是要建立微界面体系构效调控的数学模型，它是实现微界面体系下反应强化的理论与科学基础。

微界面多相体系调控模型，是指建立反应器结构（包括反应器外形结构、微界面核心设备结构等）参数、体系理化特征参数、流体力学和操作参数与微界面体系下的传质速率与反应效率间的数学方程（组），并通过求解这些数学方程（组），找到能实际调控微界面强化反应过程的优化参数，以实现大幅提高反应过程效率、降低化学制造过程能耗物耗的目的。

微界面多相体系调控模型由下列五个数学模型构成：①微界面体系气泡尺度构效调控数学模型；②微界面体系气含率构效调控数学模型；③微界面体系气液相界面积构效调控数学模型；④微界面体系传质系数构效调控数学模型；⑤微界面体系宏观反应速率构效调控数学模型。

本章基于微界面体系的特征，通过理论分析和数学推导，建立它们的调控模型，涉及微界面机组能量耗散率 ε_{mix}、气泡 Sauter 平均直径 d_{32}、气泡平均上升速度 v_{32}、气含率 ϕ_G、气液相界面积 a、传质系数（气侧 k_G、液侧 k_L 和液固 k_s）和宏观反应速率 r_A 的具体计算表达式。需要强调的是，这些计算模型在针对具体的工程问题时，即涉及某个具体微界面体系下的化学反应计算时，应首先确立体系的理化特性、反应器结构特征、流型特点、操作工况等，方能得到较为准确的计算结果。

所构建的调控模型体现了微界面体系传质和反应在跨尺度（微尺度和宏尺度）情况下的特征，因此，它们可用于理论指导微界面强化反应器的优化设计和操作。

第二节 微界面体系气泡尺度构效调控数学模型

构建微界面体系气泡尺度构效调控数学模型的主要目标是建立反应器设计参数（体系物性、反应器结构和操作参数）与体系气泡 Sauter 平均直径 d_{32} 之间的数学关系。

对于通常的气 - 液宏观界面体系，气泡尺度的变化经历两个阶段：第一阶段为气泡产生装置内气泡的形成阶段，在此阶段，气泡尺度大小由气泡产生装置的结构以及操作参数决定；第二阶段为气泡聚并、破裂等过程，d_{32} 是这些过程共同作用的最终结果。对于微界面体系，气泡尺度变化的过程则有所不同。

一、微界面体系气泡的聚并与破裂

微界面体系中气泡的聚并与破裂取决于气泡与气泡、气泡与液体间的相互作用。

1. 气泡聚并

气泡聚并机理主要有两种[2]：其一为液膜排液论。该理论认为，气泡间的相互吸引促使它们之间的液体被排出，进而导致气泡碰撞和聚并。但由于液体脉动，仅当气泡相互接近的时间足够长以至于气泡间的液膜降至足够薄时，才可能发生聚并。其二为相对速度论。该理论认为，气泡聚并与否取决于两个气泡相互接近的相对速度是否超过某一临界值，而气泡间的吸引力一般为分子间作用力，相对于湍流作用力而言较小，不足以对气泡聚并产生重要影响。

一般认为，气泡聚并速率由聚并效率和碰撞频率的乘积决定。影响聚并效率的因素较复杂，其中初始气泡大小和气泡周围液相能量耗散率对气泡聚并效率有重要影响[2]。初始气泡大小对聚并效率的影响，不同模型所得结果存在差异，如图 7-1 所示[3]。

图 7-1 显示，初始气泡大小对聚并效率的影响存在不同的观点，这主要是各模型所基于的假设不同所致。笔者根据现代测试方法实验测试的结果认为，对于微界面体系，除 Hasseine 等的模型可作参考外，其余模型的计算值均与测试结果相悖。

不过，初始气泡大小对气泡碰撞频率的影响，多数研究所得结论基本一致，如图 7-2 所示[2]。

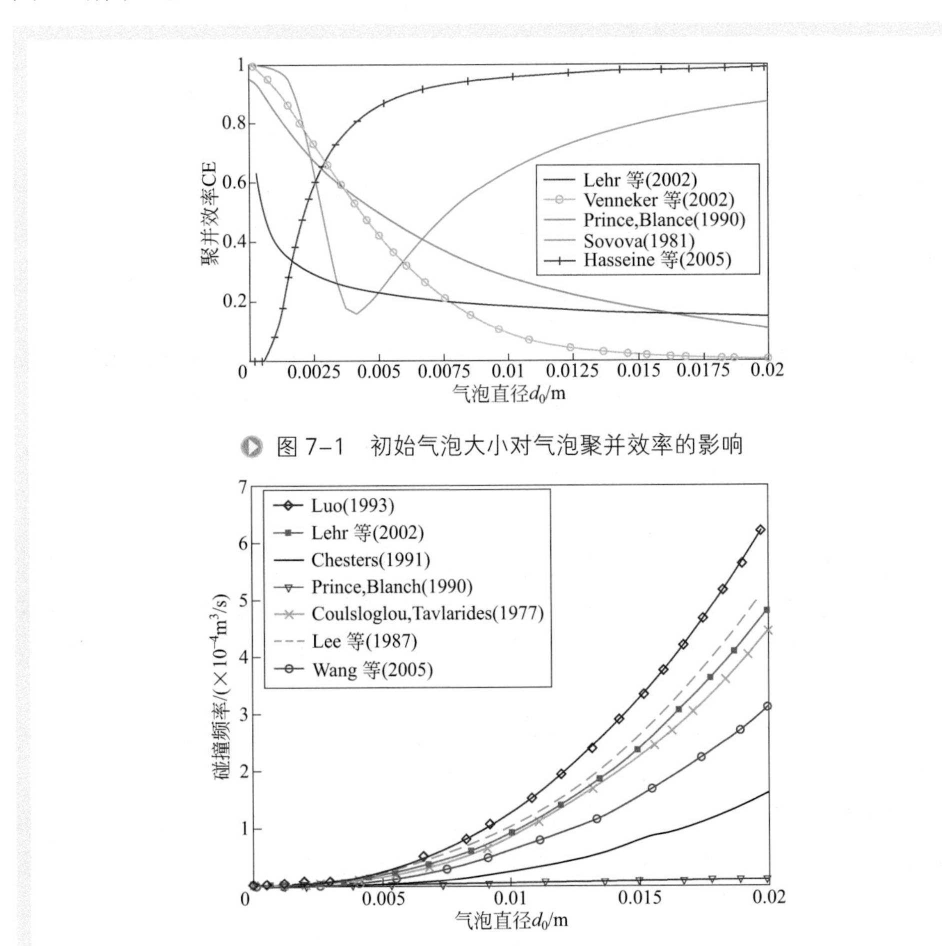

图 7-1　初始气泡大小对气泡聚并效率的影响

图 7-2　初始气泡大小对气泡碰撞频率的影响

由图 7-2 可知，当初始气泡直径逐渐减小时，气泡碰撞频率逐渐减小。由图 7-2 的结果可知：若初始气泡为微米级时，气泡间碰撞频率极小，气泡聚并将得到极大抑制。

2. 气泡破裂

气泡破裂过程由气泡受力情况决定。实际体系中决定气泡破裂的作用力主要包括，气泡内外静压力、气泡内因 Hill 涡运动导致的离心力 [4]、表面张力及剪切应力、流体动压力等。这些力的相对大小与气液流型有关 [5]，主要有四种机制 [6]：湍流碰撞；黏性剪切；剪切切断；界面失稳。

湍流碰撞论认为，沿气泡表面的湍流脉动压力或气泡 - 涡旋碰撞导致气泡表面振荡，当振荡振幅较大时，气泡表面开始失稳变形，并向某个方向伸展形成瘦颈形并最终分裂为两个或多个子气泡。气泡破裂与否由界面张力和界面附近流体动压力的相对大小决定 [7]。湍流涡理论是湍流碰撞论的进一步发展。该理论认为，湍流中含有一系列离散的涡旋，当具有足够高能量的涡旋撞击气泡表面时，可使气泡破裂。但涡旋的一些特征，如涡旋数密度、形状、大小及气泡 - 涡旋相互作用很难通过实验得到验证。Lehr 等认为 [8]，涡旋碰撞能量不是决定气泡破裂的唯一因素，当气泡很小时，毛细压力很大并将成为气泡破裂的主要制约因素。

黏性剪切论认为，连续相的黏性剪切力使气泡表面附近产生速度梯度，由此使气泡变形和破裂。尾流也可产生剪切应力，当拖尾气泡大部分位于尾流区以外时，尾流边界层的剪切应力将使气泡破裂。

剪切切断论认为，当气泡直径大到一定尺寸时，会附带产生剪切切断和表面失稳现象。对于空气 - 水体系，剪切切断过程是由于气泡内气体速度分布引起的。

界面失稳包括 Rayleigh-Taylor 界面失稳和 Kelvin-Helmholtz 界面失稳。前者是由于低密度流体加速进入高密度流体所致，后者是当密度比约为 1 时，气泡破裂过程由 Kelvin-Helmholtz 失稳机制决定。

笔者认为，气泡破裂可能由多机制共同决定，即某个气泡破裂可能是多个单因素协同作用而成，而其中某一或两种因素起到了关键作用。工业气液反应器内尤其如此，能量的输入（压力、温度、搅拌等）使得上述四种机制并存且协同作用而致气泡破裂。

初始气泡大小是影响气泡破裂的另一重要因素，但观点不一。早期认为，当气泡增大时，存在最大气泡破裂频率 , 如图 7-3 所示 [9]。

近期研究则表明气泡破裂频率与气泡直径呈单调关系，如图 7-4 所示 [10]。由图 7-4 可见，初始气泡越小，其破裂越困难。当气泡为微米级时，可忽略微界面体系中气泡破裂过程对气泡大小的影响。

以上气泡聚并和破裂过程的研究表明，对于微界面体系而言，当气泡在微界面发生器内形成后，可近似认为其在液相主体中其大小不发生变化。因此，微界面体系气泡尺度调控的关键是建立气泡发生器内气泡 Sauter 平均直径（d_{32}）。

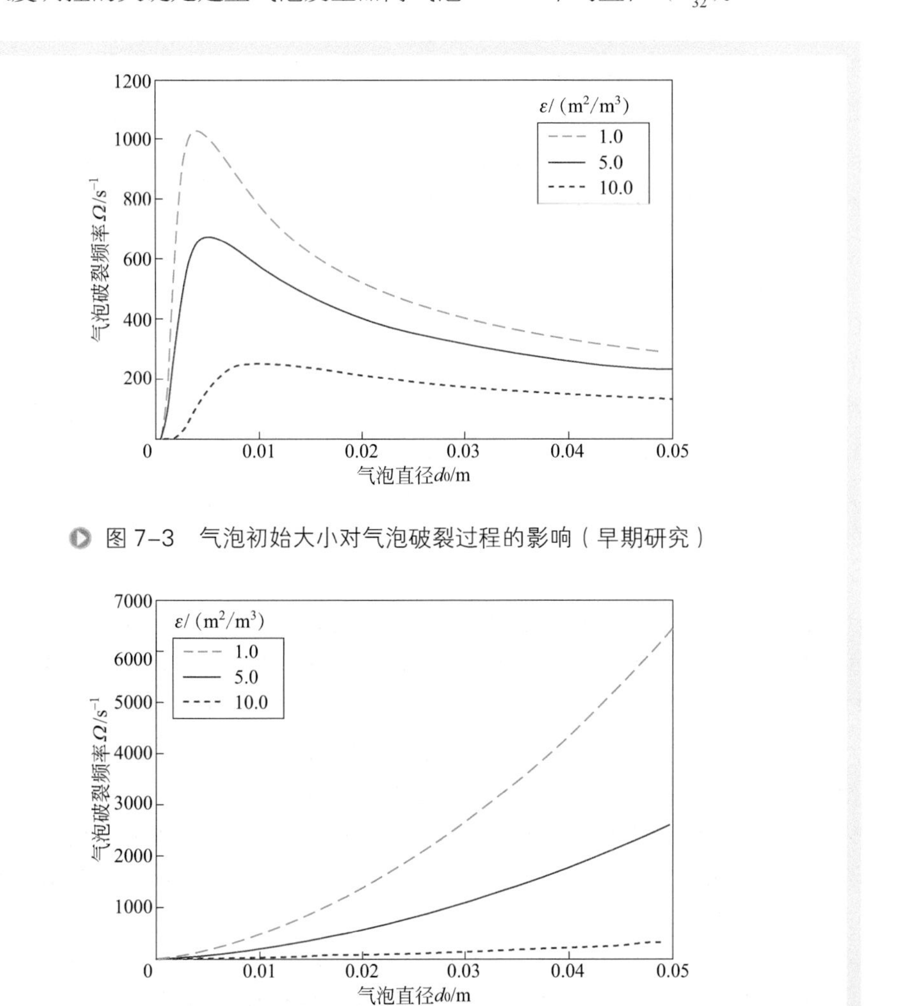

图 7–3　气泡初始大小对气泡破裂过程的影响（早期研究）

图 7–4　气泡初始大小对气泡破裂过程的影响（近期研究）

本节以下部分首先介绍气液体系中目前已有的 d_{32} 理论及半经验计算方法，在此基础上，推导微界面体系 d_{32} 的通用计算式及对其有关键影响的参数——微界面体系气泡发生器中能量耗散率 ε 的理论模型。

二、d_{32} 计算模型和半经验关联式

1. 基于计算流体力学的 d_{32} 理论计算方法

气泡粒径分布（bubble size distribution，BSD）特征决定体系 d_{32} 大小，是

体系中气泡破裂、聚并及气泡内气体溶解和反应所导致的气泡尺度变化以及气泡生成、消亡过程的外在表现。这些过程对 BSD 的具体影响多基于计算流体力学（computational fluid dynamics，CFD）的数值计算。采用该方法预测 BSD，首先采用不同处理方式对多相体系进行简化，将三大守恒方程（质量、动量和能量）与气泡群平衡模型（population balance model，PBM）结合，构建总体数值计算框架，然后在其中引入描述上述过程的数学模型（一般均带有经验参数）并进一步进行简化，最后进行数值计算。

Eulerian-Eulerian 法（E-E 法）和 Eulerian-Lagrangian 法（E-L 法）是多相体系 CFD 数值计算的常用方法。E-E 法对体系中连续相和分散相特征参数进行某种程度的均化处理，采用一定简化形式的 Navier-Stokes 方程及经典牛顿力学方程描述两相行为。在此过程中，体系大量微观和介尺度信息因均化处理而丢失，因此所得计算结果难以真实反映实际情况。E-L 法的重点在于依据经典牛顿力学及某种形式的气泡破裂、聚并过程建立一系列描述离散相气泡行为的方程，其数值计算结果与实际情况较为吻合，但是对于含有数以亿计气泡的微界面体系而言，该方法所耗计算资源巨大，故 E-L 法一般只适用于气泡数量较少的体系。

PBM 模型历经数十年的发展和完善，如今已建立其广义形式，即广义 PBM 模型。但居于其核心地位的气泡破裂和聚并数学模型的普适形式仍未出现，这是基于 CFD-PBM 模型的气液体系多相流模拟（包括 BSD 理论预测）面临的重要挑战之一。

事实上，气液体系中气泡破裂和聚并过程物理机制的数学表达涉及存在于分散相（气泡）间、分散相与连续相间相互作用力的精确定义。这些相互作用力主要包括曳力、气泡运动过程中的升力以及虚拟质量力。这些作用力的理论研究较多，但基于 CFD-PBM 模型的数值计算仍需要依据实验测量结果对模型中的系数进行调整或增加校正因子。这种研究思路普遍被采用，但实验测量结果是否准确是一个经常被忽视的问题。虽然多相流测量技术已有长足发展，但测量手段仍然较为单一，难以准确捕捉体系中具有多尺度时空变化特征的参数的详细信息。

2. 半理论关联式

已有实验研究表明[11-14]，气 - 液体系中 d_{32} 与体系中最大稳定气泡直径 d_{max} 线性相关，即：

$$d_{32}=\alpha_0 d_{max} \tag{7-1}$$

式中，α_0 为比例常数，其值一般均介于 0.60 ～ 0.79 之间。式（7-1）多被用于空气 - 水体系中 d_{32} 的预测，但其适用条件尚未见报道，故有必要进行分析。

当气泡粒径分布一定时，d_{32} 必位于 d_{max} 和体系中最小气泡直径 d_{min} 之间。不妨假设三者之间存在如下比例关系：

$$\frac{d_{32}-d_{min}}{d_{max}-d_{32}}=\alpha_1 \tag{7-2}$$

式中，α_1 为数值为正的比例常数，可视为决定气泡粒径分布的形状因子。

对式（7-2）化简后可得：

$$d_{32}=\frac{\alpha_1}{1+\alpha_1}d_{\max}+\frac{1}{1+\alpha_1}d_{\min} \tag{7-3}$$

由式（7-3）可知，d_{32} 由 α_1、$d_{\min}$、$d_{\max}$ 共同决定，即 d_{32} 不仅与 $d_{\min}$ 和 $d_{\max}$ 有关，还与气泡粒径分布形状因子 α_1 有关。若 d_{32} 与 $d_{\min}$ 无关，则至少应满足：

$$\frac{\alpha_1}{1+\alpha_1}d_{\max}\geqslant\frac{1}{1+\alpha_1}\times 10d_{\min} \tag{7-4}$$

即 α_1、$d_{\min}$、$d_{\max}$ 满足如下关系时，才可近似认为 d_{32} 与 $d_{\min}$ 无关。

$$d_{\max}\geqslant 10d_{\min}/\alpha_1 \tag{7-5}$$

此时，由式（7-1）和（7-3）可得：

$$\frac{\alpha_1}{1+\alpha_1}=\alpha_0 \tag{7-6}$$

若取 α_0=0.65，即 d_{32}=0.65$d_{\max}$，则当 $d_{\max}\geqslant 5.4d_{\min}$ 时，可认为 d_{32} 仅由 $d_{\max}$ 决定，且两者线性相关。但 α_0 的物理意义尚未具体且合理揭示，因此式（7-1）的适用范围与 α_0 的取值有关。

计算表明，对于常温常压下的空气 - 水体系，当 $d_{\max}/d_{\min}$=5.4 时，体系能量耗散率为 0.0066W/kg。满足此条件的能量耗散率如此之小，故不等式（7-5）的条件极易满足。但须指出，d_{32} 计算式（7-1）多针对的是鼓泡反应器、鼓泡搅拌釜反应器或射流泵内的空气 - 水体系。而对于微界面反应器则不一定适用。其原因在于：其一，微界面反应器内气泡破碎机制有别于上述反应器；其二，工业气 - 液反应体系中可能涉及高黏度液体，而计算式（7-1）没有体现液体黏度对 d_{32} 的影响。

三、微界面体系气泡 Sauter 平均直径通用数学模型

如前所述，Sauter 平均直径（d_{32}）取决于 BSD 的特征。因此，量化微界面体系的 BSD 特征，即对 BSD 进行合理的数学表达是微界面体系 d_{32} 数学模型的关键。BSD 数学定量描述一般采用气泡概率密度函数（probability density function，PDF）。PDF 有多种形式，一般为两变量形式[15]。若能将某种体现体系 BSD 特征的 PDF 中两变量与反应器结构和操作参数关联，则 BSD 的数学表达式即可建立。

大量的实验及理论研究均表明[16-28]，BSD 呈对数正态分布的现象普遍存在于气 - 液体系中。Q-CT 及高速显微摄像实验测量结果也表明，微界面体系中气泡粒径近似为对数正态分布。实际上，对数正态分布是自然界一种最普遍的现象之一。数学意义上，体现对数正态分布特征的 PDF 变量有两个，即气泡几何平均直径自然对数和气泡直径标准差[29]。若能从理论上将这两个变量与反应器结构和操作参数关联，微界面体系 BSD 以及 d_{32} 数学表达式的构建将成为可能。

1. d_{32}通用数学模型推导

本节以下部分首先通过数学分析建立气泡粒径对数正态分布函数中两变量（气泡几何平均直径自然对数和气泡直径标准差）的数学表达式，进而依据对数正态分布 BSD，建立 d_{32} 通用数学模型。为此，作如下假设：

微界面体系内气泡为理想球体且气泡粒径呈单一连续对数正态分布。

设 x，m，n 分别为体系中任意气泡的粒径、气泡粒径几何自然对数的均值和标准差，则粒径为 x 的气泡其概率密度函数可表示为[29]：

$$f(x)=-\frac{1}{\sqrt{2\pi}nx}\exp\left[-\frac{1}{2}\left(\frac{\ln x-m}{n}\right)^2\right] \tag{7-7}$$

基于 d_{32} 的矩定义，d_{32} 可按式（7-8）计算[29]。

$$d_{32}=\exp(m+2.5n^2) \tag{7-8}$$

依据式（7-8）建立 d_{32} 数学模型的关键是确定 m 和 n 的数学表达式。

令微界面体系中最大和最小气泡的粒径分别为 d_{max} 和 d_{min}。由于气泡粒径 x 呈对数正态分布，故 $\ln x$ 为正态分布，且其数学期望为$\ln\sqrt{d_{max}d_{min}}$。显然，在气泡粒径概率密度图中，当满足式（7-9）的关系时，x 的概率密度 $f(x)$ 最大。

$$x=\sqrt{d_{max}d_{min}} \tag{7-9}$$

这对应在 $f(x)$ 函数曲线上 x 取上述值时，$f(x)$ 的一阶导数为 0，即：

$$f'(x)\big|_{x=\sqrt{d_{max}d_{min}}}=0 \tag{7-10}$$

式（7-7）两边对 x 一阶求导，可得：

$$f'(x)=-\frac{\left(n^2-m+\ln x\right)}{\sqrt{2\pi}n^3x^2}\exp\left[-\frac{1}{2}\left(\frac{\ln x-m}{n}\right)^2\right] \tag{7-11}$$

由式（7-10）及式（7-11）可得：

$$m=n^2+\frac{1}{2}\ln\left(d_{max}d_{min}\right) \tag{7-12}$$

式（7-12）是确定 m 和 n 关系式的重要方程之一。由于：

$$\int_{d_{max}}^{d_{min}}f(x)\mathrm{d}x=1 \tag{7-13}$$

将式（7-7）代入式（7-13）并化简后可得：

$$\frac{1}{\sqrt{\pi}}\int_{\frac{\ln d_{min}-m}{n}}^{\frac{\ln d_{max}-m}{n}}\exp\left[-\left(\frac{\ln x-m}{\sqrt{2}n}\right)^2\right]\mathrm{d}\left(\frac{\ln x-m}{\sqrt{2}n}\right)=1 \tag{7-14}$$

令：$y=\dfrac{\ln x-m}{\sqrt{2}n}$，则式（7-14）可简化为：

$$\frac{2}{\sqrt{\pi}}\int_{\frac{\ln d_{min}-m}{n}}^{\frac{\ln d_{max}-m}{n}} e^{-y^2}dy=2 \tag{7-15}$$

式（7-15）左端为高斯误差函数，与标准误差函数的差别在于积分限的不同。将式（7-12）分别代入式（7-15）积分的上下限，并转化为标准误差函数后可得：

$$\text{erf}\left(\frac{\ln\sqrt{d_{max}/d_{min}}-n^2}{\sqrt{2}n}\right)+\text{erf}\left(\frac{\ln\sqrt{d_{max}/d_{min}}+n^2}{\sqrt{2}n}\right)=2 \tag{7-16}$$

式中，erf（·）为标准误差函数，不能采用牛顿-莱布尼兹公式得到解析式，仅能做近似计算[30]。对如下形式的误差函数：

$$\text{erf}(z)=\frac{2}{\sqrt{\pi}}\int_0^z e^{-t^2}dt \tag{7-17}$$

其近似计算可采用级数展开。经典的泰勒级数展开，其收敛速度较切比雪夫（Chebyshev）级数慢，但是具有相对简单的代数形式，因此被广泛采用。对于工程研究而言，获得形式较为简单、误差能被工程领域所接受的表达即可，无需追求数学意义上误差极小的精确表达。泰勒级数展开依据误差函数自变量的取值范围不同而采用不同的形式，如当 $z<4$ 时，erf（z）可展开为：

$$\text{erf}(z)=\frac{2}{\sqrt{\pi}}\left(z-\frac{z^3}{3\times1!}+\frac{z^5}{5\times2!}-\frac{z^7}{7\times2!}+\cdots\right) \tag{7-18}$$

当 $z\geqslant4$ 时，erf（z）可展开为：

$$\text{erf}(z)=1-\frac{e^{-z^2}}{z\sqrt{\pi}}\left[1-\frac{1}{2z^2}+\frac{1\times3}{\left(2z^2\right)^2}-\frac{1\times3\times5}{\left(2z^2\right)^3}+\cdots\right] \tag{7-19}$$

由于

$$\frac{\ln\sqrt{d_{max}/d_{min}}-n^2}{\sqrt{2}n}<\frac{\ln\sqrt{d_{max}/d_{min}}+n^2}{\sqrt{2}n} \tag{7-20}$$

$$\text{erf}\left(2\sqrt{2}\right)=0.999937\approx1.0 \tag{7-21}$$

因此，当满足如下关系时，式（7-16）近似成立。

$$\frac{\ln\sqrt{d_{max}/d_{min}}-n^2}{\sqrt{2}n}\geqslant2\sqrt{2} \tag{7-22}$$

即：

$$0<n\leqslant\sqrt{4+\ln\sqrt{d_{max}/d_{min}}}-2 \tag{7-23}$$

以上分析表明，式（7-16）成立的条件与 n 及 d_{max}/d_{min} 的大小有关，且 n 受 d_{max}/d_{min} 制约。为考察 n 和 d_{max}/d_{min} 对式（7-16）成立条件的影响，令气泡粒径累积概率密度 g（n）为：

$$g(n)=\mathrm{erf}\left(\frac{\ln\sqrt{d_{max}/d_{min}}-n^2}{\sqrt{2}n}\right)+\mathrm{erf}\left(\frac{\ln\sqrt{d_{max}/d_{min}}+n^2}{\sqrt{2}n}\right) \tag{7-24}$$

则 $g(n)$ 与 n 之间的关系如图 7-5 所示。对于稳态工况下的气液体系，d_{max}/d_{min} 及 n 均应有唯一确定值，即气泡粒径分布是唯一的。由图 7-5 可知，确保式（7-16）成立的 n 的可取值范围与 d_{max}/d_{min} 密切相关，但当 $n\rightarrow 0$ 时，n 与 d_{max}/d_{min} 无关。

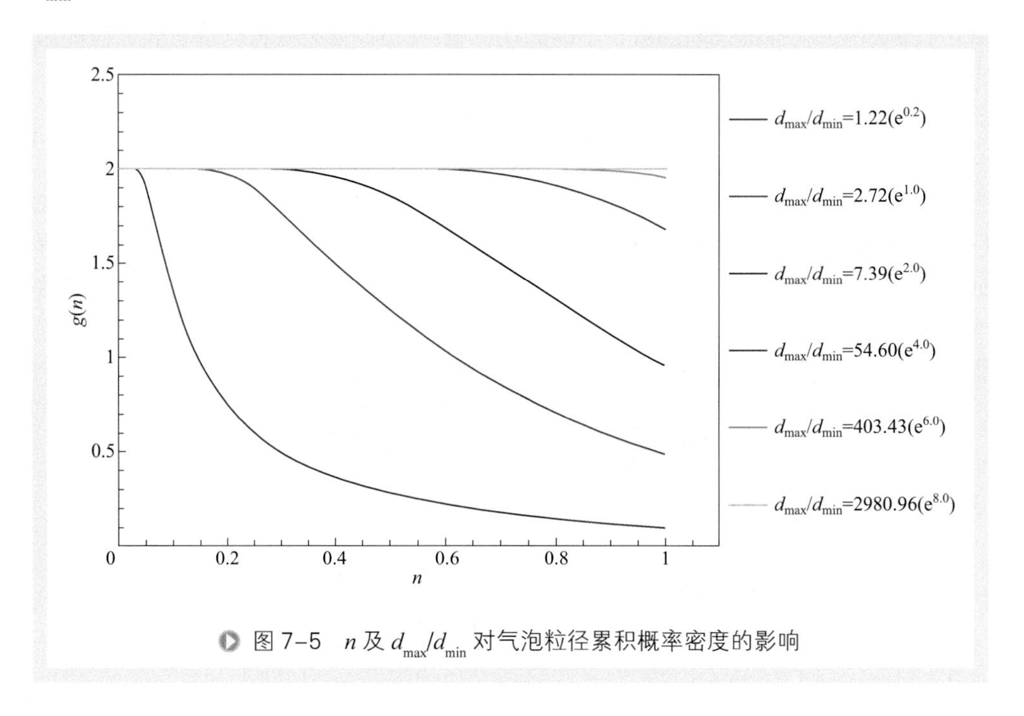

图 7–5　n 及 d_{max}/d_{min} 对气泡粒径累积概率密度的影响

为体现 n 的可取值范围与 d_{max}/d_{min} 的定量关系，取不等式（7-23）的等号条件，即：

$$n=\sqrt{4+\ln\sqrt{d_{max}/d_{min}}}-2 \tag{7-25}$$

式（7-25）不仅能使 n 满足式（7-16）的条件，更为重要的是体现 d_{max}/d_{min} 与 n 的一一对应关系。对于 n 的取值问题，香农的研究指出[31]，当粒径满足对数正态分布，而 n 难以确定时，n 取 0.40（或 $1/\sqrt{6}$）是合理的。对基于 n 的香农熵 $S(n)$ 增速率及 $S(n)$ 拐点特征研究后发现，在拐点（$n=1/\sqrt{6}$）处，香农熵 $S(n)$ 增加速率为唯一极小值 0，但预设粒径的积分下限和上限分别为 0 及∞。对于实际微界面体系而言，其积分上下限应分别为 d_{max} 和 d_{min}。因此，n 必定受 d_{max} 和 d_{min} 的制约。

至此，由式（7-12）及式（7-25）可建立 m 和 n 的数学表达式，并进而由式（7-8）建立 d_{32} 通用数学模型。其结果如下：

$$d_{32}=\sqrt{d_{max}d_{min}}\exp\left[3.5\left(8+\ln\sqrt{d_{max}/d_{min}}-4\sqrt{4+\ln\sqrt{d_{max}/d_{min}}}\right)\right] \tag{7-26}$$

式（7-26）表明，当体系中气泡粒径为单一连续对数正态分布时，d_{32} 仅与 d_{max} 和 d_{min} 有关。为建立 d_{32} 与微界面反应器设计参数之间的定量数学关系，须确定 d_{max} 和 d_{min} 的理论计算模型。

2. d_{32} 通用数学模型适用条件

d_{32} 通用数学模型［式（7-26）］是基于微界面体系中气泡为理想球体及其粒径符合单一连续对数正态分布的假设，并通过对气泡粒径概率密度函数的数学分析后得到的。由于微界面体系中气泡尺度为微米级，故气泡为理想球体的假设是合理的。因此，只要体系气泡粒径符合对数正态分布，上述 d_{32} 通用数学模型［式（7-26）］适用。

为通过实验检验该数学模型的合理性，本书笔者研究团队进行了大量的冷模实验，典型结果如图 7-6 和表 7-1 所示。由图 7-6 可知，不同工况下的微界面体系中气泡粒径均符合对数正态分布特征。由表 7-1 可知，理论计算结果与实验测量结果的误差均在 10% 以内。在实验测量时，d_{max} 和 d_{min} 的测量均十分重要。它们的理论模型的准确性也十分重要。

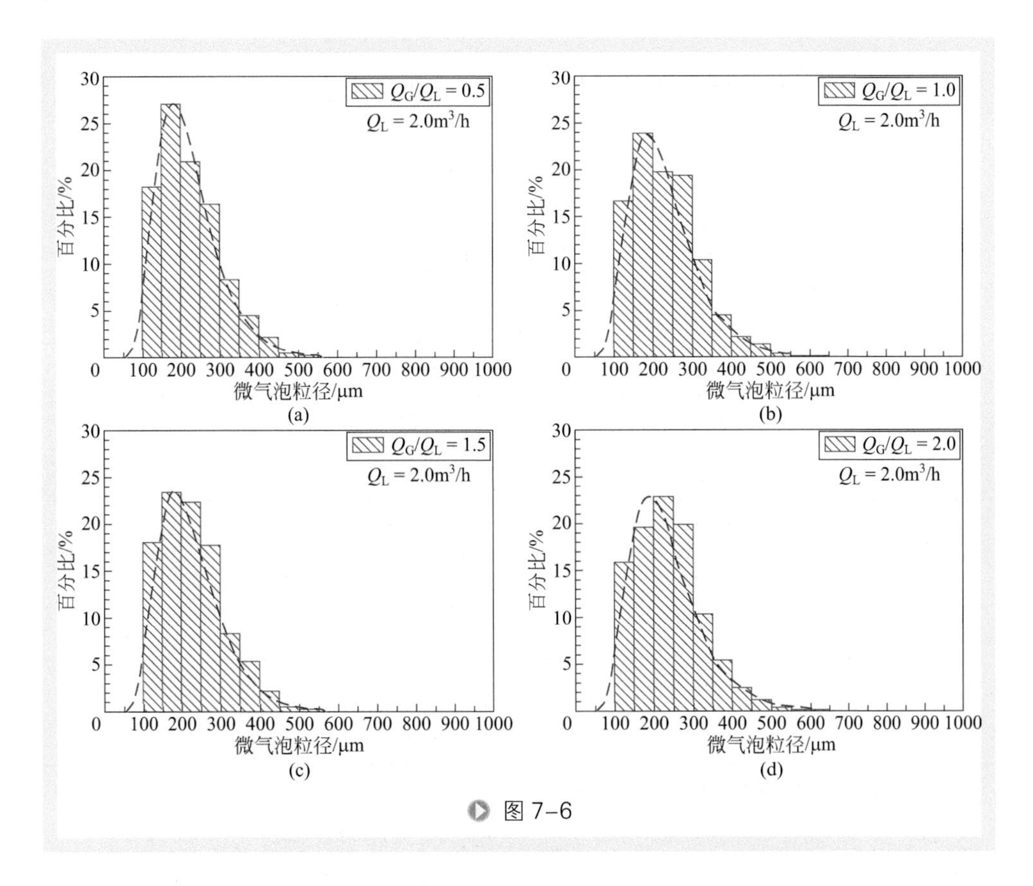

图 7-6

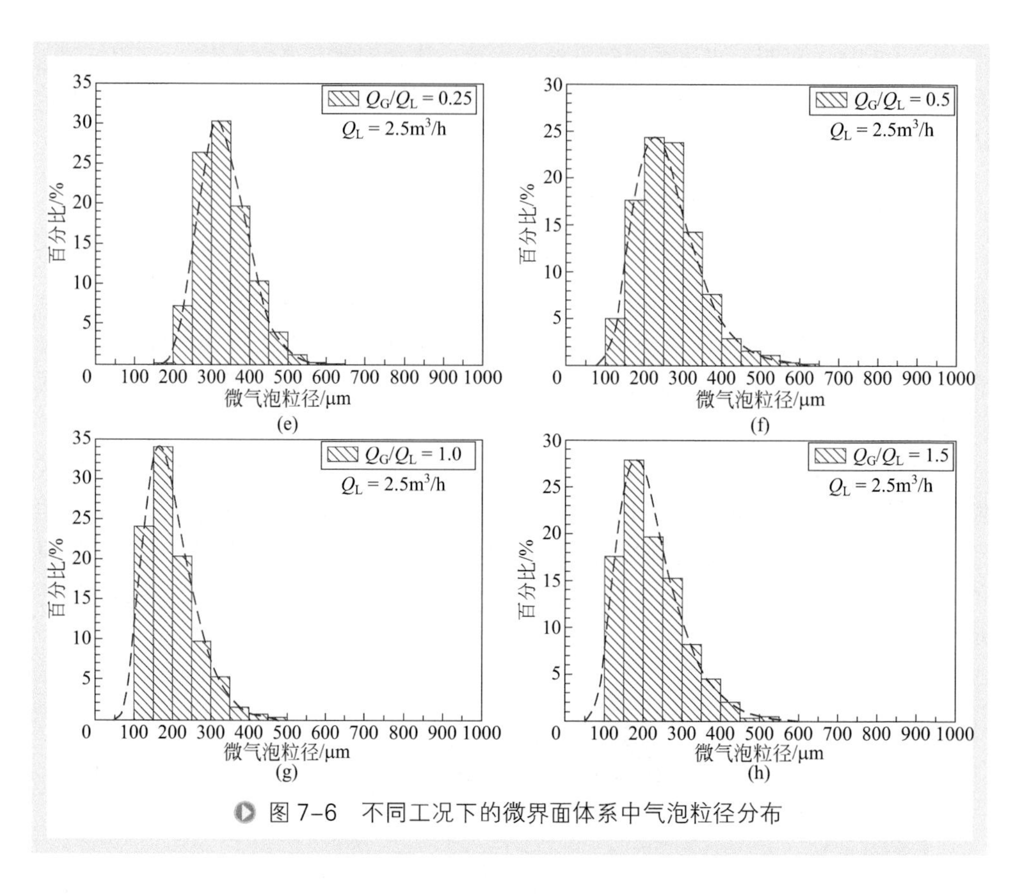

图 7-6　不同工况下的微界面体系中气泡粒径分布

表7-1　d_{32}理论计算值与实验结果比较

图 7-6 分图号	d_{min}/mm	d_{max}/mm	d_{32}/mm	d_{32}*/mm	误差 /%
(a)	0.803	0.083	0.345	0.330	4.25
(b)	0.624	0.072	0.291	0.268	7.99
(c)	0.759	0.059	0.286	0.289	1.04
(d)	0.624	0.074	0.294	0.268	8.81
(e)	0.629	0.199	0.361	0.379	4.97
(f)	0.703	0.089	0.322	0.308	4.41
(g)	0.672	0.071	0.257	0.278	8.13
(h)	0.809	0.054	0.292	0.295	0.96

注：d_{32} 为实验测量值；d_{32}^* 为模型理论计算值。

为依据 d_{32} 通用数学模型［式（7-26）］构建微界面气体调控数学模型，需进一步建立 d_{max} 和 d_{min} 数学关系式。为此，需对 d_{max} 和 d_{min} 理论模型的研究做一梳理。

四、d_{max}和d_{min}理论研究

体系中最大气泡直径 d_{max} 和最小气泡直径 d_{min} 是决定体系 BSD 特征的两个重要参数。d_{max} 的理论研究较多[32-34]，主要基于 Kolmogorov-Hinze 理论[35,36]（简称 KH 理论），和湍流涡能量传递理论（mechanism of eddy kinetic energy transfer, 简称 ET 理论），而 d_{min} 理论研究相对较少，其理论预测常基于 ET 理论。

1. d_{max} 的理论研究

KH 理论认为，气 - 液体系中气泡大小由维持气泡形状的应力（主要为表面张力）与破坏其形状的应力（主要为湍流脉动压力、剪切应力）的相对大小决定，d_{max} 是上述应力平衡的结果。结合量纲分析及各向同性湍流理论[37]，d_{max} 可采用式（7-27）预测。

$$d_{max} = \varepsilon^{-0.4}\left(\frac{\sigma_L We_{crit}}{2\rho_L}\right)^{0.6} \tag{7-27}$$

式中，ε 为 Kolmogorov 各向同性湍流场中气泡周围液相能量耗散率，W/kg；σ_L 和 ρ_L 分别为液体表面张力（N/m）和密度（kg/m^3）；We_{crit} 为气泡破裂的临界 Weber 数，其大小与气泡周围流型有关，而后者较难定量描述。We_{crit} 的一般定义如式（7-28）。

$$We_{crit} = \frac{\tau}{\sigma_L / d_{max}} \tag{7-28}$$

式中，τ 为连续相施加于气泡表面的动压。We_{crit} 的另一种计算方法是基于气泡破碎的共振理论[38]，即采用式（7-29）。

$$We_{crit,\alpha_2} = \frac{\alpha_2(\alpha_2+1)(\alpha_2-1)(\alpha_2+2)}{\pi^2\left[(\alpha_2+1)\rho_G/\rho_L+\alpha_2\right]} \tag{7-29}$$

式中，α_2 为气泡体积模量；α_2=2，3，…。当 α_2 越大，气泡高阶振动越激烈，气泡越小，也即 We_{crit} 越小。一般采用 α_2=2，此时：

$$We_{crit} = 1.24 \tag{7-30}$$

该值与一些研究基本一致[39-41]，将式（7-30）的 We_{crit} 值代入式（7-27）后可得：

$$d_{max} = 0.75(\sigma_L/\rho_L)^{0.6}\varepsilon^{-0.4} \tag{7-31}$$

应该指出，式（7-31）仅适用于气泡破碎是由液体脉动压力导致的各向同性湍流气液分散体系。当气泡破碎主要由液体剪切作用引起时，Davidson 等[42]将 Weber 数定义为剪切强度与表面张力的比值。Russell 等[32]的实验研究表明，基于 Levich 理论的 We_{crit}' 定义［式（7-32）］对预测水平管道内稀疏气泡流中 d_{max} 的准确性高于上述 KH 理论的预测结果。

$$We_{crit}' = \frac{\tau}{\sigma_L / d_{max}}\left(\frac{\rho_G}{\rho_L}\right)^{1/3} \tag{7-32}$$

式（7-32）是气泡内压与变形气泡毛细管压力平衡所得结果。依据此理论，d_{max}的另一种计算式为式（7-33）。

$$d_{max}=\left[\left(\frac{We_{crit}'}{2}\right)^{0.6}\right]\left[\frac{\sigma_L^{0.6}}{\left(\rho_L^2\rho_G\right)^{0.2}}\right]\varepsilon^{-0.4} \quad (7-33)$$

式（7-33）体现了气液两相密度（决定气泡内压）对气泡大小的影响。Levich 还提出了另一种观点，即气泡内部气体循环所产生的离心力与气泡动压力的平衡决定d_{max}的大小，并因此而得到式（7-34）：

$$d_{max}\approx\frac{3.63\sigma_L}{v_o^2\sqrt[3]{\rho_L^2\rho_G}} \quad (7-34)$$

但 Fan 等认为[43]，式（7-34）严重低估了实际d_{max}的大小，其原因在于没有考虑到气泡形状及尾流作用的影响。当考虑到这些影响时，他们得到：

$$d_{max}\approx7.16\alpha^{2/3}E\left(\sqrt{1-\alpha^2}\right)^{1/2}\sqrt{\frac{\sigma_L}{g\rho_G}} \quad (7-35)$$

式中，α为气泡形状因子（长轴与短轴之比）；E为与α有关的函数，当液体雷诺数足够大时，E趋于 1.0。

以上d_{max}理论计算方程均未考虑到液体黏度对d_{max}影响的主要原因在于，它们均假定气泡处于各向同性湍流场中。实际上，Hinze 在推导We_{crit}表达式［式（7-27）］时曾考虑到此影响，只是为简化问题的分析而仅考虑各向同性湍流流场中气泡的破碎过程。当考虑液体黏度对d_{max}影响时，d_{max}可采用式（7-36）[44]计算。

$$d_{max}=C_n\left[\left(\frac{We_{crit'}}{2}\right)^{0.6}\right]\left[\frac{\sigma_L^{0.6}}{\left(\rho_L^2\rho_G\right)^{0.2}}\right]\varepsilon^{-0.4}\left(1+B_1N_{Vi}\right)^{0.6} \quad (7-36)$$

式中，C_n为受气泡粒径分布宽度影响的常数，其平均值为 0.62[32]；B_1为常数，与反应器型式有关，对于管道中的气液两相流，其值可采用 1.5[32]；N_{Vi}为无量纲黏度数，其定义式为式（7-37）。

$$N_{Vi}=\left[\frac{\mu_L\left(\varepsilon d_{32}\right)^{1/3}}{\sigma_L}\right]\left(\frac{\rho_L}{\rho_G}\right)^{1/2} \quad (7-37)$$

以上研究主要针对体系中的单个气泡，未考虑到实际体系中流体间相互作用、气泡形状以及气泡尾流等其他因素对d_{max}的影响。实际体系中气泡数量众多，气泡 - 气泡、气泡 - 液体间的相互作用对d_{max}有影响。有研究指出，该影响可采用式（7-38）表示。

$$d_{max}=d_{max}^0\left(1+\beta_1\phi_G^{\beta_2}\right) \quad (7-38)$$

式中，β_1和β_2是可调参数，与气泡破碎机制有关，一般须通过实验拟合得到；ϕ_G

为局部气含率；$d_{max}{}^0$ 为气含率为 0（或单气泡）体系中的最大气泡直径。

前已述及气液体系中 d_{max} 已有的研究。笔者认为，对于微界面体系而言，d_{max} 基于 Kolmogorov 各向同性湍流理论进行预测较为合理。其原因主要在于，微界面体系中气泡尺度为微米级，决定其大小的主要因素是表面张力及其周围湍流场的湍流能量耗散率。因此，本书 d_{max} 的理论模型采用式（7-31）。

2. d_{min} 的理论研究

d_{min} 大小的理论预测一般采用两种方法：①基于气泡聚并过程分析；②基于湍流涡能量传递理论（ET 理论）。

早期的观点认为，两个气泡间的聚并过程可分为两个阶段[45]：①气泡相向运动，其间液体逐渐排出，液膜厚度 h 逐渐减小至临界厚度 h^*；②气泡继续相向运动，此时液膜破裂，气泡聚并。虽然②阶段的机理十分复杂，且尚未被揭示，但是一般均认为①阶段是整个聚并过程的决定步骤。当 h 减小至 h^* 所需时间等于湍流特征时间时，此时气泡的直径即为 d_{min}。由此可得如下关系式[45]：

$$d_{min} \sim 2.4\left(\frac{\sigma_L^2 h^{*2}}{\mu_L \rho \varepsilon_L}\right)^{1/4} \tag{7-39}$$

式中，气泡间液膜临界厚度 h^* 与体系物性、气泡间液体对气泡的作用力 F 等因素有关。由于气泡聚并过程一般不可能发生于湍流能谱的耗散区，因而，d_{min} 应大于耗散涡尺度，即：

$$d_{min} \Big/ \left(\frac{\nu_L^3}{\varepsilon}\right) \geqslant 2.4\frac{\left(\rho_L \sigma_L h^*\right)^{1/2}}{\mu_L} \tag{7-40}$$

Chesters[46] 对表面特征不同的流体颗粒间液膜变薄过程中液膜厚度 h 进行了理论研究。对于硬球 - 硬球，当流体作用力 F 为定值时（液膜匀速变薄），液膜厚度可按下式计算：

$$h = h_0 \exp\left(-\frac{8F}{3\pi d_0^2 \ \mu_L}t\right) \tag{7-41}$$

式中，h_0 为初始液膜厚度，m；d_0 为气泡直径，m；t 为流体颗粒间液体对颗粒的作用时间，下同。对于表面不可移动的变形流体颗粒，当 F 为定值，且 $h \ll h_0$ 时：

$$h = 0.21\sqrt{\frac{\mu_L F}{\pi \sigma_L^2 t}}d_0 \tag{7-42}$$

对于表面部分可移动的流体颗粒，当 F 为定值，且 $h \ll h_0$ 时：

$$h = 0.66\frac{\mu_G F^{0.5}}{t}\left(\frac{d_0}{\sigma_L}\right)^{1.5} \tag{7-43}$$

对于表面完全移动且变形的流体颗粒：

$$h = h_0 \exp\left(-\frac{32\sigma_L}{\rho_L V^* d_0^2} t\right) \qquad (7\text{-}44)$$

式中，V^* 为流体颗粒间相对运动速度。

式（7-41）~ 式（7-43）中液体作用力 F 与颗粒雷诺数 Re_d 的大小有关。当 Re_d 远小于 1 或远大于 1 时，F 分别由黏滞力、湍流作用力主导，即：

$$F \sim 1.5\pi\mu_L d_{0^2}(\varepsilon / \nu_L)^{-0.5} \quad (Re_d\text{远小于}1) \qquad (7\text{-}45)$$

$$F \sim \rho_L (\varepsilon d_0^4)^{2/3} \quad (Re_d\text{远大于}1) \qquad (7\text{-}46)$$

基于以上关系式只能定性确定 d_{min}。其原因主要至少有以下两点：

① 气泡相向运动速度恒定（液膜厚度变薄速度恒定）的假设与实际气液体系中的情况不符，由此导致气泡间液体对气泡的作用力 F 恒定的假设也不合理。在实际气液体系中，气泡运动不仅由气泡自身上升速度决定，还受其周围流场的影响。其影响与气泡尺度和湍流涡特征尺度的相对大小有关：当气泡相对较大时，周围流场对气泡的运动影响较小，而当气泡较小（如微气泡）时，湍流涡的运动对气泡的运动可能产生决定性影响。实验已观察到，在大尺度湍流涡中含有尺度较小的微气泡，微气泡随湍流涡一起运动。

② 气泡间液体对气泡的作用时间 t 难以确定。实际体系中相邻气泡的相对运动时间决定 t 的大小，但是由于体系中气泡大小不同，其运动速度也存在差异。在某一时刻，气泡 a 和气泡 b 相对运动，挤压它们之间的液体，而在另一时刻，可能是气泡 a 与气泡 c 相对运动，诸如此类的过程在实际体系中一直存在，随机发生。因此，t 难以定量描述。对于空气 - 水体系，采用如下由等大小液滴聚并时间关联式得到的 d_{min} 实验拟合式（7-47）[47] 的预测结果与实验结果基本吻合。

$$1363.3\frac{\sigma_L^{1.29}\mu_L^{0.02}B^{0.26}}{E_R^{1.7}\mu_G^{1.02}\rho_L^{0.55}\varepsilon^{0.7}d_{min}^{2.03}} + 217.3\frac{\sigma_L^{1.38}B^{0.46}}{E_R^{0.7}\mu_L\rho_L^{0.84}\varepsilon^{0.89}d_{min}^{3.11}} = 1 \qquad (7\text{-}47)$$

式中，E_R 为液膜无量纲曲率半径；B 为范德华常数，近似为 10^{-28}J · m。

由式（7-47）可确定 d_{min}，但由于是经验式的形式，因此不具普遍性。

基于湍流涡能量传递理论（ET 理论）的 d_{min} 理论研究可能最早源自 Levich 的观点。Levich 指出，当气泡周围湍流场不足以使气泡变形时气泡最小 [32]。ET 理论认为，气泡大小由液相湍流涡向气泡表面能量传递效率的高低决定，湍流涡能量大于形成气泡所需表面能时气泡破碎。依据湍流能量串级理论 [48]，湍流涡能量由高至低可将湍流场依次分为三个区域：大尺度含能区、中等尺度惯性子区和 Kolmogorov 尺度耗散区。虽然含能区包含湍流大部分能量，但此部分能量仅用于体系的宏观运动，而耗散区能量仅用于耗散为内能，因此，只有惯性子区的部分能量可传递至气泡表面促使气泡破裂。这就是大部分气泡破碎理论（包括 KH 理论）

研究仅针对惯性子区的原因所在。

由于湍流涡仅能破碎直径大于其尺度的气泡，因此，最小气泡直径 d_{min} 应与该湍流涡尺度一致。但湍流涡向气 - 液界面传递能量存在效率问题，一般认为，能使气泡破裂的最小湍流涡尺度是 Kolmogorov 尺度的 11.4 ～ 31.4 倍[49]。本研究假设此倍率为 11.4，即：

$$d_{\min}=11.4\left(\mu_{\mathrm{L}}/\rho_{\mathrm{L}}\right)^{0.75}\varepsilon^{-0.25} \tag{7-48}$$

式（7-48）即为本书所采用的 d_{min} 理论模型。

已有 d_{max} 和 d_{min} 理论模型研究表明，气泡形成过程中其周围液相能量耗散率是决定它们大小的关键参数。研究表明[50,51]，能量耗散率是决定气泡破裂的关键参数。根据经典湍流理论，输入到体系中的能量以不同尺度的涡旋串级形式存在，最终在 Kolmogorov 尺度的耗散涡内耗散。大尺度涡主要提供体系宏观运动所需能量，尺寸小于气泡的含能涡通过撞击气泡表面而将能量传递给气泡，使气泡表面能增加，并导致气泡变形甚至破裂。能量耗散率增大，意味着气泡表面获得能量的速率增加，气泡更易破裂，d_{max} 和 d_{min} 均减小。

鉴于能量耗散率对气泡尺度的重要影响，建立微气泡发生器中液相能量耗散率（ε_{mix}）数学模型对于微界面体系 d_{32} 构效调控数学模型的合理构建尤为关键。

五、微界面机组能量耗散率数学模型

微界面机组可在气动和气液联动条件下操作。本节探讨气动操作条件下液体能量耗散率（ε_{mix}）的计算模型。首先建立图 7-7 所示的微界面机组在气动条件下微界面形成过程物理模型。在气动操作条件下，微界面机组内发生了如下物理过程。在气流未通入前，微界面机组内充满了静止液相。通气后，由于气体初始压力 p_{G0}（Pa）与体系操作压力 p_m（Pa）之间存在压差 Δp（Pa），气体将其部分静压能传递给液体，实现能量传递与转换，促使局部液体发生高速湍动，后者将连续相气体分散为离散微气泡，并与液相混合形成均匀气液混合流。当这种气液混合流充满反应器或分离器后，即形成微界面体系。期间，气体自身压力迅速降至 p_m。

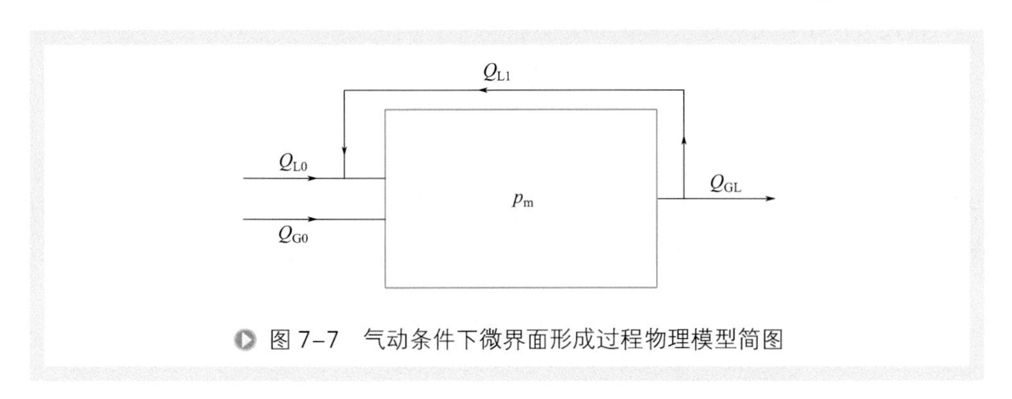

图 7-7　气动条件下微界面形成过程物理模型简图

从微界面机组流出的液体部分经内部循环与新鲜液体一同再进入微界面机组，作为气体静压能释放的载体。上述过程本质上是气体与液体进行能量交换与转换的过程。

为建立 ε_{mix} 数学模型，作如下假设：

① MIR 稳态工作；

② 微界面机组内气液混合过程绝热等温；

③ 忽略气体动能及气液两相重力势能变化；

④ 气体满足理想气体方程；忽略黏性耗散。

当 MIR 稳态工作时，对于微界面机组的气 - 液两相整体而言，有如下关系：

$$0=\Delta E_{L}+\Delta E_{G}+\rho_{L}V_{L}\varepsilon_{mix} \tag{7-49}$$

式中，ΔE_G和ΔE_L分别为气-液两相在进出微界面机组前后机械能的变化，W；V_L为微界面机组内液体体积m³；式（7-49）右边第三项为微界面机组内用于气-液界面形成的液体所耗散的能量。

为建立 ε_{mix} 数学模型，须确定式（7-49）中 ΔE_L、ΔE_G 和 V_L 数学关系式。

1. 进出微界面机组的液体机械能变化 ΔE_L

当 MIR 稳态工作时有两股液体同时进入微界面机组：新鲜液体及循环液体，流量分别为 Q_{L0} 和 Q_{L1}（m³/s）。当液体静压能及重力势能变化可忽略时，进出微界面机组的液体机械能变化 ΔE_L 仅考虑新鲜液体动能的改变。在气动条件下，Q_{L0} 较小，故可忽略其初始动能。因此，ΔE_L 可表示为：

$$\Delta E_{L}=\frac{1}{2}\rho_{L}Q_{L0}\left(\frac{Q_{L0}+Q_{L1}+Q_{G}}{S_{1}}\right)^{2} \tag{7-50}$$

式（7-50）右边括号项为微界面机组出口气液混合物平均流速。其中，S_1 为微界面机组出口截面积，m²；Q_G 为微界面机组内气体的实际流量，m³/s。令微界面机组内实际气液比为 λ，即：

$$\lambda=\frac{Q_{G}}{Q_{L}}=\frac{Q_{G}}{Q_{L0}+Q_{L1}} \tag{7-51}$$

将式（7-51）代入式（7-50）后可得：

$$\Delta E_{L}=\frac{\rho_{L}Q_{L0}Q_{G}^{2}}{2}\left(\frac{1+\lambda}{\lambda S_{1}}\right)^{2} \tag{7-52}$$

反应器稳态工作时，其主体部分液体因气体的通入而被迫自反应器流出。若暂不考虑气体因溶解和反应而导致的体积变化，液体自反应器流出的流量可近似认为等于实际气体流量。依据能量守恒，循环液体流量 Q_{L1} 通过数学推导可得：

$$Q_{L1}=S_{1}\sqrt{2gH_{0}+\left(\frac{Q_{G}+Q_{L0}}{S_{0}}\right)^{2}}-Q_{L0} \tag{7-53}$$

式中，H_0、S_0 分别表示反应器初始液位高度（m）和横截面积（m²）。联立式（7-51）和式（7-53），λ 可按式（7-54）计算

$$\lambda=\frac{Q_{\mathrm{G}}}{S_1\sqrt{2gH_0+\left(\frac{Q_{\mathrm{G}}+Q_{\mathrm{L0}}}{S_0}\right)^2}} \tag{7-54}$$

在气动条件且 λ 一定时，由式（7-54）可得：

$$Q_{\mathrm{G}}=\sqrt{2gH_0\Big/\left(\frac{1}{\lambda^2 S_1^{\,2}}-\frac{1}{S_0^{\,2}}\right)} \tag{7-55}$$

由于二次根号内的数值必须不小于 0，故式（7-55）应满足条件：

$$\lambda < S_0/S_1 或 S_1 < S_0/\lambda \tag{7-56}$$

不等式（7-56）表明，若反应器横截面积一定时，为维持微界面机组内较大的气液比，微界面机组横截面积存在上限值。当反应器结构一定时，所需微界面机组内气液比越大，则微界面机组内实际通气量也相应越大，反之亦然。图 7-8 所示为微界面机组内实际通气量和实际气液比的关系。

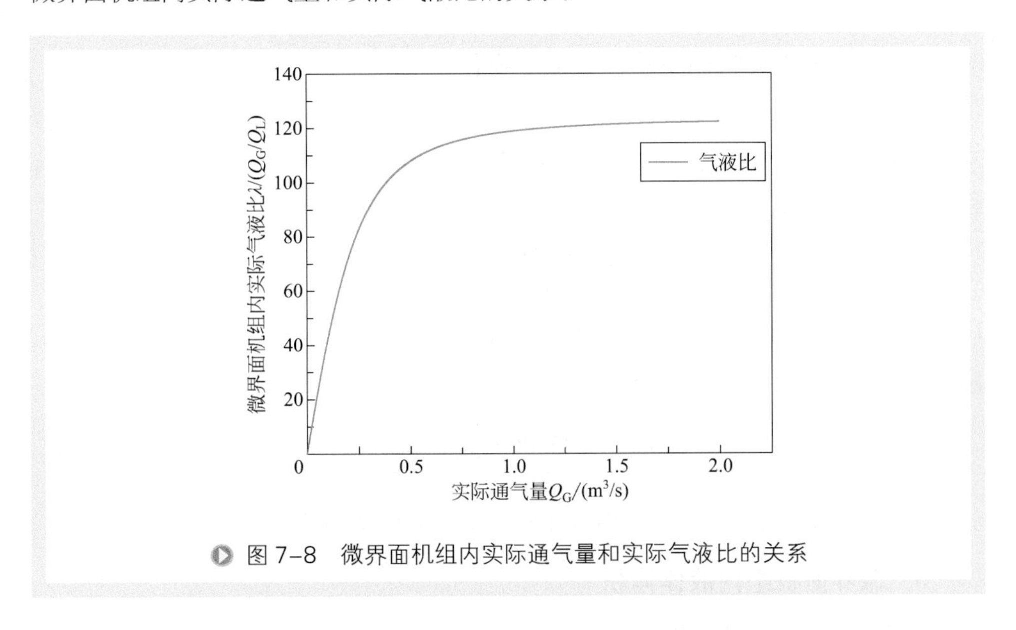

图 7-8　微界面机组内实际通气量和实际气液比的关系

由图 7-8 可知，微界面机组内实际气液比随通气量的增加而增大，但是当通气量增至一定大小后，通气量对气液比的影响较小。将式（7-55）代入式（7-52）后可得：

$$\Delta E_{\mathrm{L}}=\rho_{\mathrm{L}} gH_0 Q_{\mathrm{L0}}\left(\frac{1}{\lambda^2 S_1^{\,2}}-\frac{1}{S_0^{\,2}}\right)^{-1}\left(\frac{1+\lambda}{\lambda S_1}\right)^2 \tag{7-57}$$

式（7-57）即为进出微界面机组的液体机械能变化的数学模型。其中，微界面

机组内实际气液比 λ 与进入微界面机组前的初始气液比 λ_0 的关系应明确，以利于实际操作条件的控制。

由于气体为理想气体，因此，进入微界面机组前的气体流量 Q_{G0}（m^3/s）与微界面机组内气体实际流量 Q_G 之间有如下关系：

$$Q_{G0}=\frac{p_m}{p_{G0}}Q_G \tag{7-58}$$

将式（7-55）代入式（7-58）可得：

$$Q_{G0}=\frac{p_m}{p_{G0}}\sqrt{2gH_0\Big/\left(\frac{1}{\lambda^2 S_1^{\ 2}}-\frac{1}{S_0^{\ 2}}\right)} \tag{7-59}$$

因此，λ_0 与 λ 有如下关系：

$$\lambda_0=\frac{p_m}{p_{G0}Q_{L0}}\sqrt{2gH_0\Big/\left(\frac{1}{\lambda^2 S_1^{\ 2}}-\frac{1}{S_0^{\ 2}}\right)} \tag{7-60}$$

或

$$\lambda=\frac{1}{S_1}\left[\frac{1}{S_0^{\ 2}}+2gH_0\left(\frac{p_m}{p_{G0}Q_{L0}\lambda_0}\right)\right]^{-0.5} \tag{7-61}$$

2. 进出微界面机组气体的机械能变化

令进入微界面机组前，气体流量、压力和温度分别为 Q_{G0}（m^3/s）、p_{G0}（Pa）和 T_0（K），稳态操作时，反应器内操作温度为 T_m（K），则气体进出微界面机组过程中机械能变化 ΔE_G 为：

$$\Delta E_G=\frac{p_{G0}Q_{G0}T_m}{T_0}\ln\left(p_m/p_{G0}\right)$$

由于

$$p_{G0}=p_m+\Delta p \tag{7-62}$$

因此

$$\Delta E_G=\frac{p_{G0}Q_{G0}T_m}{T_0}\ln\left(\frac{p_m}{p_m+\Delta p}\right) \tag{7-63}$$

式（7-63）即为微界面机组内气体机械能变化的数学模型。

3. 微界面机组内液体体积

若微界面机组体积为 V_0（m^3），微界面机组内实际液体体积 V_L（m^3）与其中液含率 ϕ_L 有式（7-64）所示关系：

$$V_L=V_0\phi_L \tag{7-64}$$

ϕ_L 由微界面机组内实际气液比 λ 决定，即：

$$\phi_L=\frac{1}{1+\lambda} \tag{7-65}$$

由式（7-64）、式（7-65）可得：

$$V_{L}=\frac{1}{1+\lambda}V_{0} \tag{7-66}$$

式（7-66）为微界面机组内液体体积数学模型。其中，λ 可由式（7-61）计算。

为使气体压力能充分释放并最大程度用于形成气-液界面，微界面机组内须有一定量液体作为媒介。式（7-66）表明，当微界面机组内实际气液比越大时，微界面机组内实际液体量越小。因此，微界面机组内实际气液比不应太大。

将式（7-57）、式（7-63）及式（7-66）代入式（7-49）后可得：

$$\varepsilon_{mix}=\frac{1+\lambda}{\rho_{L}V_{0}}\left[\sqrt{2gH_{0}\bigg/\left(\frac{1}{\lambda^{2}S_{1}^{2}}\times\frac{1}{S_{0}^{2}}\right)}p_{m}\ln\left(\frac{p_{m}+\Delta p}{p_{m}}\right)-\rho_{L}gH_{0}Q_{L0}\left(\frac{1}{\lambda^{2}S_{1}^{2}}-\frac{1}{S_{0}^{2}}\right)^{-1}\left(\frac{1+\lambda}{\lambda S_{1}}\right)^{2}\right] \tag{7-67}$$

式（7-67）即为全气动条件下微界面机组内能量耗散率 ε_{mix} 的通用计算式。由式（7-66）可知，ε_{mix} 与微界面机组结构（S_{1} 和 V_{0}）、操作参数（p_{m}、Q_{G}、λ 和 Δp）及体系物性（ρ_{L}）均有关。

第三节　气-液微界面体系气含率构效调控数学模型

一、气含率研究进展

气含率（ϕ_{G}）为气-液体系中气体总体积占气液总体积的分数，是决定体系气液相界面积大小的关键参数之一。其影响因素包括反应器诸多设计参数，如液体黏度与表面张力等物性参数、表观气速与表观液速等操作参数、微界面机组及反应器等结构参数。由于影响 ϕ_{G} 的因素众多，建立精确的数学模型较困难，对其预测多采用适用范围有限的经验关联式[52-58]。

常见气-液反应体系中 ϕ_{G} 空间分布不均进一步增加了其建模的难度。采用漂移通量模型[59-65]是解决此类问题的一种常见方法。该模型认为，ϕ_{G} 空间分布不均的主要原因在于：①非均匀流和气泡数量的分布不均；②相间局部相对运动不均。上述两类影响因素可分别采用流动分布参数和漂移速度定量表征。虽然流动分布参数已建立了诸多关系式，但仍难与反应器控制参数相关联，一般仍采用经验值。

在不同气液流型区，气-液两相流体力学特征存在差异，因此漂移速度关系式的建立须考虑流型转换的影响。众所周知，气-液体系中存在多种特征，不同的研究大多基于某一信息特征对流型进行划分，如临界表观气速[57]。因此 ϕ_{G} 与反应器可控参数之间的关系仍需进一步深入研究。

二、微界面体系气含率通用数学表达式

从定量角度分析，气 - 液体系气含率 ϕ_G 的大小取决于通气量大小和体系中气泡停留时间长短，其数学模型的具体形式与体系流型密切相关[66,67]。实验已表明，不同工况下的气 - 液微界面体系均可视为均匀气泡流。因此，气 - 液微界面体系气含率 ϕ_G 数学模型的构建可仅针对均匀气泡流的情况。

令反应器横截面积为 S_0（m^2），初始液位为 H_0（m），正常工作时通气量为 Q_G（m^3/s），气泡平均上升速度微 v_{32}（m/s）。则反应器稳态工作时，气泡停留时间 t_{32}（s）为

$$t_{32}=\frac{H_0}{(1-\phi_G)v_{32}} \tag{7-68}$$

在这段时间内通气的气体总体积 V_B（m^3）为

$$V_B=Q_G t_{32}=\frac{H_0 Q_G}{(1-\phi_G)v_{32}} \tag{7-69}$$

根据气含率的定义可得：

$$\phi_G=\frac{V_B}{H_0 S_0+V_B} \tag{7-70}$$

由式（7-69）和式（7-70）可得：

$$\phi_G=\frac{Q_G}{S_0 v_{32}}=\frac{v_G}{v_{32}} \tag{7-71}$$

式（7-71）为微界面体系气含率的通用数学表达式，其中，v_G 为表观气速，其定义为：

$$v_G=Q_G/S_0 \tag{7-72}$$

由式（7-71）可知，决定微界面体系气含率大小的因素包括：表观气速 v_G 和气泡平均上升速度 v_{32}，后者需通过进一步分析，以关联反应器设计参数。

三、微界面体系气泡平均上升速度数学表达式

均匀气泡流体系中气泡平均上升速度 v_{32} 不仅与气泡大小及体系物性有关，而且还受到其周围流场的影响。由于实际气 - 液体系中气泡周围流场具有混沌特性，因此气泡的运动具有绝对不稳定性，气泡在体系中停留一段时间后其上升速度处于较弱的振荡状态[68]。对于微界面体系中的微气泡而言，由于气泡分布均匀且在体系中的停留时间相对较长，因而可近似认为微界面体系中气泡匀速上升。

文献中对 v_{32} 的预测多基于气泡曳力系数关联式法[69-73]。也有一些研究采用 ϕ_G

的不同数学表达式形式体现各种因素对气泡上升速度的影响[72,74-77]，但多数也为经验或半经验形式，不具普适性是它们共同的局限。

值得注意的是，当气泡尺度由毫米级减小至微米级时，影响气泡运动的各因素的重要性将发生改变，具体体现为气泡运动方程形式上的差异。对于毫米级气泡，其普遍意义的运动方程可依据Boussinesq-Basset方程，并考虑气泡所受浮力、曳力、虚拟质量力、历史力（Basset力）的影响而得到[78]。而对于微米级气泡，除应考虑上述各力外，还应考虑升力、气泡周围压力梯度、气泡对其周围湍流场响应时间 τ_b（s）对曳力的影响等[79-83]。

微气泡运动的矢量方程可表示为[84-88]：

$$\frac{d\boldsymbol{v}_{32}}{dt}=3\frac{D\boldsymbol{u}}{Dt}+\frac{1}{\tau_b}\left\{\boldsymbol{u}\left[y(t),t\right]-\boldsymbol{v}_{32}(t)\right\}-2\boldsymbol{g}-\left\{\boldsymbol{v}_{32}(t)-\boldsymbol{u}\left[y(t),t\right]\right\}\times\boldsymbol{\omega}\left[y(t),t\right] \tag{7-73}$$

式（7-73）中，黑体字母表示矢量。其中，$\boldsymbol{u}$为气泡间流体速度（隙间流速），m/s；$y(t)$表示t时刻气泡的位置；$\boldsymbol{g}$为重力加速度，m/s^2；$\boldsymbol{\omega}$为气泡涡量，s^{-1}；τ_b为气泡响应时间，s。式（7-73）右端第一项为湍流场流体物质导数，体现压力梯度、气泡表面黏性应力、附加质量力的共同影响，后三项分别为曳力、气泡内气体重力、气泡周围湍流涡对气泡运动的影响[89]。

对于微界面反应器内的微气泡体系而言，其特征在于：① 反应器内液体剧烈湍流，微气泡周围液体的流动可视为势流；② 微气泡可视为表面被污染的理想硬球。依据上述特征及如下假设对式（7-73）进行简化。

① 反应器内为无旋势流场，$\boldsymbol{\omega}=0$[90,91]。

② 气泡进入体系后宏观上为匀速上升，即 $d\boldsymbol{v}_{32}/dt=0$；虽然气泡进入体系并经历一段时间后其瞬时速度在一定速度大小附近振荡[92,93]，但此段时间相对于气泡整个停留时间而言较短。

③ 反应器内湍流各向同性，$D\boldsymbol{u}/Dt=0$；气泡响应时间 τ_b 可表示为：

$$\tau_b=v_0/2g \tag{7-74}$$

式中，v_0为无限大静止液相中单个气泡上升速度，m/s。研究表明[94-97]，不同体系中的微气泡一般可视为刚性球体，因此单个微气泡的运动基本符合颗粒Stokes公式。但由于界面理化性质的影响，不同体系中单个微气泡的实际上升速度与Stokes公式预测值存在一定差异，因此，v_0的预测应采用更合理的计算式（见下文）。

基于以上假设并仅考虑反应器内气泡一维运动情况时，式（7-73）可简化为（以竖直向上方向为正方向）：

$$v_{32}=v_0\pm u \tag{7-75}$$

式中，“+”表示液体宏观竖直向上运动；反之，表示液体宏观竖直向下运动。式

（7-75）与Nicklin推导结果一致[98]。以下分别讨论。

1. 液体宏观竖直向下运动

在此情况下有：

$$v_{32}=v_0-u \tag{7-76}$$

当体系中气泡较小时，有可能出现 $v_0<u$ 的情况。此时，体系中气泡将整体向反应器下方运动并进入液体外循环管路，由此会带来工业生产中的各种后续问题。因此须保证：

$$v_0 \geqslant u \tag{7-77}$$

对于均匀上升气泡流，当液体流量为 Q_L（m^3/s）时，u 可表示为：

$$u=\frac{Q_L}{(1-\phi_G)S_0}=\frac{v_L}{1-\phi_G} \tag{7-78}$$

式中，v_L（m/s）为表观液速，其定义如式（7-79）。

$$v_L=Q_L/S_0 \tag{7-79}$$

结合式（7-71）、式（7-76）、式（7-78）有：

$$v_{32}=v_0-\frac{v_L}{1-v_G/v_{32}} \tag{7-80}$$

且：

$$v_0 \geqslant \frac{v_L}{1-v_G/v_{32}} \tag{7-81}$$

将关于 v_{32} 的式（7-80）化简后可得：

$$v_{32}^2+(v_L-v_G-v_0)v_{32}+v_G v_0=0 \tag{7-82}$$

式（7-82）有解的条件为：

$$\sqrt{v_0} \geqslant \sqrt{v_G}+\sqrt{v_L}\text{（条件1）} \tag{7-83}$$

或

$$\sqrt{v_0} \leqslant \sqrt{v_G}-\sqrt{v_L}\text{（条件2）} \tag{7-84}$$

式（7-82）中 v_{32} 存在如下两个实根：

$$v_{32}=\frac{(v_G+v_0-v_L)\pm\sqrt{(v_G+v_0-v_L)^2-4v_G v_0}}{2} \tag{7-85}$$

此两实根中只有一个具有实际物理意义。为此，须进行甄别。考察一种极限情况，即当反应器内仅有单个气泡时，应有下列关系式成立：

$$v_{32}=v_0 \tag{7-86}$$

此时式（7-82）的唯一实解为：

$$v_{32}=\frac{(v_G+v_0-v_L)+\sqrt{(v_G+v_0-v_L)^2-4v_G v_0}}{2} \tag{7-87}$$

式（7-87）即为微界面体系中液体作宏观竖直向下运动时的气泡平均运动速

度 v_{32} 的通用数学模型。以下 Nicklin 表达式［式（7-88）］仅为式（7-87）的一个特例[44]：

$$v_{32} = v_G + v_0 - v_L \tag{7-88}$$

当 v_G 或 v_0 足够小时，式（7-87）即简化为式（7-88）。两者存在差异的原因在于，Nicklin 在推导式（7-88）时，假设体系为均匀气泡流。实际上，众多的研究普遍认为[99-101]：对于常见的毫米级气泡体系，v_G 是影响气液两相流型的关键因素，当 v_G 较小时，体系为均匀气泡流，当 v_G 继续增大时，依次形成非均匀的弹状流、气液团状流及环状流。但对于微界面体系中的气泡，气泡聚并的概率几乎为零，在较大的 v_G 下仍可能为均匀气泡流。因此，式（7-88）仅是式（7-87）的特例。

2. 气泡周围液体宏观运动速度为零

由式（7-75）可知，当气泡周围液体宏观运动速度为零时，应有：

$$v_{32} = v_0 \tag{7-89}$$

前已述及，实际体系中影响气泡运动的因素较多，预测气泡上升速度的纯理论数学模型难以建立，经验式在实际工程应用研究中难以避免。笔者认为，在目前已有的众多预测 v_0 的经验式中，Fan 等[97] 通过大量实验数据拟合得到的式（7-90）最具实用价值。

$$v_0 = \left(\frac{\sigma_L g}{\rho_L}\right)^{1/4}\left[\left(\frac{MO^{-1/4}}{K_b}d_e'^{\,2}\right)+\left(\frac{2c}{d_e'}+\frac{d_e'}{2}\right)^{-n/2}\right]^{-1/n} \tag{7-90}$$

$$Mo = g\mu_L^{\,4}/\rho_L\sigma_L^{\,3} \tag{7-91}$$

$$d_e' = d_{32}\left(\rho_L g/\sigma_L\right)^{1/2}$$

但式（7-90）中的三个参数（K_b、c 和 n）不具有明确的物理含义，一般采用经验值。

3. 气泡周围液体宏观竖直向上运动

在此情况下

$$v_{32}=v_0+u \tag{7-92}$$

采用上述相同的方法，可得：

$$v_{32} = \frac{\left(v_G + v_0 + v_L\right)+\sqrt{\left(v_L + v_G + v_0\right)^2 - 4v_G v_0}}{2} \tag{7-93}$$

综上所述，微界面体系内气泡上升速度 v_{32} 数学模型为：

$$v_{32} = \frac{\left(v_G + v_0 \pm v_L\right)+\sqrt{\left(v_G + v_0 \pm v_L\right)^2 - 4v_G v_0}}{2} \tag{7-94}$$

式中，v_L前的“+”表示气泡周围液体宏观竖直向上运动的情况；“-”则表示气泡周围液体宏观竖直向下运动的情况；v_0可依据式（7-90）计算。

四、微界面体系气含率构效调控数学模型

本节首先推导得到了微界面气泡均匀分散体系气含率 ϕ_G 的通用表达式（7-71），进而推导得到了微界面体系中气泡平均上升速度 v_{32} 的计算式（7-94）。由此可得如下微界面体系气含率构效调控数学模型式（7-95）。

$$\phi_G = \frac{2v_G}{v_0 + v_G \pm v_L + \sqrt{(v_0 + v_G \pm v_L)^2 - v_G v_0}} \tag{7-95}$$

式中，v_G和v_L与体系操作参数（气、液流量）及微界面强化反应器直径有关；v_0由体系物性及d_{32}大小决定，d_{32}构效调控数学模型由前文推导得到。

第四节 微界面体系气液相界面积构效调控数学模型

一、气液相界面积研究进展

气液相界面积 a 表征单位体积反应体系中气泡表面积的大小，其物理意义与界面面积浓度[102]相同。a 是决定气 - 液界面传质速率的重要参数，且影响因素较多。

在实际气 - 液反应体系中，由于同时存在气泡破裂、聚并、化学反应等过程，且反应器内局部流动行为存在差异，因此 a 具有时空变化特征。精确预测体系内 a 的时空特征可依据如下界面面积传递方程（interfacial area transport equation，IATE）[103]：

$$\frac{\partial a}{\partial t} + \nabla \cdot (a \times \boldsymbol{v}_b) = \frac{2a}{3\phi_G}\left[\frac{\partial \phi_G}{\partial t} + \nabla \cdot (\phi_G \times \boldsymbol{v}_b)\right] + \frac{1}{3\psi}\left(\frac{\phi_G}{a}\right)^2 \left(\sum_j R_j + R_{ph}\right) \tag{7-96}$$

式中，$\boldsymbol{v}_b$ 为基于气含率权重的时间平均气泡运动速度；ψ 为气泡形状因子，当气泡为球形时，ψ=1/（36π）；R_j 和 R_{ph} 分别为因气泡破裂和聚并过程及相变过程导致的气泡数密度变化率。对于气 - 液反应体系，此方程中还应增加因化学反应导致的气泡数密度变化率。由于体系中可能存在形状极为不同的气泡，式（7-96）常采用单一气泡大小[104,105]或两气泡大小[106,107]的形式，即将体系中气泡视为相同形状或分成球体、椭球体及其他非理想形状。

当考察稳态且气 - 液两相一维运动的情况时，可对式（7-96）进行简化，但各种因素导致气泡数密度变化情况较为复杂。气泡数密度 n 的一般方程为[103]：

$$\frac{\partial n}{\partial t}+\nabla\cdot\left(n\boldsymbol{v}_{\mathrm{pm}}\right)=\sum_{j}R_{j}+R_{\mathrm{ph}} \tag{7-97}$$

式中，$\boldsymbol{v}_{\mathrm{pm}}$ 为基于气泡数密度权重的局部气泡运动速度。以上基于 IATE 对 a 进行预测的方法，如能建立各因素对气泡数密度影响的数学关联，即可对实际气 - 液反应体系中 a 的时空特征进行理论计算。但不同型式反应器内实际体系中气泡的行为极为复杂，构建气泡数密度精确数学关联式的难度较大。

鉴于实际体系中 a 的时空特征难以精确预测，可采用关键参数进行时间平均法。该方法假定气泡为球体，且其竖直上升速度分量远大于其他两个方向上的速度分量，此时基于时间平均的气泡大小可按式（7-98）计算[108]：

$$\overline{d_{\mathrm{b}}}=\frac{3}{2}\frac{\phi_{\mathrm{G}}\left|\overline{v_{\mathrm{sz}}}\right|}{N_{t}} \tag{7-98}$$

式中，$\overline{d_{\mathrm{b}}}$ 为基于时间平均的气泡直径，m；$\left|\overline{v_{\mathrm{sz}}}\right|$和 N_t 分别为在所研究的时间范围内气泡平均运动速度（m/s）和气泡数量。在上述假设下，时间平均的气液相界面积 a 的大小可按下式计算：

$$\overline{a}=4N_{t}/\left|\overline{v_{\mathrm{sz}}}\right| \tag{7-99}$$

由式（7-98）和式（7-99）可得：

$$\overline{a}=6\phi_{\mathrm{G}}/\overline{d_{\mathrm{b}}} \tag{7-100}$$

式（7-100）是探针法测量体系中局部气液相界面积的基础。为准确确定体系气液相界面积，须在体系多个位置设置探针，并对所采集到的数据进行统计平均。当体系中设置较多探针，势必会对体系的流体力学行为产生影响，因此采用此方法存在一定的局限性。实际上，采用体积平均法更常见。

对于空间分布均匀的球形多气泡体系，$\overline{d_{\mathrm{b}}}$ 与体系 Sauter 平均直径 d_{32} 大小相等[109]，通过数学推导可得到如下基于体积平均的气液相界面积计算公式：

$$a=6\phi_{\mathrm{G}}/d_{32} \tag{7-101}$$

式（7-101）也可基于气泡粒径的 Maxwell-Boltzmann 分布得到[110]。已有研究表明，常见的气 - 液反应器中气泡粒径分布基本符合 Maxwell-Boltzmann 分布特征，因此式（7-101）被普遍采用。但有两点必须注意：其一，气液相界面积与体系中气泡流体力学行为有关，而该式仅为数理统计意义上的结果，并不是 a 的严格数学模型；其二，该式虽然支持气泡粒径分布近似于 Maxwell-Boltzmann 分布特征的气液鼓泡反应器中 a 的计算，但对那些新型强化反应器以及在特殊混合方式下工作的反应体系是否仍然适用，尚有待研究证实。

气液相界面积 a 是体系宏观参数，其变化是体系中气泡尺度流体力学行为的外在表现。因此为构建 a 的数学模型，须对体系中气泡流体力学特征进行研究。

二、微界面体系气液相界面积一般数学表达

微界面体系气液相界面积 a（m^2/m^3）由体系中气泡总数 N、气泡粒径分布及气液混合物总体积 V_T（m^3）决定。即：

$$a = \pi N \int_{d_{min}}^{d_{max}} f(x) x^2 dx / V_T \tag{7-102}$$

当体系气含率为 ϕ_G，依据其定义，则有：

$$\phi_G = \frac{\pi N}{6V_T} \int_{d_{min}}^{d_{max}} f(x) x^3 dx \tag{7-103}$$

由式（7-102）、式（7-103）可得：

$$a = \frac{6\phi_G}{\int_{d_{min}}^{d_{max}} f(x) x^3 dx / \int_{d_{min}}^{d_{max}} f(x) x^2 dx} \tag{7-104}$$

式（7-104）分母项实际为 d_{32} 计算式，即：

$$d_{32} = \int_{d_{min}}^{d_{max}} f(x) x^3 dx / \int_{d_{min}}^{d_{max}} f(x) x^2 dx \tag{7-105}$$

式（7-104）即为微界面体系气液相界面积的通用数学表达式，其形式与式（7-101）相同，它适用于气泡均匀分布且其粒径连续分布的微界面体系的气液相界面积计算。

三、微界面体系气液相界面积构效调控数学模型

基于前文已构建的微界面体系 d_{32} 和气含率 ϕ_G 的构效调控数学模型，以及气液相界面积通用数学表达式，微界面体系气液相界面积构效调控数学模型由如下方程组成：

$$a = \frac{6v_G}{v_{32}d_{32}} = \frac{12v_G}{\left[v_0 + v_G \pm v_L + \sqrt{(v_0 + v_G \pm v_L)^2 - v_G v_0}\right] d_{32}}$$

$$d_{32} = \sqrt{d_{max} d_{min}} \exp\left[3.5\left(8 + \ln\sqrt{d_{max}/d_{min}} - 4\sqrt{4 + \ln\sqrt{d_{max}/d_{min}}}\right)\right]$$

$$d_{max} = 0.75(\sigma_L / \rho_L)^{0.6} \varepsilon^{-0.4}$$

$$d_{min} = 11.4(\mu_L / \rho_L)^{0.75} \varepsilon^{-0.25}$$

$$\varepsilon_{mix} = \frac{1+\lambda}{\rho_L V_0}\left[\sqrt{2gH_0 / \left(\frac{1}{\lambda^2 S_1^2} \times \frac{1}{S_0^2}\right)} p_m \ln\left(\frac{p_m + \Delta p}{p_m}\right) - \rho_L g H_0 Q_{L0} \left(\frac{1}{\lambda^2 S_1^2} - \frac{1}{S_0^2}\right)^{-1} \left(\frac{1+\lambda}{\lambda S_1}\right)^2\right]$$

第五节 微界面体系传质系数构效调控数学模型

一、微界面体系传质概述

气 - 液 - 固微界面体系传质系数包括气 - 液界面处的气侧和液侧传质系数以及催化剂颗粒表面液 - 固传质系数。

二、微界面体系气侧传质系数构效调控数学模型

1. 气侧传质系数理论模型

气侧传质系数计算模型主要有两类，即基于双膜理论的计算模型和静止球计算模型。基于双膜理论的气侧传质系数计算模型一般形式如式（7-106）所示。

$$k_G^* = \frac{D_G}{RT\delta_G} \tag{7-106}$$

式中，R为气体常数，8.314J/（mol·K）；T为气体热力学温度，K；D_G为气相扩散系数，m^2/s；δ_G为有效气膜厚度，m；k_G^*为标准气膜传质系数，mol/（m^2·Pa·s）。为与液侧传质系数k_L（m/s）进行比较，气侧传质系数常采用式（7-107）的数学表达。

$$k_G = H_A k_G^* = \frac{H_A D_G}{RT\delta_G} \tag{7-107}$$

式中，k_G为气膜传质系数，m/s；H_A为亨利系数，Pa·m^3/mol，其大小受体系温度、压力及物性影响。

根据式（7-106）或式（7-107）构建气侧传质系数数学模型，需建立 D_G 和 δ_G 的数学关系式。前者已在前文介绍，有效气膜厚度 δ_G 一般依据 Prandtl 边界层理论 [111] 计算。

Prandtl 边界层理论指出，在气 - 液界面的气侧存在两个区域，即层流区和气体湍流区。气膜传输阻力主要集中于层流区，其厚度即为 δ_G。由于边界层内的气相流动速度趋于外部流动速度的过程是渐进而不是突变的，为唯一确定 δ_G，通常约定平行于界面的气相速度分量与气相湍流区主体速度相差 1% 的位置即是有效气膜的外边界 [112]。因此 δ_G 与近界面处湍流程度相关。对于运动中的气泡而言，其内部 Rybczynski-Hadamard 循环（简称 R-H 循环）决定气相主体湍流程度 [113]。R-H 循环与气膜周边液膜的移动性有关，且液膜移动性受液膜附近液体的流动、气泡的形状和运动、表面活性物质或杂质等因素影响。总体而言，δ_G 数学模型的构建须进行

大量简化处理，即便如此，因 δ_G 不易测量，故所建 δ_G 数学模型的合理性也难以进行验证。

气侧传质系数的另一类理论模型为静止球理论模型[99]。若气泡内为二元气体混合物，依据 Gedde 静止球模型所得到的气侧传质系数的理论计算方程为：

$$k_G = -\frac{d_0}{6t_0}\ln\left\{\frac{6}{\pi^2}\exp\left[-\frac{D_G\pi^2 t_0}{\left(d_0/2\right)^2}\right]\right\} \tag{7-108}$$

式中，d_0 为气泡直径，m；t_0 为气泡停留时间，s。式（7-108）表明，气膜传质系数与气泡大小密切相关：当气泡较大（直径为毫米级或厘米级）时，其外部液体的流动有可能使气泡表面产生某种程度的移动而改变气泡内部 R-H 循环，进而影响 δ_G 和 k_G；当气泡较小（如微气泡）时，气泡可视为刚性球体，其外部液体流动对气泡表面移动性的影响相对较小，因而其内部气体的运动受 R-H 循环影响的程度有限。

由于 t_0 和 d_0 和反应器设计参数有关，且由上述静止球物理模型所建立的 k_G 数学模型的预测结果与实验结果非常吻合[99]，故以下将依据式（7-108）构建 k_G 调控数学模型。

2. 微界面体系气侧传质系数构效调控数学模型

对于微界面体系中的大量微气泡而言，应将式（7-108）中 d_0 及 t_0 分别替换为体系 Sauter 平均直径 d_{32} 及气泡平均停留时间 t_{32}，即可得到微界面体系平均气侧传质系数一般数学模型：

$$k_G = -\frac{d_{32}}{6t_{32}}\ln\left\{\frac{6}{\pi^2}\exp\left[-\frac{\pi^2 D_G t_{32}}{\left(d_{32}/2\right)^2}\right]\right\} \tag{7-109}$$

式（7-109）中d_{32}数学模型已建立，而气泡在体系中的停留时间t_{32}（s）需进一步建立数学模型。

气泡在体系中的停留时间 t_{32} 与气泡的上升速度 v_{32} 及稳态时气液体系的总高度有关。当体系初始液位高度为 H_0（m），稳态时体系的气含率为 ϕ_G，则 t_{32} 可采用式（7-68）计算。

$$t_{32} = \frac{H_0}{\left(1-\phi_G\right)v_{32}} \tag{7-68}$$

将式（7-94）、式（7-95）代入式（7-68）后可得：

$$t_{32} = \frac{2H_0}{v_0 - v_G \pm v_L + \sqrt{\left(v_0 + v_G \pm v_L\right)^2 - v_0 v_G}} \tag{7-110}$$

至此，由式（7-109）、式（7-110）及前文 d_{32} 数学模型，即构成了微界面体系气侧传质系数构效调控数学模型。

三、微界面体系液侧传质系数构效调控数学模型

1. 液侧传质系数理论模型

目前主要有三种理论可用于微界面体系液侧传质系数 k_L 数学模型的构建，它们分别是基于双膜理论、渗透理论以及近界面湍流传质理论。

基于双膜理论的 k_L 计算式为：

$$k_L = D_L / \delta_L \tag{7-111}$$

式中，D_L 和 δ_G 分别为气体分子在液相中的扩散系数（m^2/s）及有效液膜厚度（m）。有效液膜厚度 δ_L 虽已有一些理论研究[114, 115]，由于其大小受气泡周围流场分布、尾涡、表面活性物质等诸多因素的影响，因此，其精确的理论数学模型难以建立。

基于 Higbie 渗透理论的 k_L 理论模型一般形式为：

$$k_L = 2\sqrt{D_L / (\pi t_c)} \tag{7-112}$$

式中，t_c 为气液界面附近液体微元更新时间，可依据 Kolmogorov 湍流理论或速度滑移理论计算。Kolmogorov 湍流理论认为，t_c 由液体运动黏度 ν_L（m^2/s）和传质界面附近液体能量耗散率 ε（W/kg）共同决定，即：

$$t_c = (\nu_L / \varepsilon)^{0.5} \tag{7-113}$$

速度滑移理论认为，由于气 - 液两相存在密度差，气泡在其运动过程中相对于周围液相存在滑移，t_c 可定义为[115,116]：

$$t_c = d_0 / v_s \tag{7-114}$$

式中，d_0 和 v_s 分别为气泡直径（m）和气泡相对于其周围液体的滑移速度（m/s）。

基于近界面湍流传质理论的 k_L 数学模型可分为两类：一类以湍流扩散为基础[117-120]，另一类依据近界面涡旋传质理论[121]，主要包括两种模型，即大涡模型[122]和小涡模型[123]，但在湍流场中，对传质起控制作用的是大尺度的含能涡还是小尺度的黏性耗散涡仍存在一定的争议[124]，且诸如大小涡界定等问题也亟须解决。

2. 微界面体系液侧传质系数构效调控数学模型

鉴于渗透理论是液侧传质系数最经典的理论基础，且气泡行为与液侧传质系数密切相关，因此，微界面体系液侧传质系数调控数学模型将基于滑移速度的表面更新理论构建。

微界面体系液侧传质系数构效调控数学模型的一般形式为：

$$k_L = 2\sqrt{\frac{D_L v_s}{\pi d_{32}}} \tag{7-115}$$

式中，液相扩散系数 D_L 理论计算模型已在前文介绍。气泡相对于其周围液体（速度为 u）的滑移速度 v_s 的定义为：

$$v_s = |v_{32} - u| \tag{7-116}$$

前文已构建了 v_{32} 和 u 的数学模型，故将式（7-78）和式（7-94）代入式（7-116）后可得 v_s 的数学表达式为：

$$v_s = \left|\frac{v_{32} - v_G - v_L}{v_{32} - v_G}\right| v_{32} \tag{7-117}$$

将式（7-117）代入式（7-115）后可得：

$$k_L = 1.12\sqrt{\frac{D_L v_{32}}{d_{32}}\left|\frac{v_{32} - v_G - v_L}{v_{32} - v_G}\right|} \tag{7-118}$$

式中，d_{32}和v_{32}构效调控数学模型已在前文构建。因此，由式（7-118）及d_{32}和v_{32}构效调控数学模型所组成的方程组即为微界面体系液侧传质系数构效调控数学模型。

四、微界面体系液-固传质系数构效调控数学模型

1. 液-固传质系数一般数学表达

气-液-固多相反应体系中催化剂颗粒表面液-固传质系数 k_S 的大小体现了反应物分子在催化剂颗粒表面液膜内传质速率的快慢，其影响因素包括催化剂颗粒形状及大小、反应物分子在液膜内的液相扩散系数、催化剂颗粒与其周围液体间的相对运动。

对于无限大静止液体中的球状催化剂颗粒，k_S 可采用边界层理论精确预测。当浆态床反应器内催化剂颗粒较大时，其与液相之间的相对运动对 k_S 大小有影响，该影响常采用含有施密特数（Sc）和催化剂颗粒雷诺数（Re）的函数体现。

浆态床反应器内 k_S 通用数学模型为

$$k_s = \frac{D_L}{d_s}\left(2 + \alpha Sc^n Re^m\right) \tag{7-119}$$

式中，d_s 为催化剂颗粒直径，m；α、m 和 n 为与实际体系有关的常数，须通过实验数据拟合确定。Sc 和 Re 的定义分别如下：

$$Sc = \mu_L / (\rho_L D_L) \tag{7-120}$$

$$Re = \rho_L u_r d_s / \mu_L \tag{7-121}$$

式中，u_r 为催化剂颗粒相对于其周围液体的运动速度，m/s。由于在浆态床体系中 u_r 精确预测较困难，因此，Re 也难以合理确定。到目前为止已有研究所建立的 Re 数学关系式多基于 Kolmogorov 各向同性湍流假设。

在 Kolmogorov 各向同性湍流场中，Re 因 d_s 与 Kolmogorov 微尺度湍流涡尺寸 $\eta\left\{\eta = \left[\mu_L / (\rho_L \varepsilon)\right]^{1/4}\right\}$的相对大小有关而有两种计算形式，即：

当 $\eta > d_s$ 时

$$Re = C\left(\frac{\varepsilon \rho_L{}^3 d_s{}^4}{\mu_L{}^3}\right)^{1/2} \tag{7-122}$$

当 $\eta < d_s$ 时

$$Re = C\left(\frac{\varepsilon \rho_L{}^3 d_s{}^4}{\mu_L{}^3}\right)^{1/3} \tag{7-123}$$

式中，C 为待定常数；ε 为催化剂颗粒表面附近局部能量耗散率，W/kg。

2. 微界面体系液 – 固传质系数构效调控数学模型

对于微界面体系而言，催化剂颗粒密度和粒径均较小，可认为催化剂颗粒与液相之间无相对运动，因此 C 可近似为 0。于是，微界面体系液 - 固传质系数构效调控数学模型可表示为：

$$k_s = \frac{2D_L}{d_s} \tag{7-124}$$

由式（7-124）可知，微界面气 - 液 - 固体系液 - 固传质系数与反应物分子液相扩散系数及催化剂颗粒粒径有关。对于渣油加氢微界面体系，减小催化剂颗粒粒径有利于降低液 - 固传质阻力。

第六节 微界面气–液–固反应体系宏观反应速率构效调控数学模型

一、宏观反应速率通用表达式

气 - 液 - 固反应体系宏观反应速率同时受体系多相传质过程和本征反应速率的影响，其通用表达式的建立一般基于稳态假设，即：自气 - 液界面向液相主体的传质速率、自液相主体向催化剂表面的传质速率以及催化剂活性中心（位于催化剂表面或内部）处反应速率三者相等[125,126]。

气 - 液 - 固反应体系多相传质和反应过程物理简图参见图 5-37。

假定在催化剂活性中心发生如下反应：

$$A + \upsilon B \rightarrow \text{产物} \tag{7-125}$$

式中，A 和 B 分别为反应气体和液体；υ 为化学计量数。对于 A 而言，其宏观反应速率 r_A［mol/（m^3 催化剂 · s）］的通用数学表达式与其反应级数有关。当 A 为一级反应时，r_A 可表示为：

$$-r_{\mathrm{A}}=\frac{1}{\frac{1}{a}\left(\frac{1}{H_{\mathrm{A}}k_{\mathrm{G}}}+\frac{1}{k_{\mathrm{L}}}\right)+\frac{1}{k_{\mathrm{s}}a_{\mathrm{s}}}+\frac{1}{\left(k_{\mathrm{A}}\overline{C}_{\mathrm{B}}\right)\eta_{\mathrm{A}}f_{\mathrm{s}}}}\times\frac{p_{\mathrm{G}}}{H_{\mathrm{A}}} \tag{7-126}$$

式中，p_{G}（Pa）为气泡内气体的分压，a_{s}（m^2/m^3）和f_{s}（m^3 催化剂 /m^3 反应物）分别为体系中催化剂的比表面积和加载量；η_{A} 为考虑催化剂孔道内扩散对 A 反应速率影响的有效因子；k_{A} 为 A 的本征反应速率常数。由于催化剂反应位点处 B 的浓度 $\overline{C}_{\mathrm{B}}$（$mol/m^3$）与 r_{A} 大小有关，因此，由式（7-126）计算 r_{A} 须采用试差法。

若体系中 B 相对于 A 大量存在，且其浓度等于恒定的液相主体中 B 的浓度 C_{B0}（mol/m^3），则式（7-126）可写为

$$-r_{\mathrm{A}}=\frac{1}{\frac{1}{a}\left(\frac{1}{H_{\mathrm{A}}k_{\mathrm{G}}}+\frac{1}{k_{\mathrm{L}}}\right)+\frac{1}{k_{\mathrm{s}}a_{\mathrm{s}}}+\frac{1}{\left(k_{\mathrm{A}}C_{\mathrm{B0}}\right)\eta_{\mathrm{A}}f_{\mathrm{s}}}}\times\frac{p_{\mathrm{G}}}{H_{\mathrm{A}}} \tag{7-127}$$

式（7-127）对宏界面体系和微界面体系的宏观反应速率 r_{A} 的计算均可适用。在具体计算时，对于难溶性气体，式（7-127）分母括号内的第一项一般可以忽略不计。

二、不考虑催化剂内扩散的宏观反应速率模型

当不考虑催化剂内扩散对宏观反应速率 r_{A} 的影响，即反应在催化剂表面进行时，$\eta_{\mathrm{A}}=1$。此时，r_{A} 的数学表达式为：

$$-r_{\mathrm{A}}=\frac{1}{\frac{1}{a}\left(\frac{1}{H_{\mathrm{A}}k_{\mathrm{G}}}+\frac{1}{k_{\mathrm{L}}}\right)+\frac{1}{k_{\mathrm{s}}a_{\mathrm{s}}}+\frac{1}{\left(k_{\mathrm{A}}C_{\mathrm{B0}}\right)f_{\mathrm{s}}}}\times\frac{p_{\mathrm{G}}}{H_{\mathrm{A}}} \tag{7-128}$$

式中，气液相界面积 a、传质系数（k_{G}、k_{L} 和 k_{s}）构效调控数学模型已在前文构建；C_{B0} 由体系初始条件给定；参数 a_{s} 和 f_{s} 与体系气含率 ϕ_{G} 有关。

当反应器连续操作，且液相中催化剂的质量分数为 w，以及催化剂密度为 ρ_{s}（kg/m^3）时，则：

$$a_{\mathrm{s}}=\frac{6w\left(1-\phi_{\mathrm{G}}\right)\rho_{\mathrm{L}}}{\rho_{\mathrm{s}}d_{\mathrm{s}}} \tag{7-129}$$

$$f_{\mathrm{s}}=\frac{6w\left(1-\phi_{\mathrm{G}}\right)\rho_{\mathrm{L}}}{\rho_{\mathrm{s}}} \tag{7-130}$$

将式（7-129）、式（7-130）代入式（7-128）后可得：

$$-r_{\mathrm{A}}=\frac{1}{\frac{1}{a}\left(\frac{1}{H_{\mathrm{A}}k_{\mathrm{G}}}+\frac{1}{k_{\mathrm{L}}}\right)+\frac{\rho_{\mathrm{s}}}{6w\left(1-\phi_{\mathrm{G}}\right)\rho_{\mathrm{L}}}\left(\frac{d_{\mathrm{s}}}{k_{\mathrm{s}}}+\frac{1}{k_{\mathrm{A}}C_{\mathrm{B0}}}\right)}\times\frac{p_{\mathrm{G}}}{H_{\mathrm{A}}} \tag{7-131}$$

式（7-131）即为不考虑催化剂内扩散时的宏观反应速率模型。此模型可以适用于几乎所有的催化剂活性中心暴露在催化剂颗粒表面的微界面反应体系。

三、考虑催化剂内扩散的宏观反应速率模型

对于颗粒型催化剂，其许多活性中心均在催化剂颗粒内部，内扩散问题显得较为突出，会在一定程度上影响此类催化剂的宏观反应速率，式（7-127）中有效扩散因子 η_A 即是此种影响的数学表达。η_A 可采用下式表示：

$$\eta_A = \frac{1}{\phi}\left[\coth(2\phi) - \frac{1}{3\phi}\right] \tag{7-132}$$

式中，ϕ 为归一化的席勒模量，对于一级反应，其具体表达式为：

$$\phi = \frac{d_s}{6}\sqrt{\frac{\rho_s k_A}{D_{eA}}} \tag{7-133}$$

式中，D_{eA} 为 A 在催化剂孔道内的有效扩散系数，m^2/s，与 A 在液相中的扩散系数 D_L、催化剂孔隙率 ϕ_s 及孔道弯曲因子 Ω_s 有关，即：

$$D_{eA} = \frac{D_L \phi_s}{\Omega_s} \tag{7-134}$$

将式（7-134）代入式（7-133）后可得：

$$\phi = \frac{d_s}{6}\sqrt{\frac{\Omega_s \rho_s k_A}{D_L \phi_s}} \tag{7-135}$$

D_L 的理论计算在前文已介绍，ϕ_s 和 Ω_s 为催化剂固有性质，可通过实验确定。

因此，可以得到在具有催化剂内扩散影响的微界面体系宏观反应速率的计算模型：

$$-r_A = \frac{1}{\frac{1}{a}\left(\frac{1}{H_A k_G} + \frac{1}{k_L}\right) + \frac{\rho_s}{6w(1-\phi_G)\rho_L}\left[\frac{d_s}{k_s} + \frac{\phi}{\coth(2\phi) - \frac{1}{3\phi}} \times \frac{1}{k_A C_{B0}}\right]} \times \frac{p_G}{H_A} \tag{7-136}$$

上述关于微界面体系下宏观反应速率的计算表达式中，a 是微界面体系下的气液相界面积；k_L 是气 - 液界面液侧的传质系数，其计算可以采用两种方式：一是采用式（7-111）进行直接计算，其中的 δ_L 可采用现代测试手段对微界面体系下的气泡传质膜厚的精确测试得到；另一是采用式（7-118）进行间接估算。由于计算式涉及反应器内的多相流型，而其又无法通过理论精确计算，因此，这种方法一般只能得到近似结果，误差的具体数值由不同反应体系、不同反应器结构和操作条件所决定。

参考文献

[1] Sujan A, Vyas R K. A review on empirical correlations estimating gas holdup for shear-thinning non-Newtonian fluids in bubble column systems with future perspectives[J]. Reviews in Chemical Engineering, 2018, 34（6）:887-928.

[2] Liao Yixiang, Lucas Dirk. A literature review on mechanisms and models for the coalescence process of fluid particles[J]. Chemical Engimeering Science, 2010, 65（10）: 2851-2864.

[3] Vries AWG de, Biesheuvel A, van Wijngaarden L. Notes on the path and wake of a gas bubble rising in pure water[J]. International Journal of Multiphase Flow, 2002, 28(11):1823-1835.

[4] Ziegenhein T, Rzehak R, Krepper E, et al. Numerical simulation of polydispersed flow in bubble columns with the inhomogeneous multi - size - group model[J]. Chemie Ingenieur Technik, 2013, 85（7）:1080-1091.

[5] Pourtousi M, Sahu J N, Ganesan P. Effect of interfacial forces and turbulence models on predicting flow pattern inside the bubble column[J]. Chemical Engineering and Processing, 2014, 75:38-47.

[6] Yamoah S, Martínez-Cuenca R, Monrós G, et al. Numerical investigation of models for drag, lift, wall lubrication and turbulent dispersion forces for the simulation of gas–liquid two-phase flow[J]. Chemical Engineering Research & Design, 2015, 98:17-35.

[7] Zieminski S A, Whittemore R C. Behavior of gas bubbles in aqueous electrolyte solutions[J]. Chemical Engineering Science, 1971, 26（4）:509-520.

[8] Harmathy T Z. Velocity of large drops and bubbles in media of infinite or restricted extent[J]. AIChE Journal, 1960, 6（2）:281-288.

[9] Davies R M, Taylor G I. The mechanics of large bubbles rising through extended liquids and through liquids in tubes[J]. Proceedings of the Royal Society of London. Series A. Mathematical and Physical Sciences, 1950, 200（1062）:375-390.

[10] Daripa P, Pasa G. The effect of surfactant on the motion of long bubbles in horizontal capillary tubes[J]. Journal of Statistical Mechanics: Theory and Experiment, 2010, 2010（02）:L02002.

[11] Hesketh R P, Fraser Russell T W, Etchells A W. Bubble size in horizontal pipelines[J]. Aiche Journal, 1987, 33（4）:663-667.

[12] Thorpe R B, Evans G M, Zhang K, et al. Liquid recirculation and bubble breakup beneath ventilated gas cavities in downward pipe flow[J]. Chemical Engineering Science, 2001, 56（21-22）:6399-6409.

[13] Zhou G, Kresta S M. Correlation of mean drop size and minimum drop size with the turbulence energy dissipation and the flow in an agitated tank[J]. Chemical Engineering

Science, 1998, 53（11）:2063-2079.

[14] Cramers P, Beenackers A. Influence of the ejector configuration, scale and the gas density on the mass transfer characteristics of gas - liquid ejectors[J]. Chemical Engineering Journal, 2001, 82（1-3）:131-141.

[15] Pinho H J O, Mateus D M R, Alves S S. Probability density functions for bubble size distribution in air-water systems in stirred tanks[J]. Chemical Engineering Communications, 2018, 205（8）:1105-1118.

[16] Bordas M L, Cartellier A, Sechet P, et al. Bubbly flow through fixed beds: Microscale experiments in the dilute regime and modeling[J]. Aiche Journal, 2006, 52(11):3722-3743.

[17] Boyd J W R, Varley J. Sound measurement as a means of gas-bubble sizing in aerated agitated tanks[J]. Aiche Journal, 1998, 44（8）:1731-1739.

[18] Chen P, Dudukovic M P, Sanyal J. Three-dimensional simulation of bubble column flows with bubble coalescence and breakup[J]. Aiche Journal, 2005, 51（3）:696-712.

[19] Chen P, Sanyal J, Dudukovic M P. CFD modeling of bubble columns flows: implementation of population balance[J]. Chemical Engineering Science, 2004, 59（22-23）:5201-5207.

[20] Hu B, Yang H M, Hewitt G F. Measurement of bubble size distribution using a flying optical probe technique: Application in the highly turbulent region above a distillation plate[J]. Chemical Engineering Science, 2007, 62（10）:2652-2662.

[21] Kulkarni A A, Joshi J B, Kumar V R, et al. Simultaneous measurement of hold-up profiles and interfacial area using LDA in bubble columns: Predictions by multiresolution analysis and comparison with experiments[J]. Chemical Engineering Science, 2001, 56（21-22）:6437-6445.

[22] Laakkonen M, Honkanen M, Saarenrinne P, et al. Local bubble size distributions, gas-liquid interfacial areas and gas holdups in a stirred vessel with particle image velocimetry[J]. Chemical Engineering Journal, 2005, 109（1-3）:37-47.

[23] Liu W D, Clark N N, Karamavruc A I. General method for the transformation of chord-length data to a local bubble-size distribution[J]. Aiche Journal, 1996, 42（10）:2713-2720.

[24] Magrabi S A, Dlugogorski B Z, Jameson G J. Bubble size distribution and coarsening of aqueous foams[J]. Chemical Engineering Science, 1999, 54（18）:4007-4022.

[25] Moller F, Seiler T, Lau Y M, et al. Performance comparison between different sparger plate orifice patterns: Hydrodynamic investigation using ultrafast X-ray tomography[J]. Chemical Engineering Journal, 2017, 316:857-871.

[26] Pereira F, Gharib M, Dabiri D, et al. Defocusing digital particle image velocimetry: A 3-component 3-dimensional DPIV measurement technique. Application to bubbly flows[J]. Experiments in Fluids, 2000, 29（1）:S078-S084.

[27] Santana D, Macias-Machin A. Local bubble-size distribution in fluidized beds[J]. Aiche

Journal, 2000, 46（7）:1340-1347.

[28] Sommer A E, Wagner M, Reinecke S F, et al. Analysis of activated sludge aerated by membrane and monolithic spargers with ultrafast X-ray tomography[J]. Flow Measurement and Instrumentation, 2017, 53:18-27.

[29] Akita K, Yoshida F. Bubble size, interfacial area, and liquid-phase mass transfer coefficient in bubble columns[J]. Industrial & Engineering Chemistry Process Design and Development, 1974, 13（1）:84-91.

[30] 钱伟长 . 应用数学 [M]. 合肥 : 安徽科学技术出版社 , 1993.

[31] Wu Z-N, Li J, Bai C-Y. Scaling relations of lognormal type growth process with an extremal principle of entropy[J]. Entropy, 2017, 19（2）:56.

[32] Hesketh R P, Fraser Russell T W, Etchells A W. Bubble size in horizontal pipelines[J]. AIChE Journal, 1987, 33（4）:663-667.

[33] Andreussi P, Paglianti A, Silva F S. Dispersed bubble flow in horizontal pipes[J]. Chemical Engineering Science, 1999, 54（8）:1101-1107.

[34] Razzaque M M, Afacan A, Liu S J, et al. Bubble size in coalescence dominant regime of turbulent air-water flow through horizontal pipes[J]. International Journal of Multiphase Flow, 2003, 29（9）:1451-1471.

[35] Hinze J O. Fundamentals of the hydrodynamic mechanism of splitting in dispersion processes[J]. AIChE Journal, 1955, 1（3）:289-295.

[36] Prince M J, Blanch H W. Bubble coalescence and break-up in air - sparged bubble columns[J]. Aiche Journal, 1990, 36（10）:1485-1499.

[37] Batchelor G K. The theory of homogeneous turbulence[M]. Cambridge: Cambridge University Press, 1953.

[38] Sevik M, Park S H. The splitting of drops and bubbles by turbulent fluid flow[J]. Journal of Fluids Engineering, 1973, 95（1）:53-60.

[39] Evans G M, Jameson G J, Atkinson B W. Prediction of the bubble size generated by a plunging liquid jet bubble column[J]. Chemical Engineering Science, 1992, 47（13）:3265-3272.

[40] Atkinson B W, Jameson G J, Nguyen A V, et al. Bubble breakup and coalescence in a plunging liquid jet bubble column[J]. Canadian Journal of Chemical Engineering, 2003, 81（3-4）:519-527.

[41] Evans G M, Biń AK, Machniewski P M. Performance of confined plunging liquid jet bubble column as a gas-liquid reactor[J]. Chemical Engineering Science, 2001, 56(3):1151-1157.

[42] Lewis D A, Davidson J F. Bubble sizes produced by shear and turbulence in a bubble column[J]. Chemical Engineering Science, 1983, 38（1）:161-167.

[43] Luo X, Lee D J, Lau R, et al. Maximum stable bubble size and gas holdup in high-pressure slurry bubble columns[J]. AIChE Journal, 1999, 45（4）:665-680.

[44] Calabrese R V, Chang T P K, Dang P T. Drop breakup in turbulent stirred-tank contactors. Part Ⅰ: Effect of dispersed-phase viscosity[J]. AIChE Journal, 1986, 32（4）:657-666.

[45] Thomas R M. Bubble coalescence in turbulent flows[J]. International Journal of Multiphase Flow, 1981, 7（6）:709-717.

[46] Chesters A K. Modelling of coalescence processes in fluid-liquid dispersions: A review of current understanding[J]. Chemical Engineering Research & Design, 1991, 69（A4）:259-270.

[47] Liu S, Li D. Drop coalescence in turbulent dispersions[J]. Chemical Engineering Science, 1999, 54（23）:5667-5675.

[48] Pope S B. Turbulent flows[M]. Cambridge: Cambridge University Press, 2015.

[49] Xing C, Wang T, Guo K, et al. A unified theoretical model for breakup of bubbles and droplets in turbulent flows[J]. AIChE Journal, 2015, 61（4）:1391-1403.

[50] Moore D W. The velocity of rise of distorted gas bubbles in a liquid of small viscosity[J]. Journal of Fluid Mechanics, 1965, 23（4）:749-766.

[51] Moore D W. The boundary layer on a spherical gas bubble[J]. Journal of Fluid Mechanics, 1963, 16（2）:161-176.

[52] Clarke K G, Correia L D C. Oxygen transfer in hydrocarbon-aqueous dispersions and its applicability to alkane bioprocesses: A review[J]. Biochemical Engineering Journal, 2008, 39（3）:405-429.

[53] Ribeiro C P, Lage P L C. Gas-liquid direct-contact evaporation: A review[J]. Chemical Engineering & Technology, 2005, 28（10）:1081-1107.

[54] Wilkinson P M, Spek A P, Vandierendonck L L. Design parameters estimation for scale-up of high-pressure bubble-columns[J]. AIChE Journal, 1992, 38（4）:544-554.

[55] Kawase Y, MooYoung M. Theoretical prediction of gas hold-up in bubble-columns with newtonian and non-newtonian fluids[J]. Industrial & Engineering Chemistry Research, 1987, 26（5）:933-937.

[56] Hikita H, Asai S, Tanigawa K, et al. Gas hold-up in bubble-columns[J]. Chemical Engineering Journal and the Biochemical Engineering Journal, 1980, 20（1）:59-67.

[57] Deckwer W S A. Improved tools for bubble column reactor design and scale-up[J]. Chemical Engineering Science, 1993, 48（5）:889-911.

[58] Kantarci N, Borak F, Ulgen K O. Bubble column reactors[J]. Process Biochemistry, 2005, 40（7）:2263-2283.

[59] Zuber N, Findlay J. Average volumetric concentration in two-phase flow systems[J]. Journal of Heat Transfer-Transactions of the Asme, 1965, 87（4）:453-468.

[60] Clark N N, Flemmer R L. Predicting the holdup in two-phase bubble upflow and downflow using the Zuber and Findlay drift-flux model[J]. AIChE Journal, 1985, 31（3）:500-503.

[61] Isao K, Mamoru I. Drift flux model for large diameter pipe and new correlation for pool void fraction[J]. International Journal of Heat and Mass Transfer, 1987, 30（9）:1927-1939.

[62] Hibiki T I M. Distribution parameter and drift velocity of drift-flux model in bubbly flow[J]. International Journal of Heat and Mass Transfer., 2002, 45（4）:707-721.

[63] Hibiki T, Ishii M. One-dimensional drift-flux model and constitutive equations for relative motion between phases in various two-phase flow regimes[J]. International Journal of Heat and Mass Transfer, 2003, 46（25）:4935-4948.

[64] Kulkarni A A, kambara K, Joshi J B. On the development of flow pattern in a bubble column reactor: Experiments and CFD[J]. Chemical Engineering Science, 2007, 62（4）:1049-1072.

[65] Thorat B N, Shevade A V, Bhilegaonkar K N, et al. Effect of sparger design and height to diameter ratio on fractional gas hold-up in bubble columns[J]. Chemical Engineering Research & Design, 1998, 76（A7）:823-834.

[66] Shaikh A, Al-Dahhan M H. A review on flow regime transition in bubble columns[J]. International Journal of Chemical Reactor Engineering, 2007, 5（1）.

[67] Shaikh A, Al-Dahhan M. Scale-up of bubble column reactors: A review of current state-of-the-art[J]. Industrial & Engineering Chemistry Research, 2013, 52（24）:8091-8108.

[68] Rabha S S, Buwa V V. Experimental investigations of rise behavior of monodispersed/polydispersed bubbly flows in quiescent liquids[J]. Industrial & Engineering Chemistry Research, 2010, 49（21）:10615-10626.

[69] Clift R, Grace J R, Weber M E. Bubbles, drops, and particles[M]. Courier Corporation, 2005.

[70] Raymond D R, Zieminski S A. Mass transfer and drag coefficients of bubbles rising in dilute aqueous solutions[J]. AIChE Journal, 1971, 17（1）:57-65.

[71] Delnoij E, Lammers F A, Kuipers J AM, et al. Dynamic simulation of dispersed gas-liquid two-phase flow using a discrete bubble model[J]. Chemical Engineering Science, 1997, 52（9）:1429-1458.

[72] Gillissen J JJ, Sundaresan S, van den Akker H EA. A lattice Boltzmann study on the drag force in bubble swarms[J]. Journal of Fluid Mechanics, 2011, 679:101-121.

[73] Roghair I, van Sint Annaland M, Kuipers H J. Drag force and clustering in bubble swarms[J]. AIChE Journal, 2013, 59（5）:1791-1800.

[74] Shah Y T, Kelkar B G, Godbole S P, et al. Design parameters estimations for bubble column reactors[J]. AIChE Journal, 1982, 28（3）:353-379.

[75] Krishna R, Ellenberger J, Hennephof D E. Analogous description of the hydrodynamics of gas-solid fluidized beds and bubble columns[J]. The Chemical Engineering Journal and the

Biochemical Engineering Journal, 1993, 53 (1) :89-101.

[76] Roghair I, Lau Y M, Deen N G, et al. On the drag force of bubbles in bubble swarms at intermediate and high Reynolds numbers[J]. Chemical Engineering Science, 2011, 66 (14) :3204-3211.

[77] Ishii M, Zuber N. Drag coefficient and relative velocity in bubbly, droplet or particulate flows[J]. AIChE Journal, 1979, 25 (5) :843-855.

[78] Michaelides E. Particles, bubbles & drops: Their motion, heat and mass transfer[M]. World Scientific, 2006.

[79] Park W C, Klausner J F, Mei R. Unsteady forces on spherical bubbles[J]. Experiments in Fluids, 1995, 19 (3) :167-172.

[80] Michaelides E E. The transient equation of motion for particles, bubbles, and droplets[J]. Journal of Fluids Engineering, 1997, 119 (2) :233-247.

[81] Jakobsen H A, Sannæs B H, Grevskott S, et al. Modeling of vertical bubble-driven flows[J]. Industrial & Engineering Chemistry Research, 1997, 36 (10) :4052-4074.

[82] Guet S, Ooms G. Fluid mechanical aspects of the gas-lift technique[J]. Annu Rev Fluid Mech, 2006, 38:225-249.

[83] Lixing Z. Advances in studies on turbulent dispersed multiphase flows[J]. Chinese Journal of Chemical Engineering, 2010, 18 (6) :889-898.

[84] Molin D, Marchioli C, Soldati A. Turbulence modulation and microbubble dynamics in vertical channel flow[J]. International Journal of Multiphase Flow, 2012, 42:80-95.

[85] Mazzitelli I M, Lohse D, Toschi F. The effect of microbubbles on developed turbulence[J]. Physics of Fluids, 2003, 15 (1) :L5-L8.

[86] van den Berg T H, Luther S, Mazzitelli I M, et al. Turbulent bubbly flow[J]. Journal of turbulence, 2006 (7) :N14.

[87] Gong X, Takagi S, Matsumoto Y. The effect of bubble-induced liquid flow on mass transfer in bubble plumes[J]. International Journal of Multiphase Flow, 2009, 35 (2) :155-162.

[88] Maxey, Chang E J, Wang L P. Interactions of particles and microbubbles with turbulence[J]. Experimental Thermal and Fluid Science, 1996, 12 (4) :417-425.

[89] Aliseda A, Lasheras J C. Preferential concentration and rise velocity reduction of bubbles immersed in a homogeneous and isotropic turbulent flow[J]. Physics of Fluids, 2011, 23 (9) :93301.

[90] Erhard P, Etling D, Muller U, et al. Prandtl-essentials of fluid mechanics[M]. Springer Science & Business Media, 2010.

[91] Yunus A C, Cimbala J M. Fluid mechanics fundamentals and applications[J]. International Edition, McGraw Hill Publication, 2006, 185201.

[92] Dhotre M T, Niceno B, Smith B L. Large eddy simulation of a bubble column using

dynamic sub-grid scale model[J]. Chemical Engineering Journal, 2008, 136 (2-3):337-348.

[93] Shu S, Yang N. Direct numerical simulation of bubble dynamics using phase-field model and lattice Boltzmann method[J]. Industrial & Engineering Chemistry Research, 2013, 52 (33) :11391-11403.

[94] Lee S J, Kim S. Simultaneous measurement of size and velocity of microbubbles moving in an opaque tube using an X-ray particle tracking velocimetry technique[J]. Experiments in Fluids, 2005, 39 (3) :492-497.

[95] Zimmerman W B, Tesar V, Butler S, et al. Microbubble generation[J]. Recent patents on Engineering, 2008, 2 (1) :1-8.

[96] Tesař V. Microbubble smallness limited by conjunctions[J]. Chemical Engineering Journal, 2013, 231:526-536.

[97] Liang-Shih F AN, Tsuchiya K. Bubble wake dynamics in liquids and liquid-solid suspensions[M]. Butterworth-Heinemann, 2013.

[98] Nicklin D J. Two-phase bubble flow[J]. Chemical Engineering Science, 1962, 17 (9) :693-702.

[99] Charpentier J-C. Mass-transfer rates in gas-liquid absorbers and reactors[M] . Advances in Chemical Engineering. Elsevier, 1981: 1-133.

[100] Geddes R L. Local efficiencies of bubble plate fractionators[J]. Trans AIChE, 1946, 42:79.

[101] Zhang J P, Grace J R, Epstein N, et al. Flow regime identification in gas-liquid flow and three-phase fluidized beds[J]. Chemical Engineering Science, 1997, 52(21-22):3979-3992.

[102] Hibiki T, Ishii M. Interfacial area concentration in steady fully-developed bubbly flow[J]. International Journal of Heat and Mass Transfer, 2001, 44 (18) :3443-3461.

[103] Kocamustafaogullari G, Ishii M. Foundation of the Interfacial Area Transport-Equation and Its Closure Relations[J]. International Journal of Heat and Mass Transfer, 1995, 38 (3) :481-493.

[104] Ishii M, Kim S. Development of one-group and two-group interfacial area transport equation[J]. Nuclear Science and Engineering, 2004, 146 (3) :257-273.

[105] Shen X, Hibiki T. One-group interfacial area transport equation and its sink and source terms in narrow rectangular channel[J]. International Journal of Heat and Fluid Flow, 2013, 44: 312-326.

[106] Fu X Y, Ishii M. Two-group interfacial area transport in vertical air-water flow Ⅱ . Model evaluation[J]. Nuclear Engineering and Design, 2003, 219 (2) :169-190.

[107] Sun X, Kim S, Ishii M, et al. Model evaluation of two-group interfacial area transport equation for confined upward flow[J]. Nuclear Engineering and Design, 2004, 230 (1-3) :27-47.

[108] Kataoka I, Serizawa A. Interfacial Area Concentration in Bubbly Flow [J]. Nuclear Engineering and Design, 1990, 120 (2-3) :163-180.

[109] Kataoka I, Serizawa A. Averaged bubble diameter and interfacial area in bubbly flow[C]. Proc 5th Two - Phase Flow Symposium. Kobe, Japan, 1984: 77-80.
[110] Resnick W G-O B. Gas-liquid dispersions[J]. Advances in Chemical Engineering, 1968, 7:295-395.
[111] Erhard P, Etling D, Muller U, et al. Prandtl-essentials of fluid mechanics[M]. Springer Science & Business Media, 2010.
[112] 王运东 , 骆广生 , 刘谦 . 传递过程原理 [M]. 北京 : 清华大学出版社 , 2002.
[113] Bird R B, Stewart W E, Lightfoot E N. Transport phenomena [M]. John Wiley & Sons, 2007.
[114] Vasconcelos J, Rodrigues J, Orvalho S, et al. Effect of contaminants on mass transfer coefficients in bubble column and airlift contactors[J]. Chemical Engineering Science, 2003, 58（8）:1431-1440.
[115] Colombet D, Legendre D, Cockx A, et al. Experimental study of mass transfer in a dense bubble swarm[J]. Chemical Engineering Science, 2011, 66（14）:3432-3440.
[116] Calderba. P H. Review series no 3—gas absorption from bubbles[J]. Transactions of the Institution of Chemical Engineers and the Chemical Engineer, 1967, 45（8）:C209.
[117] Levich V G, Technica S. Physicochemical hydrodynamics [M]. Prentice Hall, 1962.
[118] Biń A K. Mass transfer into a turbulent liquid film[J]. International Journal of Heat and Mass Transfer, 1983, 26（7）:981-991.
[119] Petty C A. A statistical theory for mass transfer near interfaces[J]. Chemical Engineering Science, 1975, 30（4）:413-418.
[120] King C J. Turbulent liquid phase mass transfer at a free gas-liquid interface[J]. Industrial & Engineering Chemistry Research, 1966, 5（1）:1.
[121] 余国琮 , 袁希钢 . 化工计算传质学导论 [M]. 天津 : 天津大学出版社 , 2011.
[122] Fortescue G E, Pearson J. On gas absorption into a turbulent liquid[J]. Chemical Engineering Science, 1967, 22（9）:1163-1176.
[123] Lamont J C, Scott D S. An eddy cell model of mass transfer into the surface of a turbulent liquid[J]. Aiche Journal, 1970, 16（4）:513-519.
[124] Beenackers A, van Swaaij W. Mass transfer in gas-liquid slurry reactors[J]. Chemical Engineering Science, 1993, 48（18）:3109-3139.
[125] Satterfield C N. Mass transfer in heterogeneous catalysis [M]. Cambridge, MA: MIT Press 1970.
[126] Chaudhari R V, Ramachandran P A. Three phase slurry reactors[J]. AIChE Journal, 1980, 26（2）:177-201.

第八章

微界面反应体系参数的影响

第一节 概述

本章将在第七章建立的数学模型基础上，首先以空气-水为模型体系，探讨体系单一理化参数（液体密度、动力黏度和表面张力）对微界面体系界面传质速率的影响。其后，以空气-乙醇-水为例，计算体系理化参数对微界面体系界面传质速率的综合影响。在此基础上，考察气液比、操作压力和操作温度对空气-水、空气-乙醇（质量分数 50%，下同）-水和 CO-甲醇-醋酸-水微界面体系界面传质速率和宏观反应速率的影响。

对上述三种体系进行的理论计算，所得主要结论如下：

① 液相密度对微界面体系气泡尺寸和气液相界面积的影响较小，对液侧传质系数有一定影响但不显著。总体上，液体密度对微界面体系界面传质阻力的减小作用有限。

② 表面张力和液相动力黏度是影响微界面体系气泡尺寸和气液相界面积大小的关键理化参数。表面张力和液相动力黏度的减小有利于微界面体系气泡尺寸的减小和气液相界面积的增大，因此能有效强化界面传质过程。

③ 气液比有利于提高微界面机组能量耗散率，对微界面体系气泡尺寸减小和气液相界面积增大的作用显著；操作压力升高对不同体系的影响幅度不尽相同。

④ 在满足催化剂活化温度前提下，操作温度通过影响气液体系液相动力黏度和表面张力，进而影响体系的界面传质和宏观反应速率。由于不同体系理化参数受其影响不同，因而提高操作温度对不同体系界面传质速率的促进作用也存在一

定差异。

⑤ 对于甲醇羰基化反应体系，采用微界面强化技术后，体系中气泡尺寸大为减小，液侧体积传质系数成倍增大。理论计算表明，在降温降压情况下，采用微界面强化技术，可以使传统的甲醇羰基化鼓泡式反应器得到显著强化。其结果是，不仅操作温度和压力可以降低，同时反应速率和 CO 利用率也可得到大幅提升，副反应速率会被明显抑制。

第二节 体系理化参数估算

实际气液体系理化参数的计算须考虑多元体系汽液平衡、组分交互作用等复杂影响的因素[1]。为简便计，本章采用 Aspen Plus V11.0 软件对空气 - 水、空气 - 乙醇 - 水和 CO - 甲醇 - 醋酸 - 水催化体系等三类气 - 液体系在不同工况下的液相摩尔质量、密度、动力黏度和表面张力进行计算，并据此进一步计算气相扩散系数和液相扩散系数。

一、气相扩散系数

多元气体混合物的扩散系数可由 Stefan-Maxwell 方程[2]预测，但其计算基础仍是二元气体扩散系数。对于由 A、B 两种气体组成的二元气相混合物，气相扩散系数 D_G 可依据 Chapman-Enskog 动理论或 Lennard-Jones 势理论[3]计算。其中基于 Chapman-Enskog 动理论的 D_G 理论计算式应用较广[4]：

$$D_G=\frac{1.00\times10^{-3}T^{1.75}(1/M_A+1/M_B)^{1/3}}{p_G\left[\left(\sum_A v_i\right)^{1/3}+\left(\sum_B v_i\right)^{1/3}\right]^2} \tag{8-1}$$

式中，M_A和M_B分别为气体A和B的摩尔质量，g/mol；v_i为气体的分子摩尔体积，cm^3/mol；p_G为气泡内压，Pa。对于中高温气体，式（8-1）准确性较高，一般误差在5%～10%以内[5]。由式（8-1）可知，气泡内气体的扩散系数随气体的温度升高而增大，随气泡内压的增加而减小。研究表明[6,7]，低密度气体混合物中D_G几乎与气体组成无关，其值一般较液相扩散系数D_L大几个数量级[3]。因此，在进行传质系数和传质速率计算时，往往可以忽略气相扩散阻力的影响。

微界面体系中的微气泡，其尺度随气体的溶解及反应的进行而变小，气泡内的压力也会随之变大。根据 Young-Laplace 方程，微气泡内气体的压力 p_G 仅与操作压力及气泡附加压力有关，即：

$$p_G = p_m + \frac{4\sigma_L}{d_b} \tag{8-2}$$

式中，p_m 为操作压力，Pa；σ_L 为气液界面张力，N/m；d_b 为微气泡在体系中的特定时刻点的直径，m，其随时间的变化速率与气体溶解度有关。当微气泡在体系中的停留时间足够长，且气泡内气体持续溶解时，气泡在某一时刻会消失。在此期间，气泡内压 p_G 将逐渐增大，由式（8-1）可知，D_G 逐渐减小。

二、液相扩散系数

液相扩散系数可按 Stokes- Einstein 修正公式计算[8]。

$$D_{AB} = 7.4\times10^{-8}\frac{(\varphi M_B)^{0.5}T}{\mu_B {V_A}^{0.6}} \tag{8-3}$$

式中，D_{AB} 为气体溶质 A 在溶剂 B 中的扩散系数，cm^2/s；φ 为溶剂 B 的缔合因子，无量纲；M_B 为溶剂 B 的摩尔质量，g/mol；μ_B 为溶剂 B 的动力黏度，mPa · s；T 为体系温度，K；V_A 为气体溶质 A 在正常沸点时的摩尔体积，cm^3/mol，可依据实际气体的 van der Waals 对比态方程近似计算[9]

$$\left(\frac{p_m}{p_c}+\frac{3{V_{A,C}}^2}{{V_A}^2}\right)\left(\frac{V_A}{V_{A,C}}-\frac{1}{3}\right)=\frac{8}{3}\frac{T}{T_c} \tag{8-4}$$

式中，p_c、T_c、$V_{A,C}$ 分别为溶质 A 的临界压力（Pa）、临界温度（K）及临界摩尔体积（cm^3/mol）；p_m、T 分别为体系实际压力（Pa）和温度（K）。

第三节 理化参数对微界面体系界面传质的影响

实际体系界面传质过程受体系理化参数的综合影响。考察单一理化参数对界面传质过程的影响有利于确定对实际体系界面传质过程有重要影响的理化参数，据此，通过调节体系重要理化参数以调控微界面体系的界面传质过程。

下面首先以空气 - 水为模型体系，计算单一理化参数（液相密度、动力黏度和表面张力）对传质速率的影响，然后探讨空气 - 乙醇 - 水体系乙醇浓度对体系理化参数和传质特性的影响。

计算基本参数设定为：反应器内径 1.0m；反应器高度 10m；液体流量 $4.0m^3/h$；气液比 5 ～ 50；操作压力 0.1 ～ 1.0MPa；操作温度 0 ～ 100℃。

一、液相密度的影响

1. 气泡Sauter平均直径d_{32}

由式（7-20）可知，微界面体系气泡d_{32}由体系最小气泡直径d_{min}和最大气泡直径d_{max}共同决定。因此，液相密度ρ_L对d_{32}的影响是通过改变d_{min}和d_{max}所致。微界面体系气泡d_{min}、d_{max}和d_{32}随ρ_L的变化如图8-1（a）所示。

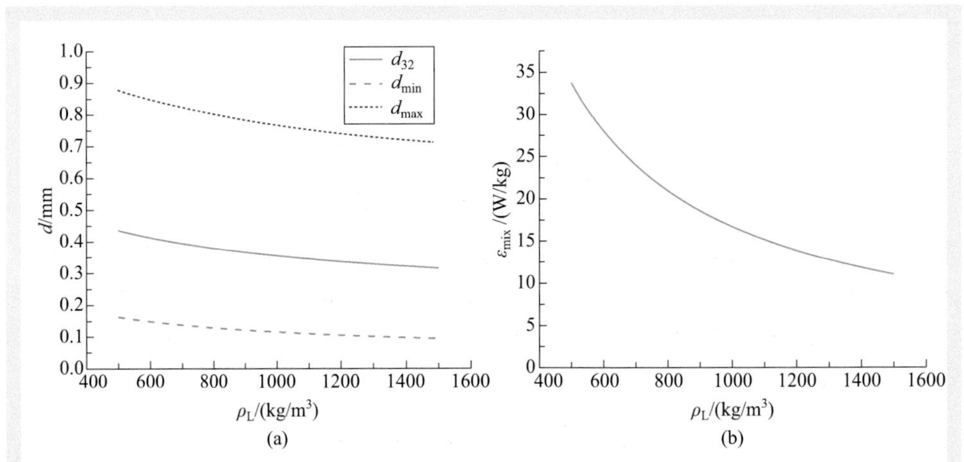

图8–1 液相密度对气泡Sauter平均直径和微界面机组能量耗散率的影响

计算条件：反应器直径1.0m；反应器高度10.0m；液相流量4.0m³/h；气液比30；操作温度50℃；操作压力0.5MPa；表面张力67.8×10⁻⁵N/cm；液相动力黏度0.6mPa·s

由图8-1（a）可知，微界面体系中d_{min}、d_{max}和d_{32}均随ρ_L升高而减小，但总体上ρ_L对微界面体系气泡尺度的影响不显著。由式（7-31）、式（7-48）和式（7-67）可知，ρ_L不仅对d_{min}和d_{max}直接产生影响，而且可通过改变微界面机组内能量耗散率ε_{mix}对它们产生间接影响（$d_{min} \propto \varepsilon_{mix}{}^{-0.25}$，$d_{max} \propto \varepsilon_{mix}{}^{-0.4}$）。

$$d_{max} = 0.75(\sigma_L / \rho_L)^{0.6} \varepsilon_{mix}{}^{-0.4} \tag{7-31}$$

$$d_{min} = 11.4(\mu_L / \rho_L)^{0.75} \varepsilon_{mix}{}^{-0.25} \tag{7-48}$$

ρ_L对ε_{mix}的影响如图8-1（b）所示。此图表明，微界面机组内ε_{mix}随ρ_L的增大而减小，因而d_{min}和d_{max}有增大的趋势，但同时，d_{min}和d_{max}随ρ_L增大呈快速减小趋势（$d_{min} \propto \rho_L{}^{-0.75}$，$d_{max} \propto \rho_L{}^{-0.6}$）。$d_{min}$和$d_{max}$随$\rho_L$变化是上述两种相反影响的综合结果，因此总体上，$\rho_L$对$d_{min}$和$d_{max}$的影响不显著。

以上对图8-1所作的分析表明，微界面体系液相密度的增大有利于微界面体系气泡尺寸的减小。但由于液相密度对微界面机组能量耗散率及d_{min}和d_{max}有共同但相反的影响，故总体上液相密度对微界面体系气泡尺度的影响较小。

2. 气泡平均上升速度和气含率

液体密度 ρ_L 对微界面体系气泡平均上升速度 v_{32} 和气含率 ϕ_G 的影响如图 8-2 所示。由图 8-2 可见，微界面体系气泡 v_{32} 随 ρ_L 升高而增大，这是 ρ_L 的双重作用所致。其一是因为 ρ_L 改变了体系中气泡尺度的大小，其二是由于 ρ_L 改变了体系中气泡上升过程中气泡所受浮力的大小。此外，图 8-1(a)还表明，当体系的 ρ_L 升高时，d_{32} 随之减小。可见，前一作用使 v_{32} 减小，而后一作用使 v_{32} 增大。由此分析可知，ρ_L 对 v_{32} 的影响主要是因 ρ_L 改变了气泡所受浮力大小。

微界面体系为均匀气泡分散体系，其气含率 ϕ_G 可按式（7-71）计算。在其他条件一定时，ϕ_G 与 v_{32} 呈反比关系，即如图 8-2 所示，微界面体系 ϕ_G 随 ρ_L 升高而减小。

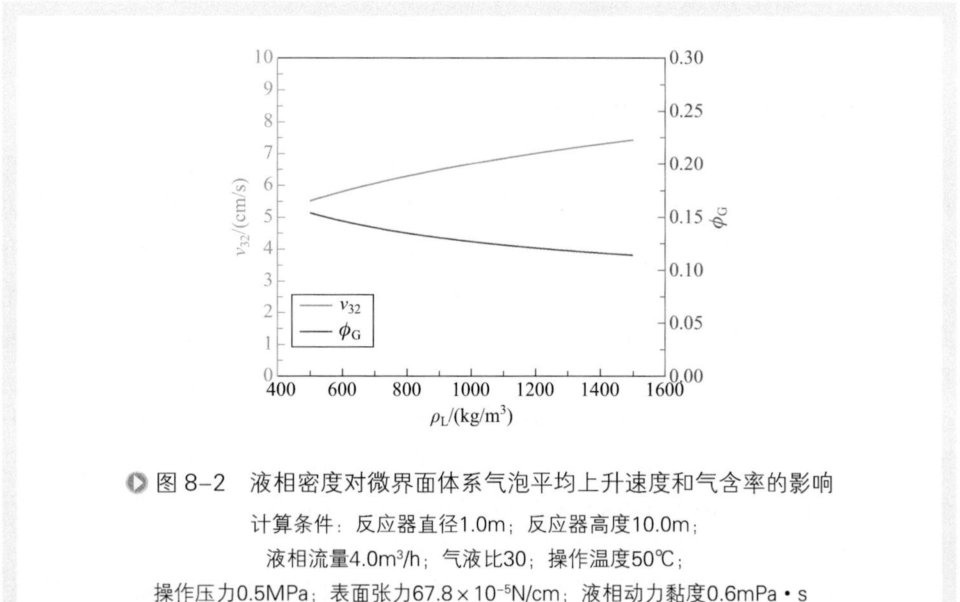

图 8-2　液相密度对微界面体系气泡平均上升速度和气含率的影响

计算条件：反应器直径1.0m；反应器高度10.0m；

液相流量4.0m³/h；气液比30；操作温度50℃；

操作压力0.5MPa；表面张力67.8×10⁻⁵N/cm；液相动力黏度0.6mPa·s

3. 气液相界面积

液相密度 ρ_L 对微界面体系气液相界面积 a 的影响如图 8-3 所示。

由图 8-3 所示，当微界面体系 ρ_L 逐渐增大时，微界面体系气液相界面积 a 几乎未受其影响。这是由于 ρ_L 对气含率 ϕ_G 和气泡 d_{32} 的共同影响所致：由图 8-1（a）及图 8-2 可知，ϕ_G 和 d_{32} 随 ρ_L 的变化趋势几乎相同。因此，液相密度对微界面体系的气液相界面积虽然有影响，但在一定范围内影响有限。

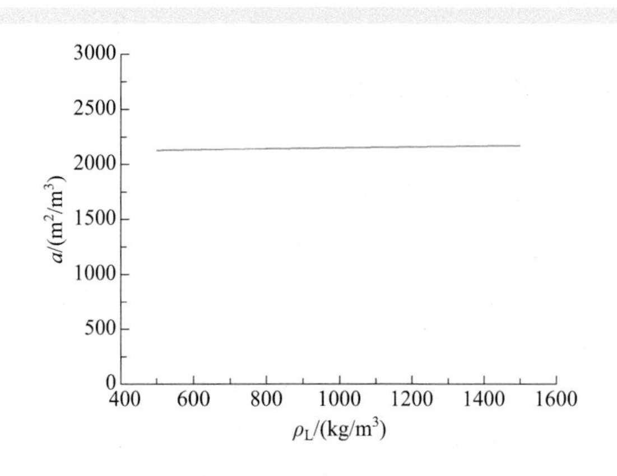

图 8-3　液相密度对微界面体系气液相界面积的影响

计算条件：反应器直径1.0m；反应器高度10.0m；液相流量4.0m³/h；气液比30；操作温度50℃；操作压力0.5MPa；表面张力67.8×10⁻⁵N/cm；液相动力黏度0.6mPa・s

4. 液侧传质系数和气侧传质系数

依据气泡表面液膜移动与否，液侧传质系数 k_L 可分别采用双膜理论和渗透 - 滑移理论 [式（7-118）] 计算。渗透 - 滑移理论和双膜理论的重要区别在于，后者认为气泡表面液膜是可移动的，前者则假定液膜是静止的。对于宏界面体系，气泡尺寸一般在几毫米以上，故一般认为采用渗透 - 滑移理论计算较为合理；而对于微界面体系，其微气泡的尺寸一般在几十至几百微米之间，通常认为其表面的液膜不可移动或移动不明显，因此基于双膜理论计算微界面体系的液侧传质系数更为合理。但是，通过笔者对微界面反应器中不同气 - 液体系的反复实验观测得知，通常关于微界面体系的气泡表面液膜不可移动或移动不明显的猜测是没有根据的。实际情况是，微界面体系的气泡表面液膜不仅随时移动，而且其表面液膜不断被周边液相所取代和更新，这一状态更符合表面更新理论所描述的状态。

由于微界面体系中气泡较小且上升速度较慢，其内部气体不存在强烈的湍流运动，即不存在 Rybczynski-Hadamard 循环[10]，因此，气侧传质系数 k_G 可按式（7-108）计算。

基于以上认识及微界面体系构效调控数学模型的理论计算，ρ_L 对微界面体系 k_L 和 k_G 的影响如图 8-4（a）所示。由此图可知，微界面体系 k_L 和 k_G 均随 ρ_L 升高而增大。基于渗透 - 滑移理论，ρ_L 对 k_L 的影响是因 ρ_L 改变 d_{32} 和气泡滑移速度 v_s 所致。ρ_L 对 v_s 的影响如图 8-4（b）所示。由该图可知，微界面体系气泡 v_s 随 ρ_L 的升高而增大。由于图 8-1（a）中 d_{32} 随 ρ_L 升高而减小，故微界面体系中 ρ_L 对 k_L 的影响是由于 ρ_L 改变了 d_{32} 从而引起 v_s 的变化所致。

由 k_G 的计算式（7-109）可知，d_{32} 和气泡停留时间 t_{32} 共同决定了 k_G 大小。由

图 8-4（b）可知，t_{32} 随 ρ_L 升高而减小。显然，这是由于 v_{32} 随 ρ_L 升高而增大所致。

以上对图 8-4（a）和（b）的分析表明，微界面体系气侧和液侧传质系数均随液相密度的升高而增大，但液相密度的影响相对较弱。

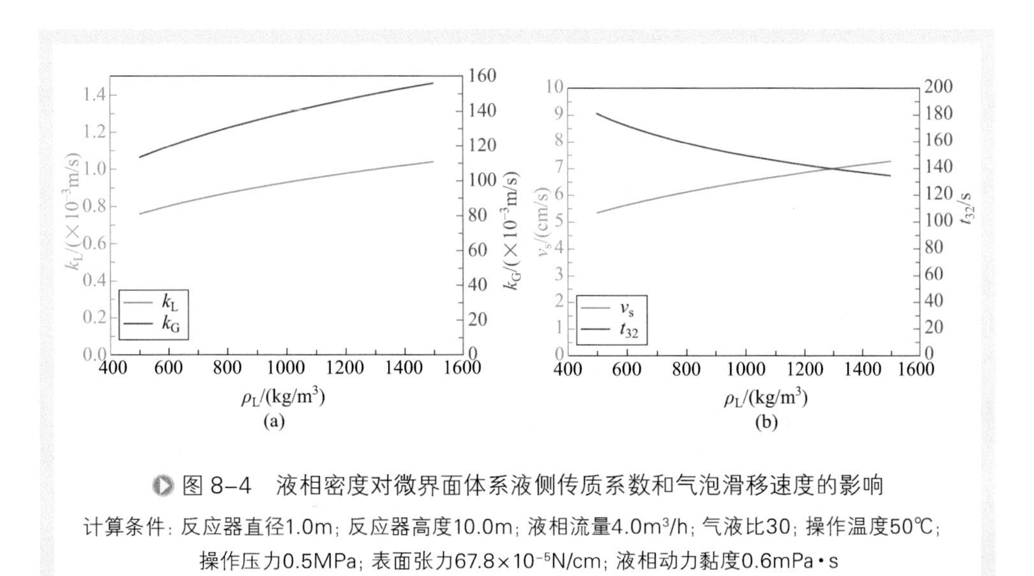

图 8-4 液相密度对微界面体系液侧传质系数和气泡滑移速度的影响

计算条件：反应器直径1.0m；反应器高度10.0m；液相流量4.0m³/h；气液比30；操作温度50℃；操作压力0.5MPa；表面张力67.8×10⁻⁵N/cm；液相动力黏度0.6mPa·s

5. 液侧体积传质系数和气侧体积传质系数

微界面体系液相密度 ρ_L 对液侧体积传质系数 k_La 和气侧体积传质系数 k_Ga 的影响如图 8-5 所示。

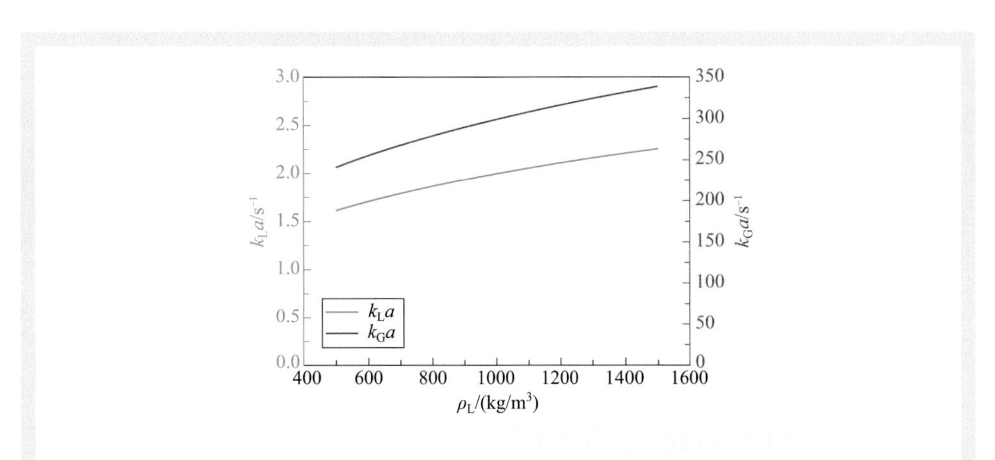

图 8-5 液相密度对微界面体系液侧体积传质系数和气侧体积传质系数的影响

计算条件：反应器直径1.0m；反应器高度10.0m；液相流量4.0m³/h；气液比30；操作温度50℃；操作压力0.5MPa；表面张力67.8×10⁻⁵N/cm；液相动力黏度0.6mPa·s

由图 8-5 可知，k_La 和 k_Ga 均随着体系 ρ_L 的升高而逐渐增大，且 k_Ga 较 k_La 大 2 ～ 3 个数量级。气膜传质阻力远小于液膜传质阻力，因此，对于类似空气 - 水这类较难溶性气相组成的气液体系，界面传质速率主要取决于气体分子在液膜中的扩散过程，其速率随液相密度的升高而加快。

二、液相动力黏度的影响

1. 气泡Sauter平均直径 d_{32}

液相动力黏度 μ_L 对微界面体系 d_{32} 的影响如图 8-6 所示。由此图可知，微界面体系最小气泡直径 d_{min} 和 d_{32} 均随 μ_L 升高而增大，而最大气泡直径 d_{max} 不受其影响。因此，微界面体系液相动力黏度对气泡尺度的影响主要是因其对 d_{min} 的影响所致。

体系 μ_L 发生变化时，仅 d_{min} 受其影响的原因在于：微界面机组内能量耗散率较高，其中的流场可近似地视为 Kolmogorov 各向同性湍流场；在此流场中决定气泡尺度的理化参数是表面张力 σ_L 而非 μ_L[11]，因而 d_{max} 的计算式（7-31）中并未体现 μ_L 的影响；μ_L 对 d_{min} 的影响由计算式（7-48）可知，即 d_{min} 随 μ_L 的升高而增大。

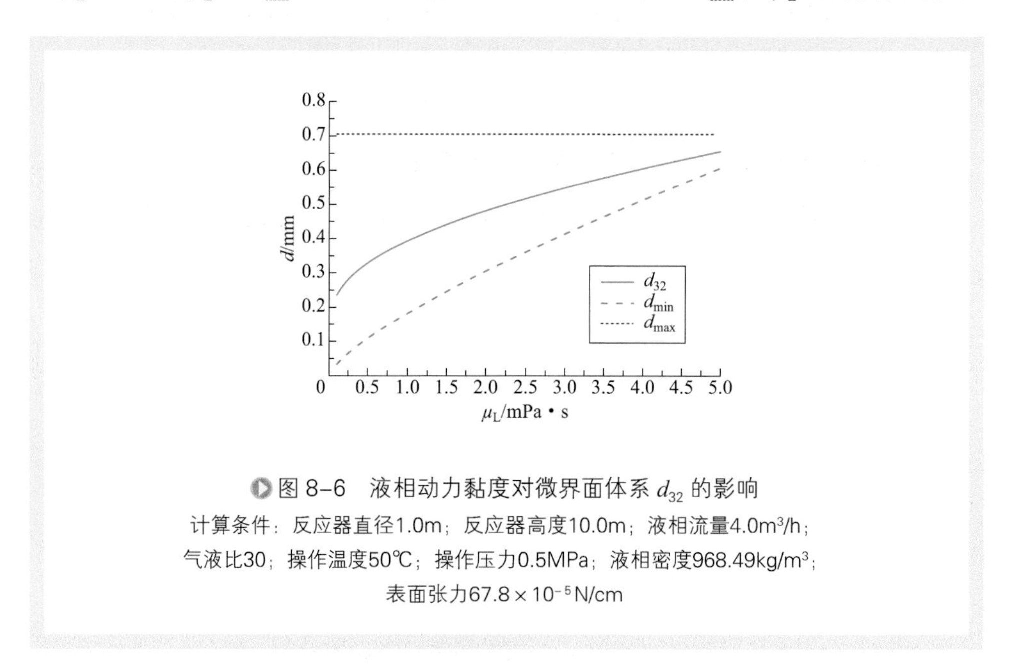

图 8-6　液相动力黏度对微界面体系 d_{32} 的影响

计算条件：反应器直径1.0m；反应器高度10.0m；液相流量4.0m³/h；气液比30；操作温度50℃；操作压力0.5MPa；液相密度968.49kg/m³；表面张力67.8×10⁻⁵N/cm

2. 气泡平均上升速度 v_{32} 和气含率 ϕ_G

液相动力黏度 μ_L 对微界面体系气泡平均上升速度 v_{32} 和气含率 ϕ_G 的影响如图 8-7 所示。

由图 8-7 可知，微界面体系 v_{32} 随 μ_L 升高而减小，尤其是在 μ_L 较小时，即使 μ_L

的小幅升高也将导致 v_{32} 的显著减小。这是由于液体黏度升高，气泡上升过程中所受竖直向下的黏性曳力增大。当该曳力增至与气泡所受竖直向上作用力（如浮力）相等时，气泡将随液体以相同速度上升。在本例中，表观液速是一定的，因此，当 μ_L 增至一定数值后，气泡上升速度几乎不再发生改变。

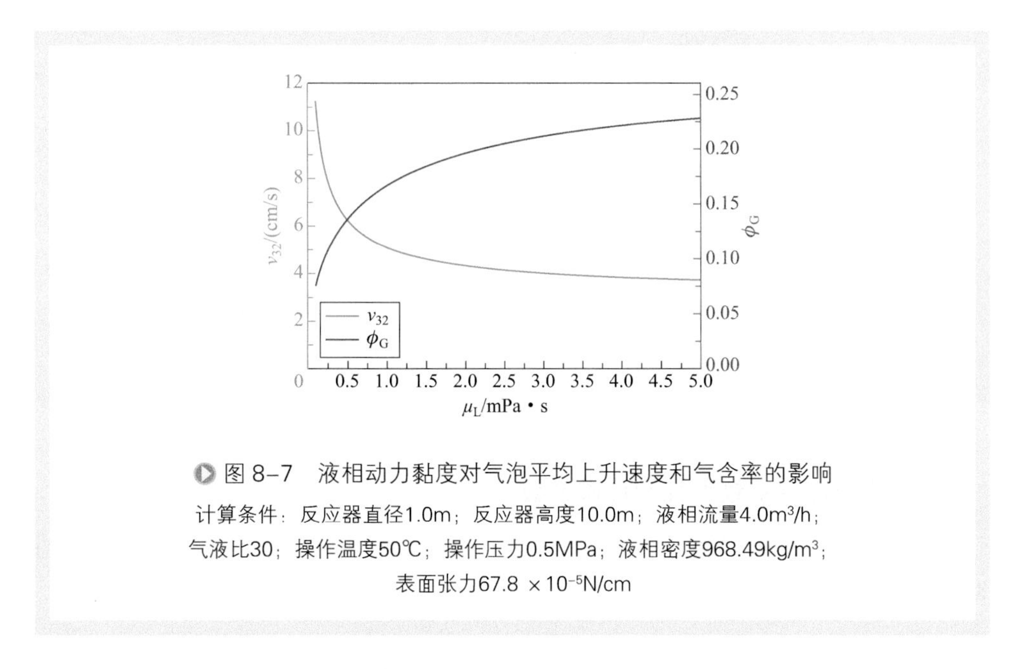

图 8-7 液相动力黏度对气泡平均上升速度和气含率的影响

计算条件：反应器直径1.0m；反应器高度10.0m；液相流量4.0m³/h；气液比30；操作温度50℃；操作压力0.5MPa；液相密度968.49kg/m³；表面张力67.8 ×10⁻⁵N/cm

μ_L 对微界面体系 ϕ_G 的影响由图 8-7 亦可看出：当 μ_L 较小时，微界面体系气含率 ϕ_G 随 μ_L 升高快速增大，但当 μ_L 较大时，μ_L 对 ϕ_G 的影响较小。这是由于在其他条件一定时，ϕ_G 与 v_{32} 呈反比关系。

3. 气液相界面积

液相动力黏度 μ_L 对微界面体系气液相界面积 a 的影响如图 8-8 所示。由此图可知，微界面体系 a 随 μ_L 升高呈先增大后减小的趋势：当 μ_L 较小（如小于 0.5mPa·s）时，a 随 μ_L 升高而增大；当 μ_L 较大（如大于 0.5mPa · s）时，a 随 μ_L 升高而减小。

以上变化趋势是由 μ_L 对 d_{32} 和 ϕ_G 影响程度的差异所引起的。由图 8-6 和图 8-7 可知，当 μ_L 较小（如小于 0.5mPa · s）时，d_{32} 随 μ_L 升高而增大的趋势小于 ϕ_G 对应的增大趋势，因而在此情况下，a 随 μ_L 升高而增大；当 μ_L 较大（如小于 0.5mPa·s）时，μ_L 对 d_{32} 的影响程度相对较大，故 a 随 μ_L 升高而减小。

图 8-8 表明，微界面体系液相动力黏度对气液相界面积的影响视液相动力黏度的大小而存在不同的变化规律：当液相动力黏度较小时，升高体系黏度有利于体系气液相界面积的增大，反之亦然。

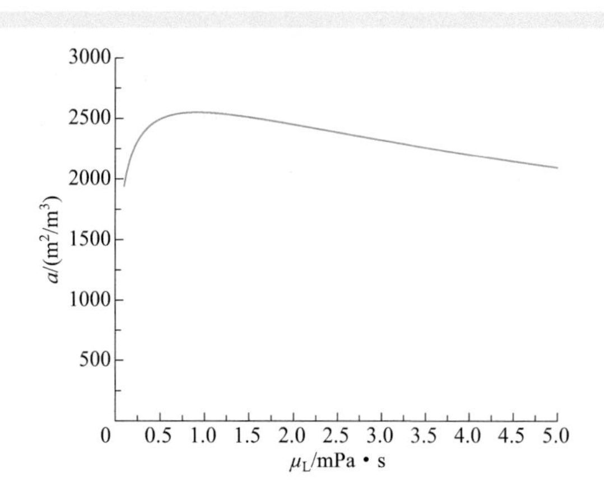

图 8-8　液相动力黏度对微界面体系气液相界面积的影响

计算条件：反应器直径1.0m；反应器高度10.0m；液相流量4.0m³/h；气液比30；操作温度50℃；操作压力0.5MPa；液相密度968.49kg/m³；表面张力67.8×10⁻⁵N/cm

4. 液侧传质系数和气侧传质系数

液相动力黏度 μ_L 对微界面体系液侧传质系数 k_L 和气侧传质系数 k_G 的影响如图 8-9 所示。

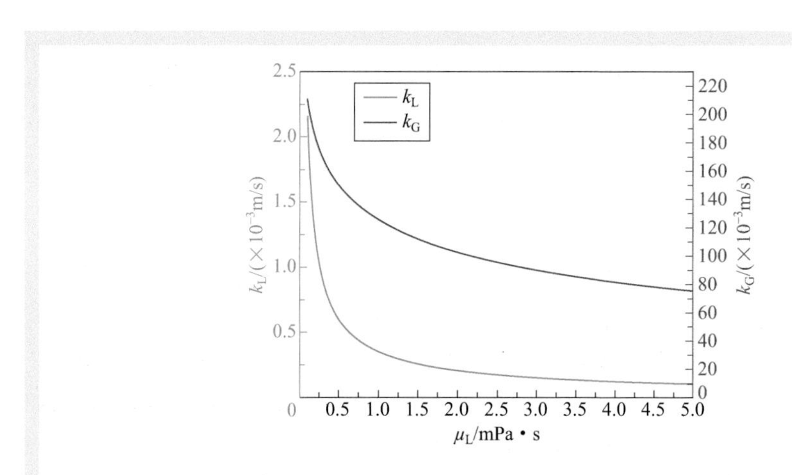

图 8-9　液相动力黏度对微界面体系传质系数的影响

计算条件：反应器直径1.0m；反应器高度10.0m；液相流量4.0m³/h；气液比30；操作温度50℃；操作压力0.5MPa；液相密度968.49kg/m³；表面张力67.8×10⁻⁵N/cm

由图 8-9 可知，微界面体系 k_L 和 k_G 均随 μ_L 升高而减小，该趋势在 μ_L 较小（如小于 0.5mPa · s）时更为显著。这说明当体系的 μ_L 较小时，即使 μ_L 的小幅上升也将导致气泡界面气膜和液膜传质速率显著减小，这对于气-液界面传质过程不利。但当 μ_L 较大时，气-液界面传质速率受体系黏度的影响已不太明显。

5. 液侧体积传质系数和气侧体积传质系数

结合前文图 8-8 及图 8-9 的分析结果可知，当液相动力黏度较小时，体系黏度升高虽然有利于气液相界面积的增大，但液膜传质速率显著减小。这两种相反趋势对微界面体系界面传质速率的影响可从体积传质系数随 μ_L 的变化看出。

图 8-10 所示为液侧体积传质系数 k_La 和气侧体积传质系数 k_Ga 随 μ_L 的变化。

由图 8-10 可知，微界面体系中 k_La 和 k_Ga 均随 μ_L 升高而减小，尤其是当 μ_L 较小时，该变化趋势更为显著。这表明当微界面体系 μ_L 较小时，μ_L 的小幅升高就会导致体系界面传质阻力较大程度的增大。由于操作温度是决定体系黏度的一个重要操作参数，因此，选取适宜的操作温度对于减小界面传质阻力具有重要作用。

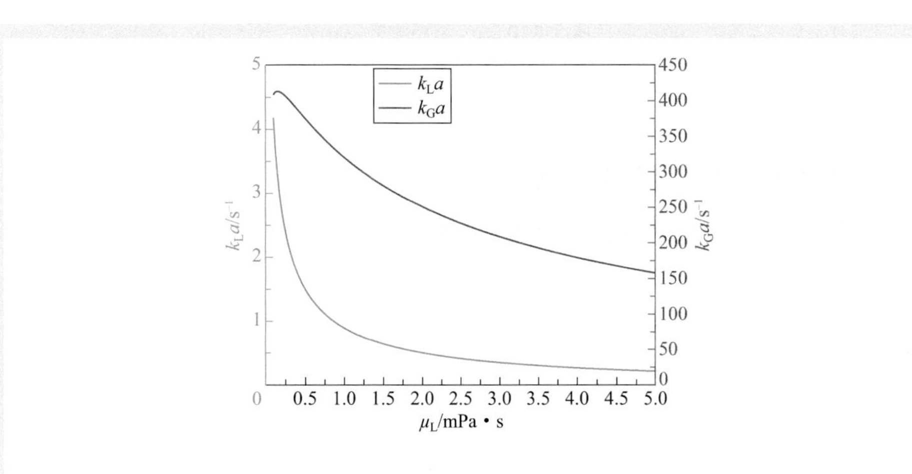

图 8-10　液相动力黏度对微界面体系体积传质系数的影响

计算条件：反应器直径1.0m；反应器高度10.0m；液相流量4.0m³/h；气液比30；操作温度50℃；操作压力0.5MPa；液相密度968.49kg/m³；表面张力67.8×10⁻⁵N/cm

三、表面张力的影响

1. 气泡Sauter平均直径 d_{32}

当不考虑其他因素影响时，表面张力 σ_L 对微界面体系气泡 Sauter 平均直径 d_{32} 的影响如图 8-11 所示。

由图 8-11 可知，微界面体系气泡 d_{32} 随 σ_L 升高而增大。从第七章微界面体系 d_{32}、d_{min} 和 d_{max} 的计算式可知，d_{32} 仅由 d_{min} 和 d_{max} 决定，而 d_{min} 与 σ_L 无关，故 d_{32} 随 σ_L 的上述变化主要是因 σ_L 对 d_{max} 的影响所致。

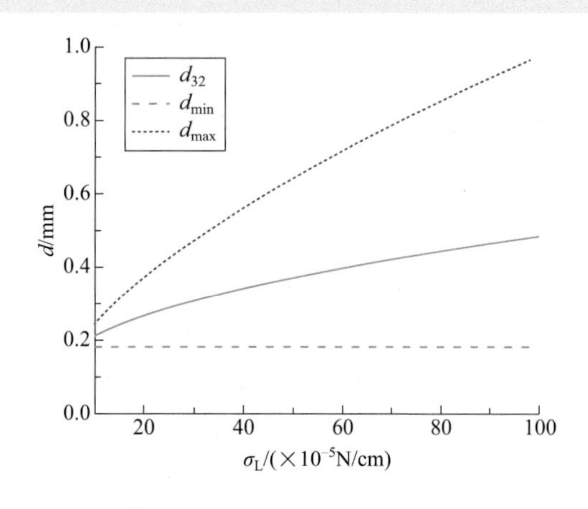

图 8-11 表面张力对微界面体系 d_{32} 的影响

计算条件：反应器直径1.0m；反应器高度10.0m；液相流量4.0m³/h；气液比30；操作温度50℃；操作压力0.5MPa；液相密度968.49kg/m³；液相动力黏度1.0mPa・s

2. 气泡平均上升速度和气含率

表面张力 σ_L 对微界面体系气泡平均上升速度 v_{32} 和气含率 ϕ_G 的影响如图 8-12 所示。

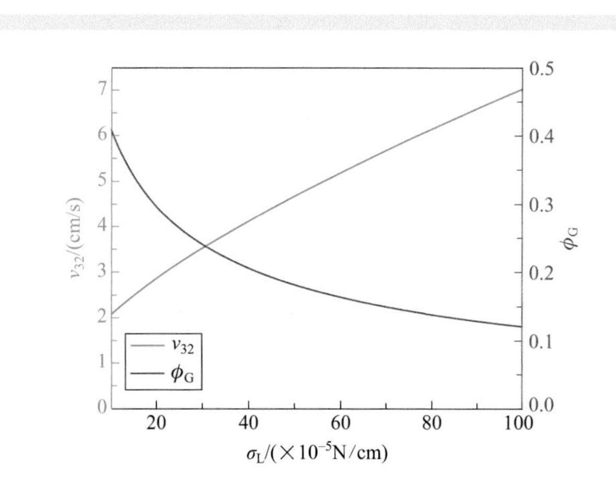

图 8-12 表面张力对气泡平均上升速度和气含率的影响

计算条件：反应器直径1.0m；反应器高度10.0m；液相流量4.0m³/h；气液比30；操作温度50℃；操作压力0.5MPa；液相密度968.49kg/m³；液相动力黏度1.0mPa・s

由图 8-12 可知，微界面体系气泡 v_{32} 随 σ_L 升高而增大。由于微界面体系气泡 v_{32} 由表观气速 v_G、表观液速 v_L 和无限大液体中单个气泡稳定上升速度 v_0 共同决定，

当仅改变体系 σ_L 时，v_{32} 随 σ_L 而变是由 σ_L 对 v_0 的影响所致。此外还可看出，微界面体系中 ϕ_G 随 σ_L 升高而减小。当 σ_L 较小时，这种减小趋势尤为显著。当其他条件不变时，σ_L 对 ϕ_G 的影响主要是由于 σ_L 改变体系 v_{32} 所致。

3. 气液相界面积

当不考虑其他因素的影响时，表面张力 σ_L 对微界面体系气液相界面积 a 的影响如图 8-13 所示。

由图 8-13 可知，微界面体系气液相界面积 a 随表面张力 σ_L 的升高而减小。因此，为获得足够大的气液界面面积，应尽可能使微界面体系的 σ_L 减小。

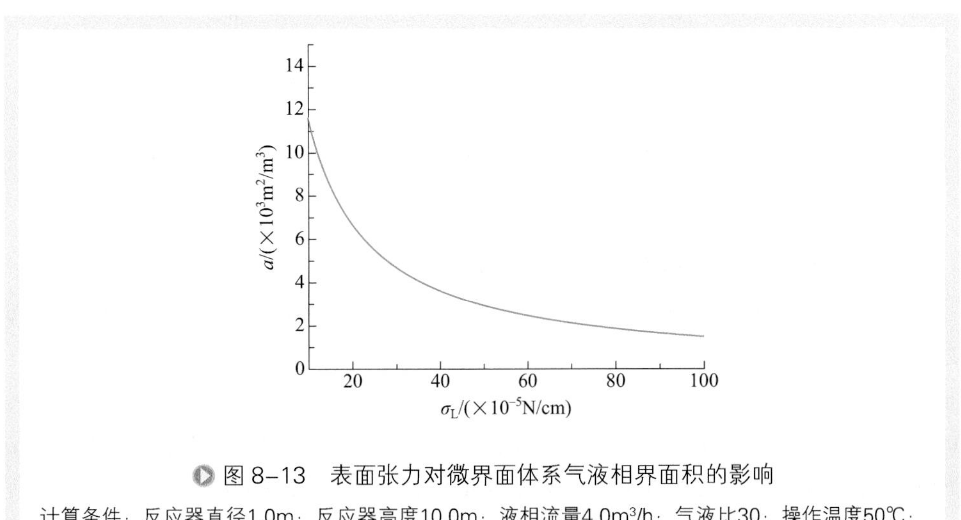

图 8–13　表面张力对微界面体系气液相界面积的影响

计算条件：反应器直径1.0m；反应器高度10.0m；液相流量4.0m³/h；气液比30；操作温度50℃；操作压力0.5MPa；液相密度968.49kg/m³；液相动力黏度1.0mPa·s

4. 液侧传质系数和气侧传质系数

表面张力 σ_L 对微界面体系液侧传质系数 k_L 和气侧传质系数 k_G 的影响如图 8-14（a）所示。

由图 8-14（a）可知，微界面体系 k_L 随表面张力 σ_L 的升高而增大，k_G 的变化趋势相反。微界面体系 k_L 由气体分子液相扩散系数 D_L、气泡大小以及气泡滑移速度 v_s 共同决定。由 D_L 的计算式（8-3）可知，D_L 不受 σ_L 影响。由于气泡尺寸随 σ_L 的升高而增大（图 8-11），而 σ_L 对 v_s 的影响如图 8-14（b）所示。因此，微界面体系 σ_L 对 k_L 的影响是由 σ_L 对 v_s 的改变所致。

σ_L 对 k_G 的影响主要是由于 σ_L 改变了 d_{32} 和气泡停留时间 t_{32}。在本章第三节一、4. 中已指出，微界面体系 k_G 随气泡尺寸和气泡停留时间的减小而增大。因此，当 σ_L 升高导致 d_{32} 和 v_{32} 均增大时，k_G 呈减小趋势。

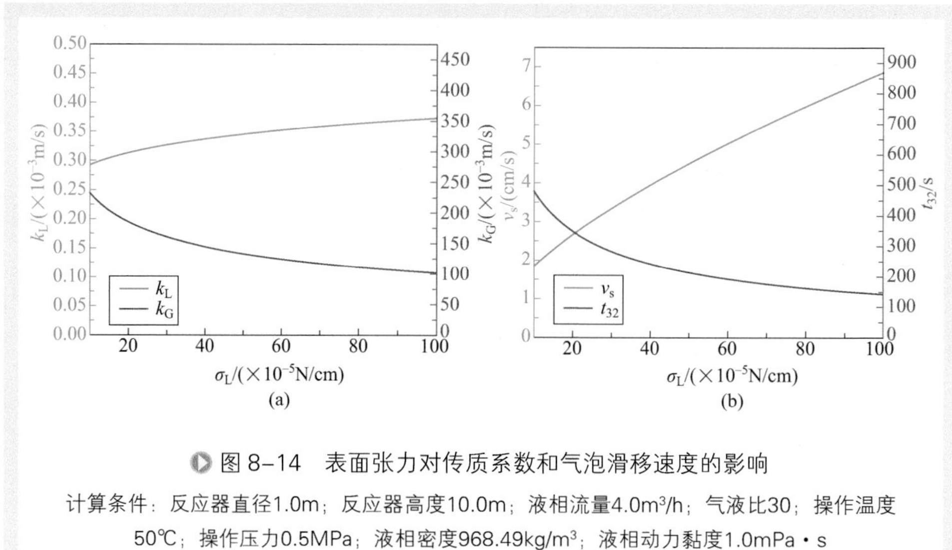

图 8-14　表面张力对传质系数和气泡滑移速度的影响

计算条件：反应器直径1.0m；反应器高度10.0m；液相流量4.0m³/h；气液比30；操作温度50℃；操作压力0.5MPa；液相密度968.49kg/m³；液相动力黏度1.0mPa·s

5. 液侧体积传质系数和气侧体积传质系数

在其他条件不变的情况下，σ_L 对液侧体积传质系数 k_La 和气侧体积传质系数 k_Ga 的影响如图 8-15 所示。由图 8-15 可知，虽然 k_L 和 k_G 随 σ_L 的变化趋势不同，但液侧体积传质系数 k_La 和气侧体积传质系数 k_Ga 均随 σ_L 升高而减小，尤其是当 σ_L 较小时，它们均随 σ_L 的升高而显著减小。这表明，在其他条件不变时，σ_L 对 k_La 和 k_Ga 的影响主要由气液相界面积 a 随 σ_L 的变化主导。微界面体系液相 σ_L 较小时，σ_L 对气液界面传质阻力具有较大的影响。

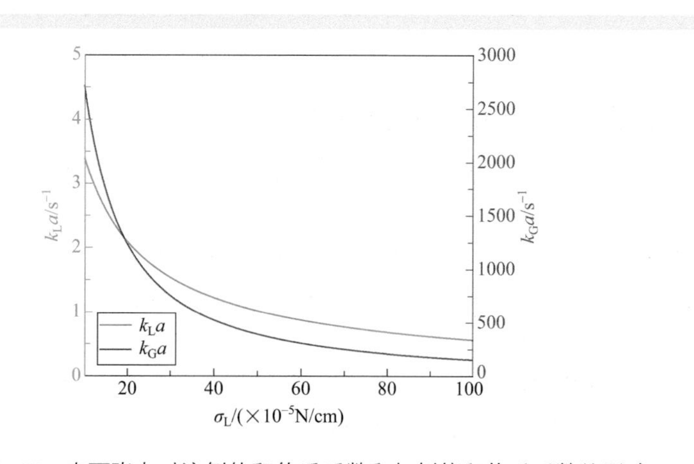

图 8-15　表面张力对液侧体积传质系数和气侧体积传质系数的影响

计算条件：反应器直径1.0m；反应器高度10.0m；液相流量4.0m³/h；气液比30；操作温度50℃；操作压力0.5MPa；液相密度968.49kg/m³；液相动力黏度1.0mPa·s

四、空气-乙醇-水体系

乙醇-水溶液的理化性质（摩尔质量、密度、动力黏度和表面张力）随乙醇浓度而变。下面将对空气-乙醇-水溶液的界面传质过程进行计算，旨在考察微界面体系的理化参数对界面传质特性的综合影响。

计算基本参数设定为：反应器内径 1.0m；反应器高度 10m；液相流量 $4.0m^3/h$；气液比 30；操作压力 0.5MPa；操作温度 50℃。

1. 乙醇-水溶液摩尔质量和密度

乙醇浓度对空气-乙醇-水体系液相摩尔质量 M 和液相密度 ρ_L 的影响如图 8-16 所示。

由图 8-16 可知，乙醇-水溶液摩尔质量随乙醇浓度的升高而增大，而密度则随之线性减小。

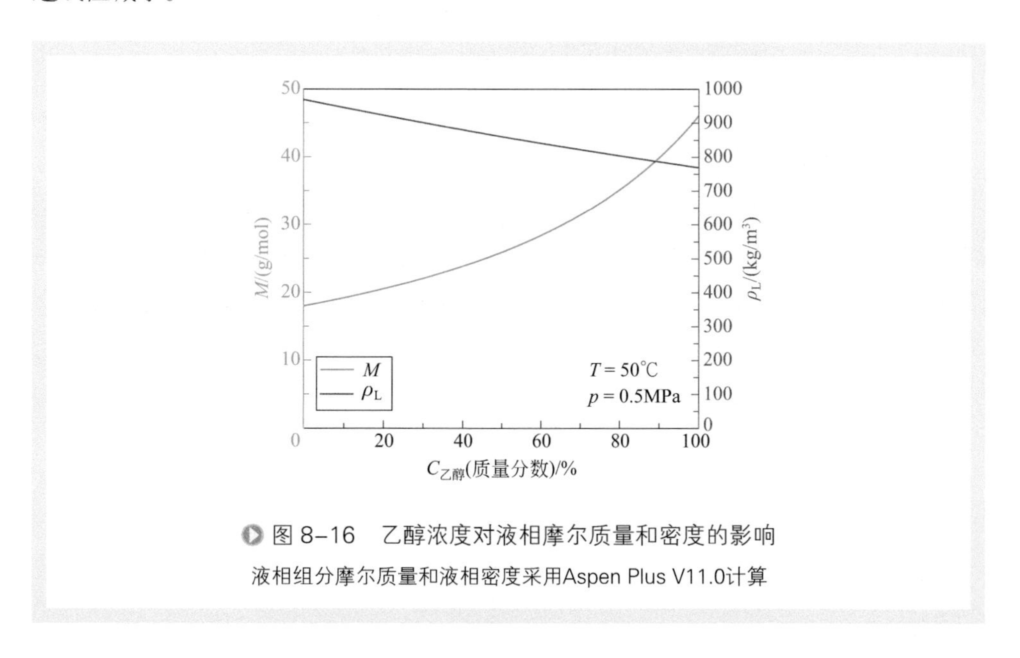

图 8-16 乙醇浓度对液相摩尔质量和密度的影响

液相组分摩尔质量和液相密度采用Aspen Plus V11.0计算

2. 乙醇-水溶液表面张力和动力黏度

乙醇浓度对空气-乙醇-水体系溶液表面张力 σ_L 和动力黏度 μ_L 的影响如图 8-17 所示。

由图 8-17 可知，乙醇-水溶液表面张力随乙醇浓度的升高而减小，而乙醇-水溶液动力黏度则受乙醇浓度的影响不大。

图 8-16 和图 8-17 表明，当空气-乙醇-水体系乙醇浓度变化时，除溶液动力黏度受其影响较小外，其他理化参数（摩尔质量、密度和表面张力）均会有不同程度的改变，这将对微界面体系气液界面传质过程产生影响。

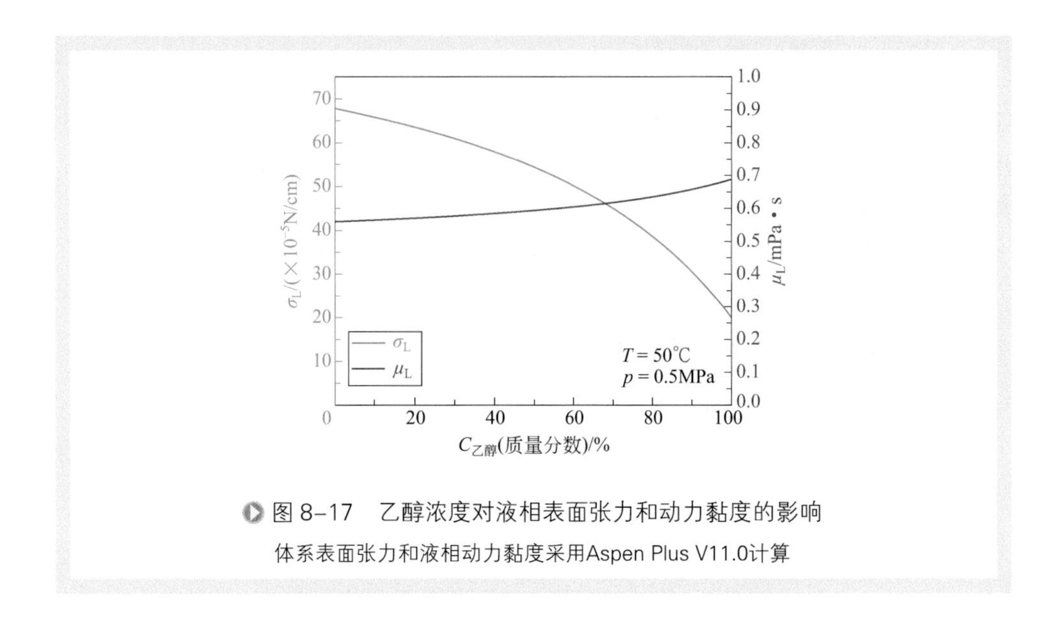

图 8-17　乙醇浓度对液相表面张力和动力黏度的影响

体系表面张力和液相动力黏度采用Aspen Plus V11.0计算

3. 气泡Sauter平均直径

乙醇浓度对空气 - 乙醇 - 水微界面体系气泡 d_{32} 的影响如图 8-18（a）所示。由图可知，在其他条件一定时，空气 - 乙醇 - 水微界面体系最大气泡直径 d_{max} 随乙醇浓度的升高而减小，而最小气泡直径 d_{min} 则变化不大。因此，当体系乙醇浓度发生变化时，体系 d_{32} 主要受 d_{max} 变化的影响。

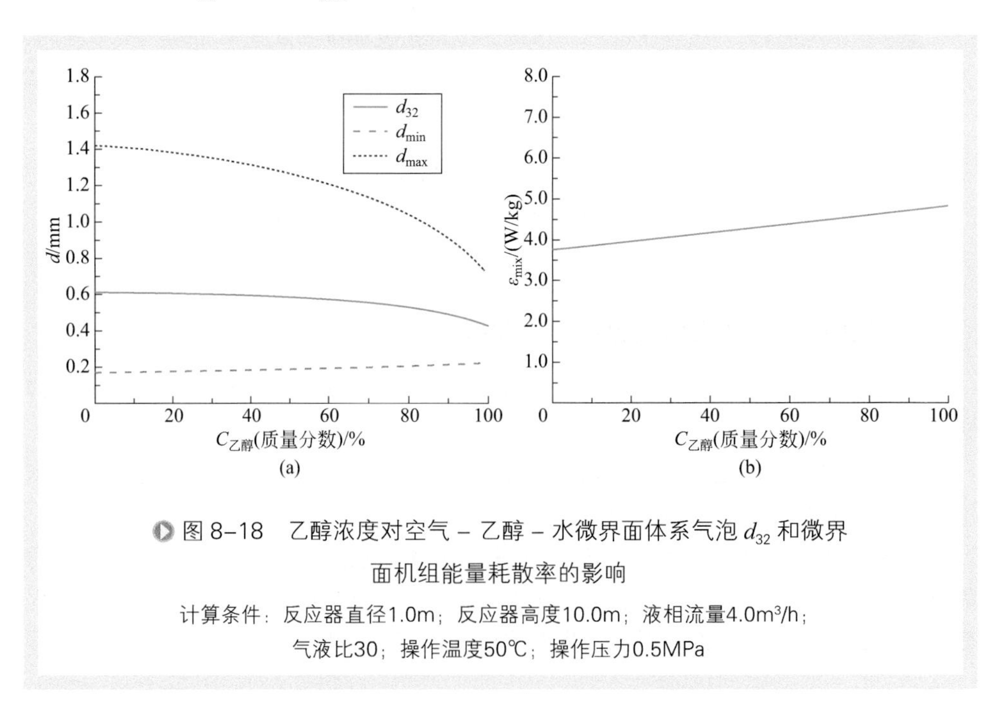

图 8-18　乙醇浓度对空气 – 乙醇 – 水微界面体系气泡 d_{32} 和微界面机组能量耗散率的影响

计算条件：反应器直径1.0m；反应器高度10.0m；液相流量4.0m³/h；气液比30；操作温度50℃；操作压力0.5MPa

微界面机组能量耗散率 ε_{mix}、液相密度 ρ_L 和表面张力 σ_L 是决定体系 d_{max} 大小的三个关键参数。由图 8-18（b）可知，随着体系乙醇浓度的升高，ε_{mix} 呈缓慢上升的线性变化。相对而言，在此过程中 σ_L 显著减小（图 8-17），因此，表面张力的减小是乙醇 - 水溶液微界面体系 d_{32} 随乙醇浓度升高而减小的关键理化参数。

4. 气泡平均上升速度和气含率

乙醇浓度对空气 - 乙醇 - 水溶液微界面体系气泡平均上升速度 v_{32} 和气含率 ϕ_G 的影响如图 8-19 所示。由图可见，空气 - 乙醇 - 水微界面体系气泡 v_{32} 随乙醇浓度的升高而减小。由于体系乙醇浓度升高时，体系动力黏度增大而气泡尺度减小，因此，图 8-19 中 v_{32} 的上述变化主要是体系气泡尺度变化的结果。

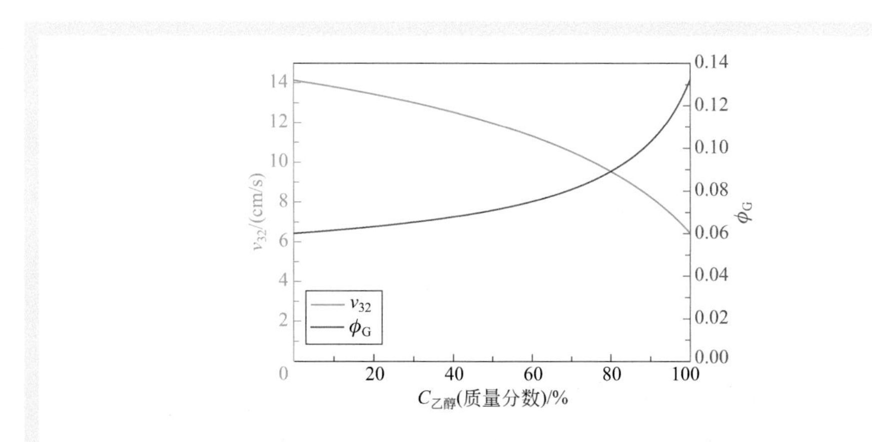

图 8–19 乙醇浓度对空气 – 乙醇 – 水微界面体系气泡平均上升速度和气含率的影响

计算条件：反应器直径1.0m；反应器高度10.0m；液相流量4.0m³/h；气液比30；操作温度50℃；操作压力0.5MPa

图 8-19 所示的乙醇浓度对空气 - 乙醇 - 水微界面体系 ϕ_G 的影响，是乙醇浓度改变 v_{32} 所致。由图 8-19 可知，空气 - 乙醇 - 水微界面体系 ϕ_G 随乙醇浓度的升高而增大，尤其是当乙醇浓度较大（如大于 80%）时，该变化趋势较为显著。

5. 气液相界面积

乙醇浓度对空气 - 乙醇 - 水微界面体系气液相界面积 a 的影响如图 8-20 所示。

由图 8-20 可知，当乙醇浓度低于 60%（质量分数，下同）时，乙醇浓度对空气 - 乙醇 - 水微界面体系气液相界面积 a 的影响不大，随乙醇浓度的升高而略有增大。但当乙醇浓度较大（如大于 80%）时，乙醇浓度对气液相界面积 a 具有显著影响。乙醇浓度的上述影响规律应从其对空气 - 乙醇 - 水微界面体系气含率 ϕ_G 和 d_{32} 的影响进行分析。

由图 8-18（a）和图 8-19 可知，当乙醇浓度低于 60% 时，ϕ_G 和 d_{32} 随其升高变化较为缓慢，且趋势基本一致。而当乙醇浓度高于60%时，它对ϕ_G的影响相对显著。

由图 8-17 和图 8-19 进一步分析可知，乙醇在高浓度时对微界面体系气液相界面积 a 的影响，应该是由于乙醇浓度对体系表面张力具有大影响，进而对气泡 v_{32} 产生较大影响所致。

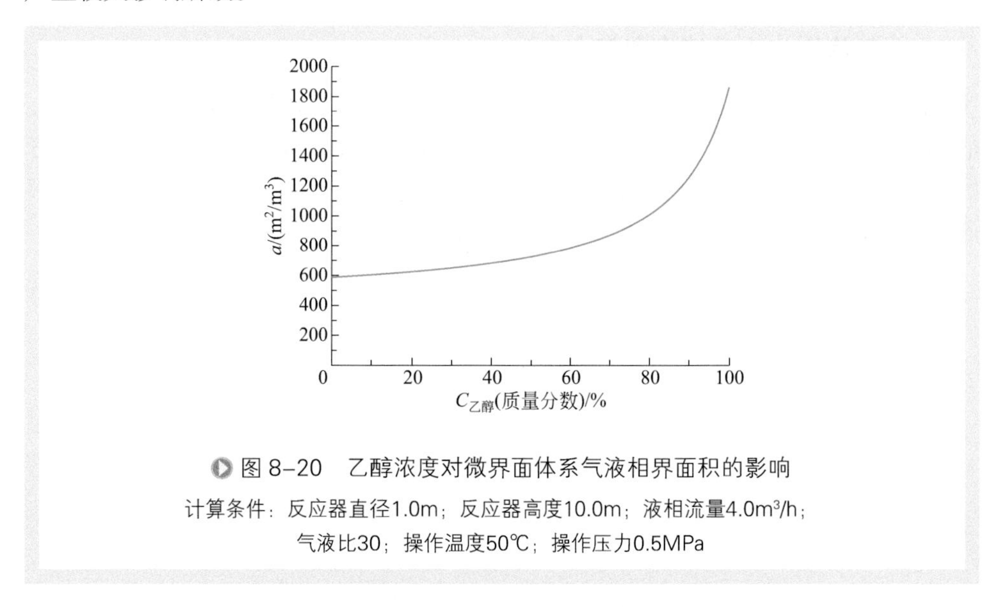

图 8-20　乙醇浓度对微界面体系气液相界面积的影响

计算条件：反应器直径1.0m；反应器高度10.0m；液相流量4.0m³/h；气液比30；操作温度50℃；操作压力0.5MPa

6. 液侧传质系数和气侧传质系数

乙醇浓度对空气 - 乙醇 - 水溶液微界面体系液侧传质系数 k_L 和气侧传质系数 k_G 的影响如图 8-21 所示。

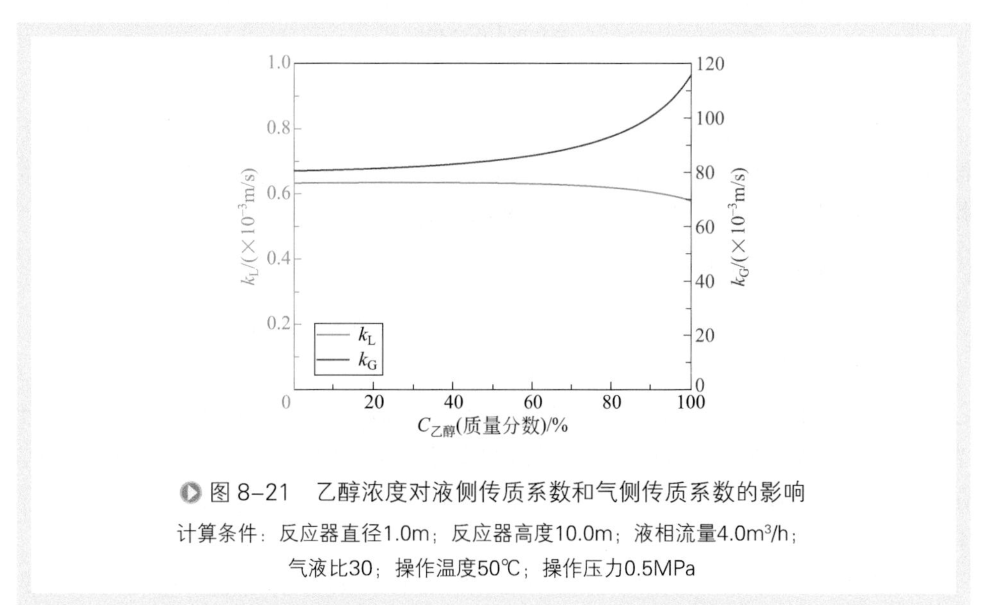

图 8-21　乙醇浓度对液侧传质系数和气侧传质系数的影响

计算条件：反应器直径1.0m；反应器高度10.0m；液相流量4.0m³/h；气液比30；操作温度50℃；操作压力0.5MPa

由图 8-21 可知，空气 - 乙醇 - 水微界面体系 k_L 随乙醇浓度的升高而减小，但变化不太显著；但当乙醇浓度较高时，k_G 随乙醇浓度的升高而显著增大。

7. 液侧体积传质系数和气侧体积传质系数

乙醇浓度对空气 - 乙醇 - 水微界面体系液侧体积传质系数 k_La 和气侧体积传质系数 k_Ga 的影响如图 8-22 所示。由图可知，空气 - 乙醇 - 水微界面体系 k_La 和 k_Ga 均随乙醇浓度的升高而增大，尤其是当乙醇浓度较高（如大于 80%）时，乙醇浓度对两者的影响均较为显著。结合前文的分析可知，上述变化趋势主要是因为乙醇浓度能较大程度改变表面张力所致。

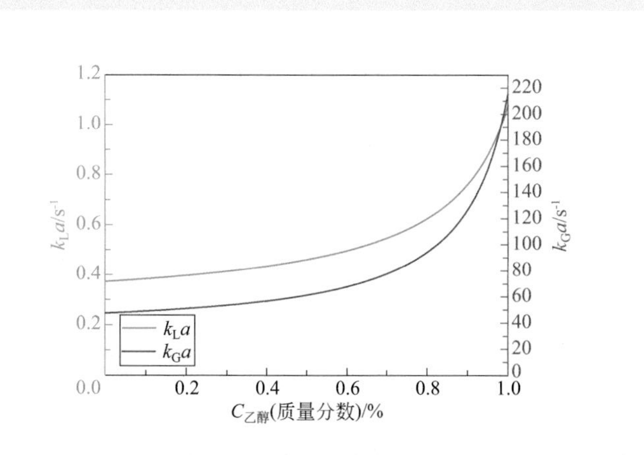

图 8-22 乙醇浓度对液侧体积传质系数和气侧体积传质系数的影响

计算条件：反应器直径1.0m；反应器高度10.0m；液相流量4.0m³/h；气液比30；操作温度50℃；操作压力0.5MPa

第四节 气液比的影响

本节将考察微界面强化反应器气液比对两种气液体系［空气 - 水和空气 - 乙醇（50%）- 水］界面传质速率的影响。设定如下计算参数：

反应器直径 1.0m；反应器高度 10m；液相流量 4.0m^3/h；气液比 5 ～ 50；操作压力 0.5MPa；操作温度 50℃。

一、气泡Sauter平均直径

气液比对两种体系中气泡 Sauter 平均直径 d_{32} 的影响如图 8-23（a）所示。由图可见，两种体系中 d_{32} 均随气液比的升高而减小，尤其是当气液比较小（如小于 10）时，d_{32} 随气液比的升高而快速减小；当气液比较大时，d_{32} 受气液比的影响相对较小。

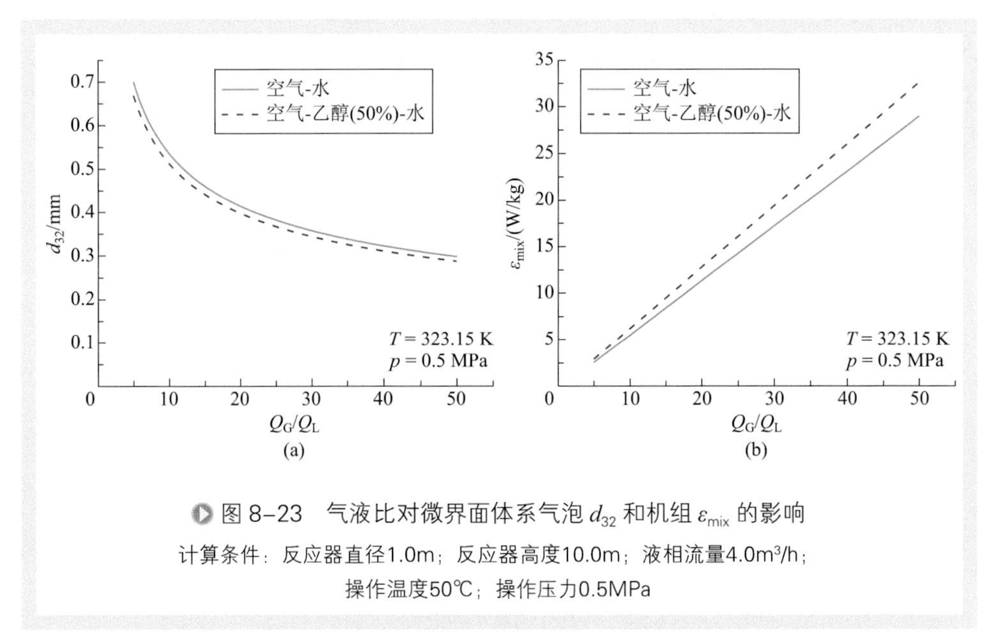

图 8–23　气液比对微界面体系气泡 d_{32} 和机组 ε_{mix} 的影响

计算条件：反应器直径1.0m；反应器高度10.0m；液相流量4.0m³/h；操作温度50℃；操作压力0.5MPa

由于体系物性一定，因此，气液比对 d_{32} 的影响是因改变了微界面机组内能量耗散率 ε_{mix} 所致。气液比对 ε_{mix} 的影响如图 8-23（b）所示。可见，ε_{mix} 随气液比的升高而线性增大，但对于不同体系，该线性增大的趋势有所不同。

计算结果表明，增大气液比有利于体系气泡尺寸的减小，但当气液比升至一定大小时，其对体系气泡尺度的影响较小。

二、气泡平均上升速度和气含率

微界面状态下的气液比对两种体系气泡平均上升速度 v_{32} 的影响如图 8-24（a）所示。由图可知，两种微界面体系中气泡 v_{32} 均随气液比的升高而减小。当气液比较小（如小于 10）时，v_{32} 随气液比的升高而快速减小；当气液比较大时，气液比对 v_{32} 的影响较小。显然，这是因为图 8-23（a）中气液比对 d_{32} 的影响所致。

气液比对两种体系气含率 ϕ_G 的影响如图 8-24（b）所示。可见，ϕ_G 均随气液比的升高而增大。由计算式（7-71）可知，气液比对 ϕ_G 的上述影响是因其对表观气速 v_G 和 v_{32} 的共同影响所致。但由图 8-24（a）所示的 v_{32} 则不同，v_G 随气液比的升高而线性增大。当气液比升高至一定大小后，v_{32} 变化逐渐趋缓，因而当气液比较大时，ϕ_G 几乎随气液比的升高而线性增大。

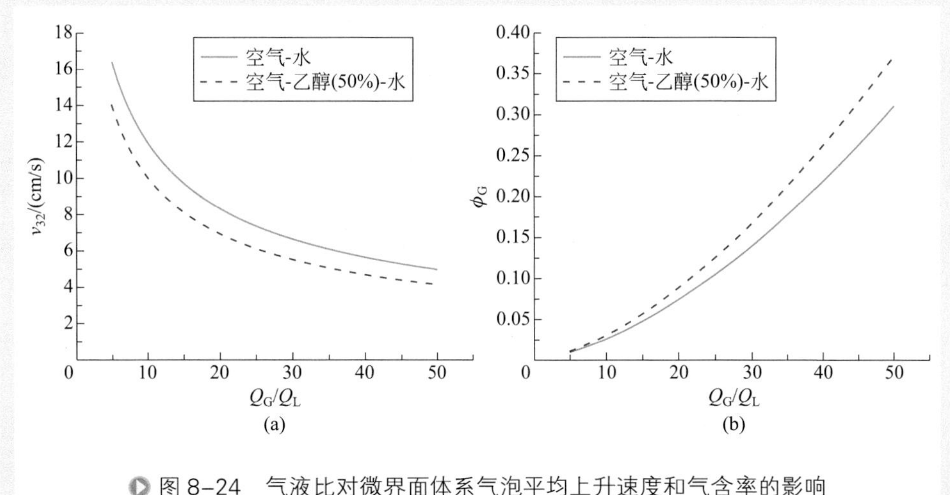

图 8-24　气液比对微界面体系气泡平均上升速度和气含率的影响

计算条件：反应器直径1.0m；反应器高度10.0m；液相流量4.0m³/h；操作温度50℃；操作压力0.5MPa

三、气液相界面积

微界面强化反应器气液比对两种体系气液相界面积 a 的影响如图 8-25 所示。由图可见，两种微界面体系气液相界面积 a 均随气液比的升高而增大。此变化趋势是气液比对气含率 ϕ_G 和 d_{32} 的共同影响所致。对于气 - 液体系，增大气液比有利于气液相界面积的增大是普遍存在的规律，这对于微界面体系也适用。

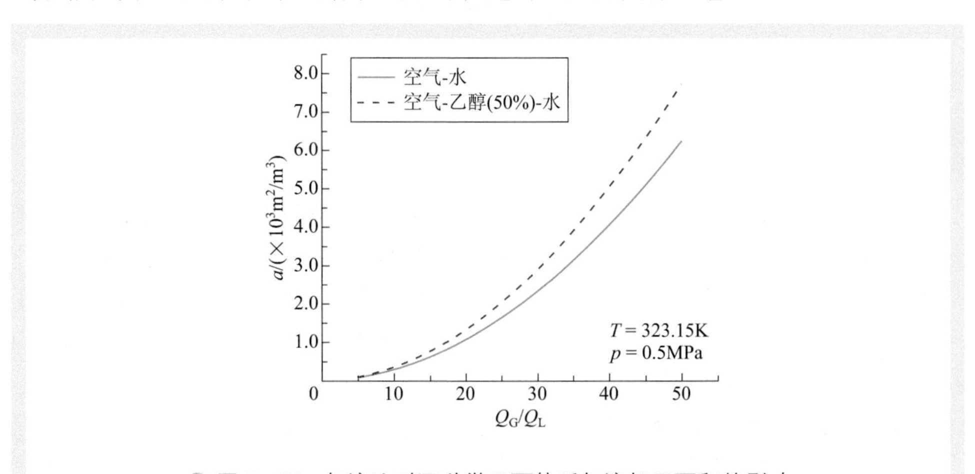

图 8-25　气液比对两种微界面体系气液相界面积的影响

计算条件：反应器直径1.0m；反应器高度10.0m；液相流量4.0m³/h；操作温度50℃；操作压力0.5MPa

四、液侧传质系数和液侧体积传质系数

气液比对两种微界面体系液侧传质系数 k_L 的影响如图 8-26（a）所示。由图可见，两种微界面体系 k_L 均随气液比的升高而减小，但趋势较缓。因此，气液比对微界面体系液侧传质系数的影响较小。

由图 8-26（b）可知，两种微界面体系 k_La 均随气液比的升高而显著增大。显然，此变化趋势是气液比对气液相界面积的影响所致。当气液比由 5 升至 50 时，两种微界面体系 k_La 均增至原来的 60 倍以上。由此可见，气液比升高所导致的气 - 液面积增大可使气液微界面液侧传质阻力大幅减小。

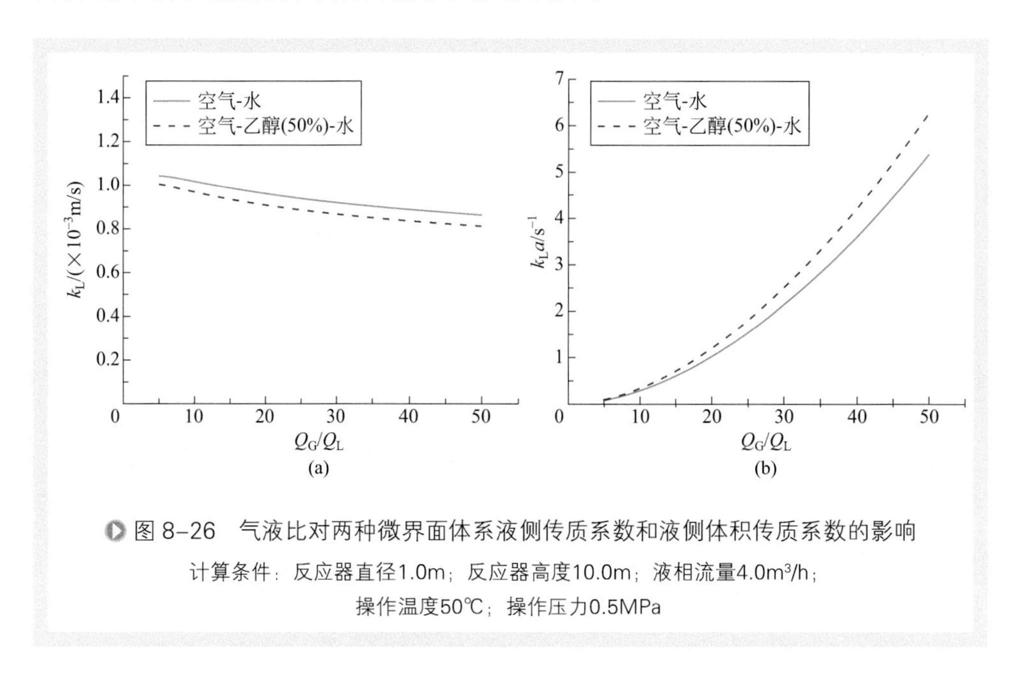

图 8-26　气液比对两种微界面体系液侧传质系数和液侧体积传质系数的影响

计算条件：反应器直径1.0m；反应器高度10.0m；液相流量4.0m³/h；操作温度50℃；操作压力0.5MPa

五、气侧传质系数和气侧体积传质系数

微界面强化反应器气液比对气侧传质系数 k_G 和气侧体积传质系数 k_Ga 的影响分别如图 8-27（a）和（b）所示。由图可见，两种微界面体系 k_G 均随气液比的升高而增大。但相对于气液比对气侧体积传质系数的影响［图 8-27（b）］而言，该变化相对不显著。由图 8-27（b）可知，当气液比由 5 升至 50 时，两种微界面体系的 k_Ga 均增至原来的 180 倍以上。

对比图 8-27（a）和（b）进一步可知，对于上述两种微界面体系，气膜传质阻力相对于液膜传质阻力而言可以忽略；增大微界面体系气液比可以有效减小微界面体系气 - 液界面传质阻力。

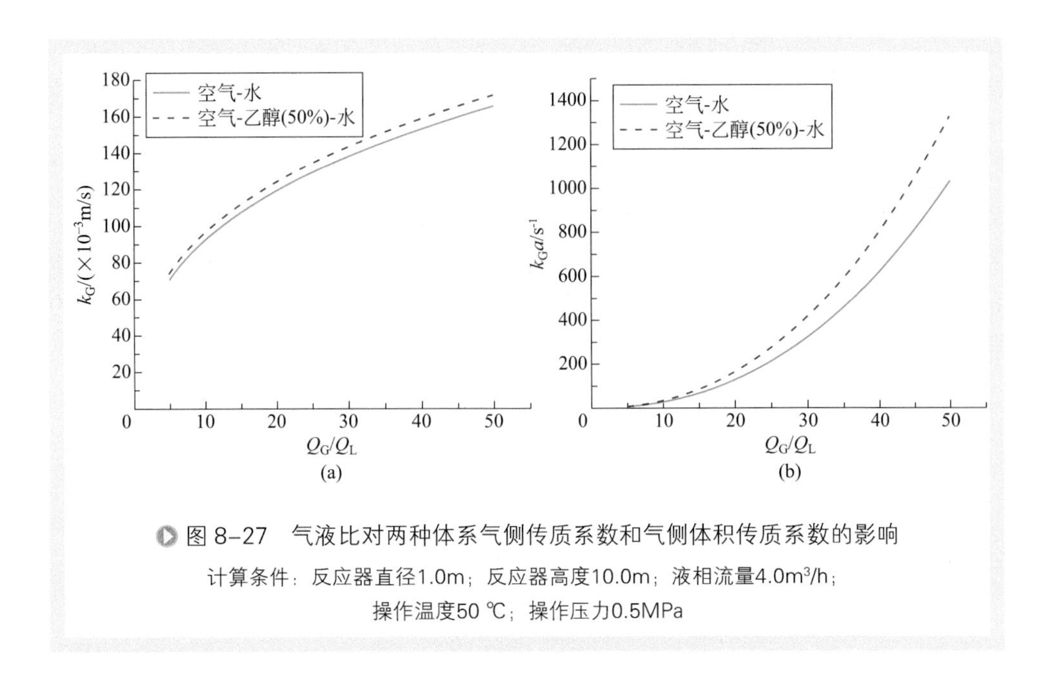

图 8-27 气液比对两种体系气侧传质系数和气侧体积传质系数的影响

计算条件：反应器直径1.0m；反应器高度10.0m；液相流量$4.0m^3/h$；操作温度50 ℃；操作压力0.5MPa

第五节 操作压力的影响

本节考察操作压力对三种微界面体系气 - 液界面传质以及其中一种反应体系宏观反应速率的影响。这三种微界面体系分别为：空气 - 水、空气 - 乙醇（50%）- 水、CO- 甲醇 - 醋酸 - 水体系。

前两个体系的计算参数如下：

反应器直径 1.0m ；反应器高度 10m ；液相流量 $4.0m^3/h$ ；标况气液比 30；操作压力 0.1 ～ 1.0MPa ；操作温度 50℃。

而对于 CO- 甲醇 - 醋酸 - 水体系的计算，则依据某企业甲醇羰基化生产醋酸的实际工况下的参数。

反应器直径 3.4m；反应器有效高度 7.5m；液相流量（包括循环量）$135.36m^3/h$；实际气液比 5.77；操作压力 1.9 ～ 2.9MPa ；操作温度 170℃。

一、气泡Sauter平均直径

操作压力 p_m 对三种微界面体系 d_{32} 的影响分别如图 8-28（a）和（b）所示。

由图 8-28（a）和（b）可知，三种微界面体系气泡 d_{32} 均随 p_m 升高而减小且变化趋势相近。Aspen Plus 模拟计算表明，p_m 对三种微界面体系的主要物性（液相密度、液相动力黏度和表面张力）的影响较小。因而，p_m 对微界面机组的能量耗散率 ε_{mix} 的影响决定了微界面体系气泡尺寸的大小。

p_m 对 ε_{mix} 的影响如图 8-29（a）和（b）所示。由图可知，三种微界面体系 ε_{mix} 均随 p_m 升高线性增大，由此导致体系气泡尺寸减小。但由图 8-28（a）和（b）可知，当 p_m 升高至一定值后，其对 d_{32} 的影响逐渐减小。因此，对于实际气 - 液微界面体系，升高操作压力固然可以使体系气泡尺度减小，但过高的操作压力对气泡尺寸的减小效果有限。因此，从能量利用效率考虑，实际操作压力不应太高。

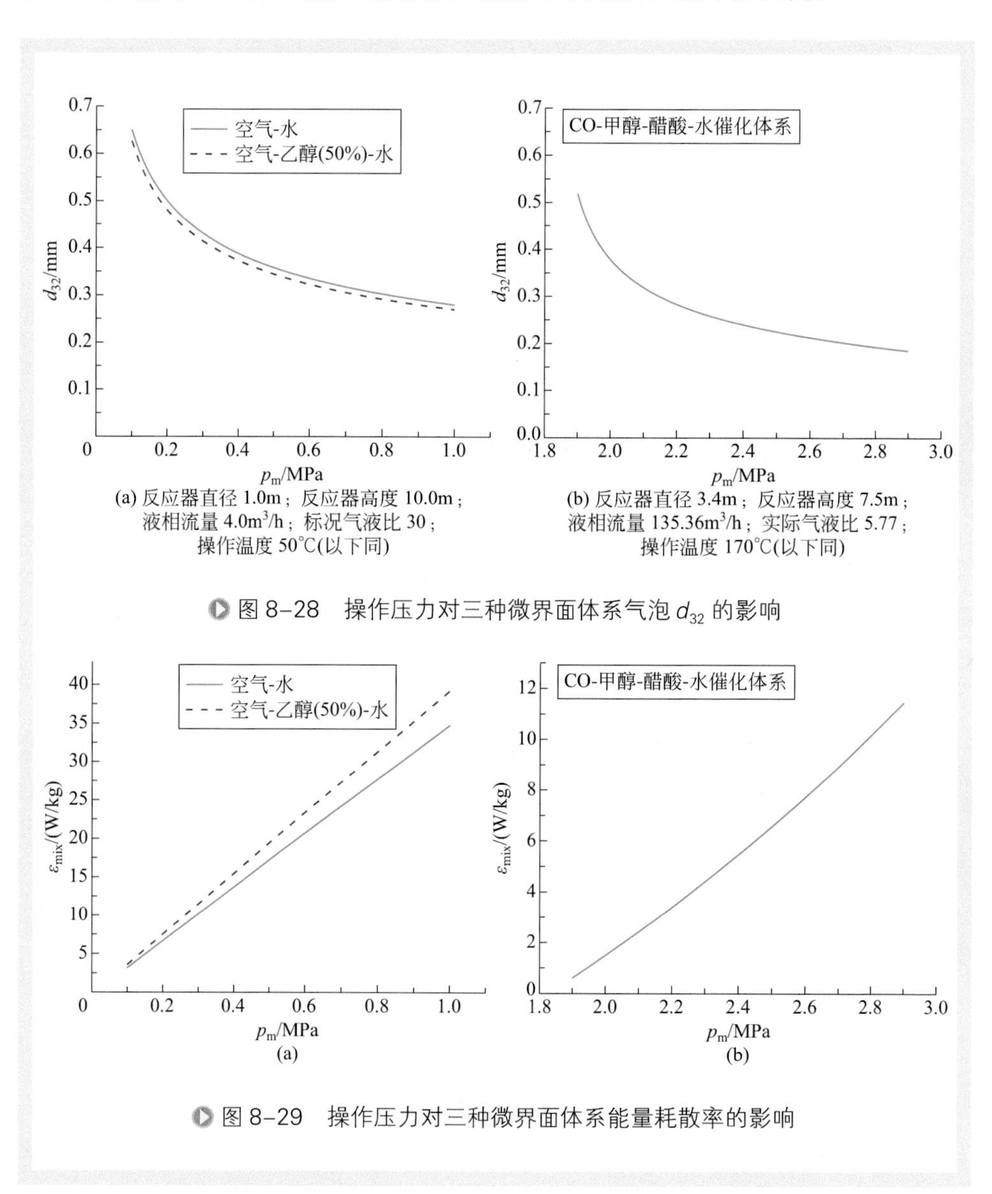

(a) 反应器直径 1.0m；反应器高度 10.0m；液相流量 4.0m³/h；标况气液比 30；操作温度 50℃(以下同)

(b) 反应器直径 3.4m；反应器高度 7.5m；液相流量 135.36m³/h；实际气液比 5.77；操作温度 170℃(以下同)

图 8-28 操作压力对三种微界面体系气泡 d_{32} 的影响

图 8-29 操作压力对三种微界面体系能量耗散率的影响

二、气泡平均上升速度

微界面强化反应器内操作压力 p_m 对体系气泡平均上升速度 v_{32} 的影响如图 8-30(a) 和（ b ）所示。由图可知，三种微界面体系中气泡 v_{32} 均随 p_m 升高而减小。该变化趋势可从两方面分析：其一，体系 d_{32} 随 p_m 升高而减小；其二，当气液比一定时，体系表观气速 v_G 随 p_m 升高而减小。对于空气 - 水和空气 - 乙醇（ 50% ）- 水微界面体系，v_{32} 随 p_m 升高而减小是由以上两个方面原因造成的；而对于 CO- 甲醇 - 醋酸 - 水体系，这主要是由第一方面的原因引起的。

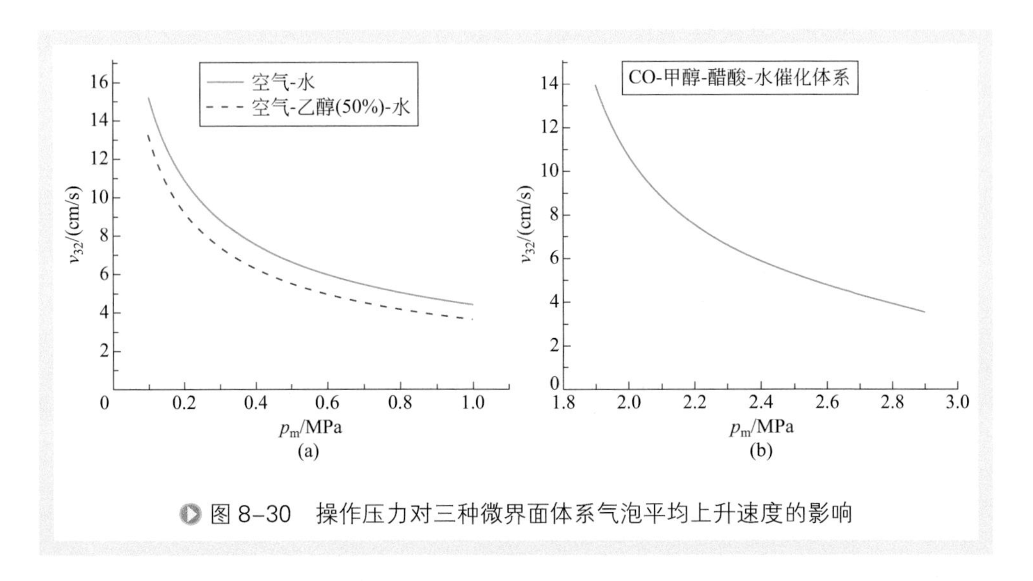

图 8-30　操作压力对三种微界面体系气泡平均上升速度的影响

三、气含率

操作压力 p_m 对三种微界面体系气含率 ϕ_G 的影响如图 8-31（ a ）和（ b ）所示。由图可知，空气 - 水以及空气 - 乙醇（ 50% ）- 水体系与 CO- 甲醇 - 醋酸 - 水体系的气含率 ϕ_G 随 p_m 的变化趋势存在较大的差异：前两个体系 ϕ_G 随 p_m 的升高而逐渐减小，尤其是当 p_m 较小时，操作压力小幅升高将导致体系气含率显著减小；而对于 CO- 甲醇 - 醋酸 - 水体系，升高 p_m 则有利于 ϕ_G 的增大。

四、气液相界面积

操作压力 p_m 对三种微界面体系气液相界面积 a 的影响如图 8-32（ a ）和（ b ）所示。由图可知，操作压力 p_m 对三种微界面体系气液相界面积 a 的影响不同。对于空气 - 水和空气 - 乙醇（ 50% ）- 水体系，当 p_m 较低时，体系气液相界面积 a 随 p_m 升高而逐渐减小。但当 p_m 较高时，p_m 对 a 的影响较小。后一变化趋势是 p_m 对

ϕ_G 和 d_{32} 的相似影响所致。

对于 CO- 甲醇 - 醋酸 - 水体系，p_m 对体系气液相界面积 a 的影响是 p_m 对体系 d_{32} 和 ϕ_G 影响的综合结果。

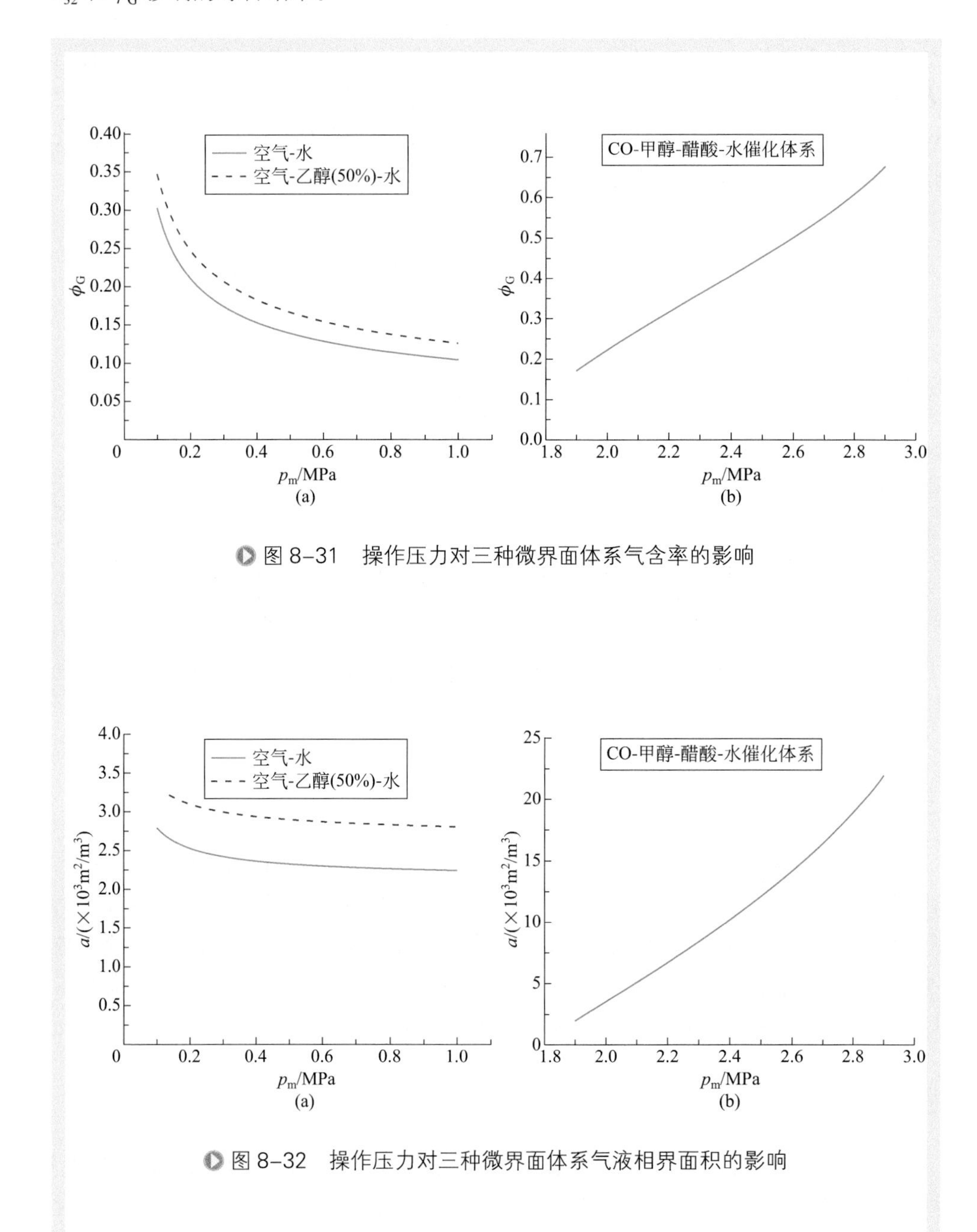

图 8-31 操作压力对三种微界面体系气含率的影响

图 8-32 操作压力对三种微界面体系气液相界面积的影响

五、液侧传质系数和液侧体积传质系数

操作压力 p_m 对三种微界面体系液侧传质系数 k_L 的影响分别如图 8-33(a)和(b)所示。

由图 8-33(a)可知，空气 - 水和空气 - 乙醇(50%)- 水微界面体系中 k_L 均随 p_m 升高而呈缓慢减小的趋势，而 CO- 甲醇 - 醋酸 - 水体系则先缓慢增大后缓慢减小。对于微界面体系，由于 k_L 由液相扩散系数 D_L、微气泡滑移速度 v_s 和气泡尺寸 d_{32} 共同决定，因此，了解上述结果的原因需分析 p_m 对以上参数的影响。

计算表明，随着 p_m 升高，以上三种微界面体系的 D_L 逐渐增大，而 v_s 和 d_{32} 均逐渐减小。因此，v_s 是决定微界面体系 k_L 大小的关键参数。而 v_s 与 v_{32} 由表观液速 v_L 决定，后者受 p_m 的影响可忽略。结合前文图 8-30(a)和(b)的分析可知，对于标准状态下空气流量一定的空气 - 水和空气 - 乙醇(50%)- 水微界面体系，k_L 随 p_m 升高而减小是因 p_m 升高导致 d_{32} 和表观气速 v_G 减小的共同结果。而对于进入反应器的实际气体流量一定的 CO- 甲醇 - 醋酸 - 水体系，k_L 随 p_m 升高而减小主要是 d_{32} 变小所致。

操作压力 p_m 对三种微界面体系液侧体积传质系数 k_La 的影响如图 8-34(a)和(b)所示。由图可知，标准状态下空气流量一定的空气 - 水和空气 - 乙醇(50%)- 水组成的微界面体系中，k_La 均随 p_m 升高而减小。而对于进入反应器的实际气体流量一定的 CO- 甲醇 - 醋酸 - 水组成的微界面体系则相反。上述趋于与 p_m 对气液相界面积 a 的影响 [图 8-32(a)和(b)] 相似。这表明，p_m 对微界面体系液侧传质系数的影响主要取决于其对 a 的影响。

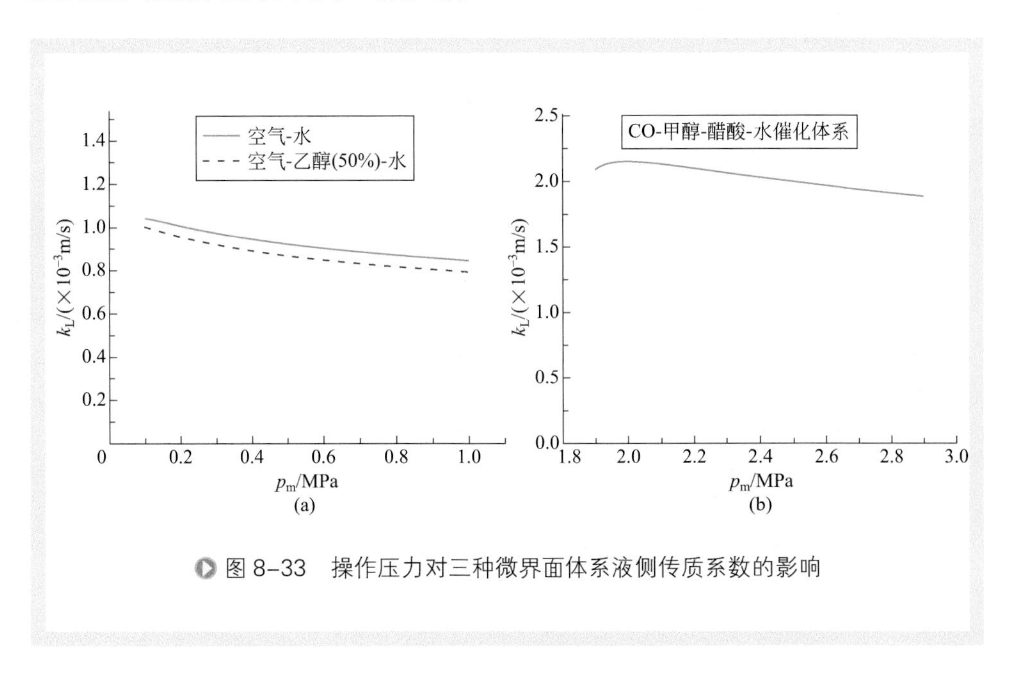

图 8-33 操作压力对三种微界面体系液侧传质系数的影响

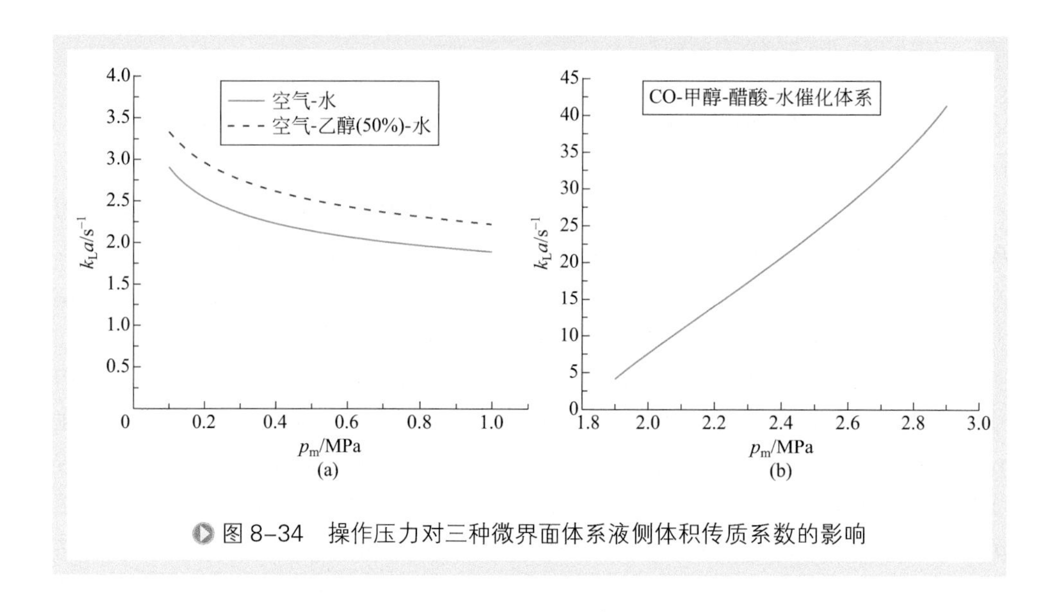

图 8-34　操作压力对三种微界面体系液侧体积传质系数的影响

六、气侧传质系数和气侧体积传质系数

操作压力 p_m 对三种微界面体系气侧传质系数 k_G 的影响分别如图 8-35(a)和(b)所示。由图 8-35(a)可知，标况下空气流量一定的空气 - 水和空气 - 乙醇（50%）- 水微界面体系中，k_G 均随 p_m 的升高而减小，而进入反应器的实际气体流量一定的 CO- 甲醇 - 醋酸 - 水体系变化趋势则相反。了解导致上述差异的原因应分析 p_m 对决定 k_G 大小的诸因素的影响。

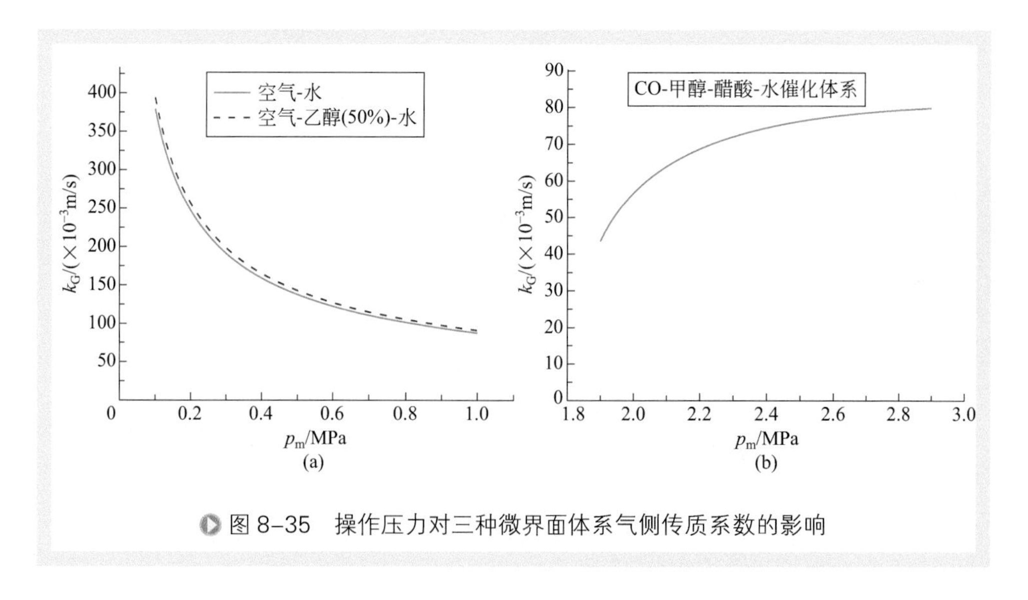

图 8-35　操作压力对三种微界面体系气侧传质系数的影响

由微界面体系 k_G 的计算式（7-109）可知，决定 k_G 大小的参数包括气相扩散系数 D_G、d_{32} 和气泡停留时间 t_{32}。D_G 随 p_m 升高而减小，进而使 k_G 有减小的趋势。另一方面，k_G 与 d_{32} 负相关而与 t_{32} 正相关，这在前文已有述及。

以下就 p_m 对三种体系中 D_G 和 t_{32} 的影响进一步分析。

由于 $D_G \propto p_m^{-1}$，从双曲函数曲线的变化规律可知，当 p_m 较小时，p_m 对 D_G 的影响大于 p_m 较大时的情况。由于空气 - 水和空气 - 乙醇（50%）- 水微界面体系所研究的 p_m 范围为 0.1 ～ 1.0MPa，而 CO- 甲醇 - 醋酸 - 水体系则为 1.9 ～ 2.9MPa，因此，前两种体系中 D_G 随 p_m 升高相对大幅度地减小，这是造成图 8-35（a）和（b）差异的第一个原因。

如图 8-36（a）和（b）所示的操作压力 p_m 对三种微界面体系内气泡停留时间 t_{32} 的影响则是其第二个原因。由图可见，三种体系中 t_{32} 均随 p_m 的升高而增大，但 CO- 甲醇 - 醋酸 - 水体系内 t_{32} 增加幅度要大于另两种体系。

以上计算表明，CO- 甲醇 - 醋酸 - 水体系 k_G 随 p_m 升高的变化趋势有别于另两种体系。其原因在于，CO- 甲醇 - 醋酸 - 水体系操作压力 p_m 相对较高，D_G 值的变化在此压力范围内相对较小。此外，t_{32} 则随 p_m 的升高而有较大的增幅。

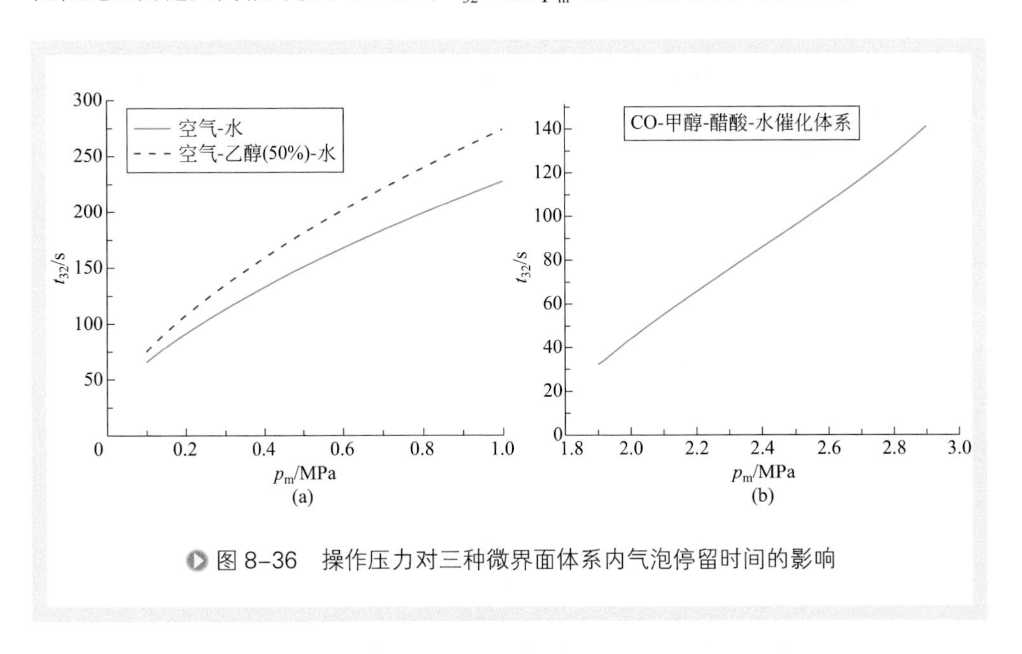

图 8-36　操作压力对三种微界面体系内气泡停留时间的影响

操作压力 p_m 对三种微界面体系气侧体积传质系数 k_Ga 的影响如图 8-37 所示。

图 8-37（a）和（b）表明，p_m 对空气 - 水和空气 - 乙醇（50%）- 水微界面体系 k_Ga 的影响不同于 CO- 甲醇 - 醋酸 - 水体系。产生上述差异的主要原因在于，p_m 对以上体系中气液相界面积 a[图 8-32（a）和（b）] 和气侧传质系数 k_G[图 8-35（a）和（b）] 的影响存在差异。

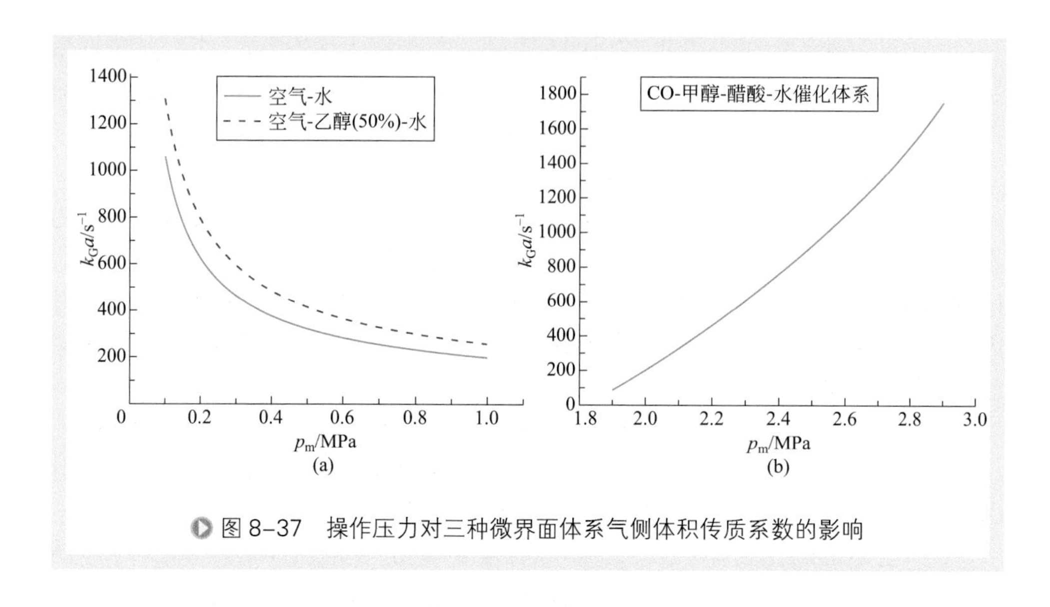

图 8-37　操作压力对三种微界面体系气侧体积传质系数的影响

七、甲醇羰基化反应体系宏观反应速率

在其他条件不变的条件下，操作压力 p_m 对 CO- 甲醇羰基化反应体系中 CO 宏观反应速率的影响如图 8-38 所示。

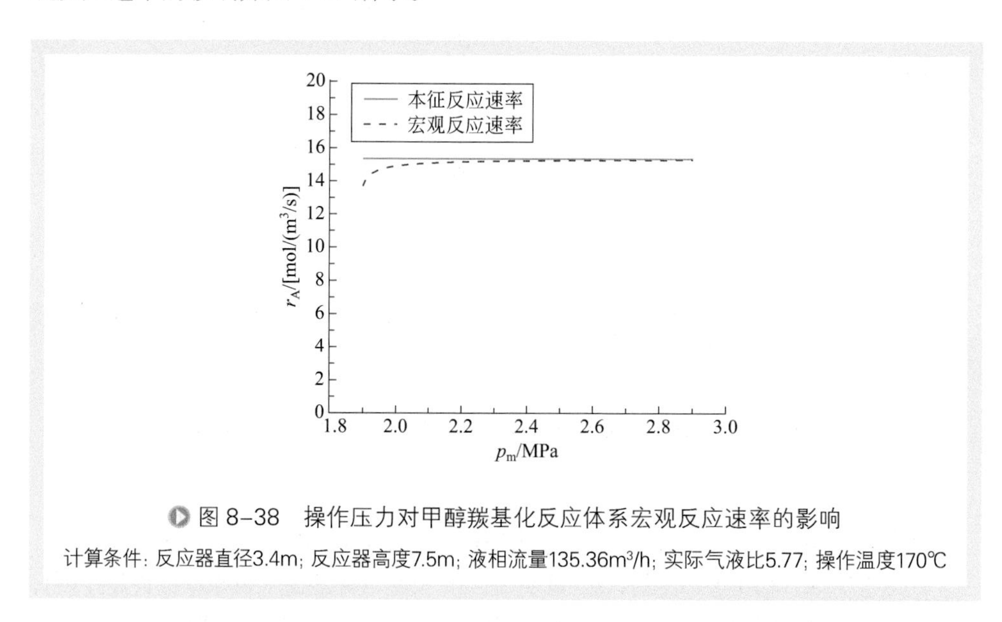

图 8-38　操作压力对甲醇羰基化反应体系宏观反应速率的影响

计算条件：反应器直径3.4m；反应器高度7.5m；液相流量135.36m^3/h；实际气液比5.77；操作温度170℃

由图 8-38 可知，CO 的宏观反应速率随操作压力 p_m 的升高而升高，并逐渐与本征反应速率接近。这说明，随着操作压力的升高，CO- 甲醇羰基化反应体系界面传质阻力对宏观反应速率的影响逐渐减小。

图 8-38 还表明，采用微界面强化技术后，适当降低反应操作压力仍可保证体系宏观反应速率达到较高的水平。

第六节 操作温度的影响

本节将考察微界面强化反应器内操作温度对三种微界面体系界面传质的影响。这三种微界面体系分别为：空气 - 水，空气 - 乙醇（50%）- 水，CO- 甲醇 - 醋酸 - 水体系。计算参数与第五节相同。

操作温度对气液体系界面传质过程和宏观反应速率的影响主要是因其改变了体系的理化参数。本章第三节已讨论了体系主要理化参数的上述影响，结果表明，体系动力黏度和表面张力是决定体系界面传质速率的关键理化参数。因此，本节主要就操作温度对它们的影响进行分析。

一、液相动力黏度

操作温度 T 对三种微界面体系液相动力黏度 μ_L 的影响分别如图 8-39（a）和（b）所示。由图可知，随着操作温度 T 的升高，空气 - 水和空气 - 乙醇（50%）- 水微界面体系的 μ_L 逐渐减小。而 CO- 甲醇 - 醋酸 - 水微界面体系的 μ_L 呈缓慢线性减小趋势，因而该体系 μ_L 受 T 的影响相对较小。

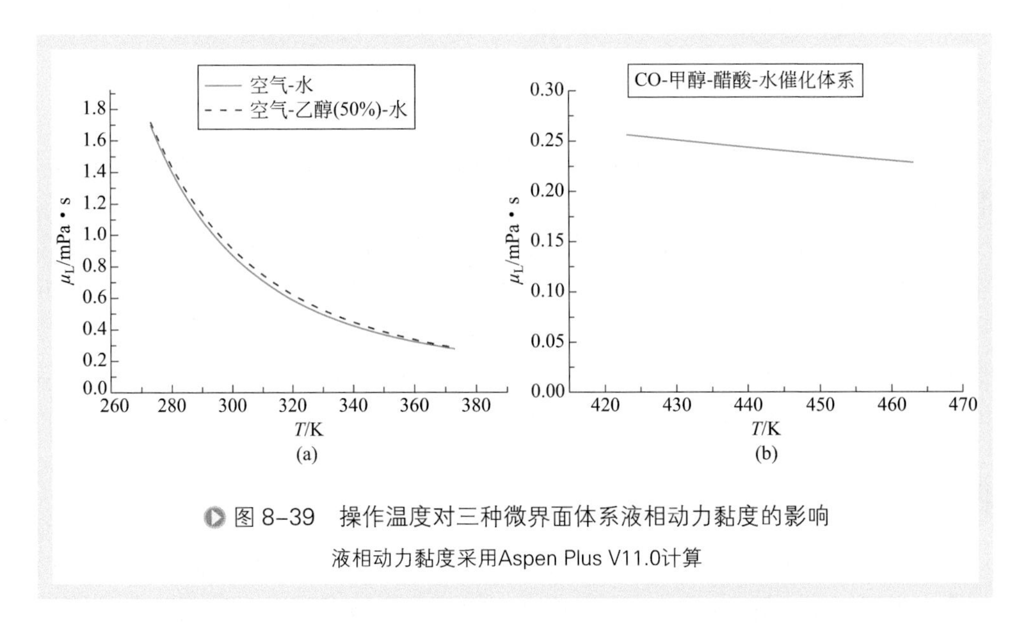

图 8-39 操作温度对三种微界面体系液相动力黏度的影响

液相动力黏度采用Aspen Plus V11.0计算

二、表面张力

操作温度T对三种微界面体系表面张力σ_L的影响分别如图8-40(a)和(b)所示。由图可知，三种微界面体系σ_L大体上均随操作温度T的升高而线性减小，但CO-甲醇-醋酸-水微界面体系σ_L受T的影响相对较小。

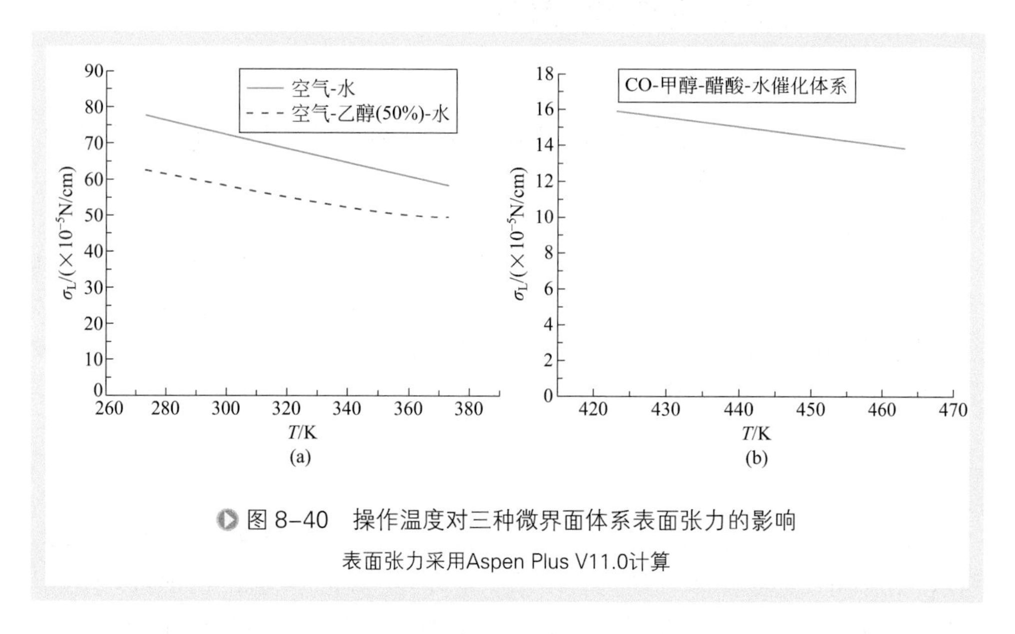

图8-40　操作温度对三种微界面体系表面张力的影响

表面张力采用Aspen Plus V11.0计算

图8-39和图8-40的结果表明，操作温度T对CO-甲醇-醋酸-水微界面体系液相动力黏度和表面张力的影响相对于其他两个体系而言较小。

三、气泡Sauter平均直径

操作温度T对三种微界面体系气泡Sauter平均直径d_{32}的影响如图8-41（a）和（b）所示。

由图8-41（a）可知，在体系操作温度T由273.15K升至373.15K的过程中，空气-水和空气-乙醇（50%）-水微界面体系中气泡d_{32}均逐渐减小。但对于CO-甲醇-醋酸-水体系，当操作温度由423.15K升至463.15K时，体系d_{32}几乎没有变化。上述变化趋势是由体系理化参数（液相密度、表面张力和动力黏度）对d_{32}的影响程度差异及它们随T升高的变化差异共同决定。

四、气泡平均上升速度

操作温度T对三种微界面体系气泡平均上升速度v_{32}的影响如图8-42(a)和(b)所示。由图可知，空气-水和空气-乙醇（50%）-水微界面体系中气泡v_{32}随操作

温度 T 的升高而增大，而 CO- 甲醇 - 醋酸 - 水体系中 v_{32} 几乎不受 T 的影响。

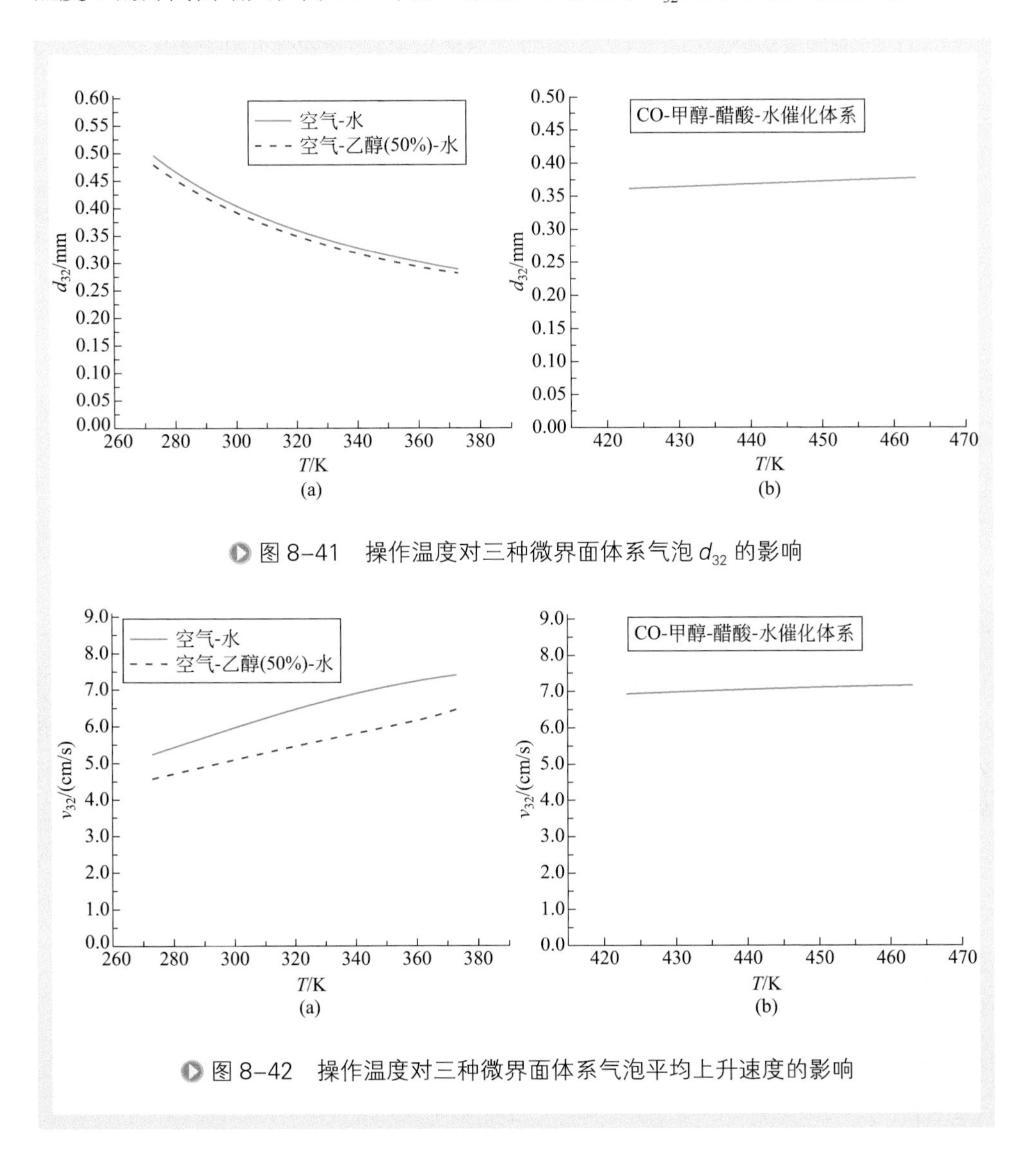

图 8-41　操作温度对三种微界面体系气泡 d_{32} 的影响

图 8-42　操作温度对三种微界面体系气泡平均上升速度的影响

五、气含率

操作温度 T 对三种微界面体系气含率 ϕ_G 的影响如图 8-43（a）和（b）所示。由图可知，操作温度 T 对三种微界面体系 ϕ_G 的影响均不显著。由于微界面体系 ϕ_G 的大小由表观气速 v_G 和气泡 v_{32} 共同决定，因此，当其他条件一定时，操作温度 T 对 ϕ_G 的影响主要是因其改变了体系气泡 v_{32} 大小的结果。

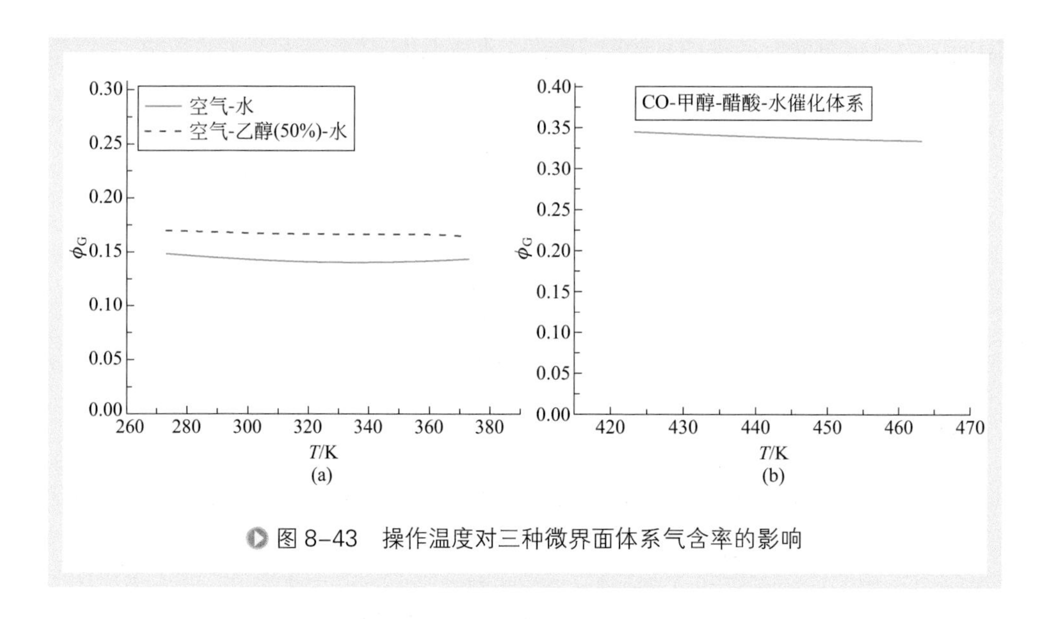

图 8-43　操作温度对三种微界面体系气含率的影响

六、气液相界面积

操作温度 T 对三种微界面体系气液相界面积 a 的影响如图 8-44(a)和(b)所示。由图 - 可知，空气 - 水和空气 - 乙醇（50%）- 水微界面体系中，气液相界面积 a 随着操作温度 T 的升高，呈近似线性增大的趋势；而 CO- 甲醇 - 醋酸 - 水体系气液相界面积 a 则缓慢减小。

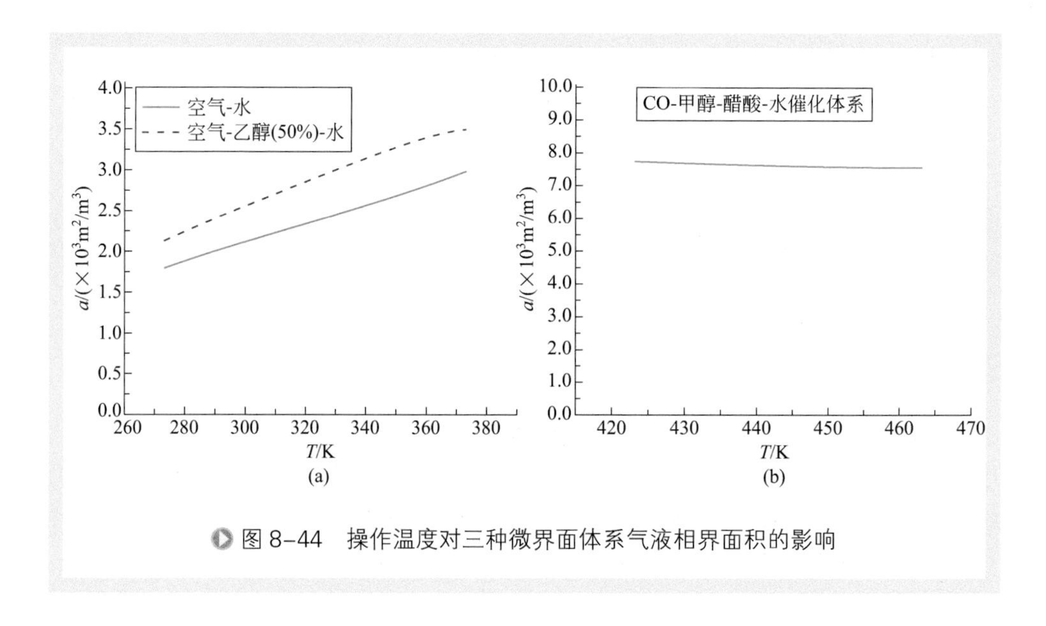

图 8-44　操作温度对三种微界面体系气液相界面积的影响

七、液侧传质系数和液侧体积传质系数

操作温度 T 对三种微界面体系液侧传质系数 k_L 的影响分别如图 8-45（a）和（b）所示。由图可知，三种微界面体系中，k_L 均随操作温度 T 的升高而增大，但操作温度 T 对 CO- 甲醇 - 醋酸 - 水体系 k_L 的影响相对较小。对于空气 - 水和空气 - 乙醇（50%）- 水微界面体系，当体系操作温度 T 由 25℃升至 150℃，k_L 均增至原来的 3 ～ 4 倍。

操作温度 T 对三种微界面体系液侧体积传质系数 k_La 的影响分别如图 8-46（a）和（b）所示。由图 8-46（a）可知，空气 - 水和空气 - 乙醇（50%）- 水微界面体系 k_La 随操作温度 T 的升高而显著增大，但在图 8-46（b）中的温度变化范围内，CO- 甲醇 - 醋酸 - 水微界面体系中的 k_La 几乎不变。

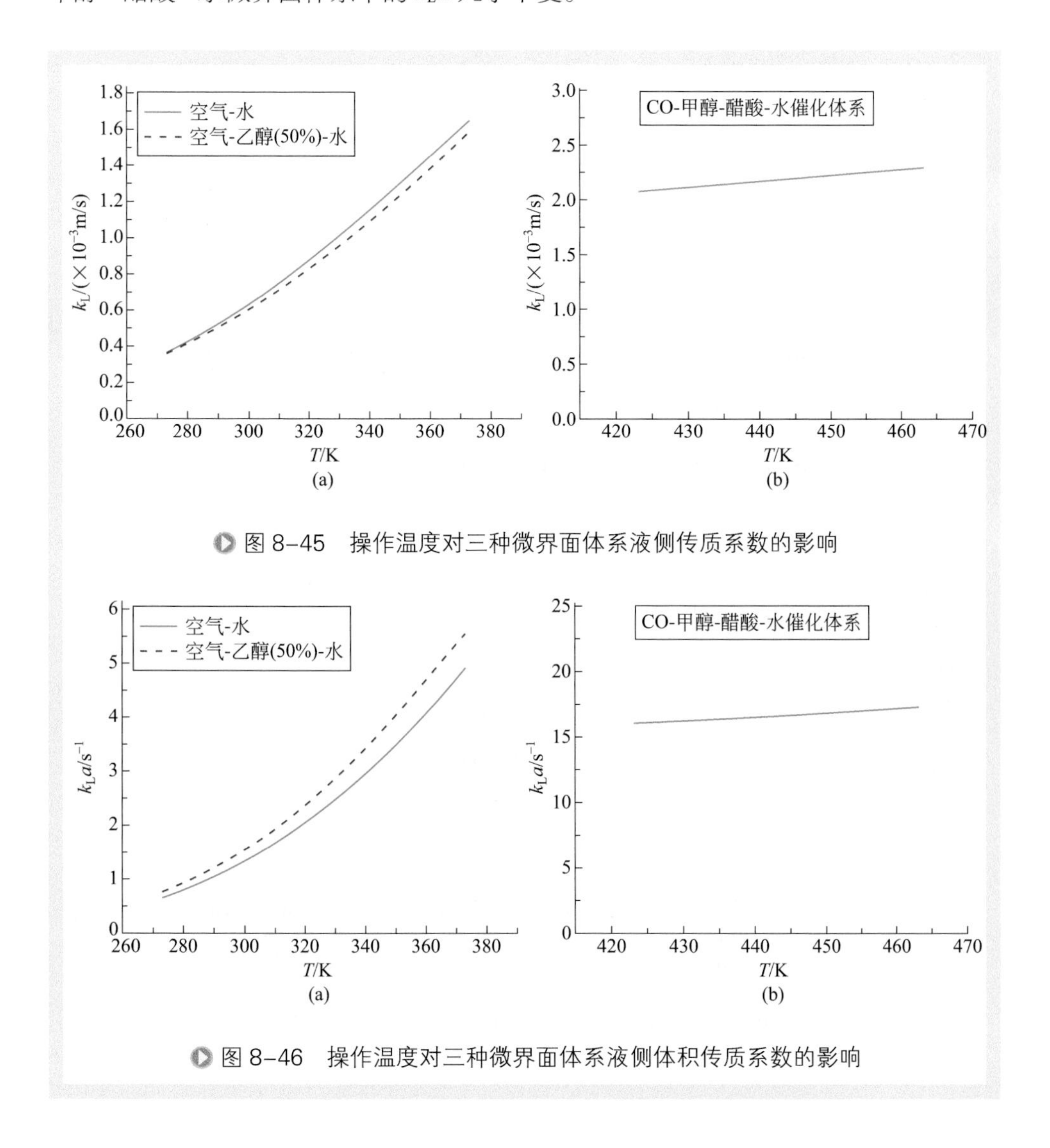

图 8-45　操作温度对三种微界面体系液侧传质系数的影响

图 8-46　操作温度对三种微界面体系液侧体积传质系数的影响

八、气侧传质系数和气侧体积传质系数

操作温度 T 对三种微界面体系气侧传质系数 k_G 的影响分别如图 8-47(a) 和 (b) 所示。由图可知，三种微界面体系 k_G 均随操作温度 T 的升高而增大，但 CO- 甲醇 - 醋酸 - 水体系的增大趋势较弱。

操作温度 T 对三种微界面体系气侧体积传质系数 k_Ga 的影响分别如图 8-48（a）和（b）所示。由图可知，三种微界面体系 k_Ga 均随操作温度 T 的升高而增大，但 CO- 甲醇 - 醋酸 - 水体系的增大趋势也较弱。

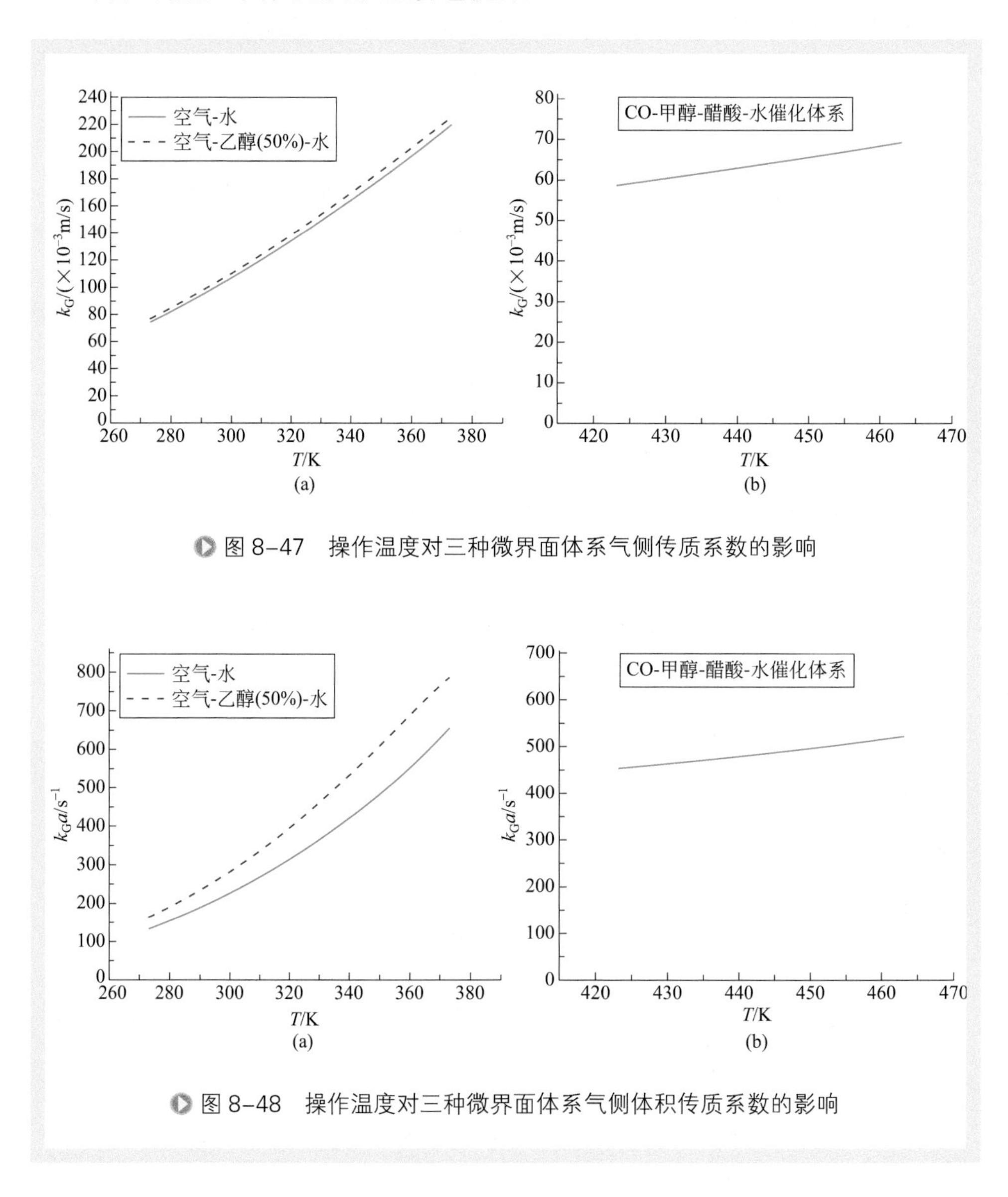

图 8-47 操作温度对三种微界面体系气侧传质系数的影响

图 8-48 操作温度对三种微界面体系气侧体积传质系数的影响

九、甲醇羰基化反应体系宏观反应速率

操作温度 T 对甲醇羰基化反应体系 CO 宏观反应速率 r_A 的影响如图 8-49 所示。由图可知，在甲醇羰基化体系中，随着操作温度 T 的升高，CO 本征反应速率和宏观反应速率均随之增大，但两者的差异较小。这说明在微界面状态下，甲醇羰基化体系 CO 界面传质对其宏观反应速率的影响已大为减少。其原因在于，上述工况下体系的气泡平均尺寸（约 0.37mm）已足够小，以致所形成的气液相界面积和传质系数（$k_La \approx 8.201/s$）已足够大，已无限接近于 CO 的本征反应速率所需。

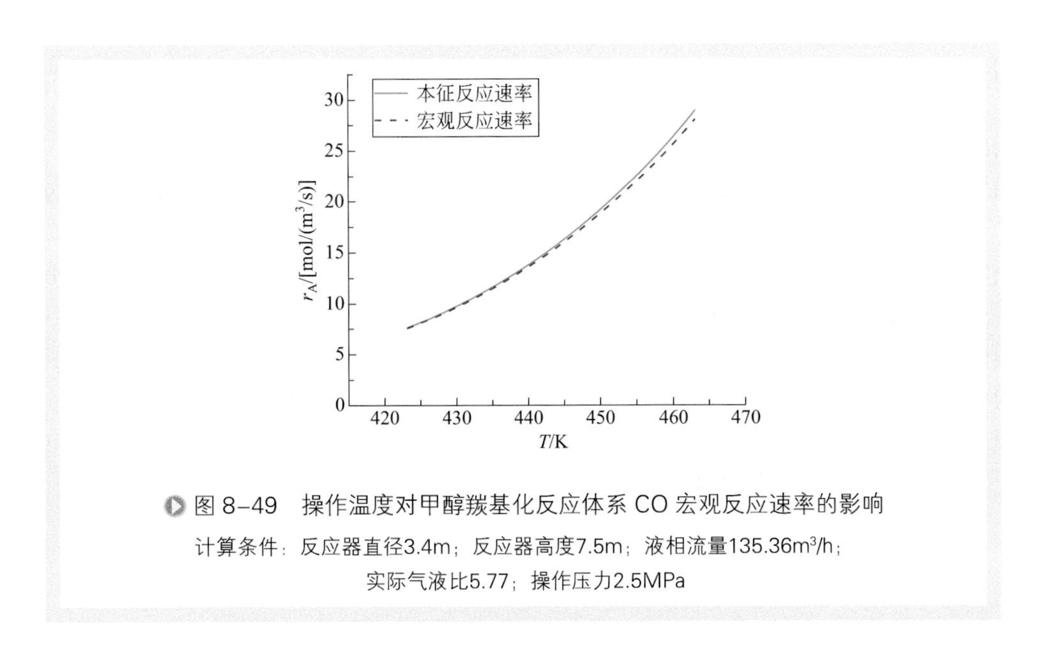

图 8-49 操作温度对甲醇羰基化反应体系 CO 宏观反应速率的影响

计算条件：反应器直径3.4m；反应器高度7.5m；液相流量135.36m^3/h；实际气液比5.77；操作压力2.5MPa

以上计算表明，对于甲醇羰基化体系，采用微界面强化技术可以对传统的鼓泡反应器（带搅拌或不带搅拌）进行大幅强化，使其在高活性催化剂（如铑、铱等）下的羰基化反应效率发挥至极致，即基本接近其本征反应速率。

以我国某 40 万吨 / 年甲醇羰基化制醋酸装置为例，采用上述模型进行计算，获得的具体技术指标为：当反应器操作压力由目前的 2.9MPa 降低至 1.9MPa，操作温度从 190℃降低至 170℃以内时，反应器的产能仍然可提高一倍左右；副反应比目前降低 40% ～ 50%；CO 的利用率由目前的 92.3% 提高至 97.3%，同时减少环境排放。此外，降温降压也使得吨产品能耗物耗下降和催化剂使用寿命提高，从而可获得吨醋酸产品综合制造成本下降约 140 元以上的综合效益。

参考文献

[1] Reid R C, Prausnitz J M, Poling B E. The properties of gases and liquids[M]. 4th Edition. New York: McGraw Hill Book Company, 1987.

[2] Bird R B, Stewart W E, Lightfoot E N. Transport phenomena[M]. 2nd ed. New York, Chichester: Wiley, 2001.

[3] Welty J R, Wicks C E, Rorrer G, et al. Fundamentals of momentum, heat, and mass transfer[M]. John Wiley & Sons, 2009.

[4] Fuller E N, Schettler P D, Giddings J C. A New method for prediction of binary gas-phase diffusion coefficients[J]. Industrial & Engineering Chemistry Research, 1966, 58(5):18-27.

[5] Perry R H, Green D W, Maloney J O, et al. Perry' s chemical engineers' handbook[M]. New York: McGraw-Hill, 1997.

[6] Bird R B, Stewart W E, Lightfoot E N. Transport phenomena [M]. John Wiley & Sons, 2007.

[7] Cussler E L. Diffusion: mass transfer in fluid systems [M]. Cambridge: Cambridge University Press, 2009.

[8] Wilke C R, Chang P. Correlation of diffusion coefficients in dilute solutions [J]. AIChE Journal, 1955, 1(2):264-270.

[9] 傅献彩 , 沈文霞 , 姚天扬 . 物理化学， [M]. 第 4 版 . 北京：高等教育出版社 , 1990, 690.

[10] Pope S B. Turbulent flows [M]. Cambridge: Cambridge University Press, 2015.

[11] Luo H, Svendsen H F. Theoretical model for drop and bubble breakup in turbulent dispersions[J]. AIChE Journal, 1996, 42(5):1225-1233.

第九章

微界面气 - 液体系的理化特性

第一节 概述

结构决定性质，微界面体系中微气泡的众多理化特性，也是由其特殊的结构所决定的。由于微气泡的尺寸为微米级，如此小的尺寸赋予了微气泡许多与宏气泡不同的行为特性。本章将从微界面气 - 液体系的结构与特征出发，在认识微气泡界面结构的基础上，介绍其物理和化学特性。本章将涉及的微气泡物理特性包括：压力特性、传质特性、溶解性能、迁移特性、电学特性、表面特性、流变行为、力学特性、收缩特性，以及其他相关物理特性。化学特性包括：气 - 液体系的微界面自由基的形成、微气泡引起的特异性化学反应、水处理相关反应特性、生化反应特性等。

微界面体系中微米尺度的气泡赋予其许多与宏气泡不同的理化特性，具体物理特性表现为：

① 压力方面，内压随着气泡直径的降低而增大；

② 传质方面，通过微气泡的形成可增强气 - 液传质效率；

③ 溶解性方面，微气泡具有很高的气体溶解速率；

④ 迁移性能方面，微气泡可以在溶液中停留较长时间；

⑤ 电学性能方面，过量的离子在气 - 液微界面积累，使得微气泡具有 ζ- 电位；

⑥ 表面特性方面，微气泡具有较大的相界面积，同时表面聚集有自由基；

⑦ 流变行为方面，含乳化剂稳定的微气泡的悬浮液本质上是黏弹性流体；

⑧ 力学特性方面，通过降低摩擦系数，微气泡的形成能够减少管壁上的流动

阻力，通过引入微气泡还可以改变湍流边界层；

⑨ 收缩性能方面，随着气体向外扩散的加速，微气泡逐渐收缩并最终破裂。

基于以上特殊的理化性质（如微气泡破裂会产生羟基自由基，而自由基会显著促进溶液体系的化学反应），微气泡在很多领域获得了广泛应用，如用臭氧氧化处理腈纶废水、含氨废水、偶氮染料废水、酸性大红 3R 废水等获得了极高的效率。此外，微气泡氧气氧化也能获得比常规宏观气泡氧化更高的氧化效率。

总之，由于微气泡具有众多特殊的理化特性，通过微气泡可以获得更大的相界面积、更高的气-液传质速率、更多的化学自由基，这一技术必将在化学、化工、环境、材料、医学、农业、生命科学、航海等相关领域中获得更广泛的应用。

第二节 微界面气-液体系的结构与特征

微气泡的理化特性是基于其特殊的结构特征所衍生出来的，因此在认识其理化特性之前，有必要先对其结构进行初步的认识。尽管从宏观尺度上来看，微气泡直径仅在 1 ～ 1000μm 之间。但在微观尺度上，这么微小的气泡的结构仍然包含了三个层次[1]。图 9-1 展示了微气泡的结构示意图，它包括三个部分：气相、气-液界面（液膜）和液相。气相可以包含单一的气体或者混合气体。当使用单一气体时，这一气体在对应的液相中不能有过大的溶解度，以防止微气泡通过气-液界面渗透溶解而使气泡快速消失。当使用混合气体时，微气泡的气相结构具有一定特殊性。首先，其具有局部气体分压的差异性；其次，其可以通过气体渗透压来稳定气泡[2]。当使用两种气体时，其中一种占主导地位的气体为主要调节气体，而另一种气体为渗透介质。对于作为渗透介质的气体的选择，优先选取在气-液界面上渗透能力较弱的气体，而相对渗透介质气体渗透能力更大的气体可以作为调节气体。同时，选择渗透介质气体时，还需确保这种气体在室温下为气态，以保证它可以提供足够的分压来发挥其渗透影响。举一个二元混合气的例子：利用空气或氮气为占主导地位的调节气体，使用六氟化硫为渗透介质气体。

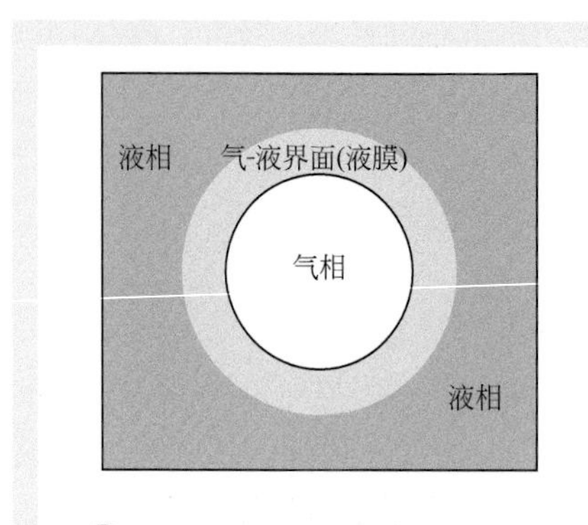

图 9-1　微气泡的结构示意图

气相通过气-液界面被包裹于液相之中。气体可以通过气-液界面向液相扩散，同时微气泡的理化特性主要来源于其特殊的气-液界面结构。气相气体组成以及液相会对界面的结构造成影响。如果相应的气 - 液界面具有足够的伸缩力，在气泡破裂之前其能耐受的压力就会足够高，这将有利于增加气泡的保持时间。

在气 - 液界面之外便是气泡所存在的液相环境。根据操作需要，这一液相环境可以是与气 - 液界面相同的物质，也可以是添加的表面活性剂或者发泡剂。

目前已有很多可以用来表征微气泡结构的方法。Bjerknes 等 [3] 对此类方法进行了详细的介绍。当微气泡被成功生成后，可以通过如下方法来对其结构进行表征：

① 微气泡直径和尺度分布：可通过激光散射、扫描电子显微镜以及透射电镜来测量微气泡的平均直径、气泡尺度分布等信息。

② 壳层厚度：为了测量壳层厚度，需要借助荧光染料（比如尼罗红染色剂）。用荧光染料来包裹微气泡，然后测量荧光光谱。通过与黑色背景对比可以确定壳层厚度。

③ 微气泡浓度：粒子计数器可以用来测定每毫升悬浮液中的微气泡数量。

④ 气体含量：U 形振荡法密度计可以用来测量微气泡中气体含量。

⑤ 自由基：可以通过电子自旋共振来测量微气泡气 - 液界面积累的自由基。

第三节 微界面气-液体系的物理特性

一、压力特性

微气泡的内压与气 - 液微界面的表面张力以及气泡直径相关。内压随着气泡直径的降低而增大。Young-Laplace 对微气泡的内外压差（Δp）、气泡直径（D_B）以及表面张力（σ）进行了关联，获得如下关系式（即 Young-Laplace 方程）：

$$\Delta p = \frac{4\sigma}{D_B} \tag{9-1}$$

从以上关系式可以看出，在外压一定的情况下，通过改善气 - 液微界面以提高界面张力，或者通过机械作用获得直径足够小的微气泡，可以使微气泡的内压显著增高。作为气体局部分压增加的直接结果，气体在液相中的溶解能力将获得增强。这也是通过微气泡的形成来强化气 - 液传质的根本途径之一。

二、传质特性

微气泡已经成为一种重要的强化传质的介质。其强化传质主要通过如下途径实现：①由于气泡直径降至微米级后，气液相界面成倍增大，使得气体向液体的扩散得以强化；②随着气泡直径变小，其内压会随之升高，从而可以提高气体向液相扩散的推动力；③微气泡具有更低的上升速度，可以延长其在液相的停留时间。因此，可以通过微气泡的形成来增强气 - 液接触效率，并以此来强化相关的过程，比如气 - 液两相反应过程、气体吸收过程、发酵过程等。

刘春等[4]采用水力旋转剪切微气泡发生装置，考察了运行条件和水质特性对微气泡曝气中氧传质特性的影响，发现微气泡曝气中氧的总体积传质系数明显高于传统气泡曝气。总体积传质系数随着空气流量的增加而增加；氧传质效率随空气流量的增加而减小，且对空气流量的变化更为敏感。表面活性剂的存在会使氧的总体积传质系数略微降低。

三、溶解性能

微气泡具有很高的气体溶解速率（质量传递速率），并且这一传递速率随着气泡直径的减小而增大。当气泡颗粒到达微米甚至接近纳米尺度时，气液相界面积和气泡内压将会显著增加，其上升速度也随之大幅降低，从而导致气体溶解速率增加[5]。举例来说，根据 Young-Laplace 方程可以计算出在 298K 下水中直径为 1μm 的微气泡，其内压约为 390kPa，这一数值几乎是大气压的 4 倍，如此大的内外压差能显著促进微气泡内部的气体向外扩散溶解，甚至直接爆裂。

四、迁移特性

由于构成微气泡的气相密度低于其所处溶液环境的液相密度，微气泡总体上表现为在溶液中上升。不过液相组成及性质会影响微气泡的上升速度。由于微气泡尺度非常小，其雷诺数也很小（近似的 $Re \leqslant 1$）。这些气泡几乎呈现球状，有时甚至看起来类似于固体球体。

微气泡在溶液中的上升行为与宏观气泡存在显著的差异。宏观气泡在溶液中快速上升，并在液面破裂。而微气泡可以在溶液中停留较长时间，并且气泡内的气体向液相扩散较快，使得微气泡在上升过程中逐渐缩小直至消失[6]。石晟玮等[7]用力学分析的方法对水中气泡上浮过程中的气泡运动方程进行了理论推导，并根据理论推导的结果对半径位于 40 ～ 500μm 的微小气泡进行了仿真计算，发现气泡运动方程中的阻力系数与黏滞系数可对气泡上浮速度产生显著影响，两者的值与气泡上浮速度成反比关系。对 $Re \leqslant 150$ 条件下的微气泡运动，气泡上浮过程中的阻力系数（C_D）可表示为：

$$C_D = \frac{1.5Re^{0.767} + 24}{Re} \tag{9-2}$$

他们系统地分析了水中微气泡上浮过程的力学行为，认为对于半径小于 50μm

的微小气泡的短距离运动，可作如下假定：①气泡在运动过程中保持球形；②气泡内气体保持恒温状态；③气泡上浮过程中半径不变。当不考虑气泡上浮过程中加速度的影响，即气泡上浮过程中只受到浮力与黏性阻力作用时，其上浮速度可表示为：

$$U_{\mathrm{b}}=\sqrt{\frac{8}{3}\left[\frac{Rg(\rho_{\mathrm{f}}-\rho_{\mathrm{g}})}{\rho_{\mathrm{f}}C_{\mathrm{D}}}\right]} \tag{9-3}$$

式中，U_{b} 为气泡上浮速度；g 为重力加速度；ρ_{f} 为液体密度；ρ_{g} 为泡内气体密度；C_{D} 为气泡运动的阻力系数。

五、电学特性

Zeta 电位（ζ- 电位）指剪切面的电位，是悬浮粒子的一项重要物理参数，是表征胶体分散体系稳定性的重要指标。ζ- 电位可以用来帮助优化悬浮液或者乳胶的形成，还可以用来预测悬浮液或者乳胶的稳定性。悬浮液中的粒子如果具有大的负电位数值，表明这些粒子趋向于互相排斥。但如果粒子的 ζ- 电位过低，则这些粒子将容易相互靠近[8]。

微气泡破裂引起的局部温度升高会热解出自由基，当微气泡所处的溶液环境中没有足够的电解质去中和这些自由基时，一些过量的离子就会在气 - 液微界面积累，从而使得溶液中的微气泡具有 ζ- 电位。微气泡的 ζ- 电位是其一项重要的物理参数，通过 ζ- 电位可以判断微气泡和环境中其他物质的相互作用情况，比如体系中的油滴、固体颗粒等。Takahashi 等[8] 通过实验测定了水溶液中微气泡的 ζ- 电位，测量 ζ- 电位的实验装置如图 9-2 所示，包括微气泡发生器、泵、电极、光源、电泳槽、水槽、计算机、显微镜和 CCD 相机。微气泡由微气泡发生器产生，显微镜和 CCD 相机可对微气泡进行实时观测。研究发现微气泡会改变电泳槽所测得的电势。

ζ- 电位可通过 Smoluchowski 方程来确定：

$$\zeta=\frac{\mu m'}{\varepsilon} \tag{9-4}$$

式中，ζ 为 Zeta 电位，V；μ 为动力黏度，Pa·s；m' 为单位电场强度下所产生的载流子平均漂移速度，$m^2/(s\cdot V)$；ε 为液体的介电常数，$s^2\cdot C^2/(kg\cdot m^3)$。在蒸馏水中微气泡的 ζ- 电位值约为 −35mV[9]。值得注意的是，Takahashi 等的研究表明 ζ- 电位和微气泡的大小之间没有关系，加入电解质将使得 ζ- 电位数值降低。增加溶液的 pH 值会增大 ζ- 电位的负值。加入醇类物质（如乙醇、丙醇）也会对 ζ- 电位产生影响。

对于微气泡而言，ζ- 电位是指气泡剪切面的电位，因此气 - 液微界面上离子的数量以及离子价态直接决定 ζ- 电位的数值大小[10]。包裹微气泡的液体层包括两个部分，如图 9-3 所示。①内层区域，在这一区域离子和气 - 液微界面紧密结合；②外层区域，在这一区域离子和气 - 液微界面结合较弱。两层区域间有一个界面，离子和微气泡借此可以形成一个稳定的单元。当微气泡在外力作用下运动时，界面上的离子也会跟着运动。离子存在所带来的极化以及离子运动造成的电势就形成了微气泡的 ζ- 电位。

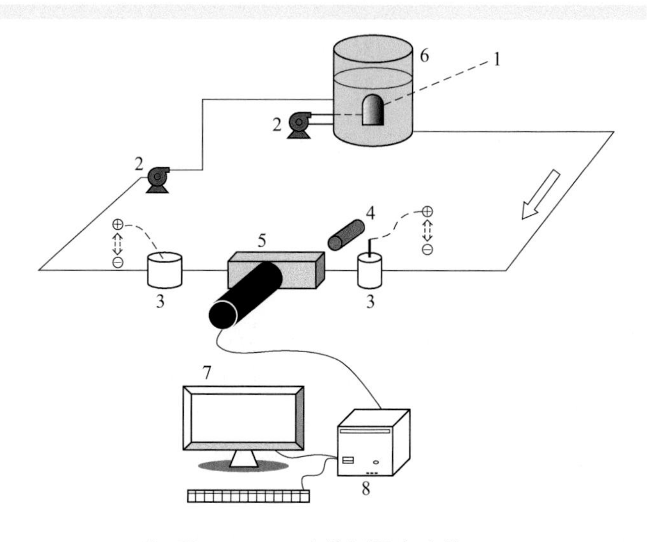

图 9-2 ζ- 电位测量实验装置 [8]

1—微气泡发生器；2—泵；3—电极；4—光源；5—电泳槽；6—水槽；7—计算机；8—显微镜和CCD相机

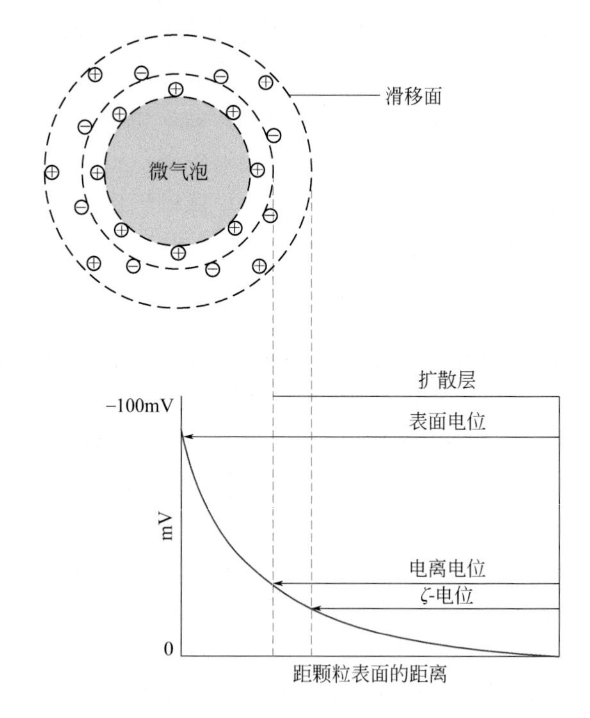

图 9-3 微气泡 ζ- 电位示意图 [11]

微气泡的 ζ- 电位具有如下重要特征：

① 在溶液中加入电解质（如 NaCl、$MgCl_2$）可以降低 ζ- 电位数值，随着电解质浓度增加，ζ- 电位数值逐渐降低 [8]。

② 在溶液中加入醇类物质将会影响 ζ- 电位数值，随着醇类物质浓度的增加，ζ- 电位数值将下降 [8]。

③ ζ- 电位数值和微气泡大小没有相关性 [10]。

④ 溶液 pH 值会影响 ζ- 电位数值 [11]。

⑤ 微气泡的 ζ- 电位为负值 [12-14]。

六、表面特性

比表面积是指单位质量物料所具有的总面积，比表面积还有另一种定义：面积 / 体积。由于微界面体系微气泡直径小，在一定的气流量下，其气液相界面积很大。相界面积大有利于提高气 - 液间的传质。此外，前已述及，微气泡周围聚集了一定量的自由基，其表面一般带有一定量的电荷。而宏观气泡表面一般是不带电荷的，因此相较于宏观气泡，微气泡的吸附性也就更强。

七、流变行为

Shen 等 [15] 研究了浓缩的单分散微气泡悬浮液的稳定性和流变行为。他们通过食品级的乳化剂来稳定微气泡，乳化剂是甘油单酯、甘油二酯、硬脂酰乳酰乳酸钠和聚乙二醇硬脂酸酯组成的混合物。实验观察到乳化剂通过在微气泡外围形成薄薄的壳层来保护微气泡。相应的微气泡直径在 120 ～ 200μm 之间。通过改变液体和气体流动速率可以控制微气泡的大小。悬浮液中微气泡的流变行为可以通过旋转流变仪来测量。所测样品的气含率通过测量不同样品的重量差异来计算。实验中还发现微气泡在一定时间内是比较稳定的，并且气泡大小不随时间改变。溶液的黏度随着剪应力的增加而降低，表明含乳化剂稳定的微气泡的悬浮液本质上是黏弹性流体。相对而言，一般的低分子流体在外力作用下的流动仅产生不可逆的塑性变形。而黏弹性流体在外力作用下同时能产生塑性变形和高抑变形。

八、力学特性

通过降低摩擦系数，微气泡的形成能够减少管壁上的流动阻力，通过引入微气泡还可以改变湍流边界层。当来流速度一定时，摩擦阻力减少量随微气泡流量的提高而增加。当微气泡浓度不变时，摩擦阻力减少量随来流速度的增加而增加。而当微气泡的引入量一定时，摩擦阻力减少量随来流速度的增加而减少。表面摩擦系数最大减少量可达 80%[16]。

Serizawa 等 [17] 在立式气缸里测量了气 - 液两相流的摩擦系数，发现流动摩擦系数随着气 - 液两相流中微气泡的体积分数的增加而降低。Kodama 等 [18] 的实验发现在大型轮船的底部通过鼓风形成微气泡可以降低流体阻力。梁志勇 [16] 通过数值模拟的方法研究了微气泡减少平板摩擦阻力的机理，发现微气泡减阻与来流速度、气泡浓度、气泡量、平板位置等诸多因素有关，气泡引入量会影响减阻效果，气泡引入方式也会影响减阻效果。吴乘胜等 [19] 采用 k-ω 湍流模型，进行了微气泡流动的数值模拟。发现由于微气泡的喷入，模型表面附近流体的密度减小，湍流黏性、湍动能的生成和耗散也随之减小，使得摩擦阻力降低。微气泡喷入速度的增加会提高模型表面附近的空隙率，从而使摩擦阻力降低更多。模拟结果获得了非常明显的微气泡减阻效果，总阻力最大降低了约 50%，摩擦阻力最大降低了近 80%。

九、收缩特性

Ohnari 等 [20] 描述了微气泡的收缩过程。由前文所述的 Young-Laplace 方程可知，微气泡的微界面内外的压力差 Δp 与气泡直径及表面张力相关。当气泡直径变小时，内部压力会随之升高。由于内部压力的增大，微气泡内的气体从高压区域（气泡内部）向低压区域（气泡外部）扩散的推动力也逐步增强。于是，随着气体向外扩散的加速，微气泡逐渐收缩并最终破裂。微气泡这一由于尺度下降引起的气体扩散溶解加速的过程已经被用来强化气 - 液两相过程。吕越等 [6] 采用气 - 水旋流微气泡发生装置，考察了微气泡曝气中气泡尺寸和微气泡收缩特性及其影响因素。发现微气泡具有加速收缩消失的行为特性，微气泡初始直径与收缩时间之间存在显著的正相关关系，静态条件下相同初始直径的微气泡收缩过程存在明显差异。有表面活性剂存在时，微气泡收缩时间显著延长。

十、其他物理特性

微气泡具有去除固体表面吸附物的能力。研究表明，微气泡能够阻止蛋白质吸附于固体表面，从而防止污垢在物体表面积累 [21]。例如，小尺度微气泡能够阻止牛血清白蛋白在云母表面吸附。此外，小尺度微气泡还能帮助移除热解石墨和金表面的有机物 [22]。同样的研究应用到不锈钢表面，仍然能获得微气泡具有去除固体表面吸附物能力的结论。在高频、低能超声存在下，使用微气泡能够阻止细菌和水藻在固体表面生长 [23]。

此外，微气泡还能够改变所处溶液环境的物理性质。以水为例 [24]，当有微气泡存在时，黏度及表面张力将下降，这主要是由于微气泡会破坏水中的氢键。同时，微气泡的存在将导致电导率上升，这主要是由于微气泡会使水中有更多的离子化组分。

第四节 微界面气-液体系的化学特性

一、气-液体系的微界面自由基的形成

由于微气泡内压与气泡直径成反比，微气泡内部具有较高的内压。随着气体扩散溶解，微气泡会进一步收缩并导致内压的进一步升高。当内压升高到一定程度时，将会发生气泡的破裂（图 9-4）。如果微气泡破裂的速度大于声音在水中的传输速度，可以近似认为此破裂过程是一个绝热压缩过程。绝热压缩过程与外界没有热量交换。根据能量守恒的原理，理想气体在绝热压缩时温度升高，在绝热膨胀时温度降低。因此，破裂的微气泡内部的温度会剧烈上升。温度上升会引起破裂气泡的热分解，从而产生羟基自由基（•OH）[25]。

通过微气泡破裂产生自由基可以通过电子自旋共振来测量[26]。5,5- 二甲基 -1- 吡咯啉 -*N*- 氧化物可以用来作为自由基捕获剂来捕捉微气泡破裂时产生的自由基。溶液的 pH 值对含氧微气泡破裂产生的自由基数量具有显著影响。例如，较低的 pH 值可以增强自由基的产生。同时，构成微气泡气相的气体种类也能影响自由基的产生量，如含氧微气泡相对含氮微气泡更容易形成羟基自由基[27]。

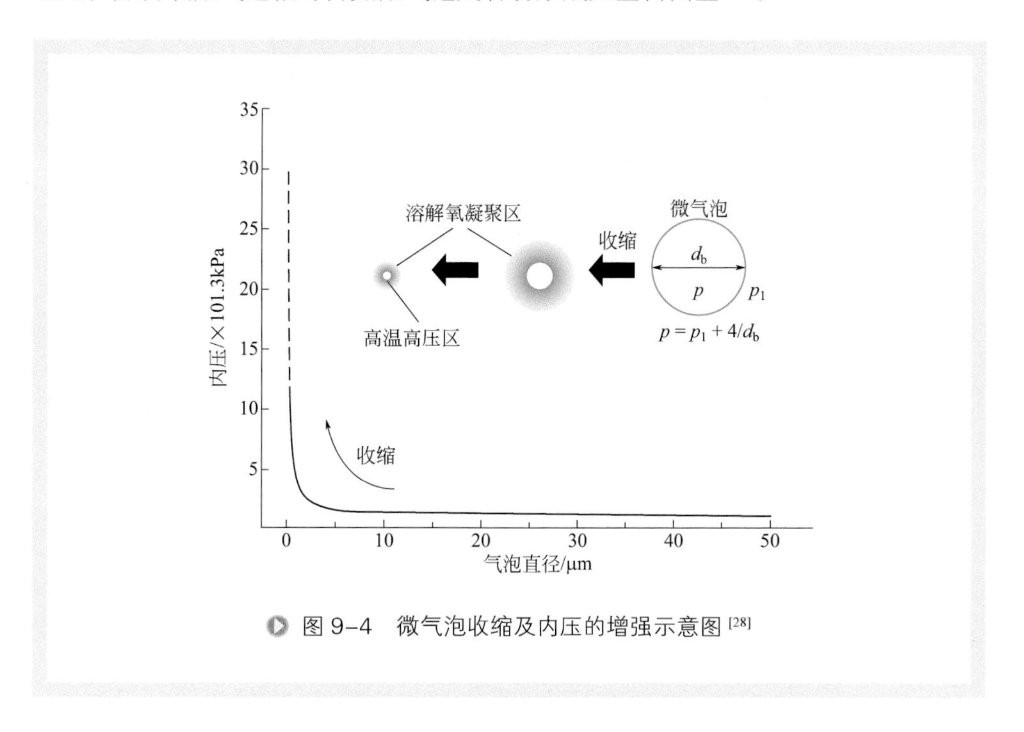

图 9-4 微气泡收缩及内压的增强示意图[28]

二、微气泡引起的特异性化学反应

由于微气泡具有强化气体传质、增加气体溶解度、增加气液相界面、气泡界面富含自由基等特性，在气 - 液两相反应过程中，如果能通过微气泡发生装置使体系富含微气泡，可获得与常规鼓泡反应器不同的反应效果。

Mase 等 [29] 在苯甲醇的氧化制备苯甲醛和苯甲酸的反应中，以空气为氧源，详细地对比了传统的“气体加压 + 磁子搅拌”[图 9-5（a）]与通过微气泡发生器产生空气微气泡[图 9-5（b）]的反应差异。他们首先测量了不同条件下体系氧含量随时间变化（图 9-6），当采用开放的通气状态时，体系中的氧含量缓慢上升，60min 内仍未到达饱和状态。使用常规鼓泡方式以 3mL/min 的通气速度通入空气，体系氧含量比开放状态增加稍快，到 60min 时基本达到饱和状态。当使用微气泡发生器以 3mL/min 的通气速度通入空气时，体系氧含量在几分钟内即可达到超饱和状态，并且停止通氧 60min 后，体系的氧含量仍然处在饱和状态。

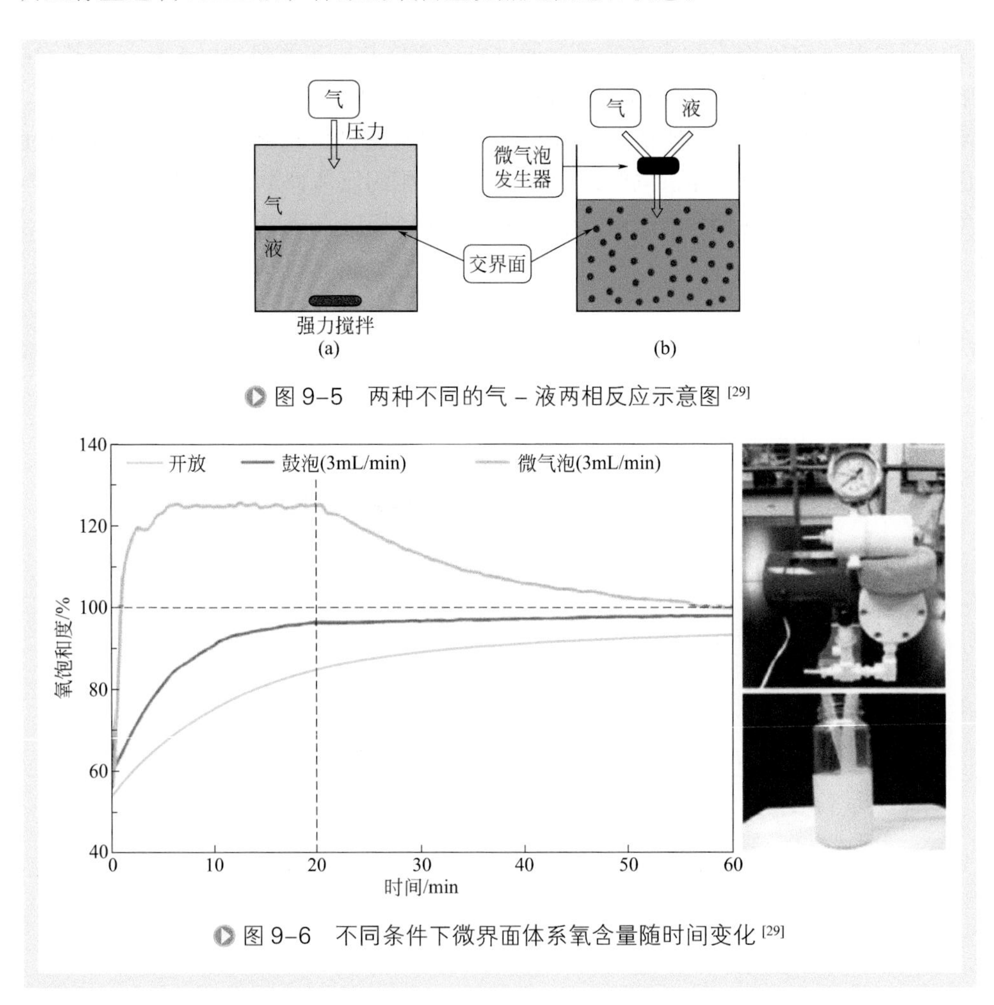

图 9-5　两种不同的气 – 液两相反应示意图 [29]

图 9-6　不同条件下微界面体系氧含量随时间变化 [29]

基于以上通气差异性，他们进一步研究了室温条件下的苯甲醇氧化过程，发现在相同反应条件下：使用开放的通氧条件，在 2h 内反应转化率为 30%；使用常规鼓泡方式以 3mL/min 的通气速度通入空气，在 2h 内反应转化率为 48%；当使用以 3mL/min 的速度进行微气泡通气时，反应在 2h 内转化率为 93%，这充分说明使用微气泡具有强化反应的效果。

微气泡所含的气体成分对反应效率也具有重要影响。Ondruschka 等 [30] 分别采用含纯氧微气泡、含空气微气泡、含氮气微气泡来进行苯酚的电分解反应，发现使用含纯氧微气泡时效率最高，2h 分解率为 65%。而使用含空气微气泡、含氮气微气泡时，2h 分解率分别只有 9.5% 和 4%。使用含纯氧微气泡时能获得最佳的氧气溶解度，从而使反应显示最佳效果。而使用含空气微气泡时，由于气泡的气相中氧含量仅为 21%，故有效氧气传质量下降，从而降低了反应效率。

Martens 等 [31] 使用冷凝管和玻璃微孔鼓泡装置搭建了一套如图 9-7 所示的简易微气泡氧化装置。装置内径 20mm，体积 170mL，空气流速 170 ～ 200mL/min，通过冷凝管夹套进行加热。他们在此装置上进行了含硫化合物的氧化反应，通过对比实验发现微气泡氧化装置上反应速率是常规搅拌反应装置的 2.5 倍，反应产率提高 28%。尤其值得注意的是，使用微气泡氧化装置时，甚至不需加入催化剂，反应仍然能在 30h 内获得 15% 的产率。

此外，还有人 [32] 研究了膜材料可以作为空气或纯氧等气体的通道以形成微气泡，反应中气体连续通入管腔中，水在管腔外流动，保持氧气压力低于泡点，在膜两侧气体分压差的推动下，管腔内的气体透过膜壁直接扩散进入水管外的水体中。当该法用于对含乙醇废水氧化处理时，效果很好。

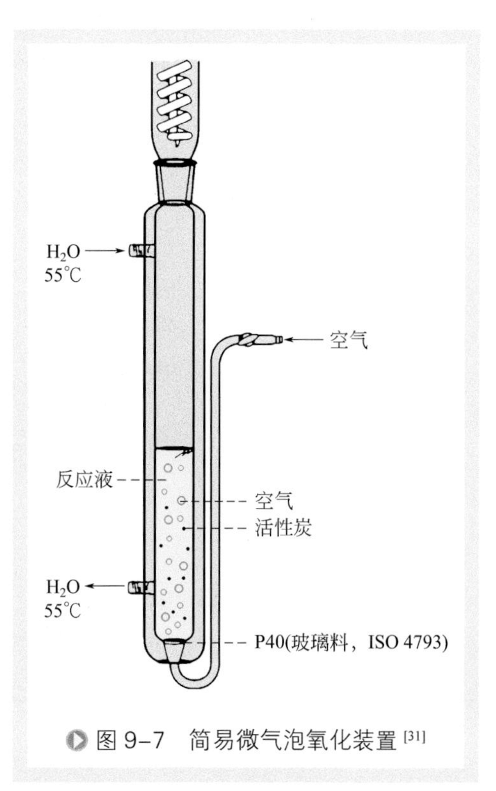

图 9-7　简易微气泡氧化装置 [31]

三、水处理相关反应特性

由于微气泡表面含有一定量的自由基，近 20 年来，越来越多的研究开始关注应用微气泡来进行水处理。最近，微气泡已经被用来为水进行消毒 [33]。同时，研究还发现富含空气（甚至是氮气）的微气泡能够增强有氧生物处理废水的效率。有证据表明，富含氧气的微气泡不但能够被应用到水处理领域，并且对于发酵、酿造以及饮用水净化等领域也具有良好效果。有时，微气泡可以通过催化相应反应过程，来提高化学处理废水的效率[10]。以下将对不同的微气泡水处理方法进行简要介绍。

1. 臭氧氧化

前已提及，微气泡气液相界面会有富余的自由基聚集，当形成微气泡的气体为臭氧时，这些聚集的自由基能够加速气泡内部臭氧的分解，从而显著增强相应的臭氧氧化能力[34]。这一特性使得微气泡在水处理领域得以广泛应用。

石化行业产生的腈纶废水是难降解、难处理的有机废水之一。郑天龙等[35]通过图 9-8 所示装置比较了微气泡 - 臭氧工艺（即臭氧为微气泡的气相）和微孔 - 臭氧工艺对石化行业产生的腈纶废水进行深度处理的效果。所使用的微气泡装置包括：臭氧发生器、微气泡发生器、气体流量计、反应柱（内含微孔钛板）、尾气吸收装置和储水池。研究表明：在 COD、UV_{254}、NH_3-N 的去除及废水可生化性提高方面，微气泡 - 臭氧工艺优于微孔 - 臭氧工艺。他们通过深入研究气含率、传质速率、羟基自由基生成情况等，对微气泡 - 臭氧工艺的高效率给出了机理解释。微气泡 - 臭氧体系的气含率、臭氧传质系数和臭氧平均利用率分别是微孔 - 臭氧体系的 11 倍、3 倍和 1.5 倍。微气泡 - 臭氧体系的羟基自由基数量和溶解性臭氧浓度均高于微孔 - 臭氧体系，即前者的氧化能力更强，使含双键和苯环类物质更多地氧化成烯酸、羧酸等小分子有机物，从而改善废水的可生化性。

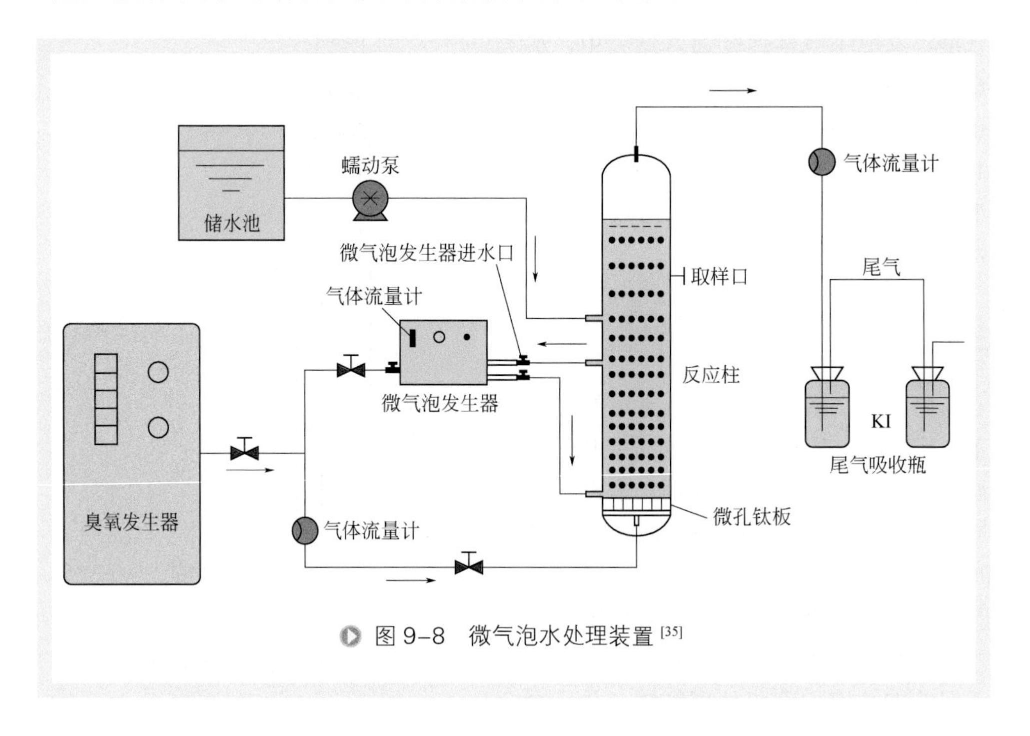

图 9-8 微气泡水处理装置[35]

Chu 等[36]研究了使用含臭氧的微气泡来处理偶氮染料废水。采用如图 9-9 所示的微气泡水处理装置，包括氧气钢瓶、臭氧发生器、旋转加速器、气体喷头、臭氧反应器、尾气吸收瓶等部件。通过微气泡发生器，他们获得了直径低于 58μm 的气泡，且气泡密度达到 29000 个 /mL。与常规鼓泡反应器相比，使用含臭氧的微气泡发生器处理废水使质量传递效率提高了 1.8 倍，反应效率提高了 3.2 ～ 3.6 倍。使用微气泡发生器时，每克臭氧能分解的偶氮染料化合物是常规鼓泡反应器的 1.3 倍。对于微气泡发生器获得更高的效率的原因，笔者认为是使用微气泡发生器时系统内形成了更多的羟基自由基。

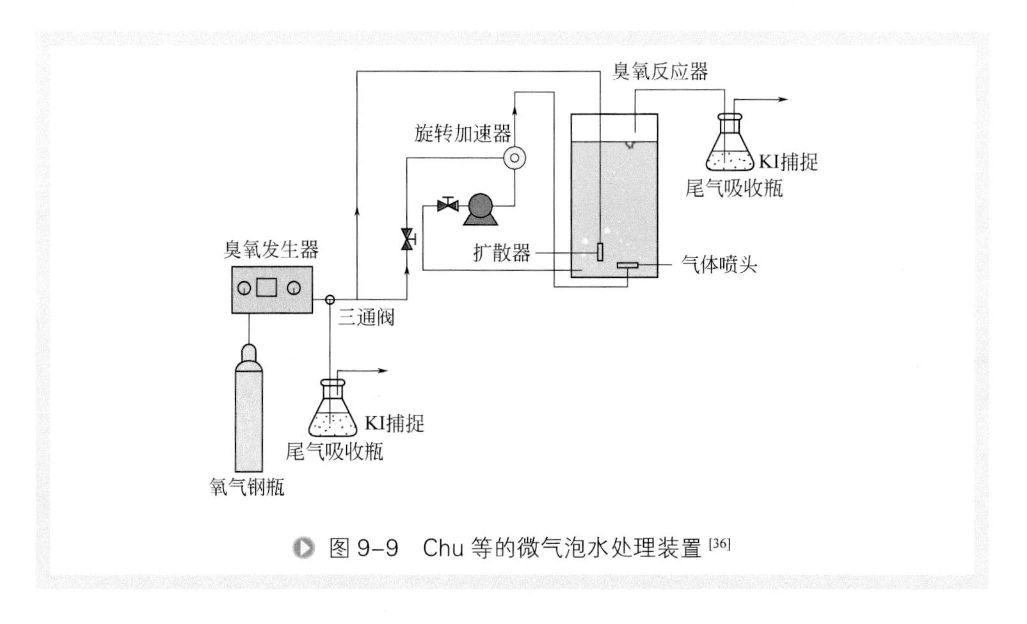

图 9-9　Chu 等的微气泡水处理装置[36]

Ghosh 等[37]研究了臭氧微气泡氧化废水中氨的情况，使用如图 9-10 所示的臭氧微气泡水处理装置。该装置反应器体积为 20L，以 30 ～ 70mL/s 的速度通入臭氧，生成的微气泡平均直径为 25μm，未反应的臭氧通过臭氧破坏器分解后，直接排空。他们研究了臭氧生成速率、溶液 pH 值等对体积传质系数的影响。发现臭氧生成速率越高，体积传质系数越大。例如，在 pH=7 时，当臭氧生成速率分别为 5.6×10^{-7}kg/s、1.1×10^{-6}kg/s、1.7×10^{-6}kg/s 时，其体积传质速率分别为 $1.9\times10^{-3}s^{-1}$、$2.2\times10^{-3}s^{-1}$、$2.8\times10^{-3}s^{-1}$。同时，溶液的 pH 值对体积传质速率也有显著影响，溶液 pH 值越高，体积传质系数越大。例如，在臭氧生成速率为 5.6×10^{-7}kg/s 时，当 pH 分别为 6、7、8、9 时，其体积传质速率分别为 $1.7\times10^{-3}s^{-1}$、$1.9\times10^{-3}s^{-1}$、$2.1\times10^{-3}s^{-1}$、$2.6\times10^{-3}s^{-1}$。由于微气泡的强化传质作用，水中的氨能被高效氧化。即便对于氨含量很低的水溶液（1mg/dm^3），其臭氧化效率也非常高（2h 内基本完全氧化）。

张静等[38]采用臭氧微气泡氧化技术来处理酸性大红 3R 废水。使用的微气泡装置有效溶剂为 10L，气体流量为 0.3L/min，经测定臭氧微气泡平均直径为 51.4μm。

考察了臭氧微气泡的气 - 液传质特性以及对酸性大红 3R 氧化降解特性，并与臭氧传统气泡进行了比较（图 9-11）。结果表明，微气泡能够强化臭氧气 - 液传质，相同条件下其臭氧传质系数为传统气泡的 3.6 倍。同时微气泡系统的臭氧分解系数为传统气泡系统的 6.2 倍，有利于羟基自由基的产生。臭氧微气泡可显著提高酸性大红 3R 氧化降解速率和矿化效率，其 TOC 去除率可达 78.0%，约为传统气泡的 2 倍。臭氧微气泡处理酸性大红 3R 过程中的臭氧利用率显著高于传统气泡：微气泡系统平均臭氧利用率为 97.8%，传统气泡系统平均臭氧利用率为 69.3%。臭氧微气泡通过促进羟基自由基产生提高臭氧氧化能力，其对降解中间产物的氧化速率更快，其中对小分子有机酸的矿化能力约为传统气泡的 1.6 倍。

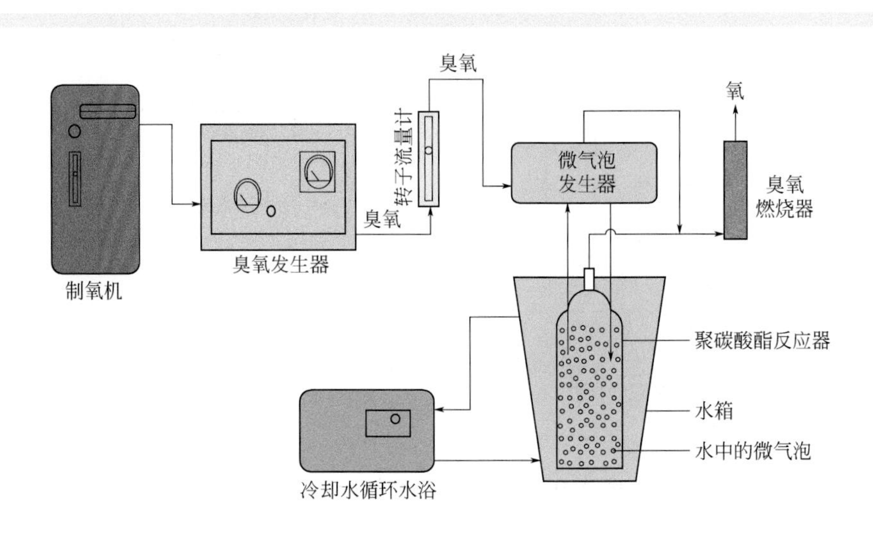

图 9-10　Ghosh 等的臭氧微气泡水处理装置 [37]

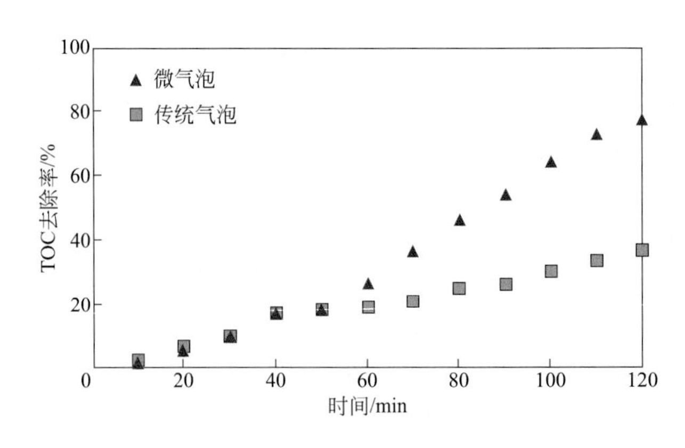

图 9-11　臭氧微气泡和传统气泡氧化处理酸性大红 3R 中 TOC 去除率 [38]

Khuntia 等[39]研究了臭氧微气泡对含染料废水的脱色能力，使用如图 9-12 所示的臭氧微气泡染料脱色装置。该装置包括：氧气富集器、臭氧发生器、微气泡发生器、反应器和臭氧消除装置。其反应器体积为 20L，以 8 ～ 80mL/s 的速度通入气体（臭氧含量为 0.7% ～ 2%），生成的微气泡平均直径为 25μm。他们研究了使用常规臭氧气泡、常规臭氧气泡 +Fe（Ⅱ）催化剂、臭氧微气泡、臭氧微气泡 +Fe（Ⅱ）催化剂四种情况下染料脱色效率，同时还研究了 pH 值对反应的影响。

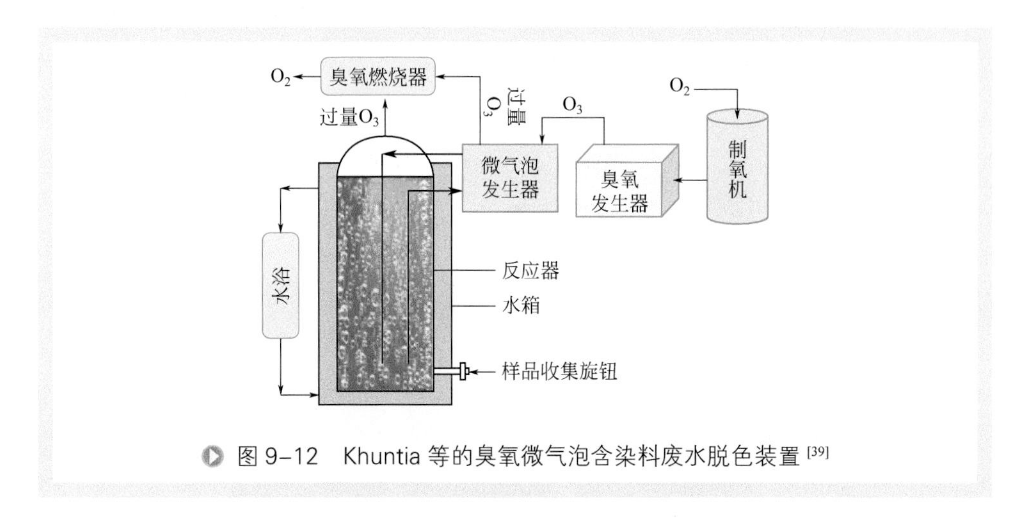

图 9-12　Khuntia 等的臭氧微气泡含染料废水脱色装置[39]

研究发现，使用臭氧微气泡（MB）+Fe(Ⅱ）催化剂能获得最高的脱色效率，比使用常规臭氧气泡时效率高一倍。单独使用臭氧微气泡能获得与常规臭氧气泡 +Fe（Ⅱ）催化剂一样的脱色效率，也就是说微气泡的形成对反应的促进效率可以与催化剂的相媲美。而使用常规臭氧气泡时，脱色效率最低。此外，他们还研究了不同催化剂与常规臭氧气泡、不同催化剂与臭氧微气泡的组合，所涉及的催化剂包括 Fe（Ⅱ）、Fe（Ⅲ）、Mn（Ⅱ）、Cu（Ⅱ）。发现催化剂的选择也至关重要，比如常规臭氧气泡 +Cu（Ⅱ）催化剂的效率比臭氧微气泡 +Fe（Ⅲ）催化剂以及臭氧微气泡 +Fe（Ⅱ）催化剂的都要高，当然臭氧微气泡 +Cu（Ⅱ）催化剂在研究的所有体系中展现了最高的催化活性，如图 9-13 所示。

刘春等[40]采用微气泡臭氧催化氧化 - 生化耦合工艺对煤化工废水生化出水进行了深度处理，考察了耦合系统处理性能以及不同臭氧投加量和进水 COD 量比值的影响。采用的耦合系统如图 9-14 所示，其包括臭氧催化氧化器和生化反应器两个部分。系统以纯氧或空气为气源，通过臭氧发生器产生臭氧气体，臭氧与废水和系统循环水混合后，进入微气泡发生器产生臭氧微气泡，从底部进入臭氧催化氧化器进行微气泡臭氧催化氧化反应。反应后，气 - 水混合物在压力作用下从底部进入生化反应器，进一步进行生化处理。研究结果表明，微气泡臭氧催化氧化处理能够有效降解废水中难降解的含氮芳香族污染物，去除部分 COD 并释放氨氮，显著提高了废水可生化性，臭氧利用率接近100%，而且无需进行臭氧尾气处理。同时，可为生化处理提供充足溶解氧，实现生化处理对COD和氨氮的进一步有效去除，生化处理无需曝气。在系统出水回流比为30%，臭氧投加量与进水COD量之比为0.44 mg/mg的运行条件下，耦合系统处理性能较好。微气泡臭氧催化氧化处理对COD去除率为42.5%，臭氧消耗量与COD去除量比值为1.38 mg/mg，臭氧利用率为98.0%。生化处理对COD去除率为42.3%，耦合系统整体COD去除率为66.7%，最终平均出水COD浓度为91.5 mg/L，估算整体臭氧消耗量与COD去除量比值为0.68 mg/mg，具有较优的技术经济性能。

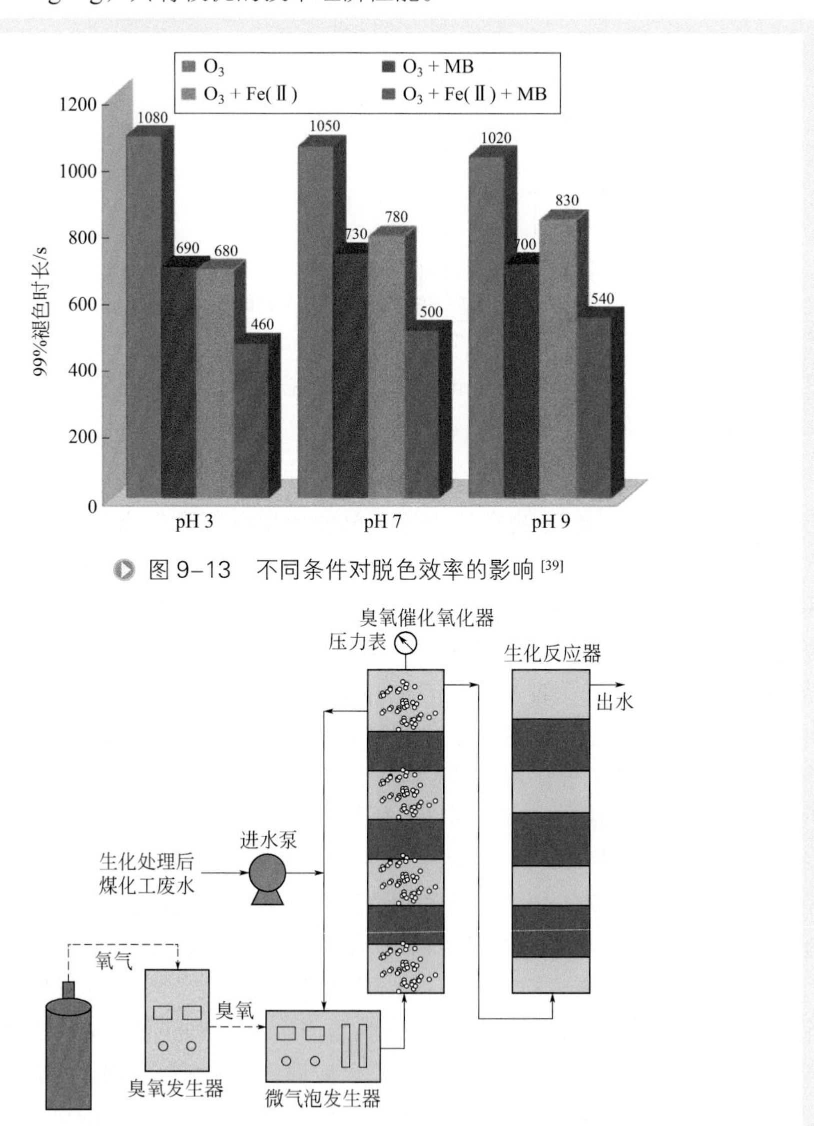

图9-13 不同条件对脱色效率的影响[39]

图9-14 微气泡臭氧催化氧化－生化耦合系统[40]

除了以上应用实例外，目前，微气泡已经被用于各种有机物的分解，比如醇类[41]、对硝基酚[42]、罗丹明B[43]以及燃料脱色[44]等。Takahashi[45]通过研究在没有外在促进因素（如紫外激发、微波辐射等）下，苯酚水溶液在微气泡作用下的分解行为。他们采用浓度为1.5mmol/L的苯酚溶液进行研究，发现在单独存在酸或者单独使用微气泡时，在3h内苯酚浓度均不会发生明显改变。当同时使用微气泡和酸（硝酸、硫酸或盐酸）时，30%的苯酚会快速分解，观察到许多中间体的产生，比如氢醌、苯醌、甲酸等。他们将此归因于在酸性条件下，由微气泡产生的自由基使得苯酚被分解。同样，在酸性条件下，通过产生微气泡，还可以使聚乙烯醇分解[46]。

2. 微气泡曝气

曝气原指大气向水体中扩散溶解氧的过程，它是江河等水体中溶解氧的主要来源。随着曝气技术的发展，曝气也指人为通过适当设备向生化曝气池中通入空气，以达到预期的目的。曝气不仅可使池内液体与空气接触充氧，而且由于搅动液体，还加速了空气中氧向液体中转移，从而完成充氧的目的。此外，曝气还有防止池内悬浮体下沉，加强池内有机物与微生物与溶解氧接触的目的，以保证池内微生物在有充足溶解氧的条件下，对污水中有机物的氧化分解作用。

因此，曝气是废水好氧生物处理工艺的基本过程，传统的气泡曝气根据气泡尺寸可以分为大气泡曝气和小气泡曝气[47]。然而，以上曝气技术由于产生的气泡大、上升速度快，氧分子传质效率较低，造成了大量的能源浪费。微气泡由于尺寸很小，在传质方面表现出不同于大气泡或小气泡的优良特性，因此在环境污染控制领域受到广泛关注。

吕越等[6]采用图9-15所示的气-水旋流微气泡发生装置研究了微气泡曝气中气泡的收缩特性。该装置气-水混合后高速旋转，利用水力剪切作用产生微气泡。装置参数：空气流量范围0.2～2L/min，功率370W，曝气容器容积24L，高度位0.35m。他们采用显微观察法对微气泡进行了观察和尺寸测量。在一定的曝气条件下，待微气泡曝气稳定后，用特制玻璃取样器取出气-水混合液，置于显微镜下观察，并获取微气泡图像。对获取的微气泡图像进行分析，对测量图像中微气泡的尺寸进行统计。观察并测量N个微气泡的直径，然后按下式计算微气泡的平均直径：

$$d = \frac{\sum n_i d_i}{\sum n_i} \tag{9-5}$$

式中，d为平均直径；n_i为具有直径d_i的微气泡个数；d_i为单个微气泡的直径。他们还考察了微气泡曝气中气泡尺寸和微气泡收缩特性及其影响因素，发现微气泡具有加速收缩消失的行为特性，微气泡初始直径与收缩时间之间存在显著的正相关关系，静态条件下相同初始直径的微气泡收缩过程存在明显差异。有表面活性剂存在时，微气泡收缩时间显著延长。以上针对微气泡特性的微观机制研究，为微气泡曝气应用和性能评价提供了重要的参考。

左倬等[48]进一步采用微气泡曝气技术对微污染水体增氧效果进行了中试研究，采用图 9-16 所示实验装置，该装置结合了实验现场条件，在河道一侧岸上构建而成。通过潜水泵将河道水体提升至装置进行处理后重新排入河道。整个装置分为进水区、曝气区和回流区。进水区与潜水泵相连，通过设置穿孔隔板调整流态，使河道水体经提升后从隔板底部进入曝气区。曝气区底部安装有微气泡曝气头，曝气头与外部微气泡发生机相连，可产生溶气水进行曝气，出水在该区域经曝气后溢流至回流区。回流区中部与微气泡发生机相连，一部分水体作为溶气水的载体，循环至微气泡发生机并与空气混合经曝气区底部微气泡曝气头产生溶气水释放，另一部分水体作为出水排出。

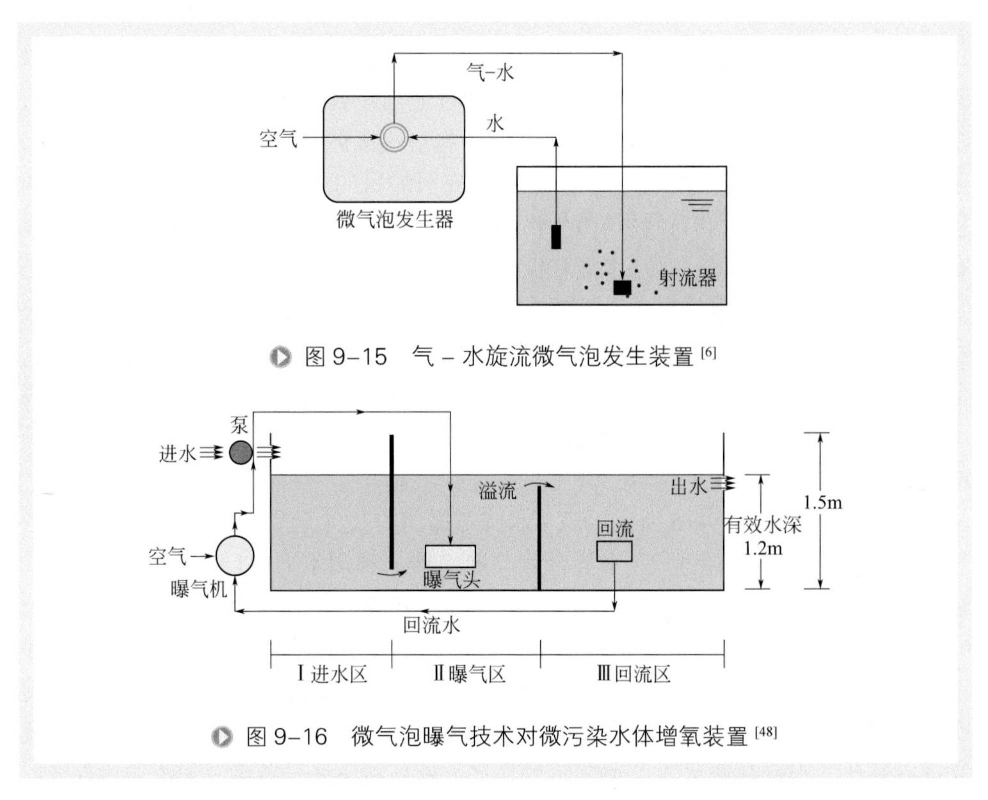

图 9-15　气 – 水旋流微气泡发生装置[6]

图 9-16　微气泡曝气技术对微污染水体增氧装置[48]

实验发现微气泡曝气对微污染水体中的溶解氧的提升率为 2.9% ～ 94.1%，平均值为 34.8%。就不同季节而言，夏、秋季节的提升率要明显高于春、冬季节。微气泡曝气氧利用率呈显著相关的因素有：水温、气水比和进水溶解氧浓度等。水温越低，氧气利用率越高。气水比越低，氧气利用率越高。进水溶解氧浓度越高，氧气利用率也越高。微气泡曝气技术中，水力停留时间控制在 0.6 ～ 0.8h，可获得较佳的溶解氧提升率与氧气利用率。气水比的提升降低了氧气利用率，对水体的溶解氧提升无显著影响，该参数的调整原则为：当水体溶解氧本身含量较高，如不需过于追求溶解氧提升率时，可将其调节至 0.05 ～ 0.10mg /L 以提高氧利用率，达到节能目的。当水体需要大量溶解氧时，可视具体情况将气水比适当向上调整。

气泡曝气过程中氧传质对于好氧生物处理过程具有重要意义。刘春等[4]采用水力旋转剪切微气泡发生装置，考察了运行条件和水质特性对微气泡曝气中氧传质特性的影响。在研究中，他们测定气含率（曝气容器中气泡的体积比率）的方法为：从曝气容器中取一定体积的气 - 水混合物，测定其质量，并计算其密度 ρ_G-ρ_L。已知气 - 水混合物密度 ρ_G-ρ_L 和相同条件下水的密度 ρ_L，忽略气体的密度，则可计算微气泡曝气体系的气含率。

刘春等[40]的研究表明，微气泡曝气可获得较高的气含率和气泡停留时间，表面活性剂十二烷基磺酸钠可以提高微气泡曝气的气含率和气泡停留时间。微气泡曝气中氧的总体积传质系数明显高于传统气泡曝气。总体积传质系数随空气流量的增加而增加，氧传质效率随空气流量的增加而减小，且对空气流量的变化更为敏感。在温度 15 ～ 35℃范围内，微气泡曝气中氧的总体积传质系数随温度的增加而增加，变化关系与传统气泡曝气基本相同，但对温度的变化更为敏感。微气泡曝气中，表面活性剂 SDS（十二烷基硫酸钠）会使氧的总体积传质系数略有降低，其不利影响明显小于传统气泡曝气。氧的总体积传质系数随盐度增加而逐渐增加，并在 NaCl 浓度 >5000mg/L 后趋于稳定。

张磊等[49]研究了在生物膜反应器中采用 SPG（Shirasu porous glass，Shirasu 多孔玻璃）膜微气泡曝气处理模拟生活废水，探讨了反应器连续运行过程中，SPG 膜空气通透性、溶解氧变化、污染物去除效果及氧利用情况。结果表明，基于 SPG 膜微气泡曝气的生物膜反应器能够实现长期连续稳定运行，是微气泡曝气与废水好氧生物处理结合的可行方式。SPG 膜表面性质及膜孔径影响其空气通透性，疏水性膜的空气通透性优于亲水性膜。膜孔径越大，空气通透性越好。一定的 SPG 膜空气通量下，反应器内的溶解氧浓度主要受有机负荷影响。SPG 膜微气泡曝气生物膜反应器较优的 COD 处理负荷（以 SPG 膜面积计算）为 6.88 kg/（$m^2 \cdot d$）。氨氮的去除主要受溶解氧浓度及生物膜内氧扩散传质的影响，在高有机负荷下生物膜内出现同步硝化和反硝化。微气泡曝气的氧利用率显著高于传统曝气方式，在优化的运行条件下，氧利用率可以接近 100%。

废水中的污染物对微气泡曝气中氧传质过程具有显著影响。刘春等[50]采用气 - 水旋流微气泡发生装置进行空气微气泡曝气，考察了微气泡曝气中表面活性剂、油脂、苯酚、硝基苯、悬浮固体（高岭土）等典型污染物对氧传质的影响。结果表明，微气泡曝气和传统气泡曝气的表观状态具有明显差异，呈现乳浊状态。表面活性剂、豆油、苯酚、硝基苯等污染物均有助于微气泡的产生和稳定性，从而提高微气泡曝气的气含率和气泡平均停留时间。同时，这些污染物存在时，微气泡曝气氧传质系数为 7.44 ～ 11.56h^{-1}，α 因子为 0.77 ～ 1.20，显著高于传统气泡曝气。污染物对微气泡的形成和稳定性具有促进作用，可以克服其对氧传质过程的负面效应。气含率和污染物种类是影响微气泡曝气氧传质过程的重要因素。

3. 消毒

通过微气泡形成高活性的羟基自由基，使得微气泡在消毒领域也获得巨大应用。在水消毒方面，与声空化作用相比，水力空化作用具有更高的成本效益。但是，在实验室尺度的研究中，使用水力空化作用进行水消毒的成本仍然高于传统的氯化处理或臭氧处理[51]。

四、生化反应特性

厌氧消化是指有机物质被厌氧菌在厌氧条件下分解产生甲烷和二氧化碳的过程，生物甲烷和二氧化碳进行有效分离后，可以被用在各种能源领域。因此，厌氧消化被认为是一种重要的可再生能源的生成途径[52]。但如何提高厌氧消化的产气效率以及如何让工业尺度的装置连续稳定运行是其应用方面的两大问题。

Al-Mashhadani 等[53]搭建了图 9-17 所示的微气泡强化厌氧消化实验装置。装置中气流速度为 300 ～ 400mL/min，在此条件下获得的微气泡平均直径为 550μm（其中，有 5% 的气泡直径可以达到 400μm 以下）。他们将反应器温度维持在（35 ± 1）℃下，对比研究了使用微气泡强化装置及常规条件下厌氧消化的效率，其结果如图 9-18 所示。对于甲烷生成量而言，使用微气泡强化装置具有更高的效率。尤其是随着甲烷生成量的累积，对比更加显著。例如，第 20 天时，使用微气泡强化装置的甲烷生成量是常规条件装置的 2 倍。

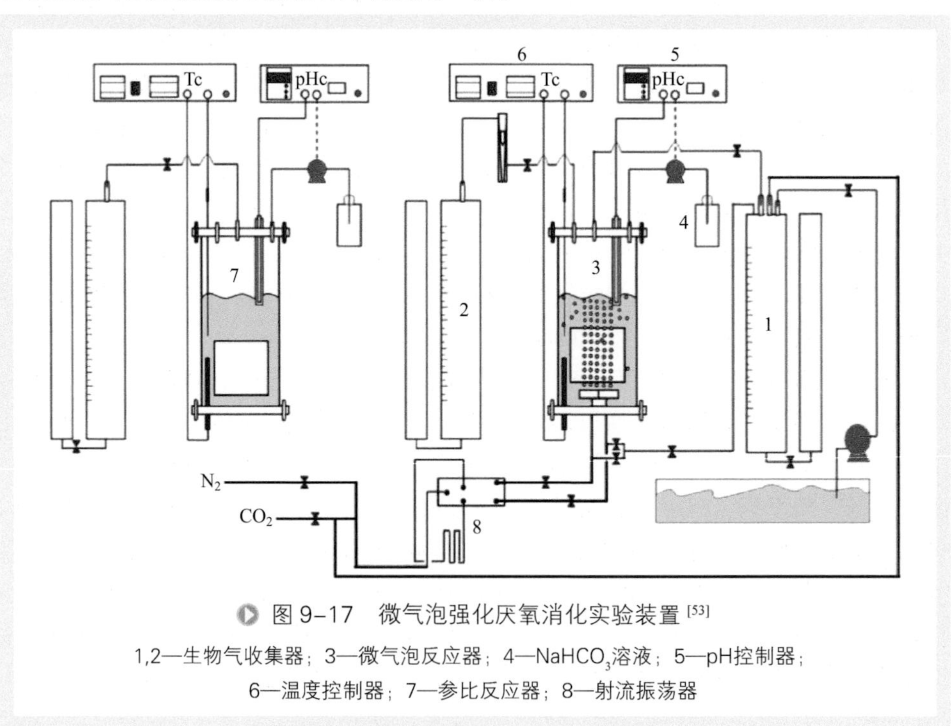

图 9-17　微气泡强化厌氧消化实验装置[53]

1,2—生物气收集器；3—微气泡反应器；4—$NaHCO_3$溶液；5—pH控制器；6—温度控制器；7—参比反应器；8—射流振荡器

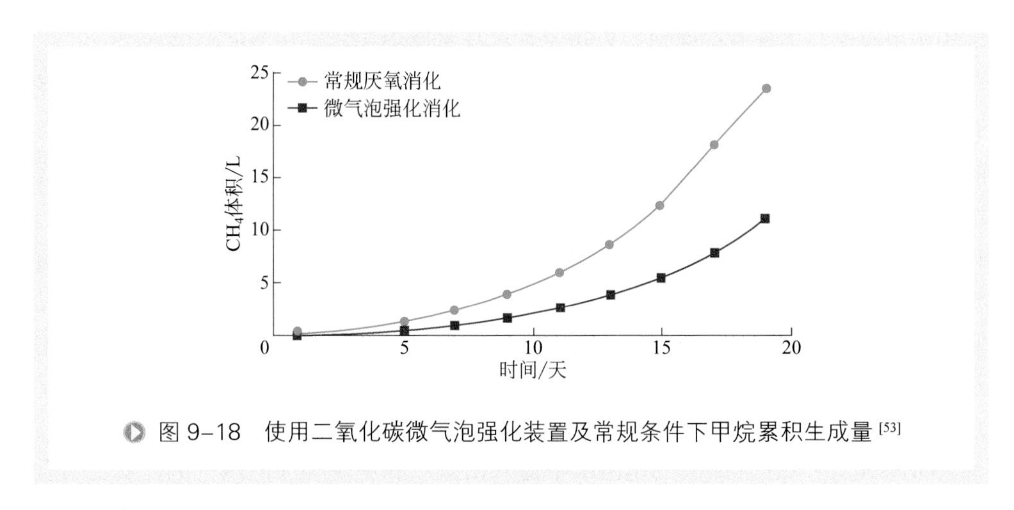

图 9-18　使用二氧化碳微气泡强化装置及常规条件下甲烷累积生成量[53]

此外，他们还发现不同微气泡气体成分对甲烷生成量也具有显著影响，如表 9-1 所示。当微气泡的气体完全由氮气构成时，相应的微气泡装置不但不能强化厌氧消化过程，反而抑制了甲烷的生成。在第 12 天时，使用微气泡装置的甲烷生成量比常规条件装置的还低。当微气泡由 20% 甲烷和 80% 二氧化碳构成时，其对反应展现出较弱的强化作用，甲烷生成效率仅提升了 10% ～ 12%。当微气泡由 100% 的二氧化碳构成时，其对厌氧消化过程展现出显著的强化作用，甲烷生成效率提升了 100% ～ 110%。

表9-1　微气泡气体成分对甲烷生成量的影响

CO_2 分率	微气泡气体成分	效率
0	纯 N_2	负面影响
80%	CH_4+CO_2	正面影响（10% ～ 12%）
100%	纯 CO_2	正面影响（100% ～ 110%）

第五节　微气泡与生命起源

生命起源于何处？这一直是困扰人类的悬而未解的问题。目前存在许多关于生命起源的猜测和假说，同时也伴随着许多争议。现在学术界普遍接受的是由《物种起源》和以米勒实验为理论基础的化学起源说。化学起源说认为，地球上的生命是在地球温度逐步下降以后，在极其漫长的时间内，由非生命物质经过极其复杂的化学过程逐渐演变而来的。化学起源说将生命的起源分为四个阶段：从无机小分子生成有机小分子的阶段；从有机小分子物质生成生物大分子物质的阶段；从生物大分子物质组成多分子体系的阶段；有机多分子体系演变为原始生命的阶段[54, 55]。

化学起源说的核心前提是生命起源于地球温度逐步下降以后的适合生命存在及繁衍的环境，这也符合人们对所有生命体的认识：高温环境下生命体是不能生存的。但这也给化学起源说带来了另一问题，化学起源说的第一阶段在地球常温环境下是如何实现的？即在生命起源之初，无机小分子是如何生成有机小分子的？1953 年，米勒通过实验模拟发现在原始地球还原性大气中进行雷鸣闪电能产生有机物（特别是氨基酸），为化学起源说的第一阶段提供了一定的实验支撑。但米勒实验也同样伴随质疑，比如其放电实验持续的时间（上百小时）在现实大气环境中是非常罕见的。在原始地球环境下，大气中的小分子转化为有机分子的途径一直是众多领域的科学家追寻的重要问题[54, 55]。

Grieser 等[56]在含醋酸的水溶液中通入由氮气和甲烷构成的微气泡，发现当有超声波存在时，体系中会以 1 ～ 100nmol/min 的速率形成氨基酸，如图 9-19 所示。

经深入研究发现，使用二氧化碳代替甲烷，也会有一定量的氨基酸生成，如图 9-20 所示。相应的氨基酸生成机制是，在超声条件下水会分解为羟基自由基和氢原子，同时氮气也会分解为氮原子。氮原子和氢原子结合生成氨基自由基，醋酸和羟基自由基反应得到含自由基的醋酸，后者与氨基自由基结合可得甘氨酸。而其他形式氨基酸的生成则需要甲烷的参与。同样，二氧化碳与氢原子反应可得到甲酸自由基，后者可作为合成氨基酸的基本原料。

尽管 Grieser 等的实验可以从无机气体分子合成氨基酸，但其需在超声条件下进行，这一条件对原始地球环境来说显然苛刻。Sidney 等[57]通过甲烷在氨水中鼓泡，然后将所得混合气体加热到 900 ～ 1100K，获得了多种氨基酸。以上研究表明，局部高温以及羟基自由基的形成是甲烷、氮气、二氧化碳等气体分子转化为氨基酸的重要条件。本章微气泡物理性质部分已经提到微气泡溃灭的瞬间，会产生 5000K 的局部高温，同时在气泡界面上会形成羟基自由基。这一特殊的高温环境，为无机物到有机物的转变提供了另一条可行的通道。

Zeiri 等[58]采用反应分子动力学模拟开展了详细的研究，在原子尺度下揭示在原始地球条件下，微气泡破裂对于海洋中有机物的形成具有决定性作用。在研究中采用的碳源包括一氧化碳、二氧化碳、甲烷，氮源包括氮气、氨气，溶液环境为水。结果表明甲烷产生氨基酸的效率最高，而由一氧化碳、二氧化碳生成的氨基酸相对较少。氮源对氨基酸的生成也具有影响。微气泡破裂形成的羟基自由基和氢原子可以与体系中的氮源及碳源气体作用，生成氨基自由基、含碳自由基等，其对于提高原始海洋中的氨气浓度具有重要贡献。同时在微气泡破裂过程中，还会释放氧气，有利于结构更加复杂的有机分子的生成。总体而言，微气泡及其破裂过程为原始海洋提供了天然的生物反应器，并产生了生命起源所需的基本化学物质，如图 9-21 所示。

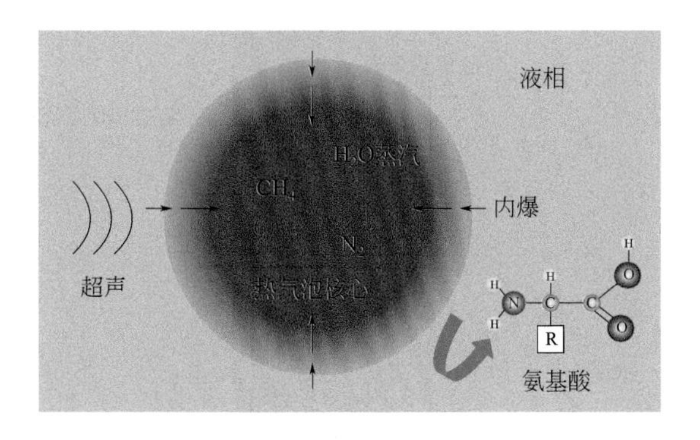

图 9-19　甲烷和氮气微气泡在超声条件下生成氨基酸示意图 [56]

$$H_2O \xrightarrow{))))} \cdot OH + \cdot H$$

$$N_2 \xrightarrow{))))} 2 \cdot \dot{N} \cdot$$

$$CH_3COOH + \cdot OH + (\cdot H) \longrightarrow H_2O(H_2) + CH_2COOH$$

$$\cdot \dot{N} \cdot + \cdot H \longrightarrow \dot{N}H$$

$$\cdot \dot{N}H + \cdot H \longrightarrow \cdot NH_2$$

$$\cdot NH_2 + \cdot CH_2COOH \longrightarrow H_2NCH_2COOH(\text{甘氨酸})$$

图 9-20　甲烷和氮气微气泡在超声条件下生成氨基酸机制 [56]

微气泡破裂形成的自由基是气体小分子转化为氨基酸整个过程的关键所在，在有羟基自由基和氢原子存在时，甚至不需要大气中存在甲烷、氨气、氢气等分子，只需存在水、氮气和二氧化碳即可合成出氨基酸等有机小分子 [59]。早期的研究已经表明 [60]，原始地球的大气主要由二氧化碳、氮气和水汽组成（含少量的一氧化碳和氢气），这种气体氛围足以满足合成生命起源所需的氨基酸物质条件。

以上研究结果表明：微气泡可能在生命起源中扮演了重要角色。那在原始地球条件下，微气泡从何而来？ Anbar 提出 [61] 微气泡在自然条件下是广泛存在的现象，比如瀑布、流速很快的河流、海洋上的风暴等，其高速流动的水流会对气液界面上的气体进行卷吸生成微气泡。

另一个在原始地球条件下产生微气泡的重要途径是海底热泉，如图 9-22 所示 [62]。海底热泉是海底沿着地壳裂口逐渐形成热液喷口，海水沿裂隙向下渗流，受岩浆热源的加热，再集中向上流动，并喷发，形成了深海热液喷口。其局部温度可高达 320 ～ 400℃，在此温度下液体瞬间汽化会形成微小气泡。Dodd 和 Papineau 等 [63] 的研究也表明，海底热泉为早期生物的诞生提供了有利条件。

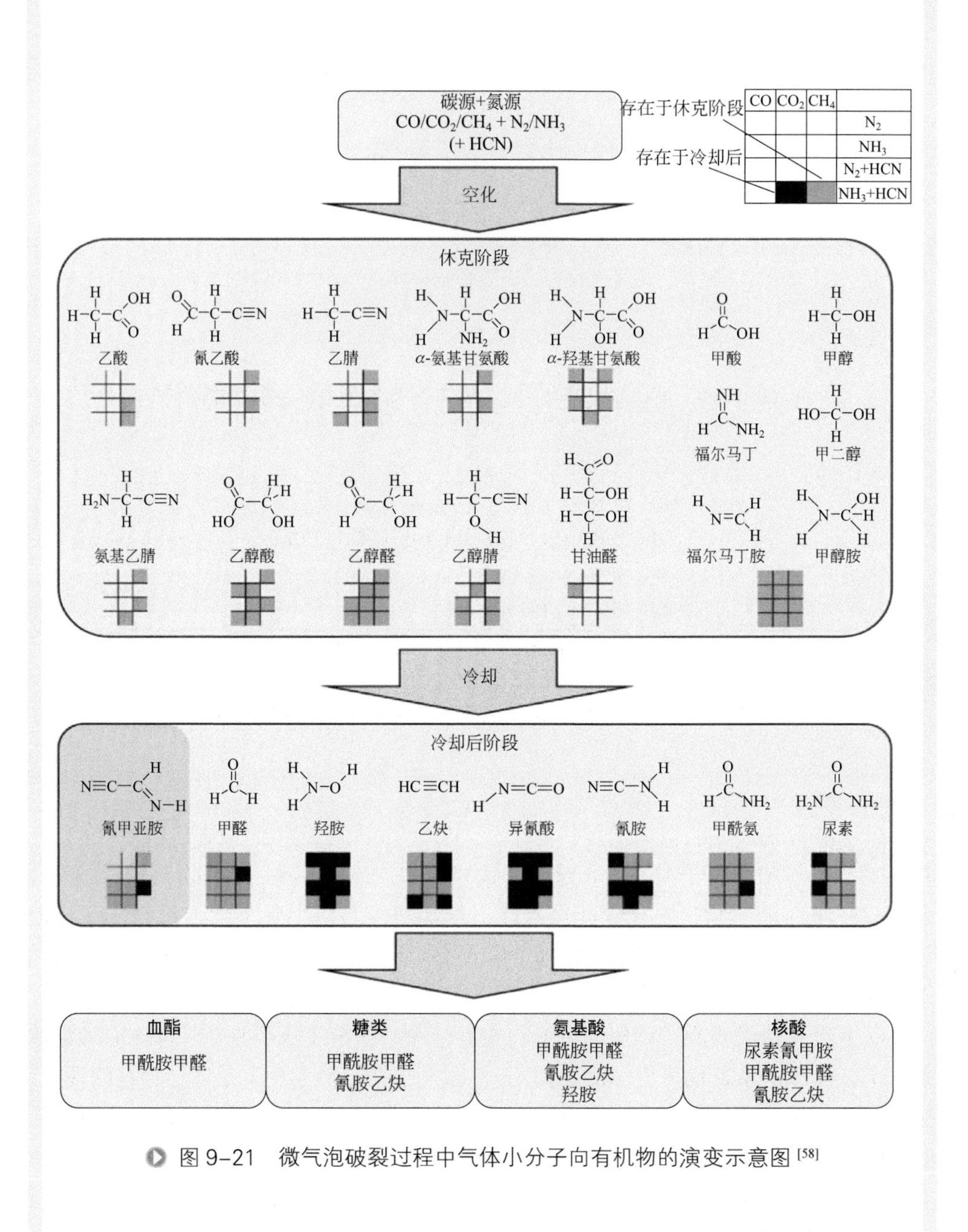

图 9-21　微气泡破裂过程中气体小分子向有机物的演变示意图[58]

图 9-22 海底热泉喷发 [62]

参考文献

[1] Kurup N, Naik P. Microbubbles: a novel delivery system[J]. Asian Journal of Pharmaceutical Research and Health Care, 2010, 2: 228-234.

[2] Parmar R, Majumder S K. Microbubble generation and microbubble-aided transport process intensification-A state-of-the-art report[J]. Chemical Engineering and Processing: Process Intensification, 2013, 64: 79-97.

[3] Bjerknes K, Sontuam P C, Smistad G, Agerkvist I. Preparation of polymeric microbubbles: formation studies and product characterization[J]. International Journal of Pharmaceutics, 1997, 158: 129-136.

[4] 刘春，张磊，杨景亮，郭建博，李再兴．微气泡曝气中氧传质特性研究 [J]. 环境工程学报，2010, 4: 585-589.

[5] Tsuge H. Fundamental of microbubbles and nanobubbles[J]. Bulletin of the Society of Sea Water Science Japan, 2010, 64: 4-10.

[6] 吕越，刘春，吴克宏．微气泡曝气中微气泡收缩特性研究 [J]. 河北工业科技，2012, 29: 352-356.

[7] 石晟玮，王江安，蒋兴舟．水中微气泡上浮过程的力学影响因子研究 [J]. 海军工程大学学报，2008, 20: 83-87.

[8] Lyklema J. Fundamentals of interface and colloid science: Volume 1 (Funda-mentals) [M]. London: Academic Press, 2000.

[9] Takahashi M. Zeta potential of microbubble in aqueous solution: electrical properties of gas-

water interface[J]. The Journal of Physical Chemistry B, 2005, 109: 21858-21864.

[10] Agarwal A, Jern Ng W, Liu Y. Principle and applications of microbubble and nanobubble technology for water treatment[J]. Chemosphere, 2011, 84: 1175-1180.

[11] Hasegawa H, Nagasaka Y, Kataoka H. Electrical potential of microbubble generated by shear flow in pipe with slits[J]. Fluid Dynamic and Research, 2008, 40: 554-564.

[12] Han M, Dockko S. Zeta potential measurement of bubbles in DAF process and its effect on the removal efficiency[J]. KSCE Journal of Civil Engineering, 1998, 2: 446-461.

[13] Yoon H R, Yordan J L. Zeta potential measurements on microbubbles generated using various surfactants[J]. Journal of Colloid and Interface, 1986, 113: 430-438.

[14] Oliveira C, Rubio J. Zeta potential of single and polymer coated microbubbles using an adapted microelectrophoresis technique[J]. International Journal of Mineral Processing, 2011, 98: 118-123.

[15] Shen Y, Longo M L, Powell R L. Stability and rheological behaviour of concentrated monodispersed food emulsifier coated microbubble suspensions[J]. Journal of Colloid and Interface Science, 2008, 327: 204-210.

[16] 梁志勇 . 微气泡减少平板摩擦阻力的数值模拟 [J]. 传播力学，2002, 6 : 14-23.

[17] Serizawa S, Inui T, Eugchi T. Microbubble-containing milky air that rises in a vertical cylinder-flow characteristics and the phenomenon of pseudo-laminar flow of bubbles in an aqueous system[J]. Konsoryu, 2005, 19: 335-343.

[18] Kodama Y. Reduction in ship’ s resistance by microbubbles[J]. Kagaku Koguku, 2007, 71: 186-188.

[19] 吴乘胜，何术龙 . 微气泡流的数值模拟及减阻机理分析 [J]. 船舶力学，2005, 9: 30-37.

[20] Ohnari H. Current issues in microbubble technology, Kagaku Koguku, 2007, 71: 154-159.

[21] Wu Z, Zhang X, Li G, et al. Nanobubbles influence on BSA adsorption on mica surface[J]. Surf Interface Anal, 2006, 38: 990-995.

[22] Liu G, Wu Z, Craig V S J. Cleaning of protein-coated surfaces using nanobubbles: an investigation using a quartz crystal microbalance[J]. J Phys Chem C, 2008, 112: 16748-16753.

[23] Broekman S, Pohlmann O, Beardwood E S,et al. Ultrasonic treatment for microbiological control of water systems[J]. Ultrason. Sonochem, 2010, 17: 1041-1048.

[24] Himuro S. Physicochemical characteristics of microbubbles[J]. Kagaku Koguku, 2007, 71: 165-169.

[25] Kimura T, Ando T. Physical control of chemical reaction by ultrasonic waves[J]. Ultrasonic Technology, 2002, 14: 7-8.

[26] Takahashi M, Chiba K, Li P. Free-radical generation from collapsing microbubbles in the absence of a dynamic stimulus[J]. J Phys Chem B, 2007, 111: 1343-1347.

[27] Li P, Takahashi M, Chiba K. Degradation of phenol by the collapse of microbubbles[J]. Chemosphere, 2009, 75: 1371-1375.

[28] Li P, Takahashi M, Chiba K. Enhanced free-radical generation by shrinking microbubbles using a copper catalyst[J]. Chemosphere, 2009, 77: 1157-1160.

[29] Mase N, Mizumori T, Tatemoto Y. Aerobic copper/TEMPO-catalyzed oxidation of primary alcohols to aldehydes using a microbubble strategy to increase gas concentration in liquid phase reactions[J]. Chem Commun, 2011, 47: 2086-2088.

[30] Ren Y, Wu Z, Ondruschka B, et al. Oxidation of Phenol by Microbubble-AssistedMicroelectrolysis[J]. Chem Eng Technol, 2011, 34: 699-706.

[31] Brockmeyer F, Martens J. Regioselective air oxidation of sulfides to *O*, *S*-acetals ina bubble column[J]. ChemSusChem, 2014, 7: 2441-2444.

[32] Ahmed T , Semmens M J , Voss M A. Energy loss characteristics of parallel flow bubbleless hollow fiber membrane aerators[J]. Journal of Membrane Sci, 2000, 171: 87-96.

[33] Yamasaki K, Sakata K, Chuhjoh K. Water Treatment Method and Water Treatment System[P]. US 7662288,. 2010.

[34] Sumikura M, Hidaka M, Murakami H, et al. Ozone micro-bubble disinfection method for wastewater reuse system[J]. Water Science and Technology, 2007, 56: 53-61.

[35] 郑天龙，田艳丽，阿荣娜，张志辉，孙河生，朱智文，汪群慧 . 微气泡 - 臭氧和微孔 - 臭氧工艺深度处理腈纶废水的对比研究 [J]. 环境工程，2014: 53-58.

[36] Chu L, Xing X, Yu A, et al. Enhanced ozonation of simulated dyestuff wastewater by microbubbles[J]. Chemosphere, 2007, 68: 1854-1860.

[37] Khuntia S, Majumder S K, Ghosh P. Removal of ammonia from water by ozone microbubbles[J]. Ind Eng Chem Res, 2013, 52: 318-326.

[38] 张静，杜亚威，刘晓静，周玉文，刘春，杨景亮，张磊 . 臭氧微气泡处理酸性大红 3R 废水特性研究 [J]. 环境科学，2015, 36: 584-589.

[39] Khuntia S, Majumder S K, Ghosh P. Catalytic ozonation of dye in a microbubble system: Hydroxyl radical contribution and effect of salt[J]. Journal of Environmental Chemical Engineering, 2016, 4: 2250-2258.

[40] 刘春，周洪政，张静，陈晓轩，张磊，郭延凯 . 微气泡臭氧催化氧化 - 生化耦合工艺深度处理煤化工废水 [J]. 环境科学，2017, 38: 3362-3368.

[41] Wang X, Zhang Y. Degradation of alachlor in aqueous solution by using hydrodynamic cavitation[J]. J Hazard Mater, 2009, 161: 202-207.

[42] Kalumuck K, Chahine G. The use of cavitating jets to oxidize organic compounds in water[J]. J Fluid Eng T ASME, 2000, 122: 465-470.

[43] Wang X, Wang J, Guo P, et al. Chemical effect of swirling jetinduced cavitation: degradation of rhodamine B in aqueous solution[J]. Ultrason Sonochem, 2008, 15: 357-363.

[44] Sivakumar M, Pandit A B. Wastewater treatment: a novel energy efficient hydrodynamic cavitational technique[J]. Ultrason. Sonochem, 2002, 9: 123-131.
[45] Takahashi M., Chiba K, Li P. Free-radical generation from collapsing microbubbles in the absence of a dynamic stimulus[J]. J Phys Chem B, 2007, 111: 1343-1347.
[46] Takahashi M, Chiba K, Li P. Formation of hydroxyl radicals by collapsing ozone microbubbles under strongly acidic conditions[J]. J Phys Chem B, 2007, 111: 11443-11446.
[47] Ashley K I, Mavinic D S, Hall K J. Bench-scale study of oxygen transfer in coarse bubble diffused aeration[J]. Water Research, 1992, 26: 1289-1295.
[48] 左倬，陈煜权，卿杰，蒋欢，成必新，王翰林 . 微气泡曝气技术对微污染水体增氧效果的中试研究 [J]. 环境工程，2016: 11-14.
[49] 张磊，刘平，马锦，张静，张明，吴根 . 基于微气泡曝气的生物膜反应器处理废水研究 [J]. 环境科学，2013, 34: 2277-2282.
[50] 吕越，刘春，杨枭，吴克宏 . 典型污染物对微气泡曝气中氧传质特性的影响 [J]. 河北科技大学学报，2012, 33: 469-474.
[51] Jyoti K K, Pandit A B. Water disinfection by acoustic and hydrodynamic cavitation[J]. Biochem Eng J, 2001, 7: 201-212.
[52] Al-Mashhadani M K, Bandulasena H C, Zimmerman W B. CO_2 mass transfer induced through an airlift loop by a microbubble cloud generated by fluidic oscillation[J]. Ind Eng Chem Res, 2012, 51: 1864-1877.
[53] Al-mashhadani M K, Wilkinson S J, Zimmerman W B. Carbon dioxide rich microbubble acceleration of biogas production in anaerobic digestion[J]. Chemical Engineering Science, 2016, 156: 24-35.
[54] Ruiz-Mirazo K, Briones C, de la Escosura A. Prebiotic systems chemistry: New perspectives for the origins of life[J]. Chem Rev, 2014, 114: 285-366.
[55] Cleaves H J, Scott A M, Hill F C, Leszczynski J, Sahai N, Hazen R. Mineral–organic interfacial processes: potential roles in the origins of life[J]. Chem Soc Rev, 2012, 41: 5502-5525.
[56] Dharmarathne L, Grieser F. Formation of amino acids on the sonolysis of aqueous solutions containing acetic acid, methane, or carbon dioxide, in the presence of nitrogen gas[J]. J Phys Chem A, 2016, 120: 191-199.
[57] Kaoru H, Sidney W F. Thermal synthesis of natural amino acids from a postulated primitive terrestrial atmosphere[J]. Nature, 1964, 201: 335-336.
[58] Kalson N H, Furman D, Zeiri Y, Zimmerman W B. Cavitation-induced synthesis of biogenic molecules on primordial earth[J]. ACS Cent Sci, 2017, 3: 1041-1049.
[59] Ben-amots N, Anbar, M. Sonochemistry on primordial Earth—Its potential role in prebiotic molecular evolution[J]. Ultrasonics Sonochemistry, 2007, 14: 672-675.

[60] Kasting J F. Earth’ s early atmosphere[J]. Science, 1993, 259: 920-926.

[61] Anbar M. Cavitation during impact of liquid water on water: Geochemical implications[J]. Science, 1968, 161: 1343-1344.

[62] Picture obtained form Wikipedia. https://en.wikipedia.org/wiki/Abiogenesis.

[63] Dodd M S, Papineau D, Grenne T, Slack J F, Rittner M, Pirajno F, O’ Neil J, Little C T S. Evidence for early life in Earth’ s oldest hydrothermal vent precipitates[J]. Nature, 2017, 543: 60-64.

第十章 微界面传质强化技术的应用

第一节 概述

任何一项技术研发的目的都是为了应用，微界面传质强化技术也不例外。由于其通过强化传质可以促进多相化学反应和分离，因而应用领域更为广泛。在对发展本技术所需要解决的基本理论、测试与表征方法、核心装备结构、数学建模与构效调控等进行系统性研发之后，微界面传质强化技术在结合具体的化学反应、化工分离等工业问题时，将需要进行二次深度研发，即结合具体反应或分离过程的工艺、设备、材料及其技术特点和要求，进行技术对接与融合，以最大限度地发挥微界面传质强化技术的作用，提高化学制造过程的效率和本质安全性，减少污染物排放，降低能耗物耗，从而最终提升产品竞争力。

本章将以多个具体的工业应用实例，介绍微界面传质强化技术在工业实践中的实施方法、应用效果和心得体会。

第二节 在石化生产方面的应用

一、浆态床反应器渣油加氢

在今后相当长的一段时期内，石油仍然是全球主要能源之一。据世界能源署

（IEA）的报告[1]，2018 年全球石油消费量为 99.2 百万桶 / 天，2019 年约为 100.6 百万桶 / 天。随着全球石油储量逐渐减少和品质日益劣质化，炼油企业亟须解决的一个重要问题是，如何将重油及原油炼制中大量存在的渣油（以下重油和渣油简称为重质油）通过先进的深加工技术高效转化为轻质的燃料或化工原料，以利于资源能源的高效利用和环境保护。

到目前为止，世界范围内已实现工业化的重质油加氢深加工的工艺有多种，如催化加氢和加氢裂化等[2]。重质油加氢反应根据其原料性质的不同，一般可在不同的反应器中进行，如固定床[3]、膨胀床[4]和浆态床[5-7]等。其中，浆态床（又称悬浮床）重质油加氢工艺具有原料适应性强、转化率高的特点，被认为是重质油加氢高效转化最具前景的技术。

1. 原有重质油浆态床加氢工艺简介

国内外已开发出多种浆态床重质油加氢工艺[8]，较为典型的有：

德国 Veba Oel 公司开发的 VCC 工艺[9]，采用含铁、镍的赤泥焦粉作为催化剂，加入量为 5% 左右，反应温度为 440 ～ 485℃，氢压为 15 ～ 27MPa，上行式单程操作。>524℃重质油和沥青质转化率分别达 95% 和 90% 以上。Intevep 公司研发的 HDH/HDHPLUS 工艺[7]，采用的催化剂为一种廉价的天然矿石，加量为 2% ～ 5%，反应温度为 420 ～ 480℃，氢压为 7 ～ 14MPa，500℃时单程转化率达 90%。Headwater 公司则推出 $(CAT/HC)_3$ 工艺[10]，采用油溶性的、含多羟基铁、钼等有机金属的化合物作为催化剂，可以阻止焦炭前驱体的聚结。反应温度为 420 ～ 480℃，氢压为 7 ～ 15MPa，液时空速 0.2 ～ $2.0h^{-1}$，反应转化率为 60% ～ 98%。Asahi 公司提出的 SOC 工艺[11]，采用主要成分为钼化合物和炭黑的高度分散的超细粉体和过渡金属化合物作为催化剂，反应温度为 470 ～ 480℃、氢压为 20 ～ 22MPa，单程转化率超过 90%，结焦率仅为 1%[12]。Chevron 公司开发了 VRSH 工艺，其采用含钼酸铵的催化剂，反应温度 410 ～ 450℃、氢压 14 ～ 21MPa，>524℃重质油转化率超过 90%[12]。UOP 公司研发的 Uniflex™ 工艺[13]，采用铁系分散性催化剂，加入量为 0.5% ～ 5.0%，操作温度为 430 ～ 470℃、氢压为 10 ～ 15MPa、液时空速为 0.3 ～ $1.0h^{-1}$，氢油比为 800 ～ 2000。而 ENI 公司公开的 EST 工艺[14]，则采用钼系催化剂，反应温度为 400 ～ 425℃、反应压力为 16 ～ 20MPa、液时空速为 $0.3h^{-1}$，原料转化率 >99%，CCR（康氏残炭值）脱除率 >99%，脱硫率 >80%，脱氮率 >35%。抚顺石化研究院提出的工艺[12]，是采用水溶性、无载体、分散性催化剂，含 2% ～ 15% 钼、0.1% ～ 2% 镍、0.1% ～ 3% 磷，反应温度为 380 ～ 460℃、氢压为 10 ～ 15MPa。

上述大多数工艺中，真正在工业上大规模实施的仅少数，且在已大规模实施的例子中，工业装置的实际效果与上述公开的数据相差较远。压力高、能耗高、生产成本高、空速低、转化率低是它们的共同特点。特别是在浆态床加氢方面，除 ENI

公司推出的高压、低空速浆态床催化加氢工艺外，很少有此方面的低压高效工程化装置长期运行的记录。

由上述各种工艺看，影响重质油浆态床加氢效果的主要因素似乎是加氢反应催化剂，而其他因素均为次要因素。但实际情况果真如此吗？笔者认为不仅于此。诚然，催化剂的性能是影响重质油浆态床加氢效果的重要因素之一。而由于受原油产地、上游加工工艺等客观因素的影响，不同来源的重质油其化学组成和理化性质差异甚大，即使采用同一种催化剂和操作条件进行加工，其所获结果也有可能非常悬殊。也就是说，重质油原料理化特性也是重要影响因素之一。此外，重质油浆态床加氢反应体系是典型的三相并存的既有多重相际传质、又有繁多化学反应的复杂体系，在一定的操作条件下，到底是哪一个传质或哪一个反应控制了整个过程，至今在科学上尚无定论。因此，弄清楚这一因素的影响十分重要。

2. 原有工艺的主要问题

国内外原有重质油浆态床加氢工艺的主要问题可归纳为下列方面：

一是操作压力高。目前，国内外该工艺的操作压力一般为 16 ～ 22MPa。操作压力升高，空速（单位有效反应器体积单位时间处理的重质油体积）随之提高，反之亦然。大多数已报道的悬浮床反应器的操作压力为 22MPa，空速约 $0.5h^{-1}$ 左右。少数公司公开的数据中操作压力为 16 ～ 17MPa，但其后果是以牺牲反应空速为代价，有些空速甚至仅为 0.1 ～ $0.08h^{-1}$。

如此高的操作压力将直接导致投资高、能耗高、安全风险高、生产成本高和效益低。

二是反应效率低。反应效率低表现在两个方面：其一是总转化率低，特别是沥青质部分难以转化和液体轻质油收率偏低；其二是反应时间过长，导致易转化的部分烃类过度转化，变为 C_1 ～ C_4 气相组分，而希望得到的石脑油～蜡油等高价值组分的百分占比则偏低。

三是过程结焦严重。重质油浆态床加氢不可避免的问题是生焦。因生焦而形成的催化剂表面焦质沉积和反应器壁面结焦，一方面将导致催化剂性能降低甚至失活，另一方面反应器内壁、内件、管道、阀门等处由于焦体成分的不断累积而使反应器本身压降上升、效能下降甚至无法操作。

3. 项目情况简介

微界面传质强化技术改造项目的业主为中国某石油公司。该公司原有一套普通的按国际标准设计的高压法重质油浆态床加氢中试装置（简称 SBH），对我国沿海某炼油厂减压渣油进行加氢试验，采用铁系催化剂，其操作压力为 22MPa，操作温度为 455 ～ 460℃，氢油比为 2000，空速为 $0.5h^{-1}$。其采用的减压渣油原料情况如表 10-1 所示。

表10-1 减压渣油原料情况

检测项目		数据
密度（20℃）/（g/cm^3）		1.01
黏度（120℃）/（mm^2/s）		1072.33
灰分（质量分数）/%		0.1
残炭（质量分数）/%		24.2
饱和烃、芳香烃、胶质、沥青质（质量分数）/%		
饱和烃		25.75
芳香烃		39.1
胶质		23.5
沥青质		11.44
甲苯不溶物（质量分数）/%		0.21
元素组成（质量分数）/%		
C		84.13
H		10.25
O		1.69
S		3
N		0.88
氢碳比		1.46
金属含量 /（mg/kg）		
Fe		28.9
Ni		97.3
V		339
Na		18.9
Ca		49.5
平均分子质量（数均，VPO 法）		1280
模拟馏程 /℃		
质量分数 /%	10	485.0
	30	559.8
	50	620.0
	70	692.6
	83.4	750

其操作过程为：减压渣油原料以一定的流速经预热器预热后，经输送泵送至渣

油加热炉，在其中与一定量的氢气预混后被加热至指定的温度，再与催化剂混合后被输送至反应器底部进入反应状态；而原料氢气以设定的流速经氢气压缩机加压后进入氢气加热炉，并被加热至指定温度后，经管道进入反应器底部鼓泡并与进入反应器且预热至反应温度的渣油混合。氢气泡与渣油在反应器中的反应环境下进行热质传递、发生裂解，并在催化剂作用下发生加氢反应。在反应器中停留约 2h 后的物料，其中包括未完全反应转化的液相组分、过量的氢气部分、反应生成的气相组分、液相组分和催化剂等组成的混合物，经反应器顶部管道以一定的速率流入高压分离器，在其中进行第一步气液分离。气相组分从该分离器顶部溢出，固液组分则从该分离器底部流出。气相组分中包含过量的未参与反应的氢气、反应产生的大部分 C_1 ～ C_4 组分以及反应生成的 H_2S、H_2O、NH_3 等物质形成的混合物，经深度处理净化后，过量的氢气则通过循环氢压缩机加压后再次循环利用参与反应，而从分离器底部流出的固液组分则送去下游进行深度分离，或直接送固定床加氢。

在实际操作过程中，发现下列严重问题：

① 反应空速较低，且经常发生较严重的结焦现象；

② 操作压力需保持在 22MPa 左右，否则，一旦降低压力，不仅反应转化率下降，同时反应器结焦堵塞的概率也随之增加；

③ 液体油收率较低，特别是石脑油～蜡油等高价值馏分的收率低。

4. 技术目标

本项目期望研发出高效率、高转化率、低压力、低能耗的新型浆态床加氢反应器生产平台（简称 MIH），与原有国际先进水平 SBH 相比，将实现下列技术目标：

① 反应压力由 22MPa 下降至 16MPa 以下；

② 氢油比由 2000 降低至 1500 左右或以下；

③ 对于大多数重质油原料，在铁系催化剂作用下，其反应温度将从目前的 455 ～ 460℃下降至 445 ～ 450℃；

④ 反应转化率特别是液体油石脑油～蜡油馏分有所提高；

⑤ 弄清楚该过程严重结焦的内在机制和原因，找到解决方案，抑制结焦。

5. 技术难点

在分析本项目的技术难点前，首先需要弄清楚重质油浆态床加氢体系的传质与反应特点。

重质油浆态床加氢过程存在大量繁杂的热质传递和化学反应。有关化学反应方面的机理存在不同的看法：有人认为体系中烃类的反应以碳正离子反应为主，而有人则认为是以自由基反应为主。由于重质油加氢体系的系列反应都是在高温高压和催化环境下进行的，不同的研究人员、采用的催化剂不同、重质油原料不同、操作条件也有所不同，得出的结论有差异也可以理解。

以下摘录几个研究工作所得出的结论，以供读者参考。

——对辽河稠油在 H_2 氛围下的热裂化反应和在油溶性分散型 Ni 催化剂存在下的悬浮床加氢裂化反应结果试验表明：悬浮床加氢裂化反应与热裂化反应相比，气体产物分布没有差别，轻油收率略有降低，但其生焦量却大幅降低，说明悬浮床加氢裂化反应主要按自由基热反应机理进行，分散型催化剂的存在只是起到促进加氢反应速率的作用[15]。

——加氢裂化反应是至少有一个碳 - 碳键断裂而形成的价态被氢饱和的反应。搜索化学计量学可以通过四种基本方法来实现不同机制的相对贡献，而这取决于催化剂的性质：在双功能催化剂上的加氢裂化包含有加氢 / 脱氢和一个质子酸（Brønsted 酸）组分，烯烃和碳离子物种作为中间产物出现。在单功能金属催化剂上的加氢裂化，通常称为氢解；而在单官能团酸性催化剂上的加氢裂化，则可用哈格 - 德索（Haag-Dessau）加氢裂化机制表达。需要强调的是，在一定的高温和氢气压力下，热加氢裂化即使在没有催化剂存在下也会发生，而热加氢裂化遵从自由基反应机理[16]。

——对孤岛渣油加氢裂化反应的简单动力学研究表明，其裂化反应属于一级不可逆反应。渣油催化加氢裂化反应以热活化过程为主，其裂化反应表观活化能稍大于热反应活化能，这是由于活化氢对裂化反应具有一定的抑制作用[17]。

限于篇幅，本书不准备就该过程的反应机理展开讨论。但上述研究结果表明，在高温高压和氢气存在下，人们很难精确地对渣油加氢体系中发生的每一中间反应步骤特别是其中的机理进行彻底的科学鉴别与表征。

除化学反应外，该体系的反应过程还受氢分子传递的影响。体系的液态氢分子和活化氢原子是否能够满足反应所需，以及液态氢分子供给量是否对反应体系的特性产生不同的影响，将取决于体系气 - 液、液 - 固间氢分子的传递速率。因此，重质油加氢过程的最终产物是物质传递与反应相互关联和相互制约耦合作用的结果。

总体上，重质油加氢过程可被认为是由以下五个主要速率决定的传质 - 反应过程：

① 在一定温度（如 450℃）和压力下（如 22MPa），特定重质油多组分的热裂解反应速率；

② 在相同温度和压力下，氢气在特定重质油加氢反应体系混合物中的传质速率，其中包括氢气分子由气泡内扩散至气泡外并进入液相主体的传递速率；氢气分子由液相主体扩散至催化剂液膜内并进入催化剂活性中心表面附近的传递速率；

③ 在相同温度和压力下，重质油加氢反应体系环境中氢气分子在催化剂上的吸附、活化和脱附速率；

④ 在相同温度、压力和催化剂下，因热裂解反应或热作用所形成的烃类自由基或其他反应性基团的加氢反应速率；

⑤ 在相同催化剂和温度、压力条件下，因热裂解反应所形成的烃类自由基相

互间的缩聚反应速率。

目前国内外在重质油浆态床加氢过程存在的压力高、空速低、转化率低、轻质液相馏分收率低、气相馏分收率偏高、结焦堵塞等种种问题，基本上都是与上述五个速率相关，本书将其简称为“一传四反”问题。解决这些问题的关键就是如何科学地匹配“一传四反”速率。

长期以来，许多关于重质油浆态床加氢过程的理论著作和研究论文都有意无意片面地强调了该过程催化剂的重要性和高压操作的不可或缺，而很少提及该反应体系中传质所起的至关重要的作用，因而可能造成了理论认识方面的重大误判。理由如下：

首先，目前该领域催化剂的发展已达相当先进的水平，无论是碳载铁系催化剂，还是钴、钼、镍等活性更高的催化剂，或它们的组合所形成的复合型催化剂品种，其加氢反应活性已足够高，本征加氢反应速率一般高于体系的氢分子传递速率 1 ～ 3 个数量级。因此，稍高或稍低活性的催化剂对该过程的整体加氢反应活性的影响已不足为计。但是这并不意味着该过程加氢催化剂的综合性能无需再继续研究提高，而是我们不能片面地强调或指望仅仅通过提高催化剂的活性就足以解决该过程的反应速率低、转化率低和轻质油组分选择性差、结焦等诸多问题。恰恰相反，在催化剂的廉价性、耐候性、抗中毒性、抗结炭性和反应选择性的提高方面，还有许多可改进提高之处。

其次，由溶解度理论可知，重质油加氢反应器的操作压力升高确实有利于氢气在混合物体系中溶解度的提高，这一点无需置疑。然而，一方面经典的溶解度理论并未指出从一个操作压力升高至另一个更高的操作压力到底需要多少时间才能使气体达到溶解平衡；另一方面，以往人们并未弄清楚从一个操作压力升高至另一个更高的操作压力时，所溶氢的增量与加氢反应所需溶氢总量之间占比多少。事实上，经研究计算表明，从一个操作压力（如 12MPa）升高至另一个更高的操作压力（如 22MPa）所溶氢的增量与加氢反应所需总量之比非常微不足道。

因此，盲目提高体系的操作压力和一味追求催化剂活性的改进，均是对重质油加氢科学与技术研究重点理解上的失衡。

笔者根据理论计算和实验研究认为，**重质油加氢过程的“一传四反”问题的核心是“一传”速率问题。在加氢催化剂活性足够高的情况下，如何数倍、数十倍、甚至百倍地提高重质油浆态床加氢反应器中氢分子的传输速率应是该过程迫切需要解决的最关键问题。**

在一定的操作压力下，相对于重质油进入反应器的体积流量，进入反应器的氢气是以其几十倍甚至上百倍的体积流量从反应器底部以鼓泡形式进入并分散在反应体系之中的。然而在化学上，这种以鼓泡状态进入反应体系的氢气泡并不能直接为加氢反应所用，它必须经历下列传递和催化过程才能变为重质油加氢过程所需的活性氢。其传递过程参见图 5-37。

在重质油浆态床加氢体系中，氢气分子要参与加氢反应，理论上被认为须经历下列几个步骤：

① 被氢气泡包裹的氢分子在内压和气泡内外氢浓度差双重推动力作用下，从气泡内的主体穿过气膜扩散至气 - 液界面处，此传质步骤被称为气膜传质；

② 气 - 液界面处的氢分子在分子扩散作用下进入气 - 液界面的液相侧液膜层，变为液态氢分子，进而在液膜层中建立液态氢分子浓度梯度，并到达液膜边缘，此传质步骤被称为液膜传质；

③ 在分子扩散和涡流扩散双重作用下，液膜层边缘中的液态氢分子被运动的液相微元带进液相主体，期间涡流扩散起主导作用，因此该步骤被称为涡流扩散传质；

④ 液态氢分子在液相主体中不断扩散到达催化剂颗粒或粉体外侧液膜边缘，期间也是涡流扩散起主导作用，因此该步骤也被称为涡流扩散传质；

⑤ 催化剂外侧液膜边缘的液态氢分子继续扩散至催化剂外侧液膜中，并逐步达到催化剂活性中心附近，此传质步骤也属于液膜传质；

⑥ 若催化剂所有活性中心均暴露在其颗粒表面，则到达催化剂活性中心的液态氢分子将在其上完成化学吸附和活化，变为活性氢原子，它们将与该反应体系热裂解产生的烃类自由基发生加氢反应（美国 S. B. Zdonik 等 1967 年提出各种烃类体系的热裂解遵循自由基机理），从而完成最后的加氢反应步骤，氢分子的扩散过程至此结束。

⑦ 但若催化剂活性中心只有部分暴露在其颗粒表面，而其余活性中心则在颗粒内腔表面，这时，液态氢分子必须继续进行分子扩散，由颗粒外表面经催化剂的内部通道进入催化剂内部活性中心的外缘液膜中，再发生上述的化学吸附和活化，变为活性氢原子，脱附，并与同样经内扩散进入相同地点的烃类自由基发生加氢反应，反应产生的稳定烃类小分子或无机物（如 H_2S, NH_3 等）再从催化剂内部向外表面反向扩散，最后进入反应体系主体。

至此，只有成功到达催化剂活性中心的液态氢分子才有可能在催化剂化学吸附作用下转变为活性氢原子，并与已经发生热裂解反应或其他热化学作用的重质油裂解自由基或其他烃类活性基团结合而形成比原重质油分子小的轻质组分。

由此可知，当催化剂、重质油组成和操作温度确定后，只有向催化剂活性中心输送足够多的液态氢分子，才能保证该加氢体系的活性氢原子与该温度下的热裂解反应所产生的烃类自由基相匹配，从而使该加氢反应体系稳定操作。否则，一旦体系的活性氢原子总量与热裂解反应所产生的烃类自由基总量发生失衡，即当前者远低于后者时，则后者将极易发生自由基链式反应，即相同或不同的自由基间将在极短时间内发生聚合反应，形成不希望看到的大分子或超大分子缩聚物，这时体系的结焦将不可避免。

上述概念涉及重质油浆态床加氢体系不同于传统的**压力溶氢理论**（或称其为**压**

力输氢理论）的另一个核心溶氢理论，本书将其称为**界面输氢理论**。彻底了解压力输氢理论与界面输氢理论的不同，以及充分利用后者并发展新型的氢传输技术，将为打开重质油加氢特别是重质油浆态床加氢技术的大门提供新的钥匙。

笔者认为，首先，重质油浆态床加氢体系的实际液相溶氢总量 N_t 并未达到其平衡状态下的理想液相溶氢总量 N_e。在一定温度和一定操作压力的体系，N_t 在理论上应是两部分输氢量之和：界面输氢量 N_a 和压力输氢量 N_p，即 $N_t=N_a+N_p$。

当该加氢体系的气液界面有限时，界面输氢量 N_a 相对较小时，这时有 $N_t \approx N_p$，标志着该体系的液相溶氢总量 N_t 由压力输氢主导；而当加氢体系的气液界面很大时，以至于界面输氢量 N_a 远远大于压力输氢量 N_p 时，即 $N_a \gg N_p$，则有 $N_t \approx N_a$，体系的液相溶氢总量 N_t 将由界面输氢主导。而界面输氢量 N_a 是根据传质理论特别是 Fick 定律计算，而非由溶解度理论即 Henry 定律计算。

其次，由传质理论可知界面输氢量 N_a 的大小取决于界面氢分子传质速率的快慢。而氢分子传质速率除受操作压力影响外，更重要更关键的影响因素是氢气泡与液相形成的界面面积大小，以及氢气泡外周液膜的厚薄——它直接决定液相传质系数的大小。此外，溶入液相的氢分子最后能否有效地转化为可进行化学反应的活性氢原子，还取决于催化剂颗粒外层液膜的厚薄——它直接决定液固传质系数的大小，以及取决于催化剂的特性。气 - 液界面面积越大，在相同的传质通量下，由气相向液相所传输的氢摩尔数就越多，液膜传质也是如此。也就是说，氢气泡和催化剂颗粒外周液膜层越薄，氢分子扩散所遇阻力就越低，传质系数就越大，因而在单位相界面上传递的氢摩尔数就越多，界面输氢量 N_a 就越大。

此外，操作压力的升高不仅会对大吨位工业加氢装置带来诸如造价、能耗、安全等多方面的负面影响，而且它对压力输氢量 N_p 的增幅贡献也是有限的。如操作压力从 10MPa 升高至 22MPa，其相对升幅不过为 120%, 由此引起的压力输氢量 N_p 的增幅贡献总体上也在此范围（若假定亨利系数为常数）。然而，该体系的气液相界面积则可以数倍、数十倍甚至百倍地提高，同时氢气泡和催化剂颗粒的外周液膜层也可以数倍、数十倍地减小。笔者研究显示，它们对界面输氢量 N_a 增幅的贡献与上述两种倍数的乘积成正比。

因此，上述关于重质油浆态床加氢过程的核心问题是“一传”速率问题的论点至此已不难理解。也就是说，解决了“一传”速率问题，就基本上解决了该过程的“溶氢”问题。而解决了“溶氢”这一重质油浆态床加氢过程的核心难题，就为该过程实现低压加氢奠定了理论和技术基础，也为提高反应器效率和重油转化率提供了可能性。事实上，采用铁系催化剂，在 450 ～ 455℃进行加氢操作时，根据气液平衡原理，12MPa 甚至更低的操作压力足以保证反应生成的石脑油等轻质油馏分保持液态，而无需再以升高压力为手段以实现提高反应速率、转化率和抑制结焦的目的。

诚然，解决“溶氢”问题并非重质油催化加氢过程的全部。“溶氢”只是达到最终目标所需的基本条件。该过程最终目标应是实现重质油轻质化的高效转化和重质油资源的高效利用。具体是获取高转化率和高液体油收率，特别是高附加值组分的高收率，同时实现高效脱硫、脱氮、脱氧、脱重金属、脱残炭等技术目标，以使过程利益最大化。因此，在满足氢传输量足够情况下，实际工程上不仅要确定适宜的操作压力，同时要考虑催化剂种类、操作温度等对加氢目标产物的影响。

重质油加氢过程的结焦现象是令科学家和工程师们头疼的问题，它导致设备堵塞，催化剂失活，影响连续生产，甚至引发安全事故。但实践证明，通过升高操作压力的方法并未能避免过程的结焦堵塞现象发生。

国内外的研究认为，该加氢过程结焦发生的本质是热裂解反应速率大于加氢反应速率的结果。当热裂解反应速率较高而加氢反应速率较低时，体系中过量的大分子烃类自由基相互之间将发生快速缩合反应[18-20]。特别是在体系升温裂解过程中，沥青质分子共价键断裂将会产生芳香度和杂原子含量较高的低分子量自由基，这些自由基的相互缩合将最终形成积炭[21]。为抑制这些烃类自由基本身或相互之间的缩合生焦，反应体系必须提供足够的活性氢原子。

据文献报道，重质油加氢体系的活性氢原子一般有三个来源，其一为体系中部分组分因升温和加氢裂化所产生[19]，但其量甚微；其二为体系部分组分作为供氢剂或向体系中所添加的供氢剂所提供[22]；其三为氢气管道向体系提供的氢源，这是体系氢的主要来源。然而，只有当它们经历上述多重传质过程，即由气态氢分子变为液态氢分子，再传递至催化剂活性中心并在其作用下变为活性氢原子后，它们才能与烃自由基发生加氢反应从而抑制缩合生焦。从本质上讲，重质油加氢体系抑制结焦的根本方法，是使体系中含有的活性氢原子的总量远大于体系中各种烃类热化学反应生成的活性基团进行加氢反应所需的总量，形成供大于求的局面，从而满足快速加氢反应的需要。而这一切若指望通过压力输氢方式加以完成是不现实的。

在压力输氢模式下，即通过高压操作方式溶氢，只能通过大幅牺牲反应空速的方法得以实现。换言之，在压力输氢模式下，只有在高剂量高活性催化剂下，采用低温操作和低空速操作方式，才能尽可能抑制结焦，实现渣油加氢过程正常生产——这就是目前国际上沸腾床渣油加氢的理论基础，ENI（意大利国家碳化氢公司）采用的低空速悬浮床渣油加氢操作模式也是此模式的必然产物。

低温操作和低空速操作都是为了在有限的活化氢原子供给情况下，在单位时空内尽可能降低体系中各种烃类热裂解反应生成自由基的总量，从而减少反应所需的活性氢的需求量。

综上，该过程的技术难点可主要概括为：

① 如何在一定重质油加氢体系中，在理论上计算该过程所需的活化氢原子总量？

② 如何在氢油比一定且在低压操作情况下，实现数十倍甚至百倍地提高该体系氢气分子的传输速率？

③ 如何实现该过程氢气分子的传输速率和活化氢原子总量的可调控，进而实现加氢反应速率、转化率、选择性的可调控？

④ 最后，如何设计该过程的核心装备——加氢反应器？

6. 技术方案与对策

为了解决上述技术难点，本研究采用的技术对策为：

① 综合分析重质油浆态床加氢反应器内气 - 液 - 固多相体系的流动、传质和反应特征，建立微界面传质强化的反应器平台，即 MIH。将 MIH 的设备结构参数、体系的理化特征参数、操作参数、输入体系的能量（简称四大影响参数）与宏观反应速率进行关联，构建四大影响参数对气泡尺寸、气液相界面积、液固相界面积、气液传质系数、液固传质系数、气液传质速率、液固传质速率及宏观反应速率、转化率之间的构效调控数学模型。

② 基于上述数学模型，计算得到对传质速率、宏观反应速率和转化率影响的关键调控参数，再反过来通过这些关键调控参数的优化，找到对该过程的氢传质速率、宏观反应速率和转化率的优化调控方案。

③ 建立 MIH 冷模测试平台，对模拟热态工况下上述参数对气泡尺寸、气液相界面积、液固相界面积、气液传质系数、液固传质系数、气液传质速率、液固传质速率等数据进行测试。

④ 建立 MIH 热模实验平台，测试不同操作压力下实际重质油加氢体系的宏观反应速率、转化率等受关键调控参数的影响规律，并验证上述计算结果。

7. 新工艺简述

采用微界面强化重质油加氢反应工艺流程如图 10-1 所示。在该工艺中，几乎所有的工艺管线与设备都与普通高压鼓泡式悬浮床加氢工艺相差无几，只是普通悬浮床反应器 SBH 被置换成 MIH，其根本的不同是前者中氢气泡的尺度在毫米 - 厘米级，而后者则为几十至几百微米。

基本操作过程如下：原料渣油和一定量的氢气经预热器（E-2）预热后输送至原料油加热炉（F-1），气液混合物在原料油加热炉（F-1）中加热至指定温度后再与催化剂混合输送至反应器底部的微界面机组（MIR-1）；与此同时，一定流率的原料氢气（新氢）和循环氢经氢气压缩机加压后分两路输送，其中一路加压氢气则送入氢气预热器（E-2），而另一路加压氢气则依次进入氢气预热器（E-2）和氢气加热炉（F-2），加热至指定温度后输送至反应器底部的微界面机组（MIR-1），在微界面机组（MIR-1）内，氢气与带有催化剂的渣油三相经充分能量交换后形成气 - 液 - 固三相微界面体系，并进行快速而复杂的热质传递、裂解与加氢反应。在浆态床反应器（R-1）内停留 1 ～ 2h 后，所得反应产物（包括反应生成的气相组分、液烃和催化剂等组成的混合物）从浆态床反应器顶部连续流出并进入后续相分离工段，获得不同馏分产物。

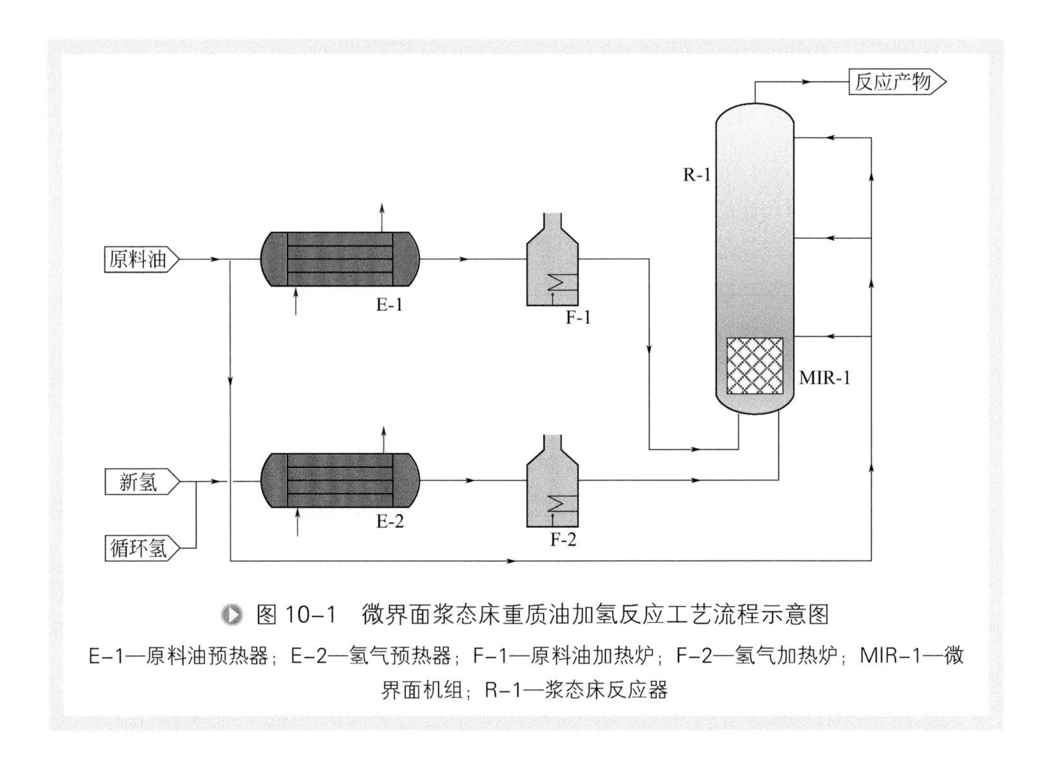

图 10-1 微界面浆态床重质油加氢反应工艺流程示意图

E-1—原料油预热器；E-2—氢气预热器；F-1—原料油加热炉；F-2—氢气加热炉；MIR-1—微界面机组；R-1—浆态床反应器

8. 实施效果

（1）MIH 冷模测试　本项目建立了 MIH 冷模测试平台如图 10-2 所示，在其上对模拟渣油加氢体系进行了测试，其结果如图 10-3 ～图 10-5 所示。反应器直径 0.1m ；反应器高度 3.0m ；气液比 Q_G/Q_L ；操作条件为常温常压。

图 10-2 模拟渣油加氢体系 MIH 冷模测试平台

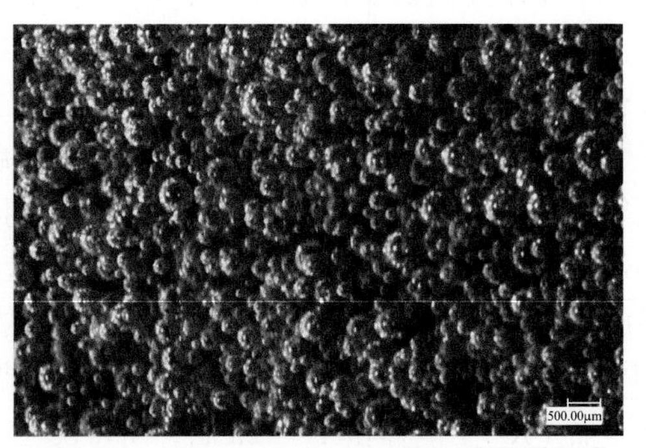

图 10-3 模拟渣油加氢微界面体系影像图

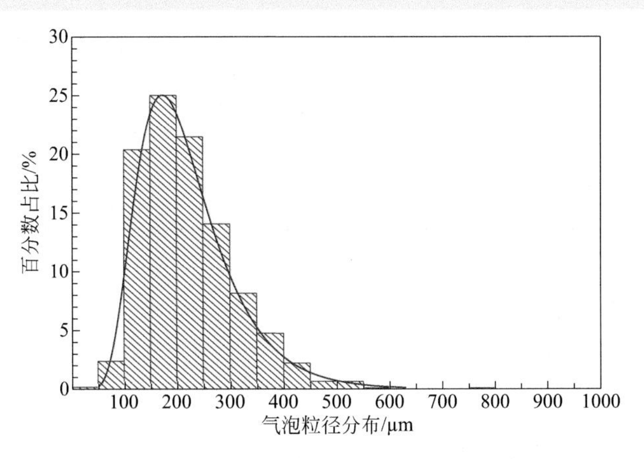

图 10-4 模拟渣油加氢微界面体系气泡分布

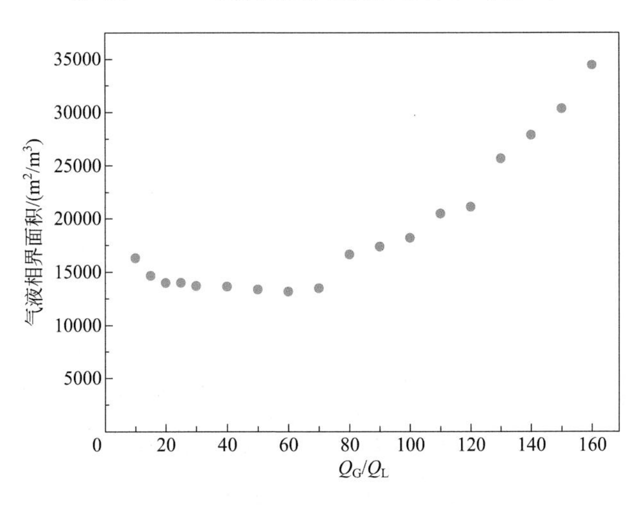

图 10-5 模拟渣油加氢微界面体系气液相界面积随 Q_G/Q_L 的变化

（2）MIH 热模测试 本项目设计、制造了一套中试 MIH 热模测试平台。采用的渣油与表 10-1 相同。试验采用铁系催化剂，其操作压力为 4 ～ 12MPa，操作温度为 450 ～ 455℃，氢油比为 1500 ～ 2000, 空速为 0.5 ～ 1.0h^{-1}。其部分测试结果如表 10-2 所示。

表10-2 MIH热模测试平台重质油加氢中试部分试验结果

反应效果（单程）		6MPa	8MPa	12MPa
空速 /h^{-1}		0.50	1.0	1.0
单程转化率（质量分数）/%		87.61	86.55	87.5
液体油收率（质量分数）/%	总液收	88.9	89.0	88.48
	石脑油	16.55	15.46	16.17
	柴油	35.11	35.21	35.81
	蜡油	23.48	24.45	23.05

续表

反应效果（单程）	6MPa	8MPa	12MPa
胶质转化率（质量分数）/%	70.2	72.1	80.6
沥青质转化率（质量分数）/%	60.41	59.95	60.40
脱硫率（质量分数）/%	51.7	53.6	55.9
脱残炭率（质量分数）/%	69.22	68.87	69.35

（3）MIH 热模体系的计算　在 MIH 热模体系下，为进一步弄清楚重质油催化加氢体系操作条件对该过程传质与反应的影响，本项目依据已建立的数学模型，以沥青质加氢脱硫为特征反应，重点计算了不同操作压力、操作温度和氢油比三个关键参数对气液相界面积、液侧传质系数、加氢脱硫宏观反应速率及硫转化率的影响，其结果如图 10-6 ～图 10-8 所示。

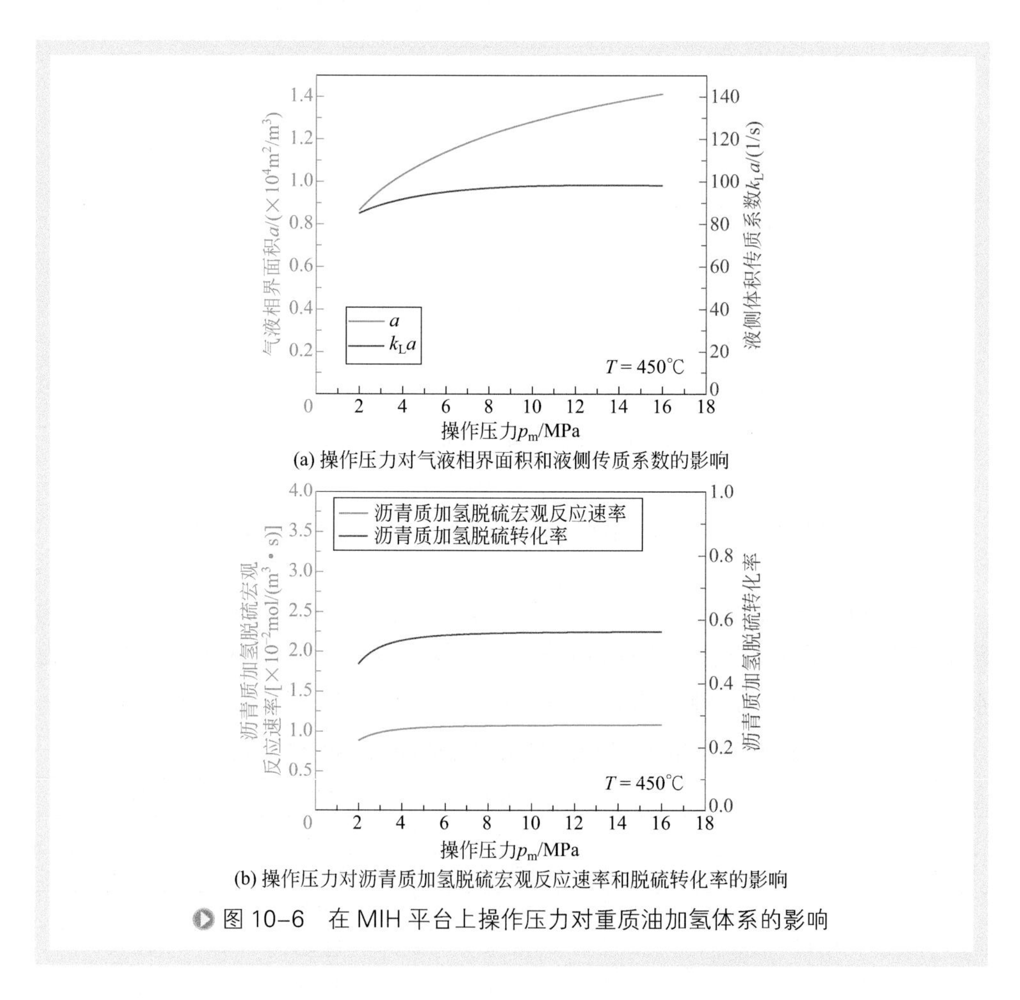

(a) 操作压力对气液相界面积和液侧传质系数的影响

(b) 操作压力对沥青质加氢脱硫宏观反应速率和脱硫转化率的影响

图 10-6　在 MIH 平台上操作压力对重质油加氢体系的影响

由图 10-6 可知，升高操作压力确实有利于气液相界面积的增大，对气 - 液传质系数和沥青质加氢脱硫宏观反应速率以及脱硫转化率也有正面影响，但其升高趋势较为平缓，这在表 10-2 的实验数据中也可得到验证。由图 10-7 可知，在 713 ～ 733℃范围内，升高操作温度对气液相界面积、气液传质系数有一定的正面影响，而对沥青质加氢脱硫宏观反应速率和脱硫转化率的影响甚微，其总体上保持平稳。

由图 10-8 可知，加大氢油比对气液相界面积和气液传质系数的提高均有较为明显的作用，但对沥青质加氢脱硫宏观反应速率和脱硫转化率的提高影响甚微。这表明，在 MIH 平台上，当氢油比达到一定量之后，通过相界面传递的氢分子总量足以满足反应所需，再进一步加大氢油比对反应的影响已不明显，表 10-2 中的单程转化率和液体油收率数据也充分说明了这一点。

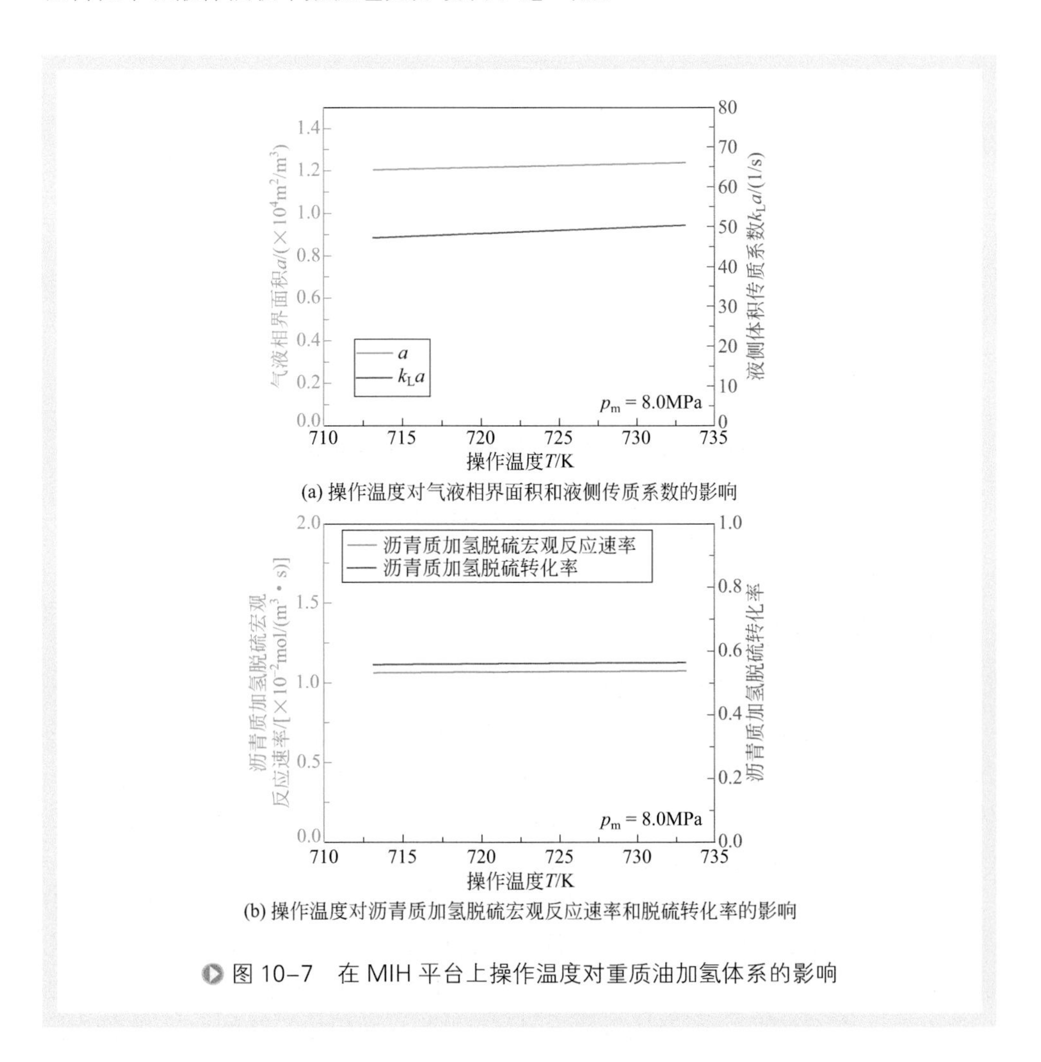

图 10-7　在 MIH 平台上操作温度对重质油加氢体系的影响

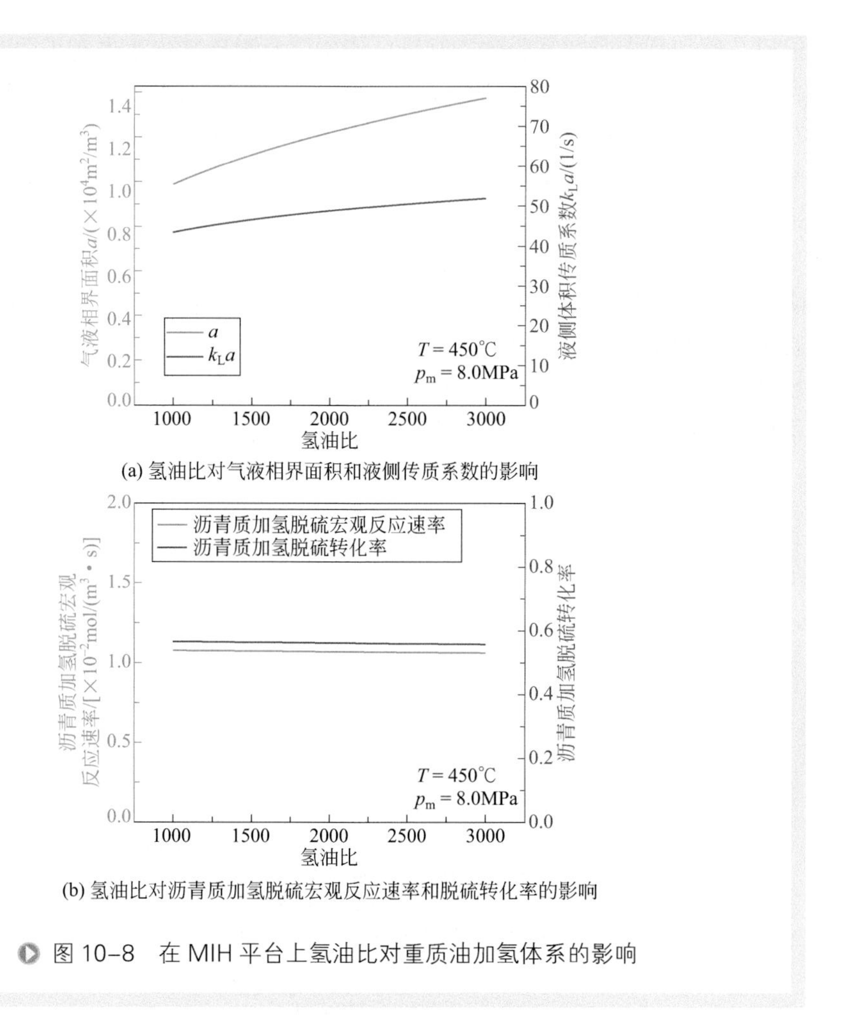

(a) 氢油比对气液相界面积和液侧传质系数的影响

(b) 氢油比对沥青质加氢脱硫宏观反应速率和脱硫转化率的影响

图 10-8 在 MIH 平台上氢油比对重质油加氢体系的影响

9. 结果与讨论

由以上理论和应用研究可得如下结论：

① 在催化剂具备足够的活性之后，重质油浆态床加氢过程的核心问题是反应器中的氢传输问题。也就是说，解决了输氢速率问题，就等于解决了“溶氢”这一核心难题，也就为该过程实现低压加氢奠定了理论和技术基础，同时也为提高反应器效率和重油转化率提供了现实可能性。

② 理论分析和中试实验表明，微界面传质强化重质油浆态床加氢反应器 MIH 是实现高效、高转化率、低压甚至超低压加氢的有效平台。在 MIH 平台上，采用铁系催化剂，当操作温度升至 450℃左右时，操作压力对重质油浆态床加氢反应过程已不是关键的影响因素。其关键影响因素应是相界面积和氢气泡尺度，它们直接决定了传质系数和传质速率，从而决定了加氢反应速率。

③ 抑制重质油加氢体系结焦的根本方法，是使体系中含有的活性氢原子的总量远大于体系中各种烃类热化学反应生成的活性基团进行加氢反应所需的总量，在反应体系形成供氢大于需氢的局面，从而实现快速加氢反应并最大程度上抑制烃类自由基的缩合反应。这些无法通过单一压力输氢方式得以完成，而只能通过微界面强化界面输氢才能实现。

二、间二甲苯空气氧化合成间甲基苯甲酸

间甲基苯甲酸（*m*-toluic acid，MTA）是一种得到广泛应用的有机中间体。CAS 登记号（化学文摘登记号）99-04-7，EINECS（化合物目录数据库）202-723-9，分子式 $C_8H_8O_2$，分子量 136.15，白色或黄色晶体，熔点 111 ～ 113 ℃，沸点 263℃，相对密度 1.054 g/cm³，折射率 1.509，几乎不溶于水，微溶于沸水，溶于乙醇、乙醚。它即可作为有机合成中间体，用于生产高效避蚊剂和 *N,N*- 二乙基间甲苯甲酰胺、间甲苯甲酰氯、间甲苯腈等产品的原料，又可用作彩色胶片的良好显影剂和人工配制合成香精的原料。近年来，国外报道了间甲基苯甲酸的一些新用途，如在研究核苷酸的化学行为时，MTA 是有效的色谱柱辅助填料。

1. 原有技术简介

早在 20 世纪四五十年代，研究人员就有关 MTA 合成工艺提出了以下三种不同原料的合成路线，如图 10-9 所示。

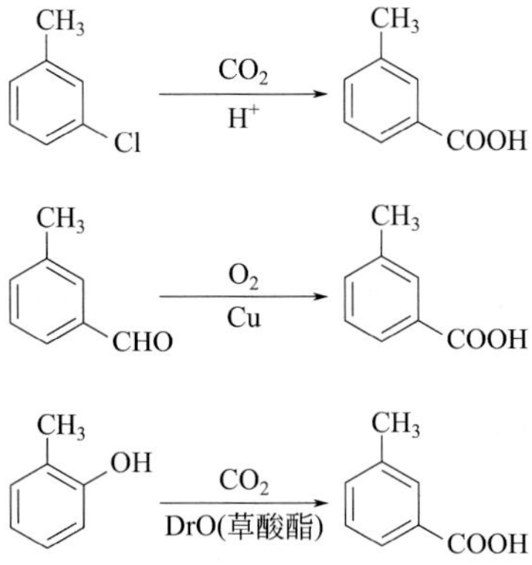

图 10-9 MTA 的三种合成路线

在这三种合成路线中，第一种反应较为剧烈，副反应较多，污染重，且不易控制反应进程；第二、三种合成路线的反应进程虽较易控制，但反应时间较长，而且溶剂消耗量相对较多且反应得率较低。因此，几乎没有工业化。

后来，以间甲苯取代物或邻甲苯取代物 ($RArCH_3$，R=X，CHO，OH) 为原料进行 MTA 的合成路线诞生。然而，由于以上工艺路线中原料的来源稀少，试剂难得，用来合成 MTA 并不经济，因此也难以实施工业化。

随着现代石油工业的迅速发展，轻油催化重整加工技术提供了极为丰富的芳烃二甲苯，已完全取代从煤焦油中精馏得到的芳烃二甲苯，从而使以间二甲苯为原料氧化合成 MTA 的工艺路线有了现实和经济意义。

据文献 [23] 报道，间二甲苯的液相催化氧化属于自由基链式反应，其反应历程一般受以下二步控制：引发剂活化能控制和氧气分子扩散控制。因此选择合适的催化引发体系以及最佳的操作参数是合成研究成败的关键。

在一定的温度和催化剂下，间二甲苯的氧化反应可能同时存在如图 10-10 所示主、副反应。其中反应（1）为主反应，反应（2）～反应（5）均为副反应，且这些反应都是放热反应。

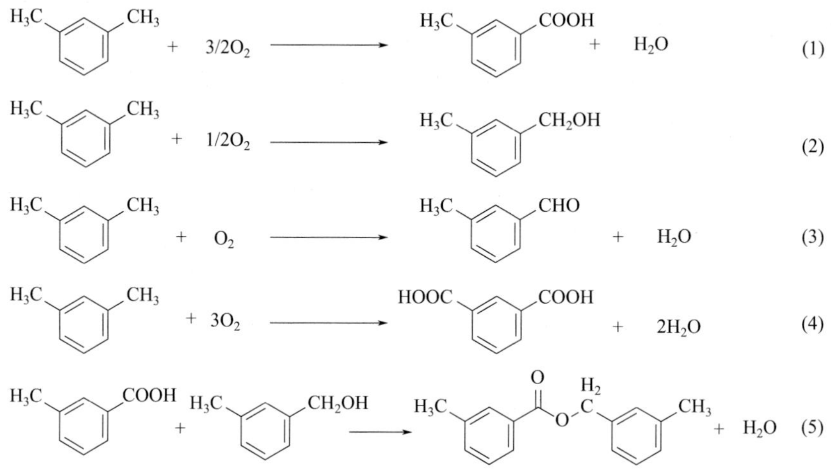

H_3C CH_3 + $3/2O_2$ → H_3C $COOH$ + H_2O (1)

H_3C CH_3 + $1/2O_2$ → H_3C CH_2OH (2)

H_3C CH_3 + O_2 → H_3C CHO + H_2O (3)

H_3C CH_3 + $3O_2$ → $HOOC$ $COOH$ + $2H_2O$ (4)

H_3C $COOH$ + H_3C CH_2OH → H_3C O O H_2 C CH_3 + H_2O (5)

图 10-10　间二甲苯氧化的主反应和副反应

间二甲苯的 α 碳原子上的氢比甲苯中的 α 碳原子上的氢要活泼些，所以间二甲苯单甲基氧化比甲苯氧化更易发生。反应（1）在钴盐的催化下，能在比较温和的条件下进行。由于MTA的碳原子上的氢在反应（1）的条件下不很活泼，所以在反应（1）的条件下反应（4）不易发生。但是，当 MTA 的浓度较高时，又处在温度急升的状态，反应（4）就会伴随发生，因此这时反应温度、浓度的严格控制显得十分重要。

2. 原有工艺的主要问题

目前，国内外生产 MTA 的工艺主要存在下列三大问题：

其一，反应效率低。氧化反应器一般采用普通间歇鼓泡反应器。在普通间歇鼓泡反应器内，间二甲苯液相处于相对静止状态，空气鼓泡穿过液层与液相接触，在催化剂作用下间二甲苯分子与空气中的氧发生反应，因此，空气中的氧气与液相间的传质将起关键作用。由于普通间歇式鼓泡反应器内的气液相界面积有限，空气气泡的尺度一般处于几毫米 - 几厘米之间，上升速度快，气液接触时间很短，因而气液传质速率非常有限，从而导致宏观反应效率低，反应时间长。

其二，能耗物耗高。由于普通间歇鼓泡反应器每批次物料的反应都需要升、降温过程，故能耗物耗高、生产效率低是此类反应方式的固有特点。氧化反应过程中，由于普通间歇鼓泡反应器的效率低，因而必须通入过量空气以提高相界面进而提升反应速率。但这必然导致反应物中的间二甲苯随空气尾气在反应器顶部过量带出，而冷凝和活性炭吸附环节又无法将其彻底捕集，同时，间二甲苯本身是一种具有毒性的有机污染物，因此，生产企业必须面对间二甲苯浪费和环境污染双重问题。再加上空气尾气在放空时，其本身带有较大压力能和热能，若不加以科学利用，将加大过程的能耗。

其三，副产物多，主产品收率低。为了弥补普通间歇鼓泡反应器效率低的缺限，生产单位一般都通过提温加压的方法加以解决，但这样做的结果是同时加剧了副反应。再加上生产工艺中的产品分离一般也是间歇精馏操作，分离效率低，物料在精馏塔中受热时间过长，缩合、酯化等副产物增加，故产品回收率低，釜残严重，最终导致产品 MTA 的单程收率较低，一般为 60% 左右。

以上问题是制约 MTA 生产工艺的主要瓶颈。

3. 业主情况简介

业主某公司濒临长江，专业从事医药、农药、染料化工中间体和避蚊胺的研发与生产。公司具有一定的技术力量，采用间二甲苯液相空气氧化法间歇生产 MTA，建有年产万吨级 MTA 生产线，采用普通间歇式鼓泡塔反应器反应和间歇精馏方式。由于工艺技术本身具有上述三方面的先天性缺陷，产品竞争力受限，利润率不高。但由于该公司是国内规模最大的 MTA 产品的生产基地，并拥有自营进出口权，在欧、美、亚及大洋洲等地区都有销售和客户群。因此该公司在技术上和产品质量上的任何进步都将对本行业产生导向性影响。

国内外苯甲酸的生产已有近 40 多年的历史，而用间二甲苯来生产间 MTA 却是 1984 年之后的事。由于早期 MTA 的下游产品的开发进展缓慢，所以制约了 MTA 及其产业链的发展。随着近年来避蚊胺等下游新产品的开发和需要量的激增，市场需求量也不断增加，同时也带动了该领域的研发工作的进行，但大多数工艺人员研发的重点基本上都集中于新型高效催化剂方面，而此方面事实上已潜力不大。对于原有的间歇法生产 MTA 的工艺中存在的主要缺陷，反而少有研究涉及 [18-20]。

笔者团队根据业主要求，针对制约 MTA 生产过程能耗、物耗、收率、副反应、环境污染等关键技术问题，对 MTA 生产全流程的工艺和装备进行综合分析，重点解决反应过程和反应器的连续化、高效化、反应 - 分离过程的集成以及全过程能量耦合与优化等方面问题，为该生产装置的节能、降耗、提效及污染物减排提供技术支持。

4. 技术目标

通过该项目工艺与装备的创新研究，期望实现如下总体目标：

① 以万吨级连续生产 MTA 为目标，获取关键工艺技术参数，开发出以连续式微界面强化传质反应器为主要设备，以连续精馏系统和热能耦合技术为配套的关键工艺技术，生产万吨级间甲基苯甲酸的工艺技术软件包。

② 解决原有工艺能耗高、污染重、副产物多、产品收率低等系列性问题。

③ 使 MTA 的生产工艺装备技术整体上处于国际领先水平。

具体技术指标如下：

① 研发万吨级连续式生产 MTA 的工艺软件包。

② MTA 的反应器的反应时间、转化率、能源利用效率等达到国际最好水平；反应器尾气的能量综合利用率由目前的 20% 左右提高到 70% 以上；与原有工艺相比，本技术吨产品能耗降低 30% 以上，生产能力提高 50% 左右。

③ MTA 的单程收率大幅度提高，由原有工艺的 59% 左右提高至 80% 以上，达国际最好水平。

④ 间甲基苯甲醛等副产物的回收率达 90% 以上，原有工艺不回收副产物。

5. 技术难点

针对原有 MTA 生产工艺中存在的问题，该项目以万吨级间二甲苯连续空气氧化制备 MTA 过程为研发对象，需重点解决下列技术难点：

① 研发万吨级连续式微界面强化反应器，以取代效率较低的普通鼓泡式氧化反应器，确定反应器结构参数和操作参数，必须要解决该空气氧化过程如何成倍增大气 - 液界面、提高传质效率和反应效率问题，而此方面没有现成的技术可供参考。

② 研发出与连续式微界面强化反应器相配套的反应工艺和流程控制方法，使该先进反应器既适合均相催化过程又适应非均相催化过程；既可进行气 - 液反应，又可进行气 - 液 - 固反应，实现间二甲苯连续空气氧化过程的高倍数传质强化和反应强化，最终达到大幅缩短反应时间、提高反应转化率和选择性、降低反应能耗的目的。

③ 研发微界面强化反应系统与连续精馏系统的耦合技术，实现反应过程与精细精馏分离过程同步，并进行热耦合，实现能量利用最大化。

④ 研制氧化反应过程空气尾气的压力能和热能的集成利用技术，解决生产过程尾气中能量大量浪费和含甲苯类污染物的环境污染问题。

⑤ 研制大幅降低温度和压力后，如何解决主反应降速与反应器处理能力翻番的工艺技术。

⑥ 研制大幅抑制副反应，提高主产品收率的工艺技术。

6. **技术方案与对策**

① 建立间二甲苯连续空气氧化过程的氧传输动力学，特别是建立微界面强化传质情况下的间二甲苯氧化反应过程的气泡颗粒粒径大小与分布、气液相界面与传质速率模型。

② 建立间二甲苯氧化反应器的反应动力学，特别是建立微界面强化传质情况下的间二甲苯氧化反应过程的宏观反应动力学模型。

③ 基于微界面强化反应技术，计算体系物性参数、操作参数和确立反应器结构参数对氧化反应器的影响，确定其对反应过程能效和物效的影响规律，为连续氧化反应器设计提供基础数据。

④ 在上述研究基础上，确定适合于该氧化反应的微界面强化反应器的优化结构参数和工艺调控参数。

7. **新工艺过程描述**

间二甲苯连续空气氧化制备 MTA 的新工艺基本流程如图 10-11 所示。

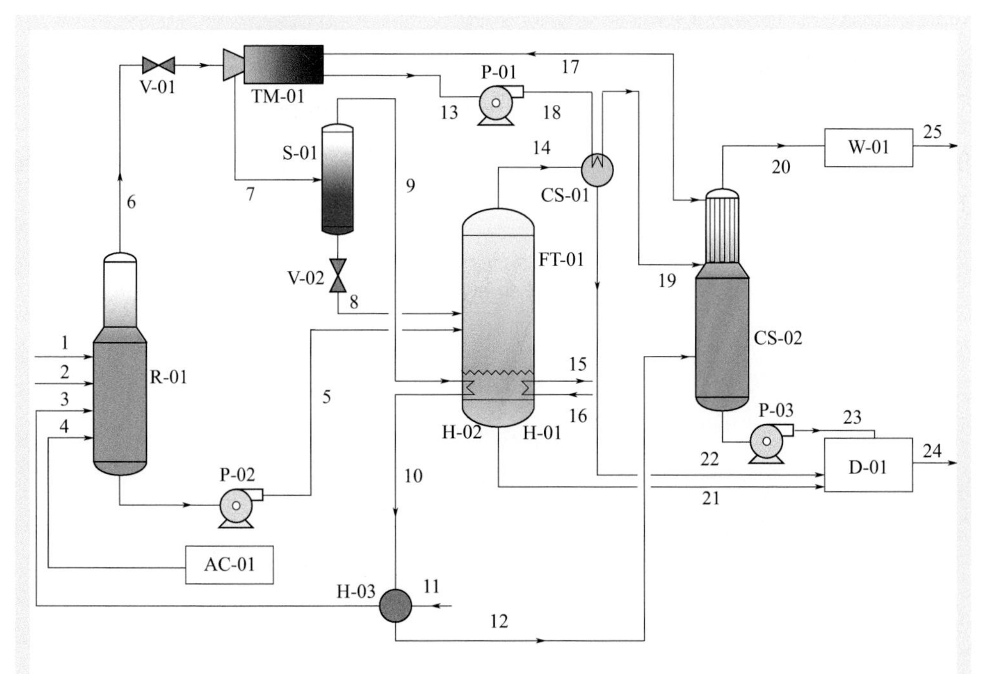

图 10-11 间二甲苯连续空气氧化制备 MTA 的新工艺基本流程示意图

AC-01—反应用溶剂醋酸储槽；CS-01—冷阱；CS-02—绝热式能量回收塔；D-01—精馏系统；FT-01—产品预分离器；H-01，H-02—加热盘管；H-03—换热器；P-01，P-02，P-03—泵；R-01—微界面强化反应器；S-01—气-液分离器；TM-01—低压涡轮制冷机；V-01，V-02—阀门；W-01—洗涤塔；1～25—管道微界面强化反应器内液相物料由塔底部循环泵输出经换热器控温后，返回到该塔中部的微界面机组入口，空气与物料在此进行能量转换，气体被破碎成微米级气泡，使气 - 液两相在反应器内获得高达 10000m^2/m^3 以上的界面面积（大约相当于普通鼓泡塔式氧化反应器的 20 倍以上），从而有效提高氧分子的传质与反应效率。待反应达到预期的转化率后由塔底部循环泵输出。未完全反应的贫氧空气携带少量未反应的间二甲苯及反应生成的水进入塔顶部的冷凝器，间二甲苯及水被冷凝后进入油 - 水分离器，富含间二甲苯的液体为油相，从塔顶返回微界面机组入口，而富含水的液体为水相，从油 - 水分离器底部采出。从冷凝器出口的空气尾气携带少量未冷凝的间二甲苯进入涡轮制冷机，进行热能与压力能回收，再经捕集有机物后，进入绝热式能量深度回收塔，在此回收尾气能量和净化尾气，最后尾气经活性炭吸附处理后达标排放。

微界面强化反应器内的反应产物经泵和管道送入产品预分离器，回收未反应的间二甲苯并返回到反应器继续反应，经预分离后再送至精馏系统进行深度分离，同时收集中间产物（间甲基苯甲醛、间甲基苯甲醇等），以及获得最终产品 MTA，残余高沸物排出至废物罐。

8. 实施效果

采用微界面强化反应技术的间二甲苯连续空气氧化制间甲基苯甲酸（MTA）的生产线于 2014 年投产成功，装置采用集散控制系统（DCS）全自动控制，如图 10-12 所示。

图 10–12　间二甲苯连续空气氧化制备间甲基苯甲酸的生产线

经对生产装置进行标定，获得主要技术指标如表 10-3 所示。结果表明，采用微界面反应强化技术，该生产过程的各项技术指标与国内外其他技术相比，达到了前所未有的高值。

表10-3　采用微界面强化反应器（MIR）与普通鼓泡反应器（CBR）生产MTA效果对比

技术指标	CBR（原技术）	MIR（本技术）	MIR 与 CBR 对比
单线设计产能 /（t/a）	5000	5000	—
产品纯度（质量分数）/%	99.0	99.5	提高约 0.5%
反应器有效容积 /m^3	30	24	减小 20%
反应物停留时间 /h	5	2	缩短 60%
反应温度 /℃	140	135	下降 5
反应压力 /MPa	0.5	0.35	下降 0.15
单位反应器界面面积 /（m^2/m^3）	约 500	3000 ～ 4000	提高约 5 倍以上
吨产品原料消耗 /（t/t）	1.3	1.1	下降 15.38%
反应器生产强度 /[kg/（$m^3 \cdot h$）]	18.5	51.2	提高 177%
主产品收率 /%	59	83.3	提高 41.2%
空气中氧利用率 /%	62.8	91	提高 45%
吨产品综合能耗 /（kW · h/t）	2351.3	2085.6	下降 11.3%
吨产品水耗 /（t/t）	3.5	0.25	下降 93%

9. 结果与讨论

采用微界面强化反应技术在间二甲苯空气氧化生产 MTA 的实践表明：

① 在反应压力从 0.5MPa 下降至 0.35MPa 和反应温度从 140℃下降至 135℃双降情况下，反应器的时空效率净提高了 177%。众所周知，通常情况下对于此类氧化反应，压力和温度同时下降，将导致反应器的时空效率大幅下降。然而，微界面强化反应器的时空效率反而以将近成倍幅度提高，这不能不说是一个奇迹。

② 反应系统的原料（包括间二甲苯、空气用量）和能耗、水耗均有大幅下降；MTA 的单程收率比普通鼓泡式氧化反应器提高了 41.2%，这种大幅的提高在生产装置中又是一个难以想象的结果。

③ 上述两项令人激动的技术指标，意味着吨产品生产成本将大幅下降。据业主测算，与传统技术相比，吨产品的生产成本下降了 35% 左右。这一结果直接导致了国际上一直处于领先地位的日本某公司和英国某公司的同类生产线宣布关闭。

④ 从本技术用于间二甲苯空气氧化制 MTA 的实践可以得知，此技术完全可以用于诸如 PX 氧化制 PTA、MX（混二甲苯）氧化制 PMA（丙二醇甲醚醋酸酯）以及三甲苯氧化制备相应的一酸、二酸和三酸产品。

第三节 在精细化学品生产方面的应用

一、蒎烷氢过氧化物生产

蒎烷氢过氧化物 (pinane hydroperoxide，PHP) 是合成芳樟醇的必备中间体，广泛应用于香料、维生素等重要产品的合成。CAS 号 5405-84-5，ICS 号（国际标准分类号）40-6-93980，分子式 $C_{10}H_{18}O_2$，分子量 170.25，无色至淡黄色透明或半透明液体，折射率 1.4500 ～ 1.4700，通常为 50% ～ 55% 的溶液，活性氧含量为 4.70% ～ 5.20%。它既可用作香料合成中间体，用于生产芳樟醇、环氧蒈烯等香料，也可用作有机聚合反应的引发剂。

广西某公司原为中国最大的以天然原料合成芳樟醇的生产企业，具有自主研发的芳樟醇生产工艺技术，而蒎烷氢过氧化物则是天然原料合成芳樟醇的中间体。蒎烷氢过氧化物的合成是采用蒎烷为原料，在催化剂作用下，经纯氧氧化而得。由于此氧化过程宏观反应速率慢，耗时长，能耗物耗高，且存在着火爆炸危险，故严重制约了终端产品的竞争力。

1. 原有技术简介

由 α- 蒎烯加氢为蒎烷，经蒎烷氧气氧化合成蒎烷氢过氧化物并进一步合成芳樟醇的技术路线如图 10-13[24, 25] 所示：

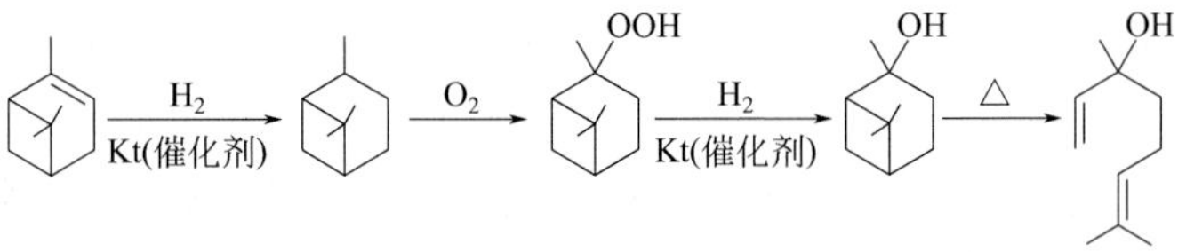

图 10-13　α- 蒎烯合成芳樟醇技术路线

对于该合成路线开发研究，早在 1977 年日本京都召开的国际第七届香料会议上，美国 SCM 公司就已宣布该公司利用其独特的新技术由 α- 蒎烯加氢合成蒎烷，蒎烷进一步合成芳樟醇等一系列萜烯香料产品。1982 年 9 月，SCM 公司的蒎烷氢过氧化物路线正式投产，其规模达到年产 6000t，此举被公认为是蒎烯合成萜类香料的里程碑。中国对该路线的开发研究始于 20 世纪 80 年代初，之后许多单位对其合成工艺进行了大量的研究，但在产量、质量和收率、装备自动化程度等总体工艺技术方面与 SCM 公司尚存在较大差距。

从自然资源方面看，中国是世界上松节油的主要生产国之一，资源相当丰富。α- 蒎烯主要来源于松节油，我国的脂松节油质量上乘，其中蒎烯平均含量达 92% 以上。因此，利用 α- 蒎烯为原料经蒎烷氢过氧化物路线合成芳樟醇，在中国具有十分强大的资源优势。

在合成方法上，黄战鏖等[26]就对合成芳樟醇的技术路线进行了综述。他们分别介绍和分析了乙炔 - 丙酮路线、异戊二烯路线、异丁烯路线等石油基原料路线的工艺特点与优势，同时也介绍了 β- 蒎烯路线、α- 蒎烯路线等天然基原料路线的独特之处，认为以脂松节油主要成分 α- 蒎烯为原料的合成路线简洁、原子利用率高、废弃物排放少和具有天然特征而被认为是绿色化程度最高的路线。

基于上述考虑，广西该公司决定利用当地丰富的脂松节油资源，开展 α- 蒎烯为原料经蒎烷氢过氧化物路线合成天然基芳樟醇的生产线研发。

该工艺的具体过程为：α- 蒎烯首先在加氢催化剂如钯、雷尼镍等作用下，于 30 ～ 150℃，2 ～ 5MPa 压力下催化加氢，转化为以顺式蒎烷为主的蒎烷，收率几乎接近化学计量比值。产物直接通入空气或氧气进行氧化，在一定温度和压力下，发生自氧化反应得到含顺式及反式蒎烷氢过氧化物的质量分数为 20% ～ 60% 的氧化液。蒎烷氢过氧化物再经加氢还原为相应的 2- 蒎烷醇。最后，2- 蒎烷醇用氮气或水蒸气稀释后在减压下加热至 500℃左右在热解管中进行裂解，裂解产物即为芳樟醇及其同分异构体组成的混合物，主产品收率一般可达 65% 左右。若使用光学活性的 α- 蒎烯，也可用此路线合成光学活性的芳樟醇。

蒎烷氢过氧化物是蒎烷的氧化产物。蒎烷氧化是液相纯氧氧化，在催化剂和引发剂存在下，按自由基链式反应机理进行。Thomas Brose 等[27]对比了顺式蒎烷和反式蒎烷在 100℃下与氧气的反应，在反应进行到蒎烷氢过氧化物的质量分数约 15% 时，分析产物中各组分的分布情况，结果无论是顺式蒎烷还是反式蒎烷，其氧化主要发生在 C2 位置上，顺式或反式蒎烷自氧化后产生相应的顺反结构的蒎烷氢过氧化物，可还原为相应的顺式或反式 2- 蒎烷醇，如图 10-14 所示。

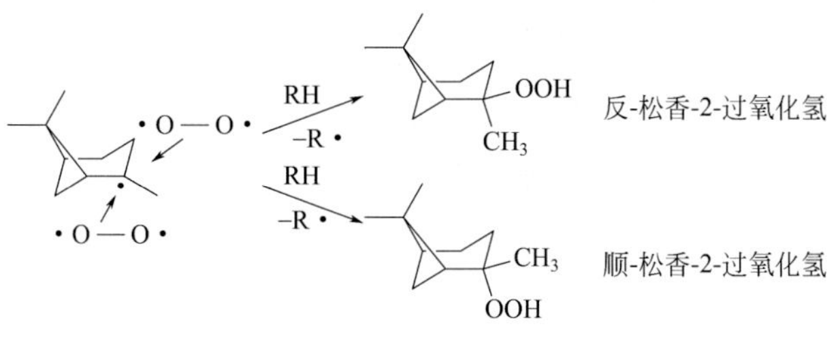

图 10–14　蒎烷自氧化反应生成蒎烷氢过氧化物

由于蒎烷顺反异构体 C2 位置上 H 的空间位阻效应不同，导致二者有不同的反应活性，自氧化产物组成分布也不同。V.A.Seminkolenov 等[28,29]详细研究了 α- 蒎烯合成芳樟醇的各步骤反应动力学，发现无论蒎烷自氧化过程如何，顺式和反式蒎烷的反应速率常数之比 $k_{cis}/k_{trans}=4.0$，并且此比值与顺、反蒎烷的比例和转化率没有关系。研究表明顺式蒎烷中 C2 位置上 H 的活性是反式的 6.4 倍，反式蒎烷 C2 位置上 C—H 键受到四碳环上甲基的保护，空间位阻增大，与顺式异构体相比，C2 位置上叔氢反应活性相对降低，而相应 C3、C4 位置上仲氢反应活性则明显增加，这样反式蒎烷的自氧化反应中含有相当部分氧分子进攻到 C3、C4 位置上，生成松莰醇及马鞭烷醇等产物，增加了反应复杂性。因此工业上该自氧化合成过程对蒎烷原料的要求以顺式异构体为主。

蒎烷自氧化合成蒎烷氢过氧化物的影响因素，有蒎烷本身的结构、催化剂、反应温度、反应时间、反应压力等。对于工业反应器，氧气与液相物料的混合接触程度、氧分子在液相的扩散与传质过程对反应进程的影响，则是该反应过程的主要制约性因素。

2. 原有工艺的主要问题

由蒎烷自氧化制备蒎烷氢过氧化物的反应器平台如图 10-15 所示。

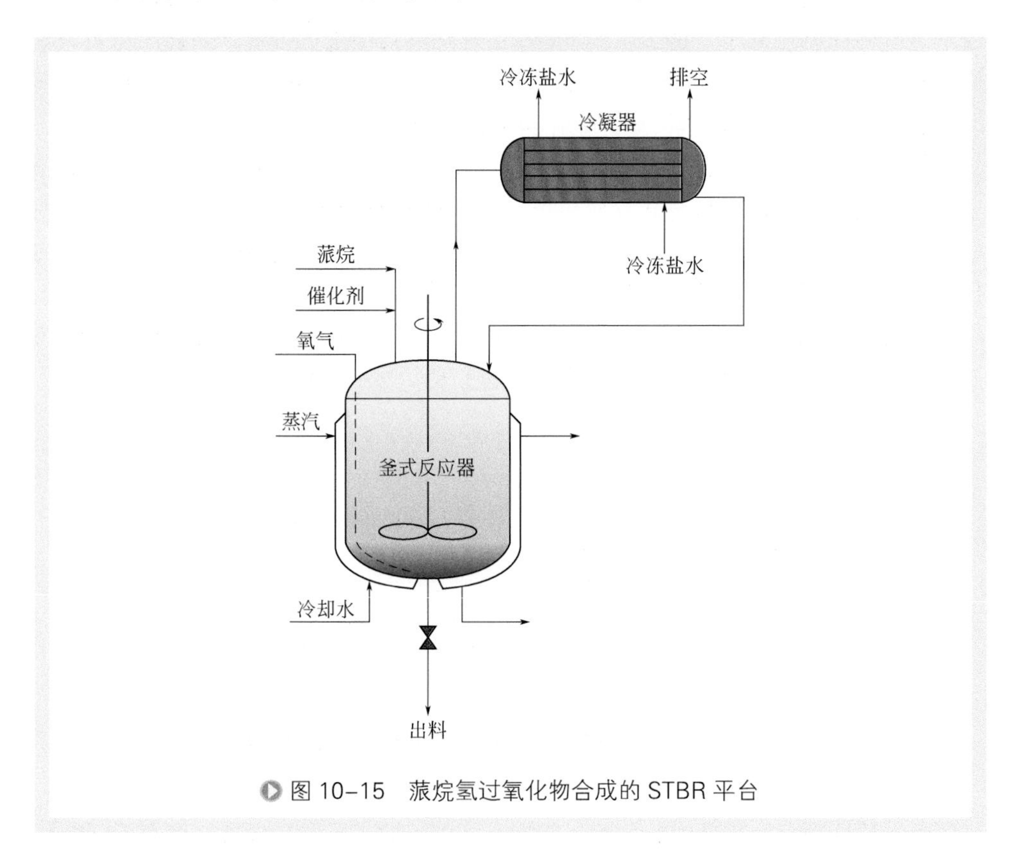

图 10-15 蒎烷氢过氧化物合成的 STBR 平台

该反应器平台是一个带有冷凝器的鼓泡式搅拌反应器，以下简称 STBR。反应过程主要步骤为：将一定量的蒎烷和催化剂加入间歇釜，开启搅拌桨，通过氧气管道向反应器底部连续通入氧气。反应器底部的氧气管道上设置有氧气气体分布器，其上开有多个小孔，以便氧气形成较小气泡。在设定的温度和压力下，反应过程中定期取样分析蒎烷的自氧化程度，达到规定要求后即可停止供氧，并再继续保持搅拌一定时间后即可出料。

生产实践发现，此种生产方法存在下列三大问题：

其一，反应时间长。生产过程为间歇操作，采用的核心设备为 STBR，单批反应时间过长，一般超过 60h。由于反应效率低，限制了产能的提高。一方面，蒎烷自氧化过程是自由基链反应机理，每批次物料的反应都需要经过较长时间的诱导期才能引发自由基链反应。另一方面，在 STBR 中，空气中的氧分子与蒎烷反应液的传质速率与本征反应速率严重不匹配，后者是前者的数量级倍数关系。因此，STBR 这种低效的传质设备严重制约了反应所需的氧分子的供给。其原因为 STBR 下部的气体分布设备和搅拌桨对气体的分散与破碎能力不佳，绝大多数气泡一般处于厘米尺度，气泡上升速度较快，再加上 STBR 一般高径比较小，故气泡在液相中的停留时间十分短暂，而 STBR 一般没有相应的尾气重返功能，因此，这种极有限的气液相界面积和极有限的气泡停留时间，导致了氧气分子在反应液中的体积传质速率很低，直接影响了该过程的宏观反应速率。

此外，一旦未及反应的氧气上升至 STBR 顶部，它将随部分物料蒸气一起进入冷凝器，物料蒸气得到冷凝，但氧气仍然是气相。在冷凝器中不断增加的氧气必然导致内压的不断升高，而它又与 STBR 连通。因此，若 STBR 的底部氧气供给速率不变，STBR 内的操作压力必然不断上升，这显然是不允许的。

为此，生产上有两种选择：一是直接控制 STBR 系统压力不变，以压力与氧气供给速率进行连锁控制，也就是氧气按需供给方案，但该方案的反应效率极低，所需反应时间一般需 4 天左右；另一是以物料换时间方案，即保持较高的供氧速率，同时保持 STBR 系统的压力稳定，进行冷凝器放空，而放空的气相绝大部分是氧气，这时必须同时提高冷凝器的换热负荷，以保证物料蒸气得到彻底冷凝。这无疑将导致氧气的浪费，增加生产成本，同时也存在安全隐患。尽管如此，为了获取较大的氧传质速率，提高反应效率，缩短反应时间，该企业实际生产过程选择了第二种方案。

其二，能耗物耗高。在上述间歇操作的 STBR 平台上，无论采用上述两种方案的哪一种，都难以彻底避免反应过程能耗物耗高这一先天性弊端，仅是程度轻重而已。其每批次物料的反应都需要经历温度升降和压强升降过程。反应诱导期长、效率低，完成单批次反应所用时间长。因此，生产过程的用电、用热、用水等能耗物耗均相应上升。尤其是上述第二种方案，虽然冷凝器放空有利于 STBR 中较多氧气供给，可提高反应速率，缩短了反应时间，但氧气的利用率一般要比第一种方案降低 40% ～ 50%。同时随着放空流量的提高，冷凝器换热负荷也将随之上升。然而，即使提高冷凝器的换热负荷，也难以完全避免少量气相反应物随尾气带出，因此，此种技术的原料物耗增大和可能的 VOC 污染是难以避免的。

其三，危险程度高。在间歇操作的 STBR 平台上合成蒎烷氢过氧化物，其原料为蒎烷和氧气，设备为搅拌式鼓泡反应器，氧气氧化体系易燃易爆，再加上反应本身为链式反应，过热、静电、火花等均会引起燃爆事故。刚性搅拌桨轴与反应器本体间的支撑密封处是重点危险部位。因此，如何提高该反应平台的安全性，是该生产过程需要解决的重点课题。

3. 业主情况简介

业主广西某公司是中国第一家脂松香生产企业，也是当时世界上规模最大的脂松香生产企业。公司有 20 余种主要产品，包括脂松香、脂松节油、歧化松香、歧化松香钾皂、合成芳樟醇等产品。该公司产品除了供应给两家中外合资企业作为深加工原料外，其余大部分出口日本、西班牙、德国、法国以及东南亚等 50 多个国家和地区。业主具有一定的技术实力，*α*- 蒎烯合成芳樟醇是该公司开发的新品。业主建有 1500t/a 芳樟醇生产装置，且由于从 *α*- 蒎烯合成芳樟醇属国内首创，尽管工艺技术本身存在一定的缺陷，但它填补了国内空白，其产品很受客户欢迎，大部分产品销售至国外。因此，该公司的工艺技术和产品质量对脂松香行业具有示范性影响。

笔者团队根据业主要求，针对制约蒎烷氢过氧化物生产过程单批反应时间长、能耗物耗高、本质安全性差等关键技术问题，对其全流程的工艺和装备进行了综合考虑，重点解决反应过程的连续化、反应器的高效化以及全过程能量耦合与优化等问题。

4. 技术目标

通过该项目工艺装备的创新研究，期望实现如下总体目标：

① 以 1500t/a 蒎烷氢过氧化物为目标，获取关键工艺参数，开发出连续式微界面强化反应器（以下简称 MIR）平台；

② 解决原有工艺反应时间长、效率低、能耗物耗高、副产物多、产品质量不稳定等系列问题；

③ 解决原有工艺用氧多，尾气排放高的问题；

④ 整体上，使蒎烷氢过氧化物的生产技术处于国际领先水平。

具体技术指标如下：

① MIR 平台实现全连续化 DCS 控制，参数稳定，产品质量稳定；

② 与 STBR 平台相比，MIR 平台在相同条件下的反应时间缩短 50% 以上；

③ 与 STBR 平台相比，MIR 平台在相同条件下的氧利用效率由 60% 左右提高至接近 100%；

④ 与 STBR 平台相比，MIR 平台在相同条件下的吨产品电功耗由目前的

649kW · h 降低 50% 左右，综合能耗下降 40% 以上。

5. 技术难点

为实现上述目标，需重点解决下列技术难点：

① 针对性研发适合高效产品生产的 MIR 平台，以取代效能低下的 STBR 平台，确定反应器结构参数和操作参数；

② 最大程度地提高氧气传质效率，从而提高宏观反应速率；

③ 研发出与 MIR 平台相配套的流程控制方法，实现全过程自动控制；

④ 研制冷凝器排空的压力能与热能全回收技术，使尾气 VOCs(挥发性有机物) 含量一次性达标排放，解决生产过程尾气 VOCs 污染问题；

⑤ 研制柔性搅拌技术，替代原 STBR 平台的刚性搅拌技术，以提高本质安全性。

6. 技术方案与对策

① 建立微界面强化传质情况下的蒎烷自氧化反应过程的氧传输动力学，特别是反应过程中的气泡粒径分布、气液相界面积与传质速率的模型；

② 基于 MIR 平台，建立蒎烷自氧化制备蒎烷氢过氧化物过程的宏观反应动力学模型；

③ 基于微界面强化气 - 液反应体系，计算体系物性、反应器操作参数、反应器结构参数对反应器物耗、能效和反应时间的影响，为蒎烷氢过氧化物 MIR 平台设计提供基础数据；

④ 基于上述研究，确定适合于该氧化反应过程的连续式 MIR 平台的优化结构参数和工艺调控参数；

⑤ 取消原 STBR 平台的刚性搅拌桨，代之以柔性搅拌。

7. 新工艺简述

蒎烷自氧化制备蒎烷氢过氧化物的新工艺基本流程如图 10-16 所示。

在连续式 MIR 平台上，蒎烷溶液和催化剂在原料罐中混合，混合液经液体预热器换热至反应温度后经加料泵输出到 MIR 机组入口，换热后的氧气在 MIR 机组内与反应液进行能量转换，气体被破碎成微米级气泡，微米级气泡分散于液相物料中，使反应器内的气液相界面积可高达 23000m^2/m^3 以上，如此可百倍地强化氧分子的传质与反应效率。此外，气液相物料也可由塔底循环泵输出经换热器控温后再次返回 MIR，实现连续不断地多次重复传质与反应。待反应液中蒎烷氢过氧化物的浓度达到指标要求后开启出料阀并以一定的速率出料。

未完全反应的少量氧气与物料蒸气一起聚集在 MIR 顶部和冷凝器中，经激冷后，物料蒸气被冷凝成液体返回反应器，而氧气则被再次送回反应器底部，并被破碎成微气泡继续进行反应，如此可使冷凝器与反应器形成闭路循环，实现气相零排放。

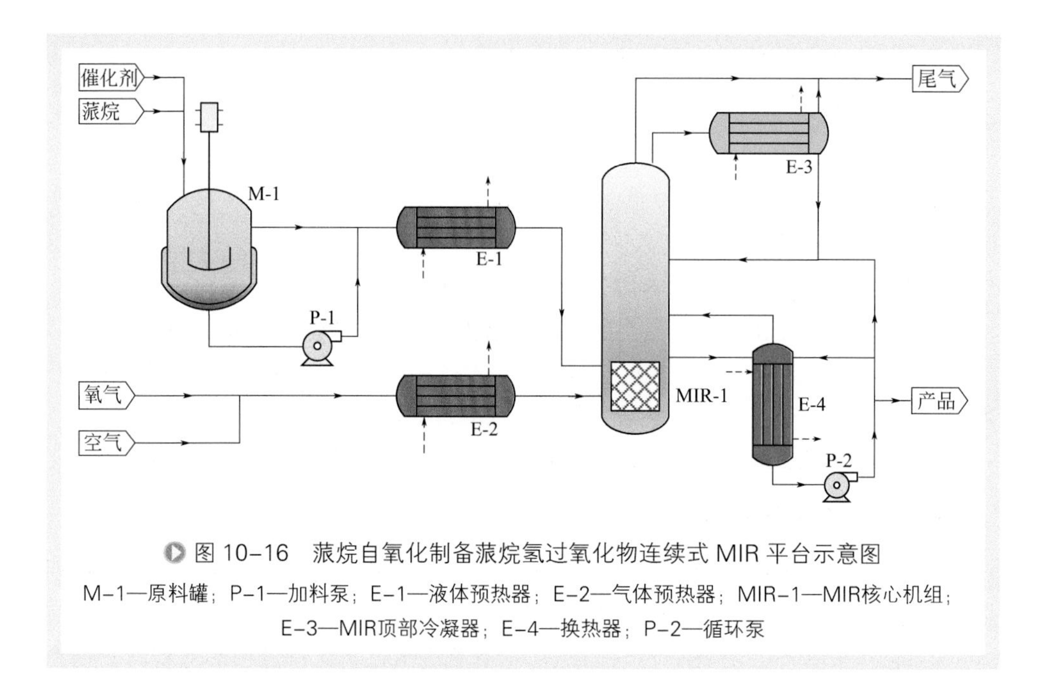

图 10-16　萘烷自氧化制备萘烷氢过氧化物连续式 MIR 平台示意图

M-1—原料罐；P-1—加料泵；E-1—液体预热器；E-2—气体预热器；MIR-1—MIR核心机组；E-3—MIR顶部冷凝器；E-4—换热器；P-2—循环泵

8. 实施效果

该套连续式萘烷氢过氧化物 MIR 生产线于 2002 年投产成功，对其标定得到的技术指标如表 10-4 所示。

表10-4　MIR平台与STBR平台生产萘烷氢过氧化物效果对比

技术指标	STBR（原技术）	MIR（新技术）	MIR/STBR
单线设计产能 /（t/a）	500	2250	4.5
气泡尺度 /mm	10 ～ 20	0.4	1/25 ～ 1/50
反应物停留时间 /h	59	13	0.22
氧利用率 /%	60	约 100	1.67
吨产品电功耗 /（kW · h/t）	81	17.8	0.22
吨产品综合能耗 /（kW · h/t）	293.7	43.5	0.148

上述应用结果表明，采用微界面强化反应技术，该生产过程的各项技术指标均得到了大幅改善，且远远优于设计要求。

9. 结果与讨论

① 萘烷氧气自氧化生产萘烷氢过氧化物的反应过程是典型的传质控制的多相反应过程，强化该反应效率的核心问题是解决如何提高氧传输速率的问题，而采用微界面强化反应技术是解决该问题的最佳技术途径之一。

② 反应工艺条件不变的情况下，MIR 平台与 STBR 平台相比，反应时间从 59h 缩短至 13h；氧气利用率从 60% 左右提高至接近 100%；吨产品综合能耗大幅度下降至 STBR 平台的 14.8%；反应器的生产能力提高了 3.5 倍。

③ 由于以柔性搅拌取代了原 STBR 平台的刚性搅拌，在 MIR 平台上没有任何刚性摩擦设备，故其本质安全性得到提升；此外，MIR 平台的冷凝器与反应器间建立的封闭气液循环回路，实现了生产过程的气相零排放。

二、二氢月桂烯醇水合反应过程

二氢月桂烯醇（dihydromyrcenol，DHMOL），学名为 2,6- 二甲基 -7- 辛烯 -2- 醇（2,6-dimethyl-7-octen-2-ol），简称 DHMOL，分子式为 $C_{10}H_{20}O$，是一种无色透明的液体，不溶于水，易溶于乙醇等有机溶剂，其结构式如图 10-17 所示。

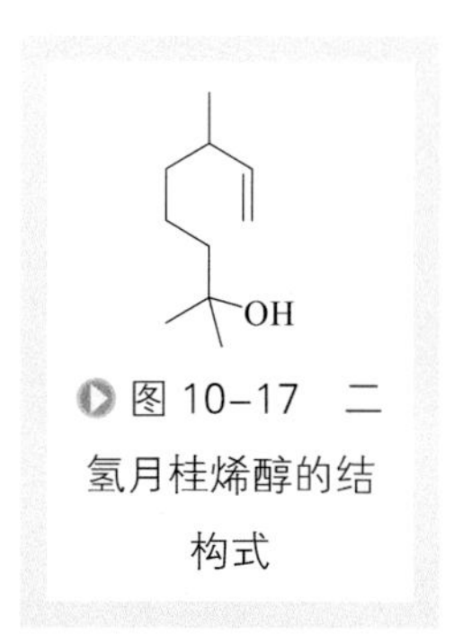

图 10–17 二氢月桂烯醇的结构式

DHMOL 是国际上用量最大的香料品种之一，具有新鲜的花香、白柠檬样果香，主要用于日用香精的调配，也可用于花香型香精中，香气在肥皂和洗涤剂中有良好的稳定性，据调香师称，由于该香料香气的协调性以及良好的稳定性，在香精配方中已经广泛使用，且香气是其他香料所无法取代的。在香精中的用量可达 20% 左右，是松节油合成香料中用量较大的品种，市场前景十分广阔。

1. 原有反应工艺简介

由二氢月桂烯（DHM）合成二氢月桂烯醇（DHMOL），目前主要有间接水合法和直接水合法。但无论是直接法还是间接法，大多数研究人员和生产单位均把 DHMOL 的合成方法的研究重点集中在催化剂、溶剂和物料配比等方面。其主要合成方法如下：

（1）间接水合法　由 DHM 间接水合法合成 DHMOL 所采用的催化剂有硫酸、甲磺酸、氯酯酸、多聚磷酸、离子交换树脂和氯化锡等，即在催化剂的作用下，DHM 与羧酸加成酯化后再皂化制 DHMOL。由于甲酸的活性高于乙酸或其他羧酸，文献中一般选取甲酸进行加成反应，其反应过程如图 10-18 所示。

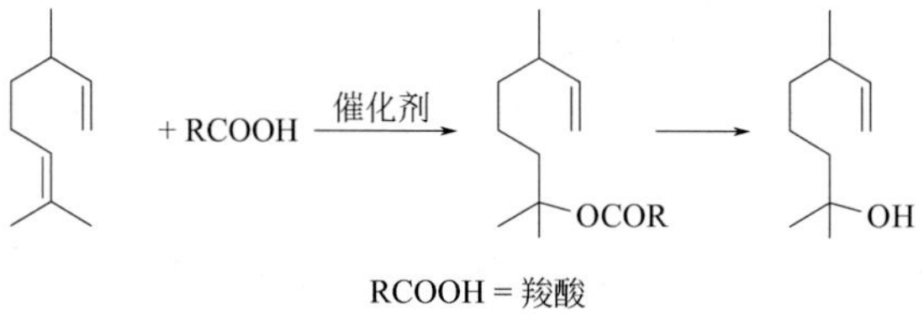

+ RCOOH　催化剂　OCOR　OH

RCOOH = 羧酸

图 10–18　DHM 间接水合法合成 DHMOL（一）

野村正人和藤原义人[30]等分别采用阳离子交换树脂和分子筛作为催化剂，DHM经三氯代乙酸酯化后得到1，2，3-三氯代乙酸酯，再经皂化得到DHMOL。其路径如图10-19所示。

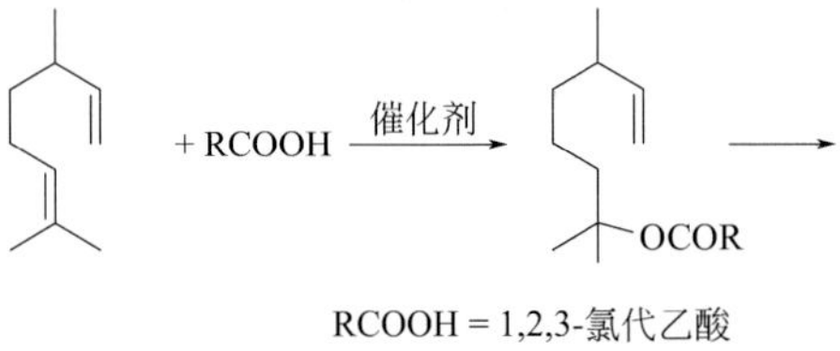

+ RCOOH 催化剂 OCOR OH

RCOOH = 1,2,3-氯代乙酸

图10–19　DHM氯代乙酸法合成DHMOL

间接水合法的另一条路径如图10-20所示。

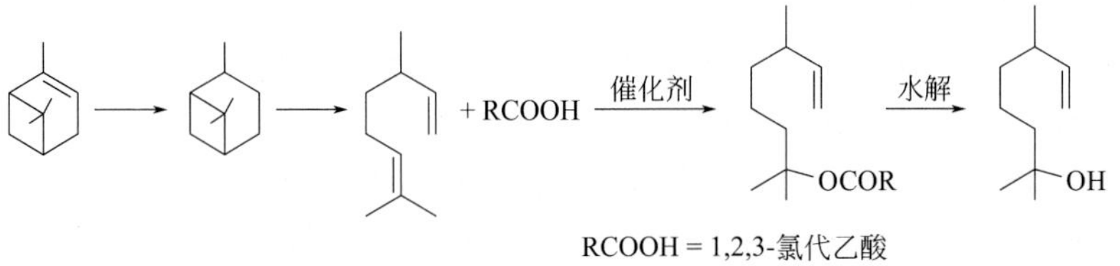

+ RCOOH 催化剂 水解 OCOR OH

RCOOH = 1,2,3-氯代乙酸

图10–20　DHM间接水合法合成DHMOL（二）

该法是由蒎烯为原料加氢后得到蒎烷，再光照裂解得到DHM，DHM与HCl气体发生加成反应得到中间产物7-氯-3,7-二甲基-1-辛烯，再经水解得到DHMOL，产率大致为60%～70%[31-34]。第一步加成反应所使用的催化剂为路易斯酸类氧化物如CuCl、$ZnCl_2$、SnCl和$SnCl_2$等。第二步水解过程的关键是严格控制所使用催化剂的酸碱性，中间产物是叔位氯化物，在强酸碱条件下易发生消除反应，所以选择弱酸碱性为佳。常用的催化剂有MgO、ZnO等易溶于水的酸性氧化物和$Ca_3(PO_4)_2$等弱酸碱性盐。

（2）直接水合法　直接水合法是在酸性催化剂作用下DHM与水直接反应，该过程属于离子加成型反应，DHMOL经过碳正离子中间体得到。由于碳正离子中间体的分子内关环及重排，水合反应可能有副产物产生[35]，其反应机理如图10-21所示。

从化学角度看，二氢月桂烯的直接水合法具有较好的“原子经济性”，而从工业生产角度来说，直接水合法又具有流程简单、成本低廉、经济性好等优点，因此，吸引了众多研究者进行不断的探索。

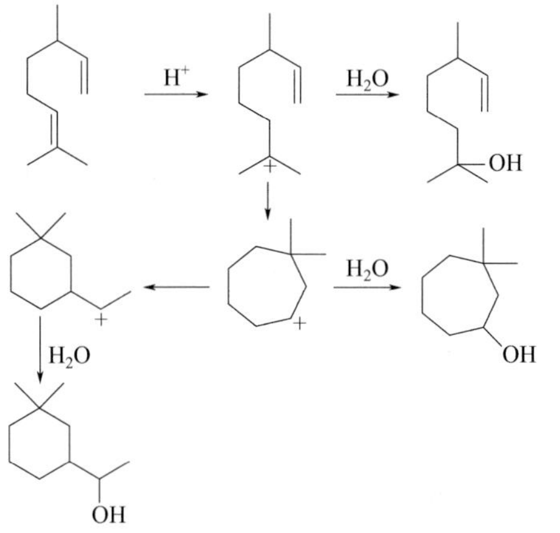

图 10-21 DHM 直接水合法合成 DHMOL

早在 1959 年，Gy Gilden[36] 就采用硫酸作催化剂直接水合 DHMOL。法国专利 [37] 报道了一种 DHM 直接水合反应制 DHMOL 的工艺，以 60% ～ 80%的 H_2SO_4 溶液为催化剂，反应在低温条件下（0 ～ 5℃），DHM 的转化率为 85%，对应着 DHMOL 的选择性为 70%。这一方法的缺点在于硫酸的酸性太强而导致水合产物的选择性不好，而且硫酸易腐蚀设备并造成“三废”污染。

为了减轻环境污染，消除强酸对设备的严重腐蚀，适应化学制造绿色化的大势，国际上许多研究者 [38-40] 采用新型催化剂以替代硫酸催化剂，它们主要为固体酸催化剂，如离子交换树脂、杂多酸、分子筛等。此类催化剂与硫酸相比相对无污染，后续产品与催化剂的分离难度大大降低。然而，固体酸催化剂也存在转化率和收率低、催化剂价格较高等缺点。

中国也有多位学者开展了固体酸催化剂催化 DHM 水合反应合成 DHMOL 方面的研究。中国科学院广州化学研究所的林耀红等 [41] 采用改性阳离子树脂催化剂和内循环式反应器，将 $SnCl_4$、$AlCl_3$、$ZnCl_2$ 分别与树脂 (R-H) 进行反应，制备成 R-Sn、R-Al、R-Zn 改性树脂催化剂，并优选了其中催化活性较好的 R-Sn 作为 DHM 水合催化剂，实验结果表明，DHM 的转化率达到 98.3%，DHMOL 的选择性达到 97.5%，催化剂抗金属离子干扰的能力更强，但催化剂的制备较为复杂，反应时间偏长。天津大学时云萍等 [42] 也对负载型固体酸催化剂催化合成 DHMOL 工艺方面进行了研究。他们选用了大孔强酸性阳离子交换树脂作为载体，分别负载不同金属离子得到负载型阳离子交换树脂催化剂，将改性催化剂应用于 DHMOL 的催化合成。当 DHM ：水：异丙醇的配料体积比为 10 ：20 ：20 时，催化剂用量为 12g，反应时间 36h，DHM 转化率达 98.7%，DHMOL 选择性为 96.4%。韩金玉等 [43] 采用全回流塔式反应器，以异丙醇为溶剂，D61 型大孔强酸性阳离子交换树脂为催化剂研究了 DHM 直接水合反应，当反应体系配比 V（DHM）：V（H_2O）：V（异丙醇）＝ 10 ：20 ：20，D61 催化剂的用量为 18g/10mLDHM，反应 30h，DHM 转化率达 97.9％，对应 DHMOL 选择性为 90.8％。与釜式反应器相比，全回流塔式反应器有利于提高反应转化率。南京大学刘勇等 [44,45] 以强酸性阳离子交换树脂 Amberlyst 15 为催化剂，异丙醇为溶剂研究了 DHM 的水合的具体参数，并在新型的强化喷射反应器中研究了其反应动力学，结果表明，二氢月桂烯醇的平衡收率可达到 40% 以上。但是，实验也发现了 DHM 的水合反应催化剂的寿命较短等问题。

2. 原有工艺的主要问题

综上所述，在原有 DHMOL 合成工艺中，间接水合法由于存在着工艺路线较长、操作过程烦琐、设备腐蚀严重、废物排放多、易造成环境问题等缺点，工业生产上已基本被淘汰。而固体酸催化剂直接水合法具有流程简单、后续分离难度低、环境友好等优点，得到了大多数研究人员和生产企业的认可。但是，该法的反应速率较慢、溶剂比例较高、分离过程用能多、生产成本较高，也是亟待解决的难题。

鉴于此，研发更高效、成本更低且环境友好的二氢月桂烯醇合成方法势在必行。

3. 技术目标

中国南部某企业以香精香料的研发和生产作为公司的重点发展方向，希望建设研发出绿色、高效、低能耗物耗的 DHMOL 生产新工艺，并建设万吨级生产线。新工艺的重点在于消除真正制约 DHM 直接水合过程的技术瓶颈，包括工艺本身和反应器装备。在工艺方面，拟采用新溶剂替代传统溶剂，并研制新的工艺配比。在装备方面，拟采用微界面传质强化反应器（以下简称 MIR）平台代替搅拌釜式反应器或普通固定床反应器（以下简称 FBR）平台。采用 MIR 是期望通过强化该反应过程的三相传质以实现提高反应效率、降低能耗和生产成本的目的。

该企业原有的水合反应器为重力式固定床反应器。其主要工艺过程为：将水、溶剂和 DHM 混合并加热至指定温度，送入反应器顶部，混合物料在重力作用下流入催化剂床层并在催化剂床层内发生水合反应。经单程反应后的原料和产物形成的混合物流入反应器底部的蒸发器中，物料被加热后形成的共沸物上升至反应器顶部，经冷凝分层，油相采出去精馏分离，水相继续送回反应器顶部再参与下次反应，如此多重循环，操作压力约 0.2MPa（绝压），反应温度在（110 ± 5）℃，总停留时间约 46h。显然，此种重力固定床技术具有先天缺陷：反应效率低、能耗物耗高、生产成本高。

因此，本项目期望通过微界面强化反应技术，实现下列技术目标：

① 反应时间：反应时间由 46h 降至 15h 以内，即缩短至原工艺的 1/3 左右。

② 反应器空速：以催化剂体积计的单位时间原料体积处理量提高一倍以上。

③ 主产品选择性：≥ 90%，高于原工艺 88% 的水平。

④ 能耗：水合反应工段吨产品能耗总体下降 50% 以上。

4. 技术难点

① 工业上的 DHM 原料大多为多组分混合物，其中含有许多杂质组分，在反应过程中，同时会发生若干副反应，尤其是当物料与催化剂接触不均匀或某些反应产物长时间滞留在催化剂床层中时，副反应会加剧，从而导致 DHMOL 的选择性下降。为此，如何设计出新结构的 MIR 以满足 DHM 水合过程的新要求是难点之一。

② 此外，该水合反应为液 - 液 - 固三相反应，油 - 水两相的分子混合均匀程度直接影响反应效率。理论上，它们的分子要同时足量到达固体酸催化剂活性中心才能发生反应。因此，如何最大程度上确保油 - 水两相的充分混合和最大程度地发挥体系的液 - 液 - 固三相传质效率，是实现上述目标的关键。

③ 溶剂是该体系水合反应的重要化学物质，它不参与反应，但它对于油 - 水体系和液 - 液 - 固三相之间的传质所起的作用无法替代。因此，筛选一种更合适的绿色低能耗溶剂对于该反应过程十分重要，当然难度也很大。

④ 再者，由于 DHM 水合的催化剂对离子的要求较为严格，体系虽是固体酸催化，但仍有较强的酸性和腐蚀性，若有铁离子从设备上掉落，必将引起固体酸催化剂的失活。因此，选择适合的材质对 MIR 平台十分重要。

5. 技术方案与对策

针对上述技术难点，本项目采用下列技术对策：

① 为了抑制 DHM 水合过程的副反应，本项目采用超短时 MIR 技术，将液 - 液 - 固三相充分混合后以高体积空速促使反应快速进行，同时快速将反应产物移出催化剂床层，并随后尽可能迅速将目标产物与未反应的原料和溶剂等返回反应体系，以确保 DHMOL 的选择性和反应向正方向进行。

② 为了最大程度地促进油 - 水两相充分混合，本项目研制了专用于油 - 水颗粒高效破碎的 MIR 平台，可使单位反应器体积的油 - 水界面比普通的 FBR 平台的提高 2 倍以上。

③ 为了始终保持催化剂活性，避免固体酸不被体系的铁离子等金属离子污染，本项目采用高标号的金属和非金属材质作为反应器及其他设备的主材，如钛材、PDFE 等。

④ 本项目同时采用科学方法筛选了具有绿色和低能耗的 DHM 水合反应双亲溶剂 CR-2，同时针对该溶剂进行工艺参数优化及反应器设备和精馏设备的结构优化设计，确定控制策略和操控参数，建立了新工艺系统。

6. 新工艺简述

在 MIR 平台上进行的 DHM 水合新工艺流程简图如图 10-22 所示。

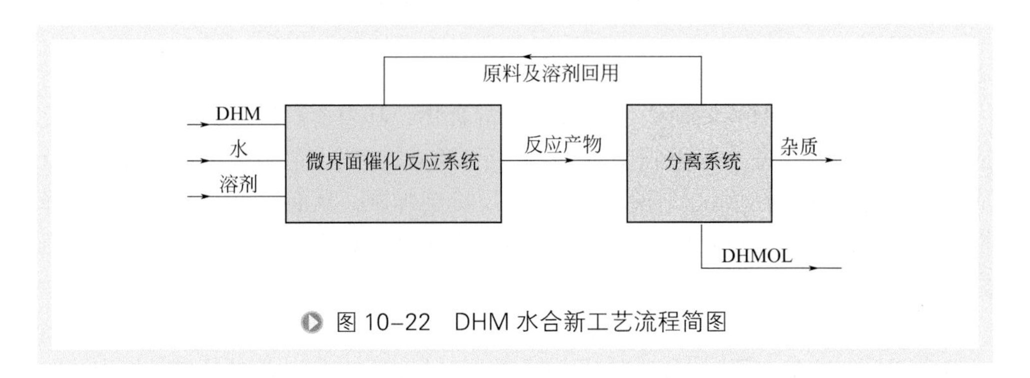

图 10-22 DHM 水合新工艺流程简图

原料 DHM、水合溶剂 CR-2 组成的多相混合体系被加热至一定温度后，通过管道以一定的流速加入到 MIR 平台中，物料自下而上经过催化剂床层，发生水合反应，生成 DHMOL。反应产物与原料组成的混合物一道进入分离系统，在其中完成主产品与尚未发生反应的原料、溶剂和水的分离。主产品进入储罐储存，原料、溶剂和水则返回反应系统再次进行反应，同时补加足量的原料和水以维持物料平衡和过程的连续性。如此循环，即可高效率和低能耗物耗地完成 DHM 的水合反应，极大地增加了相界面积，起到快速传质和反应的效果。

7. 实施效果

该项目进行了百吨级中试，现正在进行万吨级工业化放大。中试检测数据如表 10-5 所示。结果表明，采用 MIR 平台后，无论是反应温度还是能耗和水合成本均有大幅度降低，反应转化率及产品收率提高。

表10-5 MIR平台与传统的FBR平台应用效果对比

技术指标	FBR 平台	MIR 系统	MIR 平台与 FBR 平台对比
反应温度 /℃	110	92	下降 18℃
95%DHM 转化所需时间 /h	46	13	下降 71.7%
反应压力 /MPa	常压	常压	—
液相颗粒平均粒径 /μm	96	38	减小至原 39.58%
主产品选择性 /%	88	91.2	提高 3.6%
空速 /h^{-1}	0.3	1.1	提高 2.67 倍
吨产品蒸汽消耗（0.5MPa）/（t/t）	31	14	下降 54.8%
吨产品水合成本 /（元 /t）	6280	3220	下降 48.7%

8. 结果与讨论

采用 MIR 平台对 DHM 水合反应中试研究表明：反应温度能耗和水合成本，均有大幅度降低并高于预期，反应转化率、产品收率提高。

研究表明，微界面强化反应技术不仅可用于气 - 液、气 - 液 - 固组成的多相反应体系，使反应效率大幅提高，能耗物耗大幅下降，同时也可适用于液 - 液 - 固多相反应体系，获得显著的节能降耗和降低成本的效果（尽管不同的体系对应的指标其增幅或降幅有所不同）。

有理由相信在更大规模的工业装置上，由于其规模的扩大以及控制技术的进一步提升，其水合反应的能耗、物耗、制造成本将得到进一步降低。

第四节 在药物原料合成方面的应用

一、对乙酰氨基酚生产

对乙酰氨基酚 (4-acetamido phenol, 以下简称 APAP)，别名扑热息痛，CAS 登记号 103-90-2，分子式 $C_8H_9NO_2$，分子量 151.16，白色结晶粉末，无气味，味苦，熔点 168 ～ 172 ℃，沸点 273.17 ℃，相对密度 1.293，折射率 1.581，能溶于乙醇、丙酮和热水，难溶于水，不溶于石油醚及苯。APAP 是最常用的非抗炎解热镇痛药，解热作用与阿司匹林相似，镇痛作用较弱，无抗炎抗风湿作用，属于乙酰苯胺类药物中最好的品种，特别适合于不能应用羧酸类药物的病人，也用于感冒、牙痛等症。APAP 还可用于有机合成中间体、过氧化氢的稳定剂、照相用化学药品等。

1. 原有技术简介

我国于 1959 年开始生产 APAP，自 20 世纪 80 年代以来，产量持续稳步上升。目前全国有几十家企业生产，年产量达 5 万多吨，占世界总产量的 50% 以上，年出口量 4 万余吨。由于应用广泛，APAP 的需求量逐年递增，其生产工艺的改进也一直是相关研究的热点。根据不同的起始原料，目前有以下几种 APAP 的合成路线[46]。

第一种是以硝基苯为原料，其合成路线如图 10-23 所示。

这种方法流程短，原料易得，三废相对较少，从起始原料硝基苯到最终产物可采用“一锅煮”法，收率尚可。缺点是原料硝基苯为易燃易爆液体，毒性大。浓硫酸随原料进入反应系统后与 Pd 反应，使 Pd/C 催化剂失活，工艺不稳定，且提取时使用的苯胺溶液易燃，有腐蚀性，属高毒化学品，易污染水体。

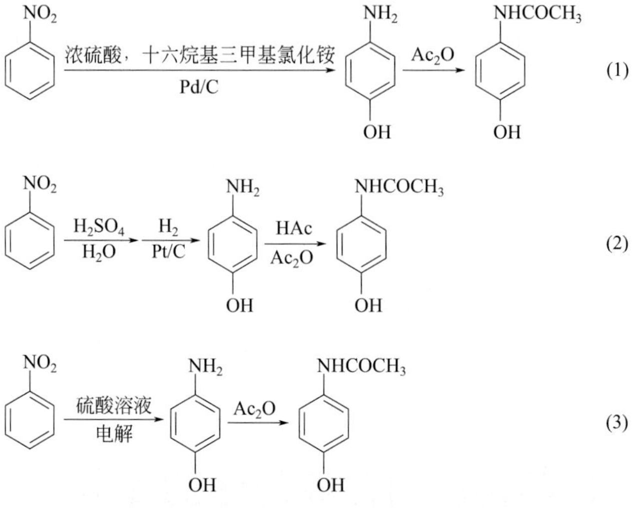

$C_6H_5NO_2 \xrightarrow[\text{Pd/C}]{\text{浓硫酸，十六烷基三甲基氯化铵}} HOC_6H_4NH_2 \xrightarrow{Ac_2O} HOC_6H_4NHCOCH_3$ (1)

$C_6H_5NO_2 \xrightarrow[H_2O]{H_2SO_4} \xrightarrow[\text{Pt/C}]{H_2} HOC_6H_4NH_2 \xrightarrow[Ac_2O]{HAc} HOC_6H_4NHCOCH_3$ (2)

$C_6H_5NO_2 \xrightarrow[\text{电解}]{\text{硫酸溶液}} HOC_6H_4NH_2 \xrightarrow{Ac_2O} HOC_6H_4NHCOCH_3$ (3)

图 10-23　以硝基苯为原料的合成路线

第二种方法是以硝基酚为原料，其合成路线如图 10-24 所示。

这种路线也可以采用“一锅煮”法，不需要分离纯化中间体对氨基酚，避免了对氨基酚的氧化，降低了生产过程中副产物的生成量，目标产品的质量和外观都有很大提高。缺点在于酰化需加热至 140℃，能耗较高。

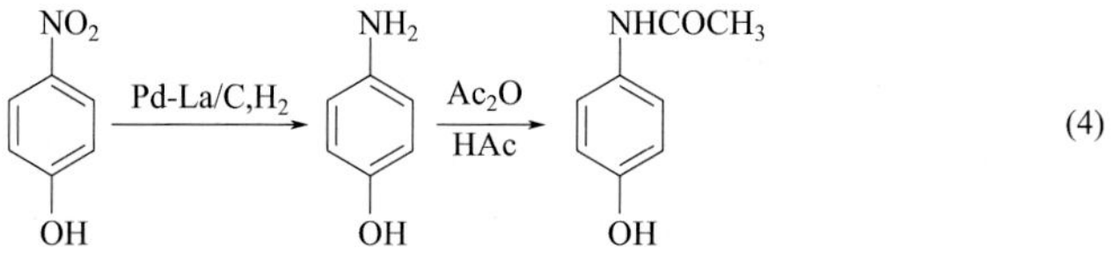

$HOC_6H_4NO_2 \xrightarrow{\text{Pd-La/C},H_2} HOC_6H_4NH_2 \xrightarrow[HAc]{Ac_2O} HOC_6H_4NHCOCH_3$ (4)

图 10-24　以硝基酚为原料的合成路线

第三种方法是以对氨基酚为原料，其合成路线如图 10-25 所示。

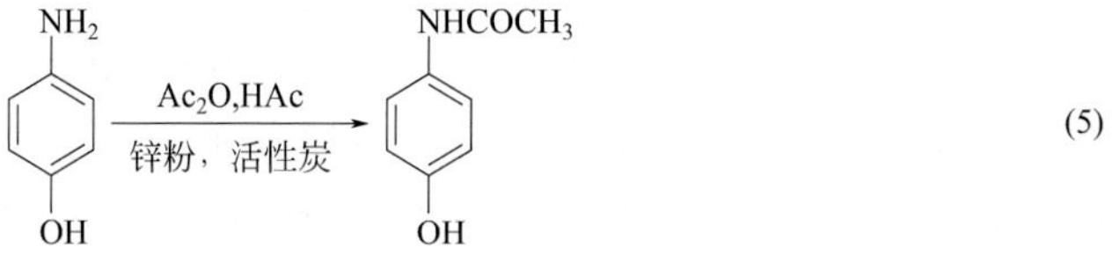

$HOC_6H_4NH_2 \xrightarrow[\text{锌粉，活性炭}]{Ac_2O,HAc} HOC_6H_4NHCOCH_3$ (5)

图 10-25　以对氨基酚为原料的合成路线

该工艺路线更加简单，用时相对较短，产率也较高。反应可在反应釜中进行，产物可以连续移出，适合进行大规模工业化生产，三废排放较少，是目前国内外广泛采用的合成方法。

2. 原有工艺的主要问题

目前，国内外生产 APAP 的工艺主要存在下列四大问题：

其一，对氨基酚原料为固体，在搅拌式反应釜中不能及时完全地溶解，降低了其在液相反应主体醋酸 - 水中的浓度，导致宏观反应速率慢，单套装置产能低下。

其二，反应体系中的水不能及时脱除，制约了反应进程，导致反应时间过长，加剧了产品的氧化。理论上，在反应过程中，产生一个分子的目标产品，就会产生一个分子的水。而水的生成将会稀释醋酸，从而影响反应速率，导致反应时间过长，甚至引起副反应。

其三，为弥补上述反应器效率低的缺陷，生产单位一般都会通过提高操作温度的方法以加速反应，但这样做的结果是导致热敏性反应加剧，副产物增加，从而影响了产品的品质和稳定性。

其四，目前的工艺是通过冷凝回流不断采出含有醋酸的水，然后再将采出的醋酸水混合物进行分离以回收其中醋酸，但由于醋酸 - 水的分离并不容易，需要通过不断冷凝又不断加热的精馏操作才能实现，这无疑会加重生产过程的总体能耗。此外，分离出来的水中仍然夹带一定量的醋酸，它们被送去废水生化处理，不仅造成部分醋酸资源浪费，同时还加重了废水处理的负担。

3. 技术目标

通过对整个反应工艺装置进行技术创新，将实现如下技术目标：

① 反应温度由目前的 130℃左右降低至 110℃左右，以尽可能抑制热敏反应，减少副产物生成；

② 在反应温度降低前提下，反应时间由传统搅拌釜式反应器的 18h 缩短一半左右；

③ 生产吨产品排入废水系统的醋酸总量降低 50% 以上；

④ 生产吨产品反应工段所需总能耗降低 30% 以上。

4. 技术难点

针对原有 APAP 生产工艺中存在的问题，本项目以 6kt/a 对氨基酚制备 APAP 过程为研发对象，需重点解决下列技术难点：

① 研发 12kt/a 连续式微界面强化反应系统。对原有搅拌釜式反应器进行微界面反应强化技术改造，以使其反应速率提高一倍。对于此类反应过程，若其中的固

态反应原料对氨基酚全溶于醋酸溶剂（同时也是另一反应原料）之后，可认为该反应体系为均相反应，反应速率主要受温度和体系水含量的影响。而具体到本项目，制约该反应进程的关键因素主要是全溶解时间和全溶之后反应体系的水含量。因此，在搅拌釜式反应器中增设微界面强化组件，通过微尺度的机械结构和流体混合剪切结构，强化对固体颗粒的挤压破碎，并及时破坏固 - 液界面间的液膜结构，建立溶解 - 传递 - 反应 - 加速溶解的新反应机制。同时通过强化剪切混合，代替原反应器的单纯旋转推进式搅拌混合，以改善反应器内的流场分布与浓度分布的均匀性，达到提高宏观反应速率和目标产品收率的目的。

② 研制高效即时醋酸脱水系统。随着反应的进行，该反应体系内水分含量将不断累积提高，若反应生成的水不能及时取出，将制约反应向正方向进行，因此，如何高效低能耗地将反应产生的水在生成之初就被即时脱除，而又要使醋酸不至流失，是本项目的难点之一。

在传统搅拌反应器工艺中，一般都在其顶部设置一个脱水塔系统以去除反应生成的水，但这种传统的设计很难做到“即时、高效”脱水。其主要原因有二：一是反应釜容积较大，无法实现“即时”二字；二是传统的醋酸脱水塔系统设计欠科学，不能满足“高效”脱水的要求。传统的醋酸脱水系统从塔顶带出的醋酸含量一般高达 3% 左右，这在很大程度上造成了醋酸的资源浪费。

③ 研发超短时加热抗热敏系统，并将其与微界面强化反应系统、高效即时醋酸脱水系统相耦合，以有效抑制副反应，提高主产品收率，并实现能源、资源的最大化利用。

5.技术方案与对策

① 建立对氨基酚酰化制备 APAP 过程的固 - 液界面传质动力学，特别是建立微界面强化传质情况下的 APAP 过程的固体颗粒粒径大小与分布、固 - 液相界面积与传质速率构效调控模型。

② 根据对氨基酚酰化反应器的本征反应动力学，建立微界面强化传质情况下的对氨基酚酰化过程的宏观反应动力学调控模型。

③ 基于微界面强化反应技术，计算体系物性参数、操作参数和反应器结构参数对反应器性能的影响，确定其对反应过程能效和物效的影响规律，为微界面强化反应器设计提供基础数据。

④ 在上述研究基础上，确定适合于该酰化反应的微界面强化反应器的优化结构参数和工艺调控参数。

6.新工艺简述

对氨基酚酰化制备 APAP 过程的新工艺基本流程如图 10-26 所示。

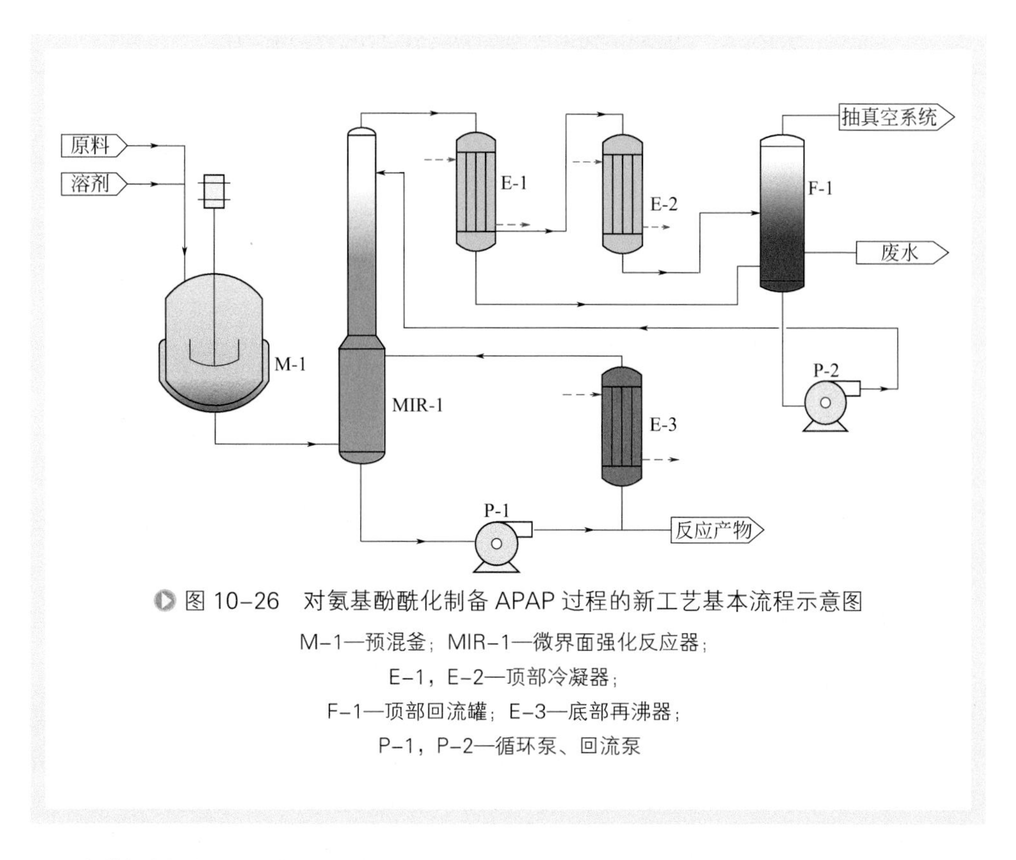

图 10-26　对氨基酚酰化制备 APAP 过程的新工艺基本流程示意图

M-1—预混釜；MIR-1—微界面强化反应器；
E-1，E-2—顶部冷凝器；
F-1—顶部回流罐；E-3—底部再沸器；
P-1，P-2—循环泵、回流泵

原料对氨基酚和含一定水分的醋酸加入预混釜升温搅拌溶解，预混一段时间后进入微界面强化反应器。预混釜出来的料液中含有部分未完全溶解的对氨基酚固体颗粒，在强化反应器中进行挤压破碎，由原来的毫-微级固体颗粒被破碎彻底溶解，形成醋酸-对氨基酚均相溶液，并加速反应，在这种强化作用下，反应速率都得到大幅度提高。但由于醋酸与对氨基酚反应在生成目标产品的同时也产生水，而水在反应体系中不断累积将抑制反应向正方向进行。因此，本项目第二个强化目标就是尽可能快地去除生成的水。

微界面强化反应器本身也是反应精馏塔，设有顶部冷凝器和底部再沸器，反应过程中生成的水和部分醋酸在微界面强化反应器中自下而上不断地被馏出。待反应达到预期的转化率后，物料由底部循环泵输出，送至后续的重结晶工段，获得目标产品对乙酰氨基酚。

整个微界面强化反应器系统始终保持真空操作。

7. 实施效果

经过对原搅拌釜式反应系统（STR）进行微界面强化技术（MIR）改造，并对改造后的新生产工艺系统进行标定考核，获得主要技术指标如表 10-6 所示。

表10-6　采用MIR改造后与STR的APAP生产效果对比

技术指标	STR（原技术）	MIR（本技术）	MIR与STR对比
单套装置产能 /（t/a）	约 6000	约 12000	提高一倍
产品纯度（质量分数）/%	99.0	99.5	提高约 0.5%
反应温度 /℃	130	108	降低 22℃
反应物停留时间 /h	18	10	缩短 44.4%
塔顶馏出的水中醋酸含量（质量分数）/%	约 3%	约 0.6%	降低 80%
吨产品醋酸用量 /（t/t）	0.9	0.7	下降 22.2%
反应器生产强度 /[kg/（m^3 · h）]	31.5	51.2	提高 62.5%
吨产品综合能耗 /（kW · h/t）	800	450	下降 43.8%

结果表明，采用微界面反应强化技术，该生产过程的各项技术指标与原有其他技术相比，体现出了明显的优势。

8. 结果与讨论

采用微界面强化反应技术在对氨基酚酰化制备 APAP 过程的实践表明：

① 本应用实例中，在反应温度大幅下降的情况下，宏观反应速率仍比原反应工艺平台提高了 44.4%，且吨产品能耗物耗均有大幅度下降，充分说明了微界面强化反应技术不仅适用于气 - 液、气 - 液 - 液体系的反应强化，同时也适合于液 - 固或液 - 液 - 固体系。也就是说，不仅气 - 液、气 - 液 - 液体系存在界面传质制约宏观反应速率的问题，而且液 - 固反应体系也同样存在液 - 固之间的界面传质影响宏观反应速率的问题。

② 高效即时地将反应生成的水从反应系统中采出，并使采出的水中醋酸含量尽可能低，这不仅有利于反应器中醋酸浓度维持高位，同时也减轻了后续水处理的难度，降低了环保的压力和处理成本。

③ 反应过程吨产品的醋酸用量明显下降，吨产品综合能耗下降了 43.8%，因此，吨产品的生产成本得到了大幅下降。同时，产品质量也因副产物得到抑制而有较大提高，显著提高了生产企业的利润空间和市场竞争力。

④ 本案例也显示，微界面强化技术可完全适用于强化类似于对氨基酚酰化制备 APAP 的固 - 液反应体系。从提高固 - 液相界面传质速率入手，促进液体分子与固体颗粒分子的接触与反应，最终实现加快宏观反应速率，缩短反应时间、提高反应器产能和降低能耗物耗的目的。

二、农药原料乙烯利生产过程

乙烯利是优良的植物生长调节剂，纯品为白色针状结晶，密度 1.58g/cm^3，熔点 74 ～ 75℃，易溶于水、乙醇、甲醇、丙酮、乙酸乙酯等极性溶剂，微溶于苯、甲苯等非极性溶剂；工业品为淡棕色水溶液，市售一般是 40% 的乙烯利水剂。其化学名称为一氯乙基膦酸，结构如下：

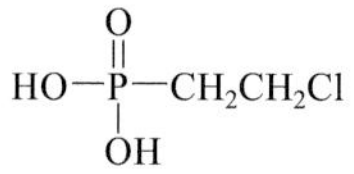

$$HO-\overset{\overset{\displaystyle O}{\|}}{\underset{\underset{\displaystyle OH}{|}}{P}}-CH_2CH_2Cl$$

乙烯利水溶液能分解得到乙烯、氯化物和磷酸盐[47]。乙烯利在种子发芽、植株生长、开花和果实成熟、组织的衰老和脱落等生长过程中均起着重要作用。另外，当植物受到恶劣环境胁迫、病虫害侵袭或机械损伤时，乙烯利能迅速响应并增强植物的各种抗性。但由于乙烯利在常态下属气态物质，它不能直接在田间和室外使用。乙烯利的化学合成为乙烯利在植物上的应用提供了可能性。喷洒到植物表面的乙烯利经植物种子、叶片或果实等进入到起作用的植物组织内，释放出的乙烯具有和内源乙烯激素同样的作用。乙烯利水剂目前已广泛应用于甘蔗、黄瓜、大豆、玉米、苦瓜、甜瓜、生姜等的生产和储存中，具有促进果实成熟、调节性别比例、提高抗旱和抗寒性能、改良品质、提高产量等作用。

2009 年国家发布新的乙烯利标准，要求乙烯利的纯度不低于 89%[48]，并于 2010 年 7 月 1 日起实施。由于目前国内生产的乙烯利纯度一般都在 60% ～ 70% 之间，因此急需开发一条适合工业生产且环境友好的高纯度乙烯利的合成工艺路线[49]。

1. 原有技术简介

1946 年 Kabachnic 和 Rossiiskaya 首次报道了乙烯利的合成，以三氯化磷和环氧乙烷为初始原料，在低温下发生酯化反应得到亚磷酸三（2- 氯乙基）酯，然后加热发生自身重排反应得到 2- 氯乙基膦酸二（2- 氯乙基）酯，最后在加热条件下发生酸解反应得到乙烯利。该法是国内外学者研究的生产乙烯利的主要方法，之后经不断改进使该法得到进一步完善，并应用于工业生产。该法具有原料成本较低、工艺操作比较简单等优点，但同时也存在各步反应的选择性较低、杂质较多等缺点。其各步反应的具体过程如下：

（1）三氯化磷与环氧乙烷的酯化反应

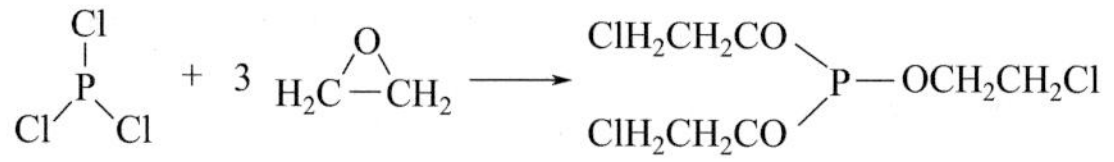

$$PCl_3 + 3\ H_2C\overset{O}{-}CH_2 \longrightarrow (ClH_2CH_2CO)_2P-OCH_2CH_2Cl$$

在冰水浴条件下将环氧乙烷通入盛有三氯化磷的三口烧瓶中，环氧乙烷与三氯化磷的摩尔比为 3.05 ～ 3.15 ∶ 1，将反应温度控制在 40℃以下，待环氧乙烷通入完毕后再保温 1 ～ 2h，亚磷酸三（2- 氯乙基）酯的质量收率可达 90% 以上。此外，也可将三氯化磷滴加到环氧乙烷中，但环氧乙烷易汽化，使反应较难控制并增加能耗。因该反应剧烈放热，环氧乙烷在较高温度下易发生自聚，因此控制较低温度有利于抑制副反应的发生，另外也可加入溶剂以加强传热。因三氯化磷极易与空气中的水发生反应生成亚磷酸，且易氧化生成三氯氧磷，因此保证无水无氧操作也是比较关键的。

（2）亚磷酸三（2- 氯乙基）酯的重排反应

$$(ClH_2CH_2CO)_2P-OCH_2CH_2Cl \xrightarrow{加热} (ClH_2CH_2CO)_2P(=O)CH_2CH_2Cl$$

亚磷酸三（2- 氯乙基）酯加热至 140 ～ 160℃反应约 17h 后发生重排反应，得到 2- 氯乙基膦酸二（2- 氯乙基）酯。此反应机理较为复杂，易发生副反应。在无溶剂条件下反应液温度会发生飙升的现象，因反应热不能及时移走，反应液温度短时间内可由 160℃升至 250℃以上，使副反应增加。加入二氯苯作溶剂可明显抑制这种反应的发生，有效提高反应的选择性，但加入溶剂会增加一步分离操作，增加成本。

（3）2- 氯乙基膦酸二（2- 氯乙基）酯的酸解

$$(ClH_2CH_2CO)_2P(=O)CH_2CH_2Cl + 2HCl \xrightarrow{加热} (HO)_2P(=O)CH_2CH_2Cl + 2ClCH_2CH_2Cl$$

在 140 ～ 160℃条件下直接将 HCl 气体通入 2- 氯乙基膦酸二（2- 氯乙基）酯中或在 100 ～ 140℃下加入浓盐酸发生酸解反应得到乙烯利，通过蒸馏除去副产二氯乙烷。此反应可在负压、常压或加压条件下进行。

原上海彭浦化工厂采用轻微负压进行酸解，在 140 ～ 150℃条件下通入 HCl 气体的同时，滴加盐酸以促进 2- 氯乙基膦酸二（2- 氯乙基）酯的分解。该法可较快除去产物二氯乙烷使反应向右进行，反应约 40h 后可得到纯度约为 60% 的乙烯利产品。该法存在反应时间较长以及乙烯利产品纯度较低的缺点。

刘俊红和蒋代勤[50]以甲烷氯化物副产盐酸为原料在常压下发生酸解反应制备乙烯利，在 180℃条件下反应约 64h 后得到乙烯利的纯度可达 60% 以上。此法能大幅降低生产成本，显著提高产品的经济效益，但同样存在反应时间较长以及乙烯利产品纯度较低的缺点。

国外关于加压酸解的报道较多，大都采用纯度在 90% 以上的 2- 氯乙基膦酸二（2- 氯乙基）酯为原料，在温度为 150℃、压力为 0.3 ～ 0.6MPa 的条件下反应约 30 ～ 50h 后可得到纯度在 90% 以上的乙烯利产品。加压酸解虽然能提高反应速率和选择性，可得到纯度相对较高的乙烯利产品，并能缩短反应时间，但同时也会增加设备成本和操作费用。

2. 技术目标

江苏某公司主要从事农用化学品、农药中间体及精细化工品的研发生产，乙烯利是其研发的主要产品之一。拟采用微界面强化反应技术进行 10kt/a 乙烯利新工艺生产线的研发，重点要解决乙烯利生产过程的第三步酸解反应效率低、时间长的问题。通过微界面强化反应技术，对该反应过程的气 - 液两相传质和反应进行强化，提高反应效率，减少能耗和生产成本。

原有的酸解反应为间歇反应，反应器为多级搪玻璃反应釜串联。在一定的搅拌转速下，将 2- 氯乙基膦酸二（2- 氯乙基）酯加热到 80℃，通入盐酸解析得到的氯化氢气体（通常含水 0.2% 左右）进行酸解反应，操作压力约 0.4MPa（绝压），反应温度在（150 ± 5）℃，总停留时间约 40 ～ 45h，反应结束后，高温出料。

第一步是研发微界面强化反应中试装置，并期望实现下列指标：

① 反应时间：原有技术的反应时间为 40 ～ 45h，新装置的反应速率需提高 30% 以上，争取达到 50%，即将反应时间降至 25 ～ 30h。

② 反应器时空产率：在单位反应器实际容积下、单位时间所得到的反应产物提高 30% 以上。

③ 主产品纯度：在 2- 氯乙基膦酸二（2- 氯乙基）酯含量为 94% 以上时，乙烯利纯度达到 90% 以上。

④ 能耗：单位质量主产品的反应工段能耗总体下降 20% 以上。

⑤ 物耗与排放：反应工段废气排放减少 30% 以上。

3. 技术难点

① 酸解过程为放热反应，期间温度变化较大，难以完全避免副反应发生，导致乙烯利的含量下降。因此，需要精心设计微界面反应装置并实现连续生产，且需精准控温，以保证乙烯利含量达到 90% 以上。

② 加压反应可以使反应速率提高，但是加压意味着氯化氢压缩机功耗增大，同时还会提高装置建设成本。因此，研发中需同时考虑提高反应速率和节能降耗的要求。此外还要注意降低设备投资。

③ 由于有 HCl 参与反应，设备腐蚀严重，一般不锈钢和双相不锈钢等均无法使用，必须选择适合的材质以满足工业酸解反应器的需求。

④ 原有反应技术中，过量未反应的氯化氢会再经氯化氢压缩机压缩后，重新进入反应釜参加反应，本项目希望实现最大程度地减小氯化氢循环量，以利于提高反应过程的能效物效，以及同时减少废气处理负荷。

⑤ 反应产物乙烯利在 78℃会结晶 [11]，因此连续化生产工艺和设备设计过程中要特别注意该物性的影响。

4. 技术方案与对策

针对上述技术难点，该项目采用下列技术对策：

① 对于酸解过程的放热反应，在反应器上、中、下及原料进口、冷却介质进

出口，均配备了温度显示与控制元件，实现精准控温，保证反应过程的温度稳定。

② 为了保证乙烯利含量达到 90% 以上，本设计采用连续式微界面强化反应器。

③ 为避免过加压造成压缩机功耗增大，采用低压下（0.2MPa）操作的微界面强化反应器，做到既提高反应速率又实现节能降耗。

④ 本设计采用多材质设计方法：搪瓷、哈氏合金 B 系列、高温 PDFE、碳纤维等以防止 HCl 对设备的腐蚀。

⑤ 基本采用氯化氢等摩尔反应原则，以最大程度地减小氯化氢循环量，提高反应过程的能效物效和减少废气处理负荷。

⑥ 在上述对策基础上，详细考察膦酸二酯酸解制备乙烯利过程的优化工艺参数和反应器设备结构，重点解决设备结构、操控参数与酸解反应产率和反应时间的关系，得到反应过程的构效调控规律。

5. 工艺流程

图 10-27 是乙烯利生产过程中微界面强化酸解反应的工艺简图。

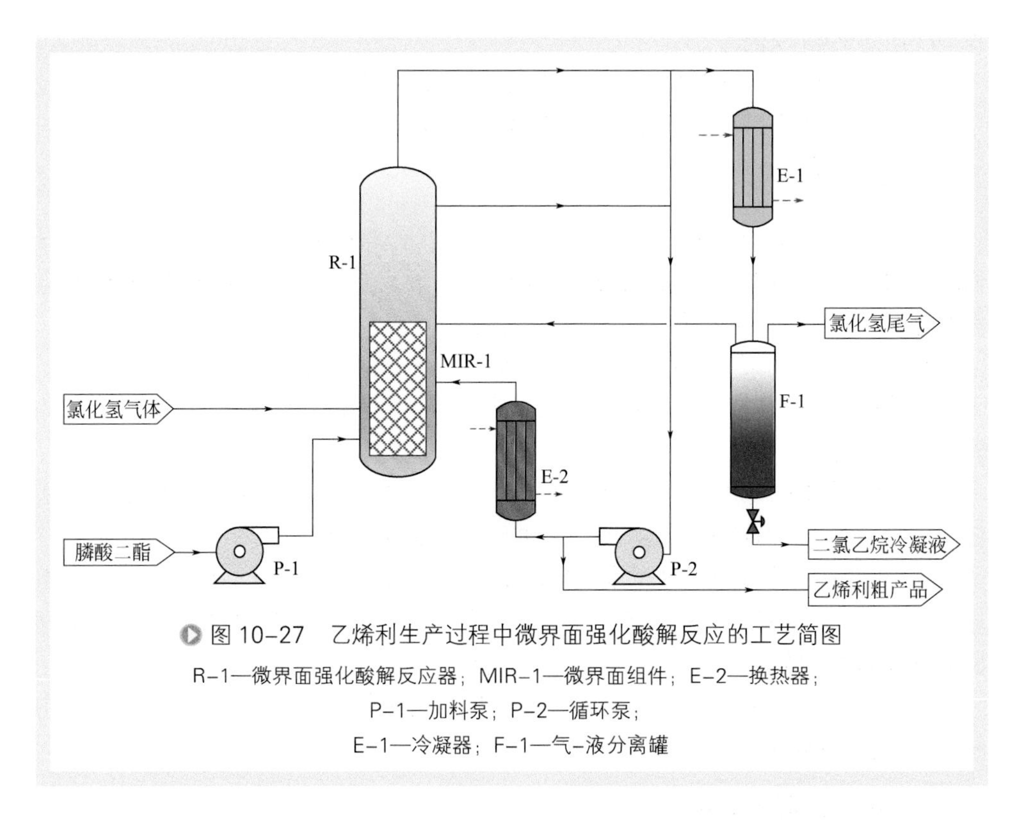

图 10-27 乙烯利生产过程中微界面强化酸解反应的工艺简图

R-1—微界面强化酸解反应器；MIR-1—微界面组件；E-2—换热器；
P-1—加料泵；P-2—循环泵；
E-1—冷凝器；F-1—气-液分离罐

6. 结果与讨论

本项目建立的乙烯利装置如图 10-28 和图 10-29 所示。

图 10-28　乙烯利装置照片

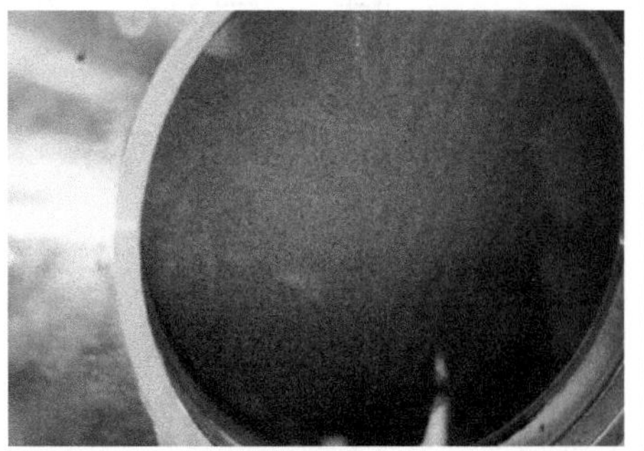

图 10-29　反应器视镜内气 - 液微界面照片

实施效果如下：

① 操作压力约 0.2MPa（绝压），反应温度在 155℃。反应时间 18h 后，乙烯利浓度达到 80%；反应时间 26h 后，乙烯利浓度达到 88.33%；反应时间 26h 后，乙烯利浓度达到 90.26%。

② 微界面强化酸解反应器工作良好，温控和反应效率达到预期效果。通过视镜观察测试，酸解反应器内平均气泡尺寸小于 400μm。

③ 传统搅拌反应器工作时乙烯利的含量达到 80% 时需要的反应时间约为 24h，平均转化率约为 3.33%/h。而采用微界面强化反应后，乙烯利的含量达到 80% 时所需反应时间则缩短至 18h 之内。这说明在微界面强化反应器中反应速率同比提高了 25%。

④ 由于微界面强化酸解反应按氯化氢的化学计量比设计，因此取消了氯化氢循环压缩机和气体分离工段，因此加上反应时间缩短，吨产品制造能耗比传统的搅拌反应器降低约 35% 左右。

膦酸二酯的酸解反应不像高压加氢、氧化反应那样完全受制于传质速率，而是同时受反应和传质影响的反应过程。因此，消除传质阻力在一定程度上能有助于提高宏观反应速率。微界面强化反应技术应用于此反应过程也完美地诠释了传质对宏观反应速率的影响不容小视，这充分说明微界面强化反应技术在应用于同时受本征反应速率和传质速率双重影响的化学制造过程时，对其能耗物耗和生产成本的降低也同样具有明显效果。

具体到膦酸二酯的酸解反应，科学合理地安排酸解反应装备的材质是整个工程成败的关键之一。石墨、奥氏体不锈钢、904L、双相钢等均不太适合本反应的装备制造，尤其不能作为核心反应器系统的主要材料。

第五节 在“三废”处理方面的应用

一、NO_x 废气的资源化治理

NO_x 是 N_2O、NO、NO_2、N_2O_3、N_2O 和 N_2O_5 等系列化合物的总称。它既是重要的化工原料，在许多方面具有广泛用途，但又具有不同程度的毒性，同时会发生光化学反应。故若直接排放不但会污染环境，同时也是一种资源的浪费。因此，NO_x 的治理一直受到社会的高度关注。

2015 年，我国 NO_x 排放总量 1852 万吨，2017 年的排放量约为 1700 万吨，至 2020 年，排放总量将控制在 1574 万吨以内。NO_x 气体产生的源头除煤电烟气、炼钢、汽车尾气、秸秆树木焚烧等过程外，在硝酸、己二酸、草酸、炼焦、金属处理、催化剂制备、石化、制药、精细化工等生产行业都可能产生 NO_x 气体，有些还释放出高浓度的 NO_x 废气。相对于煤电烟气等低浓度 NO_x，高浓度的 NO_x 废气处理难度更大。因此，研发针对高浓度 NO_x 的高效处理方法十分必要。本节就采用微界面强化反应水吸收法资源化处理高浓度 NO_x 的技术作一介绍。

1. 原有技术简介

一般地讲，NO_x 的处理方法有多种多样，如碱吸收法、炭还原法、SCR、NSCR 等。表 10-7 列出了 NO_x 的大多数处理方法。

表10-7　NO_x处理方法一览

方法		原理	特点
还原法	选择性催化还原法（SCR）	使用还原剂（或在催化剂作用下）将氮氧化物还原为 N_2 或低价态氮氧化物	还原剂和催化剂消耗大，产物排放大气
	选择性非催化还原法（SNCR）		
	非选择性还原法（NSCR）		
液体吸收法	水吸收法	通过化学反应将 NO_x 引入液相，生成硝酸、亚硝酸及其盐或还原产物	适用于中高浓度氮氧化物废气处理
	酸吸收法		
	碱吸收法		
	氧化吸收法		
	液相还原吸收法		
	液相络合吸收法		
吸附法	活性炭吸附法	采用固体吸附剂将氮氧化物吸附分离	设备较为庞大，吸附剂需再生处理
	硅胶吸附法		
	分子筛吸附法		
其他	电子束法（EBA）	利用高能辐射激发气体中的各种分子，使之活化形成自由基	能耗大，成本高
	脉冲电晕等离子法（PPCP）		

如表 10-7 所示，水吸收法因为过程较为绿色并能使 NO_x 资源化，尤其适合中高浓度的 NO_x 处理，因而特别受到本行业的技术专家和企业的青睐。其基本科学原理如下：

$2NO+O_2 = 2NO_2$；$3NO_2+H_2O = 2HNO_3+NO$；

$2NO_2+H_2O = HNO_3+HNO_2$；$3HNO_2 = HNO_3+2NO+H_2O$；

$2HNO_3+NO = 3NO_2+H_2O$

由上述化学反应式可以看出，水吸收法实质上是 NO_x- 水 - 氧的化学反应，其工艺原理是将 NO_x 气体通过一定量的水和氧气在设定的工艺条件下进行反应，NO_x 被最终氧化成一定浓度的硝酸 HNO_3 产品，从而实现 NO_x 资源化治理。该法的最大优越性是特别适合于高浓度甚至是纯 NO_x 气体的资源利用。

2. 原有工艺的主要问题

研究认为，水吸收法治理 NO_x 的原有工艺主要存在下列三大缺陷：

其一，反应效率低。由上述化学反应式可知，NO_x 转变为 HNO_3 的过程不仅是循环式的可逆反应，同时也由于这一低温反应过程是在无催化剂存在下的反应，必然存在宏观反应速率慢、整体效率低的问题。传统的鼓泡吸收塔或鼓泡式反应器的气液接触界面十分有限，而且气液接触时间很短，空气中的氧气与液相间的传质效率较低，直接制约了反应进程，以致在普通鼓泡吸收式反应器内，NO_x 与水和空气中的氧之间的反应效率较低，从而导致整套反应装置难以按照设计人员的要求实现高浓度 NO_x 的完全吸收，出口尾气中 NO_x 的含量一般都超标。

其二，能耗物耗高。由于 NO_x 与空气在液相的传递效率低下，导致整体反应效率不高，故在实际工业装置操作过程中，生产操控人员不得不向反应装置投入比实际反应所需多得多的空气和水量，以促进反应进程的加快。但过量的空气需要消耗压缩机功耗，过量的水循环不仅消耗能量，同时还使回收后的硝酸浓度大幅下降。而若要使硝酸浓度达标，又必须进行蒸馏提浓，这一过程还要进一步消耗能量。因此，原有工艺中能耗物耗高是普遍存在的现象。

其三，设备投资高，装置庞大。由于上述原因，许多工程设计单位在设计 NO_x 氧化反应装置时，普遍采用多台高大的氧化反应设备，希望以空间换效率，以实现 NO_x 尾气的排放达标，但其结果是，设备占地面积大、投资高、分摊费用高，吨 NO_x 的处理成本居高不下。

3. 项目基本情况简介

我国某石化企业采用硝酸氧化 KA 油（环已酮和环已醇）生产已二酸，建设有年产万吨级已二酸生产线。KA 油在氧化过程中硝酸过量且硝酸在此反应过程中被还原生成大量的 NO_x，从反应器顶部释出。因此，NO_x 的处理及综合利用是该生产过程的重要课题。

为此，该企业技术人员对其进行了大量的研发工作，工作的重点主要集中于新型高效催化剂研制方面，希望通过新型高效催化剂来催化还原 NO_x，以消除生产过程大量释放的 NO_x 所造成的环境危害和职业卫生风险，但效果甚微。

为此，该企业技术人员走访了多家具有高浓度 NO_x 处理工艺的化肥、硝酸、医药等生产企业，期望找到适合高浓度 NO_x 的处理工艺并为其所用。其中包括碱吸收法、炭还原法、水吸收法等工艺。调研发现，碱吸收法虽然能生成硝酸盐、亚硝酸盐等二级产品，但该企业不能自身循环利用，市场上出售价格又偏低，且原料消耗、能耗物耗均较高，处理后的出口尾气达标困难，故不能为该企业接受。炭还原法是一种高温还原法，该处理过程将 NO_x 还原为 N_2 的同时，也产生大量的 CO_2 气体，且炭消耗量大，成本较高，资源能源浪费现象严重。业主分析认为，只有水吸收法最适合该企业资源化循环利用的要求。然而，通常的水吸收法存在“2”中述及的三方面缺陷无法克服。

根据业主要求，本技术团队针对制约己二酸生产硝酸氧化工段 NO_x 处理过程的能耗、物耗、收率、副反应、环境污染等关键技术问题，对水吸收法处理氮氧化物的工艺和装备进行深入研究和创新，以开发出高效低能耗资源化处理高浓度 NO_x 全新工艺。

4. 技术目标

通过该项目工艺与装备的创新研究，期望实现如下总体目标和具体技术指标：

（1）总体目标　以高浓度 NO_x 混合气为原料，研发出万吨级高浓度 NO_x 制硝酸连续化工艺装置。建立构效调控数学模型，优化关键工艺技术参数，设计关键反应器设备，特别是研发连续式微界面强化反应器结构，开发热 - 质耦合的能量综合利用工艺技术，实现高浓度 NO_x 处理过程的绿色化，在能耗物耗、排放等技术指标方面实现国际领先。

（2）具体技术指标

① 研发出由高浓度 NO_x 为原料气连续式制万吨级硝酸工艺软件包一套；

② NO_x 水吸收反应过程的反应时间、转化率、能源利用效率等达到国际最好水平；反应器尾气的压力能综合利用率由原有工艺的零提高到 70% 以上；

③ 空气中氧气利用率达 90% 以上；

④ NO_x 尾气排放浓度控制在 50mg/L 以下。

5. 技术难点

采用水吸收法处理高浓度 NO_x 并资源化制备硝酸，有下列几个技术难点需要解决：

① 水吸收法处理高浓度 NO_x 并资源化制备硝酸，最关键的还是解决反应器的效率问题。因此，如何针对该反应过程的特点，一步到位确定万吨级连续式微界面强化反应过程的工艺技术参数和反应器设备的关键结构参数？如何实现该过程连续自动化控制并实现装置的构效调控？而要解决上述两个问题，需首先解决第三个难点问题，即如何实现 NO_x 水吸收法反应器数十倍地提高气 - 液界面积和传质效率，

从而成倍地提高反应效率。

② 为使水吸收法处理高浓度 NO_x 过程具有经济性和绿色性，解决该反应器的能源资源高效利用最为关键。该过程的一个突出特点是，NO_x 是与空气中的氧气在水存在下发生化学反应。前已述及，过量的空气和水必然造成能源和资源的浪费，但太少的氧气和水又抑制化学反应的进行。因此，如何科学地解决其中的物料配比和化学平衡问题，以最终实现低消耗、高效率地转化？

③ 该反应过程是在一定的操作压力下进行的，反应本身又是放热过程，因此，该气液系统必然带有较高的能量。反应生成的液相部分可以直接输出作为硝酸产品直接利用，而气相部分——即空气尾气（主要为 N_2）则要通过反应器顶部管道排向大气。尾气中既带有压力能又含有一定量的热能，因此，如何实现尾气能量的回收利用，以降低该反应过程的能量消耗？

④ 最后，该过程很重要的问题是，如何控制排空的尾气 NO_x 含量完全达标？以及生成的硝酸达到预定浓度？

6. 技术方案与对策

为解决上述难点问题，实现项目的技术指标，项目团队采取了下列技术方案与对策：

① 建立该反应吸收过程的气液传质动力学模型，特别是建立微界面强化传质情况下反应体系的气泡颗粒粒径大小与分布、气液相界面与传质速率模型。

② 建立 NO_x 至 HNO_3 过程的化学反应宏观速率模型，特别是建立微界面强化情况下反应动力学模型。

③ 基于微界面强化反应技术，计算体系物性参数、操作参数和反应器结构参数对反应特性的影响，确定其对反应过程能效和物效的影响规律，为微界面强化反应器设计提供基础数据。

④ 设计微界面强化反应器核心设备——微界面机组，以获得所需的 NO_x 和空气混合气体的微气泡流一级水 - 空气 -NO_x 形成的气液微界面体系。

⑤ 在排空尾气出口设置压力能回收装置，并将回收的能量用于反应过程本身，实现能量的综合利用和处理过程能耗的最小化。

7. 新工艺简述

基于微界面强化 NO_x 水吸收法制备硝酸的新工艺流程如图 10-30 所示。其工艺过程如下：

微界面强化反应器内液相物料，由塔底部循环泵输出经换热器控温后，返回到该塔特定部位进入微界面机组，与已经压缩机加压后送至该机组的 NO_x 和空气混合气体进行能量转换，形成气液微界面体系，气 - 液两相在反应器内可获得高达 8000 ～ 10000m^2/m^3 的传质界面面积，这大约相当于普通鼓泡塔式反应器的 20 ～ 30 倍，从而可高效提高氧分子和 NO_x 在液相中的传质，为成倍提高其反应效率奠定了物质基础。待反应达到预期转化率后由塔底部循环泵输出。未完全反应的贫氧空气携带少量未反应的氮氧化物和水进入塔顶部的冷凝器，水被冷凝后从塔顶返回微界面机组。从冷凝器出口的空气尾气进入尾气能量回收装置，进行热能与压力能回收，最后从反应器顶部排出的空气尾气实现达标排放。

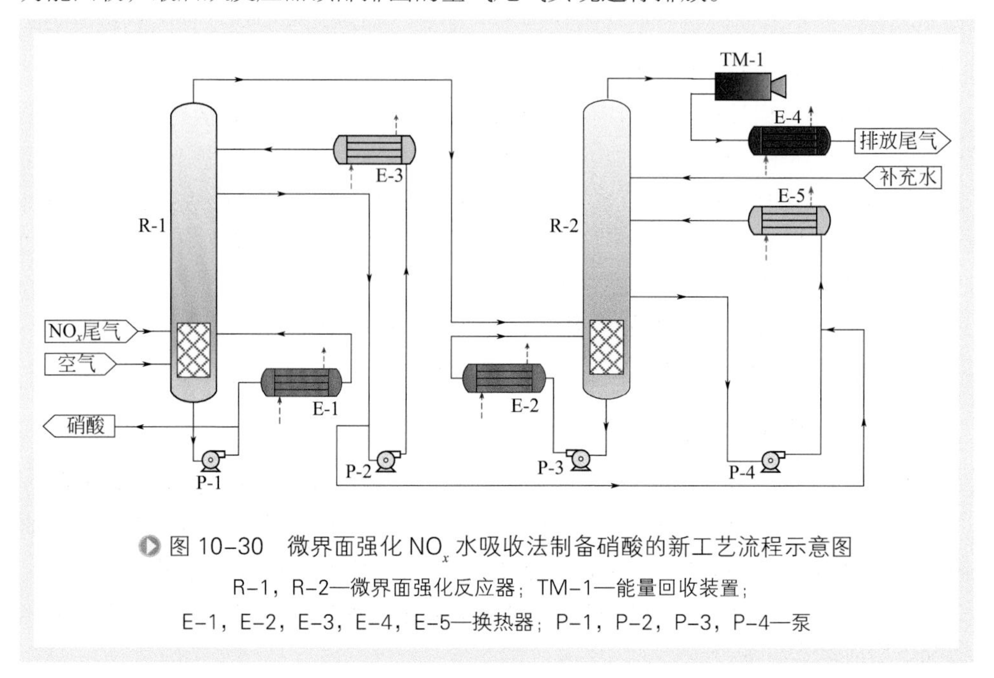

图 10-30　微界面强化 NO_x 水吸收法制备硝酸的新工艺流程示意图

R-1，R-2—微界面强化反应器；TM-1—能量回收装置；

E-1，E-2，E-3，E-4，E-5—换热器；P-1，P-2，P-3，P-4—泵

8. 实施效果

40kt/a 微界面强化 NO_x 水吸收法制备硝酸的生产线于 2012 年投产成功，装置采用 DCS 全自动控制，如图 10-31 所示。经对生产装置进行标定，获得主要技术指标如表 10-8 所示。结果表明，微界面反应强化技术使该生产过程的各项技术指标均优于国内外其他技术，且达到了前所未有的高值。制备出的硝酸产品可以直接用于己二酸硝酸氧化生产工段，实现 NO_x 资源的循环利用。

图 10-31　40kt/a 微界面强化 NO_x 水吸收法制备硝酸装置

表10-8 采用微界面强化反应器（MIR）与普通鼓泡式反应器（CBR）生产硝酸效果对比

技术指标	CBR（原技术）	MIR（本技术）	MIR 与 CBR 对比
单线设计产能 /（t/a）	40000	40000	—
NO_x 原料气浓度（体积分数）/%	58	58	—
硝酸浓度（质量分数）/%	20	45 ～ 60	提高约 30
反应压力 /MPa	0.4	0.15	下降 62.5%
传质相界面面积 /（m^2/m^3）	300 ～ 400	8000 ～ 10000	提高 20 倍以上
反应器处理能力（标准状态）/[$m^3/(m^3 \cdot h)$]	8.5	27.6	为 3.24 倍
NO_x 原子经济性 /%	约 62	≥ 99.95	提高 61.2%
空气中氧利用率 /%	58	92.6	提高约 60%
尾气 NO_x 含量 /（mg/L）	500 ～ 800	10 ～ 20	下降 97.5%

9. 结果与讨论

采用微界面反应强化技术，对高浓度 NO_x 水吸收法制备硝酸的实践表明：

① 微界面强化反应技术用于 NO_x- 水 - 空气体系的反应过程，不仅可以获得高传质效率与反应效率、高转化率、高硝酸浓度，同时还可实现低能耗物耗、低投资、低排放的技术指标。实践证明，微界面强化反应器非常适合高浓度 NO_x 的水吸收制硝酸的强化氧化过程。

② 在反应压力从 0.4MPa 下降至 0.15MPa 左右后，反应效率反而升高，这说明微界面强化反应器较传统鼓泡反应器的时空效率呈现多倍的强化效果。

③ 在反应系统的空气用量大幅下降情况下，NO_x 的原子经济性比普通鼓泡式氧化反应器仍提高了 37% 以上，这进一步表明微界面强化反应器具有突出的反应强化效果。

④ 通过微界面反应强化，NO_x 水吸收法不仅可制备出比传统鼓泡反应器更高浓度的硝酸产品，同时可实现 NO_x 尾气的超净排放。因此，该实例为高浓度 NO_x 气体的治理提供了一种先进可靠的技术选择。

二、高盐废水湿式氧化

普通湿式氧化技术（wet air oxidation，WAO）是在高温、高压的操作条件下，利用空气或氧气作为氧化剂，将废水中的有机物及还原态的无机物氧化成易生化的小分子物质，或矿化成无害化的无机物和无机盐的一种先进的废水处理方法[51]。WAO 工艺不会产生 HCl、二噁英、飞灰等有害物质，因此不像其他水处理方法那样有可能产生二次污染或污染物迁徙。此外，对于高 COD 废水，它可利用其中有机物氧化产生的热量加热废水原料自身，甚至还可以副产蒸汽，因此该技术操作能耗较低，是一种先进有效的处理高浓度有机废水的方法。

1. 原有技术简介

WAO 的基本工艺原理为：废水预处理后经增压泵增压，至换热系统加热，与经过加热后的高压空气一起进入反应器。废水中的有机物在反应器中与空气中的氧发生氧化反应，大部分有机物被氧化成 CO_2、H_2O 等无机成分，或被分解成易生化的小分子有机物等物质，同时放出热量。反应后的废水与尾气组成的气液混合物经换热系统与进料废水换热，一方面气液混合物降温，另一方面预热废水原料。降温后的气液混合物进入气液分离器，通过气液分离后，分离出的液态成分进入后续生化处理或膜分离，最终的水样经检测达标后排放或闭路循环利用。其基本工艺如图 10-32 所示。

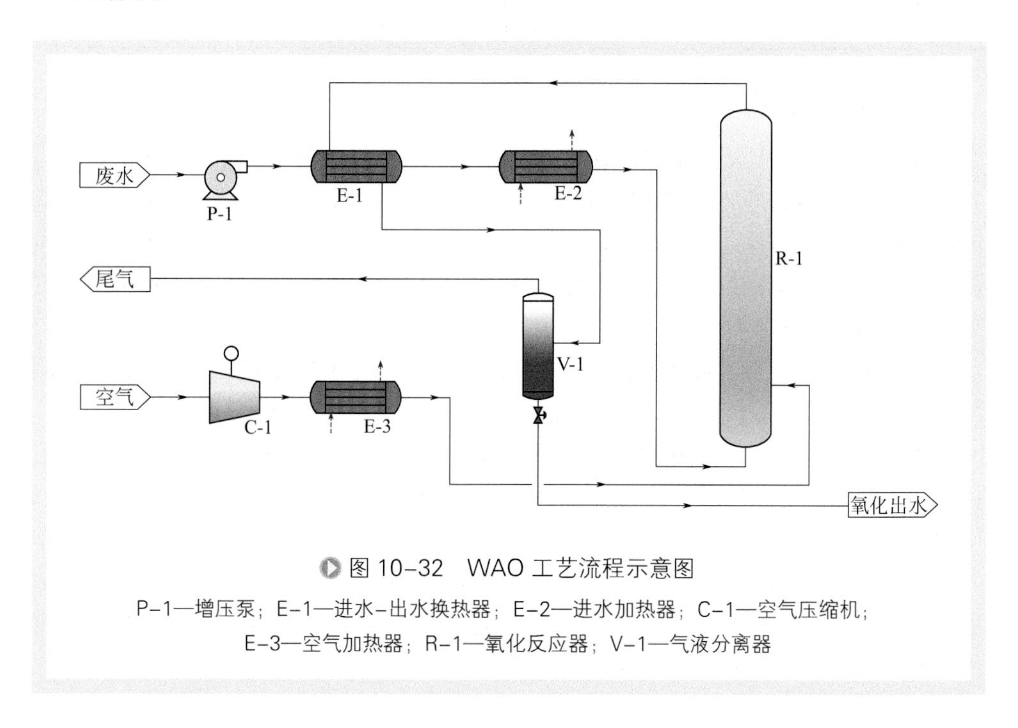

图 10-32 WAO 工艺流程示意图

P-1—增压泵；E-1—进水-出水换热器；E-2—进水加热器；C-1—空气压缩机；
E-3—空气加热器；R-1—氧化反应器；V-1—气液分离器

WAO 技术因其适应性强、处理效果好等优点，目前已得到广泛研究并实现工程应用，其优点具体为：

① COD 降解率高。对于高浓度有机废水，COD 降解率一般在 80% 以上，甚至可超过 95%。

② 普适性强。对于 5% 以上含盐废水、10% 以上高盐废水、20% 以上超高盐废水、5000mg/L 以上中等 COD 废水、10000mg/L 以上高 COD 废水、50000mg/L 以上超高 COD 废液、100000mg/L 以上特高 COD 废液，含对称苯环杂环结构的印

染、农药、医药中间体废水等均可广泛采用湿式氧化技术进行有效处理。此外，由于该技术不需要加入催化剂，仅需对水质进行 pH 值调节，其核心反应器、分离器等关键设备也不像膜分离等设备组件那样易被污染和堵塞，因此其工业耐候性极好，特别适用于在含有大量固体污染物、高腐蚀成分的恶劣废水环境下操作。

③ 操作成本较低。有研究表明，当废水 COD 超过 15000mg/L 时，反应产生的热量即可维持装置的热量运行，一般不需要对系统额外补充热量，只需提供增压泵及空压机等动力消耗。

④ 基本上无二次污染。由于湿式氧化反应过程不产生有毒有害物质，氧化后的废水可以进入生化池或其他后处理工段，反应尾气经简单处理后即可排放，故该工艺自身属于废水处理工艺中的绿色环保工艺。

⑤ 装置占地面积小。湿式氧化装置流程较短，设备布置紧凑，单套处理能力可大可小，反应器、分离器等基本上都是立式布置设备，因此其整套装置的占地相对较少。

当然，WAO 技术由于工艺需要高压高温，因此它也存在一些缺点，具体如下：

① 投资费用较高。由于湿式氧化装置涉及高温高压，其核心设备如氧化反应器、气液分离器、换热器、二次蒸汽箱等设备制造的压力等级较高，仪器仪表、管道、泵阀等辅助设备的压力等级也必须与之匹配。如果再加上处理的是含高盐、高 COD、浓酸（或浓碱）的工业废水，在高温下其对设备的腐蚀性极强，因而对所有过流的设备、仪表系统的材质要求苛刻，故装置的投资费用较高。

② 运行要求高。高温高压都伴随着装置的安全运行问题，系统配套的动力设备、仪器仪表、控制系统等的稳定问题是该工艺系统设计重点关注的对象。因此，WAO 装置对安全生产管理和现场操作人员的素质要求较高。

2. 原有工艺的主要问题

如上所述，WAO 装置一般都在高温高压下操作。其操作压力通常为 8 ～ 10MPa，操作温度一般保持在 210 ～ 250℃之间。因此设备的投资高、安全风险高，制约了许多中小型企业采用该技术。高温高压的条件，一方面是由于氧化过程的本征反应动力学本身所需，另一方面是为了克服空气中氧气在液相中的溶解度低、气液传质速率慢的缺陷所要求，较高的压力是用来完成“输氧”。

湿式氧化技术的核心是氧化反应器。分析目前国内外 WAO 反应器，总体上存在下列三大问题：

其一，气泡颗粒大、气液相界面积小。普通的 WAO 氧化反应器一般采用塔式鼓泡反应器。在结构设计上，反应器的底部一般都安有气体分布器。气体分布器管道上通常开有规则的圆孔，直径一般为 1 ～ 5mm 之间。经压缩机加压后的高压空气经管道送入气体分布器，气体从其小孔中溢出，并以连续不断的鼓泡形式进入反应器底部，与其中的待处理废水进行接触，并发生传热、传质和氧化反应。然而，根据有关研究，由于废水的理化特性所决定，从这些直径为 1 ～ 5mm 的小孔中溢出的高压气泡其平均直径将达 5 ～ 20mm，对应的气液相界面积仅为 50 ～ 150m^2/m^3(反应器体积)。

其二，传质效率低，反应时间长。由于气泡颗粒偏大，气泡在液相中上升的速度较快（请参见第二章参考文献 [36,37]），因此气泡在反应器液相中的停留时间缩短，与液相间的传质时间不足。此外，由于气泡粒径大，反应器内气液相界面积小，传质速率严重受限，因此导致在操作工况下液相中的氧含量远低于理论平衡值，即供氧受阻，从而影响了宏观反应速率，反应时间长是其必然结果。

其三，空气耗量大，压缩机功耗偏高。由于气泡在液相中停留时间短，空气中的部分氧气尚未完全参与反应即已排出反应器体外。此时，压缩机必须继续向反应器提供高压空气以维持压力平衡和反应进程，而过量的高压空气需求必然增加空压机的容量和能耗，导致装置的运行费用和投资费用双重提高。此外，过量的高压空气输入反应器也会导致反应器的体积利用率降低，导致反应器投资与建设费用上升。

3．项目情况简介

某项目业主位于中国中西部长江上游，专业从事农药化学品、精细化学品的研发与生产。该公司生产过程中每天产生 600t 双甘膦母液废水，进水平均 COD 31340mg/L(属于高 COD 废水)，总盐 22.7%(属于超高盐废水)，甲醛 5936mg/L(属于难生化废水)。显然，采用普通水处理技术对此类废水已无能为力，而湿式氧化技术将可充分发挥其作用。业主希望，通过湿式氧化技术先去除大部分 COD、有机磷和甲醛，然后再进入后续的资源回收工段，包括水资源的利用和盐资源的利用。

业主同时提出，必须采用先进技术，以克服 WAO 技术的几方面缺陷，因此要求设计院采用笔者团队原创的微界面强化反应技术（MIR）对该项目的核心设备即氧化反应器和气液分离系统进行设计，以便收获最好的工程效果。

在具体工程设计时，业主与设计院拟定了表 10-9 所示的设计要求。

表10-9　双甘膦母液废水湿式氧化工艺设计要求

名　称	进反应器	出反应器
温度 /℃	210	220
压力 /MPa	8.0	8.0
废水 pH	10	7
空气量 (标准状态)/(m^3/d)	108000	约 108000
废水量 /（m^3/d）	1274.4	约 1274.4

续表

名　称	进反应器	出反应器
COD/（mg/L）	31340	18804
氨氮 /（mg/L）	1103	550
总磷 /（mg/L）	5000	4500
氯化钠 /（mg/L）	205273	205273
甲醛 /（mg/L）	5936	297
磷酸盐 /（mg/L）	35463	21792
甲酸 /（mg/L）	12.0	12.0

4. 技术目标

采用 MIR 技术，期望从根本上解决上述 WAO 技术中存在的压力高、温度高、造价高、工艺操作和管理要求高、反应时间长、效率低、空气消耗量大等主要技术问题。

为此，根据业主提供的废水特点及处理要求，笔者团队进行了综合分析和详细计算，开发了适合该废水特点及处理要求微界面强化湿式氧化反应（以下简称 M-WAO）技术。重点针对该类废水高腐蚀、高结垢性，设计出在高温下耐腐蚀、抗结垢和高氧化效率的反应器，从而实现如下技术目标：

① 通过微界面强化，在达到设计出水指标的前提下，反应器操作压力从 8MPa 降至 5MPa 以下，同时反应温度从 220℃降至 200℃以下，以降低空气压缩机等动设备的功耗，从而降低运行成本。

② 通过微界面强化，成倍地提高气 - 液相间面积，提高氧传输速率和氧化反应效率，缩短反应时间，提升反应器处理能力。

③ 通过微界面强化，实现大幅降压降温和提高反应效率后，可降低装置的苛刻度，提高系统的本质安全性，同时可延长装置特别是动设备和易损部件的工作寿命，实现装置的长周期稳定操作。

5. 技术难点

鉴于本项目废水的工艺特点，在高温高压高腐蚀条件下，对 M-WAO 系统的主要设备提出了较为苛刻的要求，因此，要研发设计出能完全实现本项目技术目标的反应器等关键装备，必须重点解决下列技术难点：

① 研发满足本项目工艺条件和技术要求的 M-WAO 反应器总体结构；确定在微界面工况下的反应器详细结构参数和操作参数，尤其要确定微界面机组本身的详细结构参数；确定 M-WAO 反应器与 WAO 反应器相比在气 - 液传质相界面上应强

化的倍数、氧传质效率的提高幅度以及反应效率强化程度。

② 制定与 M-WAO 过程相配套的工艺流程和控制方法、安装、维护、开停车、紧急事故状态应对措施等，使之满足废水处理工程的长周期稳定运行要求。

③ 开发 M-WAO 反应器体系的结构、界面与效率的调控软件。为此，必须建立关联反应器的总体结构 - 微界面机组结构 - 气泡直径 - 相界面积 - 气泡停留时间 - 传质系数 - 氧传输速率 - 本征氧化反应速率 - 宏观氧化反应速率间的数学模型，解决结构参数和操作参量在特定工况条件下对反应器效率的调控问题，以便找到何种结构和何种操作条件既能实现大幅降压降温操作，又能同时确保满足该项目的处理要求实现节能降耗和安全生产。

④ 科学地筛选满足该项目废水特点的 M-WAO 反应器系统的设备材质。材质选取涉及设备的寿命和安全生产，也关系到装置的投资和经济性。过高的材质配置将削弱装置的经济性，但选材不当或材质配置过低将损害装置的安全性和使用寿命。耐压、防腐、抗垢是该装置必须面对的三大材质问题。

6. 技术方案与对策

① 建立 M-WAO 过程的氧传输动力学模型，重点是将反应器的总体结构、微界面机组结构、气液理化特性、操作参数等与气泡直径、相界面积、气泡停留时间、氧传输速率进行数学关联，形成计算机软件，求算得到反应器结构参数、操作参数、理化特性参数等对气泡直径、分布特性、相界面积、气液传质速率的影响规律，从而找到优化结构参数和操作参数，并以此为基础，建立微界面强化条件下废水体系的双甘磷、甲醛、氨氮和其他主要 COD 物质的宏观氧化反应动力学模型，进而弄清楚结构参数和操作参数对宏观氧化反应的影响规律，最终确定优化的结构参数和操作参数。

② 基于上述计算结果，再进一步计算体系的热力学参数，并进行质量平衡和能量平衡计算，为 M-WAO 反应器、气液分离器、换热器、泵阀、仪表等的工艺与结构设计提供依据。

③ 根据上述计算所得数据，确定废水氧化前后及其在反应器内的平均工况下所对应的理化特性，选取湿式氧化反应器、气液分离器、换热器、泵阀、仪表、管道等合适的材质。

7．M–WAO工艺简述

M-WAO 工艺基本流程如图 10-33 所示。废水自增压泵 P-1 升压后依次经过 E-1 和 E-2 换热，升温至反应所需温度后进入反应器 R-1 底部。空气经 C-1 增压后进入 E-3 加热，再分两路进入反应器下部的微界面机组 MIR-1，与循环泵 P-2 送来的液体一起，在 MIR-1 内进行能量转换，将气、液的动能和压力能转变成气泡表面能以最大程度地破碎气泡，形成气液混合流进入反应器底部，最终与反应器内的液相形成本项目所需的微界面强化反应体系。

反应产生的尾水与尾气经过 E-1 换热以回收热量，降温后进入气液分离器 V-1。经 V-1 气液分离后，尾水进入后续处理工段，或生化、或膜处理、或多法并用以使废水达标或零排放回用，而尾气则主要为 CO_2，经适当处理达标后排至大气。

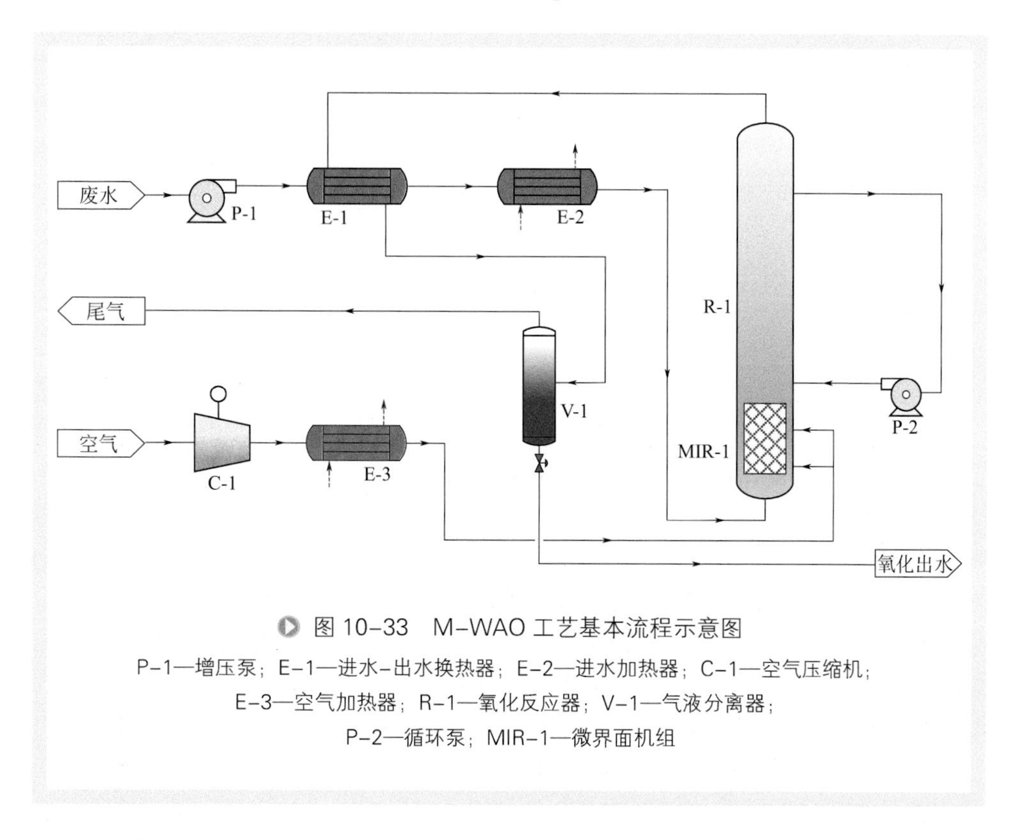

图 10-33 M-WAO 工艺基本流程示意图

P-1—增压泵；E-1—进水-出水换热器；E-2—进水加热器；C-1—空气压缩机；E-3—空气加热器；R-1—氧化反应器；V-1—气液分离器；P-2—循环泵；MIR-1—微界面机组

经计算和冷模检测表明，在操作工况下反应器内的气液相界面积将始终维持在 $3000m^2/m^3$ 以上，其氧传输效率是 WAO 反应器的 25 倍以上，其宏观反应速率也因此得到数倍提升。

上述计算为反应器的降温降压操作提供了较大空间。经进一步计算表明，当操作压力降至 5MPa，操作温度降至 200℃时，M-WAO 反应器的效率仍比 WAO 反应器的效率高一倍以上。因此，它仍有进一步降温降压的空间。

8. 实施效果

该项目于 2019 年 8 月建成，一次试车成功。装置经 5 天左右调试稳定，其标定检测数据如表 10-10 所示。结果表明，采用 M-WAO 反应器系统后，无论是反应温度、反应压力，还是反应效率和压缩机功耗，均有大幅度降低。

表10-10　采用微界面强化湿式氧化与WAO技术的效果对比

技术指标	WAO 技术（设计要求）	M-WAO 技术（测试数据）	M-WAO 与 WAO 对比
单台反应器处理量 /（t/d）	637	936	提高 46.94%
反应温度 /℃	220	180.9	下降 39.1
反应物停留时间 /h	1	0.72	下降 28%
反应压力 /MPa	8	4.15	下降 3.85
单位反应器界面面积 /（m^2/m^3）	50 ～ 150	3000	提高 19 ～ 59 倍
空气耗量 /（t/t）	0.109	0.063	下降 42.2%
反应器生产强度 /［t/（$m^3\cdot h$）］	26.625	39	提高 46.47%
COD 去除率 /%①	40	45.7	提高 14.25%
空气中氧利用率 /%	49	85	净提高 36%
吨水综合能耗 /（kW·h/t）	46	39	下降 15.2%

① 在 8MPa、220℃下的检测数据表明，M-WAO 的 COD 的去除率可高达 97% 以上。

9. 结果与讨论

采用 M-WAO 技术对双甘膦高盐高 COD 废水的处理可以得到下列启示：

① 双甘膦废水的湿法氧化过程是一个典型的受气 - 液传质控制的反应过程，通过微界面传质强化，反应压力可从普通的 WAO 的 8MPa 下降至 4MPa 左右，反应温度从 220℃下降至 180℃左右。在此条件下，M-WAO 反应器的生产强度仍然比普通的 WAO 反应器的生产强度高出 40% 以上。

② 操作压力的下降使装置的苛刻度及设备投资得以大幅下降；温度的下降也使双甘膦废水在该工况下的腐蚀性得到弱化，从而为设备、仪表、泵阀的选型提供了更多空间。

③ 压力和温度实现双降，显著节约了压缩机的能耗。高 COD 废水的湿式氧化过程的有机物氧化反应会释放出热量，它能基本维持装置操作的热量自给甚至副产蒸汽。也就是说，该过程的运行成本主要是空气压缩机及高压泵的电耗，而这其中空气压缩机的电耗占其中的绝大部分。因此，当反应器的操作压力降低至原设计 50% 时，可直接降低压缩机的出口压力和功耗。

④ M-WAO 反应器内形成的微界面体系，成倍降低了气泡的上升速度，延长了气泡在液相的停留时间，强化了传质，从而提高了空气中氧的利用率，降低了空气消耗，它也直接减轻了压缩机的负荷。

⑤ 经过综合测算，将 M-WAO 技术代替普通的 WAO，吨废水处理的装置投资可下降 30% 以上，运行成本节省约 15%，这对于高盐高 COD 废水的处理意义重大。

参考文献

[1] International Energy Agency. Oil Market Report (OMR)[OL]. [2019-12-1]https://webstore.iea.org/oil-market-report.

[2] 钟英竹，靳爱民．重质油加工技术现状及发展趋势分析 [J]. 石油学报（石油加工），2015, 31(2):436-443.

[3] 廖有贵，薛金召，肖雪洋等．固定床重质油加氢处理技术应用现状及进展 [J]. 石油化工，2018, 47(09):1020-1030.

[4] 张传江，杨文，韩来喜．沸腾床加氢研究进展与工业应用现状 [J]. 内蒙古石油化工，2017, 43(04):1-4.

[5] 刘美，刘金东，张树广等．悬浮床重油加氢裂化技术进展 [J]. 应用化工，2017, 46(12):2435-2440.

[6] 王锐，姜维，梁宇等．悬浮床加氢技术进展 [J]. 内蒙古石油化工，2017, 43(02):75-76.

[7] Bellussi G, Rispoli G, Landoni A, et al. Hydroconversion of heavy residues in slurry reactors: Developments and perspectives[J]. Journal of Catalysis, 2013, 308:189-200.

[8] Zhang S, Liu D, Deng W, et al. A Review of slurry-phase hydrocracking heavy oil technology[J]. Energy & Fuels, 2007, 21(6):3057-3062.

[9] Niemann K, Wenzel F. The Veba-Combi-Cracking-Technology: An update[J]. Fuel Processing Technology, 1993, 35(1-2):1-20.

[10] Cyr T, Lewkowicz L, Ozum B, et al. Hydrocracking process involving colloidal catalyst formed in situ[P]. US 5578197. 1996-11-26.

[11] Seko M, Ohtake N, Kato K, et al. Super oil cracking (SOC) process for upgrading vacuum residues[R]. Washington DC: National Petroleum Refiners Association 1988.

[12] 陶梦莹，侯焕娣，董明等．浆态床加氢技术的研究进展 [J]. Modern Chemical Industry, 2015, 35(05):34-37+39.

[13] Gillis D, van Wees M, Zimmerman P, et al. Upgrading residues to maximize distillate yields with UOP uniflex process [J]. Journal of the Japan Petroleum Institute, 2010, 53(1):33-41.

[14] Delbianco A, Meli S, Tagliabue L. Eni slurry technology: A new process for heavy oil upgrading[C]. World Petroleum Congress, 2008.

[15] 张数义，邓文安，罗辉，刘东，阙国和．渣油悬浮床加氢裂化反应机理 [J]. 石油学报（石油加工），2009, 25(2):145-149

[16] Jens Weitkamp. Catalytic hydrocracking-mechanismsand versatility of the process[J]. ChemCatChem, 2012 (4):292-306

[17] 杨朝合，郑海，徐春明，林世雄．渣油加氢裂化反应特性及反应机理初探 [J]. 燃料化学学报，1999, 27(2):97-102

[18] Chen K, Zhang H, Liu D, et al. Investigation of the coking behavior of serial petroleum

residues derived from deep-vacuum distillation of Venezuela extra-heavy oil in laboratory-scale coking[J]. Fuel, 2018, 219:159-165.

[19] 王廷 . 重质油及其族组分在结焦过程中的自由基行为研究 [D]. 北京 : 北京化工大学 , 2017.

[20] Absi-Halabi M, Stanislaus A, Trimm D L. Coke formation on catalysts during the hydroprocessing of heavy oils[J]. Applied Catalysis, 1991, 72(2):193-215.

[21] 史晨旭 , 刘洁 , 李文深等 . 重质油中沥青质的分子结构及反应性能的研究进展 [J]. 化学与黏合 , 2015, 37(02):146-150.

[22] 赵晓青 , 王月霞 . 利用供氢剂抑制重油加氢过程结焦 [J]. 天然气与石油 , 2003, 21(4):31-33.

[23] 王忠元 , 阎丽梅 , 季景华 . 间二甲苯氧化制间甲基苯甲酸的研究 [J]. 化学与黏合 , 1998, 21(02):92-105.

[24] 张利群 , 鲁波 , 陈志荣 . 蒎烷氧化反应机理及动力学研究 [J]. 化学反应工程与工艺 , 2002(3): 225-30.

[25] Zhang L, Lu B, Chen Z. Study on mechanism and kinetics of oxiding reaction of pinane to hydroperoxide [J]. Chemical Reaction Engineering and Technology, 2002, 18(3): 225-30.

[26] 黄战鏖 , 侯峰 . 芳樟醇合成的研究进展及绿色评估 [J]. 应用技术学报 , 2017, 17(02): 136-145, 150.

[27] Brose T, Pritzkow W, Thomas G. Studies on the oxidation of cis-pinane and trans-pinane with molecular-oxygen [J]. Journal Fur Praktische Chemie-Chemiker-Zeitung, 1992, 334(5): 403-9.

[28] Semikolenov V A, Ilyna I I, Simakova I L. Linalool synthesis from alpha-pinene: kinetic peculiarities of catalytic steps [J]. Appl Catal A-Gen, 2001, 211(1): 91-107.

[29] Il'ina I I, Simakova I L, Semikolenov V A. Kinetics of pinane oxidation to pinane hydroperoxide by dioxygen [J]. Kinetics and Catalysis, 2001, 42(1): 41-5.

[30] 野村正人，藤原義人 . 合成ゼオライト触媒の存在下で塩素酢酸水和単環とリニアテルペンアルキル [J]. 日本化学会志 , 1983, 12: 1818-1822.

[31] Kokai Tokkyo Koho. 制造二氢月桂烯的方法 [P]. JP 58930. 1983-9-9.

[32] Sprecker, Mark A, Wilson, Stephen Roy process for production of dihydromyrcenol and dihydromyrcenyl acetate[P]. EP 0170205. 1986-02-05.

[33] Wachholz G, Voges H W. Method of manufacturing dihydromyrcenol from dihydromyrcenyl chloride[P]. US 5105030. 1992-4-14.

[34] Webb R L. 2-Substituted-2, 6-dimethyl-7-octenes and process for preparing same[P]. US 2902510. 1959-9-1.

[35] 陶武彬，萧树德 . 合成二氢月桂烯醇的研究进展 [J]. 林产化学与工业，1996，(4): 69-75.

[36] Weisenborn F L. 9Alpha-halo-a-norprogesterones[P]. US 2950289. 1960-8-23.
[37] Jean I, Bernard L. New process for the preparation of dihydromyrcenol[P]. FR 2597861. 1987.
[38] Nigam S C. New access to primary alcohol and aldehydes from terminal alkenes and alkynes [J]. Tetra-hedron Left，1986，27(1) : 75-76.
[39] Kozhevnikov I V, Sinnema A, van der Weerdt A J A , et al. Hydration and acetoxylation of dihydromyrcene catalyzed by heteropoly acid [J]. Journal of Molecular Catalysis A: Chemical, 1997, 120: 63-70.
[40] Botella P, Corma A, López Nieto J M, et al. Selective hydration of dihydromyrcene to dihydromyrcenol over H-beta zeolite. Influence of the microstructural properties and process variables [J]. Applied Catalysis A: General, 2000, 203: 251-258.
[41] 林耀红，谈燮峰，萧树德. 改性阳离子树脂催化二氢月桂烯水合反应研究 [J]. 离子交换与吸附，1998,14(5) : 450-456.
[42] 时云萍，韩金玉. 离子交换树脂负载型催化剂催化合成二氢月桂烯醇的研究 [D]. 天津:天津大学，2007.
[43] 易镇芳，时云萍，刘羽，韩金玉 . 全回流塔式反应器制备二氢月桂烯醇 [J]. 中国科技论文在线，2006-12-20.
[44] Yong Liu, Zheng Zhou, Gaodong Yang, et al. Kinetics study of direct hydration of dihydromyrcene in a jet reactor[J]. Ind Eng Chem Res, 2010, 49(7): 3170-3175.
[45] Liu Y, Zhou Z, Yang G D, Wu Y T, Zhang Z B. A study of direct hydration of dihydromyrcene to dihydromyrcenol using cation exchange resins as catalysts[J]. Int J Chem React Eng, 2010, 8: A5.
[46] 孙国铭 . *N*-(4- 羟基苯基) 乙酰氨合成工艺简述 [J]. 天津大学学报，2007，12:1-6.
[47] 刘斌 , 宋振等 . 乙烯利合成技术进展 [J]. 上海化工，2010, 35 (12): 13-17.
[48] 中华人民共和国国家质量监督检验检疫总局 , 中国国家标准化管理委员会 . 乙烯利原药 (GB 24750—2009). 北京：中国标准出版社，2010.
[49] 吴增元，陶建民，李永明 . 乙烯利生产新工艺路线研究 [J]. 农药，1994,33(4) : 10-12.
[50] 刘俊红，蒋代勤 . 利用甲烷氯化物副产盐酸合成乙烯利 [J]. 云南化工，2008,35(5):23-25.
[51] 张捷鑫，熊如意 . 湿式空气氧化技术的发展 [J]. 广东化工，2009,36(9):95-119.

后记

本书所涉及的核心技术于 2017 年 4 月 9 日通过了中国石油和化学工业联合会组织的鉴定，中国科学院院士、清华大学费维扬教授，中国工程院院士、南京工业大学原校长欧阳平凯教授，中国工程院院士、福州大学校长付贤智教授等高级别专家组成的专家组给予了极高的评价：**“该技术具有原创性和自主知识产权，多项关键技术已达到国际领先水平”**。自此以来，本技术一直得到本领域的学者、专家、企业家以及政府官员、金融投资人等不同阶层精英的关注和帮助。

中国工程院院士、中国石油化工集团公司原高级副总裁曹湘洪教授在 2017 年 4 月 18 日上午听取笔者报告微界面传质强化技术应用于间二甲苯空气氧化制备间甲基苯甲酸工业化装置并获得氧化效率近 2 倍提高后表示：**“这是到目前为止世界上最有推广应用潜力的化工过程强化技术”**。

时隔不到一年，2018 年 3 月 22 日，曹湘洪院士又专程抵宁到实验室现场指导，仔细观看了微界面强化反应模拟实验装置，认真听取了气 - 液微界面大规模制备技术和采用现代测试技术对微界面体系进行测试和表征的研究情况汇报，并就今后此领域在理论与技术方面更深层次的研究及其在石化领域的应用提出指导意见。他特别强调：要让此原创性技术为中国石化的高质量发展发挥更大作用。

两年多来，曹院士不辞辛苦在不同场合以多种方式向本领域的企业家、技术专家、同行宣传和推介微界面传质与反应强化技术。上述点滴，反映了一位资深的石化专家对新技术的高度敏感以及对我国石化科技事业发展的高度责任感与殷切期望。

国家自然科学基金委员会主任、科技部副部长、《化工学报》编委会主任委员、中国科学院院士李静海教授得知本技术的研究进展后，特邀笔者为《化工学报》撰文介绍。

中国石油天然气集团公司炼化局原总工程师、资深石油化工专家门存贵教授带领专家组对本技术应用于间甲基苯甲酸选择性空气氧化制备间二甲苯生产装置进行 72h 标定后，结论道：**“形成了独具特色和高度集成化的反应 - 分离生产工艺系统，达到国际领先水平”**。此后他曾多次表示："若该技术应用于石油加氢领域，将可能给炼油工业特别是渣油浆态床加氢炼制带来革命性影响"。

2018 年 4 ～ 6 月间，应用本技术在渣油浆态床加氢中试反应平台上对减压渣油进行了催化加氢实验测试。一直在试验装置现场指导实验、时年 80 岁的门存贵先生看到 DCS 控制数据的反应压力从 22MPa 下降至 14MPa、且不断下降至 8MPa、6MPa，而反应时空速率和渣油的转化率不降反升时，他欣喜地表示：这已打破了国内外传统炼油工艺的认知。

中国科学院院士、中国化学会原理事长、南京大学原代校长、年届 85 岁的陈懿教授对本项目研发进展自始至终高度关注，前后数十次与本人就微界面传质强化技术的研发方向及关键科学技术问题进行深入讨论，并亲自到实验室现场指导和调研讨论。2018 年 6 月中旬，陈懿院士不顾身体不适和医生劝告，在中国科学院院士、南京大学校长吕建教授陪同下，亲赴千里之外的微界面乳化床渣油加氢反应强化试验装置现场，查看试验运行情况与测试结果。之后他激动地告诉随行的科学家，**“这项技术是南京大学历史上前所未有的，在我国高校中也是不多见的”**。

中国石化集团公司科技开发部主任、中国科学院院士谢在库教授于 2018 年 4 月中旬专程来实验室观摩指导，并就下列关键技术问题进行了详细询问：不同反应体系的微气泡颗粒界面如何测试表征与调控；微界面反应强化技术在沸腾床与固定床反应器的适用性及各自特征；固定床催化剂颗粒大小对气泡聚并的影响；理化参数、操作参数、机械结构参数对微界面传质与反应的影响等等，表现出了一位高级化工专家对新技术的浓烈兴趣和深层次思考。

四川大学化工学院原院长、《化工学报》编委会副主任委员、知名化学工程学家朱家骅教授评价道：**“微界面传质强化技术是一项有可能改变国际化工制造业走向的革命性技术”**。

2017 年 7 月，时任中国化工学会副理事长兼秘书长的杨元一教授专程来笔者实验室考察微界面强化试验装置的运行情况，并在不同学术和技术交流场合以多种方式介绍和宣传微界面传质强化技术。2018 年 5 月，杨元一教授再次来访，了解近一年来的研究进展后表示，此技术在过程工程领域的许多化学反应场合均可得到应用。

陕西延长石油集团公司两任董事长专程来实验室考察观摩，并表示将大力支持这项技术的深度研究和产业化应用。

此外，中国石油化工集团、中国石油天然气集团、中化集团、中国能源集团、天津渤海化工集团、江苏索普集团、中国科学院大连化学物理研究所、中国石油大学、上海华谊集团、中国神华集团等单位的企业家和学者均先后来实验室考察并开展联合研发与产业化合作。

微界面传质强化技术在强化加氢、氧化反应等领域突破性的进展也引起了国际同行的高度关注。美国化学会催化科学分部主席、哥伦比亚大学教授陈经广先生对此表现出浓厚兴趣；美国艺术与科学院院士、麦克阿瑟天才奖获得者、美国斯克利普斯研究所（Scripps Research）化学教授余金权先生专程来实验室探讨合作；此外，美国 Exxon-Mobil、美国 Invista 等跨国公司也委派专人前来洽谈合作事宜。

2018 年 5 月，当江苏省领导得知本技术在碳基能源领域研究取得重大突破后，专门召集省、市的高级干部和有关专家听取本技术研发与应用的专题汇报，并指示要重点支持此项目深度产业化研究。

在短短几年内，如此多本行业高级专家和政府高级领导对微界面传质强化技术的科学理念、技术方法、产业化潜力及今后的深度研究给予了高度认可、鼓励与支持，这强烈激励笔者团队以最大的努力，尽快将目前尚处于碎片化的与微界面传质强化技术相关的研究成果进行较为系统的整理，以利于更多读者和同行系统地了解其理论内涵、技术方法和应用前景，并以此召唤更多科技人员加入研究行列，将研究与应用引向深入。

在此，我们诚挚感谢政府领导、行业专家学者等对本技术发展的大力支持、热情鼓励和高度关注，同时深深感谢所在单位南京大学和化学化工学院的长期帮助及其百年来所铸就的严谨求实的学风和宽松探索的环境给予笔者团队的滋养。2020 年是南京大学化学化工学院院庆 100 周年，笔者团队谨以此书向百年化院献礼。

在即将完成撰写并向出版社提交本书手稿之际，笔者团队刚完成了四川某企业“1.2 Mt/a 高盐高 COD 双甘膦废水微界面强化湿法氧化”项目的首条生产线开车任务，得到了令人极为鼓舞的结果：在废水 COD=24380mg/L，盐含量高达 30%（质量分数）的情况下 (NaCl=166554mg/L，磷酸盐 = 14200 mg/L)，不加任何催化剂，采用微界面空气湿法氧化，反应器的操作压力从设计压力 8MPa 降为 4.15MPa, 且反应温度同时从设计值 230℃降至 180.9℃时，反应器的处理负荷仍比设计值提高了 67%。

上述工业应用中反应强化的突出效果不仅鼓舞着研究团队继续推进此研

究向纵深发展，同时也意味着微界面传质强化技术的适用范围极其广泛，有待开发的领域众多，潜在的应用对象成千上万。笔者相信，在社会各界大力支持下，有关本技术的研究将向更深层次发展，其应用将在更广泛领域得到拓展。

笔者

2020 年元月于南京

索　引

T

X

Y

Z

其它